普通高等院校（中医药相关专业）实验教学指导

化学实验
基本技能与实训

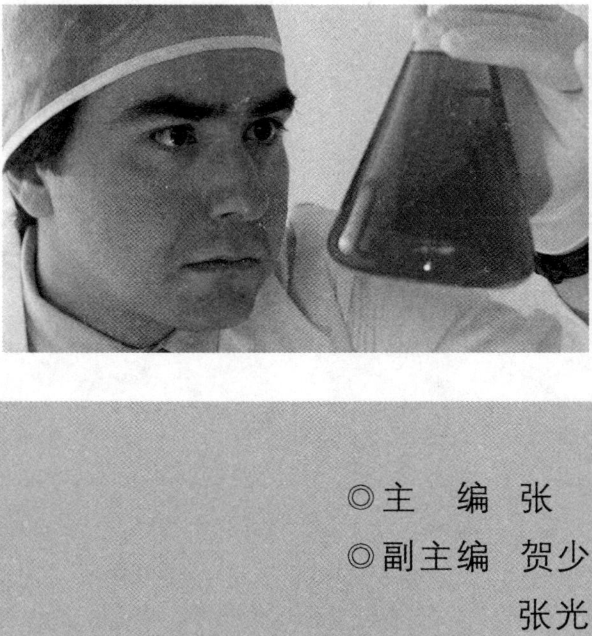
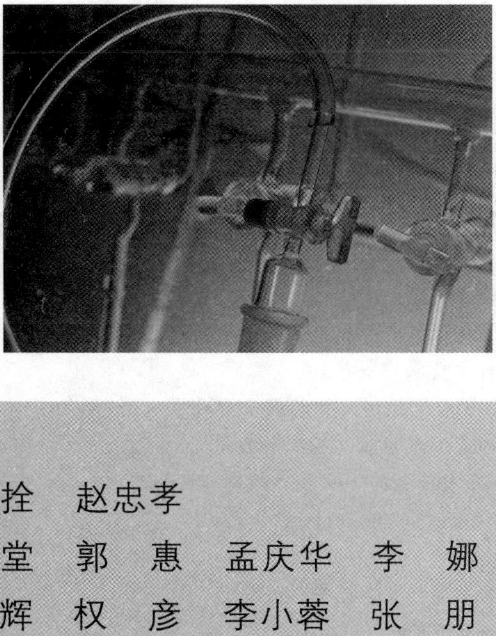
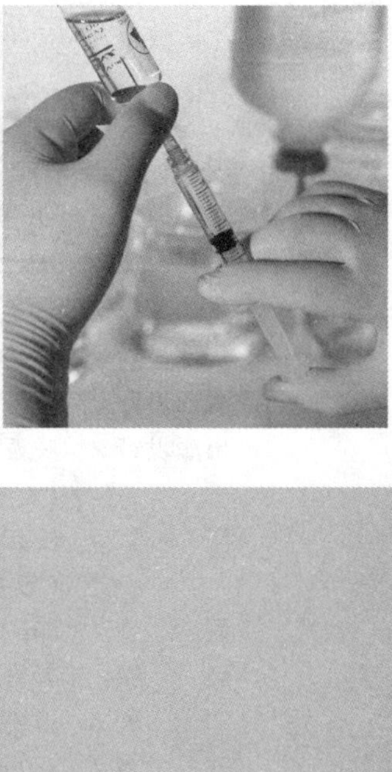

◎主　编　张　拴　赵忠孝

◎副主编　贺少堂　郭　惠　孟庆华　李　娜

　　　　　张光辉　权　彦　李小蓉　张　朋

◎主　审　吉卯祉

陕西科学技术出版社

陕西师范大学出版总社

图书代号 JC14N1385

图书在版编目(CIP)数据

化学实验基本技能与实训/张拴,赵忠孝主编. —西安:陕西科学技术出版社,2014.9(2018.8重印)
ISBN 978-7-5369-6244-6

Ⅰ.①化… Ⅱ.①张… ②赵… Ⅲ.①化学实验—教材 Ⅳ.①06-3

中国版本图书馆CIP数据核字(2014)第210242号

化学实验基本技能与实训

张 拴 赵忠孝 主编

责任编辑/ 都亚林 李艳茸
责任校对/ 王艺蒙
封面设计/ 鼎新设计
出版发行/ 陕西科学技术出版社
(西安市北大街147号 邮编710003)
陕西师范大学出版总社有限公司
(西安市长安南路199号 邮编710062)
网 址/ http://www.snupg.com
经 销/ 新华书店
印 刷/ 西安市建明工贸有限责任公司
开 本/ 880mm×1230mm 1/16
印 张/ 27.75
字 数/ 790千
版 次/ 2014年9月第1版
印 次/ 2018年8月第3次印刷
书 号/ ISBN 978-7-5369-6244-6
定 价/ 58.00元

普通高等院校(中医药相关专业)实验教学指导

编委会

《化学实验基本技能与实训》

编 委 会

主　　编　张　拴　赵忠孝

副 主 编　贺少堂　郭　惠　孟庆华
李　娜　张光辉　权　彦
李小蓉　张　朋

编委会成员　(以编委姓氏汉语拼音为序)
郭　惠　贺少堂　刘靖丽
李　娜　李小蓉　孟庆华
宁显维　权　彦　王　媚
杨荣利　张光辉　张　朋
张　拴　张　鑫　赵志梅
赵忠孝

主　　审　吉卯社

总序

医药学类专业实践教学具有较强的学科综合性、技能实践性的特点，中医药学专业人才不仅要具有传统的中医药理论知识，更应具有良好的实践动手能力和科研创新能力，达到知识、能力、素质三者协调发展。实验教学是中医药学类专业教学的一个重要环节，是检验理论课教学内容的一种方法和手段，也是中医药学专业教学的重要环节和教学特色所在。

基于此，我们在中药学国家级专业综合改革试点项目、国家级特色专业建设点、陕西省专业综合改革试点项目、陕西省特色专业建设点、陕西省中药人才培养模式创新实验区等国家级、省级教育教学质量工程项目建设和陕西省中药饮片技术工程研究中心、陕西省中药基础与新药研究重点实验室、陕西省秦岭中草药应用开发工程技术研究中心等实验平台建设的基础上，组织相关院校专家共同编写了《普通高等院校（中医药相关专业）实验教学指导》。本教材在遵循上述教学理念的同时，实验内容编写突出实用性、系统性、可操作性、地域性等特点，引入部分陕西道地药材、“太白七药”的提取、鉴定与炮制等实验项目。同时，将实验教学和科学研究相结合，构建了新的知识框架体系，引入了部分科研方法，进行了知识更新，拓展了实验教学内容，突出了对学生实践能力和创新意识的培养。

本教材在编写过程中得到了第四军医大学、南京中医药大学、成都中医药大学、浙江中医药大学、江西中医药大学、辽宁中医药大学、甘肃中医学院、西藏民族学院、西安医学院、陕西国际商贸学院、杨凌职业技术学院、安徽中医药高等专科学校、陕西步长制药有限公司、咸阳市食品药品检测中心等单位及相关专家的大力支持，在此一并表示感谢。

由于学科知识交叉，编写时间仓促，编者水平有限，部分内容和方法还有待完善，需要在实践中进一步探索和总结，所以本套教材编写中难免存有错漏，恳请专家、同仁和使用者提出宝贵意见，以便修订完善。

王昌利

2014 年 8 月

前言

化学是一门实验科学，许多化学理论和规律都是根据大量实验资料进行分析、概括、综合和总结而形成的，同时实验又为理论的完善和发展提供了依据。化学实验教学是高等学校化学教育过程中的一个重要环节，其目的在于：使学生掌握物质变化的感性知识，掌握重要化合物的制备、分离和表征方法，加深对基本原理和基本知识的理解掌握，培养用科学的实验方法获取新知识的能力；掌握化学实验的技能，培养独立工作能力和独立思考能力；培养细致观察和记录实验现象、正确处理实验数据以及准确表达实验结果及分析实验结果的能力；培养实事求是的科学态度，准确、细致、整洁等良好的科学习惯和科学的思维方法；培养敬业、一丝不苟和团队协作的工作精神和勇于开拓的创新意识。

进入 21 世纪以来，为了加强对学生动手能力和创新思维能力的培养，我们对中药学专业化学实验教学做了全面的改革，逐渐加大综合性与设计性实验的比例，取得了许多有益的成果。本书就是在四大化学实验教学改革研究成果的基础上，借鉴许多其他兄弟院校改革成功的经验编写，主要有以下特点：

1. 突破了原“四大化学”实验的学科壁垒，使之融为一体，旨在充分发挥化学实验教学在素质教育和创新能力培养中的独特地位，使学生在实践中学习、巩固、深化和提高化学的基本知识、基本理论，掌握基本操作技术、培养实践能力和创新能力。

2. 按照实验技能及技术特点和难易程度对化学实验进行分类，分别设立基本操作技能训练实验、综合技能训练实验、综合性和设计性实验、应用型和开放性实验以及研究性和探索性试验。其中基本操作技能训练实验又被分成仪器的基本操作训练、化学原理实验，物质含量测定实验，物质基本性质实验、物质的制备实验、天然有机化合物的提取、分离及纯化实验六大模块。

3. 较为系统完整的介绍了化学实验必备的基本技能。从常用普通实验仪器的认识、洗涤与干燥；化学试剂的分类、存放与取用；称量仪器；使用方法与维护；容量仪器的校正与使用；加热、冷却操作与温度的测控；搅拌、搅拌器与搅拌装置；干燥与干燥剂；化合物分离方法与基本技术；溶液 pH 值的测定与控制；试管实验基本技术；化学制备实验仪器的装配；大型分析仪器的使用与维护等十二个方面，为学生系统掌握化学实验技能提供理论上的支撑，形成一个较为完整的化学实验技术教育体系。

4. 实用性强。从中药教育的实际和培养创新型中医药人才的实际需求出发，使教材内容更适合当前教学要求，更富时代特色及特点。

5. 本教材共收编实验120个，其中包括基本实验68个、综合性实验19个、设计性实验10个、开放性应用性实验13个、探究性实验10个，从定性到定量，从易到难，循序渐进，体现了教育教学规律，适合学生思维的发展。

6. 针对非化学或接触化学较少的其他专业学生，并拓宽中药学及药学类专业学生的知识视野。本书还选取了一些学生较为感兴趣的、与本专业有一定联系的内容，如：洗涤剂、化妆品、香精、色素、天然高分子提取、中药有效成分提取、药物有效期测定等方面的内容，作为开放性或应用性实验，向全体学生开放，以体现知识的应用价值，提高学生爱科学、学科学、用科学的积极性。实现了科学性、系统性、启发性、先进性、实用性和专业性的统一。

另外书中还附有常用的化学数据表、常用试剂、药品的安全常识、提纯方法、配制方法，方便教师和学生查阅。

本书以我们近年来中药学专业化学实验教学改革成果为基础，经反复修改而成，参加本书编写的人员有陕西中医学院郭惠、贺少堂、李娜、李小蓉、孟庆华、权彦、张光辉、张朋、张拴、赵忠孝、王媚、宁显维、张鑫等老师，贺少堂、赵忠孝老师分别参与了分析和有机部分实验内容的审稿工作，全书由张拴老师统稿，北京中医药大学原基础部主任吉卯祉教授对本书内容做了全面审定，在编写过程中，还得到了陕西中医学院领导和专家的大力支持和帮助，刘靖丽、杨荣利、赵志梅等参与了部分文字及制图工作，在此一并表示感谢。

另外，在本书的编写中，参考了国内同行编写的相关教材，并以参考文献集中列于书中，在此也向同行们表示感谢！

本书可作为高等中医药院校中药学、药学类本科生化学实验教材和研究生的实验必备的工具书。

由于编者水平有限，书中的错误和不妥之处，恳请读者批评指正。

张　拴　赵忠孝

2014年6月

目录

第一编 化学实验的基础知识

第二编　常用仪器和基本操作技术

第三编　典型实验

第四编 附 录

第一编 化学实验的基础知识

一、化学实验课的目标与学习方法

（一）化学实验课的培养目标和任务

化学是一门实验科学，化学中许多理论和规律都来自于实验，化学实验教学是化学教学的重要组成部分，实验课不仅可以培养学生的动手能力、科学素质与创新精神，并能初步掌握科学研究的方法。通过实验课的学习，不仅可以对理论进行验证，而且还可以通过实验对理论进行更新和补充，实验和理论是相辅相成的。

化学实验课教学的目标和任务就是使学生获得有关化学实验的基础理论、基本知识和基本操作技能，并通过进行综合性实验的训练，进一步巩固和熟悉这些操作技术和技能。在这一基础上，使学生能够完成一些设计性的小实验，同时把理论知识和实验技术技能有机地结合起来，验证理论课学习的理论和知识。在完成实验的过程中，使学生学会对实验现象观察、分析、联想思维和归纳总结，培养学生独立操作和分析问题，解决问题的能力。开拓学生智能，培养学生严肃、严密、严格的科学态度和良好的实验素养，提高学生的动手能力和独立工作能力，并为后续课程和理论学习与研究打下坚实的基础。总之，在实验课教学中，不仅要培养学生一个良好的实验工作方法和习惯，以及实事求是的科学态度，而且也要培养学生勇于创新的意识和精神。

（二）化学实验课的学习方法

1. 化学实验的预习方法

进入实验室前，必须做好预习。实验前的预习，归纳起来是看、查、写三个字。

看：仔细阅读与本次实验有关的全部内容（实验指导书、理论教学课本）。

查：通过查阅书后附录、有关手册以及与本次实验相关的教学内容，了解实验中要用到的或可能出现的基本原理、化学物质的性质和有关理化常数。

写：每人必需备有实验记录本和报告本，以便及时和如实记录数据与现象。在看和查的基础上认真写好预习报告。

2. 实验记录

实验记录是科学研究的第一手资料，实验记录的好坏直接影响对实验结果的分析。因此，学会做好实验记录也是培养学生科学作风及实事求是精神的一个重要环节。

作为一位科学工作者，必须对实验的全过程进行仔细观察。如反应液颜色的变化，有无沉淀及气体出现，固体的溶解情况，以及加热温度和加热后反应的变化等等，都应认真记录。同时还应记录加入原料的颜色和加入的量、产物的颜色和产物的量、产物的熔点或沸点等物化数据。记录时，要与操作步骤一一对应，内容要简明扼要，条理清楚。记录直接写在实验记录本上，不要随便记在一张纸上，课后抄在报告上。

【例】以烯烃的化学性质为例：

实验项目	操作	现象	反应与解释
1. 烯烃的化学性质 ①与溴作用 ②与高锰酸钾作用	在试管中放入 0.5 mL 2% 的 Br_2-CCl_4 溶液，滴入 4 滴环己烯，振摇。 ……	溴的红色退去 ……	环己烯与溴加成，生成无色的溴代产物： 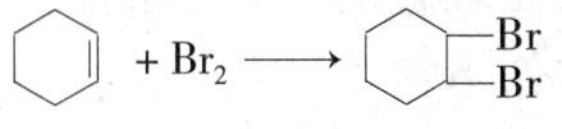 ……

再如氧化剂与还原剂：

实验步骤	实验现象	解释及反应方程式	结论
a. $K_2Cr_2O_7+H_2SO_4+Na_2SO_3$ b. $Na_2SO_3+I_2$ c. $KMnO_4+H_2SO_4+H_2O_2$	溶液由橙黄色→绿色 I_2 液由棕红色褪为无色 溶液由紫红色→无色，有气体逸出	$Cr_2O_7^{2-}+8H^++3SO_3^{2-}=2Cr^{3+}+3SO_4^{2-}+4H_2O$ $SO_3^{2-}+I_2+H_2O=SO_4^{2-}+2I^-+2H^+$ $2MnO_4^-+5H_2O_2+6H^+=2Mn^{2+}+5O_2+8H_2O$	氧化剂：$K_2Cr_2O_7$、I_2、$KMnO_4$ 还原剂：Na_2SO_3、NaI、H_2O_2

（三）实验报告书写方法

实验报告是将实验操作、实验现象及所得各种数据综合归纳、分析提高的过程，是把直接的感性认识提高到理性概念的必要步骤，也是向导师报告、与他人交流及储存备查的手段。做完实验后，应及时完成实验报告，交指导教师批阅。实验报告应该写得简明扼要。不同类型的实验有不同的格式，一般包括下列几个部分：

（1）实验目的要求。

（2）实验原理 尽量用自己的语言，简明扼要表达。

（3）主要仪器与试剂 常见的仪器装置要求画图。

（4）实验步骤和实验现象 尽量用简图、表格，或用化学式、符号等表示。对实验现象逐一做出正确的解释，能用反应式表示的尽量用反应式表示。

（5）数据记录和数据处理 以原始记录为依据，并注明测试条件，如温度、压力等。

（6）结果和讨论 根据实验的现象或数据进行分析、解释，得出正确的结论，并进行相关的讨论，或将计算结果与理论值比较，分析误差的原因。

计算产率。在计算理论产量时，应注意：①有多种原料参加反应时，以物质的量最小的那种原料的量为准；②不能用催化剂或引发剂的量来计算；③有异构体存在时，以各种异构体理论产量之和进行计算，实际产量也是异构体实际产量之和。计算公式如下：

产率 =（实际产量/理论产量）×100%

对实验进行讨论与总结：①对实验结果和产品进行分析；②写出做实验的体会；③分析实验中出现的问题和解决的办法；④对实验提出建设性

> 怎样讨论实验结果？
>
> 实验结果讨论主要是针对产品的产量、质量进行讨论，找出实验成功或失败的原因。
>
> 【例】溴乙烷的制备
>
> 本次实验产品的产量（产率 72.8%）、质量（无色透明液体）基本合格。最初得到的几滴粗产品略带黄色，可能是因为加热太快，溴化氢被硫酸氧化而分解产生溴所致。经调节加热速度后，粗产品呈乳白色。
>
> 浓硫酸洗涤时发热，说明粗产物中尚含有未反应的乙醇、副产物乙醚和水。副产物乙醚可能是由于加热过猛产生的；而水则可能是从水中分离粗产品时带入的。由于溴乙烷的沸点较低，因此在用硫酸洗涤时会因放热而损失部分产品。

的建议。通过讨论来总结、提高和巩固实验中所学到的理论知识和实验技术。此部分内容可写在思考题中另列标题。

实验报告要求条理清楚,详略得当,语言准确,数据真实,图表完整。一份完整的实验报告可以充分体现学生对实验理解的深度、综合解决问题的能力及文字表达的能力。这部分工作在课后完成。实验报告的格式如下:

1. 性质实验及其他实验报告

实验名称____________ 班级______ 姓名______ 学号______ 日期______ 成绩______		
一、目的要求 二、实验记录和结论		
实验步骤	实验现象	解释和反应式
三、思考题		

2. 合成制备实验报告

以正溴丁烷的合成为例,格式如下:

实验× 正溴丁烷的合成

一、目的要求

1. 了解从正丁醇制备正溴丁烷的原理及方法;

2. 初步掌握回流、气体吸收装置及分液漏斗的使用。

二、实验原理

反应式

$NaBr + H_2SO_4 \longrightarrow NaHSO_4$

$n-C_4H_9OH + HBr \xrightarrow{H_2SO_4} n-C_4H_9Br + H_2O$

副反应

$n-C_4H_9OH + HBr \xrightarrow{H_2SO_4} CH_3CH_2CH=CH_2 + H_2O$

$2n-C_4H_9OH + HBr \xrightarrow{H_2SO_4} (n-C_4H_9)_2O + H_2O$

$2NaBr + 3H_2SO_4 \longrightarrow Br_2 + SO_2\uparrow + 2H_2O + 2NaHSO_4$

三、主要试剂及产物的物理常数

名称	分子量	性状	折光率	密度	熔点/℃	沸点/℃	溶解度(g/100mL)		
							水	醇	醚
正丁醇	74.12	无色透明液体	1.3993^{20}	$0.8098\,\frac{20}{4}$	-89.5	117.2	7.9^{20}	∞	∞
正溴丁烷	137.03		1.4401^{20}	$1.2758\,\frac{20}{4}$	-112.4	101.6	不溶	∞	∞

四、试剂规格及用量

正丁醇 C. P. 15g(18.5 mL,0.20 mol);溴化钠 C. P. 25 g(0.24 mol) 浓硫酸 L. R. 29 mL(53.40 g,

0.54 mol)；饱和 $NaHCO_3$ 水溶液 无水氯化钙 C.P.

五、实验装置图(见图1－1)

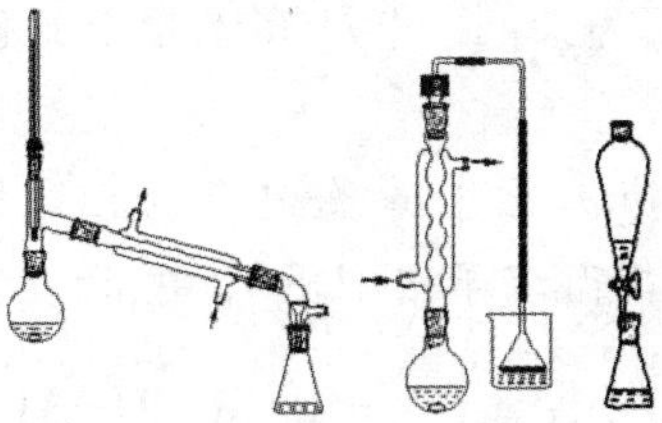

图1－1　正溴丁烷合成装置图

六、实验步骤及现象

步骤	现象
①于150 mL圆底瓶中放20 mL水，加入29 mL浓 H_2SO_4，振摇冷却	放热
②加18.5 mL n－C_4H_9OH 及25 g NaBr，加沸石，摇动。	NaBr部分溶解，瓶中产生雾状气体(HBr)。
③在瓶口安装冷凝管，冷凝管顶部安装气体吸收装置，开启冷凝水，隔石棉网小火加热回流1小时。	雾状气体增多，NaBr渐渐溶解，瓶中液体由一层变为三层，上层开始极薄，中层为橙黄色，随着反应进行，上层越来越厚，中层越来越薄，最后消失。上层颜色由淡黄→橙黄。
④稍冷，改成蒸馏装置，加沸石，蒸出正溴丁烷。	开始馏出液为乳白色油状物，后来油状物减少，最后馏出液变清(说明正溴丁烷全部蒸出)，冷却后，蒸馏瓶内析出结晶($NaHSO_4$)。
⑤粗产物用20 mL水洗。 在干燥分液漏斗中用10 mL浓 H_2SO_4 洗 15 mL水洗 15 mL饱和 $NaHCO_3$ 洗 15 mL水洗	产物在下层，呈乳浊状。 产物夺上层(清亮)，硫酸在下层，呈棕黄色。 二层交界处有絮状物产生又呈乳浊状。
⑥将粗产物转入小锥瓶中，加2 g $CaCl_2$ 干燥。	开始浑浊，最后变清。
⑦产品滤入50 mL蒸馏瓶中，加沸石蒸馏，收集99～103 ℃馏分。	98 ℃开始有馏出液(3～4滴)，温度很快升至99 ℃，并稳定于101～102 ℃，最后升至103 ℃，温度下降，停止蒸馏，冷后，瓶中残留有约0.5 mL的黄棕色液体。
⑧产物称重	得18 g，无色透明。

七、产率计算

理论产量：其他试剂过量，理论产量按正丁醇计：

$$n-C_4H_9OH+HBr\xrightarrow{H_2SO_4}n-C_4H_9Br+H_2O$$

1　　　　　　　　　　1

0.2　　　　　　　　　0.2

即 $0.2\times137=27.4$ g 正溴丁烷

$$百分产率=\frac{实际产量}{理论产理}\times100\%=\frac{18\ g}{27.4\ g}\times100\%=66\%$$

八、讨论

1. 在回流过程中，瓶中液体出现三层，上层为正溴丁烷，中层可能为硫酸氢正丁酯，随着反应的进行，中层消失表明丁醇已转化为正溴丁烷。上、中层液体为橙黄色，可能是由于混有少量溴所致，溴是由硫酸氧化溴化氢而产生的。

2. 反应后的粗产物中，含有未反应的正丁醇及副产物正丁醚等。用浓硫酸洗可除去这些杂质。因为醇、醚能与浓 H_2SO_4 作用生成烊盐而溶于浓 H_2SO_4 中，而正溴丁烷不溶。

$$R-\underset{\cdot\cdot}{\overset{\cdot\cdot}{O}}-H + H_2SO_4 \longrightarrow \left(R-\underset{\underset{H}{\cdot\cdot}}{\overset{\cdot\cdot}{O}}-H \right)^+ HSO_4^-$$

$$R-\underset{\cdot\cdot}{\overset{\cdot\cdot}{O}}-R + H_2SO_4 \longrightarrow \left(R-\underset{\underset{H}{\cdot\cdot}}{\overset{\cdot\cdot}{O}}-H \right)^+ HSO_4^-$$

3. 本实验最后一步，蒸馏前用折叠滤纸过滤，在滤纸上沾了些产品，建议不用折叠滤纸，而在小漏斗上放一小团棉花，这样简单方便，而且可以减少损失。

3. 定量测定实验报告

以醋酸解离度和解离常数的测定为例，格式如下：

实验× 醋酸解离度和解离常数的测定

班级： 姓名： 学号： 同组人：

一、实验目的和要求：

1. 测定弱酸的解离度和解离常数，以加深对电离平衡和缓冲作用的理解。

2. 进一步掌握溶液的配制和酸碱滴定原理、滴定操作及正确地判定终点。

3. 学习使用酸度计。

二、实验原理

$$HAc\ (aq) \rightleftharpoons H^+(aq) + Ac^-(aq)$$

其电离常数 K^θ 的表达式为：

$$K^\theta(HAc) = \frac{c_{re}(H^+) \cdot c_{re}(Ac^-)}{c_{re}(HAc)} \qquad (1)$$

温度一定时，HAc 的解离度为 α，则 $c_{re}(H^+) = c_{re}(Ac^-) = c_r\alpha$，代入式 (1) 得：

$$K^\theta(HAc) = \frac{(c_r\alpha)^2}{c_r(1-\alpha)} = \frac{c_r\alpha^2}{1-\alpha} \qquad (2)$$

在一定温度下，用酸度计测一系列已知浓度的 HAc 溶液的 pH 值，根据 $pH = -\lg c_{re}(H^+)$，可求得各浓度 HAc 溶液对应的 $c_{re}(H^+)$，利用 $c_{re}(H^+) = c \cdot \alpha$，求得各对应的解离度 α 值，将 α 代入(2)式中，可求得一系列对应的 K^θ 值。取 K^θ 的平均值，即得该温度下醋酸的解离常数 K^θ(HAc) 值及 α(HAc)。

三、仪器与试剂

仪器：碱式滴定管，吸量管，移液管，锥形瓶，烧杯，pH 计。

试剂：醋酸溶液（$0.20\ mol \cdot L^{-1}$），$0.2000\ mol \cdot L^{-1}$ NaOH 标准溶液，酚酞指示剂。

四、实验内容

1. 醋酸溶液的浓度的测定

用已知浓度的 NaOH 标准溶液标定醋酸溶液的浓度，用酚酞做指示剂，并把测定结果列入表 1 中。

碱式滴定管(50 mL)的使用：检漏→洗涤→润洗→装液→排气→初读数→滴定→终读数。

移液管(25 mL)和吸量管(10 mL)：洗涤→润洗→移液→放液→最后一滴的处理。

2. 配制不同浓度的醋酸溶液

分别移取 HAc 溶液 2.60 mL、5.00 mL、25.00 mL → 稀释至 50 mL 容量瓶。计算出准确浓度填入表 2。

50 mL 容量瓶：检漏→洗涤→装液→稀释→定容→摇匀→编号为 1.2.3.4(未稀释 HAc)。

3. 测定醋酸溶液的 pH 值，并计算醋酸的解离度和解离常数

取四只洁净干燥的 50 mL 烧杯，分别加入上述四种溶液，按由稀到浓的顺序，在 pH 计上分别测定它们的 pH 值并记录数据填入表 2。计算解离度和解离平衡常数。

五、数据记录及处理

温度________℃

表 1　醋酸溶液的浓度的测定

滴定序号		Ⅰ	Ⅱ	Ⅲ
NaOH 溶液的浓度/mol · L^{-1}				
HAc 溶液的用量/mL				
NaOH 溶液的用量/mL	滴定后读数/mL			
	滴定前读数/mL			
	NaOH 液用量/mL			
溶液的浓度/mol · L^{-1}	测定值			
	平均值			

表 2　醋酸解离度 α 和解离常数的计算

溶液编号	c/mol · L^{-1}	ph	α	解离常数 K_a^θ 测定值	解离常数 K_a^θ 平均值
1	0.01021	3.36	0.043	1.97×10^{-5}	1.81×10^{-5}
2	0.02042	3.23	0.0288	1.74×10^{-5}	
3	0.1021	2.86	0.0135	1.88×10^{-5}	
4	0.2042	2.73	0.0091	1.67×10^{-5}	

计算公式及简要计算过程：

1. $pH = -\lg c_{re}(H^+), c_{re}(H^+) = 10^{-pH}$……

2. $c_{re}(H^+) = c(HAc)\cdot\alpha$　　$\alpha = c_{re}(H^+)/c(HAc)$……

3. $K_\alpha^\theta = \dfrac{[c(HAc)\cdot\alpha]}{c(HAc)(1-\alpha)} = \dfrac{c(HAc)\alpha^2}{1-\alpha}$……

六、问题及讨论

做好本实验的操作关键是……

七、思考题

1. 测定 pH 时，为什么要按从稀到浓的次序进行？

答……

2. 改变所测醋酸溶液的浓度或温度，测解离度和解离常数有无变化？若有变化，会有怎样的变化？

答……

4. 化学实验的一般步骤

实验之前一定要详细清点指导教师或上一批同学移交的实验仪器，并仔细检查实验仪器的完好程度，如有破损或数量不足，要及时向指导教师提出，以便及时补足。接收实验仪器，尤其是大型精密仪器如分析天平、光度计、色谱仪等时，除要做到熟悉实验仪器的外形和名称外，要认真阅读仪器的说明书或向老师请教，详细了解仪器的功能、用途和使用方法，确认已经掌握其使用方法后再上手。

实验过程中应认真观察实验现象，按要求详细记录实验数据，对实验过程中出现的非预期现象要如实记录，加以尊重，并报告指导教师。实验中出现的任何问题，都要及时向指导教师求教，以免影响实验的下一步进行。实验启止时间及实验过程中各实验阶段所占用的时间，都应在记录上有所反映。

实验结束后，要将仪器刷洗干净，清点清楚，摆放整齐，向下一批学生办理移交手续。

怎样做实验记录？

实验时认真操作，仔细观察，积极思考，边实验边记录是科研工作者的基本素质之一。在实验课中要养成这一良好的习惯，切忌事后凭记忆或纸片上的零星记载来补做实验记录。

在实验记录中应包括以下内容：

1. 每一步操作所观察到的现象，如：是否放热、颜色变化、有无气体产生、分层与否、温度、时间等。尤其是与预期相反或与教材、文献资料所述不一致的现象更应如实记载。

2. 实验中测得的各种数据，如：沸程、熔点、比重、折光率、称量数据（重量或体积）等。

3. 产品的色泽、晶形等。

4. 实验操作中的失误，如：抽滤中的失误、粗产品或产品的意外损失等。实验记录要求实事求是，文字简明扼要，字迹整洁。实验结束后交教师审阅签字。

(四)实验课成绩评估方法

为了保证更好地完成实验，特制订实验课的平时成绩评定方法，总分以100分计，其内容及标准分述为下：

1. 预习

实验前对要进行的实验应做到心中有数，因此，必须对照理论教材认真预习实验讲义，要搞懂实验原理、数据项目的选取、测量方法及计算方法；应对照实验装置示意图，了解实验的流程及操作步骤、仪器和装置的操作规程，实验注意事项等。按要求写好预习报告后，在进入实验室时交指导老师检查并评分。

2. 实验操作及相关部分

遵纪守时是完成实验的保障，学生进实验室后一定要亲自签到，应做到不迟到、不早退、不谈笑、不打闹、不打瞌睡、不看其他书报、不擅离操作岗位、不吸烟，如有违反上述一项规定者根据要求扣分。除生重病者需书面请假，并安排时间补做实验外，其余情况一般不允许请假。未经请假而缺做实验者，不安排补做，该实验以零分计。

实验前，同学应认真听老师讲解实验，并积极思考问题。

在实验过程中，首先要求对电、火、水、气、设备等按章操作，保证人员、设备和实验室的安全；其次每组的各位同学应做好分工的同时，要求每位同学都能亲自完成和实践实验的整个操作过程，以达到动手的目的。实验时应精心操作，细心观察，详细和科学的记录，认真思考。实验数据记录在预习报告上，所记录的原始数据不能随意修改，这是体现严谨、求实作风的基本要素。实验数据经指导老师初审同意，结果基本合格后方可结束实验。

实验结束时，必须关好水、电、气，将所有装置还原。还应完成本组实验范围内的清洁工作，即擦净桌面及装置表面。每次做完实验后,值日的全体同学要负责打扫整个实验室室内及走廊,垃圾全部带走并将地面拖擦干净。

完成以上工作后,由指导老师在预习报告本上签字同意后,方能离开实验室。

爱护实验室的每一种设施,如有损坏公物者,不得隐瞒,应主动告知老师,填写登记单,根据损坏物品的原价酌情赔偿。有关赔偿金额按学校有关规定执行。

以上各部分由老师在实验过程中根据同学们的具体表现实时记分,若有重大误操作以及损坏大型仪器的,说明预习不认真,操作不细心,根据情况可加大处罚,将“预习”和“操作”部分的成绩适当扣除,直至全部扣完。

3. 实验报告

从实验报告中可以看出实验成功与否,选取的实验数据及计算准确与否,分析和归纳实验过程的能力如何,所以必须认真完成实验报告,也可为今后写出出色的研究论文打下良好的基础。化学实验的实验报告应包括以下内容:

(1)实验名称、日期、天气、室温(或大气压)、同组同学姓名均应准确记录。

(2)实验目的。

(3)实验原理及计算公式。

(4)实验装置:应记录实验所采用的仪器的名称、型号、规格,并画出装置流程图。

(5)实验步骤:应记录实验操作的方法和先后顺序及相应的时间、操作注意事项等内容。若操作步骤和预习报告中有所改动时,应在原始记录后面加以详细说明。

(6)实验原始记录及数据整理,包括计算和绘制图表或曲线;数据较多时,必须有一组数据的详细计算和处理过程,其余数据可以用列表的形式给出处理结果。

(7)实验结果或操作中的难点、关键问题的讨论及建议。

(8)思考题。

如缺少上述内容的酌情扣分。写好实验报告后于一星期后交给指导老师批改,逾期一周扣1分。

二、化学实验的规则

(一)学生实验守则

(1)实验前,学生必须认真预习实验教材,明确实验目的、要求、原理、操作步骤及注意事项;了解实验所需仪器的工作原理,操作方法;根据理论知识,预测实验步骤中可能出现的现象或问题,写出实验预习报告。

(2)进入实验室必须身着实验服,不得穿拖鞋背心。要始终保持实验室安静卫生,严禁在实验室内喧哗、打闹、乱吃零食,严禁将与实验无关的物品带入实验室,同时也不得将实验室物品私自带出实验室。

(3)实验时,学生应按照实验教材上的方法,步骤,要求及试剂用量进行操作,同时要细心观察,认真记录,深入分析现象发生的原因。若有疑问,及时向指导教师提出,及时解决实验中出现的问题。

(4)公用试剂及仪器不得随意挪动,以免影响其他同学使用。

(5)根据实验要求,如实记录实验现象、实验数据,不得抄袭,作假。原始数据须经老师审阅。

(6)实验过程中必须严格遵守实验室各项规章制度,节约水电、节约原材料、及时登记损坏的仪器,注意实验室安全,不得随意乱动与实验无关的药品、仪器。实验过程中产生的废液与垃圾不准随便倒进下水道,应将废液按类别倒进废液桶,垃圾收入垃圾箱。

(7)实验完成后对实验结果及时进行分析,总结实验成功或失败的原因,不断提高实验工作能力。要认真书写实验报告,实验报告要字迹工整,文字简练,图表清晰,结论明确。在规定时间交老师批阅。

(8)遵守实验课纪律,不得无故迟到,旷课。

(9)实验结束后,按要求将个人所用仪器清洗干净放回原处,做好台面、地面、水池等实验室卫生,经教师检查合格后,方可离开实验室。

(二)化学实验室安全守则

在化学实验过程中经常要用到易燃、易爆、强氧化性、毒性及腐蚀性试剂以及加热设备,如若操作不当,往往会出现意外事故,为了防止意外事故的发生,应在思想上牢固树立安全意识,对可能出现的各种不安全因素进行充分考虑,在实验过程中应严格按照实验操作规程进行实验,避免各种事故发生。

(1)严禁在实验室吸烟、饮食,严禁私接电器,水、电、气使用完应立即关闭。

(2)熟悉各种灭火器材的放置地、使用方法并定期进行更换。

(3)未经许可,禁止将几种试剂随意滴加、混合,以免发生燃烧、爆炸等意外事故。

(4)加热试管时,不要将试管口对着自己或别人,以防液体溅出,造成人员伤害。

(5)嗅闻气体时,应用手轻拂气体,扇向自己后再闻。操作能产生刺激性或有毒气体的实验时,必须在通风橱内进行或注意实验室通风。

(6)使用酒精灯时切勿将酒精加满,应不超过其容积的2/3。酒精灯不用时盖上灯帽使其熄灭,切不可用嘴吹灭。不要用燃着的酒精灯去点燃别的酒精灯,以免酒精漏出失火。

(7)浓酸、浓碱具有强腐蚀性,勿溅在衣服、皮肤上,尤其要防止溅进眼睛里。稀释浓硫酸时,应将浓硫酸缓慢倒入水中,而不能将水倒进浓硫酸中,以免迸溅。

(8)在进行乙醚,乙醇等易燃性物质的操作时,应远离明火,并防止可能产生的火星。蒸馏乙醚时,不得蒸干,以免残留的过氧化物发生爆炸。

(9)实验室不得存放数量较多的易燃、易爆以及强氧化性试剂,此类试剂应按要求存放在危险品库房内。

(10)在进行有机液体的回流或蒸馏操作时,应在加热前向烧瓶中加入沸石。不能将沸石加至将近沸腾的液体中,因为这样会使溶液猛烈暴沸冲出瓶口,引起烧伤。如若忘记加入沸石,一定要等液体冷下来再加。

(11)有毒物品不得进入口内或接触伤口,也不能将有毒药品随意倒入下水管。

(12)实验完毕,洗净双手后方可离开实验室。

(三)化学实验室工作人员守则

(1)实验室管理人员、实验课教师、实验技术人员等实验室工作人员,都必须严格遵守实验室各项规章制度,尽职尽责,团结协作,保证实验室工作正常运行。

(2)实验室工作人员严禁在实验室吸烟、喧哗。不允许在实验室存放私人物品,不允许从事与工作无关的任何事情。

(3)任何实验室不得私自承接未经批准或许可的实验、课题及其他技术服务。如有需要,必须依据有关制度完成审批手续后方可实施。

(4)实验室工作人员必须熟悉所管仪器设备的性能及操作规程,并定期对仪器设备进行维护和保养,保证仪器设备的正常运转。爱护公共卫生,保持实验室整洁。

(5)实验进行时,相关实验工作人员必须坚守岗位,认真指导学生实验,不得随意离开实验室。发生事故时应立即采取断然措施防止事故扩大,先紧急疏散人员,尽力保护资产,同时立即向系、部主管领导和保卫处、国有资产与实验室管理处报告。

(6)实验结束后,应及时切断电源、气源、水源,整理好药品、试剂、仪器设备等。

(7)注意节约使用水、电、气、耗材。

(8)及时如实地填写实验室日志、仪器设备使用记录、耗材使用状况、安全和卫生状况。

(四)实验室意外事故处理

1. 火灾

化学实验室一旦着火或发生火灾,切勿惊慌,应保持沉着冷静,迅速采取适当的方法进行灭火:

(1)有机物着火:少量的溶剂着火,可任其烧完。反应器皿或容器内有机物着火,可用湿布或石棉网盖住仪器,使之隔绝空气而熄灭。实验台或地面火势不大时,也可用湿布或沙子进行灭火。若火势较大,可根据燃烧物的性质用相应的灭火器进行灭火。使用灭火器灭火时,应从火的四周向中心扑灭,并对准火焰的根部灭火。

(2)电器着火:立即切断电源,然后用四氯化碳或二氧化碳灭火器进行灭火。

(3)当钾、钠或锂着火时,不能用水、泡沫灭火器、二氧化碳、四氯化碳等灭火,可用石墨粉或干沙土灭火。

(4)衣服着火:若衣服着火,千万不要乱跑,因为这会由于空气的迅速流动而加剧燃烧,轻者可用湿布或水将火熄灭,重者应就地滚动。

2. 烫伤

不小心烫伤时,可用10%高锰酸钾溶液轻揩伤处,再涂上凡士林或烫伤膏。

3. 割伤

若手不小心被玻璃割伤,应先检查伤口内是否有玻璃碴,若有,取出玻璃碴并挤出少量血,然后用碘酒消毒并敷上消炎粉,用消毒纱布包扎;若伤口较大,出血不止,应立即送往医院。

4. 灼伤

酸灼伤,立即用大量水冲洗,再以3% ~5%的碳酸氢钠洗、再用水冲洗干净。碱灼伤,大量水冲洗后再以1% ~2%的醋酸洗,再水洗。严重时经上述处理后送往医院。

5. 试剂伤眼

化学试剂不小心溅入眼内时,应立即用大量水冲洗,冲洗时眼皮睁开以保证冲洗干净。以上紧急处理完后,可送往医院进一步治疗。

6. 中毒

(1)如果吸入了硫化氢,一氧化碳等气体感到不适时,应立即到户外呼吸新鲜空气。如果吸入了溴、氯,氯化氢等有毒气体时,可吸入少量乙醚和酒精的蒸汽解毒,同时到户外呼吸新鲜空气。

(2)毒物入口时,可内服稀的硫酸铜溶液并用手指深入咽部促使呕吐,后立即送往医。

(五)实验室常见废弃物的处理

实验室的污染源虽然量少,但种类复杂,毒害大,按污染性质可分为化学污染物、生物性污染物、放射性污染物;按污染物形态可分为废气、废液和固体废物(简称三废)。化学污染包括有机物污染和无机物污染。有机物污染主要是有机试剂污染物和有机样品污染物。无机物污染物有强酸、强碱的污染,重金属污染,氰化物污染等,其中汞、砷、铅、镉、铬等重金属的不仅毒性强,且在人体中有蓄积性。有机样品污染物包括一些剧毒的有机样品,如农药、苯并(α)芘、黄曲霉毒素、亚硝胺等。如不加处理随意排放,就会对周围的环境、水源和空气造成污染,形成公害。三废中的有用成分,不加回收,在经济上也是个损失。通过处理,消除公害,变废为宝,综合利用,也是实验室工作的重要组成部分。实验室"三废"(废气、废液、废物)的处理方法。

1. 废气

实验室产生的废气包括试剂和样品的挥发物、分析过程中间产物、泄漏和排空的标准气和载气,常见的是酸雾、甲醛、苯系物、各种有机溶剂等常见污染物和汞蒸汽、光气等较少遇到的污染物。

通常实验室中直接产生少量有毒、有害气体的实验都要求在通风橱或通风管道内进行,一般的有毒气体可通过空气稀释排出。大量的有毒气体必须通过处理后才能排放。常见的方法如下:

(1)冷凝法:利用蒸气冷却凝结,回收高浓度有机蒸汽和汞、砷、硫、磷等。

(2)燃烧法:将可燃物质加热后与氧化合进行燃烧,使污染物转化成二氧化碳和水等,从而使废气净化。

(3)吸收法:利用某些物质易溶于水或其他溶液的性质,使废气中的有害物质进入液体得以净化。

(4)吸附法:使废气与多孔性固体(吸附剂)接触,将有害物质吸附在固体表面,以分离污染物。

(5)催化剂法:利用不同催化剂对各类物质的不同催化活性,使废气中的污染物转化成无害的化合物或比原来存在状态更易除去的物质,以达到净化有害气体的目的。

(6)过滤法:含有放射性物质的废气,须经过滤器过滤后排往大气中。

2. 废液

实验室废液一般分为无机和有机废液两大类,无机废液:包括含重金属废液、含氰废液、含汞废液、含氟废液、酸性废液、碱性废液及含钡、六价铬废液等。有机废液:包括油脂类、含卤素有机溶剂及不含卤素有机溶剂等。产生于多余的样品、实验残液、失效的贮藏液和洗液、大量洗涤水等。废液应根据其化学特性选择合适的容器和存放地点,通过密闭容器(如黑色方形塑料桶)中存放,分类贮存,容器标签必须标明废物种类、贮存时间,定期处理。一般废酸液、废碱液,可将废酸(碱)液与废碱(酸)液中和至 pH = 6 ~ 8、混凝沉淀(如有沉淀过滤后)、次氯酸钠氧化等净化处理后排放。有机溶剂废液应根据性质以适当的方法处理进行回收。废水可循环使用减少排放或通过净化处理达标排放。净化的方法一般有三种:

物理法:如沉淀、过滤、离心分离、浮选(气浮)、机械阻留、隔油、萃取、蒸发结晶(浓缩)、反渗透等。

化学法:如混凝沉淀、中和、氧化还原、电解,吸附消毒等。

生物法:如活性污泥法、生物膜法、生物氧化塘、污水灌溉等。

常见废液的处理方法和原理如下:

2.1 含汞废液的处理

(1)硫化物共沉淀法:先将含汞盐的废液的 pH 值调至 8 - 10,然后加入过量的 Na_2S,使其生成 HgS 沉淀。再加入 $FeSO_4$(共沉淀剂),与过量的 S^{2-} 生成 FeS 沉淀,将悬浮在水中难以沉淀的 HgS 微粒吸附共沉淀，然后静置、分离，再经离心、过滤，滤液的含汞量可降至 0.05 mg/L 以下。残渣可回收或深埋。

(2)还原法：利用镁粉、铝粉、铁粉、锌粉等还原性金属，将 Hg^{2+}、$Hg_2{}^{2+}$ 还原为单质 Hg（此法并不十分理想）。

(3)离子交换法：利用阳离子交换树脂把 Hg^{2+}、$Hg_2{}^{2+}$ 交换于树脂上，然后再回收利用（此法较为理想，但成本较高）。

(4)金属汞不慎洒落，应尽可能收集，水封于试剂瓶中，分散小粒，可用硫磺粉、锌粉或三氯化铁溶液清除。

2.2 含镉废液的处理

(1)氢氧化物沉淀法：在含镉的废液中投加石灰，调节 pH 值至 10.5 以上，充分搅拌后放置，使镉离子变为难溶的 $Cd(OH)_2$ 沉淀. 分离沉淀，用双硫腙分光光度法检测滤液中的 Cd 离子后（降至 $0.1 mg \cdot L^{-1}$ 以下），将滤液中和至 pH 值约为 7，然后排放。

(2)离子交换法：利用 Cd^{2+} 离子比水中其他离子与阳离子交换树脂有更强的结合力，优先交换。

2.3 含铅废液的处理

在废液中加入消石灰，调节至 pH 值大于 11，使废液中的铅生成 $Pb(OH)_2$ 沉淀。然后加入 $Al_2(SO_4)_3$（凝聚剂），将 pH 值降至 7 - 8，则 $Pb(OH)_2$ 与 $Al(OH)_3$ 共沉淀，分离沉淀，达标后排放。

2.4 含砷废液的处理

(1)石灰法 将石灰投入到含砷废水中，使生成难溶的亚砷酸盐和砷酸盐。如：

$As_2O_3 + Ca(OH)_2 == Ca(AsO_2)_2(s) + H_2O$

$As_2O_5 + 3Ca(OH)_2 = Ca_3(AsO_4)_2(s) + 3H_2O$

(2)硫化法 用 H_2S 或 NaHS 作沉淀剂，使之生成难溶硫化物沉淀。

(3)镁盐脱砷法 在含砷废水中加入足够的镁盐，调节镁砷比为 8 ~ 12，然后利用石灰或其他碱性物质将废水中和至弱碱性，控制 pH = 9.5 ~ 10.5，利用新生的氢氧化镁与砷化合物共沉积和吸附作用，将废水中的砷除去。

沉降分离达标后，将溶液 pH 调到 pH = 6 ~ 8，排放。

2.5 含氰化物废液的处理

(1)少量含氰废液在废液中加入亚铁盐的碱性溶液，使其生成稳定的毒性较小的亚铁氰酸盐排放。

$$Fe^{2+} + 6CN^- = [Fe(CN)_6]^{3-}$$

(2)大量含氰废液则需将废液用碱调到 pH > 10 后，加入足量的次氯酸盐或高锰酸钾，充分搅拌，放置过夜，使 CN^- 分解为 $CO_3{}^{2-}$ 和 N_2 后，再将溶液 pH 调到 6 ~ 8 排放。

$$2CN^- + 5ClO^- + 2OH^- = 2CO_3{}^{2-} + N_2(g) + 5Cl^- + H_2O$$

(3)在废液中加入海波的碱性溶液，使其生成无毒的硫氰酸盐。

$$NaCN + Na_2S_2O_3 = NaSCN + Na_2SO_3$$

2.6 废弃铬酸洗液的处理

铬酸洗液腐蚀性甚为强大，特别是加热使用（热铬酸洗液腐蚀性极强，可以瞬间腐蚀穿透普通乳胶手套，必须谨慎操作），可以轻松洗干净用去污粉、机械擦除等常规方法难以洗掉的顽固污垢。但是废弃的铬酸洗液由于含有少量 Cr(VI)，切勿直接倒入废液缸或者下水道！

正确的处理方法是：

(1)废铬酸洗液倒入适量水中（顺序不可颠倒）稀释之。

(2)铁氧体法 在含 Cr(Ⅵ)的酸性溶液中加硫酸亚铁，使 Cr(Ⅵ)还原为 Cr(Ⅲ)，再利用 NaOH 调

pH 至 6 ~ 8，并通入适量的空气，控制 Cr(Ⅵ)与 $FeSO_4$ 的比例，使生成难溶于水的组成类似于 Fe_3O_4（铁氧体）的氧化物（此氧化物有磁性），借助于磁铁或电磁铁可使其沉淀分离出来，达到排放标准（0.5 mg · L^{-1}）。反应：

$$Cr(VI) + 3Fe(II) = Cr(III) + 3Fe(III)$$

(3) 加入适量石灰乳（这个最便宜，有其他适当的廉价资源如工业液碱或者实验室废碱液也可以利用，不可用块状石灰石，因 $CaSO_4$ 覆盖在表面，中和反应过慢），调整到 pH > 10，$Cr(OH)_3$、$Fe(OH)_3$、$CaSO_4$ 沉淀下来。充分静置，上层清液可以直接排入实验室废液缸或者用大量水稀释后排入下水道，沉淀仍需要妥善处理，推荐用装入小塑料袋内，再用混凝土包敷浇筑以后填埋处理。

(4) 离子交换法 含铬废水中，除含有 Cr(Ⅵ)外，还含有多种阳离子。通常将废液在酸性条件下（pH = 2 ~ 3）通过强酸性 H 型阳离子交换树脂，除去金属阳离子，再通过大孔弱碱性 OH 型阴离子交换树脂，除去 SO_4^{2-} 等阴离子。流出液为中性，可作为纯水循环利用。阳离子树脂用盐酸再生，阴离子树脂用氢氧化钠再生，再生可回收铬酸钠。

2.7 含酚废液的处理

酚属剧毒类细胞原浆毒物，处理方法：低浓度的含酚废液可加入次氯酸钠或漂白粉煮一下，使酚分解为二氧化碳和水。如果是高浓度的含酚废液，可通过醋酸丁酯萃取，再加少量的氢氧化钠溶液反萃取，经调节 pH 值后进行蒸馏回收。处理后的废液排放。

2.8 综合废液处理

用酸、碱调节废液 pH 为 3 - 4、加入铁粉，搅拌 30 min，然后用碱调节 pH 为 9 左右，继续搅拌 10 min，加入硫酸铝或碱式氯化铝混凝剂进行混凝沉淀，上清液可直接排放，沉淀按废渣方式处理。

3. 固体废弃物

实验室产生的固体废物包括多余样品、难溶性产物、消耗或破损的实验用品（如玻璃器皿、纱布、纸屑等）、残留或失效的化学试剂等。这些固体废物成分复杂，涵盖各类化学、生物污染物，尤其是不少过期失效的、标签脱落的化学试剂，处理稍有不慎，很容易导致严重的污染事故。一般可回收利用的经无害化回炉（收）统一集中处理，不能回收利用的统一收集后，通过热处理（如焚化、热解、熔融等）、稳定化（加稳定剂）、固化、深度掩埋法加以处理。

(1) 钠、钾屑及碱金属、碱土金属氢化物、氨化物 悬浮于四氢呋喃中，在搅拌下慢慢滴加乙醇或异丙醇至不再放出氢气为止，再慢慢加水澄清后冲入下水道。

(2) 硼氢化钠（钾）用甲醇溶解后，用水充分稀释，再加酸并放置，此时有剧毒硼烷产生，所以应在通风橱内进行，其废液用水稀释后冲入下水道。

(3) 酰氯、酸酐、三氯化磷、五氯化磷、氯化亚砜在搅拌下加入大量水中冲走。五氯化二磷加水，用碱中和后冲走。

(4) 沾有铁、钴、镍、铜催化剂的废纸、废塑料，变干后易燃，不能随便丢入废纸篓内，应趁未干时，深埋于地下。

(5) 重金属及其难溶盐 能回收的尽量回收。不能回收的集中起来深埋于远离水源的地下。

对于生物性废弃物及放射性废弃物，则国家另有专门规定，应该严加遵守。

目前，我国对实验室的污染排放并没有专门的规定，一般参照企业的污染排放标准。实验室在建设或认可验收时会对实验室的废弃物排放提出要求，但我们要着眼于可持续发展，保护我们赖以生存的环境和地球，尽可能少排或不排放污染物，如微型实验的开设和推广、倡导绿色化学实验、计算机辅助教学模拟化学实验（仿真实验）等等，都是值得借鉴的经验，应该大力普及推广。

三、化学实验中的测量误差与有效数字

（一）误差的分类、起因及消除方法

在定量分析中，由于各种原因导致而产生的误差，根据其性质的不同，可以分为系统误差和偶然误差两大类。

1. 系统误差

是由某种确定的原因所造成的误差。其特点具有："单向性"、"重复性"、"可测性"。

根据系统误差的性质和产生的原因，可将其分为：

（1）方法误差：由分析方法本身所存在的某些缺陷所造成的。该误差将系统地导致分析结果偏高或偏低。

（2）仪器和试剂误差：是由于测量仪器不够精密和试剂不合格或不纯所产生的误差。它也会使分析结果系统地偏高或偏低。

（3）操作误差：是分析人员的操作不规范所引起的误差。

在分析测定中，上述三种误差都可能存在。通过对多次分析结果分析发现，系统误差会以两种形式表现出来，即恒量误差、比例误差。

恒量误差：在多次平行测定中，系统误差的绝对值保持不变，但相对值随被测组分含量的增加而减少。

比例误差：在多次平行测定中，系统误差的绝对值随被测物量的增加而成比例增大，但相对值保持不变。

因系统误差的方向及大小固定，并具有重复性，故可以采用加校正值的方法予以消除。具体可以采用校准仪器、空白试验、对照试验、回收试验等方法消除测量中的系统误差。

2. 偶然误差

偶然误差也称为随机误差，是由某些偶然的、随机的原因所产生的误差。其特点是误差的正负、大小不固定，具有随机性。但在消除了系统误差的前提下，偶然误差服从统计学规律，即大误差出现的概率小，小误差出现的概率大，绝对值相等的正负误差出现的概率基本相等。因此，在消除了系统误差的前提下，通过适当的增加平行测量次数，取平均值表示测定结果，可以减小偶然误差。

（二）准确度与精密度

1. 准确度

测量值与真实值接近的程度。测量值与真实值越接近，测量越准确。误差是衡量准确度高低的尺度，常用绝对误差和相对误差表示。

（1）绝对误差（δ） 测量值与真实值之差。

$$\delta = x - \mu \qquad (1)$$

（2）相对误差 绝对误差与真实值之百比值。

$$相对误差 = \frac{\delta}{\mu} \times 100\% \qquad (2)$$

2. 精密度

在多次平行测量中，各测量值彼此之间相互接近的程度。各测量值之间越接近，测量的精密度越高。精密度的高低用偏差来表示。

(1)绝对偏差 $d = x_i - \overline{X} \quad (\overline{X} = \frac{1}{n}\sum_{i=1}^{n} x_i)$ (3)

(2)平均偏差 $\overline{d} = \frac{\sum_{i=1}^{n} |x_i - \overline{X}|}{n}$ (4)

(3)相对平均偏差 相对平均偏差 $= \frac{\overline{d}}{\overline{X}} \times 100\%$ (5)

(4)标准偏差 $S = \sqrt{\frac{\sum_{i=1}^{n} (x_i - \overline{X})^2}{n-1}} = \sqrt{\frac{\sum_{n=i}^{np} x_i^2 - \frac{1}{n}(\sum_{i=1}^{n} x_i)^2}{n-1}}$ (6)

(5)相对标准偏差(*RSD*)或变异系数(*CV*) $RSD\% = \frac{S}{\overline{X}} \times 100\%$ (7)

3. 准确度与精密度的关系

准确度表示测量结果的正确性,精密度表示测量结果的重复性或重现性。精密度是保证准确度的先决条件,没有好的精密度就不可能有好的准确度。在消除系统误差的前提条件下,测量越精密,偶然误差越小,测量结果越接近真实值,在这种情况下,才能用精密度来表达准确度,精密度好准确度就高,但并不是所有情况下精密度好准确度就高,因为准确度是由系统误差和偶然误差共同决定的,只有在系统误差和偶然误差都很小的情况下,准确度才高。

准确度高的前提是精密度高,但精密度高不一定准确度高。

(三)误差的传递

定量分析结果往往是通过一系列测量数据,按一定公式计算出来的。每一测量步骤所引入的误差都会或多或少地影响分析结果的准确度,即测量中的误差会通过计算传递到最终结果中。系统误差与偶然误差传递规律是不同的。

1. 系统误差的传递

(1)和或差的绝对误差等于各测量值的绝对误差之代数和

(2)积或商的相对误差等于各测量值的相对误差之代数和

测量的系统误差传递

运算式	传递形式
$R = x + y - z$	$\delta_R = \delta_x + \delta_y - \delta_z$
$R = x \cdot y / z$	$\frac{\delta_R}{R} = \frac{\delta_x}{x} + \frac{\delta_y}{y} - \frac{\delta_z}{z}$

2. 偶然误差的传递

(1)和或差的标准偏差的平方,等于各测量值的标准偏差的平方和。

(2)积或商的相对标准偏差的平方,等于各测量值的相对标准偏差的平方和。

测量的偶然误差传递

运算式	传递形式
$R = x + y - z$	$S_R^2 = S_x^2 + S_y^2 + S_z^2$
$R = x \cdot y / z$	$\left(\frac{S_R}{R}\right)^2 = \left(\frac{S_x}{x}\right)^2 + \left(\frac{S_y}{y}\right)^2 + \left(\frac{S_z}{z}\right)^2$

(四)有效数字及运算

1. 有效数字

有效数字是指在分析工作中实际能测量到的数字。

2. 有效数字的构成

有效数字由准确值与一位欠准值共同构成;欠准值能反映出测量时所使用的仪器精度,因此,有效数字不仅能表示数值的大小,还能反映测量的精密程度。

3. 有效数字的位数

有效数字的位数能反映测量和结果的准确程度。

(1)首先要将有效数字与自然数区分开来,自然数是非测量所得数值,可以认为是准确无误的,包括:国际标准常数(如光速)、测量次数、样品份数、计算中的倍数、化学计量关系以及各类常数等。

(2)在数据中数字1至9均为有效数字,但数字0较为特殊,当0位于其他数字之前时,它不是有效数字;只有当0位于其他数字之间或之后时,则0是有效数字,则应被计入有效数字位数。如:0.036两位,1.036或1.360均为四位。

(3)对于很小的数字,可以采用科学记数法,其中指数部分表示数字的大小,指数前的部分为有效数字。如0.000036,可写成3.6×10^{-5}。

(4)首位数字≥8,其有效数字的位数可多计一位。

(5)化学中常用的pH及pK_A^θ等对数值,其有效数字仅取决于对数值尾数部分的位数,而其首数只代表原真数的大小。即对数值尾数部分的位数要与真数值的位数相同。

如$[H^+]=1.0\times10^{-5}mol\cdot L^{-1}$,pH=5.00。

4. 有效数字的修约规则

(1)采用"四舍六入五成双"规则。

(2)禁止分次修约:只允许对原数据一次修约至所需位数,不能分次修约。例如将数据2.7458修约为两位,应为2.7458→2.7;若分次修约:2.7458→2.746→2.75→2.8就错了。

(3)可多保留一位有效数字进行运算:在大量运算中,为提高运算速度,防止修约误差的迅速积累,对所有参与运算的数据多保留一位有效数字进行运算,再将运算结果按运算规则修约到应有的位数。如计算3.568、2.8、1.25、0.035的和。按加法运算规则,计算结果只应保留一位小数。在计算时先多保留一位有效数字,则上述数据的计算式可以写成$3.57+2.8+2.25+0.04=8.66$,最后将计算结果修约到8.7。

(4)修约标准偏差。表示标准偏差时,一般取两位有效数字。对标准偏差的修约,其结果应采取使精密度降低的原则。例如,某计算结果的标准偏差为0.312,取两位有效数字,应修约为0.32。

(5)与标准限度值比较时不应修约。在分析测定中,常将分析结果与标准限度值进行比较,以判定样品是否合格。若标准中无特别注明,一般不应对分析结果进行修约,而应采用全数值比较。如某标准试样中含铬量≤0.02%为合格,则0.02%即为标准限度值,若对某样的分析结果为0.23%,按修约值0.02%比较则判为合格,而按全数值0.023%比较,则应为不合格。

5. 有效数字的运算规则

(1)加减法 加减法的和或差的误差是以各数值的绝对误差来传递的。所以,计算结果的绝对误差须与参与计算的数值中绝对误差最大的数据相当,即若干个数值的和或差有效数字的保留,应以小数点后位数最少的数据为依据。例如$2.2536+10.02+1.1=13.4$,计算结果以第三个数1.1为依据保留。

(2)乘除法 乘除法的积或商的误差是以各数值的相对误差来传递的。计算结果的相对误差须与参与计算的数值中相对误差最大的数据相当,即若干个数值的积或商有效数字的保留,应以有效数字位数最少的数据为依据。例如 $2.2536 \times 10.02 \times 0.0132 = 0.298$,计算结果以有效数字位数最少的 0.0132 为依据保留。

四、化学实验数据的处理和结果的表达

化学实验数据的表示法主要有如下三种方法:列表法、图解法、数学方程式法。

1. 列表法

列表法表达数据,具有直观、简明的特点。实验的原始数据一般均以此方法记录。列表需标明表名。表名应简明,但又要完整地表达表中数据的含义。此外,还应说明获得数据的有关条件。表格的纵列一般为实验号,而横列为测量因素。记录数据应符合有效数字的规定,并使数字的小数点对齐,便于数据的比较分析。

2. 图解法

图解法可以使测量数据间的关系表达得更为直观。在许多测量仪器中使用记录仪记录获得测量图形,利用图形可以直接地或间接求得分析结果。

2.1 利用变量间的定量关系图形求得未知物含量

定量分析中的标准曲线,就是将自变量浓度为横坐标,应变量即各测定方法相应的物理量为纵坐标,绘制标准曲线。对于欲求的未知物浓度,可以由它测得的相应物理量值从标准曲线上查得。

2.2 通过曲线外推法求值

分析化学测量中常用间接方法求测量值。如对未知试样可以通过连续加入标准溶液,测得相应方法的物理量变化,用外推作图法求得结果。在氟离子选择电极测定饮用水中氟含量的实验中,使用了格式图解法求得氟离子含量。

2.3 求函数的极值或转折点

实验常需要确定变量之间的极大、极小、转折等,通过图形表达后,可迅速求得其值。如光谱吸收曲线中,峰值波长及它的摩尔吸光系数的求得;滴定分析中,通过滴定曲线上的转折点求得滴定终点等。

2.4 图解微分法和图解积分法

如利用图解微分法来确定电位滴定的终点,在气相色谱法中,利用图解积分法求色谱峰面积。

3. 作图方法

作图的方法和技术将影响图解结果,现将标绘时的要点介绍如下:

3.1 标绘工具及图纸

绘图工具主要有铅笔(1H),透明直尺及曲尺,圆规等。

一般情况下,均选用直角坐标纸。如果一个坐标是测量值的对数,则可用单对数坐标纸,如直接电位法中,电位与浓度的曲线绘制。如果两个坐标都是测量值的对数,则要用双对数坐标纸。

3.2 坐标标度的选择

(1)以自变量为横坐标,应变量为纵坐标。

(2)选择合适的坐标标绘变量,使测量结果尽可能绘得一条直线,便于绘制和应用。

(3)绘出的直线或近乎直线的曲线,应使它安置在接近坐标的 45 角。

(4)标的标度。首先，应使测量值在坐标上的位置方便易读。如坐标轴上各线间距表示数量 1、2、4 或 5 是适宜的，但应避免使用 3、6、7 或 9 等数字。其次，应能表达全部有效数字，图上读出各物理量的精密度应与测量的精密度一致。最后，坐标的起始点不一定是零。可用低于最低测量值的某一整数作起点，高于最高测量值的某一整数作终点，以充分利用坐标纸，但各个测量值的坐标精密度不超过 1－2 个最小分度。

3.3 图纸的标绘

(1)各坐标轴应标明该轴的变量名称及单位，并在纵轴的左面及横轴的下面，每隔一定距离标明变量的数值，即分度值，但不要将实验数据写在轴旁。标记分度值的有效数字一般应与测量数据相同。

(2)标绘数据时，可用符号代表点，其中心点代表测得的数据值，圆点的面积大小应与测量的精密度相当。若在一张图纸上绘几条曲线，则每组数据应选用不同的符号代表，如用⊙，×、□、△等符号，但在一张图纸上不宜标绘过多。当两个变量的精密度相差较大时，代表点可用矩形符号或变相矩形符号，并需在图上注明。

(3)绘线时，如果两个量成线性关系，按点的分布情况作一直线，所绘的直线应与各点接近，但不必通过所有点，因为直线表示代表点的平均变动情况。在绘制曲线时，曲线尽可能接近实验点，但不必全部通过各点，只要各点均匀地分布在曲线两侧邻近即可，一般原则为：曲线两旁的点数量近似相等；曲线与点间的距离尽可能小，点和曲线间的距离表示该组实验测量数据的绝对误差。图 1－2 所示的为描线的方法。

曲线两侧各点与曲线距离之和接近相等；曲线应光滑均匀。如果毫无理由的将个别点远离曲线，这样所绘的曲线是不正确的，一般讲，曲线上不应有突然弯曲和不连续的地方，但如果这种情况确实超出了测量值的误差范围，则不能忽视。如光谱吸收曲线上的突然弯曲显示了峰肩的存在。曲线的具体绘法，先用淡铅笔手绘一条曲线，再用曲线板依曲线逐段凑合描光滑，并注意各段描线的衔接，使整条曲线平滑均匀连续。

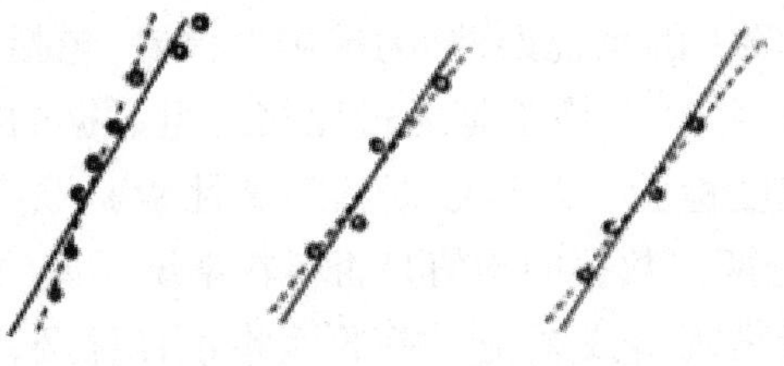

图 1－2　曲线的描画法

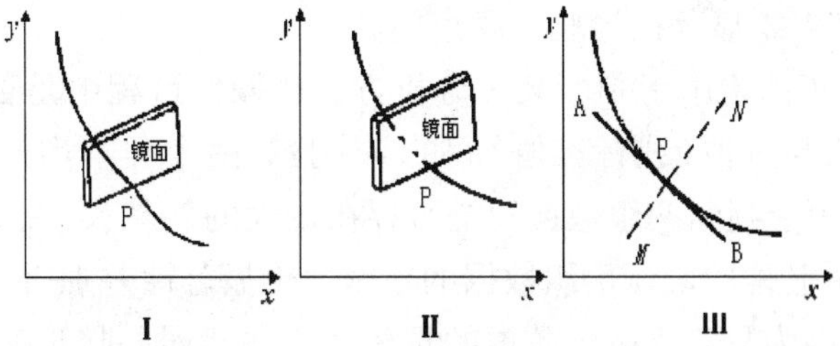

图 1－3　镜面法求曲线的斜率

(4)曲线上作切线：一般用镜像法，若在曲线的指定点 P 作切线，可取一底边平整的镜子，使其垂直于图面上，并通过曲线上待作切线的点 P，然后让镜子绕 P 点转动，注意观察镜中曲线影像，当镜子转到某一位子如图－3 Ⅱ 所示，使得曲线与其影像刚好平滑的连成一条曲线时，过 P 点沿镜子作一直线 MN 即为 P 点的法线，过 P 点再作法线 MN 的垂线 AB 就是曲线上 P 点的切线，如图 1－3Ⅲ所示。

3.4 图名和说明

绘好图后应注上图名，例如“$\ln K^{\theta}-1/T$ 图”等。测量的主要条件，最后标写姓名、日期。

4. 实验结果的数值表示

报告分析结果时，必须给出多次分析结果的平均值以及它的精密度。注意数值所表示的准确度与测量工具、分析方法的精密度相一致。报告的数据应遵守有效数字规则。

重复测量试样，平均值应报告 出有效数字的可疑数。例：三次重复测量结果为 11.32、11.35、

11.32,内中11.3为确定数,第四位为可疑数,其平均值应报告11.33。若三次结果为11.42、11.35、11.22,则小数点后一位就为可疑数,其平均值应报11.3。

4.1 可疑数据取舍

在一组平行测量值中常常出现某一、两个测量值比其余值明显地偏高或偏低,即为可疑数据。首先应判断此可疑数据是由过失误差引起的,还是偶然误差波动性的极度表现?若为前者则应当舍弃,而后者需用Q检验或G检验等统计检验方法,确定该可疑值与其他数据是否来源于同一总体,以决定取舍。

4.1.1 Q检验法

当测量数据不多时,可按下述方法取舍。将测定值由小至大按顺序排列,如:$x_1, x_2 \cdots x_{n-1}, x_n$,其中可疑值为 x_1 或 x_n。然后按下式求出可疑值统计量 Q:

$$Q=\frac{x_n-x_{n-1}}{x_n-x_1} \qquad Q=\frac{x_2-x_1}{x_n-x_1}$$

Q 值越大,说明离群越远,远至一定程度时则应将其舍去,故 Q 称为舍弃商。

根据测定次数 n 和所要求的置信度 P 查 Q_P, n 值表。若 $Q > Q_P, n$,则以一定的置信度弃去可疑值,反之则保留,分析化学中置信度通常取0.90。

4.1.2 格鲁布斯法

将测定值由小至大按顺序排列,其中可疑值为 x_1 或 x_n。先计算该组数据的平均值和标准偏差,再计算统计量 G。

若 x_1 可疑,$G=\frac{\bar{x}-x_1}{s}$　若 x_n 可疑,　$G=\frac{x_n-\bar{x}}{s}$

根据事先确定的置信度和测定次数查表。若 $G > G_P, n$,说明可疑值对相对平均值的偏离较大,则以一定的置信度弃去可疑值,反之则保留。

在运用格鲁布斯法判断可疑值的取舍时,由于引入了 t 分布中最基本的两个参数 G 和 x_s,故该方法的准确度较 Q 法高,因此得到普遍采用。

4.2 显著性检验及注意问题

t检验用于判断某一分析方法或操作过程中是否存在较大的系统误差,为准确度检验,包括样本均值与真值(或标准值)间的t检验和两个样本均值间的t检验;F检验是通过比较两组数据的方差 S^2,用于判断两组数据间是否存在较大的偶然误差,为精密度检验。两组数据的显著性检验顺序是,先由F检验确认两组数据的精密度无显著性差别后,再进行两组数据的均值是否存在系统误差的t检验,因为只有当两组数据的精密度或偶然误差接近时,进行准确度或系统误差的检验才有意义,否则会得出错误判断。

需要注意的是:①检验两个分析结果间是否存在着显著性差异时,用双侧检验;若检验某分析结果是否明显高于(或低于)某值,则用单侧检验;②由于 t 与 F 等的临界值随 α 的不同而不同,因此置信水平 P 或显著性水平 α 的选择必须适当,否则可能将存在显著性差异的两个分析结果判为无显著性差异,或者相反。

4.2.1 F检验法(精密度检验)

F 检验法是通过对两组数据方差比较,来判定它们的精密度是否有显著性差异,即判定两组数据间是否有显著的偶然误差。

F 检验法的步骤是首先计算出两个样本的方差 s_1^2 和 s_2^2,再按下式计算 F 值,将得到的计算值与数表中的 F 值(置信度95%)进行比较,若 $F > F_{表}$,说明两组数据的精密度存在显著性差异;反之,说明两组数据的精密度不存在显著性差异。

$$F=\frac{s_1^2}{s_2^2}\quad (s_1>s_2)$$

4.2.2 *t* 检验(准确度检验)

t 检验是检验、判断某分析方法是否存在较大系统误差的统计学方法,主要有:

(1)平均值与标准值(相对真值、约定真值)的比较。

$$t=\frac{|\bar{x}-\mu|}{s}\sqrt{n}$$

将样本的 $\bar{x}$、S、n 及标准值从代入上式,求出 t 值,将得到的计算值与数表中规定的置信度和自由度的 t 值进行比较,若 $t \geq t_{表}$,说明样本数据的 $\bar{x}$ 与 μ 存在显著性差异;反之,说明不存在显著性差异。

(2)两组样本平均值的比较。

设两组数据为:$n_1, s_1, \overline{x_1}$ 及 $n_2, s_2, \overline{x_2}$。先用 F 检验两组数据精密度 s_1 和 s_2 无显著性差异时,在检验两组样本平均值有无显著性差异。用下式计算 t 值:

$$t=\frac{|\overline{x_1}-\overline{x_2}|}{S_R}\cdot\sqrt{\frac{n_1\cdot n_2}{n_1+n_2}},\text{其中 } s_R:\quad S_R=\sqrt{\frac{s_1^2(n-1)+s_2^2(n_2-1)}{(n_1+1)(n_2-1)}}$$

求出 t 值,将得到的计算值与数表中规定的置信度和自由度的 t 值进行比较,若 $t \geq t_{表}$,说明样本数据的与存在显著性差异;反之,说明不存在显著性差异。

4.3 数据统计处理的基本步骤

进行数据统计处理的基本步骤是,首先进行可疑数据的取舍(*Q* 检验或 *G* 检验),而后进行精密度检验(*F* 检验),最后进行准确度检验(*t* 检验)。

当测量值遵守正态分布规律时,其平均值为最可信赖值和最佳值,它的精密度优于个别测量值,故在计算不少于四个测量值的平均值时,平均值的有效数字位数可增加一位。

一项测定完成后,仅报告平均值是不够的,还应报告这一平均值的偏差。在多数场合下,偏差值只取一位有效数字。只有在多次测量时,取两位有效数字,且最多只能取两位。然后用置信区间来表达平均值的可靠性更可取。

五、化学手册 文献简介与使用

(一)化学实验文献简介

化学文献是有关化学方面的科学研究、生产实践等的记录和总结。查阅化学文献是科学研究的一个重要组成部分,是培养动手能力的一个重要方面,是每个化学工作者应具备的基本功之一。查阅文献资料的目的是为了了解某个课题的历史概况,目前国内外的水平,发展的动态及方向。只有“知己知彼”,才能使你的工作起始于一个较高的水平,并有一个明确的目标。但也应看到,由于种种原因,有的文献把最关键的部分,或叙述得不甚详尽,或避实谈虚。这就要求我们在查阅和利用文献时必须采取辨证的分析的方法对待之。

文献按内容区分有一次文献,二次文献和三次文献。一次文献即原始文献,例如期刊,杂志,专利等作者直接报道的科研论文。二次文献指检索一次文献的工具书,例如美国化学文摘及其相关索引。三次文献为将原始论文数据归纳整理形成的综合资料,例如综述,图书,词典,百科全书,手册等.在这一节里把文献资料分为工具书和专业参考书、期刊及化学文摘三部分予以简单介绍。

(二)化学手册、辞典和专业参考书简介及查阅

1. 化学手册、辞典简介及查阅方法

(1)化工辞典(第二版)(王箴主编,化学工业出版社出版,1979 年)。

这是一本综合性化工工具书,收集了有关化学、化工名词 1 万余条,列出了该物质的分子式、结构式,基本的物理化学性质及相对密度、熔点、沸点、溶解度等数据,并有简要的制法和用途说明。化工过程的生产方式仅述主要内容及原理,书前有按笔画为顺序的目录,书末有汉语拼音检索。

(2)化学化工药学大辞典(黄天守编译,台湾大学图书公司出版,1982 年)。

这是一本关于化学、医药及化工方面较新较全的工具书。该书取材于多种百科全书,收录近万个化学、医药及化工等常用物质,采用英文名称按序排列方式。每一名词各自成一独立单元,其内容包括组成、结构、制法、性质、用途(含药效)及参考文献等。本书取材新颖,叙述详细。书末附有 600 多个有机人名反应。

(3)*Stecher, P. G.* (*The Merk Index*, *9th Ed.*, 1976 年)。

该书的性质类似于化工辞典,但较详细。主要是有机化合物和药物。它收集了近一万种化合物的性质、制法和用途,4500 多个结构式及 42000 条化学产品和药物的命名。化合物按名称字母的顺序排列,冠有流水号,依次列出 1972 ~ 1976 年汇集的化学文摘名称以及可供选用的化学名称、药物编码、商品名、化学式、相对分子质量、文献、结构式、物理数据、标题化合物的衍生物的普通名称和商品名。此外,还专门有一节谈到中毒的急救;并以表格形式列出了许多化学工作者经常使用的有关数学、物理常数和数据、单位的换算等。卷末有分子式和主题索引。

(4)*Lange's Handbook of Chemistry*(兰氏化学手册)(*James G. Speight, Ph. D.* 主编,*16th Edition*, *McGraw - Hill Company* 出版,2005 年)。

本书于 1934 年出第 1 版,从第 1 版至第 10 版由 *Lange, N. A.* 主编。第 11 版至第 15 版由 *Dean, J. A.* 主编。本书内容包括数学、综合数据和换算表、原子和分子结构、无机化学、分析化学、电化学、有机化学、光谱学、热力学性质、物理性质、其他等共十一章。

本书已翻译为中文,名为《兰氏化学手册》(第 13 版),尚久芳等译,科学出版社出版,1991 年 3 月出版。

(5)*Handbook of Chemistry and Physics* (*CRC* 化学物理手册)(简称 *CRC*,是美国化学橡胶公司(*Chemical Rubber Company*)出版的理化手册)。

1913 年首版,目前已出第 91 版本(2011 年)。早期内容分为 6 大类,报道数学用表,无机,有机,普化,普通物理常数,及其他。目前扩充报道 20 部,包括基本常数单位(*section* 1),符号和命名(*section* 2),有机(*section* 3),无机(*section* 4),热力学动力学(*section* 5),流体(*section* 6),生化(*section* 7),分析(*section* 8),分子结构与光谱(*section* 9)等。刊出有以上 1 万多种化合物的结构式,本章后面的索引有同义词索引,*CAS* 登记号索引等。

(6)*Heilbron I. V.* (*Dictionary of Organic Compounds*, *5th Ed.*, 1982 年)。

本书收集常见的有机化合物近 3 万条,连同衍生物在内共约 6 万余条。内容为有机化合物的组成、分子式、结构式、来源、性状、物理常数、化合物性质及其衍生物等。并给出了制备这个化合物的主要文献资料。各化合物按名称的英文字母顺序排列。本书自第 6 版以后,每年出一补编,到 1988 年已出了第 6 补编。该书已有中文译本名为《汉译海氏有机化合物辞典》,中文译本仍按化合物英文名称的字母顺序排列,在英文名称后面附有中文名称。因此,在使用中文译本时,仍然需要知道化合物的英文名称。

(7)《格麦林无机化学手册》《*Gmelin's Handbook der Amorganischen Chemie*》。

完备的大型无机化合物手册。第1版由德国化学家 *L.* 格麦林主编,因此得名。该手册主要提供各种无机物质(元素及其化合物)的资料和数据;此外还提供有关的化学史、宇宙化学、地球化学、地质学、矿物学、冶金学、金相学、化学工艺、原子物理、分析化学、晶体化学、合金的物理性质、电化学、毒理学及公害、经济和统计数字(各地的矿藏情况和开采量等)等资料。该手册内容丰富广泛,资料翔实可靠,为无机化学研究工作常用的重要工具书。新辑各卷大多兼用英文,并附有该卷英文索引。

(8)《分析化学手册》(第二版)(杭州大学化学系分析化学教研室。化学工业出版社,1997年)。

在第一版的基础上做了较大幅度的调整和增删、补充。全套书由10个分册构成:基础知识与安全知识、化学分析、光谱分析、电分析化学、气相色谱分析、液相色谱分析、核磁共振波谱分析、热分析、质谱分析、化学计量学。在第二版《分析化学手册》中注意贯彻了国家法定计量单位制关于量和单位的基本原则,取材上突出基础、常用、关键和发展,编排上注重实用性、系统性,所收数据准确。

(9)试剂手册(第三版)(中国医药集团上海化学试剂公司:上海科学技术出版社)。

《试剂手册》是从事科学研究、检测、生产、经营、储存运输以及化学品管理等人员的必备参考书。该书收集了无机试剂、有机试剂、生化试剂、临床试剂、仪器分析用试剂、标准品、精细化学品等资料编辑而成。每个化学品列有中英文正名、别名、化学结构式、分子式、相对分子量、性状、理化常数、毒性数据、危险性质、用途、质量标准、安全注意事项、危险品国家编号及中国医药集团上海化学试剂公司的商品编号等详尽资料。收入化学品11563个品种,按英文字母顺序编排,后附中、英文索引。

(10)现代化学试剂手册(共六册)(化学工业出版社,1988.07-1998.01)。

这是由不同专业人员分工负责编写的一套大型工具书,全套书包含通用试剂、化学分析试剂、生化试剂、无机离子显色试剂、金属有机试剂、仪器分析试剂六册。约含试剂7500余种。每个品种包含有别名、结构式、分子式、化学性质、合成方法、安全与贮存、参考文献。各分册均编有中文名称笔画索引、中文名称拼音索引和英文名称索引。

(11)《化学实验室手册》(夏玉宇,化学工业出版社:2004年)。

本书包括七章:第一章汇集了大量、必需,最新、常用的理化常数与特性。第二章汇编了化学实验室的仪器、设备和试剂和实验室有毒有害、易燃易爆危险品等物质的使用安全知识,以及化学实验室各方面管理制度;提供了有关化学方面的图书资料、数据库、期刊、图书馆与资料信息中心、出版社、实验仪器仪表、玻璃仪器、化学试剂、实验室设备、国家标准、标准物质等信息的网站,读者能及时查到所需的信息。第三章介绍了法定计量单位及各种计量单位间的换算;提供了最新有关化学的国家标准方法,各行业常用的标准物质。第四章提供了酸、碱、盐溶液、饱和溶液、特殊试剂溶液、指示剂溶液、缓冲溶液、*pH* 标准溶液、离子标准溶液。滴定分析标准溶液配制与标定方法及注意事项。第五章叙述了有关误差、有效数字、数据表达、数据处理、实验方法可靠性的检验等内容。第六章介绍理化常数及物质量的测定方法。第七章分离和富集方法包括:重结晶、升华、沉淀和共沉淀、挥发和蒸馏、冷冻浓缩;萃取;柱色谱;薄层色谱、薄层电泳、毛细管电泳;膜分离;浮选分离法;热色谱法;低温吹捕集法;流动注射分离法等。

(12)《无机化学合成与制备》(徐如人,庞文琴主编. 高等教育出版社,2001年)。

(13)*Beilstein Handbuch der Organischen Chemie*(贝尔斯坦有机化学大全):简称 *Beilstein*,为德国化学家 *Beilstein* 编写,1882年首版,之后由德国化学会编辑,以德文书写,是报道有机化合物数据和资料十分权威的巨著. 内容介绍化合物的结构,理化性质,衍生物的性质,鉴定分析方法,提取纯化或制备方法以及原始参考文献. *Beilstein* 所报道化合物的制备有许多比原始文献还详尽,并且更正了原作者的错误. 虽然德文不如英文普遍,但是许多早期的化学资料仍需借助 *Beilstein* 查询,加上目前 *Beilstein Online* 网络的流行(价格比 *CA* 便宜广用),因此学习和了解 *Beilstein* 的编辑和使用方法仍是不可免的。

2. 实验教材及参考书

无机化学实验

(1)华东理工大学无机化学教研组. 无机化学实验(第4版). 北京:高等教育出版社,2007.

(2)郎建平,卞国庆,孙尔康,张剑荣. 无机化学实验. 南京:南京大学出版社,2009.

(3)袁书玉. 无机化学实验. 北京:清华大学出版社,1996.

(4)武汉大学化学与分子科学实验中心. 无机化学实验. 武汉:武汉大学出版社,2002.

(5)北京师范大学无机化学教研室等. 无机化学实验(第3版修订版). 北京:高等教育出版社 2001.

(6)铁步荣,贾桂芝. 无机化学实验. 北京:中国中医药出版社,2005.

(7)中山大学. 无机化学实验(第3版). 北京:高等教育出版社, 1992.

(8)大连理工大学无机教研室. 无机化学实验(第2版). 北京:高等教育出版社,2004.

(9)南京大学大学化学实验教学组编.《大学化学实验》. 北京:高等教育出版社,1999.

(10)朱玲,徐春祥. 无机化学实验. 北京:高等教育出版社,2005.

(11)王传胜. 无机化学实验. 北京:化学工业出版社,2009.

(12)天津大学无机化学教研室. 大学化学实验(修订版). 天津:天津大学出版社,1998.

(13)史苏华. 无机化学实验. 武汉:华中科技大学出版社,2010.

(14)高明慧. 无机化学实验. 北京:中国科学技术大学出版社,2011.

(15)刘幸平、张拴. 无机化学(第2版). 北京:科学出版社,2011.

有机化学实验

(1)王清廉,李瀛,高坤. 有机化学实验(第3版). 北京:高等教育出版社,2010.

(2)关烨第,李翠娟,葛树丰. 有机化学实验(第2版). 北京大学出版社,2002.

(3)李妙葵,贾瑜, 高翔. 大学有机化学实验. 上海:复旦大学出版社,2006.

(4)克劳泽・施韦特利克(*Klaus Schwetlick*)等著. 万均,温永红译. 有机合成实验室手册(原著第22版). 北京:化学工业出版社,2010.

(5)吉卯祉,梁久来,黄家卫. 有机化学实验(第2版). 北京: 科学出版社,2011.

(6)阴金香. 基础有机化学实验. 北京:清华大学出版社,2010.

(7)彭松,林辉. 有机化学实验(第2版). 北京:中国中医药出版社,2010.

(8)兰州大学,复旦大学编. 有机化学实验,第2版. 北京:高等教育出版社, 1994.

(9)陆阳. 有机化学实验. 北京:人民卫生出版社,2008.

(10)曾昭琼. 有机化学实验,第3版. 北京:高等教育出版社,2000.

(11)北京大学化学系有机化学教研室. 有机化学实验. 北京:北京大学出版社,1990.

(12)武汉大学化学与分子科学学院实验中心. 有机化学实验. 武汉:武汉大学出版社,2004.

(13)唐玉海. 有机化学实验. 北京:高等教育出版社,2010.

(14)陈长水,刘汉兰. 微型有机化学实验. 北京:化学工业出版社,1998.

(15)大学化学实验改革课题组编. 大学化学新实验. 杭州:浙江大学出版社,1990.

(16)麦禄根. 有机合成实验. 北京:高等教育出版社,2002.

(17)贾瑛,张剑,许国根. 绿色有机化学实验. 西安:西北工业大学出版社,2009.

(18)武汉大学化学与分子科学学院实验中心. 医学有机化学实验. 武汉:武汉大学出版社,2010.

(19)高占先. 有机化学实验(第4版)(附光盘1张). 北京:高等教育出版社,2004.

(20)奚关根,赵长虹,高建宝. 有机化学实验. 上海:华东理工大学出版社,2002.

(21)李述文,范如霖. 实用有机化学手册. 上海:上海科学技术出版社,1981.

(22)帕维亚 *DL*,兰普曼 *GM*,小克里兹 *GS*. 现代有机实验技术导论. 北京:科学出版社,1985.

(23)周科衍,吕俊民. 有机化学实验,第 3 版. 北京:高等教育出版社,1999.

(24)有机化学实验技术编写组. 有机化学实验技术. 北京;科学出版社,1978.

分析化学实验

(1)赵怀清. 分析化学实验指导 (第 3 版). 北京:人民卫生出版社,2011.

(2)北京大学化学与分子工程学院分析化学教学组. 基础分析化学实验(第 3 版). 北京:北京大学出版社,2010.

(3)蔡蕍. 分析化学实验. 上海:上海交通大学出版社, 2010.

(4)武汉大学. 分析化学实验(第 5 版)(上册、下册). 北京:高等教育出版社,2011.

(5)马全红,等. 分析化学实验. 南京:南京大学出版社,2009.

(6)胡广林,等. 分析化学实验. 北京:化学工业出版社,2010.

(7)武汉大学化学与分子科学学院实验中心编. 分析化学实验. 北京:中国中医药出版社,2003.

(8)佘振宝,姜桂兰:分析化学实验. 北京:化学工业出版社,2006.

(9)金谷,江万权,等. 定量分析化学实验. 合肥:中国科学技术大学出版社,2005.

(10)华南师范大学化学实验教学中心组. 仪器分析实验. 北京:化学工业出版社,2008.

(11)胡伟光,张文英. 定量化学分析实验(第 2 版). 北京:化学工业出版社,2009.

(12)孙毓庆. 分析化学实验. 北京:科学出版社,2008.

(13)张小玲,张慧敏, 邵清龙. 化学分析实验. 北京:北京理工大学出版社,2007.

(14)李季,邱海欧, 赵中一. 分析化学实验. 武汉:华中科技大学出版社,2008.

(15)王亦军,吕海涛. 仪器分析实验. 北京:化学工业出版社,2009.

(16)黄世德,梁生旺. 分析化学实验. 北京:中国中医药出版社,2005.

(17)常薇. 分析化学实验. 西安:西安交通大学出版社,2009.

物理化学实验

(1)北京大学化学学院物理化学实验教学组. 物理化学实验(第 4 版). 北京:北京大学出版社,2002.

(2)高丕英,李江波. 物理化学实验. 上海:上海交通大学出版社,2010.

(3)复旦大学等. 物理化学实验(第 3 版). 北京:高等教育出版社,2004.

(4)韩国彬,陈良坦,李海燕等. 物理化学实验. 厦门:厦门大学出版社,2010.

(5)武汉大学化学与分子科学学院实验中心. 物理化学实验. 武汉:武汉大学出版社,2004.

(6)陈振江,刘幸平. 物理化学实验(新 2 版). 北京:中国中医药出版社,2009.

(7)蔡邦宏. 物理化学实验教程. 南京:南京大学出版社,2010.

(8)王舜:物理化学组合实验. 北京:科学出版社,2011.

(9)张师愚,杨惠森. 物理化学实验. 北京:科学出版社,2002.

(10)安从俊. 物理化学实验. 武汉:华中科技大学出版社,2011.

(11)崔黎丽. 物理化学实验指导(第 2 版). 北京:人民卫生出版社,2011.

(12)东北师范大学,等. 物理化学实验(第 2 版). 北京:高等教育出版社,1989.

(13)邱金恒,孙尔康、吴强. 物理化学实验. 北京:高等教育出版社,2010.

(14)华南理工大学物理化学教研室. 物理化学实验. 广州:华南理工大学出版社,2006.

(15)邓希贤,侯恩鉴,王艳. 高等物理化学实验. 北京:北京师范大学出版社,1999.

3. 有关期刊

部分中外化学期刊一览表

中文期刊	外文期刊
中国科学　　科学通报 中国化学　　中国化学快报 *Chinese Chemical Letters* 化学进展　　化学学报 高等学校化学学报 光谱学与光谱分析 结构化学　　应用化学 合成化学　　有机化学 物理化学　　分析化学 无机化学学报　　催化学报 药学学报　　中国环境科学 稀土　　精细化工 中国药物化学杂志	*Chemical Abstracts* *Journal of the American Chemical Society* *Journal of the Chemical Society* *Journal of the Chemical Society, Dalton Transaction* *Journal of the Chemical Society, Perkin Transaction I* *Journal of the Chemical Society, Perkin Transaction II* *Journal of the Chemical Society, Faraday Transaction* *Pure & Applied Chemistry* *Angewandte Chemie (International Edition in English)* *Bulletin of the Chemical Society of Japan* 《*Ulmanns EncykioPadio der Technischen Chemie*》 *Chemical Communication* *Inorganic Chemistry*　　*Canada Journal of Chemistry* *Coord. Chem. Rev*　　*Chemical Reviews* *Inorganica Chimica Acta*　　*Polyhedron* *Analytical Chemistry*
生物化学与生物物理学报 中国生物化学与分子生物学报 化学研究与应用 中国化学化工文摘 中国无机分析化学文摘 无机盐工业 化工新型材料 环境工程 环境科学 中国药学杂志(药学通报) 中国药学文摘 中草药 世界农药(农药译从) 高分子学报(高分子通讯) 日用化学工业 合成纤维工业 精细石油化工 天然产物研究与开发 生物化学与生物物理进展	*Journal of Physical Chemistry* *Talanta* *Journal of Chemical Physics* *Organometallics* *Journal of Coordination Chemistry* *Anal. Chem. Acta* *Journal of Organic Chemistry* *Chem. & Pharmaceutical Bull.* *Tetrahedron* *Tetrahedron Letters* *Synthysis & Reactivity in Inorganic & Metal – Organic Chemistry* *Journal of Inorganic & Nuclear Chemistry* *Chem. Ber.* *Synthesis* *Chemical Society Reviews (Quarterly Reviews)* *Journal 0f the InOrganic Chemistry* *Journal 0f Organometallic Chemistry* *Organic Preparation and Procedures International (The new Journal for Organic Synthesisl)* *Bulletin de la Soci6t6 Chimique de France* *Helvetica Chimica Acta* *Monatschefte fttr Chemie* *Recuil des Travaux Chimiques des PaysBas*

(三)美国化学文摘及中外化学数据库简介

1. 美国化学文摘

美国、德国、俄罗斯、日本都有文摘性刊物,其中以美国化学文摘为最重要。美国化学文摘(*Chem-*

ical Abstracts)简称为 *C. A.* ,创刊于 1907 年。自 1962 年起每年出二卷。自 1967 年上半年即 67 卷开始,每逢单期号刊载生化类和有机化学类内容;而逢双期号刊载大分子类、应化与化工、物化与分析化学类内容。美国化学文摘 *C. A.* 包括两部分内容:(1) 文摘(有一条顺序编号)。(2)索引部分,

C. A. 中每条摘要的内容及编排顺序如下:(1)题目。(2)作者姓名。(3)作者工作单位,在作者姓名后的括号内。(4)原始文献的来源包括:(*a*)期刊名称或缩写(斜体字);(*b*)卷号(黑体字);(*c*)期号(在括号内);(*d*)起止页数,如 456—468 表示自 456 页至 468 页;(*e*)文摘本身;(*f*)摘录人姓名。

C. A. 在文摘的编排和索引的类别方面从创刊以来作过不少改进,为了便于查找,简介如下:1907—1934 各卷索引中的数字代表文摘所在页数。1935—1946 上述数字代表文摘所在栏数(每页分两栏),最后再附加一个小体数字表示文摘位于该栏内第几段(一栏分 9 段)。如 90834 表示该文摘在这一卷的 9083 栏内第 4 段中可以找到。1947—1967 编排同前,但将表示段数的小字体改用英文字母 *a* 至 *i* 代替。如 9083*d* 等。自第 67 卷开始至今,上述数字不再代表页数或栏数,而是代表第几号文摘,即每一条文摘有一个编号,如 9083*d* 就代表 9083 号文摘,对号入座就可以找到,后面的字母 *d* 是计算机编码用的,一般查阅可以不去管它。号码前面冠有 *B*,*P*,*R* 等字母,它们的含义是:*B* 代表该条文摘是介绍一本书(*Book*);*P* 代表该条文摘是介绍一篇专利(*Patent*);*R* 代表该条文摘是一篇综述性文章(*Review*)。

每期 *C. A.* 的后面都有主题索引(关键词索引)、作者索引和专利号索引。每卷末又专门出版包括全卷内容的各种索引,每五年(1956 年前每十年)还出版包括这五年(十年)全部内容的各种索引,可以在短时间内找出 5—10 年内发表过的大部分有关文献的摘要。这种索引系统是其他文摘所没有的。

自 1967 年以来,还陆续增加了环系索引、索引指南和登记号码索引,自 76 卷开始,又将主题索引划分为两部分,即普通主题索引和化学物质索引。现将各种索引简单介绍如下:

①主题索引(*Subject Index*) 在每期后面有关键词索引(*Key Words Index*),自 76 卷开始的年度索引和第 9 次累积索引(1972 - -1976)中主题索引开始分为普通主题索引(*General Subject Index*)和化学物质索引(*Chemical Substance Index*)两部分。前者内容包括原来主题索引中属一般化学论题的部分,后者以化合物(及其衍生物)为题,主要提供有关化合物的制备、结构性质、反应等方面的文摘号。在这种索引系统中,化学物质将给以一个特定的 *CAS* 号码。

②作者索引(*Author Index*) 姓在前,名在后,姓和名之间用(,)分开。欧美人平常的写法是把名字写在姓前面,中间不加(,),名字一般特别是第二个字,用字头(第一个字母)加(.)缩写来表示。

俄文人名、日文人名和中文人名均有规定的音译法,日文人名写的是汉文,要按日文读音译成英文,中文人名是按罗马拼音(不是现在国内的汉语拼音)译成英文。

③分子式索引(*Formula Index*) 含碳的化合物首先按分子式中 *C* 的原子数,其次按 *H* 的原子数排列,然后才是其他元素按字母顺序排列。不含碳的化合物以及各元素一律按字母顺序排列。

④专利索引(*Patent Index*)和专利协调(*Patent Concordance*) 专利索引是分国别按专利 号排的,前后期的专利号有很大的交叉,不能只查一年。许多国家往往将同一个专利在几个国家中注册取得专利权,即同一专利内容往往可以在几个国家的专利中查到(专利号不同)。在 58 卷以后每期和年度索引中都有专利协调一章,专门查这件事。我们可以利用这一点,如果某一国家的某号专利在国内没有收藏,或看不懂这种语言,可以查一查专利协调中相同内容的别国专利有没有,这就扩大了查阅范围,同时也可以避免重复查找内容相同的专利,因此拿到一个专利号要查阅时,最好先查一查专利协调。

⑤环系索引(*Index Of Ring System*) 也称为杂原子次序索引。它给出各种杂环化合物在 *C. A.* 中所用的分子式,然后可以从分子式索引中查出,从 66 卷起采用。

⑥索引指南(*Index Guide*) 自 69 卷开始每年出一次。内容包括:(*a*)交叉索引(*Cross Index*),可以

帮助选定主题和关键词。(*b*)同名物。(*c*)各种典型的结构式。(*d*)词义范围注解。(*e*)商品名称检索等。此索引系统在第 8 次累积索引(1967—1971)中也已开始使用。

⑦登记号码索引(*Register Number Index*) 从 62 卷开始收入 *C. A.* 的每种化合物都给一个登记号,简称 *CAS* 号码,今后沿用不变。这种号码主要是计算机归档号,与化合物组成和结构等无任何联系。这种 *CAS* 号码出现于 71 卷以后的主题索引和分子式索引上,也出现于同时期的有机化学杂志(*J. ors. Chem.*)上,利用这个号码还可以互查化合物的英文名称和分子式。

⑧来源索引(*Source Index*) 这是以专册形式出版的索引,于 1970 年出版。列举了 *C. A.* 中摘引的原文出处,期刊的全名(俄、日、中文等仍为英译名)、缩写等,*C. A.* 目前所摘引的期刊已超过一万种。1970 年后每年出补编一册。1961 年以前附在 *C. A.* 内的期刊表,即来源索引的前身。

另外关于化合物的命名法还可以查阅 1916,1937,1945,1962 年的 *C. A.* 。

初学者在阅读 *C. A.* 时常见到许多难以辨认的缩写,可查每卷第一期前面的简字表。最后必须强调一点,在查阅 *C. A.* 的主题索引前一定要查阅索引指南(*Index Guide*),以核对选用的某化合物的关键词(*Key Word*)是否与 *C. A.* 编制索引时采用的化合物的关键词相同。若不一致时,被检索的这一卷索引指南或有关的累积索引指南中会告诉你所选用化合物的对应名词。例如:丁酸的英文普通命名法的命名为 *butyric acid*。但现在 *C. A.* 做索引时采用 *IUPAC* 系统。因此,在 *Index Guide* 中指示你选用(*Sec*)*butanoic acid*。又如一些商业名称,也能在指南上找到索引用的正确名称。如 *Mendok* 一植物生长调节剂的商业名,在索引指南上注出 *see pmpanoic acid*;2,3 - *dichloro* - 2 - *methyl* - ,*sodium salt*,所以商业名称 *Mendok* 指的是 2,3 - 二氯 - 2 - 甲基丙酸钠这一化合物。

2. 中文、外文数据库

2.1 中国知网(*CNKI*; *http://www. cnki. net/*)

中国最大的数据库,内容较全。是集期刊杂志、博士论文、硕士论文、会议论文、报纸、工具书、年鉴、专利、标准、国学、海外文献资源为一体的、具体国际领先水平的网络出版平台。收录了 1994 年以来的 5000 多种中文期刊,数百万篇文章,中心网站的日更新文献量达 5 万篇以上。旗下有中国期刊网、中国工具书网络出版总库、中国研究生网、*CNKI* 知网数字图书馆、中国医院数字图书馆、中国社会团体网、*CNKI* 翻译助手,辅助在线翻译系统(含覆盖专业领域最全面的科技术语汉英在线词典、英汉在线词典)等 21 个网站。

2.2 维谱全文数据库

文献收录 1989 年以来的全文。只是扫描质量有点差劲,1994 年以后的数据不如 *CNKI* 全。

目前,以下站点提供免费检索,*http://vip. tisti. ac. cn/zk/bin/home. htm*

2.3 万方数据库　收录了核心期刊的全文,文件为 *pdf* 格式,阅读全文需 *Acrobat Reader* 浏览器

2.4 外文全文站点(所有外文数据库)

http://www. wangfangdata. com

Annual Reviews　*http://www. anualreviews. org/* 该数据库收录各学科的综述性文章按 *SCI* 影响因子极高。

BiomedNet　*http://www. bmn. com/* 即 *BMN* 世界上著名医学、生命科学数据库。

Blackwell - syn　*http://www. blackwell - synergy. com/* :该数据库包括 *Plant J. Plant Molec - ular Biotechnology* 等影响因子较高的期刊。

Carctword　*http://www. catchword. com/*: 一个综合性数据库 。

EBSCO　*http://search. epnet. com/*: *EBSCO* 公司是专门经营纸本期刊、电子期刊发行和电子文献数据库出版发行业务的集团公司。其数据库是一个大型综合数据库,其中的学术研究精粹数据库(*Academic Search Elit*)包括生物科学、工商经济、咨询科技、通讯传播、工程、教育、艺术、医药学等领域

的 1,700 余种全文期刊,该数据库每天更新。

Academic Search Premier　包括 3,400 余种科技期刊。

ECO　*http://www.cnpeak.com.cn/oclcpsp/oclclogin.jsp/*：即 *OCLC* 或 *First Search* 也是一个综合性较强的数据库,大部分文章都有全文。

Highwire　*http://highwire.stanford.edu/*：世界上第二大免费数据库(最大的免费数据库没有生物学、农业方面的文献),该网站提供部分文献的免费检索,和所用文献的超级链接,免费文献在左边标有 *FREE.*

Idealibrary　*http://www.idealibrary.com/*：世界著名全文数据库,与 *Elsvier* 等出版社有合作。

Ingenta/Uncover　*http://www.ingenta.com*

Ingenta.com 是 *Ingenta* 公司的一个主要产品,是一个全球性学术研究的大型网关。它致力于学术研究性文章的网上检索和传递,目前收集有 25,000 种出版物的摘要和 4,500 种出版物全文。140 个出版商在 *Ingenta.com* 上提供了他们的文章全文。

Kluwer　*http://www.kluweronline.com*

荷兰 *Kluwer Academic Publisher* 是具有国际性声誉的学术出版商,它出版的图书、期刊一向品质较高,备受专家和学者的信赖和赞誉。*Kluwer Online* 是 *Kluwer* 出版的 750 余种期刊的网络版,专门基于互联网提供 *Kluwer* 电子期刊的查询、阅览服务。

OVID Kluwer　*http://www.cdrompro.com.br/kluwer*

北京大学镜像站点：*http://kluwer.calis.edu.cn/*

Lexis-nexis　*http://www.lexisnexis.com/universe*

Nature Press　*http://www.nature.com*

OVID　*http://gateway.ovid.com* 综合性数据库有 *medline* 等。

Oxford Reference　*http://www.oxfordreference.*

Oxford Press　*http://www.oup.co* 牛津大学出版社出版的 150 多种期刊。

Sciencedirect　*http://www.sciencedirect.com*

Sciencedirect 是由荷兰 *Elsevier Science* 建立的全文检索数据库,包括原来的 *Idealibrary* 在内的期刊总计 1500 多种。

Springer　德国站点 *http://link.springer.de/* 德国著名出版社 *Springer* 提供的数据库,包括该出版社出版的 430 余种期刊的全文。

UMI　*http://global.umi.com/pqdweb*

化学资源网站(网址：*http://environmen talchemistry. com/yogi/periodic/*)介绍:一个非常好的元素周期表网站,其中有大量关于元素物理性质的数据,还有一些有趣的文章和链接。

无机化学（网址：*http://pubs.acs.org/journals/ inocaj/index. html*)介绍：美国化学协会的无机化学网站。

(四)*INTERNET* 教学资源分布

1. 化学资源导航系统

印第安纳大学的 *CHEMINFO* 站点(*http://www.indiana.edu/~eheminfo*),在首页 *SIRCh* 栏中的 *Misce|laneous* 项链接了 *Teaching and Study Of Chemistry*(化学教育资源)和 *Chemistry Courses on the Internet*(*Intemet* 上的化学课程)。*Teaching and Study Of Chemistry* 提供了教材、问题及练习、教学课件、实验和相关软件的链接;而 *Chemistry Courses on the Internet* 的内容则涉及化学的各个方面,每个专业里

还有很多专题，给出主讲者及其工作单位，供学习者选择。

英国谢菲尔德大学 *CHEMDEX* 站点（*http://www. chemdex. org*）的主页左侧 *Chemistry* 分类目录中选择 *Education*（化学教育），能得到很多有用的链接，涉及各种类型的化学教学资源，如专著、教材、网上课程、专题报告、教学软件等。而在 *Laboratory*（实验室化学）目录链接有实验室教育及相关软件、在线课程、分离方法和技术、虚拟实验室等资源；点击该目录下 *Menu for this Page* 中的 *Education*，选择 *Chemical Education Resources*，可进入 *CER index*（化学教育资源索引）查询与实验有关的教学资源。

美国利物浦大学的 *Links for Chemists*（*http:/www. 1iv. ac. uk/chemistry/links/ links. html* 网站，也是查找教学资源的站点。在 *Topics* 主题分类的 *Educational* 中，点击 *Chemical Educa tion Resources* 可进入虚拟图书馆化学分馆。涉及内容有美国化学会的继续教育虚拟校园、虚拟化学中心、虚拟化学实验室、多媒体化学教学、在线家庭化学作业系统、化学教师资源、虚拟的化学教材及化学软件等资源的链接。该馆还链接着热力学第二定律的网站（*http://www. secondlaw. com/*），生动地介绍了人类如何从对一些自然现象的研究而认识热力学第二定律的过程。

利物浦大学的计算机教育中心 *CTI Chemistry* 有一个评价网上教学资源的栏目 *Web Kevlew*（*http://www. liv. ac. uk/ctichem/webrev. html*），专门对各类化学教学资源及相关软件进行评论。

加拿大滑铁卢大学的化学教育资源导航系统 *Cyberspace Chemistry*（简称 *CaCt*，*http://www. science. uwaterloo. ca/ ~ cchieh/cact/cact. html*）提供了大量的在线课程，如 *ChemL*20/121（普通化学基础理论 *I*）、*ChemL*23/125（化学基础理论Ⅱ）、*Chern*218（材料化学相关内容）、*Sci*270（核技术资源）、*EnvE*231（环境化学和无机化学资源）等。

ChIN（*http://chin. icm. ac. cn* 或 *http://www. chinweb. com. cn*）不仅链接了丰富的化学化工信息，而且还链接了国内外许多与化学相关的教学资源。在 *ChIN* 一级目录 *Resourc. for Chemistry Education* 下的二级目录 *Selected Sites for Chemical Education*（教学资源精选）中有 100 多个资源链接，包括课程材料、在线课程、学习软件和实验教学软件、常用的数据库、化学知识介绍、*J · Chem · Edu ·*（化学教育）杂志目录、与教学有关的会议信息及中学化学教学资源等；在 *Other Lists for Chemical Education Resources*（其他化学教育资源导航站点）链接了 17 个 *I* 网站，包括 *Chemistry Resources for the*。*Secondary Education/High School*（中等教育化学资源）、*Asian - Pacific Chemical Education Network*（*ACEN*，亚太化学教育网）、*cbe*21. *com*（中国基础教育 *I* 网）、*Education World*（教育世界）等。

厦门大学表面物理化学实验室（*http://chem. xmu. edu. cn/keylab/navigation/main. html*）："专门主题资源"下的"化学教学资源"目录中，共收集了化学教学站点 130 多个，其中包括化学社区（*Chemistry in the Community - Teacher Resources*，简称 *ChemCom*，*http:/198. ll0. 1 0. 57/chem coin/Index. html*）、高中化学软件和教学资源（*Chemistry leaehlng Hesourse*，*http://ourworld · compuserve. com/homepages/raylec/chemres. html*）、网上普通化学虚拟教材（*General Chemistry Virtual Textbook*，*http://winel. sb. fsu. edu/ehmL045/chmL045. html*）、化学教育网络（*Network for Chemistry Teaching*，*http://science. ntu. ac. uk/chph/netchemteach/homepage · html*）、*World Lecture Hall*：*Chemistry*（世界演讲大厅，*http://www. utex—aS. edu/world/lecture/index · html*）、*General Chemistry Online*（在线化学概论，*http://antoine. frostburg. edu/chem/senese/*101*/index. shtml*）等优秀站点。

2. 其他教学资源站点分布

（1）虚拟教育图书馆（*http://www. CSU. edu. an/education/library. html*）。

（2）*Chemistry Teaching Resources*（*http://www. anachem. umu. se/eks/pointers. html*）。

（3）在线化学概论（*General Chemistry Online*，*http://antoine. frostburg. edu/ehem/senese/*101*/index. shtml*）。

（4）世界演讲大厅主页（*World Lecture Hall Home*，简称 *WHL*，*http://www. utexas. edu/world/lecture/*

inde x. html）。

（5）德国化学化工虚拟社区（*Chemic. de*，*http://www. chemic. de*）。

（6）英国皇家化学会的 *Chemsoc. org* 站点（*http://www. chemsoc. org*）。

（7）加拿大 *Simon Fraser University* 化学系的化学计算机辅助教学站点 *ChemCAI*（*http://www. sfu. ca/chemcai/*）。

（8）牛津大学化学系（*http://www. chem. ox. ac. uk/*）。

（9）加拿大哥伦比亚大学化学系网站（*http://www. science. ubc. ca/chem/index. html*）。

（10）北京大学化学与分子工程学院的 *Web* 站点（*http://www. chem. pku. edu. cn/*）。

（11）暨南大学化学系的物理化学网站（*http://ourchemistry*. 163. *net/*）。

（12）中山大学化学与化学工程学院 *Web* 站点（*http*://202. 116. 83. 50/*web/index. htm*）。

（13）厦门大学化学化工学院主页下（*http://chem. xmu. edu. cn/*）的"教学园地"栏目开办有网络课程、网络课件、网上教学等。

（14）中山大学远程教育系统（*http://www. ZSU. edu. cn/ ~ adwljy/*）。

（15）网上杂志 *The Chemical Educator*（化学教师，*http://www. sinocnet. corn/*）包括课堂教学、实验与演示、化学兴趣小组、化学与计算机等栏目，还不定期介绍有关学校特色鲜明的化学专业的教学计划和课程体系，并介绍化学研究中的新仪器、新技术以便读者能及时将有关内容充实到教学中。

3. 实验教学和管理资源网址

（1）化学教师远程辅导系统网站 *http://pckchem. ncue. edu. tw*

（2）实验室演示 *http://genchem. ehem. wisc. edu/demonstrations*

（3）*Microscale Gas Chemistry* ：*http://mattson. creighton. edu*

（4）*Table of Contents for the High School Safety Web Pages*：*http://wwitch. unl. edu/safety/hslab—con. html*

（5）实验室指南 *http://tigger. uic. edu/ ~ magyar/Lab_Help/lghome. html*

（6）*Guidelines for the Laboratory no Notebook*

http://www. clt. astate. edu/jdg/circuits/lab/lab—notebookguidelines. html

（7）*Keeping a Good Laboratory Notebook*

*http://www. eden. rutgers. edu/ ~ edpiii/*31 *I/notebook. html*

（8）*Notebook*：*http://www. chem. purdue. edu/ehmL*26*/lab/labs. html*

第二编

常用仪器和基本操作技术

一、常用普通实验仪器的认识 洗涤与干燥

(一)常用普通实验仪器简介

1. 常用普通实验仪器简介

化学实验室中的玻璃仪器,按照其口塞的不同,分为普通玻璃仪器和标准磨口玻璃仪器两种。实验室中常见的普通实验仪器如表 2－1 所示。

表 2－1　常用的实验仪器

图示与名称	规格	主要用途	使用方法和注意事项
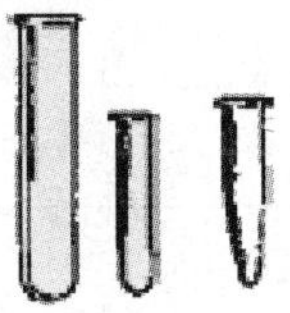 试管与离心试管	玻璃制品,分硬质和软质:有普通试管和离心试管。普通试管又分有刻度、无刻度;有支管、无支管;有塞、无塞等几种。离心试管也分有刻度和无刻度。规格:有刻度试管的离心管按容量(*mL*)分为:5,10,15,20,25,50……无刻度试管按外径(*mm*)×管长(*mm*)分为:8×70,10×75,10×100,12×100,12×120,15×150……	1. 作为常温或加热条件下小量试剂的反应容器。 2. 用于收集少量气体。 3. 有支试管也用于检验气体产物或接到装置中。 4. 离心试管还用于定性分析中的沉淀分离。	1. 反应液体不超过试管容积的 1/2,加热时不超过 1/3。 2. 可直接用火加热,但加热后不能骤冷。硬质试管可以加热至高温,离心试管只能用水浴加热。 3. 加热时要用试管夹夹持已擦干外壁的试管。 4. 加热液体时将试管倾斜 45°,管口不要对人,火焰上端不要超过管中液面。 5. 加热固体时,管口应该略向下倾斜。
 烧杯	玻璃质,分硬质和软质;一般型和高级型;有刻度和无刻度几种。规格:按容量(*mL*)分:50,100,150,200……此外,还有 1,5,10 *mL* 的微型烧杯。	1. 作为常温或加热条件下,大量物质的反应容器。 2. 配制溶液用。 3. 代替水槽用。	1. 反应液体不得超过烧杯容量的 2/3。 2. 要擦干烧杯外壁,垫上石棉网加热,使受热均匀。
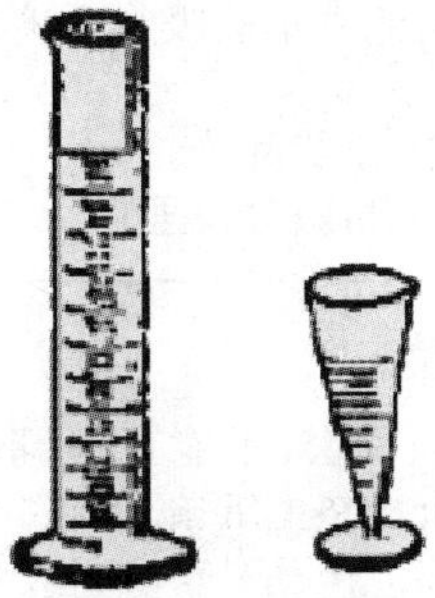 量筒　量杯	玻璃质。规格:按刻度所能量度的最大容量(*mL*)分为:5,10,20,25,50,100,200……上口大下部小的叫量杯。	用于量取一定体积的液体或溶液。	1. 直接放在桌面上,读数时视线和液面水平,读取与弯月面底相切的刻度。 2. 不能用作实验(如溶解,稀释等)容器。 3. 不能加热和量取热溶液或液体。

图示与名称	规格	主要用途	使用方法和注意事项
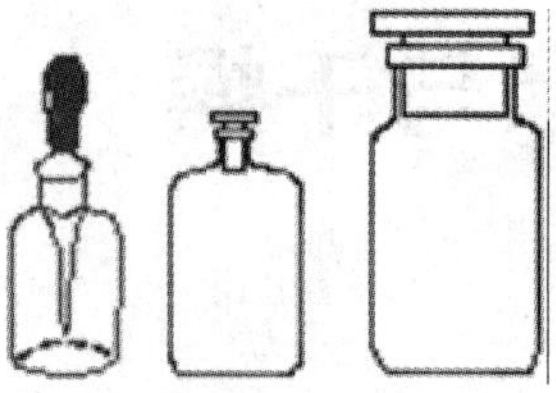 滴瓶 细口瓶 广口瓶	玻璃质,有细口瓶、广口瓶和滴瓶无色和棕色等。规格:按容量(*mL*)分有 60,100,125,250,500 ……	用于储存固体及液体药品。	1. 不能直接加热 2. 瓶塞不能互换,盛放碱液时应用胶塞。对磨口的细口瓶,不用时应在磨口处垫上纸条。
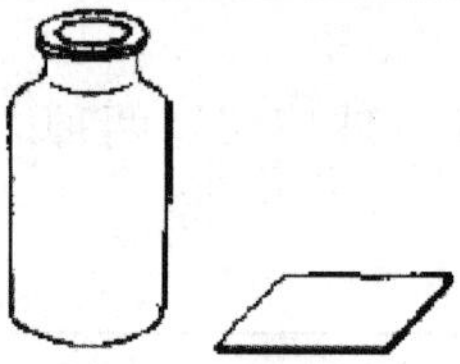 广口瓶	玻璃质,无塞,瓶口面是磨砂的,并配有毛玻璃盖片。规格:按容量(*mL*)分常用的有 125,250。	1. 用于收集气体。 2. 用于气体燃烧实验。	1. 收集气体前瓶口要涂少许凡士林,盖上毛玻璃片,转动几下,使玻璃片与瓶口能密封,收满气体后,立即用玻璃片盖住瓶口。 2. 在做固体燃烧实验时,瓶底事先要放少量砂子或水。
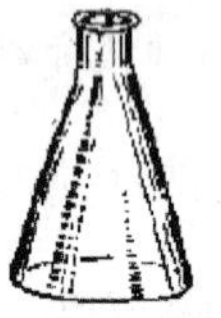 锥形瓶	玻璃质,分硬质和软质,有塞和无塞,广口,细口和微型几种。 规格:按容量(*mL*)分有 50,100……	1. 用作反应容器 2. 适于滴定操作	1. 加热时应垫上石棉网或置于水浴中,使用时勿使温度变化过于剧烈。 2. 盛液不能太多。
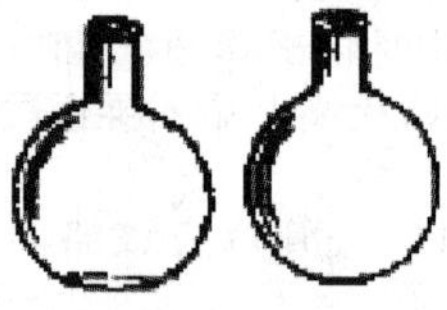 平底烧瓶 圆底烧瓶  蒸馏烧瓶	玻璃质。分硬质和软质,平底和圆底,长颈和短颈,细口、厚口和蒸馏烧瓶等。	1. 圆底烧瓶用于常温或加热条件下的化学反应容器。 2. 平底烧瓶常用于配制溶液或代替圆底烧瓶。 3. 蒸馏烧瓶主要用于液体蒸馏及少量气体发生装置。	1. 盛放液体的量不能超过烧瓶容量的 2/3,也不能太少。 2. 固定在铁架台上,擦干外壁,垫上石棉网再加热。 3. 放在桌面时,要垫木环或石棉网。
 滴瓶	玻璃质,有无色和棕色两种。滴管上带有橡皮胶头。规格:按容量(*mL*)分有 15,30,60,100,125……	用于盛放少量备用的液体试剂或溶液,便于取用。	1. 棕色瓶用于存放见光易分解或不太稳定的液体试剂。 2. 吸液体时滴管不能吸得太满,不能倒置。 3. 滴管专用,不能乱放。 4. 滴加试剂时,滴管要垂直。
 称量瓶	玻璃质,有矮型、高型两种。规格按容量(*mL*)分:矮型有:5,10,15,30 …… 高型有:10,20,25……	用于准确称取一定量固体药品。	1. 盖是磨口配套,不能互换,不用时在磨口处应垫上纸条。 2. 不能加热。

图示与名称	规格	主要用途	使用方法和注意事项
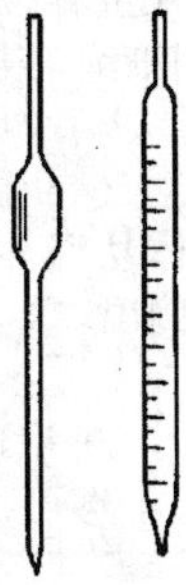 移液管　吸量管	玻璃质,有刻度管型和单刻度大肚管型两种。无刻度的叫移液管,有刻度的叫吸量管。 规格:按刻度最大标度(mL)分,有 1,2,5, 10,25 等。微量的有 0.1, 0.2, ……及自动移液管。	用于精确移取一定体积的液体或溶液。不能直接加热。	1. 用时先用少量移取液洗三次。 2. 当吸入液体面超过刻度时,再用食指按住管口,轻轻转动放气,使液面降到刻度,然后按紧管口,移至指定容器口上方,放开食指,使液体注入。 3. 一般吸管残留的最后一滴液体不要吹出(完全流出式应吹出)。
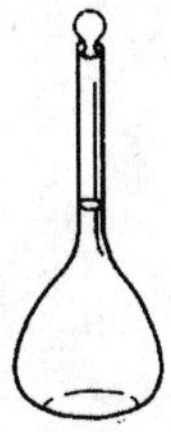 容量瓶	玻璃质,有白色与棕色之分。 规格:按刻度以下的容量(mL)分有 5,10,25,50,100,150,200,250……	配制准确浓度的溶液时用。	1. 不能加热,也不能在其中溶解固体。溶质应先在烧杯内全部溶解,然后移入容瓶,且液面应恰在刻度上。2. 瓶与瓶塞是配套的,不能互换。3. 不能代替试剂瓶来存放溶液。
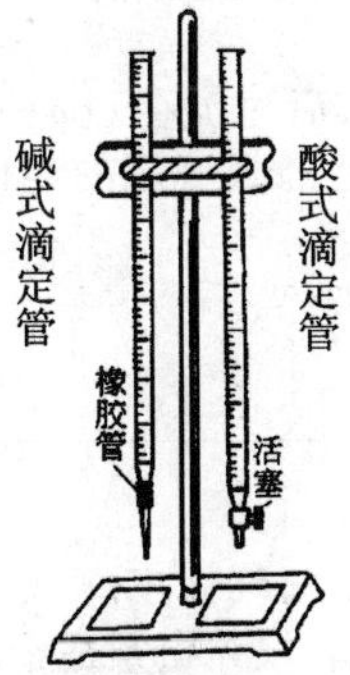 滴定架	玻璃质,分酸式和碱式两种。 规格:按最大标度(mL)分,有 25,50…… 微量的有 1,2,3,4,5……	1. 用于滴定或量取较准确体积的液体。 2. 滴定架用于夹持滴定管。 3. 酸式滴定管可盛放酸性及中性溶液,碱式滴定管盛放碱性溶液,二者不能混用。	2. 酸式滴定管下端有一玻璃活塞,用以控制滴定过程中溶液的流出速度。滴定时,左手开启活塞,溶液即可放出。碱式滴定管的下端用橡皮管连接一带有尖嘴的小玻璃管,橡皮管内装有一个玻璃珠,用以堵住溶液。使用时用拇指和食指稍微捏挤玻璃珠旁侧的橡皮管,使之形成一条缝隙,溶液即流出。
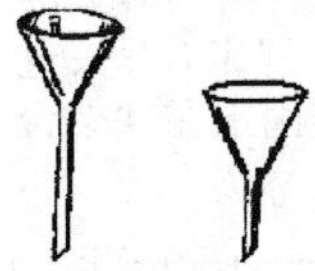 长颈漏斗　漏斗  热漏斗	玻璃质,陶瓷,塑料质。分长颈和短颈两种。 规格:按斗颈(mm)分有 30,40,60,100,120…… 此外,还有专用于热过滤的铜质热漏斗	用于过滤操作。长颈漏斗特别适用于定量分析中的过滤操作及装配气体发生器加液用。	1. 不能直接加热。 2. 过滤时漏斗颈尖端应紧靠承接滤液容器。 3. 用长颈漏斗补加液体时,斗颈必须插入液面内。 4. 热漏斗主要用于热过滤。
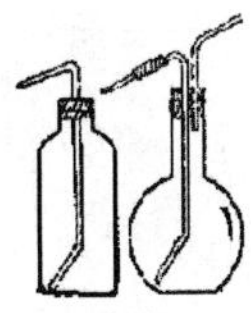 洗瓶	玻璃质或塑料质。 规格:按容量(mL)分有 250,500……	1. 盛蒸馏水洗涤沉淀和容器用。 2. 塑料洗瓶使用方便、卫生,因此广泛使用。	塑料洗瓶不能加热。

图示与名称	规格	主要用途	使用方法和注意事项
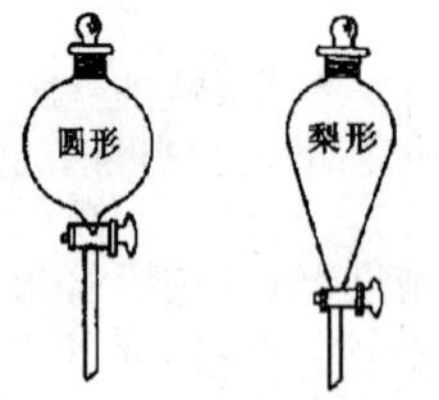 分液漏斗	玻璃质,有球形、梨形、筒形和锥形几种。 规格:按容量(*mL*)分有 50,100,150……	1. 用于互不相容的液 - 液分离。 2. 气体发生器等装置中加液用。	1. 塞上涂一薄层凡士林,旋塞处不能漏液,旋塞应用细绳(或皮筋)系于漏斗颈上,或套以小橡皮圈,以防止滑出摔碎。 2. 分液时下层液体从漏斗颈流出,上层液体从上口倒出。 3. 不能加热。 4. 装气体发生器时,漏斗颈应插入液面下(如果颈长不够可接管)。
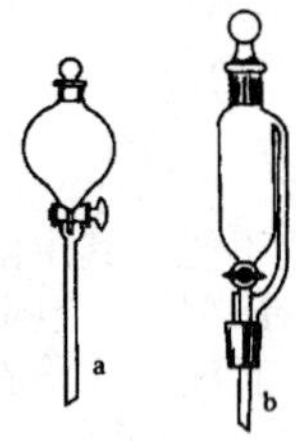 滴液漏斗	玻璃质。 规格:按容量(*mL*)分有 50,100,150……	*a* 用于滴加液体。*b* 为恒压滴液漏斗,当反应体系内有压力时,仍可滴加液体。	1. 不能直接加热。 2. 塞子不能互换。
 吸滤瓶 布氏漏斗	布氏漏斗为瓷质。规格以直径(*mm*)表示。 吸滤瓶为玻璃质。 规格:按容量(*mL*)分 50,100,250,500……	两者配套用于无机制备中晶体或沉淀的减压过滤(利用水泵或真空泵降低吸滤瓶中的压力,以加速过滤)。	1. 滤纸要略小于漏斗内径,以便贴紧。 2. 先开水泵,后过滤。过滤完毕,先分开抽气管与吸滤瓶的连接处,再关水泵。 3. 不能直接加热。
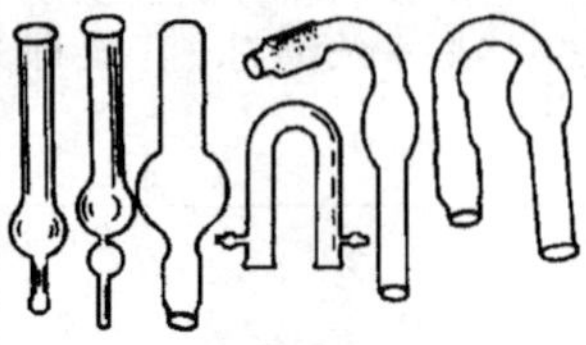 干燥管	玻璃质。 规格:以大小表示。	盛装干燥剂,用于干燥气体。	1. 干燥剂应不与气体反应,而且要颗粒大小合适,填充松紧适中。 2. 两端要用棉花团堵好。 3. 干燥剂变潮后应立即更换。 4. 安装要符合规定(大头进气,小头出气),并应固定在铁架台上。
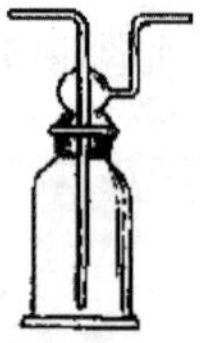 洗气瓶	玻璃质,形状有多种。 规格:按容量(*mL*)分有 125,250, 500,1000……	用于净化气体,反接也可用作安全瓶或缓冲瓶。	1. 安装要正确(进气管通入液体中)。 2. 洗涤液注入容器的高度约 1/3,不得超过 1/2
 表面皿	玻璃质。 规格:按直径(*mm*)分有 45,65,75,90……	盖在烧杯上,防止液体外溅或作他用。	不能用火直接加热。

图示与名称	规格	主要用途	使用方法和注意事项
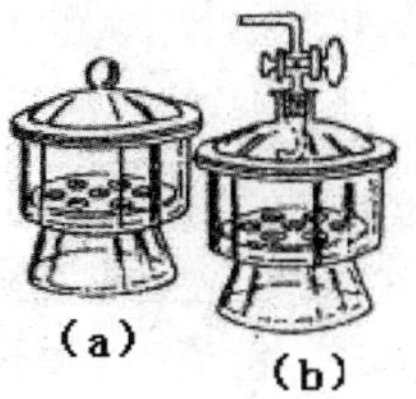 干燥器	玻璃质。 规格：按直径（*mm*）分有150，200……	1. 定量分析时，将灼烧过的坩埚置其中冷却。 2. 存放物品，以免物品吸收水气。	1. 灼烧过的物体放入干燥器之前温度不能过高。 2. 干燥器内的干燥剂要按时更换。
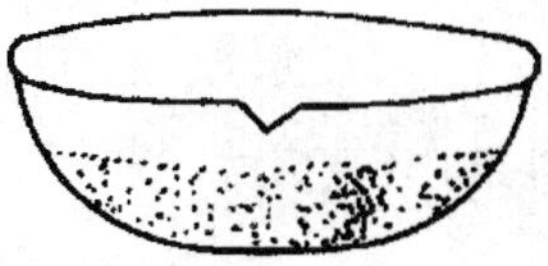 蒸发皿	瓷质，也有石英，铂制品。有平底和圆底两种。 规格：按容量（*mL*）分有75，200，400……	蒸发液体用。	1. 能耐高温，但不能骤冷。 2. 蒸发溶液时，一般放在石棉网上加热。 3. 随液体性质不同选用不同性质的蒸发皿。
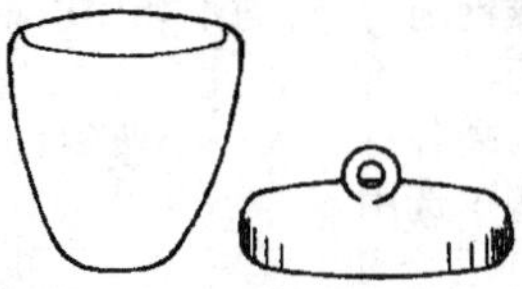 坩埚	瓷质，也有石墨，石英，氧化锆，铁，镍或铂制品。 规格：按容量（*mL*）分有10，15，25，50……	强热，煅烧固体用。	1. 放在泥三角上直接强热或煅烧。高温时取下坩埚，坩埚钳需预热。 2. 灼热的坩埚不能骤冷，也不能直接放在桌上，要放在石棉网上。 3. 随固体性质不同，选不同坩埚。
 研钵	瓷质，也有玻璃，玛瑙或铁制品。 规格：以口径大小表示。	用于研磨固体物质或混合固体物质。	1. 放入固体物质的量不应超过研钵容积的1/3。 2. 对易爆物质只能轻轻压碎，不能研磨。不能作反应容器。
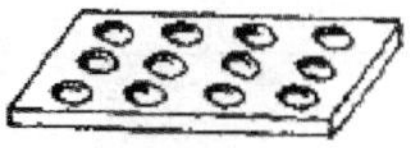 点滴板	瓷质，分白色和黑色两种。 规格：按所含凹穴多少分十二、九、六凹穴等。	用于点滴反应，一般不需分离的沉淀反应，尤其是显色反应。	白色沉淀用黑色板，有色沉淀用白色板。
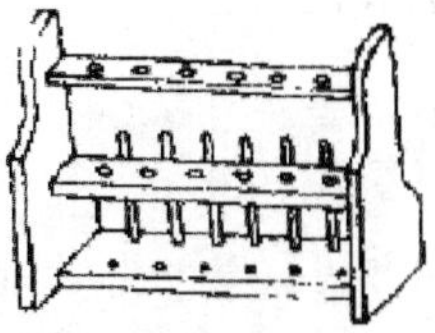 试管架	有木质和铝质的，有不同形状和大小。	放置试管。	1. 加热后的试管应用试管夹夹住再放在架上。 2. 欲贮放在试管架上的试管，其外壁不能沾有试剂。

图示与名称	规格	主要用途	使用方法和注意事项
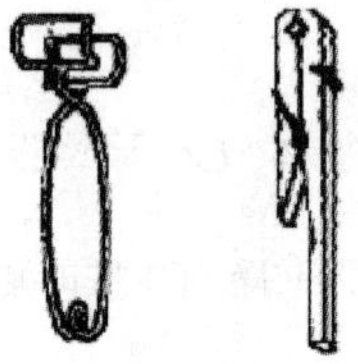 试管夹	有木，竹，金属丝（铜或钢）等制品，形状也不同。	用于夹持试管。	1. 夹在试管上端。 2. 不要把拇指按在夹的活动部分。 3. 试管夹要从试管底部套上和取下。
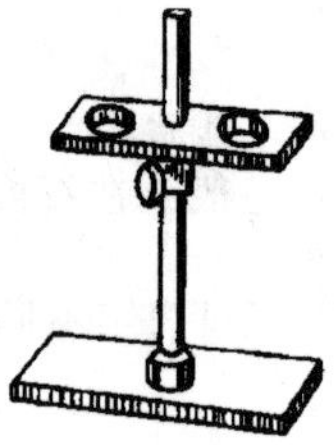 漏斗架	木制品，用螺丝可固定于铁质或木质杆上，也叫漏斗板。	过滤时承放漏斗用。	固定漏斗架时不要倒置。
 药勺	由牛角、瓷、塑料或不锈钢制成。现多数是塑料制品。	取固体药品用。	1. 除不锈钢药勺外，均不能用以取灼热的药品。 2. 药勺两端各有一大一小两勺，据取用量多少选用。
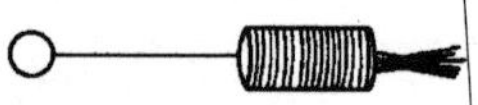 毛刷	以大小或用途表示，如试管刷、滴定管刷等。	洗刷玻璃仪器用。	洗涤时手持刷子的部位要合适，小心刷子顶端的铁丝撞破玻璃仪器，并注意毛刷顶部竖毛的完整程度。
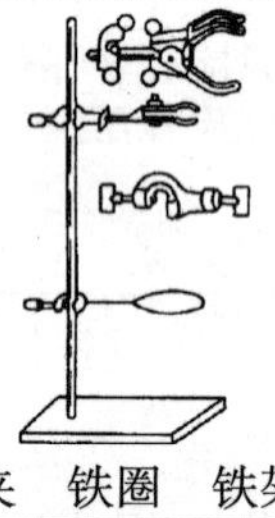 铁夹　铁圈　铁架台	铁制品，铁夹也有铝制的。铁架台有圆形和长方形两种。	用于固定或放置反应容器，铁圈还可代替漏斗架使用。	1. 仪器固定在铁架台上时，仪器和铁架的重心应落在铁架台底盘中间。 2. 用铁夹夹持仪器时，松紧要合适，以仪器不能转动为宜。
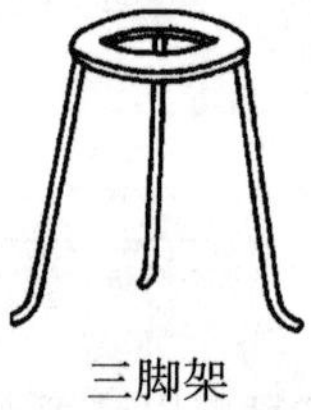 三脚架	铁制品，有大小，高低之分，比较牢固。	放置较大或较重的加热容器，或与石棉网，铁架台等配合作支持物。	1. 放置加热容器时（除水浴锅外）要垫上石棉网。 2. 下面加热灯焰的位置要合适，以氧化焰加热为宜。

图示与名称	规格	主要用途	使用方法和注意事项
 燃烧勺	铁制品或铜制品。	检验物质的可燃性，进行固气燃烧反应用。	1. 放入集气瓶时，应从上而下慢慢放入，且不要触及瓶壁。 2. 对硫磺、钾、钠的燃烧实验，事先在燃烧勺底垫上砂子或石棉。 3. 用完后立即将燃烧勺洗净干燥。
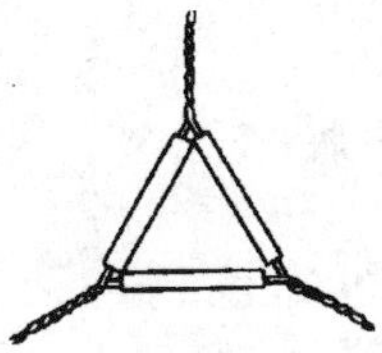 泥三角	由铁丝扭成，并套有瓷管，有大小之分。	灼烧坩埚时放置坩埚及加热小蒸发器皿时用。	1. 使用前应检查铁丝是否断裂。 2. 坩埚底应横着斜放在三个瓷管上。
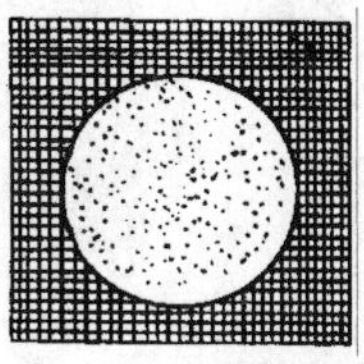 石棉网	由铁丝编成，中间涂有石棉，有大小之分。	使受热物体均匀受热，不致造成局部过热。	1. 使用前检查石棉网上的石棉是否脱落。 2. 不能与水接触，以免石棉脱落或铁丝生锈。 3. 不可卷折。
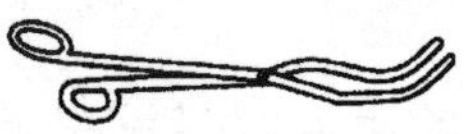 坩埚钳	铁制品，有大小，长短之分。	用于夹持坩埚加热或往高温炉中放、取坩埚以及夹取热的蒸发皿。	1. 使用时坩埚钳必须干净。 2. 坩埚钳用后，应尖端向上平放在实验台上。
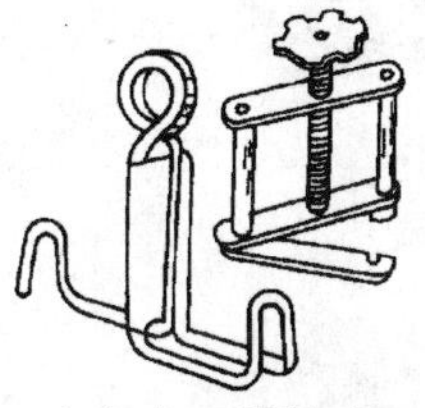 自由夹　螺旋夹	铁制品。自由夹也叫弹簧夹，止水夹或皮管夹等多种名称。螺旋夹也叫节流夹。	用于沟通或关闭流体的通路。螺旋夹还可控制流体的流量。	1. 将夹子夹在连接导管的胶管中部(关闭)，或夹在玻璃导管上(沟通)。 2. 在蒸馏水贮瓶的装置中，夹子夹持胶管的部位应经常变动。 3. 实验完毕，应及时拆卸装置，取下夹子，擦净后放入柜中。
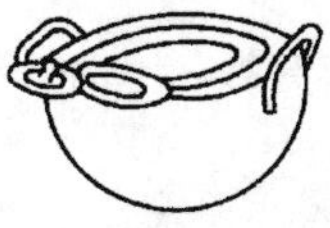 水浴锅	铜或铝制品	用于间接加热及粗略控温实验。	1. 选择大小合适的圈环，以加热器皿没入锅中 2/3 为宜。 2. 经常加水以防止锅内水烧干。

2. 标准磨口仪器简介

在有机化学实验中，经常用到标准磨口仪器如图 2－1 所示。这种仪器可以和相同编号的磨口相互连接，即可免去配塞子及钻孔等手续，也能免去反应物或产物被软木塞或橡皮塞所玷污。标准磨口玻璃仪器口径的大小，通常用数字编号来表示，该数字是指磨口最大端直径的毫米整数，见表 2－2。常用的有 10，14，19，24，29，34，40，50 等。有时也用两组数字来表示，另一组数字表示磨口的长度。例如 14/30，表示此磨口直径最大处为 14 *mm*，磨口长度为 30 *mm*。相同编号的磨口、磨塞可以紧密连接。

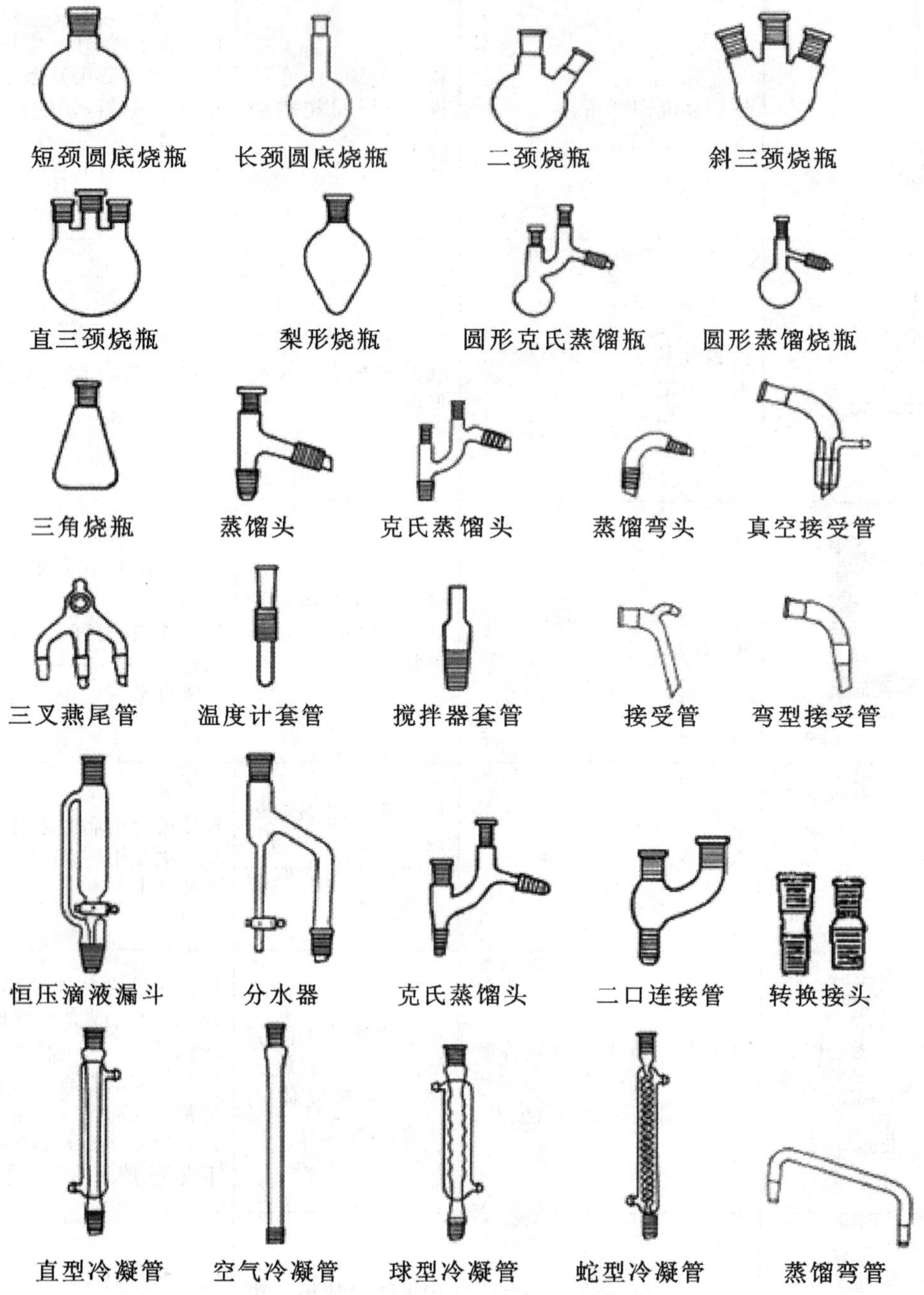

图 2-1 常见的标准磨口玻璃仪器

有时两个玻璃仪器,因磨口编号不同无法直接连接时,则可借助不同编号的磨口转换接头(或称大小头),使之连接。

表 2-2 磨口的编号与大端直径的对照

编　号	10	14	19	24	29	34	40
大端直径/*mm*	10.0	14.5	18.8	24.0	29.2	34.5	40.0

使用标口玻璃仪器时注意:

(1)磨口处必须洁净,若粘有固体杂物,会使磨口对接不严密导致漏气。若有硬质杂物,更会损坏磨口。

(2)用后应拆卸洗净。否则若长期放置,磨口的连接处常会粘牢,难以拆开。

(3)一般用途的磨口无需涂润滑剂,以免沾污反应物或产物。若反应中有强碱,则应涂润滑剂,以免磨口连接处因碱腐蚀粘牢而无法拆开。减压蒸馏时,磨口应涂真空脂,以免漏气。

(4)安装标准磨口玻璃仪器装置时,应注意安得正确、整齐、稳妥,使磨口连接处不受歪斜的应力,否则易将仪器折断,特别在加热时,仪器受热,应力更大。

在使用玻璃仪器时,应当轻拿轻放,除试管等少数玻璃仪器外都不能直接用火加热。锥形瓶不耐压,不能作减压用。广口容器不能储存易挥发的物质。使用带活塞的玻璃仪器,应注意洗干净后应在活塞和磨口之间垫上纸片,以防止粘住。如果已经粘住,可在磨口周围涂上一些有机溶剂或者润滑剂,用电吹风的热风吹,或者用水煮后在用木块轻敲塞,使其松开,切忌用力拔,以免伤手。除此之外,温度计的使用要注意不能把温度计当作玻璃棒用于搅拌,不能测量超出温度计量程以外的物质。温度计用完后,应缓慢冷却,切忌用冰冷水冷却,以免炸裂。

(二)玻璃仪器的洗涤与干燥

1. 洗涤仪器的一般方法

化学实验室经常使用的玻璃仪器和瓷器,为了避免反应中混入杂质,实验前必须清洗仪器,保证清洁,才能使实验得到准确的结果,所以学会清洗玻璃仪器是进行化学实验的重要环节。

洗涤仪器的方法很多,应根据实验的要求、污物的性质和玷污的程度来选择。一般来说附着在仪器上的污物有尘土和其他不溶性物质、可溶性物质、有机物质和油污等。针对不同情况可以分别用下列方法洗涤。

(1)刷洗或水洗。用试管刷刷洗可以使附着在仪器上的尘土和其他不溶性物质脱落下来,用水洗则可除去可溶性物质。

(2)用去污粉或肥皂可以洗去油污和有机物质,若仍洗不干净,可用热的碱溶液洗。

(3)用浓盐酸洗,可以洗去附着在器壁上的氧化剂,如 MnO_2 等污物。

(4)用氢氧化钠-高锰酸钾洗液洗,可以洗去油污和有机物质。洗后在器壁上留下的二氧化锰沉淀可再用盐酸洗。

(5)在进行精确的定量实验时,即使少量杂质亦会影响实验的准确性,因而要求用洗液来洗涤仪器,洗液是等体积的浓硫酸和饱和重铬酸钾溶液的混合物,具有很强的氧化性、酸性和去污能力。使用洗液时必须注意如下几点。

①使用洗液前最好用水或去污粉把仪器洗一遍。

②应该尽量把仪器的水去掉,以免把洗液冲稀。

③洗液用后倒回原瓶,可以重复使用,装洗液的瓶塞盖紧,以防止洗液吸水而被冲淡。

④不要用洗液去洗涤具有还原性的污物(如某些有机物)。

⑤洗液具有很强的腐蚀性,会灼伤皮肤和损坏衣物,使用时要小心,如洗液溅到皮肤或衣物上,应立即用水冲洗。

⑥用上述方法洗涤后,还要用自来水冲洗,但自来水中含有 Ca^{2+}、Mg^{2+}、Cl^- 等离子,如果实验中不允许这些杂质存在,则应该再用少量的蒸馏水荡两次,以便把它们洗去。

洗净的仪器壁上不应附着不溶物、油污,器壁可被水完全湿润。把仪器倒置,水即顺器壁流下,器壁上只留下一层既薄又均匀的水膜,不挂水珠,这表示仪器已经洗干净。已洗净的仪器不能再用布或纸抹,因为布和纸的纤维会留在器壁上弄脏仪器。

2. 仪器内沉淀垢迹的洗涤方法

根据仪器内沉淀垢迹的不同,所采取的洗涤方法有所不同。比如当仪器内的残渣为酸性时,可用稀的氢氧化钠溶液清洗;当仪器内的残渣为碱性时,可用稀盐酸或者稀硫酸清洗除去。如果已知残渣溶于某种有机溶剂,则可用有机溶剂清洗。除以上清洗的方法外,还可用超声波清洗器来洗涤仪器,既省时又方便。具体见表 2-3。

表 2-3 常见污物处理方法

污物	处理方法
可溶于水的污物、灰尘等	自来水清洗。
不溶于水的污物	肥皂、合成洗涤剂。
氧化性污物(如 MnO_2、铁锈等)	浓盐酸、草酸洗液。
油污、有机物	碱性洗液(Na_2CO_3、$NaOH$ 等)、有机溶剂、铬酸洗液、碱性高锰酸钾洗涤液。
残留的 Na_2SO_4、$NaHSO_4$ 固体	用沸水使其溶解后趁热倒掉。
高锰酸钾污垢	酸性草酸溶液。
黏附的硫磺	用煮沸的石灰水处理。
瓷研钵内的污迹	用少量食盐在研钵内研磨后倒掉,再用水洗。
被有机物染色的比色皿	用体积比为 1:2 的盐酸—酒精液处理。
银迹、铜迹	硝酸。
碘迹	用 KI 溶液浸泡,温热的稀 $NaOH$ 或用 $Na_2S_2O_3$ 溶液处理。

对沾污在砂芯漏斗上的难溶性物质,则可以按表 2-4 的办法处理。

表 2-4 洗涤砂芯玻璃滤器常用洗涤液

沉淀物	洗涤液
$AgCl$	1:1 氨水或 10% $Na_2S_2O_3$ 水溶液。
$BaSO_4$	100℃浓硫酸或用 EDTA— NH_3 水溶液(3% EDTA 二钠盐 500mL 与浓氨水 100mL 混合)加热近沸。
汞渣	热浓硝酸。
有机物质	铬酸洗液浸泡或温热洗液抽洗。
脂肪	四氯化碳或其他适当的有机溶剂。
细菌	化学纯浓硫酸 5.7 mL,化学纯亚硝酸钠 2 g,纯水 94 mL 充分混匀,抽气并浸泡 48 h 后,以热蒸馏水洗净。

光度分析中使用的比色皿等,系光学玻璃制成,不能用毛刷刷洗,可用 HCl-乙醇浸泡、润洗。决不可用强碱清洗,因为强碱会侵蚀抛光的比色皿。常见各种洗涤液的配制及使用见表 2-5。

表 2-5 见各种洗涤液的配制及使用

洗涤液及其配方	使用方法
①铬酸洗液:研细的重铬酸钾 20 g 溶于 40 mL水中,慢慢加入 360 mL 浓硫酸。	用于去除器壁残留油污,用少量洗液刷洗或浸泡一夜,洗液可重复使用。
②工业盐酸(浓或 1:1)	用于洗去碱性物质及大多数无机物残渣。
③碱性洗液:10% 氢氧化钠水溶液或乙醇溶液。	水溶液加热(可煮沸)使用,其去油效果较好。注意:煮的时间太长会腐蚀玻璃,碱-乙醇洗液不要加热。

续表

洗涤液及其配方	使用方法
④碱性高锰酸钾洗液:4 g 高锰酸钾溶于水中,加入 10 g 氢氧化钠,用水稀释至 100 mL。	洗涤油污或其他有机物,洗后容器沾污处有褐色二氧化锰析出,再用浓盐酸或草酸洗液、硫酸亚铁、亚硫酸钠等还原剂去除。
⑤草酸洗液:5 - 10 g 草酸溶于 100 mL 水中,加入少量浓盐酸。	洗涤高锰酸钾洗液后产生的二氧化锰,必要时加热使用。
⑥碘—碘化钾洗液:1 g 碘和 2 g 碘化钾溶于水中,用水稀释至 100 mL。	洗涤用过硝酸银滴定液后留下的黑褐色沾污物,也可用于擦洗沾过硝酸银的白瓷水槽。
⑦有机溶剂:苯、乙醚、二氯乙烷等。	可洗去油污或可溶于该溶剂的有机物质,使用时要注意其毒性及可燃性。用乙醇配制的指示剂干渣,比色皿,可用盐酸—乙醇(1:2)洗液洗涤。
⑧乙醇、浓硝酸:注意:不可事先混合!	用一般方法很难洗净的少量残留有机物,可用此法:于容器内加入不多于 2 mL 的乙醇,加入 10 mL 浓硝酸,静置即发生激烈反应,放出大量热及二氧化氮,反应停止后再用水冲,洗操作应在通风橱中进行,不可塞住容器,作好防护。
⑨盐酸 - 乙醇溶液	体积比为 1:2 的盐酸—酒精液。

在生物化学实验中多用的聚乙烯、聚丙烯等制成的塑料器皿,第一次使用塑料器皿时,可先用 8 $mol \cdot L^{-1}$ 尿素(用浓盐酸调 pH = 1)清洗,接着依次用无离子水、1 $mol \cdot L^{-1}$ KOH 和无离子水清洗,然后用 $10^{-3} mol \cdot L^{-1}$ EDTA 除去金属离子的污染,最后用无离子水彻底清洗,以后每次使用时,可只用 0.5% 的去污剂清洗,然后用自来水和无离子水洗净即可。

菌检用玻璃仪器经消毒灭菌 30 min 后,将培养基倒出或刮出,用毛刷蘸洗涤剂刷洗,再用自来水冲洗 4 ~ 5 次,用蒸馏水冲洗 1 次,晾干或烤干备用。

3. 仪器的干燥

实验所用的玻璃仪器除需洗涤外,常常还要干燥。如图 2 - 2 所示,洗净的玻璃器皿可用下述方法干燥。

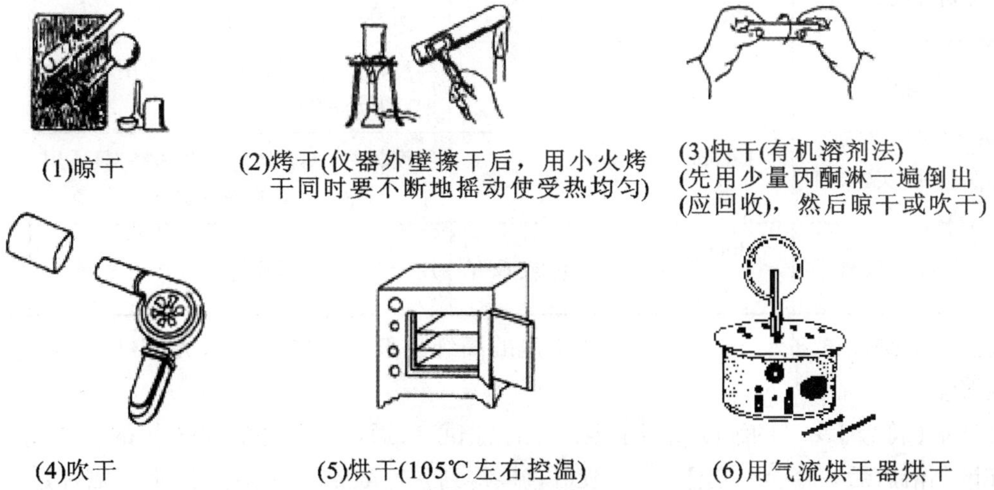

图 2 - 2　仪器的干燥方法

(1)烘干:洗净的仪器,可以放在电热(鼓风)干燥箱(烘箱)内于 105℃烘干,但放进去之前应尽量把水倒净。放置仪器时,应注意使仪器的口朝下(倒置后不稳的仪器则应平放)。可以在电热干燥箱的最下层放一个搪瓷盘,以接受从仪器上滴下的水珠,不使水滴到电炉丝上,以免损坏电炉丝。

(2)烤干:烧杯或蒸发皿可以放在石棉网上用小火烤干。试管可以直接用小火烤干,操作时,试管要略为倾斜,管口向下,并不时地来回移动试管,把水珠赶掉。

(3)晾干:洗净的仪器可倒置在干净的实验柜内仪器架上(倒置后不稳定的仪器如量筒等,则应平放),让其自然干燥。

(4)吹干:用压缩空气或吹风机把仪器吹干。

(5)用有机溶剂干燥:一些带有刻度的计量仪器,不能用加热方法干燥,否则,会影响仪器的精密度。可以用一些易挥发的有机溶剂(如无水乙醇或酒精与丙酮的混合液)加到洗净的仪器中(量要少),把仪器倾斜,转动仪器,使器壁上的水与有机溶剂混合,然后倾出,少量残留在仪器内的混合液,很快挥发使仪器干燥。

二、化学试剂的分类 存放与取用

(一)化学试剂分类

化学试剂是在化学试验、化学分析、化学研究及其他领域试验研究中使用的各种纯度等级的化合物或单质。化学试剂品种繁多,按其纯度等级,通常可将化学试剂分为以下五个不同等级,即优级纯、分析纯、化学纯、实验试剂、生物试剂。表2-6是我国化学试剂的等级标准及其使用范围。

表2-6 化学试剂等级和使用范围

等级	名称	英文名称	符号	适用范围	标签颜色
一级品	优级纯(保证试剂)	Guarantee Reagent	G. R.	纯度很高,适用于精确分析和研究工作,有的可作为基准物质。	绿色
二级品	分析纯(分析试剂)	Analytical Reagent	A. R.	纯度较高,干扰杂质很低,适用于多数分析及科学研究工作	红色
三级品	化学纯	Chemical Pure	C. P.	纯度较高,存在干扰杂质,适用于化学实验和合成制备。	蓝色
四级品	实验纯(实验试剂)	Laboratorial Reagent	L. R.	纯度较差,杂质含量不做选择,只适用于一般化学实验和合成制备。	棕色或其他颜色
五极品	生物试剂	Biological Reagent	B. R. 或 C. R.	用于某些生物实验中	黄色或其他颜色

除以上等级纯度试剂外,还有一些特殊用途的高纯试剂,如基准试剂、光谱纯试剂、色谱纯试剂、高纯试剂等。

基准试剂(符号J. Z.)的纯度相当于或高于保证试剂,通常专用作容量分析的基准物质。称取一定量基准试剂溶解后稀释至一定体积,一般可直接得到一定浓度的标准溶液,而不需标定。

光谱纯试剂(符号S. P.)杂质用光谱分析法测不出或杂质含量低于某一限度,这种试剂主要用于光谱分析中。

色谱纯试剂是指进行色谱分析时使用的标准试剂,在色谱条件下只出现指定化合物的峰,不出现杂质峰。

在化学分析、教学、研究等工作中，一般要根据实验的要求选取合适的试剂，而非盲目追求高纯物质，同时实验用水，操作器皿等要与试剂的等级相适应。

(二)化学试剂的存放

化学试剂的存放要做到保证安全，保证试剂质量。

(1)一般化学试剂可存放于阴凉通风，温度低于30℃的环境中。存放在柜里或试剂架上的试剂要按一定的规律分类，有次序地放在固定的位置上，为查找和取用提供方便。

(2)易燃易挥发类试剂(如石油醚、乙醚、汽油等)要求单独存放于阴凉通风处，理想存放温度为-4~4℃。闪点在25℃以下的试剂，存放最高室温不得超过30℃，特别要注意远离火源。

(3)剧毒类试剂(如氰化钾、氰化钠，三氧化二砷等)要置于阴凉干燥处，与酸类试剂隔离。同时剧毒类试剂应锁在专门的毒品柜中，建立双人保管，三级签字的领用制度，建立使用、消耗、废物回收处理等制度，确保人身安全。

(4)强腐蚀类试剂(如硫酸、发烟硝酸、盐酸、甲酸、乙酸酐、五氧化二磷等)要求存放于阴凉通风处并与其他药品隔离放置。同时应选用抗腐蚀性的材料来放置这类药品。

(5)遇水反应十分猛烈发生燃烧爆炸的钾、钠、锂、钙、氢化锂铝、电石等不得在露天，潮湿，漏雨和低洼处存放。钾和钠应保存在煤油中。与空气接触能发生强烈的氧化作用而引起燃烧的物质如黄磷，应保存在水中，切割时也应在水中进行。

(6)易爆类试剂(如硝酸纤维、苦味酸、三硝基甲苯、三硝基苯、叠氮或重氮化合物、雷酸盐等)应存放在阴凉，室内温度不超过30℃的库房内，将盛有爆炸性试剂的瓶子存放于铺有消防沙的水泥柜中加盖，且与易燃物、氧化剂隔离。

(7)相互间易起反应的试剂(如挥发的酸与氨，氧化剂与还原剂等)应分开存放。见光易分解的试剂(如硝酸银，高锰酸钾等)应存放在棕色瓶内。容易侵蚀玻璃的试剂(如氢氟酸，氟化物，苛性碱等)应存放于塑料瓶中。

(三)固体试剂的取用法

(1)取用药品前，先要看清标签。取用时，标签朝向手心，将打开的瓶盖倒放在实验台上，内塞倒放在瓶盖里，不能用手接触化学试剂。药品取用完后应将内塞，瓶盖立即盖好，决不能将瓶盖，内塞搞混，以免将试剂污染。

(2)要用清洁干燥的药匙取用试剂。根据取用量的多少选取大小不同的药匙。用过的药匙必须洗净擦干后才能再使用。

(3)本着节约的原则，用多少取多少，多取的试剂不能倒回原瓶，可放在指定的容器中供他人使用。

(4)用天平称取一定质量的固体试剂时，可把固体试剂放在干净的称量纸上称量。具有腐蚀性或易潮解的固体应放在玻璃容器内称量。

(5)往试管中加入固体试剂时，应将试管倾斜，同时选用较长的药匙或纸槽伸进试管约2/3处，然后直立试管，若是块状固体，应使药品沿其管壁慢慢滑下。如图2-3所示。

(6)有毒药品要在老师指导下使用。手上有伤口时，切勿使用剧毒试剂。

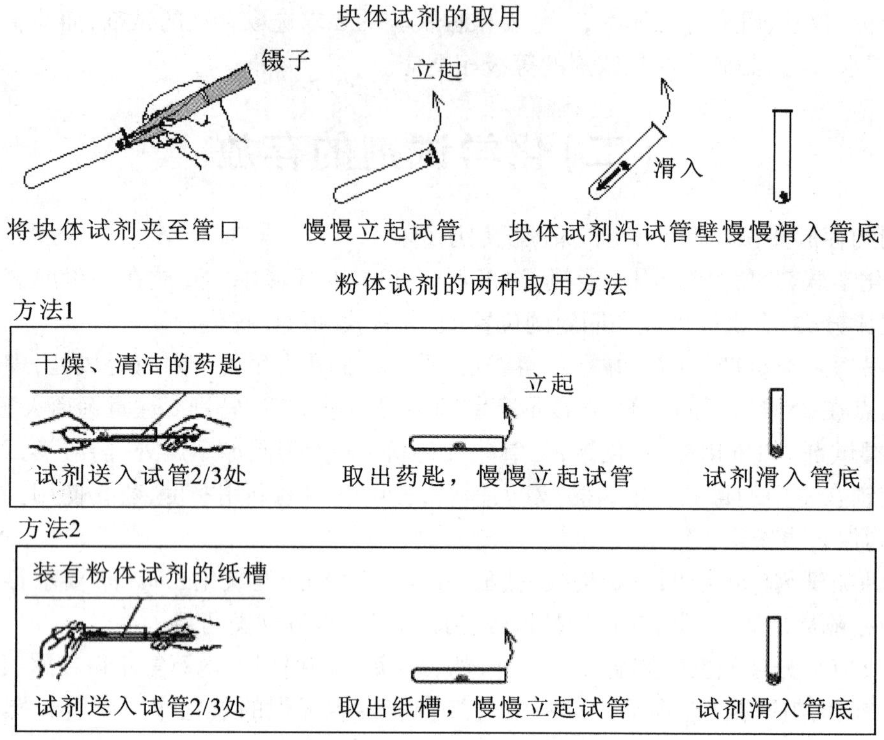

图 2－3　固体试剂的取用

(四)液体试剂取用法

(1)从试剂瓶取用液体试剂时,先准备好量筒(或其他玻璃仪器),然后打开瓶塞,倒置放在桌上,用右手持试剂瓶(试剂标签应向手心避免试剂沾污标签),瓶口紧贴量筒(或其他玻璃仪器),缓慢将液体注入量筒,如图 2－4C 所示。倒完后,应将试剂瓶口在量筒口上靠一下,再将瓶子竖直,以免试剂流至瓶的外壁。试剂取用完后立即盖上瓶塞,把试剂瓶放回原处,并使试剂标签朝外,应根据所需用量取用试剂,不必多取,如不慎取出了过多的试剂,只能弃去,不得倒回原瓶,以免沾污试剂。

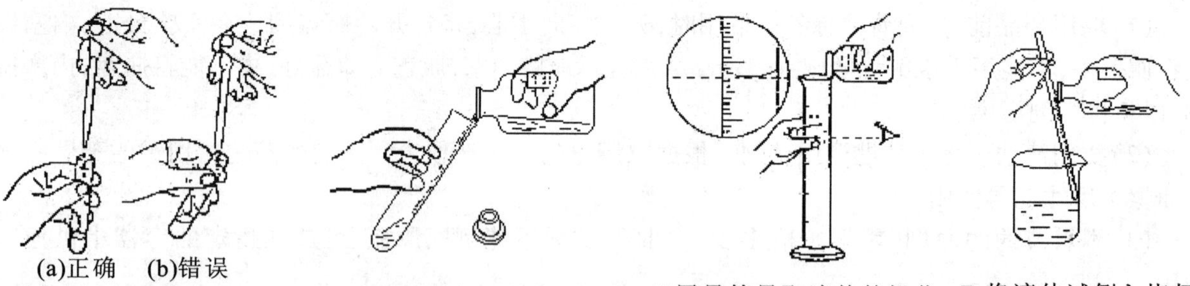

(a)正确　(b)错误
A 用滴管加少量液体试剂　B 将液体倒入试管　C 用量筒量取液体的操作　D 将液体试倒入烧杯中

图 2－4　液体试剂的取用方法

(2)从滴瓶中取用液体试剂时,先提起滴管使管口离开液面,然后用手指紧捏滴管上部的乳胶头以赶出滴管中的空气,再把滴管伸入液面下,放开手指,试剂吸入滴管内。将充满液体的滴管直立在试管口上方,用大拇指和食指轻捏橡皮头,使试剂逐滴滴入试管内。如图 2－4A 所示。操作中必须注意以下几点:

①绝对禁止将滴管伸入试管内,否则,滴管的管端将很容易碰到试管壁上,致使试剂被污染。

②滴瓶中的滴管专管专用，不能用来移取其他试剂瓶中的试剂，同时也不能和其他滴瓶中的滴管搞混，滴管使用完后应立即插回到原来的滴瓶中。

③滴管从滴瓶中取出试剂后，不得将滴管平持或管口朝上斜持，以免试液流入滴管的乳胶帽中。

④用滴管从试剂瓶中取用少量液体试剂时，则需要用干净的或专用滴管。

(3)从细口瓶中取出液体试剂时，用倾注法如图2-4B、D所示。先将瓶塞取下，反放在桌面上，手握住试剂瓶上贴标签的一面，逐渐倾斜瓶子，让试剂沿着洁净的试管壁流入试管或沿着洁净的玻璃棒注入烧杯中。取出所需量后，将试剂瓶口在容器上靠一下，再逐渐竖起瓶子，以免遗留在瓶口的液体滴流到瓶的外壁。

(4)在试管里进行某些性质实验时，不需要用量筒准确量取试剂量，可以估算取用液体的量。例如用滴管取用液体时，1 mL相当于20滴左右，倒入试管里的溶液的量，一般不超过其容积的1/3。如需准确取用可用量筒（如配制缓冲液）、移液管（定量分析）等来取用液体试剂。

（五）溶液的配制

1. 质量分数浓度溶液的配制

质量分数浓度表示溶质的质量与混合物的质量之比，用符号 ω 表示。也可用百分数表示它的浓度值。

$$\omega_B = \frac{m_B}{m}$$

例：5%的KCl溶液即表示100克KCl溶液中含有5 g固体KCl。

2. 体积分数浓度溶液的配制

体积分数浓度是指溶质的体积与溶液的体积之比。用符号 φ_B 表示。常用百分数来表示浓度值。

$$\varphi_B = \frac{V_B}{V}$$

例：$\varphi(HCl) = 10\%$ 的盐酸溶液的配制：取10 mL浓盐酸加到少量水中，再稀释至100 mL，搅匀。

3. 物质的量浓度溶液的配制

物质的量浓度是指单位体积溶液中所含溶质的物质的量。用符号c表示。

$$C_B = \frac{n_B}{V}(\mathrm{mol \cdot L^{-1}})$$

例：如何配制 $c(NaCl) = 0.1\ \mathrm{mol \cdot L^{-1}}$ 的氯化钠溶液500mL？ $M_{NaCl} = 58.4$

计算：称取氯化钠的量 $m_{NaCl} = c_{NACl} VM_{NaCl} = 0.1 \times 500 \times 41^{-3} \times 58.4 = 2.9$ g

配制：用架盘天平称取氯化钠2.9 g溶于适量水中，稀释至500 mL，搅匀。

4. 质量体积浓度溶液的配制

用单位体积溶液中所含溶质的质量数来表示的浓度叫质量－体积浓度，以符号ρ表示。单位通常有 $\mathrm{g \cdot L^{-1}}$、$\mathrm{mg \cdot L^{-1}}$、$\mathrm{mg \cdot mL^{-1}}$ 等。这种浓度多用于比色分析法或光度分析法中标准离子浓度的表示。

例 $\rho(Zn^{2+}) = 1\ \mathrm{mg \cdot L^{-1}}$ 表示1升 Zn^{2+} 溶液中 Zn^{2+} 的含量为1毫克。

5. 体积比浓度

用两种或两种以上液体的体积比表示的浓度。通常表示为 $V_1:V_2$ 或 V_1+V_2

例：HCl(1+5)表示1体积浓盐酸与5体积水相混合配成的溶液 。

6. 标准溶液的配制

标准溶液：是指已知准确浓度的溶液。在滴定分析中常做滴定剂。常用标准溶液的浓度是以物质的量浓度表示(c)。

标准溶液的配制方法:

(1)直接法。

在分析天平上准确称取一定量干燥至恒重的基准物质,溶解后定量转移到容量瓶中,用蒸馏水稀释至刻度,充分摇匀。根据称取的基准物质的质量和溶液的体积,计算出所配标准溶液的浓度。

$$c_B = \frac{m_B}{M_B V} = \frac{n_B}{V} = \ (\text{mol} \cdot \text{L}^{-1})$$

例:如何配制 0.1000 mol · L^{-1}的邻苯二甲酸氢钾溶液 250 mL ?($M_{KHC_8H_4O_4} = 204.2$ g · mol^{-1})

计算称取邻苯二甲酸的量

$$m_{KHC_8H_4O_4} = c_{KHC_8H_4O_4} \times M_{KHC_8H_4O_4} \times V = 0.1 \times 250 \times 10^{-3} \times 204.2 = 5.105 \text{ g}$$

配制:取在 105 ℃ ~110 ℃干燥至恒重的邻苯二甲酸氢钾约 5.10 g,精密称定,置烧杯中用少量煮沸后冷却的蒸馏水溶解,然后定量转移至 250 mL 容量瓶中,稀释至刻度,摇匀。根据称取的基准物质的实际质量用上述公式计算邻苯二甲酸氢钾溶液的准确浓度,贴好标签。

基准物质必须符合以下要求:

① 物质的组成与化学式完全相符。

② 物质的性质稳定,不易吸收空气中的水分,二氧化碳,不易被氧化,不易分解,可以长时间保存。

③ 物质纯度较高,纯度一般达到 99.99% 以上。

④ 基准物质最好有较大的分子量,这样在配制标准溶液时可以减少称量误差。

常用的基准物质有锌,铜,草酸、氯化钠、重铬酸钾、邻苯二甲酸氢钾等。

(2)间接法(标定法)。

很多物质(如 NaOH,HCl 等)不是基准物质,不能用来直接配制标准溶液,可按照一般溶液的配制方法先配成近似浓度的溶液,然后再用基准物质或另一种标准溶液测出它的准确浓度(标定),这种配制标准溶液的方法叫作间接法(标定法)。

直接标定(用基准物质进行标定):准确称取一定量的基准物质,溶解后用待测定的溶液进行滴定,直至反应完全。根据基准物质的质量和消耗掉的待测溶液的体积,计算出待测溶液的准确浓度。

例:如何配制 c(NaOH) =0.1000 mol · L^{-1}氢氧化钠标准溶液 500 mL?

①粗配:用玻璃烧杯在托盘天平上迅速称取固体 NaOH 2.0 g,用适量煮沸后冷却的蒸馏水溶解,放冷后转移至 500 mL 量筒中,加蒸馏水稀释至 500 mL,摇匀,贮存于聚乙烯塑料瓶中。(如所配 NaOH 溶液不允许有 Na_2CO_3 时可先配成饱和溶液,静置一段时间后,取上清液稀释备用)。

②标定:取在 105 ℃ ~110 ℃干燥至恒重的邻苯二甲酸氢钾约 0.5 g,精密称定,然后置于 250 mL 锥形瓶中,用 60 mL 煮沸后冷却的蒸馏水溶解,加入酚酞指示剂 2 滴,用欲标定的氢氧化钠溶液滴定至溶液为微红色半分钟不退即为终点。平行测定 3 次,取平均值。测定的 3 份溶液的相对平均偏差应小于 0.2%。

③计算:根据称取的邻苯二甲酸氢钾的质量以及消耗的氢氧化钠的体积,计算 NaOH 溶液的准确浓度。

$$c_{KHC_8H_4O_4} = \frac{m_{KHC_8H_4O_4} \times 1000}{M_{KHC_8H_4O_4} V_{NaOH}} (\text{mol} \cdot \text{L}^{-1})$$

间接标定:准确移取一定量的待测溶液,用已知准确浓度的标准溶液滴定,或准确移取一定量的已知准确浓度的标准溶液,用待测溶液滴定,根据化学反应方程式以及两种溶液消耗的体积和标准溶液的浓度计算出待测溶液的浓度。

例:如何配制 $c(Na_2CO_3) = 0.05000$ mol · L^{-1}的碳酸钠标准溶液 500 mL?

①粗配:用架盘天平称取 2.6 g 无水 Na_2CO_3,用适量蒸馏水溶解,稀释至 500 mL,摇匀。

②标定:用移液管准确移取 25.00 mL 碳酸钠溶液于 250 mL 锥形瓶中,加甲基橙指示剂 2 滴,然后用已知准确浓度的盐酸标准溶液滴定至溶液呈微红色,加热,冷却后继续滴定至微红色,记录消耗掉的盐酸标准溶液体积。平行测定 3 次,测定的 3 份溶液的相对平均偏差应小于 0.2%。

③计算:根据化学反应方程式以及消耗掉的盐酸标准溶液体积,计算 Na_2CO_3 溶液的准确浓度。

$$c_{Na_2CO_3}=\frac{c_{HCl}V_{HCl}}{2V_{Na_2CO_3}}(mol \cdot L^{-1})$$

三、称量仪器使用方法与维护

(一)托盘天平

托盘天平是化学实验不可缺少的重要称量仪器。由于各种不同的化学实验对称量准确度的要求不同,则需要使用不同类型的天平进行称量。常用的天平种类很多,尽管它们在构造上各有差异,但都是根据杠杆原理设计制成的。

托盘天平称量的最大准确度为 ±0.1 g 它使用简便,但精度不高。托盘天平的构造如图 2-5 所示:

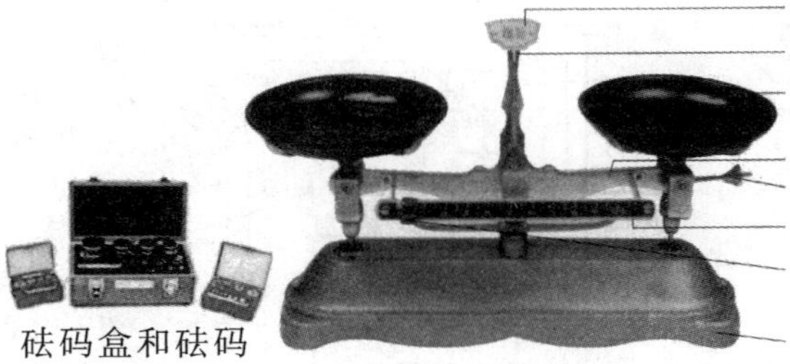

图2-5 托盘天平

1. 称量前的检查

先将游码拨至游码标尺左端"0"处观察指针摆动情况。如果指针在分度标尺左右摆动的距离几乎相等,即表示托盘天平可以使用;如果指针在分度标尺左右摆动的距离相差很大,则应将平衡螺丝向里或向外拧动,以调节至指针左右摆动距离大致相等为止,便可使用。

2. 物品称量

(1)称量的物品放在左盘,砝码放在右盘。

(2)先加大砝码,再加小砝码,加减砝码必须用镊子夹取,最后用游码调节,使指针在刻度盘左右两侧摆动的距离几乎相等至达到平衡为止。

(3)记下砝码和游码在标尺上的数值(至小数点后第一位)两者相加即为所称物品的质量。

(4)称量药品时,应在左盘放上已知质量的洁净干燥的容器(如表面皿或烧杯等)或称量纸,再将药品加入,然后进行称量。

(5)称量完毕,应把砝码放回砝码盒中,将游码退回到刻度"0"处。取下盘上的物品,并将两个秤盘放在一侧,或用橡皮圈架起,以免摆动。

3. 称量时应注意的问题

(1)托盘天平不能称量热的物品,也不能称量过重的物品(其质量不能超过托盘天平的最大称量量)。

(2)称量物不能直接放在秤盘上,吸湿或有腐蚀性的药品,必须放在玻璃容器内。

(3)不能用手拿砝码或片码。

(4)托盘天平应保持清洁,如果不小心把药品撒在托盘上,必须立即清除。不用时应加塑料罩,以防尘土。

(二)电光天平的介绍和使用

分析天平一般指能准确称量到0.0001 g的天平,其最大载量一般为100 ~200 g。分析天平是进行准确称量的精密仪器,其种类很多,有普通分析天平,空气阻尼天平,半自动电光分析天平,全自动电光分析天平和单盘分析天平等。

一般的分析天平是根据杠杆原理进行称量的,在等臂天平梁的两边分别放置两个天平盘,一个盘放置被称量物,另一盘放砝码,当两边力矩相等时天平达到平衡。此时,即被称物的质量和砝码质量相等,这就是天平称量的基本原理。

下面介绍半自动及全自动电光分析天平的构造、称量方法及使用规则。

电光天平是在阻尼天平的基础上发展而制成的,主要是增加了两个装置:一个是机械加码装置;另一个是光学读数装置。机械加码装置是通过转动指数盘加减圈状砝码(俗称圈码)的装置,1 g以下的砝码由指数盘操纵自动加减的,称为半自动电光分析天平,如图2 -6所示。大小砝码全部由指数盘操纵自动加减的,称为全自动电光分析天平,如图2 -7所示。

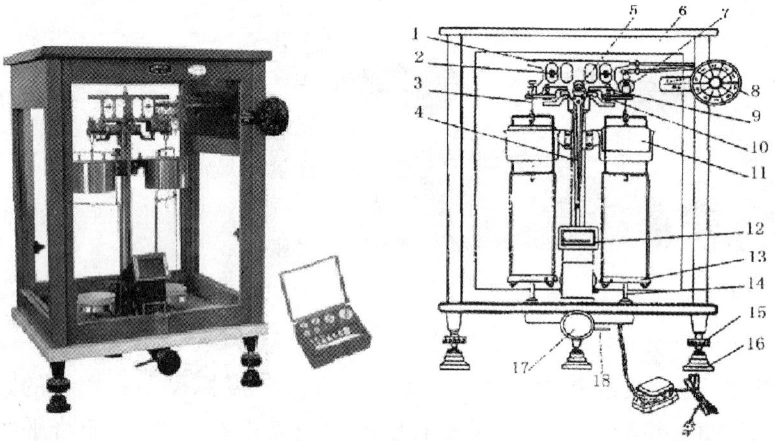

1-横梁 2-平衡铊
3-吊耳 4-指针
5-玛瑙刀口支力点
6-框罩 7-圈码
8-指数盘 9-支力销
10-托翼 11-阻尼内筒
12-投影屏 13-秤盘
14-盘托 15-螺旋脚
16-垫脚 17-升降旋钮
18-调屏拉杆

图2 -6 TG328B型半自动电光分析天平

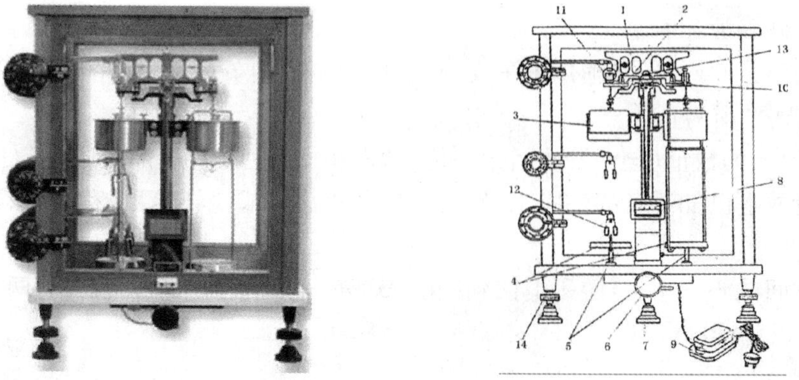

1-横梁 2-吊耳
3-阻尼内筒 4-秤盘
5-托盘 6-升降旋钮
7-垫脚 8-投影屏
9-变压器 10-折叶
11-圆形砝码 12-环形砝码
13-玛瑙刀口支力点
14-螺旋脚

图2 -7 TG328A型全自动电光分析天平

1. 自动电光分析天平的构造原理及使用

1.1 天平横梁及玛瑙刀口

天平的主要部件是天平横梁，它是由铝合金材料制成的，在梁的中下方装有细长而垂直的指针，梁的两边装有两个平衡螺丝，用来调整梁的平衡位置（也即调节零点）。横梁上装有三个棱形的玛瑙刀，其中一个装在横梁的中间，刀口向下，称为中刀或支点刀；另两个等距离地分别安装在横梁两端，刀口向上，称为边刀或承重刀，三个刀口的棱边完全平行，并处于同一水平面上。

玛瑙刀口锋利平滑。当天平启动时，三个刀口分别由玛瑙平板支承，可以很灵敏地摆动。若刀口出现缺损或经长期使用磨钝后，天平摆动阻力增加，灵敏度下降。因此要特别注意保护玛瑙刀口，天平关闭时横梁被天平的立柱托叶架起，使刀口不与平板接触，托叶就是一种保护装置。

1.2 吊耳、空气阻尼器和称盘

两个承重刀上各挂一吊耳，吊耳的上钩挂着称盘，在称盘和吊耳之间装有空气阻尼器。空气阻尼器的内筒比外筒略小，两圆筒间有均匀的空隙，内盒悬挂在吊耳勾上，能自由地上下移动。当天平启动时，利用筒内空气的阻力产生阻尼作用，使天平横梁能较快地停止摆动而达到平衡，更方便观察指针读数。

1.3 开关旋钮（升降旋钮）和盘托

升降旋钮：也叫开关旋钮。用于启动和关闭天平。启动时，顺时针旋转升降旋钮，升降旋钮带动控制与其连接的托叶下降，天平梁放下，刀口与刀承相承接，天平处于工作状态。关闭时，逆时针旋转开关旋钮，使托叶升起，天平梁被托起，刀口与刀承脱离，天平处于关闭状态。

盘托：安装在称盘下方的底板上，受开关旋钮控制。关闭时，盘托支持着称盘，防止称盘摆动，可保护刀口。

1.4 砝码（全自动无砝码）

每台半自动电光分析天平都附有一盒配套的砝码，如图 2 - 8 所示。1 克以上的砝码用铜合金或不锈钢制成，1 克以下的砝码用铝合金制成片状，俗称片码。砝码按一定的顺序放在砝码盒的固定位置上，砝码的质量通常有 5、2、2 *、1 和 5、2、1、1 * 两种组合，从大到小排列，如前一种砝码按 50、20、20 *、10、5、2、2 *、1 克顺序排列，1 克以下砝码的顺序也一样，称量时欲加 10 毫克以上的质量，可在称盘上加砝码或片码。系列砝码中，两个面值相同的砝码，其中一个带有星号（*）的标志，是因为面值虽然相同，但其质量不一定绝对相等，所以用星号标记以示区别。如果是用两次质量之差来计算出所称物体的质量时，应使用同一砝码进行称量，以减少误差。

图 2 - 8　砝码与砝码盒

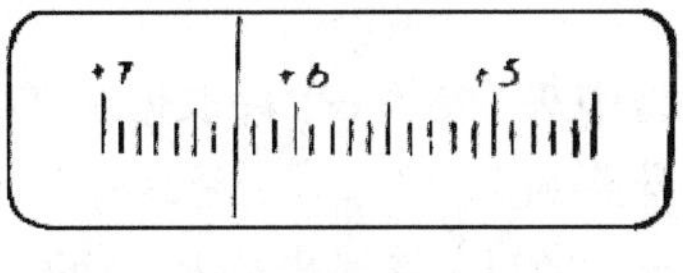

图 2 - 10　游码标尺示意

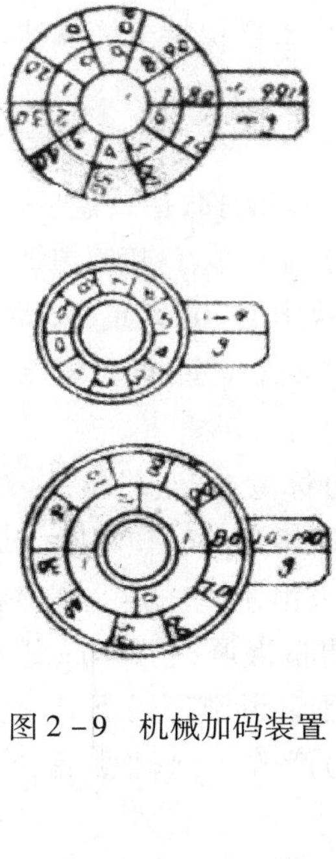

图 2 - 9　机械加码装置

1.5 机械加码装置(全自动电光分析天平)

环码分别挂在码钩上。称量时,转动指数盘旋钮将砝码加到承受架上。环码的质量可以直接在砝码指数盘上读出。指数盘有三个,砝码的质量范围分别为 10～990 mg,1～9 g,10～190 g。见图 2－9。

1.6 游码与游码标尺

10 毫克以下的质量,可借游码在游砝标尺上移动位置达到平衡,游码由铝丝制成,质量为 10 毫克。游码标尺上刻有 20 个大格,每一大格表示 1 毫克,每一大格分十等分每一小格相当于 0.1 毫克。游砝标尺的中间刻度为"0",正好处在天平的支点位置上,如游码处在右方刻度"8"处,则表示在右盘上加了 8 毫克:如处在左方刻度"5"处,则表示在右盘上减少了 5 毫克。如图 2－10 所示。

1.7 指针标牌

指针标牌上分 20 格,通常以左边为"0",中间为"10"进行读数。一般要求指针的读数在 9～11 间。

1.8 光学读数装置

光学读数装置固定在支柱的前方见图 2－7,其光路如图 2－11 所示,光源发出的光线经聚光后,照射到天平指针下端的刻度标尺上,再经过放大,由反射镜反射到投影屏上,由于指针的偏移程度被放大在投影屏上,所以能准确读出 10 mg 以下的重量。称量时,固定在天平指针上微分标尺的平衡位置,可以通过光学系统放大投影到光屏上(见图 2－10)。标尺上的读数直接表示 10 mg 以下的质量,每一大格代表 1 mg,每一小格代表 0.1 mg。从投影屏上可直接读出 0.1～10 mg 以内的数值。

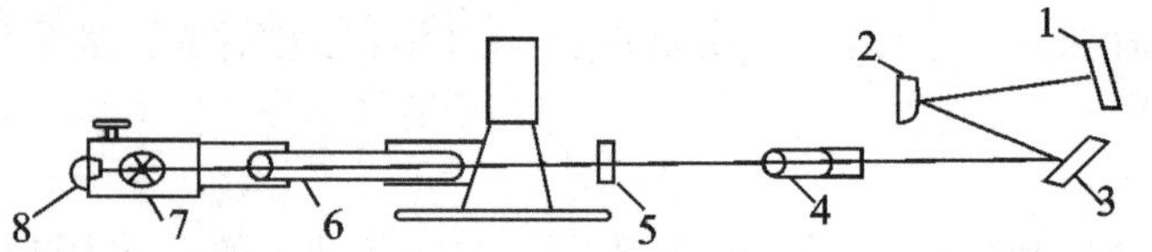

图 2－11　光学读数装置的光路图

1.9 天平箱

能保证天平在稳定气流中称量,并能防尘、防潮。天平箱的前门一般在清理或修理天平时使用,左右两侧的门分别供取放样品和砝码用(即左物右码)。箱座下装有三个支脚,后面的一个支脚固定不动,前面的两个支脚可以上下调节,通过观察天平内的水平仪,使天平调节到水平状态。

2. 天平使用规则

天平室要保持干燥清洁。进入天平室后,对照天平号坐在自己需用的天平前,按下述方法进行操作:

(1)取下防尘罩,叠放在天平箱上方。检查天平是否正常:天平是否水平;称盘是否洁净,否则,用软毛刷小心清扫;指数盘是否在"000"位;环码有无脱落;吊耳是否错位等。

(2)调节零点:接通电源,轻轻顺时针旋转升降旋钮,启动天平,光屏上标尺停稳后,其中央的黑线若与标尺中的"0"线重合,即为零点(天平空载时平衡点)。如不在零点,差距微小时,可调节调屏拉杆,移动屏的位置,调至零点;如差距大时,关闭天平,调节横梁上的平衡螺丝,再开启天平,反复调节,直至零点。

(3)称量:零点调好后,关闭天平。把称量物放在右盘中央,关闭右门;根据粗称的称量物的质量,转动相应指数盘旋钮将砝码加到承受架上,然后将天平升降旋钮半打开,观察标尺移动方向(标尺迅速往哪边跑,哪边就重),以判断所加砝码是否合适并确定如何调整。当调整到两边相差的质量小于 1 g时,再依次调整 100 mg 组和 10 mg 组环码,按照"减半加减码"的顺序加减砝码,可迅速找到物体的质量范围。调节环码至 10 mg 以后,完全启动天平,准备读数。

(4)读数:天平平衡后,待标尺在投影屏上停稳后再读数,并及时记录在记录本上。对半自动电光分析天平,被称物质的质量 = 砝码 + 环码的质量 + 标尺读数(均以克计);对全自动电光分析天平,被称物质的质量 = 三个指数盘旋钮读数之和(均以 g 计),如图 2 - 12 所示。读数完毕,应立即关闭天平。

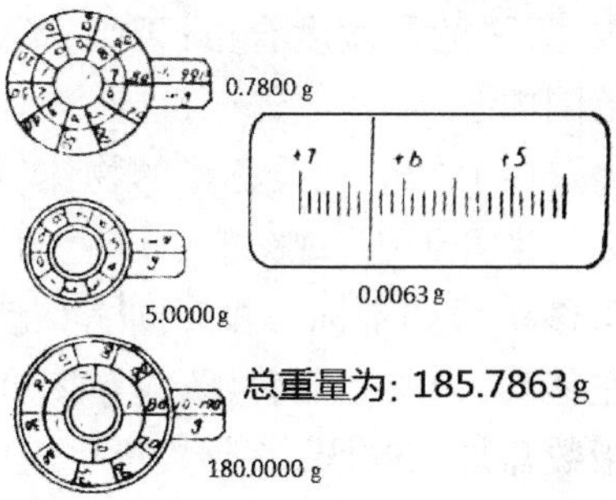

图 2 - 12　全自动电光天平的读数

(5)复原:称量完毕,取出被称物放到指定位置,指数盘退回到"000"位,关闭侧门,盖上防尘罩。登记,教师签字,凳子放回原处,再离开天平室。

3. 称量过程中必须注意的事项

(1)称量未知物的质量时,一般要在台秤上粗称。这样既可以加快称量速度,又可保护分析天平的刀口。

(2)加减砝码的顺序是:由大到小,折半加减。在取、放称量物或加减砝码时(包括环码),必须关闭天平。启动开关旋钮时,一定要缓慢均匀,避免天平剧烈摆动,以保护天平刀口不受损伤。

(3)称量物必须放在称盘中央,避免称盘左右摆动。不能称量过冷或过热的物体,以免引起空气对流,使称量的结果不准确。称取具有腐蚀性、易挥发性物体时,必须放在密闭容器内称量。

(4)同一实验中,所有的称量要使用同一架天平,以减少称量的系统误差。

(5)天平称量不能超过最大载重,以免损坏天平。

(6)在使用机械加码旋钮时,要轻轻逐格旋转,避免环码脱落。

4. 天平的灵敏性检测

(1)天平的零点和停点:使用分析天平时,天平空载平衡点的读数称为零点,荷重平衡点的读数称为停点。

调节电光天平时,常在接通电源后轻轻转动升降旋钮,缓慢放下天平梁,当摆动的指针停稳后,观察指针标尺的"0"刻度线与投影屏上的标线重合程度。若重合尚有差距,可拨动升降旋钮旁的调零拨杆,左右移动投影屏,使其完全重合;若相差太大,则应先调节平衡螺丝。此操作应在教师指导下进行。零点调节好后,应关好天平门。

(2)天平的灵敏度:天平最重要的指标是准确度、精密度、载荷量、灵敏度和感量。分析天平是准确度和精密度极高的天平。载荷指天平能准确测量的最大质量,TG - 328B 型半自动加码双盘电光分析天平的载荷可达 200g。灵敏度和感量在评价天平指标时常被混淆。天平的灵敏度指在一侧秤盘上增加最小的砝码时,天平指针的平衡点移动的格数。表示灵敏度的单位是格/mg。另一个表示灵敏度的概念是感量,又称分度值。它是灵敏度的倒数,是指处于平衡位置的天平在标牌上产生一个分度的变化所需的质量。表示感量的单位是 mg/格。实际应用中常用灵敏度为 10 小格/mg,或感量为 0.1mg/格。

5. 称量方法

(1)检查　称量前先要检查天平是否处于水平状态、两盘是否洁净、圈码指数盘是否在 0.00 位置及圈码是否脱落等。

(2)调节零点　接通电源,开启升降旋钮,此时在投影屏上可以看到标尺的投影在移动,当标尺稳定后,如果投影屏中央刻线与标尺上的 0.00 不重合,可拨动升降旋钮下边的调屏拉杆,移动屏幕的位置,直到刻线恰好与 0.00 重合,即为零点。如屏幕的位置已移动到尽头仍不能与 0.00 重合,则需通过调节天平梁上的平衡螺丝调节零点(平衡螺丝的调节由教师进行)。

(3)灵敏度调节　由于电光天平的 mg 以下的尾数质量是直接在投影屏上反映出来的,可以直接进行读书,所以就不需计算感量。但仍要经常测量天平的灵敏度,以检验天平是否符合要求。灵敏度的测定方法是在天平不负荷时,加上 10 mg 的圈码,再开启天平,若标尺上的刻度在 9.8 ~ 10.2 mg 范围内,天平的灵敏度合格;否则,不合格。则应调节重心螺丝改变重心到支点的距离,使之符合在规定的范围内。

(4)称量 把要称量的物体(可先在托盘天平上粗称)放在天平左盘中央。然后把砝码放在右盘中央。半开天平,观察投影屏上的标牌移动情况。要记住"指针总是偏向轻盘,标牌投影总是向重盘方向移动",如果标牌投影向右移动,说明砝码重了,应关闭升降旋钮,减少砝码后在称重;如标牌投影向左移动,说明砝码轻了,应半闭升降旋钮,增加砝码后在称量。这样加减砝码到克位以下,在转动圈码指数盘加减砝码,直到投影屏上的刻线与标牌投影上某一读书重合为止。

(5)读数 待标尺停稳后,就可读出 10 mg 以下的质量。当投影屏上的刻线与标尺正方向刻度重合时,表示砝码比被称物轻,应加上刻度标尺上的质量;如果重合于标尺负方向刻度,则砝码比被称物重,应减去标尺上的质量。习惯上都读取正值,而不取负值,以免计算质量时有加有减容易算错。但标尺重合于9 mg 以上时,也可再加 10 mg 圈码,从投影屏上读取负刻度数值,将数值从总质量中减掉,这是为避免天平横梁过分倾斜。被称物的质量 = 砝码总质量(克码 + 圈码 + 标尺读数)

(6)记录 称量的数据及时写在记录本上。关闭天平,将砝码放回盒内,圈码拨回零位。

6. 称样方法

6.1 直接称量法

天平零点调好以后,关闭天平,把被称物用一干净的纸条套住(也可采用戴一次性手套、专用手套、用镊子或钳子等方法),放在天平左称盘中央,调整砝码使天平平衡,所得读数即为被称物的质量。这种方法适合于称量洁净干燥的器皿、棒状或块状的金属及其他整块的不易潮解或升华的固体样品。

6.2 差减称量法

即称取试样的量是由两次称量之差而求得。此法比较简便、快速、准确,在化学实验中常用来称取待测样品和基准物,是最常用的一种称量法。它与上述两种方法不同,称取样品的质量只要控制在一定要求范围内即可。操作手续如下:

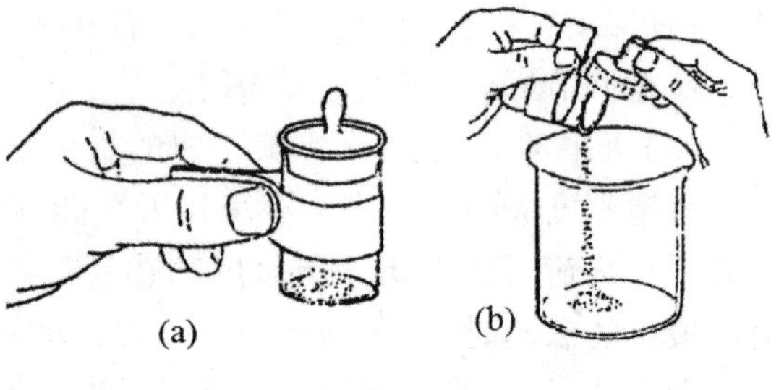

图 2-13 取样方法

用手拿住表面皿的边沿,连同放在上面的称量瓶一起从干燥器里取出。用小纸片夹住称量瓶,打开瓶盖,将稍多于需要量的试样用牛角匙加入称量瓶(在台秤上粗称),盖上瓶盖,用清洁的纸条叠成约 1 cm 宽的纸带套在称量瓶上,左手拿住纸带尾部把称量瓶放到天平左盘的正中位置,选取适量的砝码放在右盘上使之平衡,称出称量瓶加试样的准确质量(准确到 0.1 mg),如图 2-13 所示。记下读数设为 w_1 g。关闭天平,将右盘砝码或环码减去需称量的最小值。左手仍用纸带将称量瓶从称盘上拿到接受器上方,右手用纸片夹住瓶盖柄打开瓶盖,瓶盖不能离开接受器上方。将瓶身慢慢向下倾斜,并用瓶盖轻轻敲击瓶口,使试样慢慢落入容器内,不要把试样撒在容器外。当估计倾出的试样已接近所要求的质量时(可从体积上估计),慢慢将称量瓶竖起,用盖轻轻敲瓶口,使粘附在瓶口上部的试样落入瓶内,然后盖好瓶盖,将称量瓶再放回天平左盘上称量。若左边重,则需重新敲击,若左边轻,则不能再敲,需准确称取其质量,设此时质量为 w_2 g。则倒入接受器中的质量为($w_1 - w_2$)g。按上述方法连续操作,可称取多份试样。

6.3 固定质量称量法

此法用于称取指定质量的试样。适合于称取本身不宜吸水,并在空气中性质稳定的细粒或粉末状试样,其手续如下:先称出容器(如表面皿、铝勺、硫酸纸)的质量。或将天平的左右两称盘中放上大小相等,质量相近的两个表面皿,若质量相差太大,可将轻的表面皿放在右盘,在右盘中添加适量玻璃碎片,使天平平衡,调节零点(左盘的表面皿用后及时清洗,烘干,放置天平上备用)。然后加入固定质量的砝码于右盘中,再用牛角勺将试样慢慢加入盛放试样的表面皿(或其他器皿、硫酸纸)中。开始加样时,天平应处于关闭状态。少量加样后,判断加入的量距指定的质量差多少。用牛角匙逐渐加入试样,半开天平进行称重。当所加试样与指定质量相差不到 10 mg 时,完全打开天平,极其小心地将盛有试样的牛角勺伸向左称盘的容器上方约 2 – 3 cm 处,勺的另一端顶在掌心上,用拇指、中指及掌心拿稳牛角勺,并用食指轻弹勺柄,将试样慢慢抖入容器中,直至天平平衡。此操作必须十分仔细,若不慎多加了试样,只能关闭升降旋钮,用牛角匙取出多余的试样,再重复上述操作直到符合要求为止。然后,将试样直接转入接受器。

(三)现代电子天平的使用与维护

电子天平是最新发展一类天平,它是传感技术、模拟电子技术、数字电子技术和微处理器技术发展的综合产物,具有自动校准、自动显示、去皮重、自动数据输出、自动故障寻迹、超载保护等多种功能。其特点是操作简便,称量准确可靠、显示快速清晰。它是根据电磁力补偿工作原理,使物体在重力场中实现力的平衡;或通过电磁力矩的调节,使物体在重力场中实现力矩的平衡,整个称量过程均由微处理器进行计算和调控。当称盘上加载后,即接通了补偿线圈的电流,计算器就开始计算冲击脉冲,达到平衡后,显示屏上即自动显示出载荷的质量值。

按电子天平的精度可分为以下几类:超微量电子天平(m = 2 ~ 5 g,感量为 0.001 mg/格)、微量天平(m = 3 ~ 50 g,感量为 0.01 mg/格)、半微量天平(m = 20 ~ 100 g,感量为 0.1 ~ 1 mg/格)、常量电子天平(m = 100 ~ 200 g,感量为 0.1 ~ 0.01 g/格)。如图 2 – 14 所示,

图 2 – 14　电子天平

1. 电子分析天平的构造

如图图 2 – 15 所示,为不同形式和称量精度的天平。

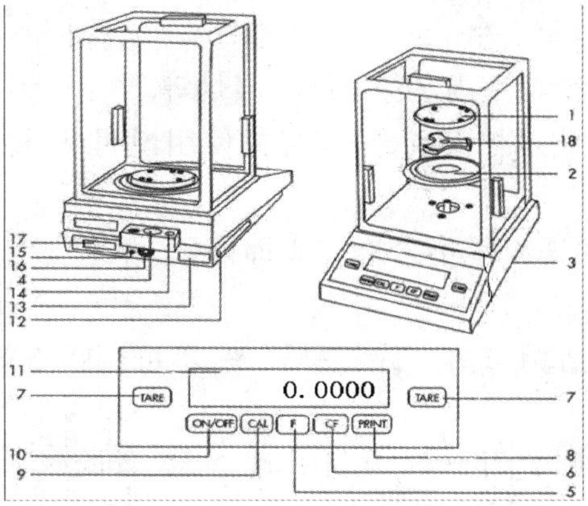

1-秤盘	2-屏蔽环
3-地脚螺旋	4-水平仪
5-功能键	6-CF 清除键
7-除皮键	8-打印键
9-调校键	10-开/关
11-显示器	12-CMC标签
13-型号标记牌	14-防盗装置
15-菜单-去联锁开关	
16-电源接口	17-数据接口

图 2 – 15　电子分析天平的构造

2. 电子天平的选择

选择电子天平,主要是考虑天平的称量和灵敏度应满足称量的要求,天平的结构应适应工作的特点。选择的原则是:既要保证天平不致超载而损坏,也要保证称量达到必要的相对准确度,要防止用准确度不够的天平来称量,以免准确度不符合要求;也要防止滥用高准确度的天平而造成浪费。

3. 电子天平的正确安装

首先,要选防尘、防震、防潮、防止温度波动的房间作为天平室,对准确度较高的天平还应在恒温室中使用。其次,天平应安放在牢固可靠的工作台上,并选择适当的位置安放,以便操作。天平安装前,应根据天平的成套性清单清点各部件是否齐全、完好;对天平的所有部件进行仔细清洁。安装时,应参照天平的说明书,正确装配天平,并校正水平,安装完毕后应再次检查各部分安装是否正常,然后检查电源电压是否符合天平的要求,再插好电源插头。

4. 电子天平的预热

在开始使用电子天平之前,要求预先开机,即要预热半小时到 1 小时。如果一天中要多次使用,最好让天平整天开着。这样,电子天平内部能有一个恒定的操作温度,有利于称量过程的准确。

5. 电子天平的校准

电子天平从首次使用起,应对其定期校准。如果连续使用,大致每星期校准一次。校准时必须用标准砝码,有的天平内藏有标准砝码,可以用其校准天平。校准前,电子天平必须开机预热 1 小时以上,并校对水平。校准时应按规定程序进行,否则将起不到校准的作用。

6. 电子天平的正确操作及使用步骤

(1)清扫天平并调节水平,使气泡处于中心位置。已处于水平状态,请勿移动天平。

(2)预热。天平右上角有“0”或左下角有“0”符号,表示天平处于关机或待机状态,故学生不必等待预热时间。

(3)按“ON/OFF”键开启天平,进行自检。

(4)有内校准设置的天平:按“TARE”清零,再按“CAL/CF”进行内校准,至显示“0.0000”,校准完毕,如有必要,反复几次。对外校准设置的天平:按“TARE”清零,再按“CAL”键,显示“CAL +200.0000”,将 200g 标准砝码置于秤盘中央,显示“ +200.0000g”取下砝码,显示为零。若必要,反复几次。

(5)称量与去皮称量。按“TARE”键清零,打开天平左边门,置被称容器于秤盘上,立即关好左边门,天平显示容器质量;按“TARE”键去皮重,天平显示“0.0000”,打开右边门,将被称物小心加入容器中直至达到所需质量,所显示的值即为被称物的净质量。

(6)去下称量瓶,按“ON/OFF”键关闭显示器,清扫天平,应关好天平,罩好天平罩。填写使用记录后方可离开。

7. 电子天平的维护保养

(1)电子天平室内应保持清洁、整齐、干燥,不得在室内洗涤、就餐、吸烟等。

(2)电子天平应由专人保管和维护保养,设立技术档案袋,用以存放使用说明书、检定证书、测试记录,定期记录维护保养及检修情况。

(3)应定期对天平的计量性能进行检测,如发现天平不合格应立即停用,并送交专业人员修理。经修理、检定合格后,方可使用。

(4)应经常清洗秤盘、外壳和风罩,一般用清洁绸布沾少许乙醇轻擦,不可用强溶剂。天平清洁后,框内应放置无腐蚀性的干燥剂,并定期更换。

(5)电子天平开机后如果发现异常情况,应立即关闭天平,并对电源、连线、保险丝、开关、移门、被称物、操作方法等做相应的检查。总之,在对电子天平的维护保养中,使用人员应慎重,以保证设备的完好性。

四、容量仪器的使用

（一）液体体积的量度

液体体积一般用容量仪器来度量。容量仪器是指用来测量液体体积的玻璃计量仪器。玻璃计量仪器都以毫升为计量单位，在量器上用“mL”标出。

定量分析常用的容量仪器可分为量入式容器（用 E 表示，如量瓶等）和量出式容器（用 A 表示，如滴定管、移液管、吸量管等）两类。量入式容器（以“E”、“入”、“In”、“TC”或“B”等字样标记）测定注入量器中的液体，其定量标记方法一般是由下往上递增。量出式容器（以“A”、“出”、“Ex”、“TD”或“A”的字样标记）测定从量器中倾出之液体，其定量标记方式一般是自上而下递增。前者液面的对应刻度为量器内的容积，后者液面刻度为按一定方法所放出溶液的体积。

量器按准确度和流出时间分为 A、A2、B 三种等级。通常 A 级的准确度比 B 级高 1 倍，A2 级的准确度介于 A、B 之间，其流出时间与 A 级相同。量器的级别标志用“一等”、“二等”、“I”、“II”或“ <1 >”、“ <2 >”等表示，无上述字样符号的容器，则表示无级别（如量筒、量杯等），一般只标注有刻度、容量和温度。

（二）容量仪器的校正与使用

容量仪器的使用方法很重要。使用方法不正确，即使准确的容量仪器，也会得到不正确的测量结果。普通容量分析的精密度要求在 $\pm 0.1\%$ 。如测量体积为 20 mL，测量就必须准确到 0.02 mL，这样，测量体积的准确度才能达到 0.1%（$0.02/20 \times 100\% = 0.1\%$）所以，体积的测量应十分准确，准确体积的取得，必须正确使用容量仪器。现分别介绍如下：

1. 量筒

量筒规格以所能度量的最大容量（mL）表示，常用的有 10 mL、25 mL、50 mL、100 mL、250 mL、500 mL、1000 mL 等，如图 2 – 16 所示。外壁刻度都是以 mL 为单位，10 mL 量筒每小格表示 0.2 mL，而 50 mL 量筒每小格表示 1mL。量筒没有“0”的刻度，一般起始刻度为总容积的 1/10，同时，量筒越大，管径越粗，其精确度越小，由视线的偏差所造成的读数误差也越大。所以，实验中应根据所取溶液的体积，尽量选用合适的能一次量取的最小规格的量筒。分次量取也能引起误差。如量取 70 mL 液体，应选用 100 mL量筒。向量筒里注入液体时，应用左手拿住量筒，刻度面对操作者，使量筒略倾斜，右手拿试剂瓶，使瓶口紧挨着量筒口，使液体缓缓流入。待注入的量比所需要的量稍少时，把量筒放平，改用胶头滴管滴加到所需要的量。注入液体后，等 1 ~ 2 分钟，使附着在内壁上的液体流下来，再读出刻度值。否则，读出的数值偏小。读数时，应把量筒放在水平的实验台面上，观察刻度时，视线与量筒内液体的凹液面的最低处保持水平，再读出所取液体的体积数。否则，读数会偏高或偏低（见图 2 – 17）。

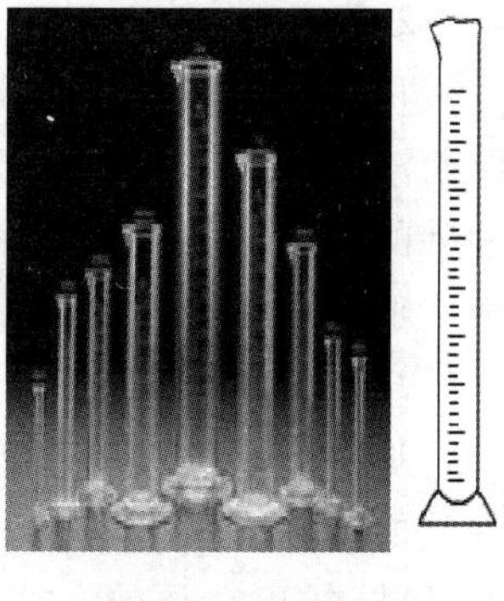

图 2 – 16　量筒

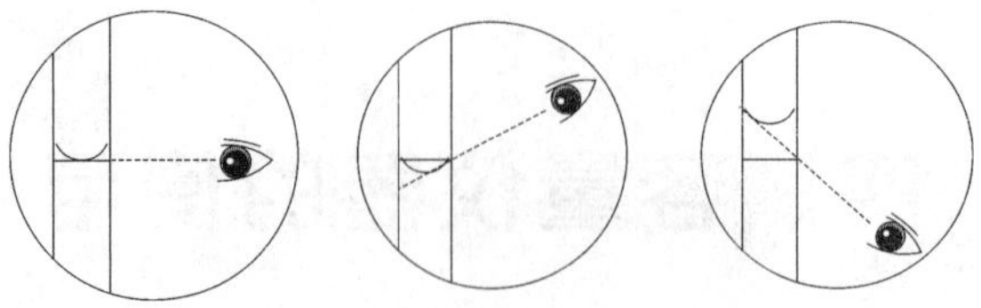

图2-17 量筒的读数方法

注：量筒不能加热，也不能用于量取过热的液体，更不能在量筒中进行化学反应或配制溶液。

2. 移液管、吸量管的校正与使用

移液管是用于准确移取一定体积溶液的玻璃量器。移液管有两种，一种是两端细长而中间膨大的玻璃管，无分刻度，在管的上端有一环形标线，膨大部分标有它在指定温度下的容积。常用的移液管有 10 mL、25 mL 和 50 mL 等规格。另一种具有分刻度的玻璃管，通常又称吸量管，在管的上端标有指定温度下的总体积。主要用于移取非固定量的溶液，一般只用于量取小体积的溶液。常用的吸量管有 1、2、5、10 mL 等规格，见图2-18。其准确度比前一种移液管稍差。移液管的使用主要包含以下几个方面：

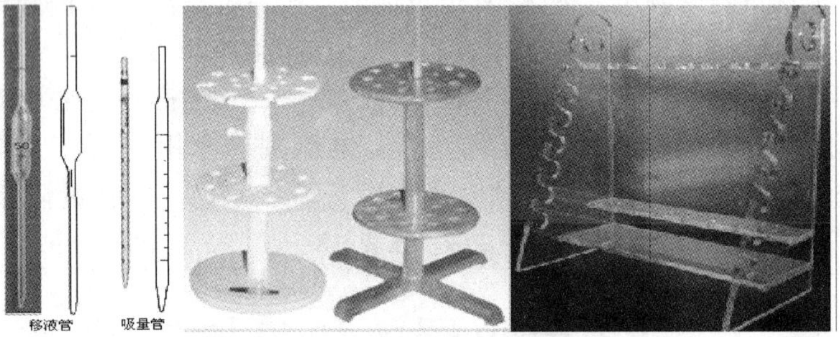

图2-18 移液管、吸量筒及放置架

2.1 洗涤

移液管在使用之前也要进行洗涤，如果滴定管内壁有油污可用铬酸洗液洗涤。方法是用洗耳球吸入 1/3 容积洗液，将移液管放平并转动，让洗液几乎流经整个移液管内壁，将滴定管直立，由尖嘴处将洗液放回原瓶。然后，用自来水冲洗干净，再用蒸馏子水清洗 2~3 次，垂直放于移液管架上，自然晾干，备用。

2.2 润洗

移液管洗涤干净后，用滤纸将其下端内外残留的水吸干。然后用待取液润洗 2~3 次，以免改变原溶液的浓度。润洗时，当溶液吸至膨大部分约 1/4 处，立即用食指按住管口，将移液管取出放平，用两手的拇指和食指拿住移液管的两端，转动移液管让溶液浸润整个内壁，然后将移液管直立，使溶液由尖嘴处放出，弃去。润洗 2~3 次。注意勿使溶液回流，以免稀释溶液。

2.3 移液

将润洗好的移液管插入待取溶液的液面下约 1~2 cm 处，(太深会使管外黏附溶液过多，太浅会在液面下降时吸空)，右手的拇指与中指拿住移液管标线以上部分(后面二指依次靠拢中指)，左手拿洗耳球，排出洗耳球内空气后将尖端插入移液管上端，慢慢松开手指，使溶液吸入管内。当管中液面上升至标线以上时，迅速拿掉洗耳球，用右手食指堵住管口，将移液管提出液面，倾斜容器，将管尖紧贴容器内壁成约 30°角，稍待片刻，以除去管外壁的溶液，然后微微放松食指，用拇指和中指轻轻转动移液管，使液面平稳下降，直到溶液的弯月面与标线相切。立即用食指按紧管口，使液体不再流出。将接受容器倾斜成 45°角，把移液管移入接受容器，使移液管的下端接触倾斜的器壁，松开食指，让溶液自由流下，当液体流尽后，等待 15 s。并将移液管向左右转动一下，再拿出。需要注意的是，除标有

“吹”字样的移液管外，不要把残留在管尖的液体吹出，因为在校准移液管容积时，没有算上这部分液体。如图 2－19 所示。

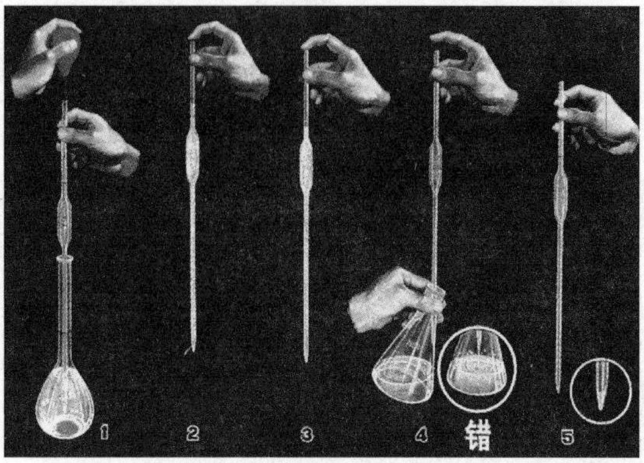

图 2－19　移液管的使用

2.4 使用注意事项

(1)无分度吸管(单刻度吸管，移液管) 使用普通无分度吸管卸量时，管尖所遗留的少量溶液不要吹出，停留等待 3 秒钟，同时转动吸管。

分度吸管(多刻度吸管、直管吸管) 有完全流出式、吹出式和不完全流出式等多种形式。

完全流出式：上有零刻度，下无总量刻度的，或上有总量刻度，下无零刻度的为完全流出式。这种吸管又分为慢流速、快流速两种。按其容量和精密度不同，慢流速吸管又分为 A 级与 B 级，快流速吸管只有 B 级。使用时 A 级最后停留 15 s，B 级停留 3 s，同时转动吸管，尖端遗留液体不要吹出。

吹出式：标有“吹”字的为吹出式，使用时最后应吹出管尖内遗留的液体。

不完全流出式：有零刻度也有总量刻度的为不完全流出式。使用时全速流出至相应的容量标刻线处。

为便于准确快速地选取所需的吸管，国际标准化组织统一规定：在分度吸管的上方印上各种彩色环，其容积标志见表 2－7：

表 2－7　不同体积吸量管的国际色标

标称容量(mL)	0.1	0.2	0.25	0.5	1	2	5	10	25	50
色标	红	黑	白	红	黄	黑	红	橘红	黑	
标注方式	单	单	双	双	单	单	单	单	单	单

不完全流出式在单环或双环上方再加印一条宽 1～1.5 mm 的同颜色彩环以与完全流出式分度吸管相区别。

(2)应根据不同的需要选用大小合适的吸管，如欲量取 1.5 mL 的溶液，显然选用 2 mL 吸管要比选用 1 mL 或 5 mL 吸管误差小。

(3)吸取溶液时要把吸管插入溶液深处，避免吸入空气而将溶液从上端溢出。

(4)吸管从液体中移出后必须用滤纸将管的外壁擦干，再行放液。

3. 容量瓶的使用

容量瓶主要用来配制标准溶液或将溶液稀释至一定浓度。其外形是一平底、细颈的梨形瓶，瓶口带有磨口玻璃塞或塑料塞。瓶颈上标有环形线，瓶身标有该容量瓶的体积，表示在所指温度下，液体的凹液面与环形刻度线相切时，溶液体积恰好与瓶上标注的体积相等。常见的容量瓶有 10，25，50，100，250，500 和 1000 mL 等各种规格。此外还有 1，2，5 mL 的小容量瓶，但用得比较少。

使用容量瓶时，主要包含以下几个步骤：

3.1 试漏

使用容量瓶前应先检查标线位置距离瓶口是否太近及其密合性。如果标线距离瓶口太近,则不宜使用。检查密合性的方法如下:将容量瓶加自来水至环形刻度线,盖好瓶塞,用左手食指按住瓶塞,其余手指拿住瓶颈环形标线以上部分,同时用右手五指尖托住瓶底边缘,如图2-20所示,将瓶倒置2 min,然后检查瓶塞周围是否漏水,如不漏水,将瓶直立,把瓶塞旋转180°,再倒立2 min,若仍不漏水即可使用。

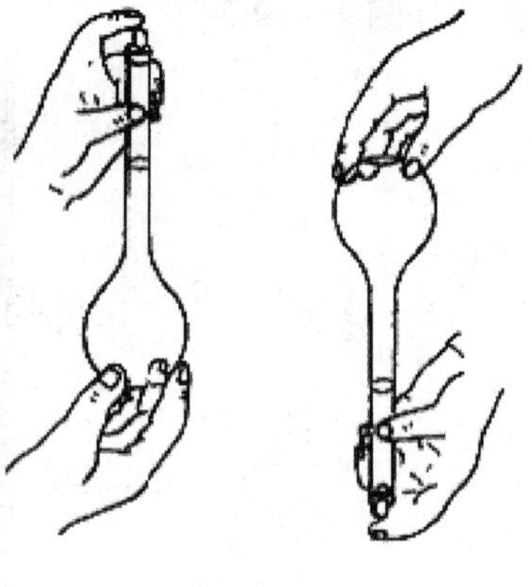

图2-20 容量瓶的拿法

3.2 洗涤

如果容量瓶内壁有油污,可加入适量的铬酸洗液(250 mL规格的容量瓶可倒入大约30 mL),倾斜转动,使洗液充分润洗内壁,将洗液慢慢再倒回原洗液瓶中,然后用自来水充分洗涤容量瓶及瓶塞,每次洗涤应充分振荡,并尽量使残留的水流尽。最后用蒸馏水洗涤2~3次(如250 mL容量瓶,每次大约20~30 mL蒸馏水),备用。

3.3 溶液的转移

将准确称取好的物质,倒入干净的小烧杯中,加入少量溶剂将其完全溶解后再定量转移至预先洗干净的容量瓶中。注意,如果使用的是非水溶剂,则小烧杯及容量瓶都应事先用该溶剂润洗2~3次。定量转移时,用右手拿玻璃棒并将其伸入容量瓶内,使玻璃棒上端不碰瓶口,下端靠在瓶颈内壁,左手拿烧杯,烧杯嘴紧靠玻璃棒中下部,慢慢倾斜烧杯,使溶液沿玻璃棒流入瓶内沿壁而下,见图2-21。当烧杯中溶液流完后,将烧杯嘴沿玻璃棒上提,同时使烧杯直立。将玻璃棒取出放入烧杯内,用少量溶剂冲洗玻璃棒和烧杯内壁,也用同样方法转移到容量瓶中。如此重复操作三次以上。

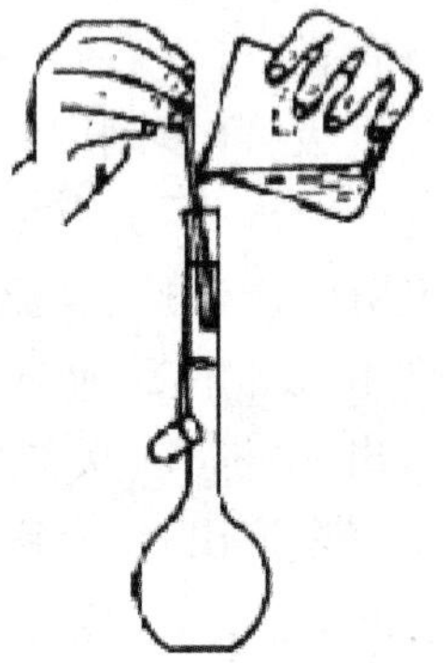

图2-21 定量转移操作

3.4 定容

将溶液定量转移至容量瓶后,补充溶剂,当容量瓶内溶液体积至2/3左右时,用右手拿起容量瓶,水平方向旋转几周,使溶液初步混匀。再继续加溶剂至标线大约1cm处,放置1-2 min,使附在瓶颈内的溶液流下后,再用滴管逐滴加入溶剂,直到溶液的弯月面恰好与标线相切,盖紧瓶塞。然后用一只手的食指紧摁住瓶塞,其余四指拿住瓶颈标线以上部分,另一只手的指尖托住瓶底,把容量瓶反复倒转(约8~10次),使溶液混合均匀。此过程见图2-22。

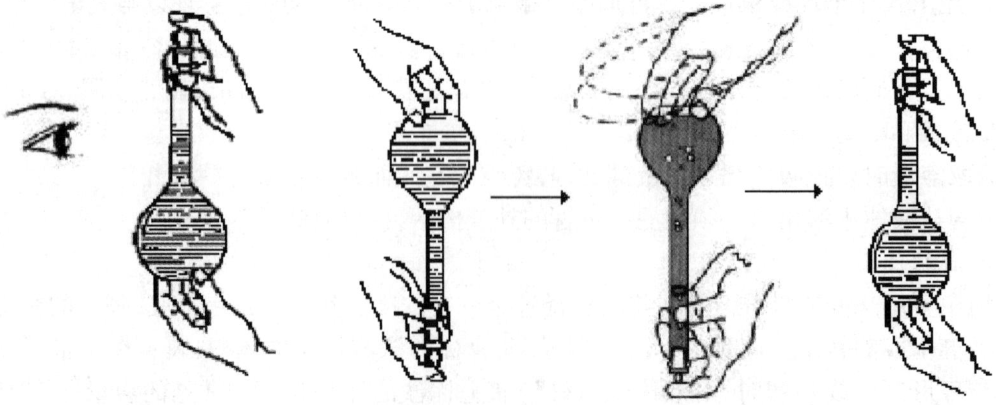

图2-22 溶液混匀操作

3.5 稀释

用移液管移取一定体积的浓溶液于容量瓶中，加溶剂至标线。同上法混匀即可。

4. 滴定管的使用与维护

滴定管是滴定分析中最基本的量器，常量分析用的滴定管有 50 mL 及 25 mL 等几种规格，它们的最小分度值为 0.1mL，读数可估计到 0.01 mL。此外，还有容积为 10 mL，5 mL，2 mL 和 1mL 的半微量和微量滴定管，最小分度值为 0.05 mL，0.01 mL 或 0.005 mL。它们的形状各异。

根据控制溶液流速的装置不同，滴定管可分为酸式和碱式两种（见图 2－23 所示）。下端装有玻璃活塞的为酸式滴定管，用来盛放酸性或氧化性溶液。碱式滴定管下端用乳胶管连接一个带尖嘴的小玻璃管，乳胶管内有一玻璃珠用以控制溶液的流出，碱式管用来装碱性溶液和无氧化性溶液，不能用来装对乳胶管有侵蚀作用的液体如 HCl，H_2SO_4，I_2，$KMnO_4$，$AgNO_3$ 溶液等。

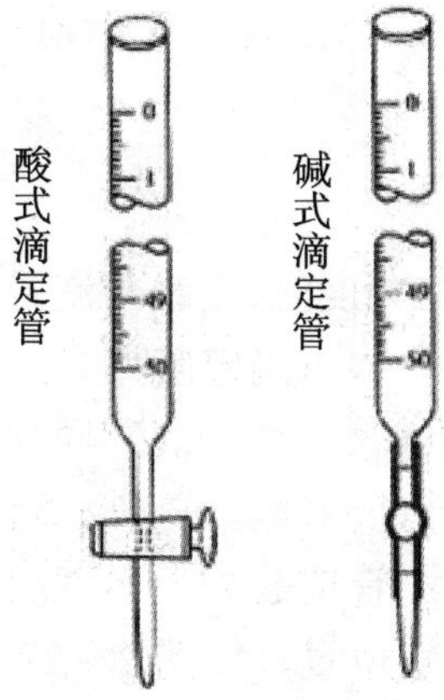

图 2－23　滴定管

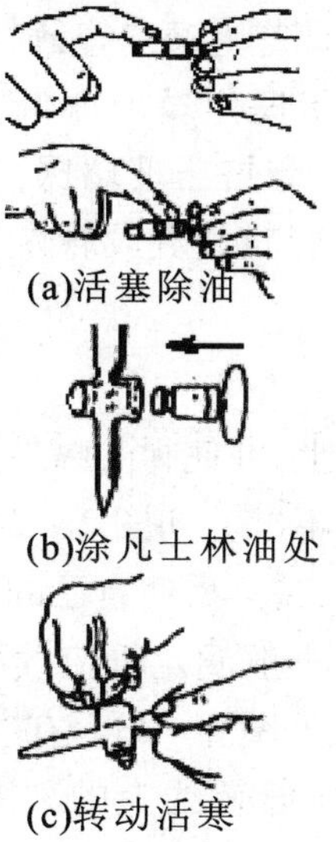

图 2－24　酸式滴定管涂凡士林

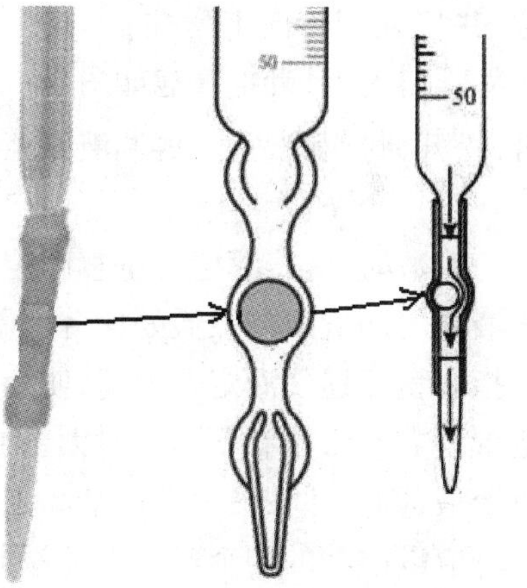
图 2－25　碱式滴定管排液

滴定管的使用包括：洗涤、检漏、涂油、排气泡、读数等步骤。

酸式滴定管的准备

将滴定管平放于实验台上，取下活塞，用吸水纸擦净或拭干活塞及塞套，在活塞孔两侧周围涂上薄薄一层凡士林，再将活塞平行插入活塞套中向一个方向转动活塞，直至活塞转动灵活且外观为均匀透明状态为止。如图 2－24 所示。然后用橡皮圈套在活塞小头一端的凹槽上，固定活塞，以防其滑落打碎。碱式滴定管应检查有无乳胶管老化、破裂，胶管与玻璃珠黏粘、玻璃尖嘴黏堵等现象。见图 2－25。

4.1 洗涤

无油污的滴定管，可直接用自来水冲洗或用肥皂水或洗涤剂刷洗（但不能用去污粉刷洗以免划伤内壁），而后再用自来水冲洗。如有油污不宜洗落时，则可用铬酸洗液洗涤。碱式滴定管洗涤时，将乳胶管内的玻璃珠向上挤压封住管口或将乳胶管换成旧乳胶滴头，以免洗液腐蚀橡皮管，然后向管内倒人大约 10 mL 左右铬酸洗液，再将滴定管逐渐向管口倾斜，并不断旋转，使管壁与洗液充分接触，管口对着废液缸，以防洗液撒出。酸式滴定管洗涤可以装满洗液浸泡，浸泡时间的长短视沾污的程度而定。洗毕，洗液应倒回原洗液瓶中，然后用大量自来水冲洗，并不断转动滴定管，至流出的水为无色后，再用蒸馏水（10～15 mL）洗涤三遍，洗净后的滴定管内壁被水均匀地润湿而不挂珠。

4.2 检漏

滴定管在使用前必须检查是否漏水（试漏）。对于酸式滴定管，一般采用水压法检定。具体操作为：先将不涂油脂的活塞芯用水润湿，然后插入活塞套内，将滴定管夹在垂直的位置上，然后充水至滴定管最高刻度处，将活塞关闭，放置大约 15 min，如果漏水没有超过一个最小分度，则可用，否则不能使用。若酸式管漏水或活塞转动不灵则应重新涂抹凡士林。碱式滴定管试漏时，只需要装水到一定刻度，然后将滴定管直立 2 min 左右，观察滴定管下端尖嘴处是否有水滴滴下，如有水滴滴下，则可换乳胶管或玻璃珠。

如果遇到凡士林堵塞了尖嘴玻璃小孔，可将滴定管装满水，用洗耳球鼓气挤压，或将尖嘴浸入热水中，再用洗耳球鼓气，便可将凡士林排除。

4.3 装液与赶气泡

洗净后的滴定管在装液前，应先用待装溶液润洗酸式滴定管 2～3 次，每次用 5～10 mL 溶液润洗。

装入溶液的滴定管，应检查出口下端是否有气泡，如有应及时排除。其方法是：若为酸式管，迅速打开活塞（可以反复多次），让溶液冲出，将气泡赶走，再调节液面至 0.00 刻度。若为碱式管，则右手持滴定管上部，使其倾斜 30°，左手拇指和食指捏住玻璃珠偏上部位，并将乳胶管向上弯曲，出口管斜向上，向一旁挤压玻璃珠，使溶液从管口流出，赶走气泡如图 2－26 所示。再轻轻使乳胶管恢复伸直，松开拇指和食指。再调液面至 0.00 刻度。

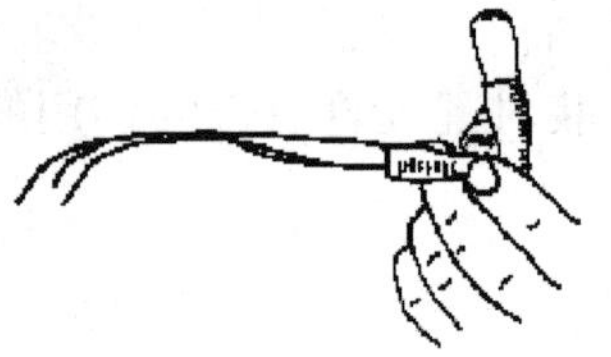

图 2－26　碱式滴定管排气泡

4.4 读数

读数时，应将滴定管垂直固定在滴定管夹上，并使得尖嘴外不挂液滴，观察刻度时，视线与滴定管内液体的凹液面的最低处保持水平，否则读数不准。如图 2－27。读数方法是：取下滴定管用右手大拇指和食掐捏住滴定管上部，使滴定管保持垂直，然后使自己的视线与溶液的弯液面相切。不同的滴定管读数方法略有不同。对无色或浅色溶液，一般滴定管应读取弯月面最低点所对应的刻度。对深色溶液，则一律按液面两侧最高点相切处读取见图 2－28。有“白带”蓝线滴定管读数与上述方法不同。应以溶液的两个弯月面尖端相交点在滴定管蓝线上的刻度为读数的正确位置。如图 2－29 所示。读数时应准确至 0.01 mL。

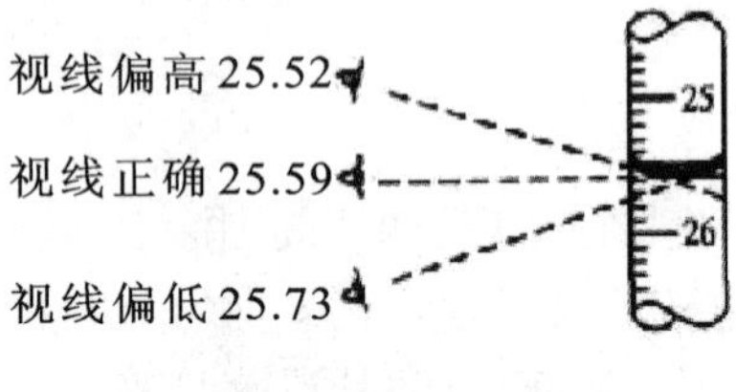

图 2－27　滴定管的读数

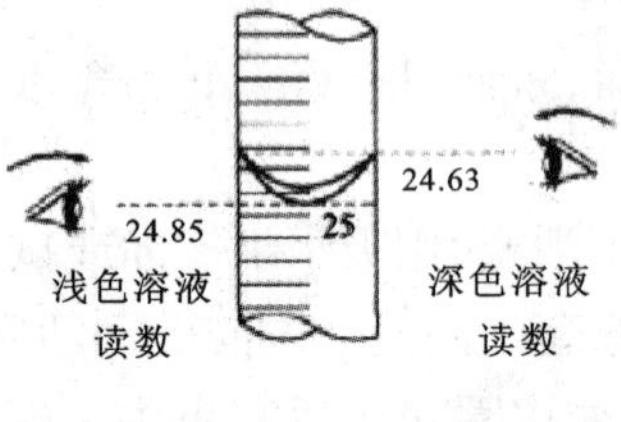

图 2－28　不同颜色溶液的读数

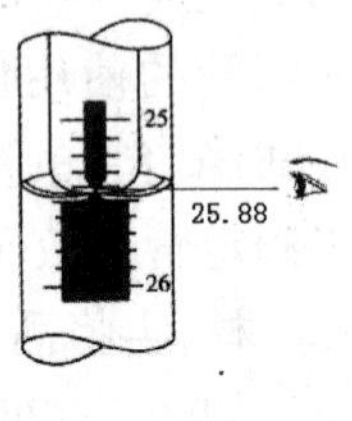

图 2－28　蓝线滴定管读数

由于滴定管的刻度并不均匀，因此在同一次实验中，每次滴定前溶液的体积应控制在滴定管的刻度的同一部位，这样可以减小体积误差。

4.5 滴定

滴定前，先记下滴定管的初始读数，然后将滴定管下端插入锥形瓶口内约 1 cm 处进行滴定。酸式滴定管操作时，左手拇指在活塞前，食指与中指在活塞后，控制活塞的转动。要注意的是，在转动活塞时，手指轻轻扣住，手心不要顶住活塞，以免将活塞顶出造成漏水见图 2－30。碱式滴定管操作时，用左手的拇指与食指捏住乳胶管内玻璃珠偏上部，将玻璃珠向手心挤压，使乳胶管与玻璃珠之间形成一条缝隙，溶液即可从缝隙中流出示。通过控制缝隙的大小可以控制溶液流速。滴定时，左手控制溶液流速，右手拿住锥形瓶颈，并向同一方向做圆周运动。但注意在摇动锥形瓶的过程中不能使溶液溅出，以免影响滴定结果如图 2－31 所示。滴定速度一般是先快后慢，开始滴定时，可以让滴定管中溶液呈线状流出，接近终点时，每加一滴溶液摇匀一次，最后，每加半滴摇匀一次。加半滴操作，是使溶液悬而不滴，让其沿器壁流入容器，再用少量蒸馏水冲洗容器内壁，并摇匀，观察溶液的颜色变化，直至达到滴定终点为止。然后读取滴定管的读数，记录下来。注意，在滴定过程中左手不应离开滴定管，以防流速失控。进行平行滴定时，滴定前应每次将滴定管的初始刻度调整到“0”刻度或其附近，这样可以减少由于滴定管刻度不均匀引起的系统误差。

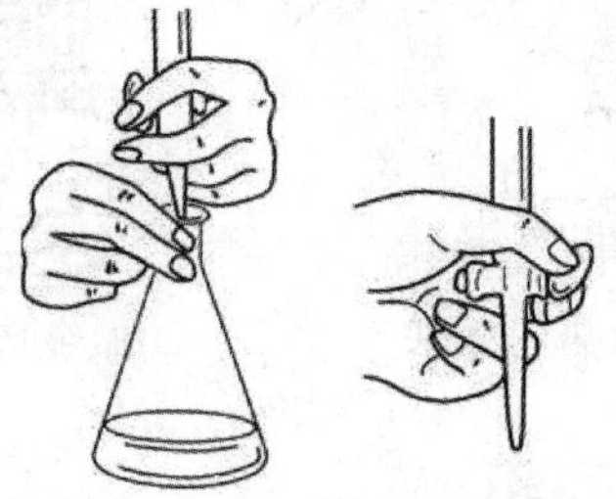

图2－30　玻璃活塞的控制

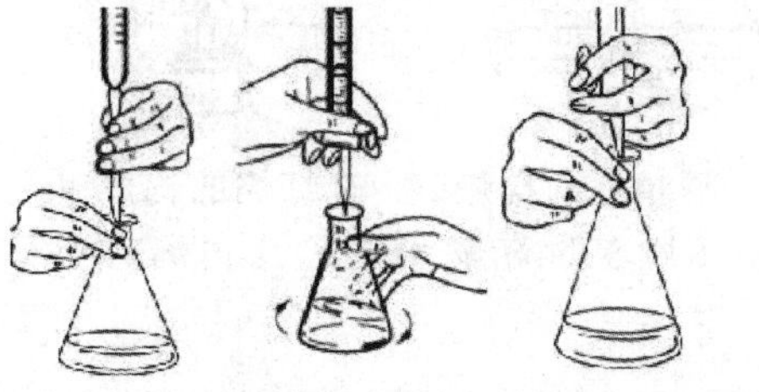

图2－31　滴定操作

4.6 最后整理

滴定完毕后，应将滴定管中剩余的溶液放出，洗净滴定管，装满蒸馏水，罩上滴定管盖，备用。

5. 使用容量仪器注意事项及维护保养

(1)容量仪器应校正后再使用，以确保测量体积的准确性。

(2)滴定管、容量瓶、吸量管最好不用毛刷或其他粗糙东西擦洗，以免造成内壁划痕容量不准或损坏。每次用完后，应及时洗净，自然晾干。

(3)使用吸量管吸不同浓度的溶液时，应先量取较稀的，然后量取较浓的，在吸取第一份溶液时，高于标线的距离最好不超过 1 cm，然后再往下放至标线，吸取第二份不同浓度的溶液时，可以吸得再高一些荡洗管内壁，消除第一份的影响。

(4)玻璃仪器不宜烘烧，只能让其自然晾干，应防止粉尘污染。

五、加热 冷却操作与温度的测控

(一)加热方法

1. 酒精灯、酒精喷灯的构造及使用

1.1 酒精灯的构造及使用

以酒精为燃料的加热工具，用于加热物体。酒精灯是由灯帽、灯芯和盛有酒精的灯壶三大部分所组成，酒精灯的加热温度在 400～500℃，适用于温度不需太高的实验，特别是在没有煤气设备时经常使用。正常使用的酒精灯火焰应分为焰心、内焰和外焰三部分，如图 2－32 所示。

近年来的研究表明：酒精灯火焰温度的高低顺序为：外焰 > 内焰 > 焰心。一般认为酒精灯的外焰温度最高，其原因是酒精蒸汽在外焰燃烧最充分；同时由于外焰与外界大气充分接触，燃烧时与环境的能量交换最容易，热量散失最多，致使外焰温度低于内焰。

新购置的酒精灯应首先配置灯芯。灯芯通常是用多股棉纱线拧在一起，插进灯芯瓷套管中。灯芯不要太短，一般浸入酒精后还要长 4～5 cm。对于旧灯，特别是长时间未用的灯，在取下灯帽后，应提起灯芯瓷套管，用洗耳球或嘴轻轻地向灯内吹一下，以赶走其中聚集的酒精蒸气。再放下套管检查灯芯,若灯芯不齐或烧焦都应用剪刀修整为平头等长。

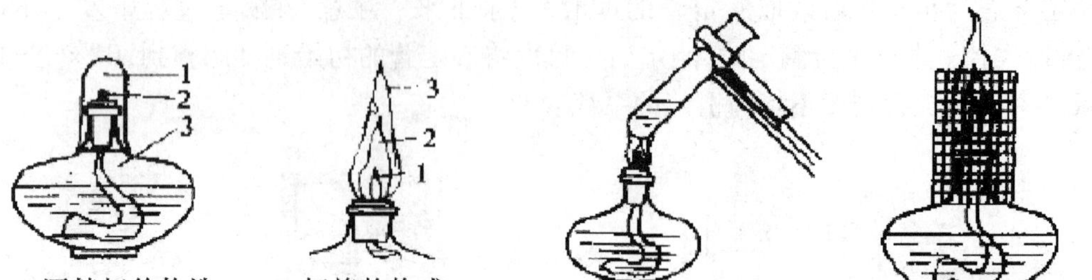

A.酒精灯的构造 1-灯帽 2-灯芯 3-灯壶　B.灯焰的构成 1-灯芯 2-内焰 3-外焰　C.外焰加热的方法　D.加金属网罩

图 2-32　酒精灯

酒精不能装得太满,以不超过灯壶容积的 2/3 为宜(酒精量太少则灯壶中酒精蒸气过多,易引起爆燃;酒精量太多则受热膨胀,易使酒精溢出,发生事故)。少于 1/2 就应该加添,加酒精时一定要借助小漏斗,以免将酒精洒出。燃着的酒精灯,若需添加酒精,必须熄灭火焰,决不允许燃着时加酒精,否则,很易着火,造成事故。

新灯加完酒精后须将新灯芯放入酒精中浸泡,使每端灯芯都浸透,然后调好其长度,才能点燃。因为未浸过酒精的灯芯,一经点燃就会烧焦。点燃酒精灯一定要用燃着的火柴,如图2-33所示,决不可用燃着的酒精灯对火。否则易将酒精洒出,引起火灾。

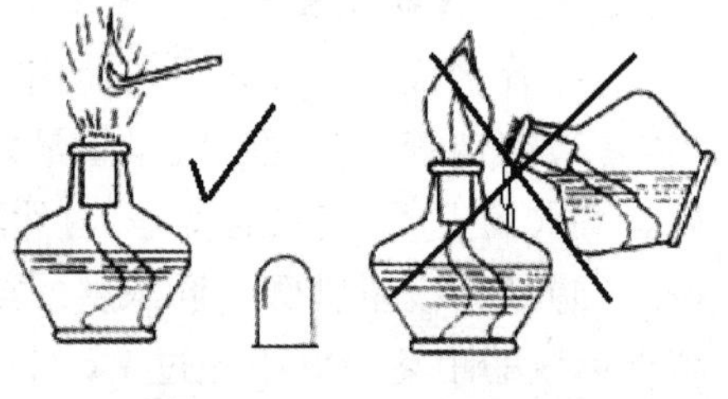

图 2-33　点燃酒精灯的正确方法

加热时若无特殊要求,一般用温度最高的外焰来加热器具。加热的器具与灯焰的距离要合适,过高或过低都不正确。与灯焰的距离通常用灯的垫木或铁环的高低来调节。被加热的器具必须放在支撑物(三脚架、铁环等)上或用坩埚钳、试管夹夹持,决不允许手拿仪器加热。

加热完毕或要添加酒精需熄灭灯焰时,可用灯帽将其盖灭,盖灭后需再重盖一次,让空气进入,免得冷却后盖内造成负压使盖打不开。决不允许用嘴吹灭。不用的酒精灯必须将灯帽罩上,以免酒精挥发。如长期不用,灯内的酒精应倒出,以免挥发;同时在灯帽与灯颈之间应夹小纸条,以防粘连。

使用注意事项:

(1)不能在燃着酒精灯时添加酒精,酒精量不超其容积的 2/3,也不能过少。

(2)严禁用燃着的酒精灯去点燃,用酒精灯的外焰加热物质。

(3)熄灭时用灯帽盖灭,灯要斜着盖住,否则有危险。

(4)不用时盖好灯帽,以免灯芯留水难燃。

(5)盖灯帽时,要斜着盖,否则有危险。

1.2 酒精喷灯的构造及使用

酒精喷灯分为座式和壁挂式,实验室以铜质座式酒精喷灯为主,基本结构如图 2-34 所示。酒精喷灯的火焰温度通常可达 700～1000℃,在酒精喷灯火焰中,各部分温度的高低及异常火焰处理如图 2-35 所示。

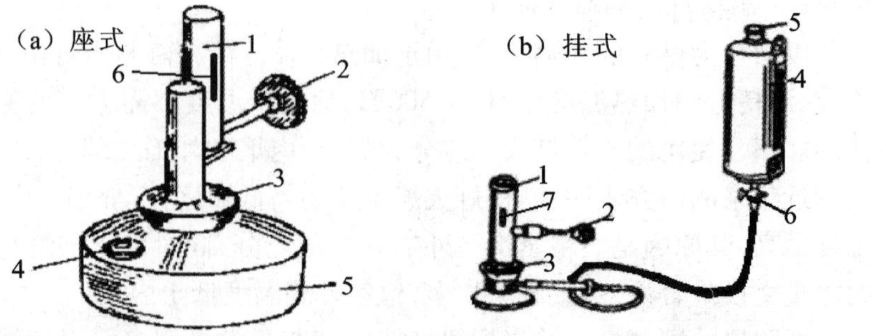

1-灯管 2-空气调节器 3-预热盘 4-铜帽 5-酒精壶 6-气孔　1-灯管 2-空气调节器 3-预热盘 4-酒精储罐 5-盖子 6-贮罐开关 7-气孔

图 2-34　酒精喷灯的构造

(a) 正常火焰
1-氧化焰（700-1000 ℃）
2-还原焰　3-焰心　4-温度最高处

(b) 凌空火焰
酒精蒸气、空气进气量过大，调小即可

(c) 侵入火焰
空气量过大，调小空气进量

(d) “火雨”形成
酒精汽化不完全，充分预热即可

图 2－35　火焰结构温度及异常火焰的处理

1.2.1 酒精喷灯的使用方法

(1)旋开旋塞向灯壶内注入酒精，至灯壶总容量的 2/5～2/3 之间，不得注满，也不能过少。过满容易发生危险，过少则易被烧干。

(2)将喷灯放在石棉板或大的石棉网上（防止预热时喷出的酒精着火），往预热盘中注入酒精并将其点燃。等汽化管内酒精受热汽化并从喷口喷出时，预热盘内燃着的火焰就会将喷出的酒精蒸气点燃。有时也需用火柴点燃。

(3)移动空气调节器，使火焰持一个完整稳定的形状。达到所需的温度。在一般情况下，进入的空气越多，也就是氧气越多，火焰温度越高。

(4)熄灭喷灯时，可用事先准备的废木板湿抹布平压灯管上口，火焰即可熄灭，然后垫着布旋松螺旋盖（以免烫伤），使罐内温度较高的酒精蒸气逸出。可用石棉网覆盖燃烧口，同时移动空气调节器，加大空气量，灯焰即熄灭。然后稍微拧松旋塞（铜帽），使灯壶内的酒精蒸气放出。

(5)喷灯使用完毕，应将剩余酒精倒出。

1.2.2 酒精喷灯的维护

(1)喷灯工作时，灯座下绝不能有任何热源，环境温度一般应在 35℃以下，周围不要有易燃物。严禁使用开焊的喷灯。严禁用其他热源加热灯壶。

(2)若经过两次预热后，喷灯仍然不能点燃，或发现罐底凸起，或当罐内酒精耗剩 20 毫升左右时，应暂时停止使用。应检查接口处是否漏气（可用火柴点燃检验），喷出口是否堵塞（可用探针进行疏通），或把喷灯熄灭后再增添酒精，不能在喷灯燃着时向罐内加注酒精，以免引燃罐内的酒精蒸气。待修好后方可使用。

(3)喷灯连续使用时间为 30～40 min 为宜。使用时间过长，灯壶的温度逐渐升高，导致灯壶内部压强过大，喷灯会有崩裂的危险，可用冷湿布包住喷灯下端以降低温度。如发现灯身温度升高或罐内酒精沸腾（有气泡破裂声）时，要立即停用，避免由于罐内压强增大导致罐身崩裂。

2. 电加热器的使用

2.1 电炉

电炉是一种用电热丝将电能转化为热能的装置（图 2－36），它可代替酒精灯加热容器中的液体。使用电炉的注意事项：

(1) 电炉下面必须垫上瓷板；使用前请先清除炉面残留异物。

(2) 接通电源，打开调温开关，调节旋钮来控制温度大小；加热玻璃仪器时容器与电炉之间要隔一块石棉网，以使溶液受热均匀并保护电炉丝，加热金属仪器时不能触及电炉丝。

(a) 普通电炉　(b) 可调温电炉

图 2－36　电炉

(3) 要保持炉盘凹槽内清洁,并及时清除杂物。当电炉处于工作过程中时,请勿移动或触摸炉体,小心烫手;工作完毕,把旋钮调至"0"位,切断电源。

2.2 电热套

采用耐高温无碱玻璃纤维做绝缘材料,将镍铬的电阻丝密封在绝缘层内,然后编织成半球形内热式加热器,此加热器是各实验室及各种精细化工单位的最理想的加热设备。见图2-37,具有加热面积大、升热快、无明火不易引起着火、加热均匀、热效率高、轻便、安全节约能源、不宜碰伤玻璃器皿等优点,加热温度用调压变压器控制,最高温度可达400~500 ℃左右,是有机试验中一种简便、安全的加热装置。电热套的容积一般与烧瓶的容积相匹配,从50 mL起,各种规格均有。电热套主要用做回流加热的热源,尤其是加热和蒸馏易燃有机物。用它进行蒸馏或减压蒸馏时,随着蒸馏的进行,瓶内物质逐渐减少,这时使用电热套加热,就会使瓶壁过热,造成蒸馏物被烤焦的现象。若选用大一号的电热套,在蒸馏过程中,不断降低升降台的高度,就会减少烤焦现象。

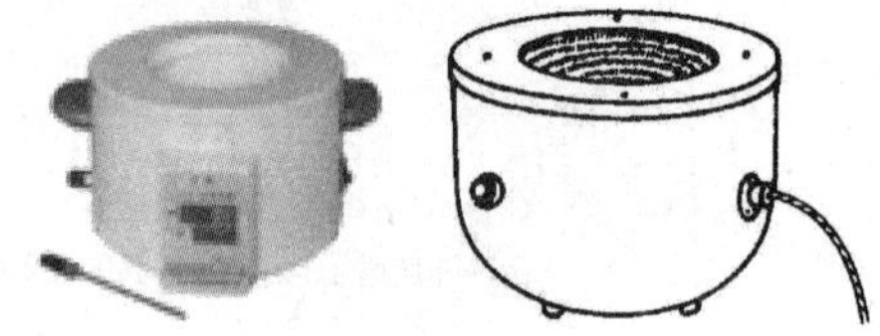

图2-37 电热套

2.2.1 使用方法

接通电源,电源指示灯亮,然后打开调压旋纽开关,调节使用中,加热套功率随着调节方位的变动,产生不同的功率,工作电压表也随着显示不同的示数。顺时针调节会逐步增大功率,增加使用温度,否则反之。

2.2.2 注意事项

(1)第一次使用时,套内有白烟和异味冒出,颜色由白色变为褐色再变成白色属于正常现象,因玻璃纤维在生产过程中含有油质及其他化合物,应放在通风处,数分钟消失后即可正常使用。

(2)3000 mL以上电热套使用时,有吱-吱响声是炉丝结构不同及与可控硅调压脉冲信号有关,可放心使用。

(3)液体溢入套内时,请迅速关闭电源,将电热套放在通风处,待干燥后方可使用,以免漏电或电器短路发生危险。

(4)长期不用时,请将电热套放在干燥无腐蚀气体处保存。

(5)请不要空套取暖或干烧。

(6)环境湿度相对过大时,可能会有感应电透过保温层传至外壳,请务接地线,并注意通风。

3. 电热恒温鼓风干燥箱

电热恒温鼓风干燥箱简称烘箱(图2-38),常用以干燥玻璃仪器或烘干无腐蚀性、加热时不分解的物品。挥发性易燃物或刚用酒精、丙酮淋洗过的玻璃仪器切勿放人烘箱内,以免发生爆炸。

烘箱使用说明:接上电源后,即可开启加热开关,再用控温按钮调节至一定程度(视烘箱型号而定),此时烘箱内即开始升温,绿色指示灯发亮。若有鼓风机,可开启鼓风机开关,使鼓风机工作。当温度计升至工作温度时(由烘箱顶上温度计读数观察得知)绿色指示灯熄灭。红色指示灯发亮。在指示灯绿红色交替处即为恒温定点。一般干燥玻璃仪器时应先沥干,无水滴下时才放人烘箱,升温加热,将温度控制在100-120℃左右。实验室中的烘箱是公用仪器,往烘箱里放玻璃仪器时应自上而下依次放入,以免残留的水滴流下使下层已烘热的玻璃仪器炸裂。取出烘干后的仪器时,应用干布衬手,防止烫伤。取出后不能碰水,以防炸裂。取出的热玻璃器皿,若任其自行冷却,则器壁常会凝结上水气。可用电吹风吹入冷风助其冷却,以减少壁上凝聚的水气。

图2-38 电热恒温鼓风干燥箱

3.1 电热恒温鼓风干燥箱的使用、维护

3.1.1 使用方法

(1)把需干燥处理的物品放入干燥箱内,关好箱门。

(2)把电源开关拨至“开”处,此时电源指示灯亮,控温仪器上有数字显示。

(3)把加热开关拨至“开”处,使干燥箱加速升温。

(4)温度设定。

①当所需加热温度与设定温度相同时不需重新设定,反之则需重新设定。

②初始温度读数是该时刻的干燥箱的温度,再通过“+”、“-”功能键来减少或增加温度;即进入需要的温度测定状态,温度设定结束,显示器的数值为当前干燥箱的温度。如设定温度150℃,原设定温度80℃,先按一下功能键“+”、“-”,使预设的数字升调至150,温度设定结束。此时加温指示灯亮,干燥箱升温中,显示器的数值为当前干燥箱的温度。

(5)把鼓风开关拨至“开”处,使干燥箱内受热均匀。

(6)设定结束后,各项数据长期保存。此时干燥箱进入升温状态,加温指示灯亮。当箱内温度接近设定温度时,恒温指示灯亮、加温指示灯熄,反复多次,控制进入恒温状态。

(7)当箱内温度接近设定温度时,把加热开关拨至“关”处,以省电,减缓升温速度,便于控温。

(8)根据不同物品不同的潮湿程度,选择不同的干燥时间。

(9)干燥结束后,把电源开关拨至“关”处,如马上打开箱门取出物品时小心烫伤。

3.1.2 维护与保养

(1)干燥箱外壳必须有效接地,以保证使用安全。

(2)干燥箱应放置在具有良好通风条件的室内,在其周围不可放置易燃易爆物品。

(3)干燥箱内无防爆装置,不得放入易燃易爆物品干燥。

(4)箱内物品放置切勿过挤,必须留出空间,以利热空气循环。

3.1.3 注意事项

(1)可燃性和挥发性的化学物品切勿放入箱内。

(2)如在使用过程中出现异常气味、烟雾等情况,请立即关闭电源,用户切勿盲目修理,应通知本公司修理部,由专业人员查看修理。

(3)箱壁内胆和设备表面要经常擦拭,以保持清洁,增加玻璃的透明度。请勿用酸、碱或其他腐蚀性溶液来擦拭外表面。

(4)设备长期不用,应拔掉电源线以防止设备损伤人。并应定期(一般一季度)按使用条件运行2-3天,以驱除电器部分的潮气,避免损坏有关器件。

3.2 真空鼓风干燥箱的使用和维护

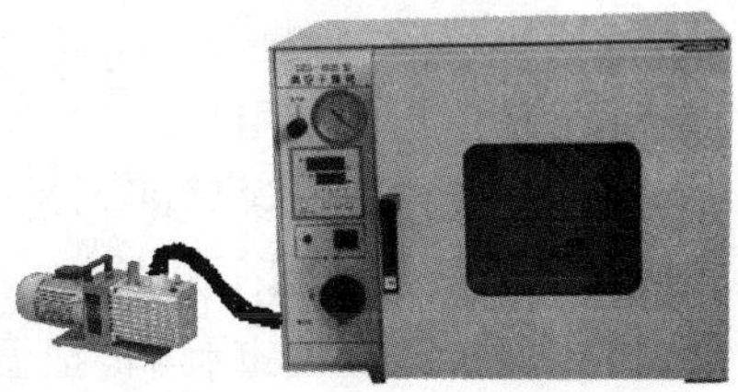

图2-39　真空鼓风干燥箱与真空

真空干燥箱专为干燥热敏性,易分解和易氧化物质而设计,特别是一些成分复杂的物品也能进行快速干燥。它是由箱体和真空泵两部分组成(见图2-39),二者用真空连接管连接,将待干燥的药品铺于料盘放在物架上,关闭箱门,关闭放气阀(使橡皮塞上的孔与放气阀上的孔扭偏90°),开启真空阀(由逆时针旋转90°),开启真空泵抽成真空。加热板在加热介质的循环流动中将药品加热到指定温度,水分即开始蒸发并随抽真空逐渐抽走。当真空表指示值达到-0.1 Mpa时,先关闭真空阀后关闭真空泵电源,打开真空箱电源,此时电源指示灯应亮,分别设定温度与时间,当测量温度接近或等于设定温度后,再待1~2 h后工作室进入恒温状态,物品进入干燥阶段。当物品干燥完毕后,关上电源,如果加速降温,则打开放气阀使真空度为0,待5

min 左右再打开箱门。

在箱体内对物品真空加温，真空干燥箱具有以下优点：①可降低干燥温度、缩短干燥时间。②避免一些物品在常规条件下加热氧化、尘粒破坏以及加热空气杀死生物细胞。

3.2.1 使用方法

(1)把需要干燥的物品放入箱内，将箱门关闭并旋紧门拉手，关闭回气阀，开启真空阀，把真空干燥箱侧面的导气管用真空橡胶管与真空泵连接，接通真空泵电源，开始抽气，当真空表指示达到您需要的真空度时，先关闭真空阀，再关闭真空泵，此时箱内处于真空状态。

(2)接通电源后，打开电源开关，指示灯亮，表示工作正常，仪表显示工作室温度，然后将控制仪表调节到设定温度，工作室开始加热，控制仪表上绿灯亮表示通电升温，当仪器恒温 60 min 后仪表显示温度应和设定温度基本一致。

(3)不同物品、不同温度选择不同的干燥时间，如干燥时间较长，真空度下降需要再抽气恢复真空度，应先开启真空泵，再开启真空阀。

(4)干燥结束后，应先关闭电源，旋动回气阀，解除箱内真空状态后，打开箱门取出物品(接触真空后胶圈与玻璃门吸紧，不易打开箱门，要过段时间，才能方便开启)。

(5)在真空状态下，控制温度不得低于 50℃。如果低于 50℃时，标准温度计测试的数值与仪表显示值不一致，是正常现象。此现象不影响 50℃以上控温及温度。

3.2.2 注意事项

(1)真空干燥箱必须有效接地，保证安全。

(2)真空干燥箱不需要连接抽气时应先关闭真空阀，再关闭真空泵电源，同时打开真空泵气镇阀，否则泵油会倒灌至箱内。

(3)取出被处理物品时，如果是易燃品，必须待温度冷却到低于燃点后才能放进空气，以免引起燃烧。

(4)真空箱无防爆装置，不得放入易爆物品干燥。

(5)真空箱与真空泵之间如有条件要安装过滤器，防止潮湿气体进入真空泵。

3.2.3 维护保养

(1)真空箱应经常保持清洁，箱门玻璃应用松软棉布擦拭，切勿用有化学反应的溶液，以免发生化学反应损伤玻璃。

(2)真空箱长时间不用，应在电镀件涂防腐油脂，并套好塑料防护罩，放置干燥的室内，以免部件损坏影响作用。

4. 马弗炉的使用和维护

马弗炉是英文 Muffle furnace 翻译过来的。是一种通用的加热设备。依据外观形状可分为箱式炉 ，管式炉 ，坩埚炉。见图 2－40。

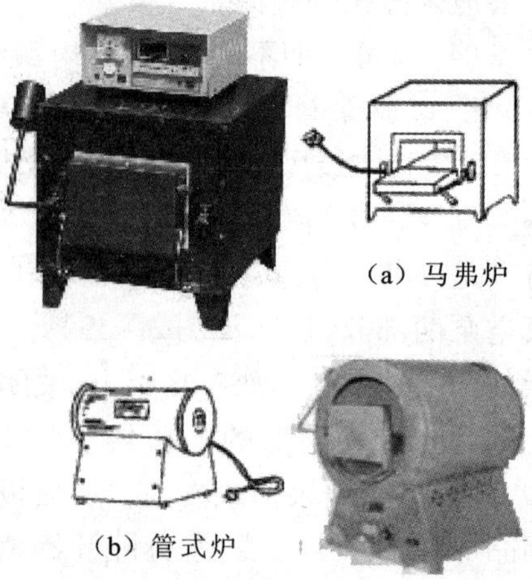

(a) 马弗炉

(b) 管式炉

图 2－40　马弗炉

4.1 马弗炉的使用

(1)检查接线无误后即可通电，首先合上电源开关，然后将控制器面板上的钮子开关拔向开的位置，把设定开关拔向设定的位置，调节设定旋钮，把温度设定到你所需要的度数上，然后把设定开关拔向测量的位置上。此时红灯亮(NO)，亦有接触器的吸合声响，电炉通电，电流表指示加热电流值。温度随炉内温度升高而徐徐上升，说明工作正常。当温度上升至设定的所需温度时，红灯灭(NO)、绿灯亮(OFF)、电炉自动断电，停止升温。稍后，当炉内温度稍为下降，绿灯灭，红灯亮，电炉又自动通电。周而复始，达到自动控制炉内温度的目的。

（2）硅碳棒型（S 型）炉子的加热功率应与所需的温度值有较好的匹配。当炉内温度进入恒温阶段后，绿灯亮的时间长说明加热功率太大，可反时针方向调节加热功率调节钮，适当降低加热电流值；若红灯亮的时间长，说明加热功率不够，可顺时针方向调节加热功率调节钮，适当增加加热电流值。红、绿灯交替亮的时间比较一致，则说明功率匹配，调节效果良好。为减少升温过程中的超温现象，在温度将达到设定温度前，可反时针方向调节加热功率调节钮适当减小加热电流值。考虑到可控硅元件在电流实变时较易损坏，在开机和关机前应将加热功率调节钮反时针方向旋到底，使电流缓缓上升和下降。

（3）检查断偶保护装置是否正常工作的方法是：松开热电偶一端，此时测温指示迅速上升到最高点亦自动切断加热电源，则断偶装置良好，重新接好的热电偶后，可正常工作。

（4）烘炉，当电炉第一次使用或长期停用后再次使用时，必须进行烘炉。其程序如下：当室温升 200 ℃ 4 h（打开炉门让水蒸气散发）；当 200℃升 600 ℃ 4 h（关闭炉门）；当 600 ℃升 800 ℃ 2 h（关闭炉门）。

（5）使用完毕，首先将控制器面板上的钮子开关拔向关的位置，然后切断总电源开关。

4.2 马弗炉维修与保养

（1）仪器应放在干燥通风、无腐蚀性气体的地方，工作环境温度为 10 ~ 50 ℃，相对湿度不大于 85%。

（2）为保证测量准确，每年应用直流电位差计校对 XMT 型温度控制仪的测温表，以免引起较大误差。

（3）定期检查各部分热线有否松动，交流接触器触头是否良好，出现故障应及时修复。

（4）硅碳棒型炉子，发现硅碳棒损坏后，应更换规格相同并且电阻值相近的新硅碳棒。更换时先卸下两端保护罩与硅碳棒夹头，然后取出已损坏的硅碳棒，由于硅碳棒易断，安装时须小心，两端露炉壳外部分应相等，夹头必须紧固，使之与硅碳棒接触良好。如果夹头有严重氧化时应换新的。硅碳棒两端安装孔处的隙缝应用石棉绳堵塞。炉温不得超过最高工作温度 1350℃。硅碳棒在最高温度下允许连续工作 4 h。在电炉使用相当长时间后，如发顺时针方向调节加热功率调节钮至最大位置，加热电流仍上不去。距离额定值较远，达不到所需的加热功率，说明硅碳棒已老化。此时可将串联的硅碳棒改为并联，仍可继续使用。在改变接法时不必拆卸硅碳棒，只需改变接法，并且改变接法后，使用时要注意缓慢调节加热功率调节钮，加热电流值不得超过额定值。

4.3 陶瓷纤维马弗炉维护与注意事项

（1）当陶瓷纤维马弗炉第一次使用或长期停用后再次使用时，必须进行烘炉。使用时，炉温最高不得超过额定温度，以免烧毁电热元件。禁止向炉内灌注各种液体及易溶解的金属，马弗炉最好在低于最高温度 50℃以下工作，此时炉丝有较长的寿命。

（2）马弗炉和控制器必须在相对湿度不超过 85%、没有导电尘埃、爆炸性气体或腐蚀性气体的场所工作。凡附有油脂之类的金属材料需进行加热时，有大量挥发性气体将影响和腐蚀电热元件表面，使之销毁和缩短寿命。因此，加热时应及时预防和做好密封容器或适当开孔加以排除。

（3）马弗炉控制器应限于在环境温度 0 ~ 40 ℃范围内使用。

（4）根据技术要求，定期经常检查电炉、控制器的各接线的连线是否良好，指示仪指针运动时有无卡住滞留现象，并用电位差计校对仪表因磁钢、退磁、涨丝、弹片的疲劳、平衡破坏等引起的误差增大情况。

（5）热电偶不要在高温时骤然拔出，以防外套炸裂。

（6）经常保持炉膛清洁，及时清除炉内氧化物之类东西。

5. 热浴法

加热时，待加热的物质通常置于容器内，容器置于热源上，有些容器，如玻璃容器和陶瓷容器，如直接置于热源上，则往往因受热不均匀，温升过快，产生炸裂，或因热传递不良，使加热物质受热不均匀。为此，对进入实验室的加热容器产品进行热浴处理。在实验室常用的热浴方法有水浴、油浴和沙浴等。

5.1 水浴

化学实验室中以水作为传热介质的一种加热方法。将被加热物质的器皿放入水中，水的沸点为100℃，该法适于100℃以下的加热温度。

图 2－41 恒温水箱及水浴图

把要加热的物质放在水中，通过给水加热达到给物质加热的效果。一般都是把要反应的物质放在试管或烧瓶等容器中，再把容器放在装有水的烧杯或水浴锅或恒温水箱（见图 2－41）中。水浴加热的优点是避免了直接加热造成的过度剧烈与温度的不可控性，可以平稳地加热，许多反应需要严格的温度控制，就需要水浴加热. 水浴加热的缺点是加热温度最高只能达到100℃，因为水达到沸点的条件是100℃，但是从液态变到气态还需要吸收更高的热量，在水浴法里，水在变成水蒸气前都只能有100℃的温度，无法为容器里的溶液提供更多的热量，所以容器内的液体是不能沸腾的。所以常常利用这种温度不改变的原理对一些需要定温加热的反应进行水浴加热。先在一个大容器里加上水，然后把要加热的容器放入加入水的容器中。加热盛水的大容器通过加热大容器里的水再通过水把热量传入需要加热的容器里，达到加热的目的。

如果加热温度稍高于100℃，则可选用适当无机盐类的饱和溶液作为热浴液，它们的沸点列于表2－8。

表 2－8 某些无机盐作热浴液

盐类	饱和水溶液的沸点/℃
NaCl	109
$MgSO_4$	108
KNO_3	116
$CaCl_2$	180

优点是加热均匀，部分试验中不会导致暴沸的现象。

5.2 油浴

油浴就是使用油作为热浴物质的热浴方法。油浴操作方法与水浴相同，不过进行油浴尤其要谨慎，防止油外溢或油温过高，引起失火。

油浴所能达到的最高温度取决于所用油的种类。

（1）甘油可以加热到140～150℃，温度过高时则会分解。甘油吸水性强，放置过久的甘油，使用前应首先加热蒸去所吸的水分，之后再用于油浴。

（2）甘油和邻苯二甲酸二丁酯的混合液适用于加热到140～180℃，温度过高则分解。

（3）植物油如菜油、蓖麻油和花生油等，可以加热到220℃。若在植物油中加入1%的对苯二酚，可增加油在受热时的稳定性。

（4）液状石蜡可加热到220℃，温度稍高虽不易分解，但易燃烧。

（5）固体石蜡也可加热到220℃以上，其优点是室温下为固体，便于保存。

（6）硅油在250℃时仍较安全稳定，透明度好，是目前实验室中较为常用的油浴之一。

用油浴加热时，要在油浴中装置温度计（温度计感温头如水银球等，不应放到油浴锅底），以便随时观察和调节温度。加热完毕取出反应容器时，仍用铁夹夹住反应容器离开液面悬置片刻，待容器壁上附着的油滴完后，用纸或干布拭干。

油浴所用的油中不能溅入水，否则加热时会产生泡珠或爆溅。使用油浴时，要特别注油蒸气污染环境和引起火灾。为此，可用一块中间有圆孔的石棉板覆盖油锅。

5.3 沙浴

沙浴就是使用沙石作为热浴物质的热浴方法。沙浴一般使用黄沙，加热温度达200℃或300℃以上时，往往使用沙浴。操作方法与水浴基本相同，但沙比水、油的传热性差，故需沙热的容器宜半埋在沙中，其四周沙宜厚，底部沙宜薄。

将清洁而又干燥的细砂平铺在铁盘上，把盛有被加热物料的容器埋在砂中，加热铁盘。由于砂对热的传导能力较差而散热却较快，所以容器底部与沙浴接触处的砂层要薄些，以便于受热。由于沙浴温度上升较慢，且不易控制，因而使用不广。

除了以上介绍的几种加热方法外，还可用熔盐浴、金属浴（合金浴）等更多的加热方法，以适于实验的需要。无论用何法加热，都要求加热均匀而稳定，尽量减少热损失。

5.4 空气浴

空气浴就是让热源把局部空气加热，空气再把热能传导给反应容器。

电热套加热就是简便的空气浴加热，能从室温加热到200℃左右。安装电热套时，要使反应瓶外壁与电热套内壁保持2 cm左右的距离，以便利用热空气传热和防止局部过热等。

（二）冷却方法

有时在反应中产生大量的热，它使反应温度迅速升高，如果控制不当，可能引起副反应。它还会使反应物蒸发，甚至会发生冲料和爆炸事故。要把温度控制在一定范围内，就要进行适当的冷却。有时为了降低溶质在溶剂中的溶解度或加速结晶析出，也要采用冷却的方法。

1. 冰水冷却

可用冷水在容器外壁流动，或把反应器浸在冷水中，交换走热量。

也可用水和碎冰的混合物作冷却剂，其冷却效果比单用冰块好，可冷却至0 ~ －5℃。进行时，也可把碎冰直接投入反应器中，以更有效地保持低温。

2. 冰盐冷却

要在0℃以下进行操作时，常用按不同比例混合的碎冰和无机盐作为冷却剂。可把盐研细，把冰砸碎（或用冰片花）成小块，使盐均匀包在冰块上。冰－食盐混合物（质量比3∶1），可冷至－5 ~ －18 ℃，其他盐类的冰－盐混合物冷却温度见表2－9、表2－10。

3. 干冰或干冰与有机溶剂混合冷却

干冰（固体二氧化碳）和乙醇、异丙醇、丙酮、乙醚或四氯化碳混合，可冷却到－50℃ ~ －78℃，见表2－11。当加入时会猛烈起泡。应将这种冷却剂放在杜瓦瓶（广口保温瓶）中或其他绝热效果好的容器中，以保持其冷却效果。

表 2-9 用一种盐及水(冰)组成的冷却剂

盐水	用量(g/100 g 水)	温度(℃)	
		始温	冷冻
KCl	30	+13.6	+0.6
NaAc · $3H_2O$	95	+10.7	-4.7
NH_4Cl	30	+13.3	-5.1
$NaNO_3$	75	+13.2	-5.3
NH_4NO_3	60	+13.6	-13.6
$CaCl_2$ · $6H_2O$	167(g/100 g 冰)	+10.0	-15.0
	25	-1	-15.4
NH_4Cl	30	-1	-11.1
KCl	45	-1	16.7
NH_4NO_3	60	-1	-17.7
$NaNO_3$	33	-1	-21.3
NaCl	66	0	-28
NaBr	81	0	-19.7
$CaCl_2$ · $6H_2O$	100	0	-21.5
	124	0	-40.3
	143	0	-55

表 2-10 用两种盐水(冰)组成的冷却剂

盐类及其用量(g)				冷冻温度,℃
对 100g 水				
NH_4Cl	31	KNO_3	20	-7.2
NH_4Cl	24	$NaNO_3$	53	-5.8
NH_4NO_3	79	$NaNO_3$	61	-14
对 100 g 冰				
NH_4Cl	26	KNO_3	13.5	-17.9
NH_4Cl	20	NaCl	40	-30.0
NH_4Cl	13	$NaNO_3$	37.5	-30.1
NH_4NO_3	42	NaCl	42	-40.0

表 2-11 与干冰混合的冷却温度

冷却剂	冷却温度(°C)
干冰-乙醇	-72
干冰-乙醚	-100
干冰-四氯化碳	-32
干冰-丙酮	-78

表 2-12 可作低温恒温浴的化合物

N_2 + 化合 物	冷浆浴温度(℃)
乙酸乙酯	-83.6
丙二酸乙酯	-51.5
对异戊烷	-160.0
乙酸甲酯	-98.0
乙酸乙烯酯	-100.2
乙酸正丁酯	-77.0

4. 液氮

液氮可冷至 –196℃(77K)，用有机溶剂可以调节所需的低温浴浆。一些作低温恒温的化合物列在表 2–12。液氮和干冰是两种方便而又廉价的冷冻剂，这种低温恒温冷浆浴的制法是：在一个清洁的杜瓦瓶中注入纯的液体化合物，其用量不超过容积的 3/4，在良好的通风橱中缓慢地加入新取的液氮，并用一支结实的搅拌棒迅速搅拌，最后制得的冷浆稠度应类似于黏稠的麦芽。

5. 低温浴槽

低温浴槽是一个小冰箱，冰室口向上，蒸发面用筒状不锈钢槽代替，内装酒精。外设压缩机，循环氟利昂制冷。压缩机产生的热量可用水冷或风冷散去。可装外循环泵，使冷酒精与冷凝器连接循环。还可装温度计等指示器。反应瓶浸在酒精液体中。适于 –30℃～30℃范围的反应使用。

以上制冷方法供选用。注意温度低于 –38℃时，由于水银会凝固，因此不能用水银温度计。对于较低的温度，应采用添加少许颜料的有机溶剂（酒精、甲苯、正戊烷）温度计。

（三）温度的测量与控制技术

温度是表征物质的冷热程度和物体间冷热差别的宏观物理量，同时也反映了物质内部大量分子和原子平均动能的大小。不同温度的物体接触时，必然发生能量的传递，它以热能的形式由高温物体传至低温物体，直至达到热平衡，此时两者的温度相等，这是温度测量的基础。所以温度是确定物体状态的一个基本参量，物质的物理化学特性无不与温度有着密切的关系。因此，准确地测量、控制温度是实验、科研和生产中重要的技术之一。

1. 温度的测量技术

目前，温度测量的方法已达数十种之多。根据温度测量所依据的物理定律和所选择作为温度标志的物理量，测量方法可以归纳成下列几类。

1.1 膨胀测温法

采用几何量（体积、长度）作为温度的标志。最常见的是利用液体的体积变化来指示温度的玻璃液体温度计。还有双金属温度计和定压气体温度计等。

1.1.1 玻璃液体温度计

这种温度计由感温泡、玻璃毛细管和刻度标尺等组成。从结构上可分三种（如图 2–42 所示）：棒式温度计的标尺直接刻在厚壁毛细管上；内标式温度计的标尺封在玻璃套管中；外标式温度计的标尺则固定在玻璃毛细管之外。温泡和毛细管中装有某种液体。最常用的液体为汞、酒精和甲苯等。温度变化时毛细管内液面直接指示出温度。

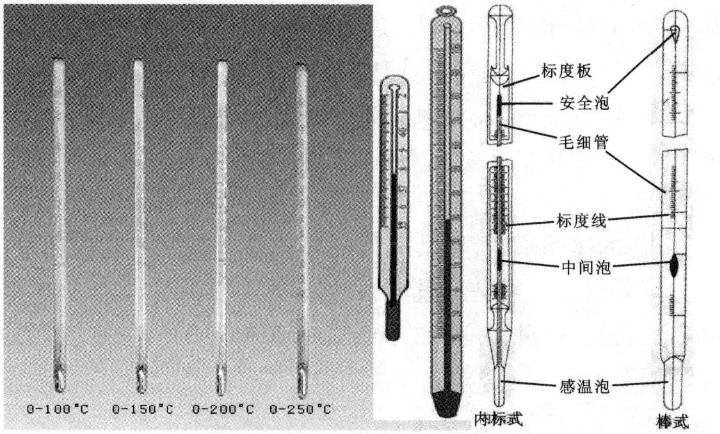

图 2–42　水银温度计的结构

精密温度计几乎都采用汞作为测温媒质。玻璃汞温度计的测量范围为 -30 ~ 600℃;用汞铊合金代替汞,测温下限可延伸到 -60℃;某些有机液体的测温下限可低达 -150℃。这类温度计的主要缺点是:测温范围较小,玻璃有热滞现象(玻璃膨胀后不易恢复原状),露出液柱要进行温度修正等。

1.1.2 双金属温度计

如图 2-43 所示,把两种线膨胀系数不同的金属组合在一起,一端固定,当温度变化时,因两种金属的伸长率不同,另一端产生位移,带动指针偏转以指示温度。工业用双金属温度计由测温杆(包括感温元件和保护管)和表盘(包括指针、刻度盘和玻璃护面)组成。测温范围为 -80 ~ 600℃。它适用于工业上精度要求不高时的温度测量。

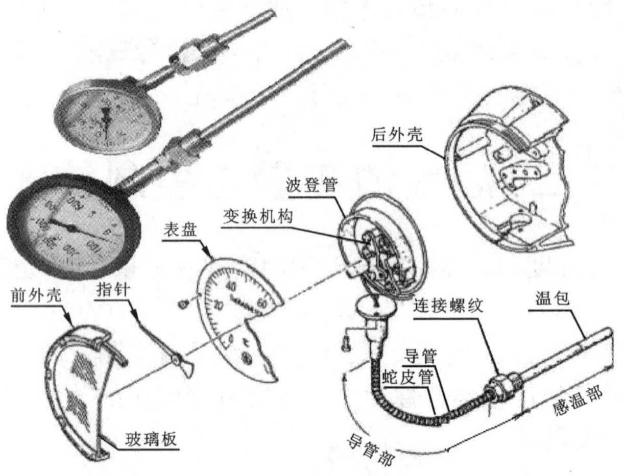

图 2-43 双金属温度计

1.1.3 定压气体温度计

对一定质量的气体保持其压强不变,采用体积作为温度的标志。它只用于测量热力学温度(见热力学温标),很少用于实际的温度测量。

1.2 压力测温法

采用压强作为温度的标志。属于这一类的温度计有工业用压力表式温度计、定容式气体温度计和低温下的蒸气压温度计三种。

1.2.1 压力表式温度计

其密闭系统由温泡、连接毛细管和压力计弹簧组成,在密闭系统中充有某种媒质。当温泡受热时,其中所增加的压力由毛细管传到压力计弹簧,弹簧的弹性形变使指针偏转以指示温度。温泡中的工作媒质有三种:气体、蒸气和液体。①气体媒质温度计如用氮气做媒质,最高可测到 500 ~ 550°C;用氢气做媒质,最低可测到 -120°C。②蒸气媒质温度计常用某些低沸点的液体如氯乙烷、氯甲烷、乙醚做媒质。温泡的一部分容积中放这种液体,其余部分中充满它们的饱和蒸汽。③液体媒质一般用水银。这类温度计适用于工业上测量精度要求不高的温度测量。

1.2.2 定容气体温度计

保持一定质量某种气体的体积不变,用其压强变化来指示温度。这种温度计通常由温泡、连接毛细管、隔离室和精密压力计等组成。它是测量热力学温度的主要手段。1968 年国际实用温标的大多数定义固定点的指定值都是根据这种温度计的测定结果来确定的。它在温标的建立和研究中起着重要的作用,而很少用于一般测量。

1.2.3 蒸气压温度计

用于低温测量,它是根据化学纯物质的饱和蒸气压与温度有确定关系的原理来测定温度的一种温度计。它由温泡、连接毛细管和精密气压计等组成，工作媒质有氧、氮、氖、氢和氦。充氧的温度计使用范围为 54.361～94K，氮为 63～84K，氖为 24.6～40K，氢为 13.81～30K，氦为 0.2～5.2K。蒸气压温度计的测温精度高，装置较为复杂，但比气体温度计简单，在测温学实验中常用作标准温度计。

1.3 电学测温法

采用某些随温度变化的电学量作为温度的标志。属于这一类的温度计主要有热电偶温度计、电阻温度计和半导体热敏电阻温度计。

1.3.1 热电偶温度计

热电偶温度计是一种在工业上使用极广泛的测温仪器，如图 2－44 所示。热电偶由两种不同材料的金属丝组成。两种丝材的一端焊接在一起，形成工作端，置于被测温度处；另一端称为自由端，与测量仪表相连，形成一个封闭回路。当工作端与自由端的温度不同时，回路中就会出现热电动势（见温差电现象）。当自由端温度固定时（如 0℃），热电偶产生的电动势就由工作端的温度决定。热电偶的种类有数十种之多。有的热电偶能测高达 3000°C 的高温，有的热电偶能测量接近绝对零度的低温。

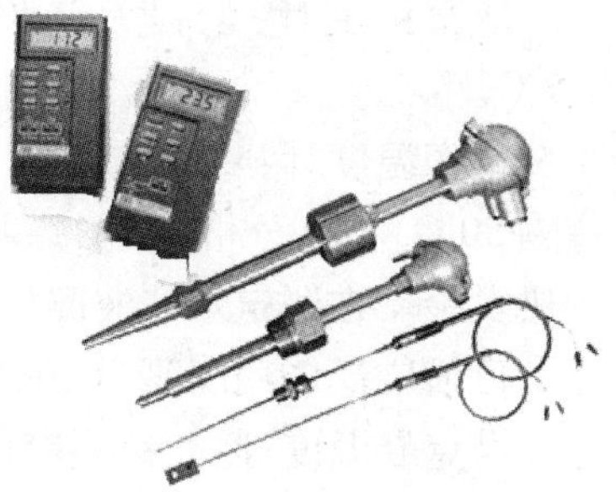

图 2－44　热电偶温度计图

1.3.2 电阻温度计

根据导体电阻随温度的变化规律来测量温度。最常用的电阻温度计都采用金属丝绕制成的感温元件。主要有铂电阻温度计和铜电阻温度计。低温下还使用铑铁、碳和锗电阻温度计。

精密铂电阻温度计目前是测量准确度最高的温度计，最高准确度可达万分之一摄氏度。在－273.34～630.74℃范围内，它是复现国际实用温标的基准温度计。中国还广泛使用一等和二等标准铂电阻温度计来传递温标，用它作标准来检定水银温度计和其他类型温度计。

1.3.3 半导体热敏电阻温度计

利用半导体器件的电阻随温度变化的规律来测定温度，其灵敏度很高，主要用于低精度测量。

1.4 磁学测温法

根据顺磁物质的磁化率与温度的关系（见顺磁性）来测量温度。磁温度计主要用于低温范围，在超低温（小于 1K）测量中，是一种重要的测温手段。

1.5 声学测温法

采用声速作为温度标志，根据理想气体中声速的二次方与开尔文温度成正比的原理来测量温度。通常用声干涉仪来测量声速。这种仪表称为声学温度计。主要用于低温下热力学温度的测定。

1.6 频率测温法

采用频率作为温度标志，根据某些物体的固有频率随温度变化的原理来测量温度。这种温度计叫频率温度计。在各种物理量的测量中，频率（时间）的测量准确度最高（相对误差可小到 1×10^{-14}），近些年来频率温度计受到人们的重视，发展很快。石英晶体温度计的分辨率可小到万分之一摄氏度或更小，还可以数字化，故得到广泛使用。此外，核磁四极共振温度计也是以频率作为温度标志的温度计。例如氯酸钾中 Cl 的共振频率随温度变化，而且不同来源的氯酸钾都具有相同的频率－温度关系。

1.7 辐射测温法

物体在任何温度下都会发出热辐射（红外线或可见光），辐射测温法采用光谱辐射度（即光谱辐射亮度）或辐射出射度（即辐射通量密度）作为温度标志。它主要依据黑体辐射的普朗克定律和斯忒藩－玻耳兹曼定律（全辐射定律）。

常见的辐射温度计可分为以光谱辐射度为温度标志的光学高温计（见图 2－45）和光电高温计；以辐射出衬度为温度标志的全辐射温度计以及比色高温计三种。

2. 水银温度计的校正与使用

2.1 水银温度计的种类

水银温度计是实验中常采用的一种温度计，按其刻度和量程范围的不同，可分为：

常用温度计：分为 0～100℃、0～250℃、0～360℃等量程，最小分度为1℃。

成套温度计：量程为 -40～400℃，每支量程为 30℃，最小分度为 0.1℃。

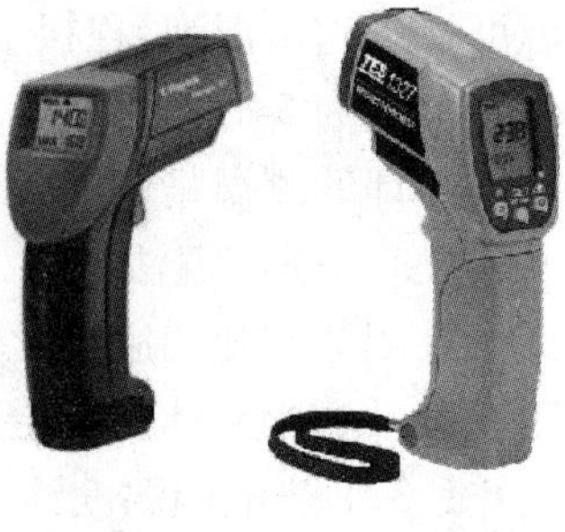

图 2-45 红外辐射温度计

精密温度计：-10～200℃，分为 24 支，每支温度范围 10℃，分格 0.1℃；另外有由 -40 到 400℃，每隔 50℃一支，分格 0.1℃。其量程分：9～15℃、12～18℃、15～20℃等，最小分度为 0.01℃，常用于量热实验。在测定水溶液凝固点降低时，还使用量程为 -0.50～0.50℃，最小分度为 0.01℃的温度计。目前广泛应用间隔为 1℃的量热温度计，每格 0.002℃。

贝克曼温度计：此种温度计测温端的水银量可以调节，用以测量系统的温差，有升高和降低两种，一般供 -6～120℃，其温差量程为 0～5℃，最小分度为 0.01℃。

石英温度计：用石英做管壁，其中充以氮气或氩气，最高温度可测到 800℃。

2.2 水银温度计的校正与使用

水银温度计是一种结构简单、使用方便、测量较准确并且测量范围大的温度计，然而，当温度计受热后，水银球体积会有暂时的改变而需要较长时间才能恢复原来体积。由于玻璃毛细管很细，因而水银球体积的微小改变都会引起读数的较大误差。对于长期使用的温度计，玻璃毛细管也会发生变形而导致刻度不准。另外温度计有全浸式和半浸式两种，全浸式温度计的刻度是在温度计的水银柱全部均匀受热的情况下刻出来的，但在测量时，往往是仅有部分水银柱受热，因而露出的水银柱温度就较全部受热时低。这些在准确测量中都应予以校正。

2.2.1 温度计读数的校正——露茎校正

将一支辅助温度计靠在测量温度计的露出部分，其水银球位于露出水银柱的中间，测量露出部分的平均温度，见图 2-46。校正值按下式计算，即：

$$\Delta t = 0.00016\ h(t_{体} - t_{环})$$

式中：0.00016 为水银对玻璃的相对膨胀系数；h 为露出水银柱的高度（以温度差值表示）；$t_{体}$ 为体系的温度（由测量温度计测出）；$t_{环}$ 为环境温度，即水银柱露出部分的平均温度（由辅助温度计测出）。校正后的真实温度为：$t_{真} = t_{体} + \Delta t$

例如测得某液体的 $t_{体} = 183$℃，其液面在温度计的 29℃上，则 $h = 183 - 29 = 154$，而 $t_{环} = 64$℃，则 $\Delta t = 0.00016h(t_{体} - t_{环}) = 0.00016 \times 154 \times (183 - 64) = 2.9$，故该液体的真实温度为：$t_{真} = t_{体} + \Delta t = 183 + 2.9 = 185.9$。

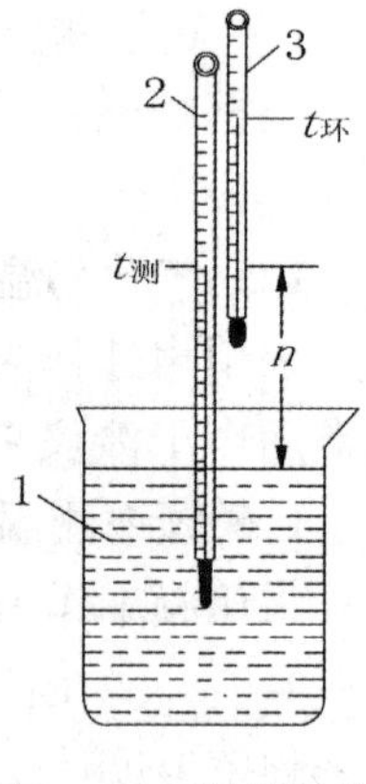

图 2-46 温度计校正

由此可见，体系的温度越高，校正值越大。在 300℃时，其校正值可达 10℃左右。

半浸式温度计，在水银球上端不远处有一标志线，测量时只要将线下部分放入待测体系中，便无需进行露出部分的校正。

2.2.2 温度计刻度的校正——示值校正

温度计刻度的校正通常用两种方法：画出校正曲线，这样凡是用这只温度计测得的温度均可在曲线找到校正数值 Δt。

（1）以纯的有机化合物的熔点为标准来校正。其步骤为：选用数种已知熔点的纯有机物，用该温度计测定它们的熔点，以实测熔点温度作纵坐标，实测熔点与已知熔点的差值为横坐标。

(2)与标准温度比较来校正。其步骤为：将标准温度计与待校正的温度计平行放在热溶液中，缓慢均匀加热，每隔5℃分别记录两只温度计读数，求出偏差值 Δt。

Δt = 待校正的温度计的温度 － 标准温度计的温度

$$t_{真} = t_{体} + \Delta t$$

以待校正的温度计的温度作纵坐标，Δt 为横坐标，画出校正曲线，这样凡是用这只温度计测得的温度均可由曲线找到校正数值。

2.2.3 使用注意事项"水银温度计在使用中应注意"

(1)根据测量精度选择不同量程、不同精确度的温度计。

(2)根据需要对温度计进行校正。

(3)温度计插入系统后，待系统与温度计之间热传导达平衡后(一般为几分钟)再进行读数。

(4)如需改变温度，则从水银柱上升的方向读数为好，而且在各次读数前轻击水银温度计，以防水银粘壁。

(5)水银温度计由玻璃制成容易损坏，不允许将水银温度计作搅捧使用。

3. 贝克曼温度计

3.1 构造和特点

贝克曼(Beckmann)温度计是精密测量温度差值的温度计。在精确测量温度差值的实验中(如凝固点下降测摩尔质量等)，温度的读数要求精确到0.001℃，一般1/1℃和1/10℃刻度的温度计显然不能满足这个要求.为了达到这个要求，温度计刻度要刻至0.01℃，为此就需要把温度计做得很长，或者做好几支温度计，而每支只能测一个范围较窄的温度区间。

贝克曼温度计的构造见图2－47。与普通水银温度计的区别在于测温端水银球内的水银储量可以借助顶端的水银贮槽来调节。水银球与贮汞槽由均匀的毛细管连通，其中除水银外是真空。贮汞槽是用来调节水银球内的水银的量，它的刻度尺上的刻度一般只有5℃或6℃，每1℃刻度间隔约5cm，中间分为100等分，故可以直接读出0.01℃，借助于放大镜观察，可以估计读到0.002℃，测量精度较高。贝克曼温度计不能测得系统的温度，但可精密测量系统过程的温差。

为了便于读数，贝克曼温度计的刻度有两种标法：一种是最小读数刻在刻度尺的上端，最大读数刻在下端；另一种恰好相反。前者用来测量温度下降值。称为下降式贝克曼温度计；后者用来测量温度升高值，称为上升式贝克曼温度计，在非常精密的测量时，两者不能用。现在还有更灵敏的贝克曼温度计，刻度尺总共为1℃或2℃，最小的刻度为0.002℃

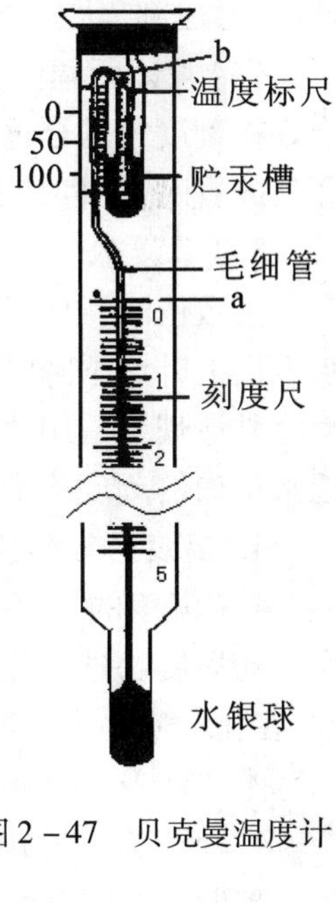

图2－47　贝克曼温度计

3.2 使用方法

首先根据实验的要求确定选用哪一类型的贝克曼。温度计使用时需经下面的操作步骤。

3.2.1 调整

所谓调整好一支贝克曼温度计是指在所测量的起始温度时，毛细管中的水银面应在刻度尺的合适范围内。例如，用下降式贝克曼温度计测凝固点降低时，在纯溶剂的凝固温度下(即起始温度)水银面应在刻度尺的1℃附近。因此在使用贝克曼温度计时，首先应该将它插入一个与所测的起始温度相同的体系内。待平衡后，如果毛细管内的水银面在所要求的合适刻度附近，就不必调整，否则应按下述三个步骤进行调整：

(1)水银丝的连接。此步操作是将贮汞槽中的水银与水银球中的水银相连接。

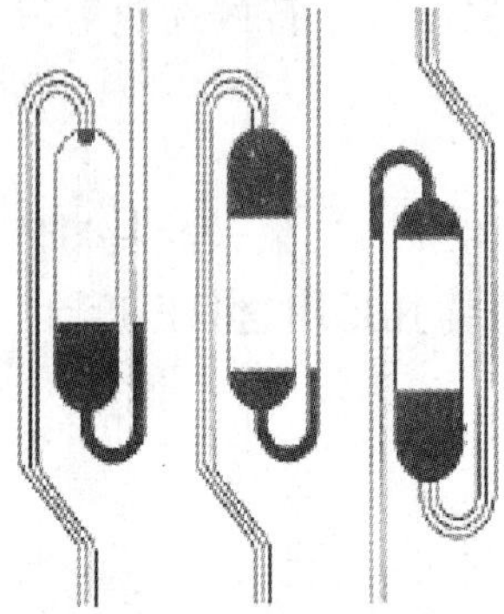

图2－48　贝克曼温度计中的水银面

若水银球内的水银量过多,毛细管内水银面如图2－48(a)所示时,毛细管内水银面已过b点,在此情况下,右手握温度计中部,慢慢倒置并用手指轻敲贮汞槽处,使贮汞槽内的水银与b点处的水银相连后如图2－48(b)所示,即将温度计倒转过来;若水银球内的水银量过少,如图2－48(c)所示时,用右手握住温度计中部,将温度计倒置,用左手轻敲右手的手腕(此步操作要特别注意,切勿使温度计与桌面等相碰),此时水银球内的水银就可以自动流向贮汞槽,然后按上述方法相连。

(2)水银球中水银量的调节。因为调节的方法很多,今以下降式的贝克曼温度计为例,介绍一种经常用的方法。

首先测量(或估计)a到b一段所相当的温度。将贝克曼温度计与另一支普通温度计插入盛水(或其他液体)的烧杯中,加热烧杯,贝克曼温度计中的水银丝就会上升,由普通温度计可以读出a到b段所相当的温度值,设为R℃.为准确起见,可反复测量几次,取其平均值。

设t为实验欲测的起始摄氏温度(例如纯液体的凝固点),在此温度下欲使贝克曼温度计中毛细管的水银面恰在1℃附近,则需将已经连接好水银丝的贝克曼温度计悬于一个温度为$t' = (t+4) + R$的水浴(或其他浴)中。待平衡后,用右手握贝克曼温度计中部,由水浴取出(离开实验台),立即用左手沿温度计的轴向轻敲右手的手腕,使水银丝在b点处断开(注意在b点处不得有水银保留).这样就使得体系的起始温度恰好在贝克曼温度计上1℃附近(为什么?)。一般情况下,R约为3℃.除上法外,有时也利用贮汞槽背后的温度标尺进行调节。

(3)验证所调温度。断开水银丝后,必须验证在欲测体系的起始温度时,毛细管中的水银面是否恰好在刻度尺的合适位置(如在1℃附近)。如不合适,应按前述步骤重新调节。调好后的贝克曼温度计放置时,应将其上端垫高,以免毛细管中的水银与贮汞槽中的水银相连接。

3.2.2 读数

读数值时,贝克曼温度计必须垂直,而且水银球应全部浸入所测温度的体系中。由于毛细管中的水银面上升或下降时有黏滞现象,所以读数前必须先用手指(或用橡皮套住的玻璃棒)轻敲水银面处,消除黏滞现象后用放大镜(放大6~9倍)读取数值.读数时应注意眼睛要与水银面水平,而且使最靠近水银面的刻度线中部不呈弯曲现象。

4. 温度的控制技术

4.1 温度的控制

物质的物理与化学性质,如折光率、黏度、蒸气压、表面张力、化学反应速率等都与温度有关。因此,在化学实验中恒温装置就显得十分重要。恒温装置分高温、常温与低温三种。下面介绍温度控制的基本方法及常温和高温的恒温装置。

4.1.1 温度控制的基本方法

控制系统温度恒定,常采用下述两种方法:

(1)利用物质相变温度的恒定性来控制系统温度。此法对温度的选择有一定限制。

(2)热平衡法。该方法原理为:当一个只与外界进行热交换的系统,在获取热量的速率与散发热量的速率相等时,系统温度保持恒定。或者当系统在某一时间间隔内获取热量的总和等于散发热量的总和时,系统的始态与终态温度不变,时间间隔趋向无限小时,系统的温度保持恒定。通常物理化学实验中采用的恒温装置是根据上述原理而设计的。

4.1.2 恒温装置

(1)恒温水浴与恒温槽。

恒温水浴、水箱是化学实验室中常用设备。当实验需要在低于99℃,的某一个温度区域进行时可用恒温水浴控温,误差在±2~5℃。比较常用的是恒温水浴,其装置见图2-49。它通过电子继电器对加热器自动调节来实现恒温的。

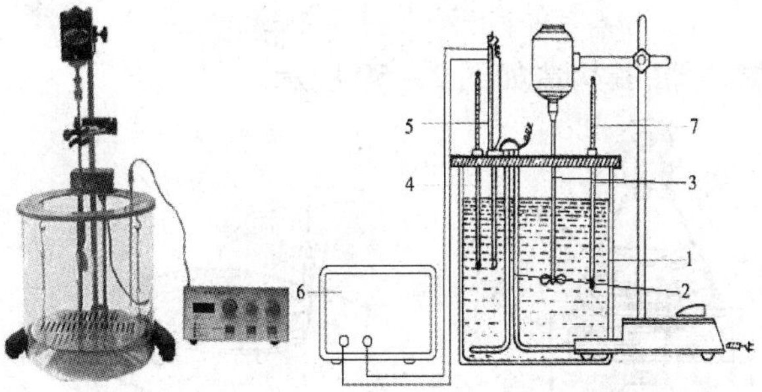

图2-49　恒温水槽及结构简图

1-浴槽　2-加热器　3-搅拌器　4-温度计

5-感温元件(热敏电阻探头)　6-恒温控制器　7-贝克曼温度计

若在某一温度下进行时,可把待测系统浸入恒温槽中,通过对恒温槽温度的调节,可保持系统控制在某一恒定温度。恒温槽中的液体介质可根据温度控制的范围而异。恒温槽一般由浴槽、温度调节器(水银接点温度计)、继电器、加热器、搅拌器、温度计和放大显示器组成等组成。恒温槽的工作原理如图2-49所示。将待恒温系统放在浴槽中,当浴槽的温度低于恒定温度时,温度调节器通过继电器的作用,使加热器加热;当浴槽温度高于所恒定的温度时即停止加热。因此,浴槽温度在一微小的区间内波动,而置于浴槽的系统,温度也被限制在相应的微小区间内而达到恒温的要求。

超级恒温槽,其原理与一般恒温槽相同,只是它另附有一循环水泵,能使浴槽中的恒温水循环流过待恒温系统,使试样恒温,而不必将待恒温的系统浸没在浴槽中。

(2)电炉与高温控制仪器。

在300~1000℃范围内的温度控制,一般采用电阻电炉与相应仪表(如可控硅控温仪、调压器等)来调节与控制温度。其基本原理为电炉中的温度变化引起置于炉内的热敏元件(如热电偶)的物理性能发生变化,利用仪器构成的特定线路,产生讯号,以控制继电器的动作,进而控制温度。在实验室中以可调温电炉、电热恒温(鼓风)干燥箱、马弗炉、管状电炉为最常用。一般电炉功率较大,特别应注意用电线路的负载。

六、搅拌 搅拌器与搅拌装置

搅拌可以加快溶解速度,也可以使加热、冷却的溶液温度均匀,也可保证化学反应体系中两相的充分混合接触和被滴加原料的快速均匀分散,加快反应速率,避免或减少因局部过浓过热而引起的副反应。

(一)常用的搅拌器

实验室中常用的搅拌器有玻璃棒、磁力搅拌器和电动搅拌器等。

1. 玻璃棒及其使用

玻璃棒是化学实验中最常用的搅拌器具。使用时,手持玻璃棒上部,轻轻转动手腕用微力使其在容器中的液体内均匀搅动。搅拌液体时,应注意不能将玻璃棒沿容器壁滑动,也不能朝不同方向乱搅使液体溅出容器外,更不能用力过猛以致击破容器。此法适用于搅拌时间短、温度不高或无毒无刺激性气体放出时。

2. 磁力搅拌器

磁力搅拌器又叫电磁搅拌器,其构造如图 2-50 所示。

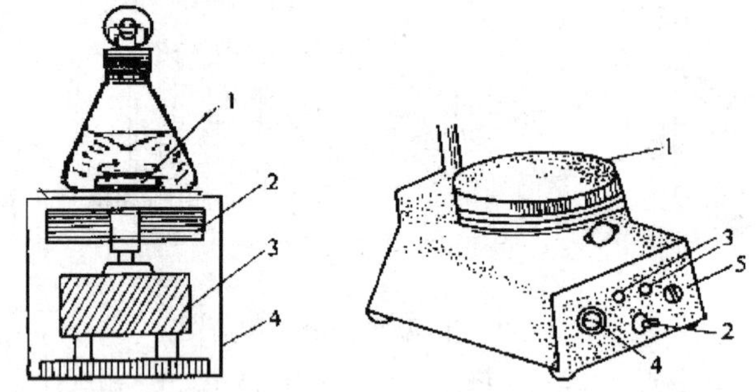

(a) 普通磁力搅拌器
1-搅拌子 2-磁铁
3-电动机 4-外壳

(b) 磁力加热搅拌器
1-磁场盘 2-电源开关 3-指示灯
4-调速旋钮 5-加热旋钮

图 2-50 磁力搅拌器

使用时,在盛有溶液的容器中放入搅拌子(密封在玻璃或合成树脂内的强磁性铁条),将容器放在磁力搅拌器上。通电后,底座中的电动机使磁铁转动,所形成的磁场使置于容器中的转子跟着转动,搅拌子又带动了溶液的转动,从而起到搅拌作用。

带有加热装置的磁力搅拌器,可在搅拌的同时进行加热,使用十分方便。

使用磁力搅拌器时应注意以下几点:

(1)转子要沿器壁缓慢放入容器中。

(2)搅拌时应逐渐调节调速旋钮,速度过快会使转子脱离磁铁的吸引。如出现搅拌子不停跳动的情况时,应迅速将旋钮调到停位,待搅拌子停止跳动后再逐步加大转速。

(3)实验结束后,应及时清洗并收回搅拌子,不得随反应废液或固体一起倒入废料桶或下水道。

使用磁力搅拌比机械搅拌装置简单、易操作,且更加安全。它的缺点是不适用于大体积和黏稠体系。磁力搅拌适用于溶液量较小、黏度较低的情况。如果溶液量较大或黏度较高,可采用电动搅拌器进行搅拌。

3. 电动搅拌器

电动搅拌器(或小马达连调压变压器)在有机实验中作搅拌用。一般适用于油水等溶液或固一液反应中。不适用于过粘的胶状溶液。若超负荷使用,很易发热而烧毁。使用时必须接上地线. 平时应注意经常保持清洁干燥,防潮防腐蚀。轴承应经常加油保持润滑。搅拌机的轴头和搅拌棒之间可通过两节硬质橡皮管和一段玻璃棒连接,这样搅拌器导管不致磨损或折断,见图 2-51。

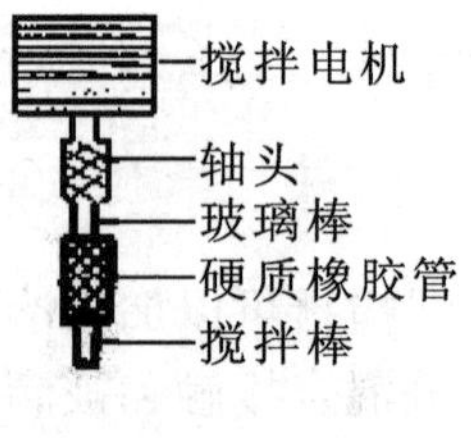

图 2-51 棒与电机的连接

(二)搅拌装置

1. 搅拌装置

当反应在均相溶液中进行时一般可以不要搅拌,因为加热时溶液存在一定程度的对流,从而保持液体各部分均匀地受热。如果是非均相间反应,或反应物之一系逐渐滴加时,为了尽可能使其迅速均匀地混合,以避免因局部过浓过热而导致其他副反应发生或有机物的分解;有时反应产物是固体,如不搅拌将影响反应顺利进行;在这些情况下均需进行搅拌操作。在许多合成实验中若使用搅拌装置不但可以较好地控制反应温度,同时也能缩短反应时间和提高产率。常用的搅拌装置见图2－52。图2－52(1)是可同时进行搅拌、回流和自滴液漏斗加入液体的实验装置;图2－52(2)的装置还可同时测量反应的温度;图2－51(3)是带干燥管的搅拌装置;图2－52(4)是磁力搅拌。

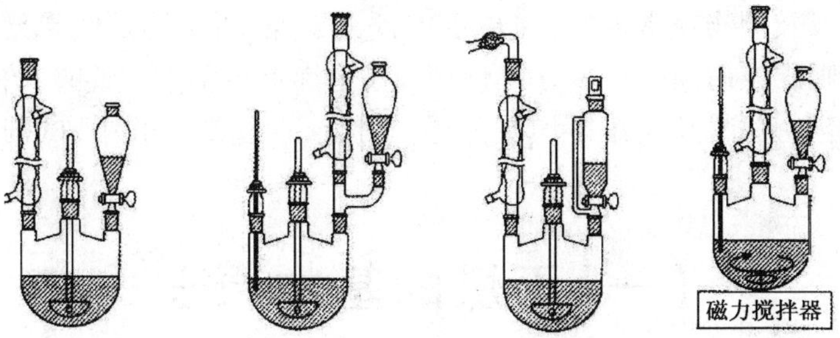

(1)　(2)　(3)　(4)

图2－52　搅拌装置

2. 密封装置

见图2－53。常用的有简易密封装置或液封装置:简易密封装置使用温度计套管加橡皮管构成,图2－53(1),搅拌棒在橡皮管内转动,在搅棒和橡皮管之间滴入润滑油;也可用带橡皮管的玻璃套管固定于塞了上代替,图2－53(2);液封装置中要用惰性液体(如石腊油)进行密封图2　53(3);聚四氟乙烯制成的搅拌密封塞是由上面的螺旋盖,中间的硅橡胶密封垫圈和下面的标准口塞组成。使用时只需选用适当直径的搅棒插入标准口塞与垫圈孔中,在垫圈与搅棒接触处涂少许甘油润滑,旋上螺旋口使松紧适度,把标准口塞装在烧瓶上即可。

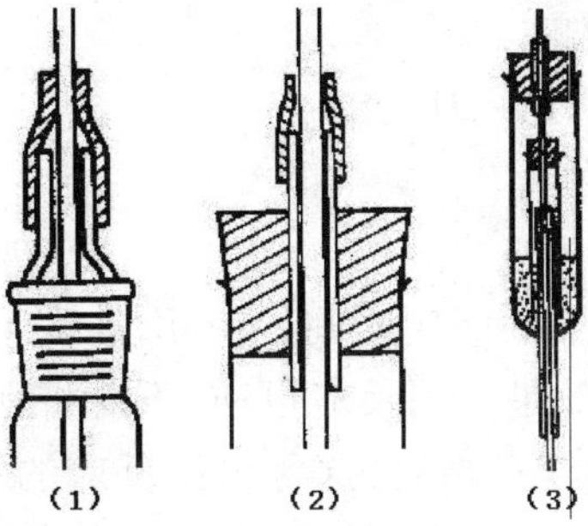

(1)　(2)　(3)

图2－53　常用搅拌密封装置

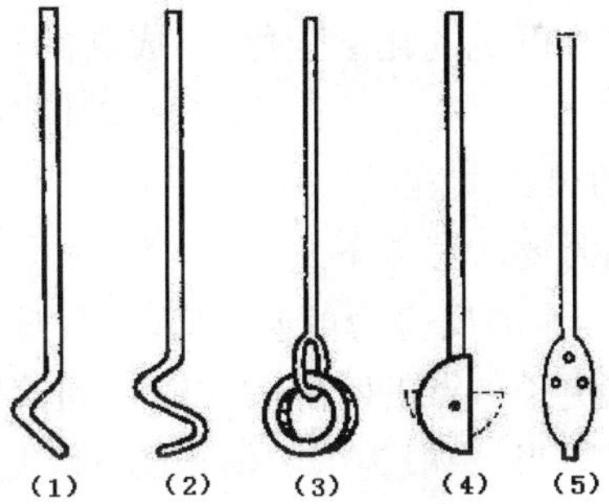

(1)　(2)　(3)　(4)　(5)

图2－54　搅拌棒

3. 搅拌棒

搅拌所用的搅拌棒通常由玻璃棒制成,式样很多,常用的见图2－54。其中(1)、(2)两种可以容易地用玻棒弯制。(3)、(4)较难制。其优点是可以伸入狭颈的瓶中,且搅拌效果较好。(5)为筒形搅拌棒,适用于两相不混溶的体系,其优点是搅拌平稳,搅拌效果好。安装时总是要求搅拌棒下端距瓶底应有0.5～1 cm的距离。

七、干燥与干燥剂

干燥是常用的除去固体、液体或气体中少量水分或少量有机溶剂的方法。如在进行有机物波谱分析、定性或定量分析以及测物理常数时，往往要求预先干燥，否则测定结果便不准确。液体有机物在蒸馏前也需干燥，否则沸点前馏分较多，产物损失，甚至沸点也不准。此外，许多有机反应需要在无机条件下进行，因此，溶剂、原料和仪器等均要干燥。可见，在化学实验中，试剂和产品的干燥具有重要的意义。

(一)干燥的基本原理

物质干燥的方法大致有物理方法(不加干燥剂)和化学方法(加入干燥剂)两种。

1. 物理方法

物理方法中有烘干、晾干、吸附、分馏、共沸蒸馏和冷冻等。近年来，还常用离子交换树脂和分子筛等方法进行干燥。

离子交换树脂是一种不溶于水、酸、碱和有机溶剂的高分子聚合物。分子筛是含水硅铝酸盐的晶体。

2. 化学方法

化学方法采用干燥剂来除水。根据除水作用原理又可分为两种：

①能与水可逆地结合，生成水合物，例如

$$CaCl_2 + nH_2O \rightleftharpoons CaCl_2 \cdot nH_2O$$

②与水发生不可逆的化学变化，生成新的化合物，例如：

$$2Na + 2H_2O \longrightarrow 2NaOH + H_2\uparrow$$

3. 干燥剂的使用

使用干燥剂时要注意以下几点：

(1)干燥剂与水的反应为可逆反应时，反应达到平衡需要一定时间。因此，加入干燥剂后，一般最少要两个小时或更长一点的时间后才能收到较好的干燥效果。因反应可逆，不能将水完全除尽，故干燥剂的加入量要适当，一般为溶液体积的5%左右。当温度升高时，这种可逆反应的平衡向脱水方向移动，所以在蒸馏前，必须将干燥剂滤除，否则被除去的水将返回液体中。另外，若把盐倒(或留)在蒸馏瓶底，受热时会发生迸溅。

(2)干燥剂与水发生不可逆反应时，使用这类干燥剂在蒸馏前不必滤除。

(3)干燥剂只适用于干燥少量水分(一般在百分之几以下)。若水的含量大，不仅干燥效果不好，而且必须使用大量的干燥剂，同时有机液体因被干燥剂带走而造成的损失也较大。为此，萃取时应尽量将水层分净，这样干燥效果好，且产物损失少。

(二)液体的干燥

1. 常用干燥剂

常用干燥剂的种类很多，选用时必须注意下列几点：①干燥剂与有机物应不发生任何化学变化，对有机物亦无催化作用；②干燥剂应不溶于有机液体中；③干燥剂的干燥速度快，吸水量大，价格便宜。

常用干燥剂有下列几种：

(1)无水氯化钙：价廉、吸水能力大，是最常用的干燥剂之一，与水化合可生成一、二、四或六水化合物(在30℃以下)。它只适于烃类、卤代烃、醚类等有机物的干燥，不适于醇、胺和某些醛、酮、酯等有机物的干燥，因为能与它们形成络合物。也不宜用作酸(或酸性液体)的干燥剂。

(2)无水硫酸镁：它是中性盐，不与有机物和酸性物质起作用。可作为各类有机物的干燥剂，它与水生成 $MgSO_4 \cdot 7H_2O$(48℃以下)。价较廉，吸水量大，故可用于不能用 $CaCl_2$ 来干燥的许多化合物。

(3)无水硫酸钠：它的用途和无水硫酸镁相似，价廉，但吸水能力和吸水速度都差一些。与水结合生成 $Na_2SO_4 \cdot 10H_2O$(37℃以下)。当有机物水分较多时，常先用本品处理后再用其他干燥剂处理。

(4)无水碳酸钾：吸水能力一般，与水生成 $K_2CO_3 \cdot 2H_2O$，作用慢，可用干燥醇、酯、酮、腈类等中性有机物和生物碱等一般的有机碱性物质。但不适用于干燥酸、酚或其他酸性物质。

(5)金属钠：醚、烷烃等有机物用无水氯化钙或硫酸镁等处理后，若仍含有微量的水分时，可加入金属钠(切成薄片或压成丝)除去。不宜用作醇、酯、酸、卤烃、醛、酮及某些胺等能与碱起反应或易被还原的有机物的干燥剂。现将各类有机物的常用干燥剂列表见表2－13。

表2－13　各类有机物的常用干燥剂

液态有机化合物	适用的干燥剂
醚类、烷烃、芳烃	$CaCl_2$、Na、P_2O_5
醇类	K_2CO_3、$MgSO_4$、Na_2SO_4、CaO
醛类	$MgSO_4$、Na_2SO_4
酮类	$MgSO_4$、Na_2SO_4、K_2CO_3
酸类	$MgSO_4$、Na_2SO_4
酯类	$MgSO_4$、Na_2SO_4、K_2CO_3
卤代烃	$CaCl_2$、$MgSO_4$、Na_2SO_4、P_2O_5
有机碱类(胺类)	NaOH、KOH

2. 吸水容量和干燥效能

使用干燥剂时要考虑干燥剂的吸水容量和干燥效能。

干燥效能是指达到平衡时液体被干燥的程度。对于形成水合物的无机盐干燥剂，常用吸水后结晶水的蒸气压来表示干燥剂效能。如硫酸钠形成10个结晶水，蒸气压为260 Pa；氯化钙最多能形成6个水的水合物，其吸水容量为0.97，在25 ℃时水蒸气压力为39 Pa。因此硫酸钠的吸水容量较大，但干燥效能弱；而氯化钙吸水容量较小，但干燥效能强。在干燥含水量较大而又不易干燥的化合物时，常先用吸水容量较大的干燥剂除去大部分水，再用干燥效能强的干燥剂进行干燥。

3. 干燥剂的用量

根据水在液体中溶解度和干燥剂的吸水量，可算出干燥剂的最低用量。但是，干燥剂的实际用量是大大超过计算量的。一般干燥剂的用量为每10 mL液体约需0.5～1 g干燥剂。但在实际操作中，主要是通过现场观察判断：

(1)观察被干燥液体：干燥前，液体呈浑浊状，经干燥后变成澄清，这可简单地作为水分基本除去的标志，例如在环己烯中加入无水氯化钙进行干燥，未加干燥剂之前，由于环己烯中含有水，环己烯不溶于水，溶液处于浑浊状态。当加入干燥剂吸水之后，环己烯呈清澈透明状，这时即表明干燥合格。否则应补加适量干燥剂继续干燥。

(2)观察干燥剂：例如用无水氯化钙干燥乙醚时，乙醚中的水除净与否，溶液总是呈清澈透明状，如何判断干燥剂用量是否合适，则应看干燥剂的状态。加入干燥剂后，因其吸水变黏，粘在器壁上，摇动不易旋转，表明干燥剂用量不够，应适量补加无水氯化钙，直到新加的干燥剂不结块，不粘壁，干燥剂棱角分明，摇动时旋转并悬浮（尤其 $MgSO_4$ 等小晶粒干燥剂），表示所加干燥剂用量合适。

由于干燥剂还能吸收一部分有机液体，影响产品收率，故干燥剂用量应适中。应加入少量干燥剂后静置一段时间，观察用量不足时再补加。一般每 10 mL 样品约需加入 0.5 ~ 1 g 干燥剂。

4. 干燥时的温度

对于生成水合物的干燥剂，加热虽可加快干燥速度，但远远不如水合物放出水的速度快，因此，干燥通常在室温下进行。

5. 操作步骤与要点

（1）首先把被干燥液中水分尽可能除净，不应有任何可见的水层或悬浮水珠。

（2）装置如图 2 – 55 所示，把待干燥的液体放人锥形瓶中，取颗粒大小合适（如无水氯化钙，应为黄豆粒大小并不夹带粉末，太大吸水缓慢、效果差；若过细则吸附有机物多，影响收率）的干燥剂，放人液体中，用塞子塞紧瓶口（用金属钠作干燥剂时则例外，此时塞中应插入一个无水氯化钙管，使氢气放空而水气不致进入），振荡片刻，静置（半小时，最好过夜），使所有的水分全被吸去。经常观察，判断干燥剂是否足量。如果水分太多，或干燥剂用量太少，致使部分干燥剂溶解于水时，可将干燥剂滤出，用吸管吸出水层，再加入新的干燥剂，静置。

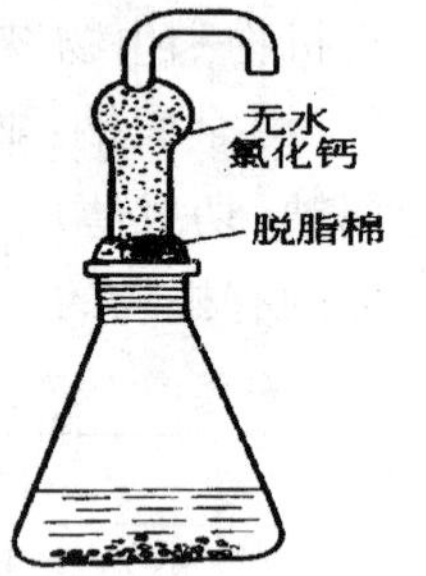

图 2 – 55 液体的干燥

（3）把干燥好的液体滤入蒸馏瓶中，然后进行蒸馏。

（三）固体的干燥

固体物质的干燥是指除去残留在固体中的微量水分或有机溶剂。可根据实验需要和物质的性质不同，选择适当的干燥方法。

1. 自然晾干

对于在空气中稳定、不分解、不吸潮的固体物质，这是最简便，最经济的干燥方法。把要干燥的化合物放在洁净干燥的表面皿上摊成薄层，上面盖一张滤纸，以防污染，在空气中自然晾干。

2. 加热干燥

对于熔点较高且遇热不分解的固体物质，可放在表面皿或蒸发皿中，用烘箱烘干。固体有机物烘干时应注意加热温度必须低于其熔点。以免固体变色和分解，如属需要可在真空恒温干燥箱中干燥。定量分析中使用的基准试剂或固体试剂应按实验要求的温度干燥至恒重。

3. 干燥器干燥

对于易吸潮、易分解或易升华的固体物质，可放在干燥器内进行干燥，但一般需要时间较长。

干燥器是磨口的厚壁玻璃器皿，如图 2 – 56 所示，磨口处涂有凡士林，以便使其更好地密合。内有一带孔的瓷板，用以承放被干燥物品。瓷板下面装有干燥剂。常用的干燥剂有硅胶、氯化钙（可吸收微量水分）和石蜡片（可吸收微量有机溶剂）等。干燥剂吸水较多后应及时更换。

有一种干燥器的盖上带有磨口活塞，叫做真空干燥器。将活塞与真空泵连接抽真空，可使干燥速度加快，效果更好。

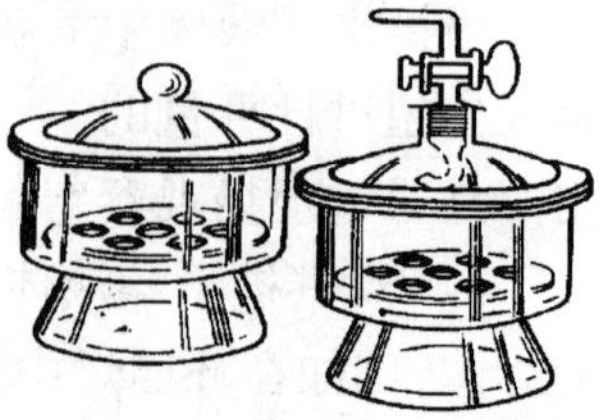
(a) 普通干燥器 (b) 真空干燥器

图 2 – 56 干燥器

干燥器的使用方法见图 2 – 57。开启干燥器时，一手扶住体部，一手向相反方向拉（或推）动盖子（不能向上用力掀起），取放物品后，应按同样方式及时盖好，以避免空气中的水汽侵入。移动干燥器时，应以双手托住，并将两个拇指压住盖沿，以免盖子滑落打碎。

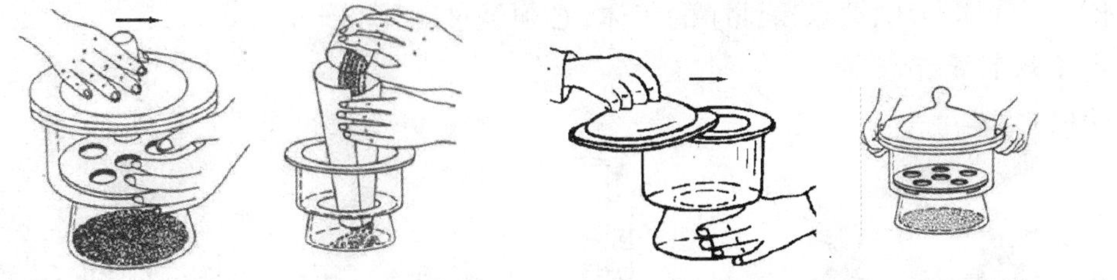

图 2－57　干燥器的使用方法

4. 沉淀的烘干与灼烧

（1）坩埚的准备：坩埚（见表 2－1）用以盛载需要进行灼烧的沉淀。选择适当的坩埚，洗净，晾干并在灼烧沉淀的温度条件下经灼烧至恒重（即反复灼烧后其重量差异≤0.2 mg）。

（2）将沉淀包转移入坩埚：当沉淀洗净，洗涤液已流干后，用玻棒将滤纸从三重厚的边缘开始将滤纸向内折卷（见图 2－58，图 2－59），使滤纸圆锥体的敞口封上，成沉淀包，轻轻转动一下，把沉淀包取出，再将它倒置过来使尖端向上并放入坩埚中，这时，大部分的沉淀与坩埚底部接触，以便沉淀的干燥和灼烧。

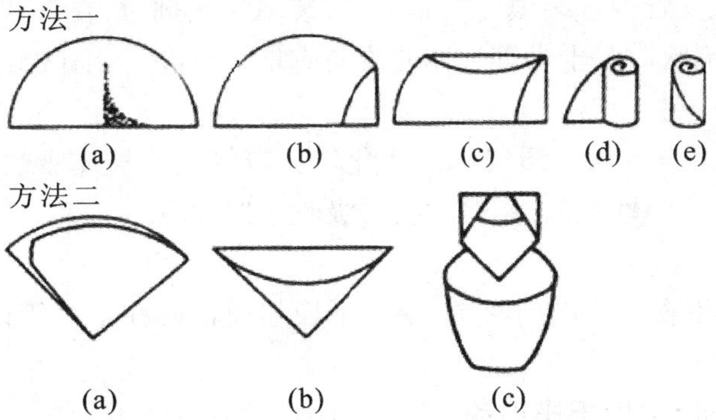

图 2－58　包裹晶形沉淀的两种方法

图 2－59　胶状沉淀的包裹方法

（3）沉淀的烘干和灼烧：将上述坩埚斜放在泥三角上，将坩埚盖半掩地倚在坩埚口（见图 2－60），利用火焰将滤纸干燥，碳化、在这个过程中要适当调节火焰温度，当滤纸未干时，温度不宜过高以免坩埚破裂，在中间阶段将火焰放在坩埚盖之中心下方以便热空气反射入坩埚内部以加速滤纸干燥，随后将火焰移至坩埚底部提高火焰温度使滤纸焦化，最后适当转动坩埚位置，继续加热使滤纸灰化，灰化完全时沉淀应不带黑色。

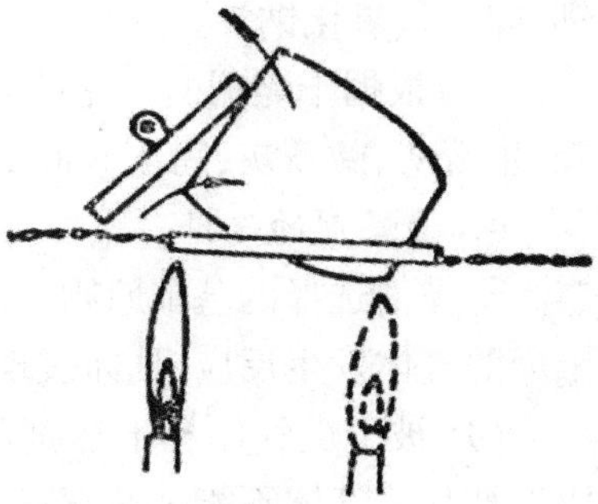

图 2－60　沉淀的烘干及灼烧

（4）沉淀灼烧完全后，经放至室温，转入干燥器，平衡约 30 min 后再称重，直至恒重。灼烧沉淀的过程也可以在高温电热马福炉中完成。此时，一般先将沉淀包的滤纸炭化（加热至黑烟冒尽），再置入马福炉中灰化。

采用何种灼烧技术，可视实验室的装备决定。但其原则不变，即：若有滤纸过滤，则必须先将滤纸碳化后再加热至无黑色微粒，才将其送入高温炉（也可采用微波炉）灼烧至恒重；而若用玻璃砂芯漏斗进行过漏，则应待沉淀中的溶液抽干、把沾在外壁的水擦干后，再放入电热干燥箱干燥至恒重。

（四）气体的净化和干燥

制备气体的过程中，常常由于反应物的挥发，副反应以及杂质等的存在，会使制备的气体中存在酸性，碱性，水气等气体杂质，要获得纯净的气体，必须经过净化和干燥。

1. 净化和干燥装置

见图2－61。

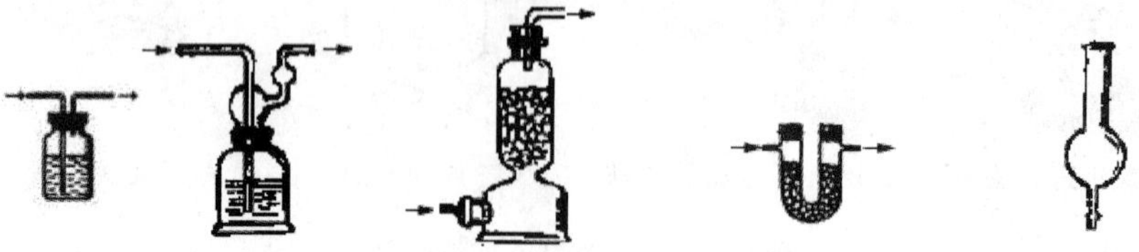

图2－61 常见的实验室气体净化和干燥装置

(1)洗气瓶中装入液体除杂试剂，如 NaOH 溶液，浓 H_2SO_4 溶液。气体流动方向一般是长管进气，短管出气。

(2)干燥管里应装填固体干燥剂，如无水 $CaCl_2$，硅胶等。干燥剂的颗粒大小要合适，颗粒太大气体和干燥剂接触面小，不利于干燥；颗粒太小，气体不易通过，容易堵塞。使用带支管的 U 形干燥管时，填装的干燥剂不应超过支管，更不能填入支管内。装填要松紧适当，装填干燥剂时，在气体进出口处应放少量棉花或玻璃棉，以防气体把干燥剂吹散。干燥管气体的流向应是大口进气、细口出气。

2. 净化剂的选择原则

该试剂不能与所净化的气体发生反应，而应该与杂质气体发生化学反应将杂质气体吸收或将杂质气体转变成所需气体。通常用酸性物质吸收碱性杂质，用碱性物质吸收酸性杂质。

3. 干燥剂的分类

(1)按干燥剂的状态可分为固体干燥剂和液体干燥剂两类：固体干燥剂通常放在干燥管内，液体干燥剂通常放在洗气瓶内。

(2)按干燥剂的酸碱性可分为酸性干燥剂，中性干燥剂和碱性干燥剂三类：酸性干燥剂包括浓硫酸，五氧化二磷，硅胶等。中性干燥剂有无水氯化钙，无水硫酸铜等。碱性干燥剂包括碱石灰，氧化钙，固体氢氧化钠等。

(3)根据干燥剂的氧化性可分为两类：氧化性干燥剂——浓硫酸；普通干燥剂——五氧化二磷、硅胶、生石灰、碱石灰、固体 NaOH、$CaCl_2$、$CuSO_4$ 等。

4. 干燥剂的选择

干燥剂选择的基本原则：应根据干燥剂和气体的性质，使干燥剂只吸收气体中的水分，而不与被干燥的气体发生反应，具体表现在：

(1)被干燥气体和干燥剂的酸碱性应一致。显酸性的气体不能选用碱性干燥剂，如 CO_2、SO_2、HCl、H_2S 等气体不能用碱石灰、CaO 和 NaOH 等干燥剂干燥；显碱性的气体不能选用酸性干燥剂，如 NH_3 气不能用 P_2O_5、浓 H_2SO_4 等干燥。

(2)被干燥气体和干燥剂之间不发生氧化还原反应。如不能用浓 H_2SO_4 干燥 H_2S、HBr、HI 等还原性气体。

(3)被干燥气体和干燥剂之间不能发生其他化学反应。如 NH_3 易和无水 $CaCl_2$ 作用生成络合物 $CaCl_2 \cdot 8NH_3$，所以不能用无水 $CaCl_2$ 干燥 NH_3。

总之，气体干燥剂的选择应根据气体和干燥剂的性质，综合考虑各方面的因素，使气体得到很好的净化与干燥。

表 2—14　用于干燥气体干燥的常用干燥剂

干 燥 剂	可干燥气体
CaO、碱石灰、NaOH、KOH	NH_3 类
无水 $CaCl_2$	H_2、HCl、CO_2、CO、SO_2、N_2、O_2、低级烷烃、醚、烯烃、卤代烃
P_2O_5	H_2、N_2、O_2、CO_2、SO_2、烷烃、乙烯
浓 H_2SO_4	H_2、N_2、HCl、CO_2、Cl_2、烷烃
$CaBr_2$、$ZnBr_2$	HBr

5. 气体钢瓶的使用

实验室经常使用到各种高压气瓶，如氧气、氮气、氢气、氩气，二氧化碳等气体钢瓶，不同气体气瓶用不同的颜色标志，不致使各种气瓶错装、混装，见图 2－62 和表 2－15。

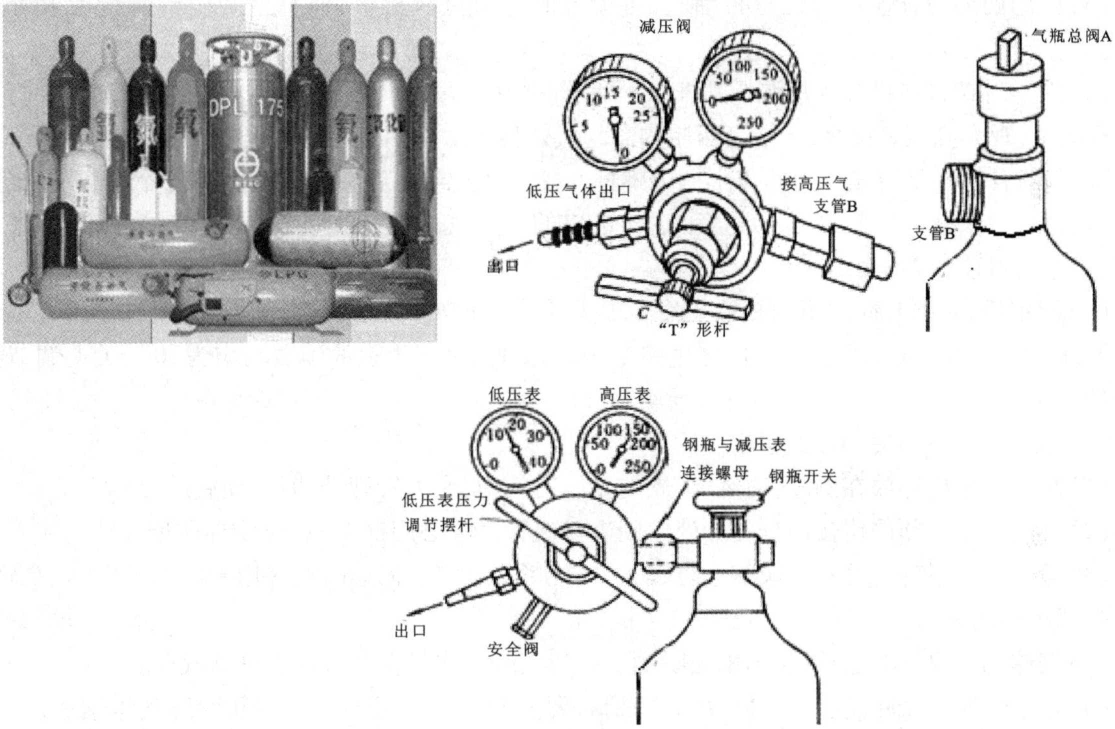

图 2－62　常见气瓶及与压力表的连接示意图

表 2－15　常用钢瓶颜色与标志

气瓶名称	瓶身颜色	字样	字体颜色	腰带颜色
氮气瓶	黑	氮	黄	棕
氧气瓶	天蓝	氧	黑	—
氢气瓶	深绿	氢	红	红
压缩空气瓶	黑	压缩空气	白	—
氯气瓶	草绿	氯	白	白
氦气瓶	棕	氦	白	—
二氧化碳瓶	黑	二氧化碳	黄	黄
氨气瓶	黄	氨	黑	—
石油气体瓶	灰	石油气体	红	—
乙炔瓶	白	乙炔	红	—

由于钢瓶的内压很大(有的高达15MPa),而且有些气体易燃助燃或有毒,使用时通过减压阀(连接气压表)使气体压力降至实验所需范围,再经过其他控制阀门细调,使气体输入使用系统。同时,为了不使配件混乱,各种气瓶据性质不同,阀门转向不同。最常用的减压阀为氧气减压阀,简称氧气表。

5.1 使用操作规程

(1)在与气瓶连接之前,察看调节器入口和气瓶阀门出口有无异物,如有,用布除去。但如系氧气瓶,不能用布擦,此时,小心慢慢稍开气瓶阀门,吹走出口之赃物。脏的氧气阀入口用四氯化碳或三氯乙烯洗干净,用氮气吹干,再连接。减压阀的高压腔与钢瓶连接,低压腔为气体出口,并通往使用系统。高压表的示值为钢瓶内贮存气体的压力。低压表的出口压力可由调节螺杆控制。

(2)用平板钳拧紧气瓶支管B出口和减压阀的高压腔入口之连接,但不要过于用力,否则密封垫被挤入阀门开口,阻挡气体流出。用导管连接与减压阀的出气口,使气体通往工作系统。

(3)使用前要检查连接部位是否漏气,可涂上肥皂液进行检查,调整至确实不漏气后方可进行实验。

(4)沿逆时针方向松开T形调压螺杆C至无张力,确认减压阀处于关闭状态。再沿逆时针打开钢瓶总开关A,观察高压表读数,记录高压瓶内总的气体压力。然后逆时针打开减压阀左边的一个小开关,然后顺时针转动低压表压力的T形调节螺杆C,将输出压力(观察低压表读数或看流速)调至要求的工作压力,记录减压表上的压力数值。这样进口的高压气体由高压室经减压阀节流减压后进入低压室,并经出口通往工作系统。

(5)使用后,先顺时针关闭钢瓶总开关A,放尽余气,使高压表指针为"0",再逆时针旋松T形调压螺杆C,打开针形阀,将压力调节器内之气体排净。此时两个压力表的读数均应为"0",关上调节器输出的针形阀。

5.2 压缩气体钢瓶使用注意事项

(1)高压气瓶应存放在阴凉,通风,干燥的专用房间中,专人管理,同时必须有醒目标志。

(2)高压气瓶必须严格按照分类分处原则进行保管。务必用框架或栅栏围护固定稳妥。

(3)搬运、存放气体钢瓶时,应装上防震垫圈,旋紧安全帽。搬运时最好用专用小推车,轻拿轻放,防止摔掷或剧烈震动。

(4)气体钢瓶要远离热源,避免阳光曝晒。一般实验室内最多存放两瓶高压气瓶。

(5)化学性质相抵触能引起燃烧、爆炸的钢瓶要分开存放。可燃性气体和助燃气体钢瓶,与明火的距离应大于10米(确难达到时,可采取隔离等措施)。

(6)使用前要注意检查钢瓶及连接气路的气密性,确保气体不泄漏。使用时,操作人员应站在与气瓶接口处垂直的位置上。操作时严禁敲打撞击。

(7)高压气瓶上必须安装减压阀,且减压阀器要分类专用,不得混用,以防爆炸。安装时螺扣要旋紧,防止泄漏。开、关减压器和气瓶总阀时,动作必须缓慢,使用时应先开气瓶总阀,后开减压阀,用完,先关闭气瓶总阀,放尽余气后,再关减压阀。切不可只关减压阀,不关气瓶总阀。

(8)氧气瓶、氢气瓶及其专用工具严禁与油类接触。操作人员严禁穿戴沾有各种油脂或易感应产生静电的服装手套进行操作,以免引起燃烧或爆炸。

(9)不可将钢瓶内的气体全部用完,一定要保留0.05 MPa以上的残留压力(减压阀高压表表压)。可燃性气体如乙炔应剩余0.2~0.3 MPa。以防重新充气时发生危险。

(10)各种气瓶必须定期进行技术检查。充装一般气体的气瓶3年检验一次;盛装惰性气体的气瓶5年检验一次;盛装腐蚀性气体的气瓶2年检验一次;如在使用中发现有严重腐蚀或严重损伤的,应提前进行检验。不得使用过期未经检验的气瓶。

八、化学实验基本分离方法与技术

(一)溶解、蒸发、结晶和固液分离技术

1. 固体的溶解

在化学实验中,为使反应物混合均匀,以便充分接触、迅速反应或为提纯某些固体物质,常需将固体溶解制成溶液。为加速溶解,一般还需适当的搅拌。溶解固体的步骤见图 2－63。

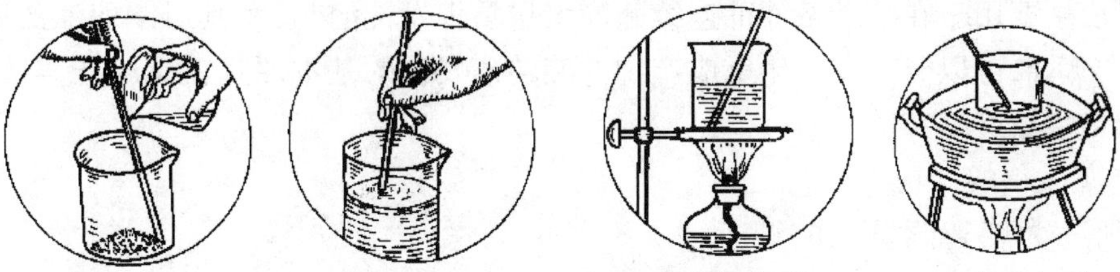

(a)加入溶剂　(b)搅拌　(c)直接加热　(d)水浴加热

图 2－63　固体的溶解操作

1.1 选择溶剂

溶解前,需根据固体的性质,选择适当的溶剂。选择溶剂时,必须考虑到被溶物质的成分与结构。因为溶质往往易溶于结构与其近似的溶剂中。极性物质较易溶于极性溶剂中,而难溶于非极性溶剂中。例如大多无机化合物和含羟基的有机化合物,在大多数情况下或多或少的能溶于水中;碳链增长,如高级醇,在水中的溶解度显著降低,但在碳氢化合物中,烃的溶解度却会增加。水通常是溶解固体的首选溶剂。它具有不易带入杂质、容易分离提纯以及价廉易得等优点。因此凡是可溶于水的物质应尽量选择水作为溶剂。

某些金属的氧化物、硫化物、碳酸盐以及钢铁、合金等难溶于水的物质,可选用盐酸、硝酸、硫酸或混合酸等无机酸加以溶解。

大多数有机化合物需要选择极性相近的有机溶剂进行溶解。

1.2 研磨固体

块状或颗粒较大的固体,需要在研钵中研细成粉末状,以便使其迅速、完全溶解。

1.3 溶解固体

先将固体粉末放入烧杯中,再借助玻璃棒加入溶剂(溶剂的用量可根据固体在该溶剂中的溶解度或实验的具体需要来决定),然后轻轻搅拌,直到固体全部溶解并成为均相溶液为止。见图 2－63。

通常情况下,大多数固体物质的溶解度随温度的升高而增大,即加热能使固体的溶解速度加快。必要时可根据物质的热稳定性,选择适当方式进行加热,促其溶解。

2. 溶液的蒸发

2.1 简单的蒸发操作

溶液的蒸发是指用加热的方式使一部分溶剂在液体表面发生气化,从而提高溶液浓度或使固体溶质析出的过程。如图 2－64 所示。

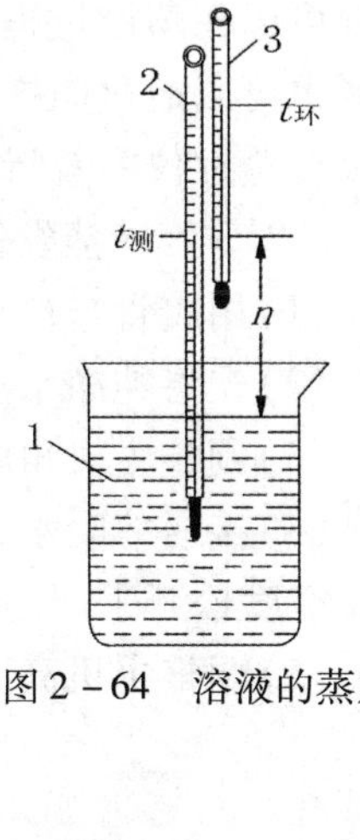

图 2－64　溶液的蒸发

实验室中,蒸发浓缩通常在蒸发皿中进行,因其可耐高温,表面积大,蒸发速度较快。

蒸发皿中盛放溶液的体积不得超过其容积的2/3。若溶液量较多,可随溶剂的不断蒸发分次添加,有时也可改用大烧杯作为蒸发容器。对于热稳定性较好的物质,蒸发可在石棉网或泥三角上直接加热进行。有些物质遇热容易分解,则应采用水浴控温加热。有机溶剂的蒸发常在通风橱中进行。

随着蒸发的进行,溶液的浓度逐渐变大,应注意适当调节加热温度,并不断加以搅拌,以防局部过热而发生迸溅。

蒸发的程度取决于实验的具体要求和溶质的溶解性能。当蒸发是为了便于结晶析出时,对于溶解度随温度降低而显著减小的物质,如KNO_3、$H_2C_2O_4$等,只要将其溶液浓缩至表面出现晶体膜,即可停止加热。对于溶解度随温度变化不大、冷却高温的过饱和溶液也不能析出较多晶体的物质,如NaCl、KCl等,则需要在溶液中析出结晶后继续蒸发母液,直至呈粥状后再停止加热。

2.2 旋转蒸发仪的使用和维护

旋转蒸发仪,主要用于在减压条件下连续蒸馏大量易挥发性溶剂,尤其对萃取液的浓缩和色谱分离时的接收液的蒸馏,可以分离和纯化反应产物。旋转蒸发仪的基本原理就是减压蒸馏,即在减压下蒸馏溶剂时,蒸馏烧瓶连续转动。

2.2.1 旋转蒸发仪的结构

图2-65所示为旋转蒸发仪的结构,蒸馏烧瓶可是一个带有标准磨口接口的梨形或圆底烧瓶,通过一高度回流蛇形冷凝管与减压泵相连,回流冷凝管另一开口与带有磨口的接收烧瓶相连,用于接收被蒸发的有机溶剂。在冷凝管与减压泵之间有一三通活塞,当体系与大气相通时,可以将蒸馏烧瓶,接液烧瓶取下,转移溶剂,当体系与减压泵相通时,则体系应处于减压状态。使用时,应先减压,再开动电动机转动蒸馏烧瓶,结束时,应先停机,再通大气,以防蒸馏烧瓶在转动中脱落。作为蒸馏的热源,常配有相应的恒温水槽。旋转蒸发仪在使用中的优点:由于液体样品和蒸发瓶间的向心力和摩擦力的作用,液体样品在蒸发瓶内表面形成一层液体薄膜,受热面积大;样品的旋转所产生的作用力有效抑制样品的沸腾。

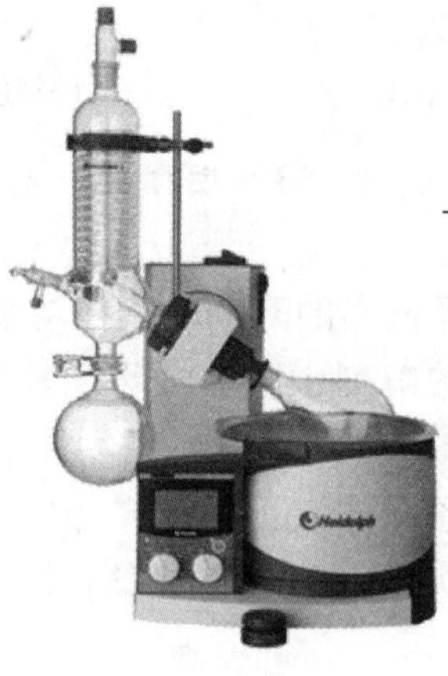

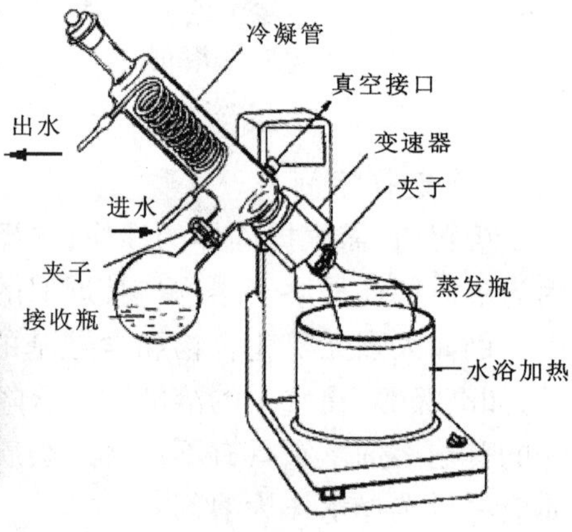

图2-65 旋转蒸发仪的结构

旋转蒸发仪应用中的不足是某些样品的沸腾,例如乙醇和水,将导致收集样品的损失。操作时,通常可以在蒸馏过程的混匀阶段时通过小心地调节真空泵的工作强度或者加热锅的温度防止沸腾。或者也可以通过向样品中加入防沸颗粒。对于特别难以蒸馏的样品,包括易产生泡沫的样品,也可以对旋转蒸发仪配置特殊的冷凝管。

2.2.2 旋转蒸发仪的使用方法

(1)用胶管与冷凝水龙头连接,用真空胶管与真空泵相连。

(2)先将纯净水注入加热槽。自来水要放置1~2天再用。

(3)调整主机角度:只要松开主机和立柱联结螺钉。主机即可在0~45°任意倾斜。

(4)接通冷凝水,接通电源220 V/50 Hz,与主机连接上蒸发瓶(不要放手),打开真空泵使之达一定真空度松开手。

(5)调整主机高度:按压下位于加热槽底部的压杆,左右调节弧度使之达到合适位置后手离压杆即可达到所需高度。

(6)打开调速开关,绿灯亮,调节其左侧旁的转速旋钮,蒸发瓶开始转动。打开调温开关,绿灯亮,调节其左侧旁的调温旋钮,加热槽开始自动温控加热,仪器进入试运行。温度与真空度一到所要求的范围,即能蒸发溶剂到接受瓶。

(7)蒸发完毕,首先关闭调速开关及调温开关,按压下压杆使主机上升,然后关闭真空泵,并打开冷凝器上方的放空阀,使之与大气相通,取下蒸发瓶,蒸发过程结束。

2.2.3 注意事项

(1)玻璃零件接装应轻拿轻放,装前应洗干净,擦干或烘干。

(2)各磨口、密封面、密封圈及接头安装前都需要涂一层真空脂。

(3)加热槽通电前必须加纯水,不允许无水干烧。

(4)如真空抽不上来需检查①各接头,接口是否密封;②密封圈,密封面是否有效;③主轴与密封圈之间真空脂是否涂好;④真空泵及其皮管是否漏气;⑤玻璃件是否有裂缝,碎裂,损坏的现象。一般大蒸发瓶用中、低速,黏度大的溶液用较低转速。烧瓶是标准接口 24 号,溶液量一般不超过 50% 为适宜。

(5)精确水温用温度计直接测量。

(6)工作结束,关闭开关,拔下电源插头。

3. 沉淀与过滤技术

3.1 沉淀技术

沉淀是指利用化学反应生成难溶性物质的过程。生成的难溶性沉淀物质通常也简称沉淀。沉淀有时是所需要的产品,有时是欲除去的杂质。在化学分析中,可利用沉淀反应,使待测组分生成难溶化合物沉淀析出,以进行定量测量。在物质的制备中,可通过选用适当的沉淀剂,将可溶性杂质转变成难溶性物质再加以除去的方法来精制粗产物。无论出于何种目的产生的沉淀,都需与母液分离开来,并加以洗涤。

3.1.1 沉淀操作

根据沉淀过程的目的和沉淀物的性质不同,可采用不同的沉淀条件和操作方式。例如,有些沉淀反应要求在热溶液中进行;为使沉淀完全,多数沉淀反应需要加入过量的沉淀剂等等。

沉淀操作常在烧杯中进行,为了得到颗粒较大、便于分离的沉淀,应在不断搅拌下慢慢滴加沉淀剂,沉淀完成后,最好静置一段时间。操作时,一手持玻璃棒充分搅拌,另一手用滴管滴加沉淀剂,滴管口要接近溶液的液面滴下,以免溶液溅出。

检查是否沉淀完全时,需将溶液静置,待沉淀下沉后,沿杯壁向上层清液中滴加 1 滴沉淀剂,观察滴落处是否出现混浊。如不出现混浊即表示沉淀完全,否则应补加沉淀剂至检查沉淀完全为止。

3.1.2 沉淀的分离

沉淀的分离可根据沉淀的性质以及实验的需要采用倾析法、离心法或过滤法。

(1)倾析法。如果沉淀的颗粒或密度较大,静置后能沉降至容器底部,便可利用倾泻的方法将沉淀与母液快速分离开。操作时,先使混合物静置,不要搅动,待沉淀沉降完全后,将上层清液小心地沿玻璃棒倾出,使沉淀仍留在容器中(见图 2-66)。

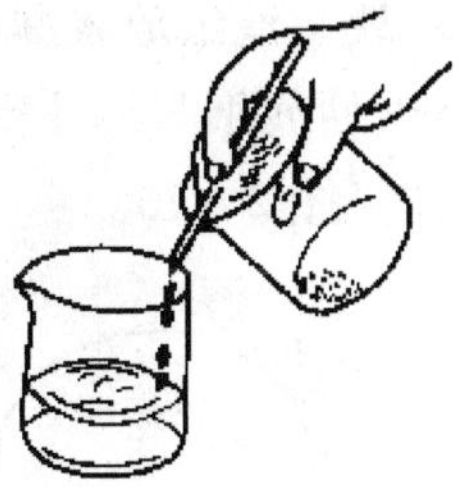

图 2-66　倾析法

(2)离心法。当沉淀量很少时,可使用离心机(见图 2-67)进行分离。使用时,把盛有混合物的离心试管放入离心机的套管内。然后慢慢启动离心机并逐渐加速。由于离心作用,沉淀紧密地聚集于离心试管的底部,上层则是澄清的溶液。可用滴管小心地吸出上层清液(见图 2-68),也可用倾析法将其倾出。

图 2－67　电动离心机

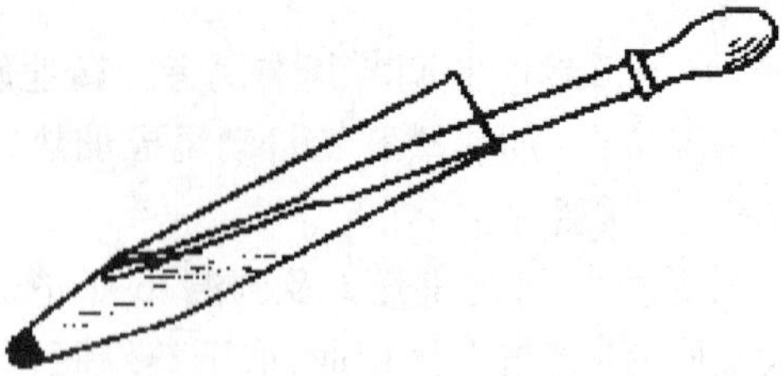

图 2－68　用滴管小心地吸出上层清液

使用电动离心机时，应注意以下几点。

① 为防止旋转过程中碰破离心管，离心机的套管底部应铺垫适量棉花或海绵。

② 离心试管应对称放置，若只有一支盛有欲分离物的试管时，可在与其对称的位置上放一支盛有等体积水的离心试管，以使离心机保持平衡。

③ 离心机启动时要先慢后快，不可直接调至高速。用完后，关闭电源开关，使其自然停止转动，决不能强制停止，以防造成事故。

（3）过滤法。过滤法是采用过滤装置将沉淀与母液分离。见过滤操作。

3.1.3 沉淀的转移与洗涤

洗涤沉淀时，先用洗瓶挤（吹）出少量洗涤液注入盛有沉淀的烧杯或试管中，再用玻璃棒充分搅拌，然后静置（或离心），待沉淀沉降后，将上层清液倾出（或用滴管吸出）。如此重复操作 2～3 次，一般即可将沉淀洗涤干净。

沉淀全部转移后，对转移至滤纸上的沉淀继续用洗涤液洗涤沉淀，如图 2－69 所示。并使用适当检验方法检验沉淀是否洗涤干净（检验多余沉淀剂是否完全除去）。进行洗涤时，若需要搅拌，应特别注意玻璃棒不得触及滤纸，以免捅破滤纸造成透滤。

洗涤沉淀所用的溶剂量不可太多，否则将增大沉淀的溶解损失。要本着“少量多次”的原则进行洗涤，以便提高洗涤效率。

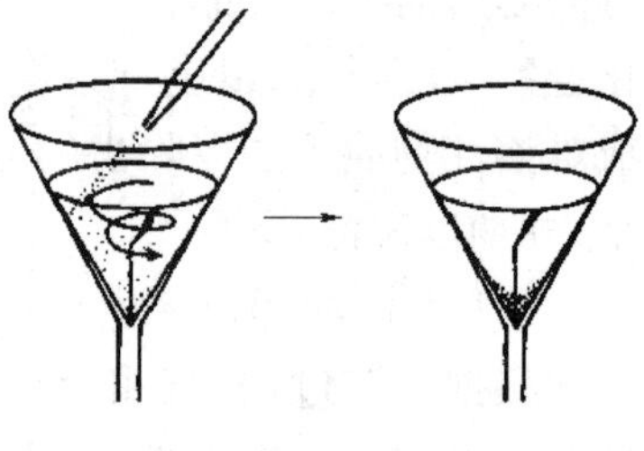

图 2－69　洗涤的沉淀

3. 2 过滤技术

通过置于漏斗中的滤纸将沉淀（或晶体）与液体分离开的操作称为过滤。常用的过滤方法有常压过滤、热过滤和减压过滤，可根据实验的不同需要进行选择。

3.2.1 常压过滤

常压过滤一般在常温下进行。通常使用60°角的圆锥形玻璃漏斗与滤纸组成滤器。操作步骤如下。

（1）滤纸的折叠与安放 选择与漏斗大小相宜的圆形滤纸，对折两次后展开即成60°角的圆锥体。锥体的一个半边为三层，另一个半边为一层。为使滤纸和漏斗内壁贴紧，常将三层厚的外两层撕下一小块。滤纸放入漏斗后，用手按住其三层的一边，从洗瓶中注入少量水把滤纸润湿，轻压滤纸赶去气泡，使滤纸与漏斗壁刚好贴合。应注意放入的滤纸要比漏斗边缘低 0.5～1 cm。滤纸的折叠与安放操作见图 2－70。

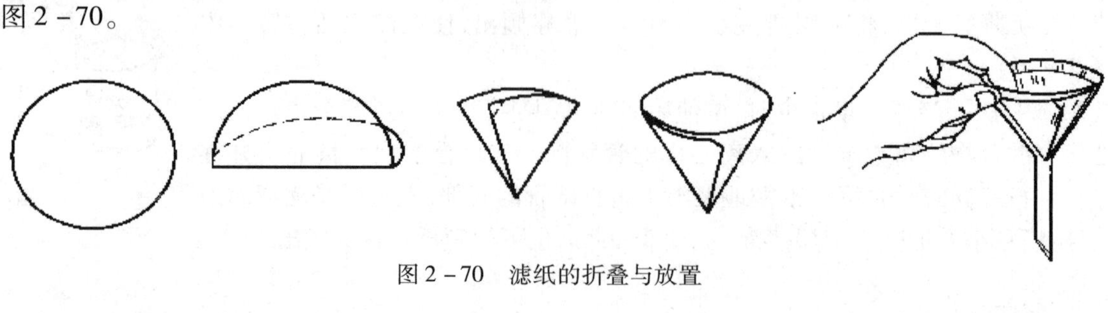

图 2－70　滤纸的折叠与放置

(2) 滤器的处理 过滤前,先向漏斗中加水至滤纸边缘,使漏斗颈内全部充满水而形成水柱。若颈内不形成水柱,可用手指堵住漏斗下口,同时稍稍掀起滤纸的一边,用洗瓶向滤纸和漏斗之间的空隙加水,使漏斗颈和锥体的大部分被水充满,然后压紧滤纸边,松开堵在下口的手指,一般即能形成水柱。具有水柱的漏斗,由于水柱的重力曳引漏斗内的液体,从而加快过滤速度。

(3) 沉淀(或结晶)的过滤 将准备好的漏斗置于漏斗架上,漏斗下面放一洁净的烧杯,用以接收滤液。漏斗颈口长的一边应紧靠烧杯壁,以便使滤液沿杯壁留下,不致溅出。

过滤时,左手持玻璃棒,垂直地接近滤纸三层的一边,右手拿烧杯,将杯嘴贴着玻璃棒并慢慢倾斜,使烧杯中上层清液沿玻璃棒流入漏斗中。随着溶液的倾入,应将玻璃棒逐渐提高,避免其触及液面。待漏斗中液面达到距滤纸边缘 5 mm 处,应暂时停止倾注,以免少量沉淀因毛细作用越过滤纸上缘,造成损失。停止倾注溶液时,将烧杯嘴沿玻璃棒向上提,并逐渐扶正烧杯,以避免烧杯嘴上的液滴流到烧杯外壁,再将玻璃棒放回烧杯中,但不得放在烧杯嘴处。

用洗瓶沿烧杯壁旋转着吹入一定量洗涤液,再用玻璃棒将沉淀搅起充分洗涤后静置,待沉淀沉降后,按前面的方法过滤上层清液,如此重复 4 ~5 次。

最后,向烧杯中加入少量洗涤液并将沉淀搅起,立即将此混合液转移至滤纸上。残留在烧杯内的少量沉淀可按此法转移:左手持烧杯,用食指按住横架在烧杯口上的玻璃棒,玻璃棒下端应比烧杯嘴长出 2 ~3 cm,并靠近滤纸的三层一边,右手拿洗瓶吹洗烧杯内壁,直至洗净烧杯。沉淀全部转移到滤纸上后. 再用洗瓶从滤纸边缘开始向下螺旋形移动吹入洗涤液,将沉淀冲洗到滤纸底部,反复几次,将沉淀洗涤干净。

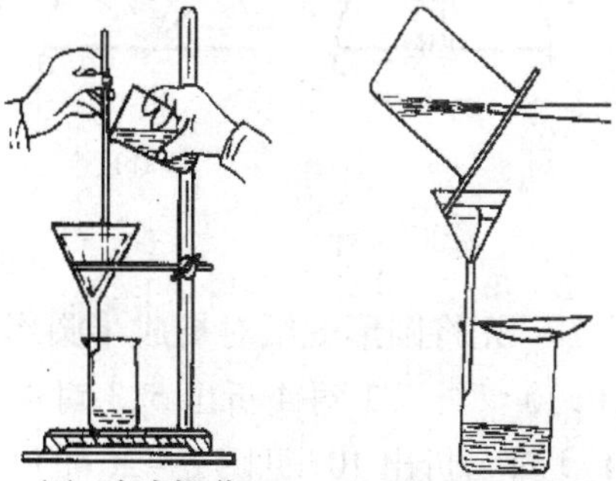

(a) 过滤操作 (b) 沉淀的转移

图 2 –71 常压过滤装置及操作

3.2.2 常压过滤装置及操作

见图 2 –71。

进行常压过滤时,应注意避免出现下列错误操作:

(1)用手拿着漏斗进行过滤(见图 2 –72(a))。

(2)漏斗颈远离烧杯壁和液面(见图 2 –72 (b))。

(3)不通过玻璃棒,直接往漏斗中倾倒溶液(见图 2 – 72 (c))。

(4)引流的玻璃棒指向滤纸单层一边或触及滤纸(见图 2 –72(d))。

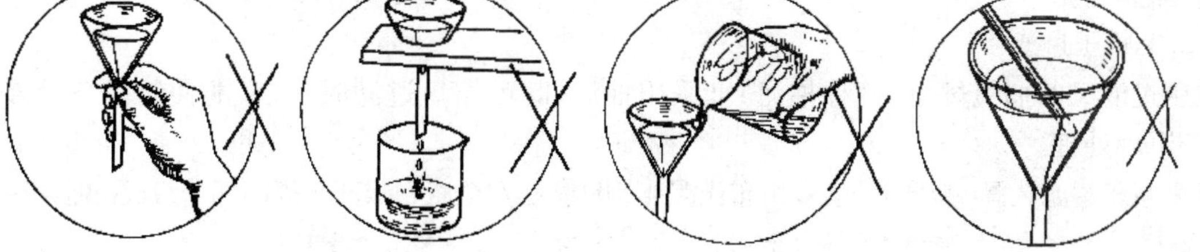

(a)手持漏斗过滤 (b)漏斗颈远离液面和器壁 (c)直接倒入溶液 (d)玻棒指向单层滤纸

图 2 –72 常压过滤时的错误操作

3.2.2 热过滤

热过滤又叫热过滤,常用于重结晶操作中。用普通玻璃漏斗过滤热的饱和溶液时,常常由于温度降低而在漏斗颈中或滤纸上析出结晶,不仅造成损失,而且使过滤产生困难。如果使用热漏斗(又叫热水漏斗)趁热过滤,就不会发生这种情况。

(1) 热过滤装置 热过滤装置如图 2 –73 所示。将一支普通的短颈玻璃漏斗通过胶塞与带有侧管的金属夹套装配在一起制成热漏斗,用铁夹夹住胶塞部位,将其固定在铁架台上,夹套中充热水,侧管处加热。这样就可使玻璃漏斗维持较高温度,保证热溶液通过时不降温,顺利过滤。注意若溶剂为易燃性物质,过滤时侧管处应停止加热或用减压过滤。

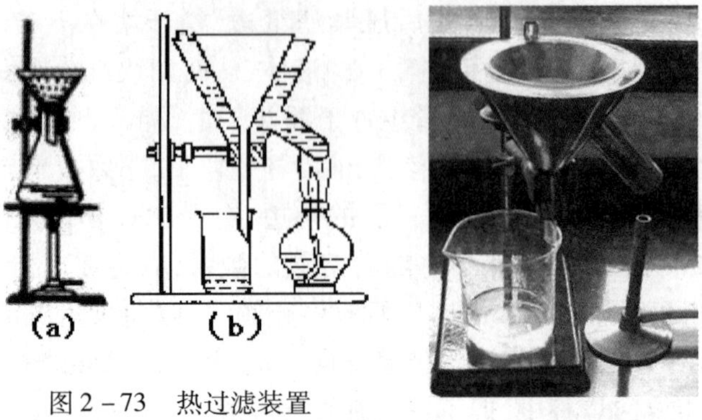

图 2－73　热过滤装置

(2) 菊形滤纸的折叠 热过滤时,为充分利用滤纸的有效面积,加快过滤速度,常使用菊形滤纸,其折叠方法如图 2－74 所示。

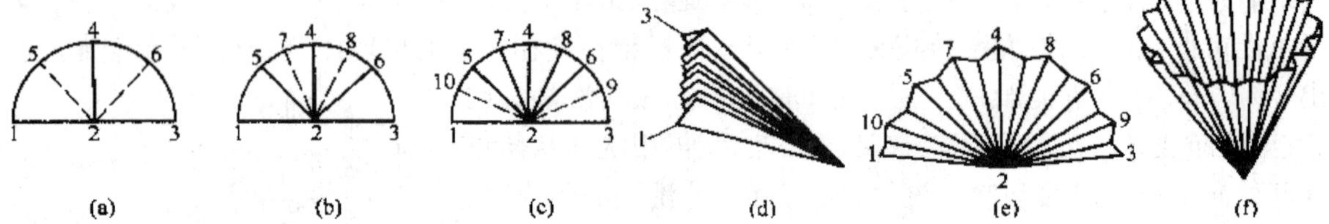

图 2－74　菊形滤纸的折叠法(热过滤用)

先将圆形滤纸对折成半圆形,再对折成 1/4 圆形,展开后得折痕 1～2、2～3 和 2～4(见图 2－26(a))。再以 1 对 4 折出 5、3 对 4 折出 6、1 对 6 折出 7、3 对 5 折出 8(见图 2－26(b));以 3 对 6 折出 9、1 对 5 折出 10(见图 2－26(c));然后在每两个折痕间向相反方向对折一次,展开后呈双层菊面形(见图 2－26(d),(e)),拉开双层,在 1 和 3 处各向内折叠一个小折面(见图 2－26(f)),即可放入漏斗中使用。注意,折叠时折纹不要压至滤纸的中心处,以免多次压折造成磨损,过滤时容易破裂透滤。

在热过滤操作时,可分多次将溶液倒入漏斗中,每次不宜倒入过多(溶液在漏斗中停留时间长易析出结晶),也不宜过少(溶液量少散热快,易析出结晶)。未倒入的溶液应注意随时加热保持较高温度,以便顺利过滤。

3.2.3 减压过滤

减压过滤又叫抽气过滤(简称抽滤)。采用抽滤,既可缩短过滤时间,又能使结晶与母液分离完全,易于干燥处理。

(1) 减压过滤装置 减压过滤装置由布氏漏斗、吸滤瓶、安全瓶和减压泵等四部分组成(见图 2－75)。

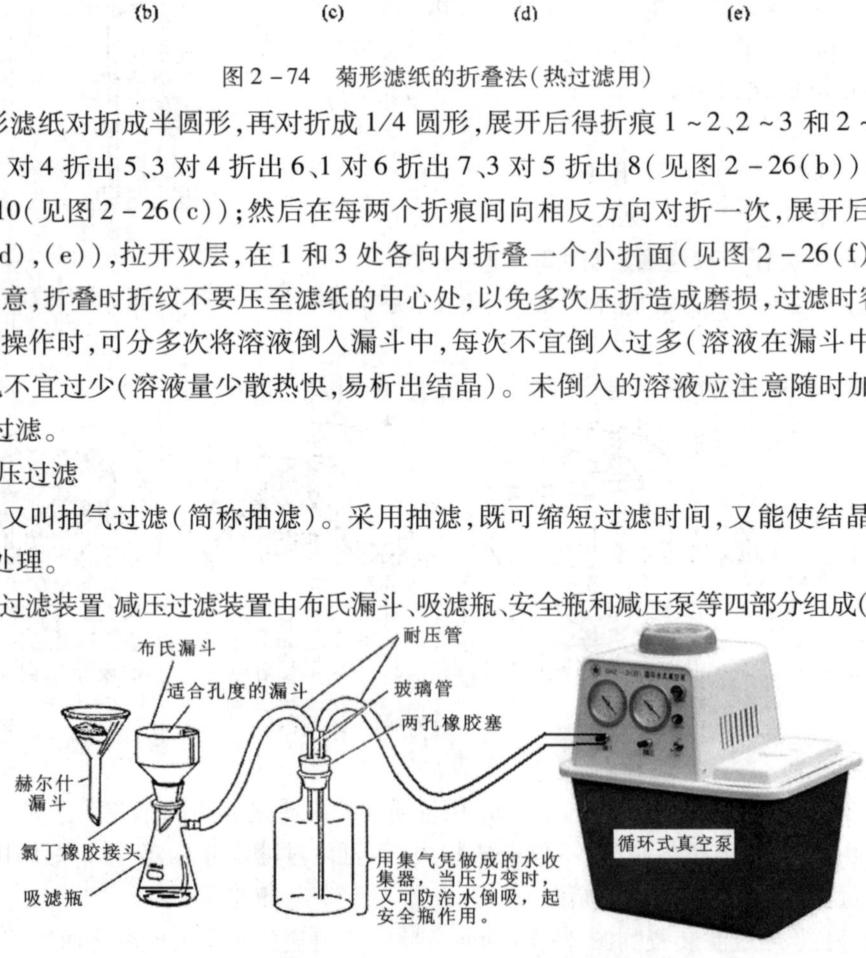

图 2－75　减压过滤装置

（2）减压过滤操作 减压过滤前，需检查整套装置的严密性，布氏漏斗下端的斜口要正对着吸滤瓶的侧管，放入布氏漏斗中的滤纸应剪成比漏斗内径小一些的圆形，以能全部覆盖漏斗滤孔为宜。不能剪得比内径大，那样滤纸周边会起皱褶；抽滤时，晶体就会从皱褶的缝隙被抽入滤瓶，造成透滤。

抽滤时，先用同种溶剂将滤纸润湿，打开减压泵将滤纸吸住，使其紧贴在布氏漏斗底面上，以防晶体从滤纸边缘被吸入瓶内。然后倾入待分离混合物，要使其均匀地分布在滤纸面上。母液抽干后，暂时停止抽气。用玻璃棒将晶体轻轻搅动松散（注意玻璃棒不可触及滤纸），加入少量冷溶剂浸润后，再抽干（可同时用玻璃瓶塞在滤饼上挤压）。如此反复操作几次，可将滤饼洗涤干净。

停止抽气时，应先取下布氏漏斗（避免水倒吸），然后再关闭减压泵。

4. 结晶与重结晶

4.1 结晶

结晶是指溶液达到过饱和后，从溶液中析出晶体的过程。通常将经过蒸发浓缩的溶液冷却放置一定时间后，晶体就会自然析出。对于溶解度随温度变化较大的物质，可减小蒸发量，甚至不经蒸发，而酌情采用冰－水浴或冰－盐浴进行冷却，以促使结晶析出完全。在结晶过程中，一般需要适当加以搅拌，以避免结成大块。

从溶液中析出晶体的纯度与晶体颗粒的大小有关。小颗粒生成速度较快，晶体内不易裹入母液或其他杂质，有利纯度的提高。大颗粒生长速度较慢，晶体内容易带入杂质，影响纯度。但是，颗粒过细或参差不齐的晶体容易形成稠厚的糊状物，不便过滤和洗涤，也会影响纯度。

晶体颗粒的形成与结晶条件有关。当溶液浓度较大、溶质溶解度较小、冷却速度较快或结晶过程中剧烈搅拌时，较易析出细小的晶体；反之，则容易得到较大的晶体。适当控制结晶条件，就能得到颗粒均匀、大小适中的较为理想的晶体。

进行结晶操作时，如果溶液已经达到过饱和状态，却不出现结晶，可用玻璃棒摩擦容器内壁，或者投入少许同种物质的晶体作为“晶种”，以诱导的方式促使晶体析出。

4.2 重结晶

将固体物质溶解在热的溶剂中，制成饱和溶液，再将溶液冷却、重新析出结晶的过程叫作重结晶。通过重结晶可将在同种溶剂中具有不同溶解度的物质分离开来，这是提纯固体物质的重要方法，适用于提纯杂质含量在5%以下的固体物质。

4.2.1 溶剂的选择

正确选择溶剂是重结晶的关键。可根据“相似相溶”原理，极性物质选择极性溶剂，非极性物质选择非极性溶剂。例如含羟基的化合物，在大多数情况下或多或少的能溶于水中；碳链增长，如高级醇，在水中的溶解度显著降低，但在碳氢化合物中，其溶解度却会增加。同时，选择的溶剂还必须具备下列条件：

（1）不能与被提纯物质发生化学反应。

（2）溶剂对被提纯物质的溶解度随温度变化差异显著（温度较高时，被提纯物质在溶剂中的溶解度很大，而低温时，溶解度很小）。

（3）杂质在溶剂中的溶解度很小或很大（前者当被提纯物溶解时，可将其过滤除去；后者当被提纯物析出结晶时，杂质仍留在母液中）。

（4）溶剂的沸点较低，容易挥发，以便与被提纯物质分离。

选择的溶剂除符合上述条件外，还应该具有价格便宜、毒性较小、回收容易和操作安全等优点。

重结晶所用的溶剂，一般可从实验资料中直接查找。也可以通过试验的方法来确定。溶剂的最后选择，只能用实验方法来决定。其方法是：

取几支试管，分别装入0.1 g待重结晶的样品，再分别滴加1 mL不同的溶剂，小心加热至沸腾（注意溶剂的可燃性,严防着火),观察溶解情况。如果加热后完全溶解,冷却后析出的结晶量最多,则这种溶剂可认为是最适用的。如果加热后不能完全溶解,每次加入 0.5 mL 并加热使沸腾,观察溶解情况。若加入溶剂量达到4 mL,而物质仍然不能全溶,或样品在 1 mL 冷溶剂中便能迅速溶解,以及样品在 1 mL 热溶剂中能溶解,但冷却后无结晶析出或结晶很少,则可认为这些溶剂不适用,则必须寻求其他溶剂。如果结晶能正常析出,要注意析出的量,在几个溶剂用同法比较后,可以选用结晶收率最好的溶剂来进行重结晶。

实验室中常用的重结晶溶剂见表 2-16。

表 2-16 常用的重结晶溶剂

溶剂	沸点/℃	凝固点/℃	密度/$g \cdot cm^{-3}$	与水互溶性	易燃性
水	100	0	1.0	+	0
甲醇	64.7	<0	0.79	+	+
95%乙醇	78.1	<0	0.81	+	+
乙酸	118	16.1	1.05	+	+
丙酮	56.6	<0	0.79	+	+
乙醚	34.6	<0	0.71	-	+ + +
石油醚	35~65	<0	0.63	-	+ + + +
苯	80.1	5	0.88	-	+ + + +
二氯甲烷	41	<0	1.34	-	0
四氯化碳	76.6	<0	1.59	-	0
氯仿	61.2	<0	1.48	-	0

当使用单一溶剂效果不理想时,还可以使用混合溶剂。混合溶剂一般由两种能互溶的溶剂组成。其中一种易溶解被提纯物,而另一种则较难溶解被提纯物。常用的混合溶剂有:乙醇-水、乙酸-水、丙酮-水、乙醚-丙酮、乙醚-苯、石油醚-苯、石油醚-丙酮等。使用方法是:先将少量被提纯物溶于沸腾的易溶解溶剂中,趁热滴入难溶的溶剂至溶液变混浊,再加热使之变澄清,或再逐滴加入易溶溶剂至溶液澄清,静置冷却,使结晶析出,观察结晶形态。如结晶晶形不好,或呈油状物,则重新调整两种溶剂的比例或更换另一种溶剂。也可以将选择的混合溶剂事先按比例配制好,其操作与使用某一单独溶剂的方法相同。

4.2.2 重结晶操作

重结晶的操作程序一般可表示如下:

固体热溶解 ⟶ 脱色 ⟶ 热过滤 ⟶ 静置冷却析出晶体 ⟶ 抽滤 ⟶ 干燥

(1) 固体的溶解。

通常将结晶物质置于锥形瓶中,加入较需要量(根据查得的溶解度数据或溶解度试验方法所得的结果估计得到)稍少的适宜溶剂,加热到微微沸腾一段时间后,若未完全溶解,可再次逐渐添加溶剂,每次加入后均需再加热使溶液沸腾,直至物质完全溶解(要注意判断是否有不溶性杂质存在,以免误加过多的溶剂)。要使重结晶得到的产品纯和回收率高,溶剂的用量是个关键。虽然从减少溶剂损失来考虑,溶剂应尽可能避免过量;但这样在热过滤时会引起很大的麻烦和损失,特别是当待结晶物质的溶解度随温度变化很大时更是如此。因为在操作时,会因挥发而减少溶剂,或因降低温度而使溶液变为饱和而析出沉淀。因而要根据这两个方面的损失来权衡溶剂的用量,一般可比需要量多加 20%左右的溶剂。

为了避免溶剂挥发及可燃溶剂着火或有毒溶剂中毒,应在锥形瓶上装置回流冷凝管,添加溶剂可有冷凝管的上端加入。根据溶剂的沸点和易燃性,选择适当的热浴加热。

(2) 活性炭脱色。

若溶液中含有色杂质,则要加活性炭脱色。这时应移去火源,使溶液稍冷,然后加入活性炭,继续煮沸 5 ~ 10min,在趁热过滤。

活性炭的使用:粗制的有机化合物常含有色杂质,在重结晶时,杂质虽可溶于沸腾的溶剂中但当冷却析出结晶时,部分杂质又会被结晶吸附,使得产物带色。有时在溶液中存在着某些树脂状物质或不溶性杂质的均匀悬浮体,使得溶液有些浑浊,常常不能用一般的过滤方法除去。如果在溶液中加入少量的活性炭,并煮沸 5 ~ 10 min(要注意活性炭不能加到已沸腾的溶液中,以免溶液暴沸而自容器冲出)。活性炭可吸附有色杂质、树脂状物质以及均匀分散的物质。趁热过滤除去活性炭,冷却溶液便能得到较好的结晶。活性炭在水溶液中进行的脱色效果较好,它也可在任何有机溶剂中使用,但在烃类等非极性溶剂中效果较差。除用活性炭脱色外,也可采用硅藻土等或柱色谱来除去杂质。

使用活性炭,量要适当,必须避免过量太多,因为它也能吸附一部分被纯化的物质。所以活性炭的用量应视杂质的多少而定,一般为干燥粗产品质量的 1 ~5%。假如这些数量的活性炭不能使溶液完全脱色,则可再用 1 ~5% 的活性炭重复上述操作。活性炭的用量选定后,最好一次脱色完毕,以减少操作损失。过滤时选用的滤纸质量要紧密,以免活性炭透过滤纸进入溶液中。

(3) 热过滤。

将经过脱色的溶液趁热在热漏斗中过滤,除去活性炭及其他不溶性杂质。若样品溶解后,溶液澄清透明,无任何不溶性杂质和有色杂质,则可省去脱色和热过滤操作。

(4) 结晶。

将热过滤后所得滤液静置到室温或接近室温,然后在冰 - 水或冰 - 盐水浴中充分冷却,使结晶析出完全。将滤液在冷水浴中迅速冷却并剧烈搅动时,可得到颗粒很小的晶体。小晶体包含杂质较少,但其表面积较大,吸附于其表面的杂质较多。若希望得到均匀而较大的晶体,可将滤液(如在滤液中已析出结晶,可加热使之溶解)在室温或保温下静置使之缓缓冷却。这样得到的结晶往往比较纯净。

有时由于滤液中有焦油状物质或胶状物存在,使结晶不易析出,或有时因形成过饱和溶液也不析出结晶,在这种情况下,可用玻璃棒摩擦器壁已形成粗糙面,使溶质分子呈定向排列而形成结晶的过程较在平滑面上迅速和容易;或者投入少量纯净的同种物质作为晶种(若无此物质的晶体,可用玻璃棒蘸一些溶液稍干后即会析出晶体),促使溶液结晶,或用玻璃棒摩擦器壁引发结晶形成;供给定型晶核,使晶体迅速形成。

有时被纯化的物质呈油状析出,油状物质长时间静置或足够冷却后虽也可固化,但这样的固体往往含有较多杂质(杂质在油状物中溶解度常较在溶剂中的溶解度大;其次,析出的固体中还会包含一部分母液),纯度不高,用溶剂大量稀释,虽可防止油状物生成,但将使产物大量损失。这时可将析出油状物的溶液加热重新溶解,然后慢慢冷却。一但油状物析出时便剧烈搅拌混合物,使油状物在均匀分散的状况下固化,这样包含的母液就大大减少。但最好还是重新选择溶剂,使之能得到晶形的产物。

(5) 减压过滤(抽滤)。

用减压过滤装置将结晶与母液分离开。再用冷的同一溶剂洗涤结晶两次,最后用洁净的玻璃钉或清洁的玻塞倒置在晶体表面上并用力挤压。并抽干。一般重复洗涤 1 ~2 次即可。

(6) 干燥。

挤压抽干后的结晶习惯上称为滤饼。将滤饼小心转移到洁净的表面皿上,经自然晾干或在 100℃ 以下烘干即得纯品,称量后保存。

4.2.3 操作注意事项

（1）溶解样品时，若溶剂为低沸点易燃物质，应选择适当热浴并装配回流装置，严禁明火加热；若溶剂有毒性应在通风橱内进行。

（2）脱色时，切不可向正在加热的溶液中投入活性炭，以免引起暴沸。

（3）热过滤后所得滤液要自然冷却，不能骤冷和振摇，否则所得结晶过于细小，容易吸附较多杂质。但结晶也不宜过大（超过 2 mm 以上），这样往往在结晶中包裹溶液或杂质，既不容易干燥，也保证不了产品纯度。当发现有生成大结晶的趋势时，可稍微振摇一下，使晶体均匀规则、大小适度。

（4）使用有机溶剂进行重结晶后，应采用适当方法回收溶剂，以利节约。

（二）固－固分离方法

升华是纯化固体有机化合物的方法之一。一些物质在固态时具有相当高的蒸气压，当加热时不经液态而直接气化，蒸气遇冷又直接凝结成固体，叫作升华。利用升华可除去不挥发性杂质和分离不同挥发度的固体混合物。

1. 基本原理

如果固态物质的对称性较高，则其熔点较高，并在熔点温度以下具有较高的蒸气压（>2.67 kPa），此类物质常用升华法来提纯。以图 2－76 为基础，研究固、液、气三相平衡，进一步理解升华原理和控制操作条件。

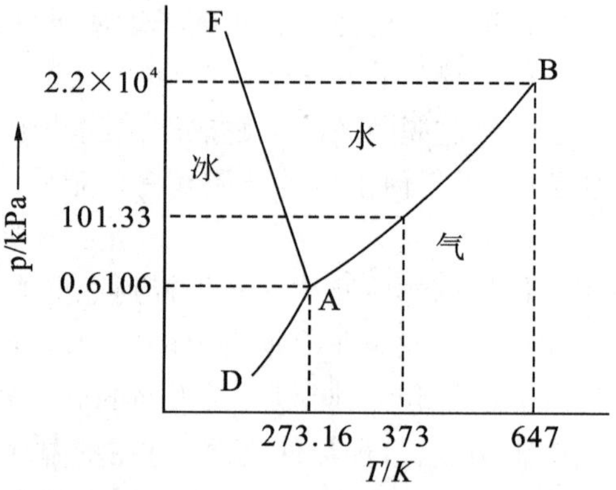

图 2－76　物质的固、液、气三相平衡曲线

图中：ST 表示固相与气相平衡时固相的蒸气压曲线；WT 表示液相与气相平衡时液相的蒸气压曲线；VT 表示液相与固相平衡时温度与压力关系曲线，三条曲线相交于 T 点，即三相点，此时固、液、气三相处于平衡状态。在三相点以下，物质只有固、气两相，如果在三相点以下升高温度，固态就不经液态而变为气态，降低温度气态也不经液态而变为固态，所以一般升华操作在物质三相点温度以下进行。

若某化合物在三相点温度以下的蒸气压很高，则气化速率就很大，易于从固态变为蒸气，且温度降低时其蒸气压下降非常显著，稍一降温，蒸气直接变成固体，此类物质在常压时常用升华法来提纯。

表 2－17 是樟脑和蒽醌的温度和蒸气压关系，它们在熔点之前蒸气压就已相当高，可以进行升华。

表 2－17　樟脑、蒽醌的蒸气压和温度关系

樟脑（mp 176 ℃）		蒽醌（mp 285 ℃）	
温度（℃）	蒸气压（Pa）	温度（℃）	蒸气压（Pa）
20	19.9	200	239.4
60	73.2	220	585.2
80	1216.9	230	944.3
100	2666.6	240	1635.9
120	6397.3	250	2660
160	29100.4	270	6995.8

升华法可用于提纯具有不同挥发度的固态混合物，特别适用于纯化易潮解及可在溶剂中发生分离的物质，得到的产品一般具有较高的纯度。但此法只能用于在不太高的温度下具有足够大的蒸气

压(在熔点前高于 266.69 Pa)的固态物质，且操作时间长，损失较大，因此有一定的局限性。

2. 实验操作

2.1 常压升华

图 2－77(a)是实验室中一种常见的常压升华装置，在瓷蒸发皿中铺匀预先粉碎并烘干过的样品，上面覆盖一张略大于漏斗直径且穿有许多小孔的滤纸(孔刺向上)，然后将漏斗倒盖在上面，其颈口用棉花塞住，防止蒸气外逸。在石棉网上缓慢加热[1]蒸发皿(沙浴或其他热浴)，小心调节火焰，控制浴温(低于升华物质的熔点)，让其慢慢升华。蒸气通过滤纸孔上升，冷却后凝结在滤纸上或漏斗壁上，必要时可用湿布冷却漏斗外壁。其它装置见图 2－77(b)。

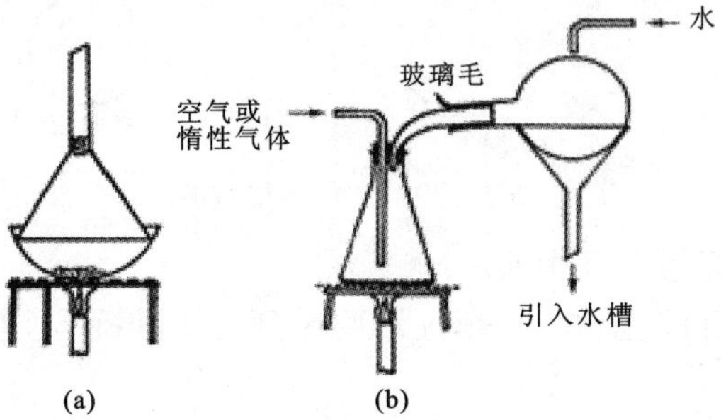

图 2－77　常压升华装置

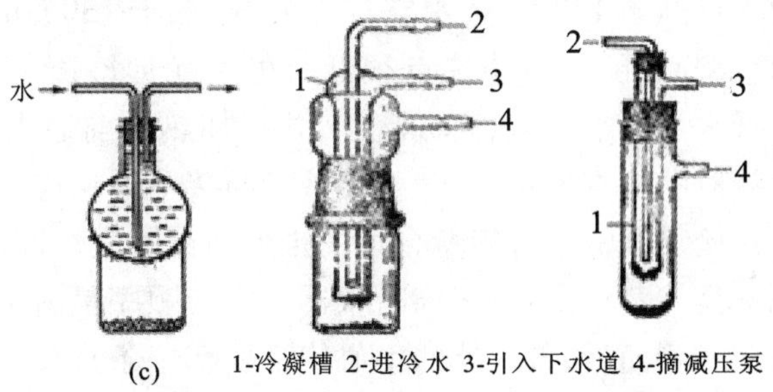

图 2－78　减压升华少量物质装置

2.2 减压升华

常压下能升华的有机物不多，为了加快升华速度，可进行减压升华。图 2－78 是减压升华装置，将待升华物质放入试管或瓶中，其管口用“冷凝指”塞住，用油浴或水浴加热，根据具体情况用油泵或水泵抽气减压。

【注释】

[1]可在石棉网上铺一层 1 cm 厚的细砂代替沙浴。

(三)液－液分离技术

1. 蒸馏与沸点的测定

常压蒸馏是有机化学实验常用的基本操作技能，用于分离和提纯液态有机化合物、回收溶剂以及液态有机化合物沸点的测定和纯度的鉴定。

1.1 基本原理

蒸馏是指将液态物质加热到沸腾变为蒸气，再将蒸气冷凝为液体这两个过程的联合操作。当液体受热时，由于分子运动使其从液体表面逸出，形成蒸气压，且蒸气压随温度的升高而增大，待蒸气压增大到与外界液面的总压力(通常指 1 个大气压)相等时，液体沸腾，此时的温度称为该液体的沸点。由于不同液态有机物在一定温度下具有的蒸气压不同，其沸点也不同，因此利用蒸馏可将沸点相差较大(至少相差 30 ℃)的液态混合物分开，沸点较低的先蒸出，沸点较高的后蒸出，蒸馏瓶内留下的是不挥发的，从而实现了分离和提纯。

纯的液态有机物在蒸馏过程中沸点范围(沸程)很小，一般为 0.5～1 ℃，所以可以利用蒸馏测定纯液态有机物的沸点。但具有固定沸点的液态有机物不一定是纯的有机物，因为有些有机物能和其他组分形成二元或三元共沸物，也有一定的沸点。

1.2 常压蒸馏

常压蒸馏装置如图 2－79，主要由蒸馏瓶、温度计、冷凝管和接受器等组成。

蒸馏瓶常使用圆底烧瓶，液体在瓶内受热气化；待蒸馏液体占蒸馏瓶容积的1/3～1/2；如果使用带磨口蒸馏瓶时还应配蒸馏头。

温度计的选择是量程包括馏出物的沸点，并且不要太大，否则读数不够精确；温度计的位置为水银球的上限与蒸馏瓶支管口的下侧相平，见图2－79；温度计必须垂直，不能与瓶壁接触。

蒸气在冷凝管中被冷凝为液体，如果被蒸馏物的沸点高于130℃，选用空气冷凝管，低于130℃时用直型冷凝管，液体沸点很低时可用蛇形冷凝管。冷凝水由低端通入，高端流出，并在加热之前通入。冷凝器的末端连接接液管，接液管与接受器相连。

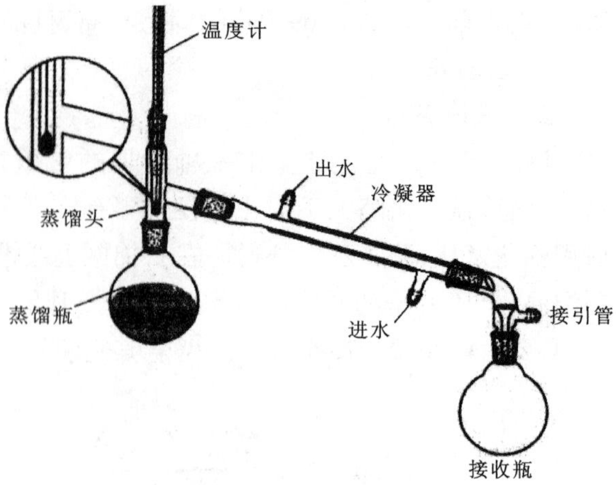

图2－79　常压蒸馏装置

接受器常选择容量合适的锥形瓶或圆底烧瓶，一般应与大气相通。

具体蒸馏操作：蒸馏时仪器的安装顺序是由下而上、自左至右，整套仪器要做到端正准确，不论从正面或侧面看，各仪器的中心线都要在一条直线上。

加料时将长颈漏斗放在蒸馏瓶口，经漏斗加入待蒸馏的液体，或沿着面对支管口的瓶颈小心加入；加热前加数粒止暴剂（如沸石、碎瓷片、毛细管等）以助气化防止暴沸，蒸馏中途严禁加入止暴剂，如需补加，则须待降温后方可加入。

加热前先缓慢通入冷凝水，把上口流出的水引入水槽，然后加热；刚开始宜用小火，防止蒸馏瓶因局部过热而炸裂，之后慢慢增大火力使之沸腾，进行蒸馏，然后调节电炉（电热套）电压控制馏出液以1～2滴/秒自接液管滴下为宜；在此过程中应使温度计水银球上常被冷凝的液滴润湿，此时的温度就是馏出液的沸点。

收集馏出液，在达到收集液的沸点之前，常有前馏分或馏头（沸点较低的液体先蒸出）先蒸出；前馏分蒸完温度上升趋于稳定后，蒸出的就是较纯净的物质，此时应更换接受器，记下开始馏出和最后一滴时的温度，即该馏分的沸程。

如果维持原来的加热程度，温度突然下降但又不再蒸出馏出液，应停止加热，即使杂质量很少，也不要蒸干，以防发生危险。

蒸馏时还需注意：如果馏出物易吸水，可在接液管的支管上连接氯化钙干燥管，如图2－80所示，以防空气中的水汽侵入；如果蒸馏过程中会产生可溶性有毒气体时，可在接液管的支管上连接吸收装置；蒸馏易挥发、易燃液体（如乙醚）时，应在支管上接一长胶管通入下水道或户外。

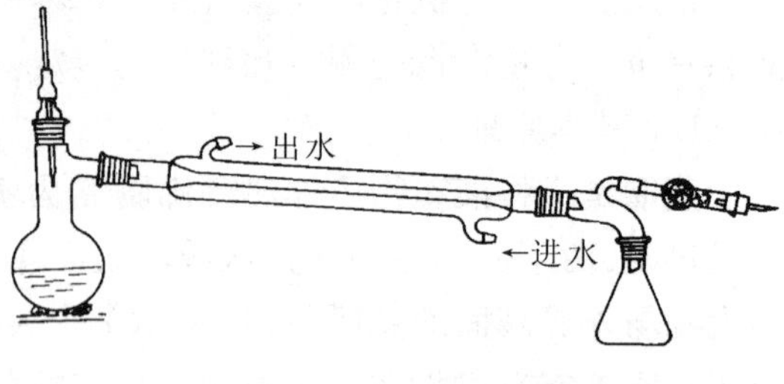

图2－80　蒸馏时的干燥装置

蒸馏完毕后应先停火，移走热源，待稍冷后关冷却水，拆除仪器。

1.3 沸点的测定

常量法和微量法常用于测定液态有机物的沸点。纯的液体沸程变化一般不超过1～2℃，不纯的液体沸程较宽，因此不论采用哪种方法，测定之前液体须进行纯化。常量法测定沸点用的是蒸馏装置，操作上也与常压蒸馏相同。

微量法测定沸点如图2－81所示：外管是一支长8～9 cm、内径5 mm且一端用小火封闭的玻璃管，内管是一支长5～6 cm、内径1 mm上端封闭的毛细管。取待测液4～5滴放入外管中，然后放入内管，内管开口端浸入待测液，像测定熔点那样把沸点测定管绑在温度计旁，加热，由于气体受热膨胀，内管中断断续续有小气泡冒出，达到样品沸点前，将出现一连串气泡，此时应停止加热，使热浴的温度下降，气泡逸出的速度逐渐减慢，仔细观察，最后一个气泡出现而刚欲缩回到内管的瞬间即表示毛细管内液体的蒸气压与大气压平衡时的温度，就是此液体的沸点。

微量法测沸点需注意：待测液不能太少、加热不能太快，以防液体全部气化；内管里的空气要尽量赶干净，正式测定前，让内管里有大量气泡冒出，以此带出空气；仔细及时观察并重复几次，使其误差不超过 1 ℃。

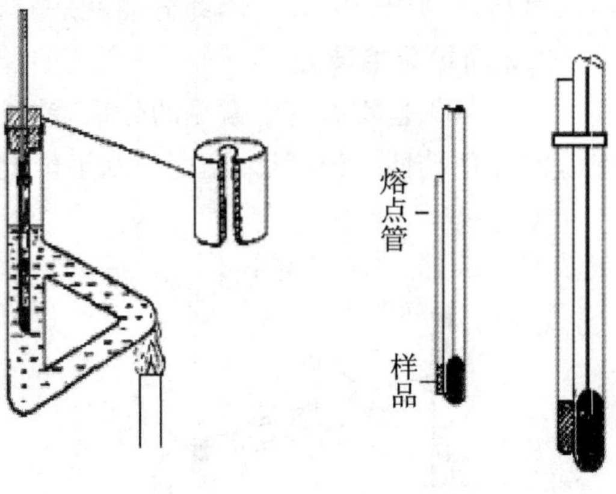

图 2－81　微量法测定沸点

【思考题】

（1）蒸馏时蒸馏瓶中液体的量为什么不应超过容积的$\frac{2}{3}$，也不应小于$\frac{1}{3}$？

（2）蒸馏时放入止暴剂为什么能防止暴沸，如果加热后才发觉未加止暴剂，应该怎么处理才安全？重新蒸馏时，用过的止暴剂能否再用？

（3）用微量法测定沸点，将最后一个气泡刚欲缩回至管内的瞬时温度作为该物质的沸点，为什么？

2．分馏

分馏是分离液态混合物的一种方法，利用分馏柱分离沸点相差 30 ℃以下且能互溶的两种或两种以上液体组成的混合物。

2.1 基本原理

分馏是在蒸馏装置中多一分馏柱，主要是沸腾着的混合蒸气通过分馏柱（工业上用分馏塔）进行一系列的热交换，在柱外空气冷却下柱内蒸气中高沸点组分被冷却为液体，向烧瓶中回流，因此上升的蒸气中低沸点的组分就相对增加，当冷凝液回流途中遇到上升的蒸气，两者之间又进行热交换，上升蒸气中高沸点组分又被冷凝，低沸点组分继续上升，易挥发组分又增加，如此在柱内反复进行着气化—冷凝—回流等程序，当分馏柱的效率相当高且操作正确，从分馏柱顶部出来的蒸气就几乎是纯的低沸点组分，这样最终便可将沸点不同的物质分离出来。

以图 2－82 为基础更好地理解分馏原理。该图是在一定压力下苯－甲苯混合溶液的气－液相组成与温度的关系，下面的曲线由两种物质不同比例的混合物的沸点组成（饱和液体线），上面的曲线是用 Roault 定律计算得到，它指出在同一温度下和沸腾液相平衡的蒸气相组成（饱和蒸汽线）。从图中可以看出同一温度下，气相组成中低沸点组分的含量总高于液相组成中低沸点组分的。例如，在 90 ℃沸腾的液体是由 58%（摩尔分数）的苯和 42%（摩尔分数）的甲苯组成（此图中 A 点），而与其相平衡的蒸气相由 78% 的苯和 22% 的甲苯组成（图中 B 点），若将此蒸气冷凝，即经过一次蒸馏后，馏出液含 78% 的苯和 22% 的甲苯（图中 C 点）。在与此馏出液平衡的蒸气相组成中（此图中 D 点），苯约占 90%、甲苯约占 10%。同理，若再将冷凝液部分气化，则气相中低沸点苯含量又增大，这样重复多次最

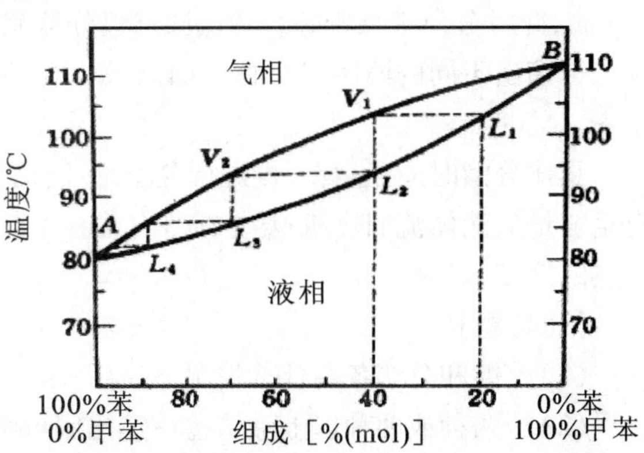

图 2－82　二元理想溶液苯－甲苯的气－兴平衡相图
苯 b. p. 80.1 ℃；甲苯，b. p. 110.63 ℃

后就可将这两组分分开。因此分馏就是液态混合物在分馏柱内进行多次蒸馏的过程。

2.2 简单分馏装置

图 2－83 是实验室中常见的分馏装置,由热源、蒸馏器、分馏柱、温度计、冷凝管和接受器等组成。在分馏柱顶端插一温度计,温度计水银球上限恰与分馏柱支管口下限相平。

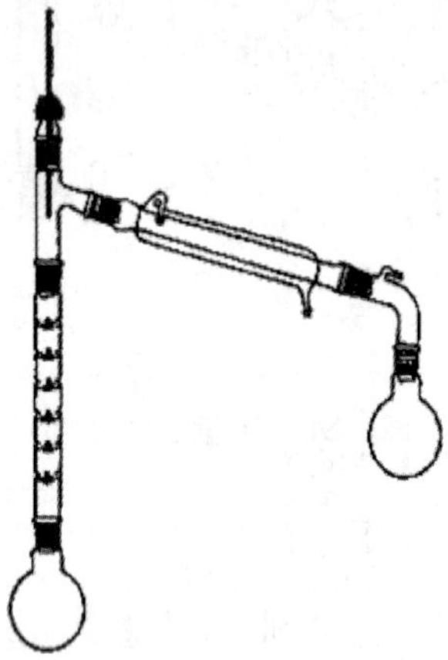

图 2－83　简单的分馏装置

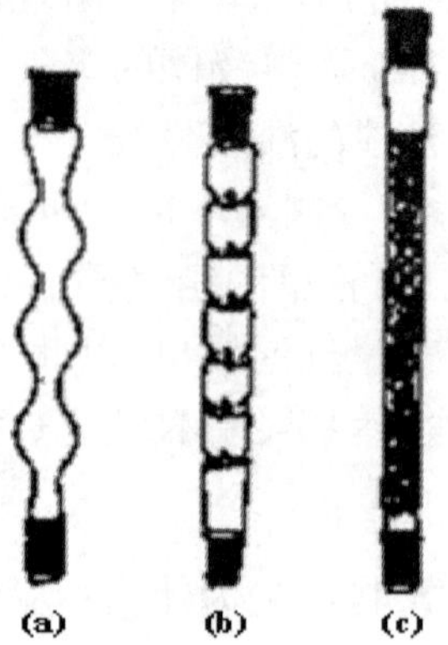

(a)球形分馏柱 (b)Vigreux分馏柱 (c)Hemple分馏柱

图 2－84　几种常见的分馏柱

分馏能力与分馏柱的效率有关,这取决于分馏柱的高度、填充料类型以及柱的保温,图 2－84 是实验室中常见的几种分馏柱。分馏柱的理论塔板数越多、理论板层高度越小分馏效率越高;分馏柱采用玻璃(珠、环、短段管状)或金属(螺旋、马鞍等状)等具有大表面积的惰性材料填充,填料之间应保留一定的空隙,遵守适当紧密且均匀的原则,就可以增加回流液体与上升蒸气结接触的机会,有利于提高分馏效率。

2.3 分馏操作

依据被分离混合物的要求,选择合适的分馏柱及相应的全套仪器。将混合物和数粒止暴剂加入到圆底烧瓶中,并用石棉绳(保温材料)包裹分馏柱身,按图 2－83 装好分馏装置。仔细检查后,开启冷凝水,然后小火加热。当液体开始沸腾时,减慢加热速度,让蒸气慢慢升入分馏柱,当蒸气上升至柱顶而不进入蒸馏头侧管就被全部回流,这样维持 5 min,然后再将火调大,控制流出液的速度为每秒 2 ~3 滴,此时分离效果较好。待低沸点组分蒸完后,温度计水银球骤然下降,再逐渐升温,按各组分的沸点分馏出不同的液体有机物。如果操作合理,使分馏柱发挥最大效率,可把液体混合物一一分馏出来。

具体分馏时应注意:缓慢进行分馏,控制馏出液的馏出速度恒定;选择合适的回流比,且分馏柱内有足够量的液体流回烧瓶;尽量减少分馏柱的热量损失和波动,必要时可用石棉绳包裹分馏柱或控制加热的速度。

【思考题】

(1)蒸馏和分馏各在什么情况下使用?

(2)当两种或两种以上液体按一定比例可组成恒沸物,分馏法能否将恒沸物中的各组分分开?

3. 减压蒸馏

一些有机化合物在加热未达到沸点之前就已经分解、氧化、聚合或沸点很高,不能用常压蒸馏对其分离纯化,此时可采用减压蒸馏。

3.1 基本原理

减压蒸馏是指降低蒸馏系统内部的压力,当液体的蒸气压等于系统内部的压力时,液体也会沸腾而被蒸出来的操作。物质的沸点与压力有关,当压力降到 1.3 ~2.0 kPa(10 ~15 mmHg)许多有机化合物的沸点降低 80 ~100 ℃,当减压蒸馏在 1333 ~1999 kPa(10 ~15 mmHg)时进行,压力每相差133.3 Pa(1 mm Hg)沸点相差约 1 ℃)。因此减压蒸馏对分离或提纯沸点较高或对热不稳定的液态有机化合物有着特别重要的意义。

进行减压蒸馏前可先从文献查阅该物质在所选定压力下的相应沸点,如果文献缺此数据,可用图 2－85 所示的经验规律近似推算其不同压力下的沸点。如乙酸乙酯常压下的沸点为 234 ℃,减压至 1999 kPa 是的沸点可这样推算:先在图 2－85 中 B 线上找到 234 ℃的点,再在 C 线上找到 1999 kPa (15 mmHg)的点,然后连接这两点再向左延伸至与 A 线相交,交点即水杨酸乙酯在 1999 Pa 时的沸点,约 113 ℃。一般把压力范围划分为以下等级:"粗"真空(10 ~760 mmHg),一般用水泵获得;"次高"真空(0.001 ~1 mmHg),可用油泵获得;"高"真空($<10^{-3}$ mmHg),可用扩散泵获得。

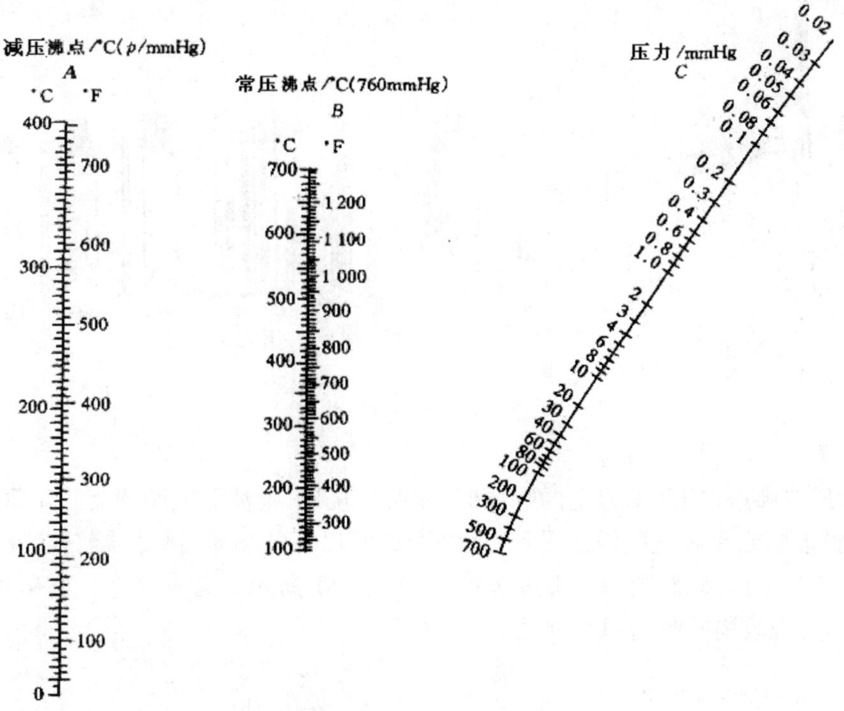

图2－85　液体在常压下的沸点与减压下的沸点的近似关系图(1 mm Hg≈133.3 Pa)

3.2 减压蒸馏装置

减压蒸馏装置(如图 2－86 所示)看成由蒸馏部分、冷凝管、接受器、安全瓶、测压计、减压泵六部分组成,具体介绍如下:

3.2.1 蒸馏部分

采用克氏蒸馏烧瓶或用耐高压的圆底烧瓶和克氏蒸馏头 A 组成,蒸馏液不能多装(一般约占烧瓶容积的 1/2 ~1/3),以免液体由于沸腾而冲入冷凝管;克氏蒸馏头带侧管的一颈插入温度计(位置与普通蒸馏的要求相同),另一颈插入一根末端拉成毛细管的厚玻璃管 C,毛细管口要很细,且距瓶底 1 ~2 mm,检查毛细管口的方法是将毛细管插入少量乙醚或丙酮中,在玻璃管口吹气,若毛细管能冒出一连串的细小气泡,仿若一条细线,则合用,如果不合用,表示毛细管闭塞,不能用;玻璃管上端接一短橡皮管 D 且插一根直径约 1 mm 的金属丝,用螺旋夹夹住橡皮管以调节进入毛细管的空气量,减压蒸馏时空气从毛细管进入,成为液体的气化中心,使蒸馏平稳地进行。

如果氧气对蒸馏有影响,可从毛细管中通入 N_2、CO_2 等惰性气体。克氏蒸馏头的支管与冷凝管相连,根据被蒸馏液体的沸点不同,选择合适的冷凝器和热浴。

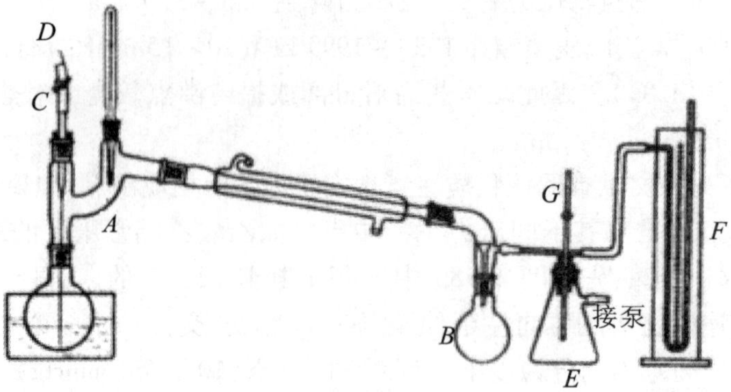

(a)采用水泵

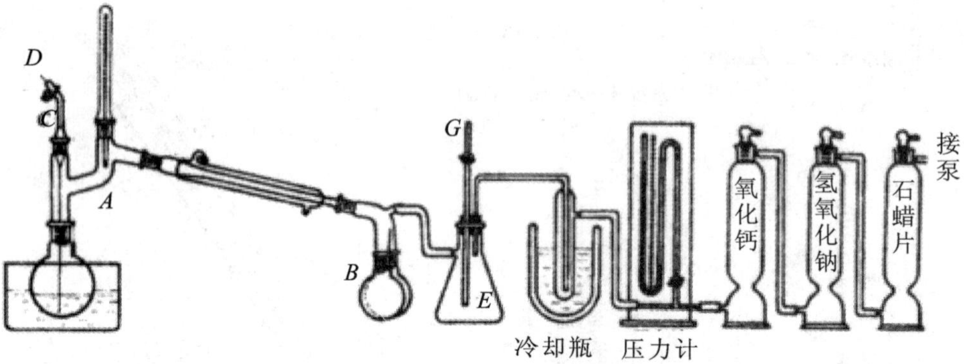

(b)采用油泵

图 2－86 减压蒸馏装置

3.2.2 接受器

蒸馏少量物质或沸点在 150℃以上的物质时，用圆底烧瓶、抽滤瓶或厚壁支管试管，因为它们能耐高压，绝不能用锥形瓶或平底烧瓶做接受器；蒸馏 150 ℃以下的物质，接受器前连冷凝管冷却。如果收集不同馏分而又不中断蒸馏，则用多头接液管，如图 2－87 所示。若蒸气中含有碱性蒸气或有机溶剂蒸气，则还需增加吸收塔吸收这两类物质。

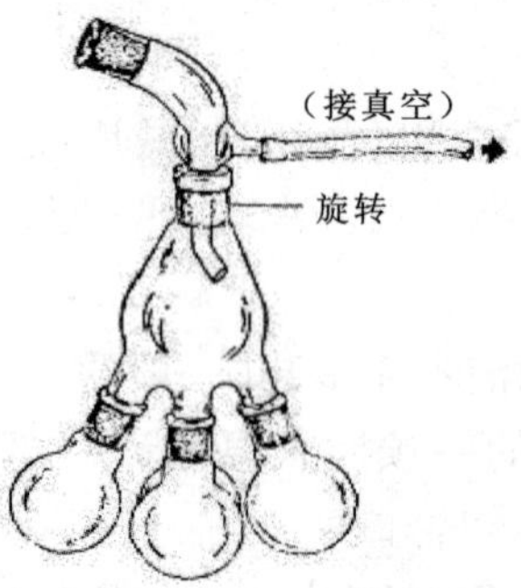

图 2－87 多头接液器

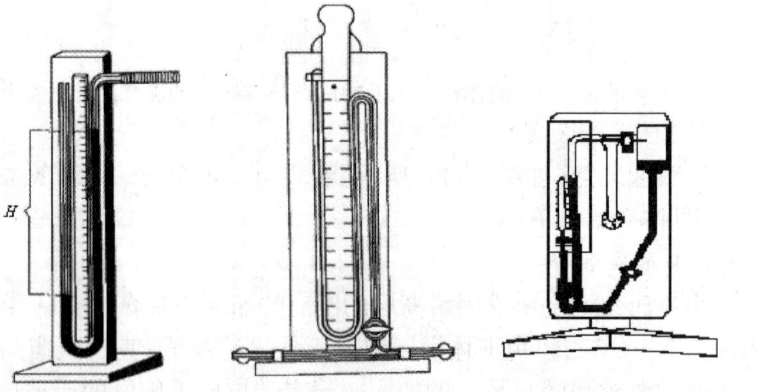

图 2－88 压力计

3.2.3 测压计

通常采用水银压力计，测量减压蒸馏系统内的压力。

图 2－88(a)所示为开口式，使用时先记录压力计两臂汞柱高度差(mmHg)，此时系统的压力为当时的大气压减去此压差。这种压力计装汞方便、读书较准确，但是笨重，所用玻璃管长度需超过 760

mm,操作不当时汞易冲出,不安全。

图2-88(b)所示为封闭式,是一端封闭的U型管,测定压力时把滑动标尺的零点调到U型管右臂的汞柱顶端线上,由左臂汞柱顶端所指示的刻度直接读出系统内的压力。这种压力计设计轻巧、读数方便,但在装汞或使用时常有空气混入,或引入了水或杂质时,测出的真空度不准确。

图2-88(c)为转动式(麦式真空规)压力计,读数时先开启真空体系的旋塞,稍后慢慢转动至直立状。比较毛细管汞面应升至零点,另一封闭毛细管中汞面所示刻度即为体系真空度,其测量范围0.01~1 mmHg。读数完毕后应慢慢恢复横卧式,需读数时在慢慢转动,不读时应关闭通真空体系的旋塞。此种压力计能简便、快速测量真空度,使用方便。

3.2.4 安全瓶

一般用壁厚、耐压的抽滤瓶,接受器的支管与安全瓶的支管相连,安全瓶的上口配三孔橡皮塞,一孔连压力计,一孔连二通旋塞,用来调节压力及放气,另一孔插真空导管,真空导管插入安全瓶中下部,其上端与泵相连。其主要作用是防止倒吸。

3.2.5 减压泵

有机化学实验室常用水泵、循环水真空泵和油泵。

水泵由玻璃或金属制成,如图2-89,图2-90所示。效能与其结构、水压及水温有关。水泵所能达到的最低压力理论上为当时水温的蒸气压,实际一般可达到7~25 mmHg。使用水泵时,应在水泵前安装安全瓶,以防止水压突然降低造成倒吸。停止使用时应打开安全旋塞与大气相通,再关水泵。循环真空水泵如图2-90所示,也是一种常采用的装置,其效能和水泵相似,但操作简单,且使用的是循环水。但需注意的是,连续使用时间不宜过长,否则会使循环水的温度升高太多,水蒸气压增加,影响真空度,若需长时间使用,应及时换水以降低水温。

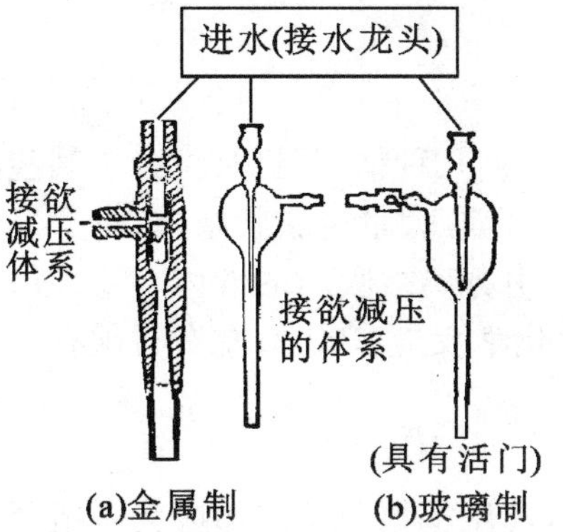

图2-89　抽气水泵

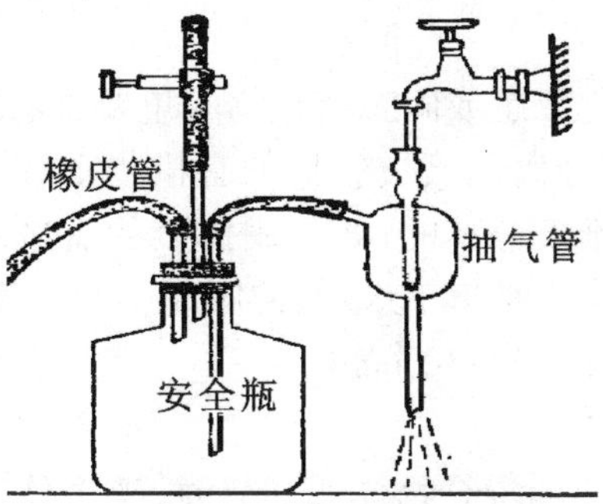

图2-90　带安全瓶的抽气水泵

图2-90　循环真空水泵

油泵如图2-91所示,能产生较低的压力,其效能取决于油泵的机械结构和泵油的质量。油泵工作时,如果有挥发性有机蒸气进入泵内可增加油的蒸气压,水蒸气进入泵内可使泵油乳化,酸蒸气进入泵内会腐蚀泵内机件,这些都会降低泵的工作效率,所以在蒸馏系统和油泵之间必须有吸收装置,以保护油泵。

图2-91　油　泵

减压蒸馏的整个体系要通畅、密封,各种仪器的连接尽量紧凑,为此,在实验室里可以设计一个小推车便于移动,既不占用实验台,又避免了经常拆卸仪器。此外,减压蒸馏装置应使体系密封,为保证各磨口连接处的密封盒润滑,可在磨口处涂少量真空脂,所用橡皮管应为硬质真空橡皮管。

3.3 减压蒸馏操作

首先按图 2 – 86 安装仪器，检查蒸馏系统能否达到所要求的真空度：关闭安全瓶上的活塞，旋紧克氏蒸馏头毛细管上的螺旋夹，然后用泵抽气，待压力稳定后，看是否符合要求（仪器装置紧密不漏气，系统内的真空应能良好保持），之后慢慢旋开安全瓶上的活塞，放入空气，直至内外压力相等。如果压力将不下来，要逐段检查，只有压力达到要求才能进行下面的操作。

加入待蒸馏的液体于蒸馏瓶内，关好安全瓶活塞，开启抽气泵，通过毛细管调节空气导入量，以能稳定冒出一连串小气泡为宜。待达到所要求的压力且稳定后，开始热浴，热浴中放入温度计，控制温度比液体的沸点高出 20 ~ 30 ℃为宜。液体沸腾后，注意压力计，控制热浴以馏出速度 0.5 ~ 1 滴/秒为宜。待达到所需沸点时，更换接受器（用多头接受器），继续蒸馏。在蒸馏中要注意水银压力计的读数，随时记录时间、压力、沸点、浴液温度和馏出速度等数据。

蒸馏完毕，关闭热源，移去热源，慢慢打开安全瓶活塞，直至完全敞开，最后关上抽气泵，拆除仪器。

【注意事项】

（1）装置应密闭不漏气。

（2）减压毛细管的安装调节要注意，既要有少量空气进入蒸馏瓶，防止蒸馏液冲入冷凝管，又要保证体系内压能达到所需要求。

（3）加料量宜占烧瓶容积的 1/2 ~ 1/3，蒸馏液过多容易冲出来。

（4）采用厚壁橡胶管连接。

（5）停止蒸馏的操作顺序不能随意颠倒。

【思考题】

（1）在什么情况下使用减压蒸馏？

（2）减压蒸馏系统中为什么要有吸收装置？

（3）毛细管在减压蒸馏中的作用是什么？

4. 水蒸气蒸馏

水蒸气蒸馏是分离和纯化液态或固态有机物的重要方法之一，下列几种情况可用此法：①某些沸点高、常压蒸馏虽可与副产物分离但已被破坏的有机物；②混合物中含有大量树脂状杂质、不挥发性杂质，以及采用蒸馏、萃取等难于分离的；③从固体多的反应混合物中分离被吸附的液体。④采用此法时，被提纯物必须具备：不溶或难溶于水；共沸腾时不与水不发生化学反应；100 ℃左右时须有一定的蒸气压，至少 666.5 ~ 1333 Pa（5 ~ 10 mmHg）。

4.1 基本原理

对难溶有机物 A 与水形成的混合物体系加热时，整个体系的蒸气压根据分压定律应为各组分的蒸气压之和，即

$$p = p_{H_2O} + p_A \qquad (1)$$

式中 p 为体系总蒸气压，p_{H_2O} 为水的蒸气压，p_A 为有机物 A 的蒸气压。

当体系总蒸气压等于大气压时，混合物沸腾。显然，混合物的沸点低于任一组分的沸点，即有机物在低于其沸点、且低于 100 0C 的温度下与水蒸气一起被蒸馏出来，这样的操作叫水蒸气蒸馏。

蒸气相中水和有机物的物质的量之比（n_{H_2O}/n_A）与二者的分压之比（p_{H_2O}/p_1）相等，即

$$\frac{n_{H_2O}}{n_A} = \frac{p_{H_2O}}{p_A} \qquad (2)$$

将 $n = m/M$，带入（2）式，可得

$$\frac{m_A}{m_{H_2O}} = \frac{p_A \times M_A}{p_{H_2O} \times M_{H_2O}} \qquad (3)$$

（3）式中 m_1 和 m_{H_2O} 分别是体系中蒸气相中的有机物 A 和水的质量，M_A 与 M_{H_2O} 分别为有机物 A

和水的摩尔质量,此式可用于计算馏出液中有机物的含量。

例如苯胺的沸点是184.4℃,制备苯胺时将水蒸气通入含有苯胺的混合物中,当温度达到98.4℃时,此时苯胺和水的蒸气压分别是5599.5 Pa和95725.5 Pa,两者总和接近大气压,混合物沸腾,苯胺和水蒸气一起被蒸出来。将水和苯胺的摩尔质量以及此时各自的蒸气压代入(3)式,可得馏出物中二者的质量比

$$\frac{m_{苯胺}}{m_{H_2O}}=\frac{5.5995\times93}{95.7252\times18}=\frac{1}{3.3}=0.30$$

馏出液中苯胺的含量为

$$\frac{1}{3.3+1}\times100\%=23.3\%$$

此值为理论值,由于操作时会有相当一部分水蒸气来不及与被蒸馏物充分接触就离开蒸馏瓶,另外苯胺微溶于水,没有完全不溶于水的物质,因此实验蒸出的水量要超过计算值。

4.2 水蒸气蒸馏装置

图2-92是实验室中常用的水蒸气装置,由水蒸气发生器、蒸馏瓶、冷凝器和接受器等组成。

水蒸气发生器:一般采用铁制或铜质,如图2-92A部分,长玻璃管C起安全管的作用,插入到接近发生器底部,管中水位的高低或升降可用于判断蒸馏时体系是否堵塞,以保证体系的安全。发生器内水的容量一般比蒸馏液的量多一倍。在实验时水蒸气发生器也可用短颈圆底烧瓶代替。

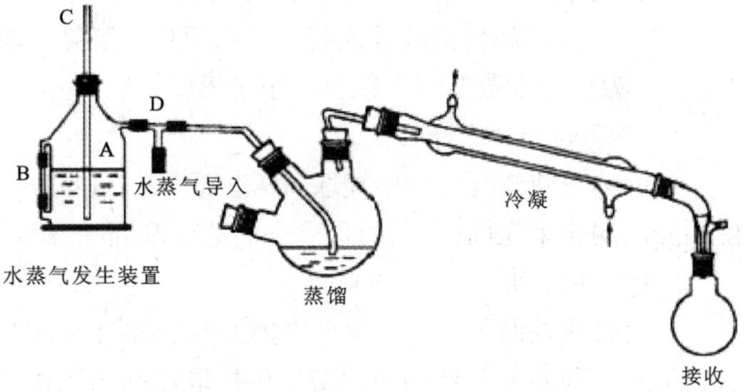

图2-92　水蒸气蒸馏装置

图中D处是T型管,其支管上套一个用螺旋夹夹住的橡皮短管,T型管的一端通过橡皮管与水蒸气发生器的导出管连接,另一端通过橡皮管与一玻璃弯管连接,将水蒸气导入蒸馏瓶内,此段玻璃管尽可能短些,以减少水蒸气的冷凝。

蒸馏部分:蒸馏瓶一般采用长颈圆底烧瓶或三颈瓶,斜放与桌面成45°,以免蒸馏时因液体剧烈沸腾导致从导管中冲出并污染馏出液,被蒸液体的体积不得超过蒸馏瓶容积的1/3。

水蒸气导入管应可能插入到蒸馏瓶底部,但不要接触,这样导入的水蒸气可以和蒸馏液充分接触并起到搅拌作用。

冷凝与接收装置与常压蒸馏相同。

4.3 水蒸气蒸馏的操作要点

(1)蒸馏瓶可选用圆底烧瓶,也可用三口瓶。被蒸馏液体的体积不应超过蒸馏瓶容积的1/3。按图2-88装置仪器,检查整个装置不漏气后旋开T型管,将混合液加入蒸馏瓶,打开冷阱上的螺旋夹。开始加热水蒸气发生器,使水沸腾。当有水从冷阱下面喷出时,将螺旋夹拧紧,使蒸汽进入蒸馏系统。调节进汽量,保证蒸汽在冷凝管中全部冷凝下来。蒸馏时,如果因蒸馏瓶内的水蒸气冷凝流入蒸馏液后,使蒸馏液的量增加以致超过瓶容量的2/3时,或者蒸馏速度不快时,则将蒸馏部分隔石棉网加热,如果瓶内液体沸腾剧烈,则调节火源并控制馏速为2~3滴/秒。

(2)在蒸馏过程中,必须经常在B处通过水蒸气发生器液面计观察安全管中水面的高低,以确保整个蒸馏系统是否畅通,若在插入水蒸气发生器中的玻璃管C内,蒸汽突然上升至几乎喷出时,说明蒸馏系统内压增高,可能系统内发生堵塞。应立刻打开螺旋夹,移走热源,停止蒸馏,拆下装置进行检

查和处理，有可能是蒸气导入管的下端被瓶内黏稠状物质堵塞。排查完毕、故障排除后方可继续蒸馏。当蒸馏瓶内的压力大于水蒸气发生器内的压力时，将发生液体倒吸现象，此时，应打开螺旋夹或对蒸馏瓶进行保温，加快蒸馏速度。

(3)当馏出液不再浑浊时，用表面皿取少量流出液，在日光或灯光下观察是否有油珠状物质，如果没有，可停止蒸馏。

(4)停止蒸馏时先打开冷阱上的螺旋夹，移走热源，待稍冷却后，将水蒸气发生器与蒸馏系统断开。收集馏出物或残液(有时残液是产物)，最后拆除仪器。

如果待蒸馏物的熔点高，冷凝后析出固体，则应调小冷凝水流速甚至将冷凝水放出，待物质熔化后在小心缓慢地通入冷凝水。

如需过热水蒸气蒸馏时，可在水蒸气发生器的出口处接一段金属管盘，用灯焰加热，水蒸气通过过热管盘即可变成过热水蒸气。

【思考题】

(1)水蒸气蒸馏时要经常检查什么事项?

(2)进行蒸馏时，蒸气导入管为什么要伸入到接近容器的底部?

(3)为什么水蒸气的蒸馏温度小于100℃?

5. 萃取与分液漏斗的使用

从固体或液体混合物中提取所需物质，可以通过实验室常用的分离和纯化技术之一的萃取以及使用分液漏斗来完成，常用的是液—液萃取和固—液萃取。

5.1 基本原理

利用物质在两种互不相溶(或微溶)的溶剂中溶解度或分配系数的不同，用一种溶剂A把物质X从它与另一种溶剂B所组成的溶液中提取出来的操作，叫作萃取。分配定律是萃取的主要理论依据。在两种互不相溶而又相互接触的溶剂中加入可溶性物质X，X溶于这两种溶剂但溶解度不同。如果在一定温度下，物质X与这两种溶剂不发生电离、缔合、溶剂化及X不分解等作用，则X在两液层中之比是一个定值。可用下式表示：

$$\frac{c_A}{c_B} = K$$

式中 c_A 和 c_B 分别表示物质 X 在两种溶剂中的质量浓度，K 称为“分配系数”，是一个常数，与所加物质X的多少没有关系。

通常有机物在有机溶剂中的溶解度比在水中的大，所以常用有机溶剂提取水溶液中的有机物。在萃取某些有机物时，向水溶液中加入电解质(如 NaCl)，利用“盐析效应”降低有机物和萃取剂在水中的溶解度，则可提高萃取效率。

通常萃取一次并不能将物质X从原溶液中完全提取出来，而须多次萃取，下面根据分配定律计算每次萃取后原溶液中物质X的剩余量。

设V和Y为原溶液和萃取剂的体积，m_0、m_1、m_2 和 m_n 分别表示萃取之前原溶液中、萃取一次、二次、n次后物质X在原溶液中的质量。

经第一次萃取后，物质X在原溶液和萃取剂中的质量浓度为分别为 m_1/V 和 $(m_0 - m_1)/Y$(由于溶质的量很少，可近似认为溶剂的体积等于溶液的体积)，两者之比等于K，即

$$\frac{m_1/V}{(m_0 - m_1)/Y} = K$$

整理后

$$m_1 = m_0 \frac{KV}{KV + Y}$$

同理第二次萃取后，则有

$$\frac{m_2/V}{(m_1 - m_2)/Y} = K$$

即

$$m_2 = m_1 \frac{KV}{KV + Y} = m_0 \left(\frac{KV}{KV + Y}\right)^2$$

经 n 此萃取后则为

$$m_n = m_0 \left(\frac{KV}{KV + Y}\right)^2$$

此式适用于几乎和水互不相溶的溶剂。当用一定量溶剂萃取时，希望溶质在水中的剩余量越少越好，而此式中 $KV/(KV+Y)$ 总是小于 1，所以 n 越大，则 m_n 越小。故萃取的原则是“少量多次”。

例如 15 ℃时，4 g 正丁酸溶于 100 mL 的水中，用 100 mL 苯萃取正丁酸，已知此温度时正丁酸在水和苯中的分配系数为 1/3。用 100 mL 苯一次萃取后，正丁酸在水中的剩余量为：

$$m_1 = m_0 \frac{KV}{KV + Y} = 4\text{g} \times \frac{1/3 \times 100 \text{ mL}}{1/3 \times 100 \text{ mL} + 100 \text{ mL}} = 1.0 \text{ g}$$

如果 100 mL 苯分三次萃取正丁酸，则剩余量为：

$$m_n = m_0 \left(\frac{KV}{KV + Y}\right)^n = 4\text{g} \times \left(\frac{1/3 \times 100 \text{ mL}}{1/3 \times 100 \text{ mL} + 33.3 \text{ mL}}\right)^3 = 0.5 \text{ g}$$

从上面计算可知，一次萃取可提取 75% 的正丁酸，但是分三次萃取则可提取 87.5% 的正丁酸。所以同体积的溶剂，分多次萃取比一次萃取的效果好。当 n >5 时，提取次数和萃取剂的影响很小了，因此同体积溶剂一般分 3 ~5 次萃取即可。

以上讨论也适用于从溶液中萃取出（或洗去）溶解的杂质。

5.2 液—液萃取与分液漏斗的使用

在液体中进行的萃取是液—液萃取，一般要用分液漏斗来完成。

萃取前先选择分液漏斗，其大小要比待萃取溶液的体积大一倍以上。然后用溶剂检查分液漏斗的玻璃塞和旋塞是否紧密，以免分液漏斗在萃取时因发生泄漏而造成损失。旋塞泄漏的处理方法：取出旋塞，用纸或干布擦净旋塞和放置旋塞的孔道内壁，然后在旋塞的大头和塞孔内壁分别涂一薄层凡士林，涂时离旋塞上的小孔远些，然后将旋塞插入孔道内，逆时针旋转至透明即可。然后再加溶剂检查，合格后才能使用。

萃取时，现将分液漏斗放在铁圈上，关闭旋塞，打开玻璃塞，依次将溶液与萃取剂从分液漏斗的上口倒入，塞紧玻璃塞，然后取下分液漏斗。如图 2 -93（a），用右手手掌顶住玻璃塞并握住分液漏斗，以免塞子松开，左手握住旋塞处，握紧旋塞的方式既要防止振摇时旋塞转动或脱落，又便于灵活地旋开旋塞。先慢慢振摇几次分液漏斗，振摇后使旋塞一端稍向上倾斜（朝无人处），如图 2 -93（b）所示，旋开旋塞放出蒸气或产生的气体，使内外压力平衡，这是由于互不相溶的溶剂在振摇后一般会产生压力，尤其是用乙醚、苯萃取水溶液，或 Na_2CO_3、$NaHCO_3$ 洗涤酸时，更应注意及时放气。然后剧烈振摇 2 ~3 分钟，将分液漏斗放在铁圈上，静置，使乳浊液分层。

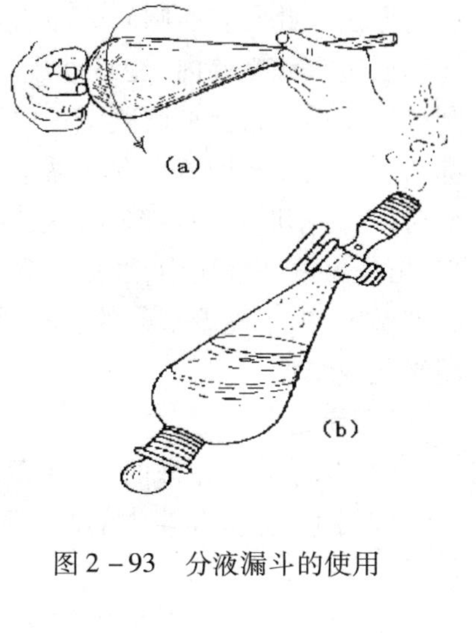

图 2 -93　分液漏斗的使用

当分液漏斗中的两相液体清晰分层时，打开玻璃塞，控制旋塞放出下层液体，当下层液体放出3/4时，旋紧旋塞，在静置几分钟，以便让附在漏斗内壁的下层液体流下，当两相界面再次清晰时，慢慢旋开旋塞，下层溶液全部进入旋塞小孔，立即关闭旋塞。然后把分液漏斗中的上层溶液从上口倒出，如果上层液体也经旋塞放出，则漏斗基部所附下层溶液会污染上层液体。

两相液体分离后，将水相倒回分液漏斗中，加入新的萃取剂，继续萃取，依据分配系数决定萃取次数，一般3～5次。最后将所有萃取液合并，加入适宜干燥剂，过滤后蒸发溶剂，萃取后所得有机物视其性质确定进一步纯化的方法。

在具体萃取操作时应注意：分液漏斗在使用前应检查，包括检漏和检查玻璃塞及旋塞是否用细绳或橡皮筋系在分液漏斗上；振摇时动作协调，并及时排气；分液时应将分液漏斗放在铁圈上而不是用手拿着漏斗操作，下层液体经旋塞放出，上层液体从上口倒出。

对于易溶于水而难溶于盐溶液的物质，可采用盐析萃取，即向水溶液中加入一定量的盐，降低该物质在水中的溶解度，从而使其以固体的形式析出的操作称为盐析。一般 NaCl、KCl、$(NH_4)_2SO_4$、NH_4Cl、Na_2SO_4 和 $CaCl_2$ 常用作盐析的盐，可析出的物质包括有机酸、蛋白质、醇、酯、磺酸等。利用盐析可以减少萃取剂的用量，提高萃取效率，如用乙醚萃取水中的苯胺，若向水中加入一定量的 NaCl，既可提高萃取效率，也减少了乙醚溶于水的损失。

对于某些在原有溶剂中的溶解度比在萃取剂中的溶解度大的物质而言，如果多次进行间断萃取，则操作繁琐，萃取效率差，损失也大，因此就需要进行连续萃取。图2－94是一种连续多次萃取的装置，溶剂在进行萃取后能自动流入加热器，受热气化，冷凝后在进行萃取，如此循环可萃取出大部分物质，此法操作简便，溶剂损失小，萃取效率高。

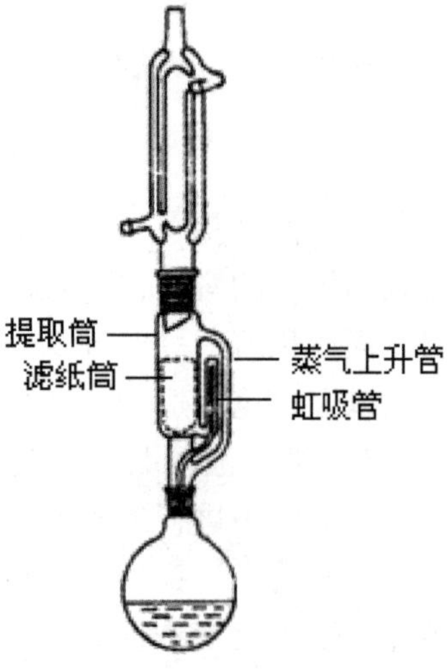

图2－94　索氏提取器

5.3 固—液萃取

用溶剂从固体中萃取化合物常有以下三种方法：

长期浸泡法，药厂常采用此法将固体样品装入适当容器内，加入溶剂后浸泡一段时间，反复数次，然后合并浸渍液，减压浓缩。此法溶剂用量大，效率不高。

回流提取法是在回流装置中，回流一定时间后滤出提取液，再加入新的溶剂，重新回流，反复操作，最后合并提取液，减压回收溶剂。

索氏提取法是通过索氏提取器（或称脂肪提取器）用溶剂萃取物质的方法。此装置由圆底烧瓶、索氏提取器和冷凝管组成，如图2－94所示。提取时，将已研碎的固体物质装入滤纸筒内（滤纸卷成圆柱状，直径略小于提取筒的内径，下端用线扎紧），轻轻压紧，上盖一圆滤纸。然后将滤纸筒置于提取筒内，加溶剂于圆底烧瓶中，装上冷凝管。加热圆底烧瓶，溶剂受热沸腾、气化、冷凝回流入提取器中，液体和固体充分接触进行萃取，当提取筒内的液面超过虹吸管的顶部时，含有萃取物的溶剂经虹吸管流入圆底烧瓶，再蒸发，如此循环，直至被萃取物质大部分被萃取出来，富集于圆底烧瓶中，然后用适当方法将萃取到的物质从溶液中分离出来。用索氏提取法时需注意调节温度，由于随着萃取的进行，烧瓶内的液体会不断减少，当瓶中溶质较多，温度又过高时，容易出现炭化或结垢。

【思考题】

(1)用萃取法萃取时，影响萃取效率的因素有哪些？

(2)同在分液漏斗中的两种不相溶的液体怎样分别被放出？

(四)有效成分的溶剂萃取法

天然中草药中含有效成分和无效成分。

有效成分可分为:以生物碱为代表的碱性化合物,如黄连素;结构中含有酚羟基、羧基的酸性化合物,如黄酮、醌类、苯丙素(香豆素、木脂素)及其苷类;结构中既有碱性基团也有酸性基团的两性化合物,如氨基酸、蛋白质等;中性化合物,如萜类和挥发油、甾体等。

无效成分包括脂溶性蜡—高级不饱和脂肪酸(16~30 碳)和高级一元醇结合的酯;脂肪油—不饱和脂肪酸(链长短不一)与丙三醇形成的甘油酯,通常称为混合甘油酯;叶绿素及胡萝卜素;水溶性包括多糖类—淀粉、纤维素、树胶、果胶、黏液质;多元酚类化合物—鞣质等。

中草药中有效成分的提取常用溶剂萃取法能最大程度的保持中草药的药性,溶剂提取法是根据天然药物中各种成分在溶剂中的溶解性质,选用对有效成分溶解度大,而对不需要溶出成分溶解度小的溶剂,将有效成分从药材组织中溶解出来的方法。

溶剂可分为:水、亲水性和亲脂性有机溶剂。被溶解物质也有亲水性和亲脂性之分。溶质在溶剂当中的溶解遵循相似相溶的原理,亲水性的化学成分易溶于水或亲水性的有机溶剂中,亲脂性的成分易溶于亲脂性的有机溶剂中。

石油醚用于提取油脂、蜡、叶绿素、挥发油、游离甾体及三萜类化合物;氯仿或醋酸乙酯用于提取游离生物碱、有机酸及黄酮、香豆素的苷元;丙酮或乙醇、甲醇用于苷类、生物碱盐、鞣质等的提取;水用于氨基酸、糖类、无机盐等的提取。

常用的溶剂提取法:

(1)冷提法,包括浸渍法和渗漉法。

浸渍法是用水或醇浸渍药材一定时间,然后合并提取液,并将其减压浓缩的方法,该法因为一般都是在低温下进行的,不用加热,所以适合于挥发性成分及受热易分解成分的提取,但提取的时间较长,效率低,用水浸提时还要注意提取液的防腐问题;渗漉法是将药材装入渗漉筒中,先用水或醇浸渍数小时,然后从渗漉筒的下口使提取液流出,上口不断地加入新的溶剂,此方法因为药材与溶剂之间能够始终保持较大的浓度差,因此提取效率较高,该法同样适用于挥发性及受热易破坏分解的成分的提取,但是有溶剂耗费量较大的缺点。

(2)热提法,包括煎煮法、回流提取法和连续回流提取法。

煎煮法是将药材用水加热煮沸提取,在提取过程当中大部分成分可被不同程度的提取出来,但是对于挥发性成分及加热易被破坏的成分不宜使用;回流提取法是用有机溶剂作为提取溶剂,在回流装置中对药材进行加热回流提取,该方法提取效率较高,但因为长时间加热,所以不适合受热易破坏分解的成分;连续回流提取法是回流提取法的发展,具有消耗溶剂量更小,提取效率更高的优点常用索氏提取器或连续回流装置。

在实际提取中,应根据所要提取的中草药的性质,采用合适的溶剂和提取方法进行中草药有效成分的提取。

(五)有关物理常数的测定

1. 折光率的测定

1.1 基本原理

折光率是液体有机化合物的重要特性常数之一,可作为鉴定有机物纯度的标准之一。

如图 2-95 所示,由于光在不同介质中的传播速度不同,当光线从一种介质进入另一种介质时,由于在两介质中的传播速度不同,在分界面上发生折射现象,折射角与介质的密度、分子结构、温度及光的波长等有关。若以空气为标准介质,在相同条件下测定折射角,经过换算即为该物质的折光率。

用 Snell 定律表示:

$$n = \frac{\sin\alpha}{\sin\beta}$$

其中 α 为入射角,β 为折射角,n 是折光率。

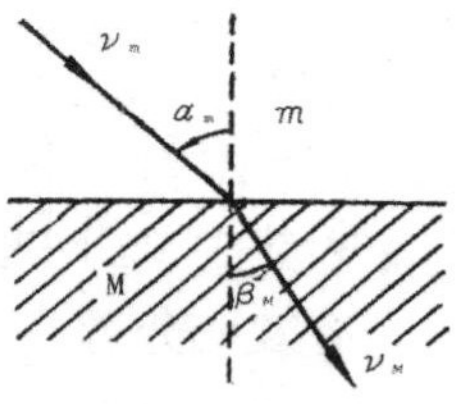

图 2-95 折射率示意

物质的折光率随入射光线波长不同而变,也随测定温度不同而变,通常温度升高 1℃,液态化合物折光率降低 $3.5\times10^{-4}\sim5.5\times10^{-4}$,因此折光率($n$)的表示需要注出所用光线波长和测定的温度,常用 n_D^t 来表示,D 表示纳光,t 表示温度。

测定液体化合物折光率的仪器常使用阿贝(Abbe)折光仪,如图 2-95 所示。

1.2 测定折射率的方法

使用阿贝折射仪测定液体折射率方法如下:

1.2.1 安装

将折射仪置于光线明亮处(但应避免阳光直射或靠近热源),用橡胶管将测量棱镜和辅助棱镜上保温夹套的进出水口与超级恒温槽连接起来,调到测定所需的温度,一般选用(20±0.1)℃或(25±0.1)℃。温度以折射仪上的温度计读数为准。

1.2.2 清洗

开启辅助棱镜,用滴管滴加少量丙酮或乙醇清洗镜面(勿使尖管碰触镜面),可用擦镜纸轻轻吸干镜面(不能过分用力,更不能使用滤纸)。

1.2.3 校正

滴加 1~2 滴蒸馏水于镜面上,关紧棱镜,转动左侧刻度盘,使读数镜内标尺读数置于蒸馏水在该温度下的折射率(不同温度下纯水的折射率见附录 7)。调节反射镜,使测量望远镜中的视场最亮。调节测量镜,使视场最清晰。转动消色散手柄,消除色散。调节校正螺丝,使明暗交界线和视场中的"×"形线交点对齐,记录读数与温度,重复两次测得纯水的平均折光率与纯水的标准值(1.33299)比较即可求得折光仪的校正值,然后用同样的方法求待测液体样品的折光率,校正值一般很小,若数值太大时,整个仪器需重新校正。如图 2-96、2-97 所示,即校正完毕。

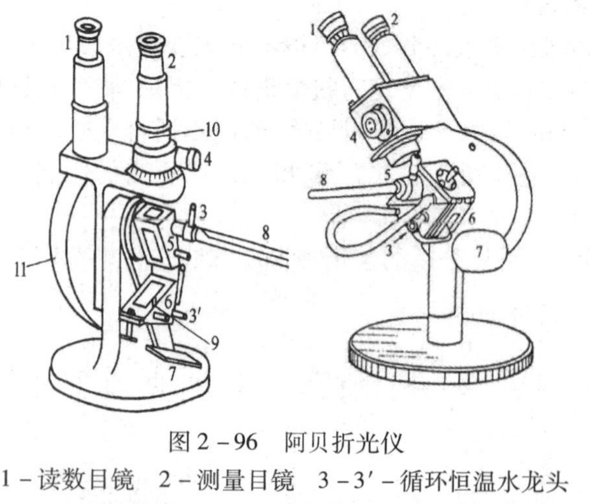

图 2-96 阿贝折光仪

1-读数目镜 2-测量目镜 3-3′-循环恒温水龙头

4-消色散旋柄 5-测量棱镜 6-辅助棱镜

7-消色散旋柄 8-温度计 9-加液槽 10-校正螺丝

11-刻度盘罩

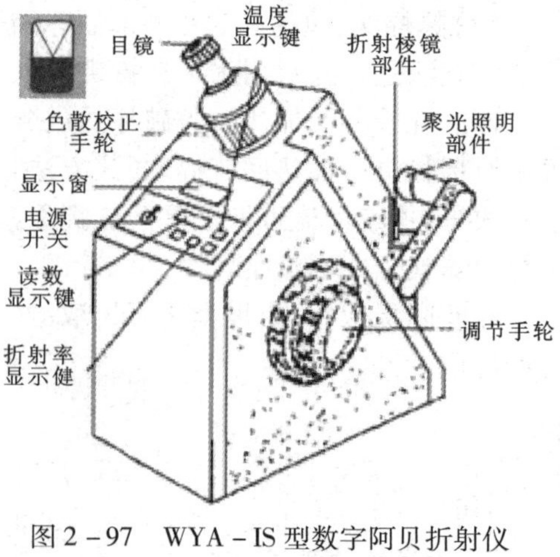

图 2-97 WYA-IS 型数字阿贝折射仪

1.2.4 测量

打开辅助镜,待镜面干燥后,滴加数滴待测液体,闭合棱镜(应注意防止待测液层中存在有气泡;若为易挥发液体,可用滴管从加液槽加样),转动刻度盘罩外手柄,直至在测量望远镜中观测到的视场出现半明半暗视野(应为上明下暗)。转动消色散手柄,使视场内呈现一个清晰的明暗分界线,消除色散。再次转动刻度盘罩外手柄,使临界线正好在×线交点上,这时便可从读数镜中读出折射率值。一般应重复测定2~3次,读数差值不能超过±0.0002,然后取平均值。

1.2.5 维护

折射仪使用完毕,应将棱镜用丙酮或乙醇清洗,并干燥。拆下连接恒温水的胶管,排尽夹套中的水,将仪器擦拭干净,放入仪器盒中,置于干燥处。

每次测定前及进行示值校准时必须将进光棱镜的毛面、折射棱镜的抛光面及标准试样的抛光面,用脱脂棉蘸少许无水乙醇或丙酮,轻轻地朝单方向擦洗干净。使用完毕应用黑布罩住仪器。

需要说明的是:阿贝折光仪不能在较高温度下使用;对于易挥发或者易吸水样品测量有些困难;此外对所测样品的纯度要求也较高。

2. 旋光度的测定

2.1 基本原理

旋光度是指光学活性物质在使偏振光的振动平面旋转的角度。许多有机化合物具有光学活性,即平面偏振光通过其液体或溶液时,能引起旋光现象,使偏振光的平面向左或向右发生旋转,偏转的度数即为旋光度。这种特性是由于物质分子中含有不对称元素(通常为不对称碳原子)所致。

在给定的实验条件下,将测得的旋光度通过换算,即可得到其比旋光度,比旋光度是物质的特征常数之一,其对鉴定旋光性化合物是不可缺少的,而且可以计算出旋光性化合物的光学纯度。测定旋光度的仪器叫旋光仪。其实物结构及工作原理见图2-98和图2-99。

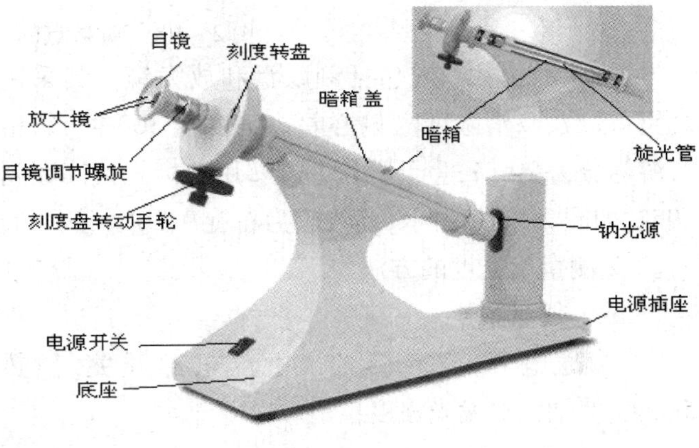

图2-98　旋光仪外形图

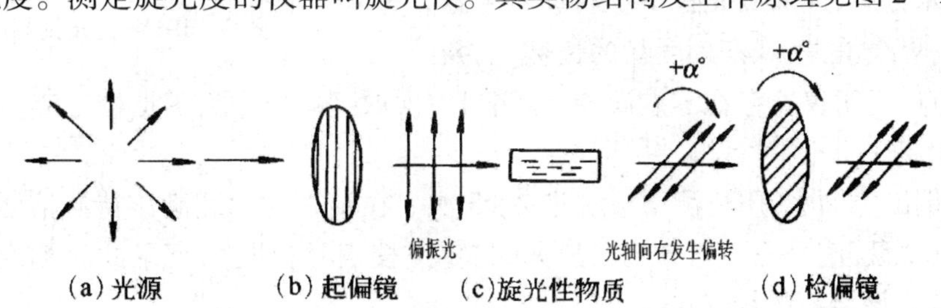

图2-99　旋光仪的工作原理示意图

物质的旋光度与测定时所用溶液的浓度、样品管长度、温度、所用光源的波长及溶剂的性质等因素有关。常用比旋光度$[\alpha]_{\lambda}^{t}$表示物质的旋光性。

溶液的比旋光度与旋光性的关系:

$$[\alpha]_{\lambda}^{t}=\frac{\alpha}{c\cdot l}$$

式中，$[\alpha]_{\lambda}^{t}$ 表示旋光性物质在 t ℃、光源波长为时的比旋光度；α 为旋光度；c 为溶液浓度；l 为旋光管的长度。表示比旋光度时通常还需标明测定时所用的溶剂。

当两块尼科尔棱镜的晶轴互相平行时，偏振光可以全部通过；当在两块棱镜之间的旋光管中放入旋光性物质的溶液时，由于旋光性物质使偏振光的振动平面旋转了一定角度，所以偏振光就不能完全通过第二块棱镜（即检偏镜）。只有将检偏镜也相应地旋转一定角度后，才能使偏振光全部通过。此时，检偏镜旋转的角度就是该旋光性物质的旋光度。如果旋转方向是顺时针，称为右旋，取正值；反之称为左旋，取负值。

为了减少误差，提高观测的准确性，在起偏镜后放置一块狭长的石英片，使目镜中能观察到三分视场，如图 2－100 所示。其中(c)图明暗度较暗且相同，三分视场消失，选择这一视场作为仪器的测量零点，在测定旋光度读数时均以它为标准。

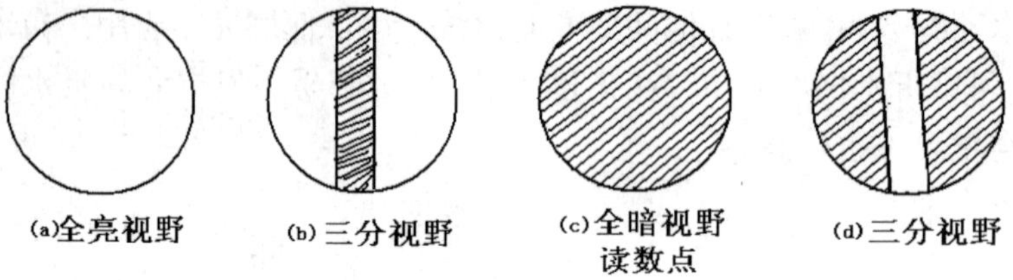

图 2－100 读数点的与视野的关系

旋光仪的读数系统包括刻度盘和放大镜。其采用双游标读数，以消除度盘偏心差。刻度盘 360 格，每格 1°，游标分为 20 格，等于度盘 19 格，用游标直接读数到 0.05°，如图 2－101 所示，读数应为右旋 9.30°。

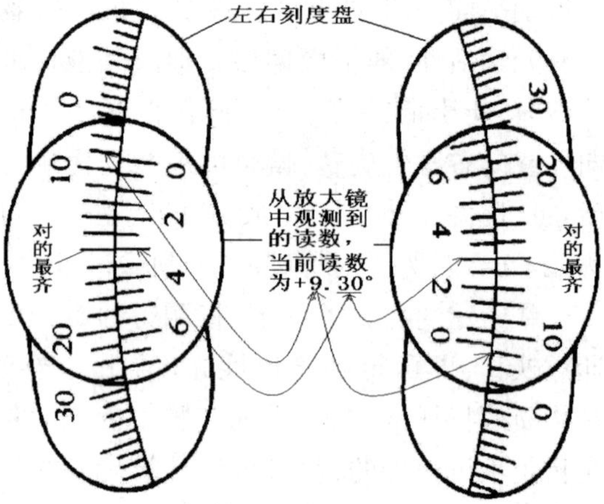

图 2－101 旋光仪刻度盘读数

2.2 测量旋光度的方法

2.2.1 仪器预热

先接通电源，开启旋光仪上的电源开关，预热 15min。使钠光灯发光强度稳定。

2.2.2 零点校正

将旋光管用蒸馏水冲洗干净，再装满蒸馏水，旋紧螺帽，擦干外壁的水分后，放入旋光仪中。转动刻度盘，使目镜中三分视场界线消失，观察刻度盘的读数是否在零点处，若不在零点，说明仪器存在零点误差，需测量三次取平均值作为零点校正值。

2.2.3 样品测定

取出旋光管，倒出蒸馏水，用待测溶液洗涤 2～3 次。在旋光管中装满该待测溶液，擦干外壁后放入仪器中。转动刻度盘，使目镜中三分视场消失（与零点校正时相同），记录此时刻度盘的读数，加上（或减去）校正值即为该溶液的旋光度。

2.2.4 结束测定

全部测定结束后，取出旋光管，倒出溶液，自来水冲洗，再用蒸馏水洗净，晾干存放。关闭旋光仪电源。

2.3 自动旋光仪

2.3.1 自动旋光仪的构造原理

见图 2-102。

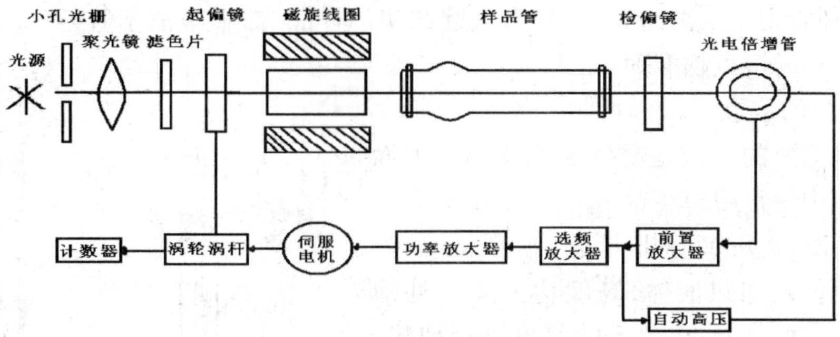

图 2-102　自动旋光仪的基本构造

2.3.2 自动旋光仪的使用方法

(1)将旋光仪接于220V 交流电源。开启电源开关,约 10 min 后钠光灯发光正常,就可开始工作。

(2)检查旋光仪零位是否准确,即在旋光仪未放试管或放进充满蒸馏水的试管时,观察零度时视场亮度是否一致。如不一致,说明有零位误差,应在测量读数中减去或加上该偏差值。或放松度盘盖背面四只螺钉,微微转动度盘盖校正之(只能校正 0.5°左右的误差,严重的应送制造厂检修)。

(3)选取长度适宜的试管,注满待测试液,装上橡皮圈,旋上螺帽,直至不漏水为止。螺帽不宜旋得太紧,否则护片玻璃会引起应力,影响读数正确性。然后将试管两头残余溶液揩干,以免影响观察清晰度及测定精度。

(4)测定旋光读数:转动度盘、检偏镜、在视场中觅得亮度一致的位置,再从度盘上读数。读数是正的为右旋物质,读数是负的为左旋物质。

(5)采用双游标读数法可按下列公式求得结果 $Q=(A+B)/2$ 式中:A 和 B 分别为两游标窗读数值。如果 A = B,而且度盘转到任意位置都符合等式,则说明旋光仪没有偏心差(一般出厂前旋光仪均做过校正),可以不用对项读数法。

(6)旋光度和温度也有关系。对大多数物质,用 $\lambda=5893\text{Å}$(钠光)测定,当温度升高 1℃时,旋光度约减少 0.3%。对于要求较高的测定工作,最好能在 20℃ ±2℃的条件下进行。

2.3.3 旋光仪的维护

(1)旋光仪应放在通风干燥和温度适宜的地方,以免受潮发霉。

(2)旋光仪连续使用时间不宜超过 4 h。若使用时间较长,中间应关熄 10~15 min,待钠光灯冷却后再继续使用,或用电风扇吹打,减少灯管受热程度,以免亮度下降和寿命降低。

(3)试管用后要及时将溶液倒出,用蒸馏水洗涤干净,揩干藏好。所有镜片均不能用手直接揩擦,应用柔软绒布揩擦。

(4)旋光仪使用过程中如果有问题可及时和成都雅源科技售后工程师联系。

(5)旋光仪停用时,应将塑料套套上。装箱时,应按固定位置放入箱内并压紧之。

3. 熔点的测定

分离纯化后的物质,可用于测定熔点。不纯的物质的熔点一般偏小于纯净物质,而且溶程也较长。纯粹的固体化合物一般都有固定的熔点,自初溶至全溶解,温度不超过 0.5~1℃,因此可以用熔点鉴定所测的化合物是否纯净。

熔点的测定方法很多,目前测定熔点的方法以毛细管法最为简便。现介绍如下:

3.1 毛细管法测定熔点

3.1.1 样品的填装

取少量待测熔点的干燥样品于干净的表面皿上,用玻棒或不锈钢刮刀将它研成粉末并集成一堆,以便于填装样品，将熔点管开口端向下插入粉末中，然后把熔点管开口端向上，轻敲熔点管以使粉末落入和填紧管底，使管内装入高约 2 ~ 3 毫米紧密结实的样品，擦干净沾于管外的粉末。样品研得越细，装得越密实，测得的熔点越准确。

3.1.2 测定熔点的装置

装置的设计最重要的一点是要使受热均匀。下面介绍两种在实验室中最常用的装置。

（1）提勒管（Thiele）：又称 b 形管，见图 2 – 103（a）。在 b 形管中装入加热液体，高度达上叉管处即可，然后将其夹在铁架台上，在图示的部位进行加热，受热的溶液沿管上升，使得整个 b 形管内溶液呈对流循环，从而使得温度较均匀。这种装置的优点是省去了人工搅拌，结构也简单，但是其传热不均匀，影响其结果的准确性。

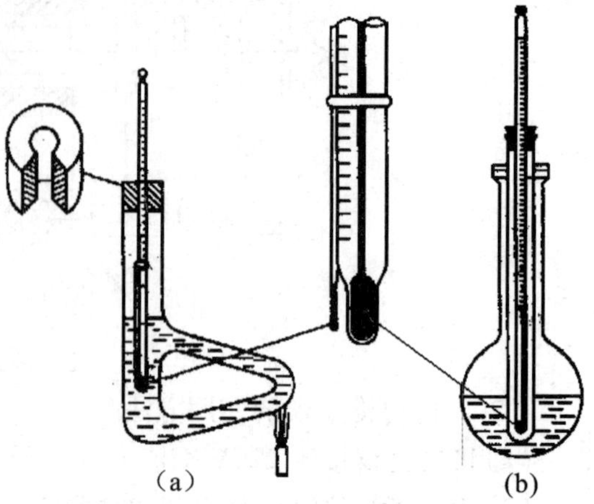

图 2 – 103　毛细管法测定熔点的装置

（2）双浴式：见图 2 – 103（b），将试管经开口软木塞插入烧瓶内离瓶底约 1 厘米处，温度计插入试管口的开口软木塞，使其水银球距试管底约 0.5 厘米。瓶内装入约占烧瓶 2/3 体积的加热体，试管内也放入一些加热液体，使在插入温度计后，其液面高度与瓶内相同，然后进行测试。

在选取传热介质时，应根据熔点的范围选择合适的传热介质。加热时应注意先缓慢加热，如加热过快，有时有冲出的危险。

凡是样品熔点在 220℃以下的，可采用浓硫酸作为浴液。300℃以下的，可采用磷酸、石蜡油或有机硅油等。当有机物和其他杂质触及硫酸时，会使硫酸变黑，可加入少量硝酸钾晶体共热后使之脱色。

3.1.3 熔点的测定

熔点的测定主要是控制好加热速度。如果要测定未知物的熔点，应先对样品粗测一次。加热可以稍快，测得大致的熔点范围后，待浴温冷至熔点以下约 30℃左右，再取另一根装样的熔点管作精密的测定。开始时升温速度可以较快，到距离熔点 10 ~ 15℃时，调整加热速度。愈接近熔点，为了保证有充分的时间让热量由管外传至管内使固体熔化，升温速度应愈慢。由于观察者不能同时观察温度计所示度数和样品的变化情况，缓慢加热可使误差减小。样品开始塌落并有液相产生时（初熔）和固体完全消失时（全熔）的温度计读数，即为该化合物的熔程。例如一物质在 110℃时开始萎缩，在 111℃时有液滴出现，在 112℃时全部液化，应记录如下：熔点 111 ~ 112℃，110℃时萎缩。

测定熔点，至少要有两次重复操作的数据。每一次测定都必须用新的熔点管重新装样品，不能将已测过熔点的熔点管冷却再用来测定。测定易升华物质的熔点时，应将熔点管的开口端烧熔封闭，以免升华。

实验完毕，一定要待浴液冷却后，方可将其倒回瓶中。温度计冷却后，用废纸擦去传热液体，再用清水冲洗，否则温度计极易炸裂。

3.2 微量熔点测定法测定熔点

用毛细管法测定熔点，操作简便，但样品用量较大，测定时间长，同时不能观察出样品在加热过程中晶形的转化及其变化过程。为克服这些缺点，实验室常采用显微熔点测定仪。显微熔点测定仪的主要组成可分为两大部分：显微镜和微量加热台。如图 2 – 104 所示。

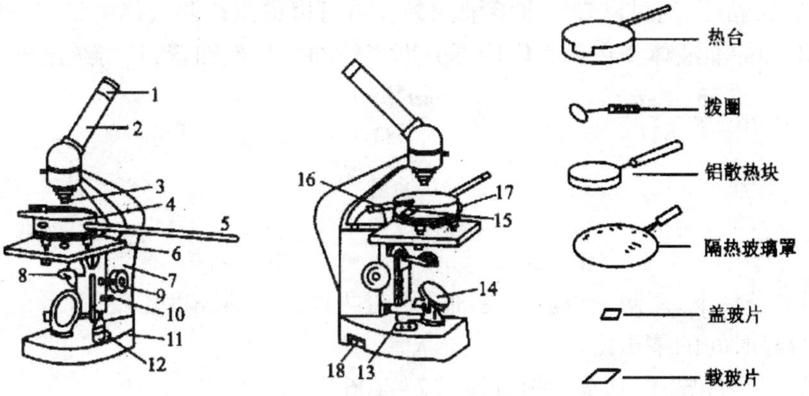

图 2－104　放大镜式显微熔点测定仪

显微熔点测定仪可测微量样品的熔点，也可测高熔点(熔点可达 350℃)的样品，此外，还可以通过放大镜观察样品在加热过程中变化的全过程，如失去结晶水，多晶体的变化及分解等。

实验操作：先将玻璃载片洗净擦干，放在一个可移动的载片支持器 7 内，将微样品放在载片上，使其位于加热器 8 的中心孔上，用盖玻璃将样品盖住，放在圆玻璃盖 3 下，打开光源，调节镜头，使显微镜焦点对准样品，开启加热器，用可变电阻调节加热速度，自显微镜的目镜中仔细观察样品晶形的变化，当样品晶体的菱角开始变圆时，即晶体开始熔化，结晶形完全消失即熔化完毕。重复两次读数。测定完毕，停止加热，稍冷，用镊子去掉圆玻璃盖，拿走载片支持器及载玻片，放上冷铁块加快冷却，待仪器完全冷却后小心拆卸和整理部件，装入仪器箱内。

用以上方法测定熔点时，温度计上的熔点读数与真实熔点之间常有一定的偏差。例如一般温度计中的毛细孔径不一定很均匀，使得有时刻度不很准确。此外，温度计有全浸式和半浸式两种。而在测熔点时仅有部分汞线受热，因而露出的汞线温度当然较全部受热者为低。另外经长期使用的温度计，玻璃可能发生体积变形而使刻度不准，必须对温度计校正。可选用一标准温度计与之比较；也可采用纯粹有机化合物的熔点作为校正的标准。方法见“温度的测量”。

4. 黏度的测定

黏度指流体对流动的阻抗能力，通常采用动力黏度、运动黏度或特性黏数表示黏度。测定样品黏度可以区别或检查其纯杂程度。实验室使用黏度计测定样品的黏度，黏度计有多种类型，可根据样品的不同选择合适的黏度计。

测定液体黏度的方法主要有三类：用毛细管黏度计测定液体在毛细管里的流出时间；用落球式黏度计测定圆球在液体里的下落速度；用旋转式黏度计测定液体与同心轴。这里主要介绍常见的两种。

4.1 毛细管黏度计测定样品黏度

毛细管黏度计主要有奥氏黏度计和乌氏黏度计，这两种黏度计操作简便，测量比较准确，适合测定液体黏度和高聚物的相对摩尔质量。

用毛细管法测定液体的黏度，奥氏黏度计结构如图 2－105 所示。液体在毛细管内因重力而流出时遵从波塞尔(Poiseuille)公式，即

$$\eta = \frac{\pi r^4 pt}{8Vl}$$

式中。$p = \rho gh$，是液体的静压力；t 为流经毛细管的时间，r 为毛细管半径；l 为毛细管的长度；V 为时间 t 内经过毛细管的液体体积。

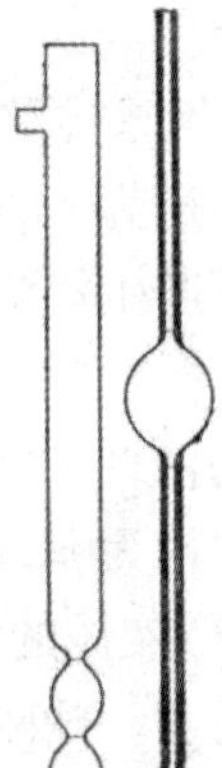

图 2－105　奥氏黏度计

直接由实验测定液体的绝对黏度是比较困难的，通常测定液体对标准液

体(如水)的相对奥氏黏度,通过已知标准溶液的黏度就可以得出待测液体的绝对黏度。

设待测液体 1 和标准液体 2 在重力作用下分别流经同一只毛细管,且持续流出的体积相等,则有

$$\eta_1 = \frac{\pi r^4 hg\rho_1 t_1}{8Vl} \qquad \eta_2 = \frac{\pi r^4 hg\rho_2 t_2}{8Vl}$$

从而得

$$\frac{\eta_1}{\eta_2} = \frac{\rho_1 t_1}{\rho_2 t_2}$$

因此,在相同的条件下,用同一根玻璃毛细管测定两种液体的黏度比就等于它们的密度与流经时间的乘积比。

乌氏黏度计的外形各异,但基本的构造如图 2-106 所示。用乌氏黏度计测定液体黏度的操作方法如下:

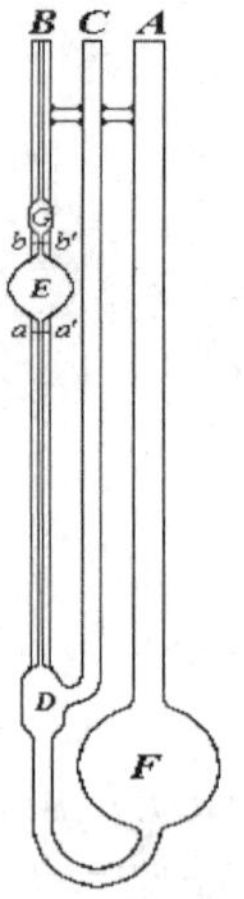

图 2-106　乌氏黏度计

(1)溶液配制

用分析天平准确称取样品,使其溶解,再将溶液移至容量瓶中,并稀释至刻度。

(2)黏度计的洗涤

先将洗液灌入黏度计内,并使其反复流过毛细管部分。然后将洗液倒入专用瓶中,再顺次用自来水、蒸馏水洗涤干净。容量瓶、移液管也都应仔细洗净。

(3)溶剂流出时间 t_0 的测定

开启恒温水浴。并将黏度计垂直安装在恒温水浴中(G 球及以下部位均浸在水中),用移液管吸 10mL 蒸馏水,从 A 管注入黏度计 F 球内,在 C 管和 B 管的上端均套上干燥清洁橡皮管,并用夹子夹住 C 管上的橡皮管下端,使其不通大气。在 B 管的橡皮管口用针筒将水从 F 球经 D 球、毛细管、E 球抽至 G 球中部,取下针筒,同时松开 C 管上夹子,使其通大气。此时溶液顺毛细管而流下,当液面流经刻度 a 线处时,立刻按下停表开始计时,至 b 处则停止计时。记下液体流经 a、b 之间所需的时间。重复测定三次,偏差小于 0.2 s,取其平均值,即为 t_0 值。

(4)溶液流出时间的测定

取出黏度计,倾去其中的水,连接到水泵上抽气,同时移液管吸取已预先恒温好的溶液 10mL,注入粘度计内,同上法,安装黏度计,测定溶液的流出时间 t。然后依次加入 2.00,3.00,5.00,10.00mL 蒸馏水。每次稀释后都要用稀释液抽洗黏度计的 E 球,使黏度计内各处溶液的浓度相等,按同样方法进行测定。

4.2 落球式黏度计测定样品黏度

当半径为 r 的金属小球,以速度 v 在均匀的无限宽广的液体中运动时,若速度不大,球也很小,在液体中不产生涡流的情况下,斯托克斯指出,球在液体中所受到的阻力 F 为:

$$F = 6\pi\eta vr$$

式中 η 为液体的黏度,此式称为斯托克斯公式。

当质量为 m、体积为 V 的小球在密度为 ρ 的液体中下落时,作用在小球上的力有三个,即:(1)重力 mg,(2)液体的浮力 ρVg,(3)液体的黏性阻力 F。这三个力都作用在同一铅直线上,重力向下,浮力和阻力向上。球刚开始下落时,速度 v 很小,阻力不大,小球作加速度下降。随着速度的增加,阻力逐渐加大,速度达一定值时,阻力和浮力之和将等于重力,那时物体运动的加速度等于零,小球开始匀速下落,即

$$mg = \rho Vg + 6\pi\eta vr$$

此时的速度称为终极速度。由此式可得

$$\eta = \frac{(m-\rho V)g}{6\pi r v} \tag{1}$$

令小球的直径为 d,将

$$m = \frac{1}{6}\pi d^3 \rho,\ v = \frac{1}{5}, r = \frac{d}{2}$$

代入上(1)式,得

$$\eta = \frac{(\rho' - \rho) g d^2 t}{8l} \tag{2}$$

由于液体在容器中,而不满足无限宽广的条件,这时实际测得的速度 V_0 和上述式中的理想条件下的速度之间存在如下关系:

$$v = v_0 (1 + 2.4\frac{d}{D})(1 + 1.6\frac{d}{H}) \tag{3}$$

式中 D 为盛液体圆筒的内直径,H 为筒中液体的深度,将(3)式代入(2)式得出

$$\eta = \frac{(\rho' - \rho) g d^2 t}{18l} \frac{1}{(1 + 2.4\frac{d}{D})(1 + 1.6\frac{d}{H})}$$

$$\frac{\eta_1}{\eta_2} = \frac{(\rho' - \rho_1) t_1}{(\rho' - \rho_2) t_2}$$

因此,两种液体的黏度比就等于它们的黏度差之比与流经时间比的乘积。

用落球式黏度计测定液体黏度的操作方法如下:

(1)调整黏滞系数测定仪及实验准备。

调整底盘水平,在仪器横梁中间部位放重锤部件,调节底盘旋钮,使重锤对准底盘的中心圆点。将实验架上的上、下两个激光器接通电源,可看见其发出红光。调节上、下两个激光器,使其红色激光束平行地对准锤线。收回重锤部件,将盛有被测液体的量筒放置到实验架底盘中央,并在实验中保持位置不变。在实验架上放上钢球导管。小球用乙醚、酒精混合液清洗干净,擦干备用。将小球放入钢球导管,看其是否能阻挡光线,若不能,则适当调整激光器位置。

(2)用温度计测量油温,在全部小球下落完后再测量一次油温,取平均值作为实际油温。

(3)用液体密度计测量甘油密度,用游标卡尺测量筒内直径 D,用卷尺测量油柱深度 H。

(4)测量下落小球的匀速运动速度。测量上下两个激光束之间的距离,用激光光电门与电子记时仪测量下落时间。

(5)计算液体的黏度。

5. 电导率的测定技术

5.1 电导率及其测定的意义

电解质溶液的导电能力可用电导率表示。处于两个相距 1 m、面积均为 1 m^2 的平行电极间、体积为 1 m^3 的电解质溶液所表现出来的导电能力叫作该溶液的电导率,常用符号 κ 表示,其单位为 $S \cdot m^{-1}$(西·米$^{-1}$),通常采用 $\mu S \cdot cm^{-1}$。它与电解质的性质、溶液的浓度及测量测量温度有关。

电导率是物质重要的特征物理量之一,在化学实验中具有广泛的用途。例如:可以通过测定电导率求算出弱电解质的解离度和解离平衡常数;强电解质的极限摩尔电导率;测量难溶盐电解质的溶度积和及鉴定水的纯度等。

5.2 电导率仪及其工作原理

电解质溶液的电导率可以用电导率仪来测定。电导率仪由测量电源、测量电路、放大器和指示电表等组成。

电导率仪的型号很多,图 2－107 为 DDS－11A 型电导率仪的面板结构。这是目前实验室广泛使用的电导率测量仪器。该仪器可在显示仪表上读取电导率值,具有操作简便、测量范围广泛等特点。除能测定一般液体的电导率外,还能满足测量高纯水的电导率的需要。

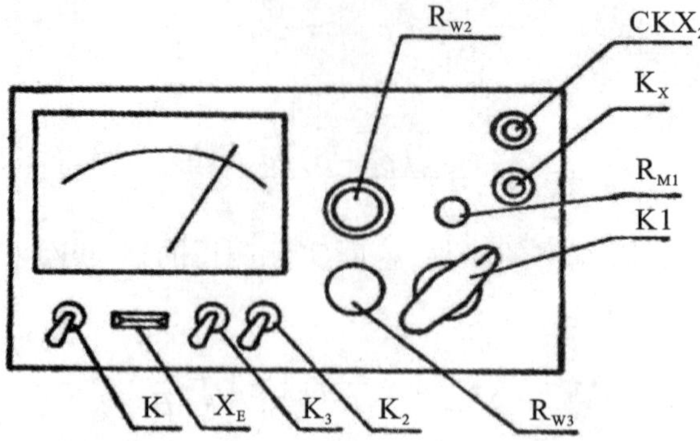

图 2－107 DDS－11A 型电导率仪面板结构

K－电源开关 K_1－量程选择开关 K_2－校正、测量开关 K_3－高周、低周开关 K_x－电极插口 X_E－指示灯

R_{X_1}－电容补偿调节器 R_{W_2}－电极常数调节器 R_{W_2}－校正调节器 CKX_2－10 mV 输出插口

DDS－11A 型电导率仪的工作原理如图 2－108 所示。稳压电源输出的直流电压,供给振荡器和放大器,使它们在稳定状态下工作。振荡器输出电压不随电导池电阻 R_x 的变化而变,从而为电阻分压回路提供一稳定的标准电势 E。其电阻分压回路是由电导池的 R_x 以及测量电阻箱 R_m 串联而成。E 加在该回路 A、B 两端,产生测量电流 I_x。根据欧姆定律:

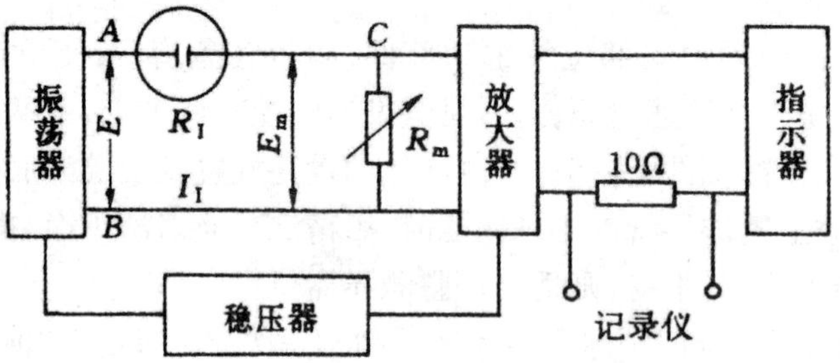

图 2－108 *DDS－11A* 型电导率仪原理图

$$I_x = \frac{E}{R_x + R_m} = \frac{E_m}{R_m}$$

因此

$$E_m = \frac{ER_m}{R_m + R_x} = \frac{ER_m}{R_m + 1/G}$$

式中 G 为电导池溶液的电导。式中 E 不变,R_m 经设定后也不变,所以电导 G 只是 E_m 的函数,E_m 经放大检波后,在显示仪器(直流电表)上换算成电导或电导率的数值显示出来。

5.3 测定电导率的方法

5.3.1 测量操作的程序

使用 DDS－11A 型电导率仪测量溶液的电导率,其操作程序如下:

(1) 接通电源前,先观察表针是否指零,如不指零,可调整表头上的螺丝使表针指零。

(2) 将校正、测量换挡开关 K_2 扳在“校正”位置。

(3) 插接电源线,打开电源开关 K,预热 3 min(或待指针完全稳定下来为止),调节校正调节器 Rw_3,使电表满度指示。

(4) 将量程选择开关 K_1 扳到所需要的测量范围。如预先不知被测溶液电导率的大小,应先把其扳在最大电导率测量挡,然后逐档下降,以防表针打弯。

(5) 将选定的电导电极插头插入电极插口,旋紧插口上的紧固螺丝,再将电极浸入待测溶液中,按电极上所示的电极常数调节电极常数调节器。

(6) 选择测量频率。当被测量液体电导率低于 300 $\mu S \cdot cm^{-1}$时,选用"低周",将 K_3 板向"低周"。高于此值时,选用"高周"。

(7) 进行测量。将校正,测量开关 K_2 扳向"测量",此时若表头指针不在量程刻度范围内,应逐挡调节量程选择开关,直到指针指在刻度范围内。这时指示数乘以量程开关 K_1 的倍率即为被测液的实际电导率。

5.3.2 测量注意事项

(1) 电解质溶液的电导率随温度的变化而改变,因此,在测量时应保持被测体系处于恒温条件下。

(2) 电极接线不能潮湿或松动,否则会引起测量的误差。

(3) 根据被测溶液的电导率不同,应选择不同类型的电极。例如:当被测溶液的电导率低于 10 $\mu S \cdot cm^{-1}$时,可使用 DJS－1 型铂光亮电极;当被测溶液的电导率在 10～10^4 $\mu S \cdot cm^{-1}$时,可使用 DJS－1 型铂黑电极;当被测溶液的电导率大于 10^4 $\mu S \cdot cm^{-1}$时,可使用 DJS－10 型铂黑电极。这时应把 Rw_2 调节至在所用电极的 1/10 电极常数上。

6. 色谱法简介

色谱法是一种分离和分析方法,它在分析化学、有机化学、生物化学等领域有着非常广泛的应用。色谱法利用不同物质在不同相态的选择性分配,以流动相对固定相中的混合物进行洗脱,混合物中不同的物质会以不同的速度沿固定相移动,最终达到分离的效果。色谱法分离物质的过程的本质是待分离物质分子在固定相和流动相之间分配平衡的过程,不同的物质在两相之间的分配会不同,这使其随流动相运动速度各不相同,随着流动相的运动,混合物中的不同组分在固定相上相互分离。

色谱法有很多种分类,按固定相的外形分为:柱色谱法、纸色谱法、薄层色谱法。

6.1 柱色谱法

柱色谱法柱色谱法是将固定相装在一金属或玻璃柱中或是将固定相附着在毛细管内壁上做成色谱柱,试样从柱头到柱尾沿一个方向移动而进行分离的色谱法。按分离机理不同可分为:吸附色谱、分配色谱、离子交换色谱和凝胶色谱等。

吸附色谱体系是由吸附剂、溶剂和试样三者构成的,试样在吸附剂和洗脱剂作用下,反复地在柱中进行吸附－解吸,从而继续用洗脱剂连续展开,由于在两相吸附能力的差异,顺次从柱中流出而得到分离。常见的柱色谱装置如图 2－109 所示。

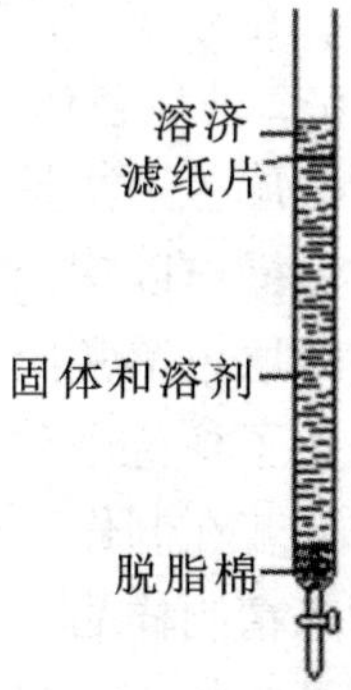

图 2－109　柱色谱装置

在吸附层析中,为提高分离效果,必须充分考虑试样、洗脱剂和吸附剂三者关系。

6.1.1 吸附剂

对吸附剂的基本要求是:具有适度的活性较大的比表面积;与洗脱剂及被分离物质不起化学反应;不溶于洗脱剂中;要有一定的均匀粒度。

常用的吸附剂有氧化铝、硅胶、氧化镁和活性炭等。大多数的吸附剂的活性与其含水量有关,含水量越低活性越好。通常采用加热的方法使吸附剂活化。化合物的吸附性与其极性成正比,化合物分子中含极性较大的基团时,吸附性也较强,氧化铝对各化合物的吸附能力按以下次序递减:

酸和碱 > 醇、胺 > 脂、醛、酮 > 芳香族化合物 > 卤代物、醚 > 烯 > 饱和烃

6.1.2 溶剂(洗脱剂)

在柱层析中，如采用氧化铝或硅胶为吸附剂，则所用的溶剂应先从极性低的(对吸附剂亲和力小的)开始，以后逐渐增加极性大的溶剂。

常用的流动相按其极性增强顺序排列：

石油醚 < 环己烷 < 二硫化碳 < 四氯化碳 < 三氯乙烯 < 苯 < 甲苯 < 二氯甲烷 < 氯仿 < 乙醚 < 乙酸乙酯 < 乙酸甲酯 < 丙酮 < 正丙醇 < 乙醇 < 甲醇 < 吡啶 < 酸

在实际操作中，使用混合溶剂作为洗脱剂，一般要比单独使用一种溶剂为洗脱剂的时候多些，因为混合溶剂往往能起到单一溶剂所不能起到的微妙分离效果，但在使用时要绝对避免用两个极端洗脱力的混合剂，这是因为洗脱力强的溶剂发生溶剂化效应，从而降低混合溶剂的作用，达不到理想的分离效果。

层析时，如被分离的物质含有羧基或氨基等极性强的官能团，容易发生色带扩散和拖尾现象。为了防止这种现象达到有效分离，在分离含有羧基的试样时，可加少量的醋酸；在分离含有氨基试样时，可加少量的氨水、吡啶、二己胺等溶剂，以控制它们的解离，消除拖尾，提高层析效能。

6.1.3 试样成分的性质

化合物的吸附性与其极性成正比，化合物分子中含极性较大的基团时，吸附性也较强，氧化铝对哥化合物的吸附能力按以下次序递减：

酸和碱 > 醇、胺 > 脂、醛、酮 > 芳香族化合物 > 卤代物、醚 > 烯 > 饱和烃

柱层析操作主要有三个部分：装柱、上样和洗脱分离。

(1)装柱：装柱分为干法装柱和湿法装柱。干法装柱是将吸附剂通过漏斗形成细流，慢慢加入柱内，同时不断敲打使之均匀，然后，打开下端活塞，从上端倒入洗脱剂冲柱，以排出柱内气泡，并保留一定液面。湿法装柱是先在柱中装入少许棉花，倒入洗脱剂使棉花浸湿，再倒入洗脱剂和吸附剂混合物，同时打开下端活塞，使洗脱剂带动吸附剂沉降到柱下端至完全，在吸附剂上面加少许棉花或小片滤纸。

(2)上样：将适量样品溶于极性较小的溶剂，置于分液漏斗，打开活塞迅速全部加于柱顶端。并在顶端放一块圆形滤纸，用针刺几个洞，再放上一层石子、沙子或玻璃珠，以防加洗脱剂时搅动柱顶表面。

(3)洗脱分离：采用梯度洗脱，溶剂极性应由小到大逐步递增，这样可以提高分离效率，缩短分离时间。在分离酸性或碱性物质时，加适量乙酸或氨、吡啶、乙二胺，防止拖尾。

6.2 薄层色谱法

薄层色谱法是将适当粒度的吸附剂作为固定相涂布在平板上形成薄层，然后用与纸色谱法类似的方法操作以达到分离目的。

薄层色谱常用 TLC 表示，又称薄层层析，是近年来发展起来的一种微量、快速而简单的色谱法，它兼备了柱色谱和纸色谱的优点。一方面适用于小量样品(几到几十微克，甚至 0.01μg)的分离；另一方面若在制作薄层板时，把吸附层加厚，将样品点成一条线，则可分离多达 500 mg 的样品。因此又可用来精制样品。故此法特别适用于挥发性较小或在较高温度易发生变化而不能用气相色谱分析的物质。此外，在进行化学反应时，常利用薄层色谱观察原料斑点的逐步消失来判断反应是否完成。依其所采用的薄层材料性质和物理、化学原理的不同，可分为吸附薄层色谱、分配薄层色谱和离子交换薄层色谱等。

吸附薄层色谱采用硅胶、氧化铝等吸附剂铺成薄层，将样品以毛细管点在原点处，用移动的展开剂将溶质解吸，解吸出来的溶质随着展开剂向前移动，遇到新的吸附剂，溶质又会被吸附，新到的展开

剂又会将其解吸，经过多次的解吸－吸附－解吸的过程，溶质就会随着展开剂移动。吸附力强的溶质随展开剂移动慢，吸附力弱的溶质随展开剂移动快，这样不同的组分在薄层板上就得以分离。

一个化合物在吸附剂上移动的距离与展开剂在吸附剂上移动的距离的比值称为该化合物比移值 Rf。

薄层色谱是在被洗涤干净的玻板（10×3 cm 左右）上均匀的涂一层吸附剂或支持剂，带干燥、活化后将样品溶液用管口平整的毛细管滴加于离薄层板一端约 1cm 处的起点线上，凉干或吹干后置薄层板于盛有展开剂的展开槽内，浸入深度为 0.5cm。待展开剂前沿离顶端约 1cm 附近时，将色谱板取出，干燥后喷以显色剂，或在紫外灯下显色。记下原点至主斑点中心及展开剂前沿的距离，计算比移值（R_f）。如图 2－110 所示。

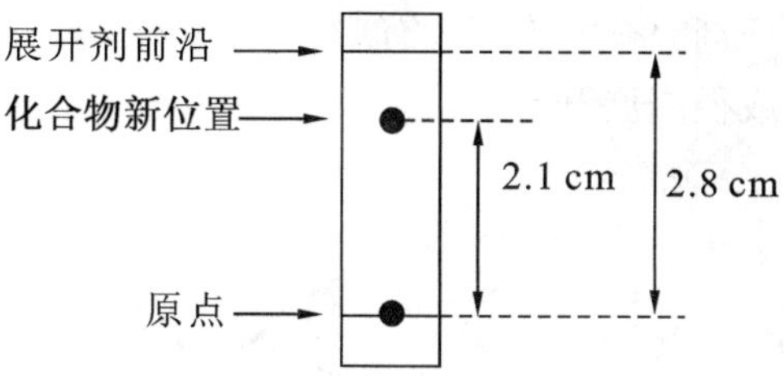

$$R_f = \frac{2.1}{2.8} = 0.75$$

图 2－110　比移值的计算

展开剂是影响色谱分离度的重要因素。一般来说，展开剂的极性越大，对特定化合物的洗脱能力也越大。一般常用展开剂按照极性从小到大的顺序排列大概为：

石油醚＜己烷＜甲苯＜苯＜氯仿＜乙醚＜THF＜乙酸乙酯＜丙酮＜乙醇＜甲醇＜水＜乙酸。

6.3 纸色谱法

纸色谱法是利用滤纸作固定液的载体，把试样点在滤纸上，然后用溶剂展开，各组分在滤纸的不同位置以斑点形式显现，根据滤纸上斑点位置及大小进行定性和定量分析。在用纸色谱法分离物质时应注意以下几点：

（1）展开容器：通常为圆形或长方形玻璃缸，缸上具有磨口玻璃盖，应能密闭。用于下行法时，盖上有孔，可插入分液漏斗，用以加入展开剂。在近顶端有一用支架架起的玻璃槽作为展开剂的容器，槽内有一玻棒，压住色谱滤纸；槽的两侧各一支玻棒，用以支持色谱滤纸使其自然下垂。用于上行法时，在盖上的孔中加塞，塞中插入玻璃悬钩，一边将点样后的色谱滤纸挂在钩上；并除去溶剂槽和支架。

（2）点样器：常用具支架的微量注射器或定量毛细管，应能使点样位置正确、集中。

（3）色谱滤纸：选取色谱滤纸时，滤纸应质地均匀平整，具有一定机械强度，不含影响展开效果的杂质；也不应与所显色剂起作用，以免影响分离和鉴别效果，必要时可进行处理后再用。用于下行法时，取色谱滤纸按纤维长丝方向切成适当大小的纸条，离纸条上端适当的距离（使色谱滤纸上端能足够浸入溶剂槽内的展开剂中，并使点样基线能在溶剂槽侧的玻璃支持棒下数厘米处）用铅笔划一点样基线，必要时，可在色谱滤纸下端切成锯齿形便于展开剂滴下。用于上行法时，色谱滤纸长约 25 cm，宽度则按需要而定，必要时可将色谱滤纸卷成筒形；点样基线距底边约 2.5 cm。

纸色谱法分离操作方法一般有两种：下行法和上行法。

（1）下行法：将样品溶解于适宜的溶剂中制成一定浓度的溶液，用定量毛细管或微量注射器吸取溶液，点于点样基线上，溶液宜分次点加，待其自然干燥、低温烘干或温热气流吹干，样点直径为 2～4 mm，点间距离约为 1.5～2.0 cm，样点通常应为圆形。

将点样后的色谱滤纸的点样段放在溶剂槽内并用玻棒压住，使色谱滤纸通过槽侧玻璃支持自然下垂，点样基线在支持棒下数厘米处。展开前，展缸内用溶剂的蒸汽使之饱和，然后小心添加展开剂至溶剂槽内，使色谱滤纸的上端浸没在槽内的展开剂中。展开剂即经毛细管作用沿色谱滤纸移动进行展开，展开至规定的距离后，取出色谱滤纸，标明展开剂前沿位置，待展开剂挥散后按规定方法检测色谱斑点。

(2)上行法：点样方法同下行法。展缸内加入适量展开剂，放置待展开剂蒸汽饱和后，再下降悬钩，使色谱滤纸浸入展开剂约0.5 cm，展开剂即经毛细管作用色谱滤纸上升，除另有规定外，一般展开至约15 cm后。取出晾干，按规定方法检视。

展开可以单向展开，即向一个方向进行；也可以进行双向展开，即先向一个方向展开，取出，佚展开剂完全挥发后，将滤纸转动90°，再用原展开剂或另一种展开剂进行展开；亦可多次展开，连续展开或径向展开等。

九、溶液 pH 值的测定与控制

(一)溶液 pH 值的测定

1. 酸碱指示剂

酸碱指示剂本身是一种较大分子的有机弱酸或弱碱，在酸碱性不同的水溶液中其主要存在形式不同，从而显示出不同的颜色。常用的指示剂列于表2－18中。

表2－18　常见指示剂的变色范围

指示剂	颜色			pK^{θ}_{HIn}	变色范围(291K)pH值
	酸形色	过渡色	碱形色		
甲基橙(弱碱)	红	橙	黄	3.4	3.1～4.4
甲基红(弱酸)	红	橙	黄	5.0	4.4～6.2
溴百里酚蓝(弱酸)	黄	绿	蓝	7.3	6.0～7.6
百里酚蓝(二元弱酸)	红(H_2In)	橙	黄(HIn^-)	1.65($pK^{\theta}_{H}In$)	1.2～2.8
	黄(HIn^-)	绿	蓝(In^{2-})	9.20(pK^{θ}_{HIn})	8.0～9.6
酚酞(弱酸)	无色	粉红	红	9.1	8.2～10.0

酸碱指示剂只能测出溶液大概pH值范围，而不能测出具体的pH值。

2. pH试纸法

pH试纸是将多种酸碱指示剂按一定比例制成混合溶液，再用滤纸浸湿、阴干、切条而成，在不同的pH呈现不同的颜色。pH试纸分为广泛型(1～14)和精密型(有不同的pH范围)两种，测定的为溶液中H+的近似浓度。

试纸的使用方法：

(1) 用石蕊试纸测定溶液的酸碱性时，先将石蕊试纸剪成小块，放在干燥清洁的表面皿或玻璃片上，再用干燥洁净玻璃棒蘸取要测定的溶液，滴在试纸的中部，然后观察石蕊试纸的颜色，切不可将试纸投入溶液中试验。注意玻璃棒不能用水浸湿，这样会使溶液变稀，测定结果向pH＝7的方向靠近。

(2) 用pH试纸试验溶液pH值的方法与石蕊试纸的相同，但最后需将pH试纸所显示的颜色与标准比色卡比较，以最接近的颜色来确定溶液的pH值。

(3)用石蕊试纸，醋酸铅试纸与碘化钾淀粉试纸试验挥发性物质的pH时，将一小块试纸润湿后粘在玻璃棒的一端，然后用此玻璃棒将试纸放到试管口，如有待测气体逸出则变色。

3. pH 计的使用

利用酸度计(也称 pH 计)测定溶液的 pH 值具有精确、快捷、方便等优点,一般可准确至 0.01 ~ 0.001。但仪器价格较高,一次性投入较大。

3.1 仪器的结构

以 PHS－3C 型酸度计由主机和复合电极组成,主机上有四个旋钮,它们分别是:选择、温度、斜率和定位旋钮或按键。仪器的外观结构如图 2－111 所示。

3.2 操作步骤

3.2.1 开机前准备

电极梗旋入电极梗插座,调节电极到适当位置。把复合电极夹在电极夹上,取下电极前端的电极套。并用蒸馏水清洗电极,清洗后用滤纸吸干。

3.2.2 开机

将电源线插入电源插座,按下电源开关,电源接通后,指示灯亮,屏幕出现读数(与数字多少无关),预热 30min, 接着进行标定。

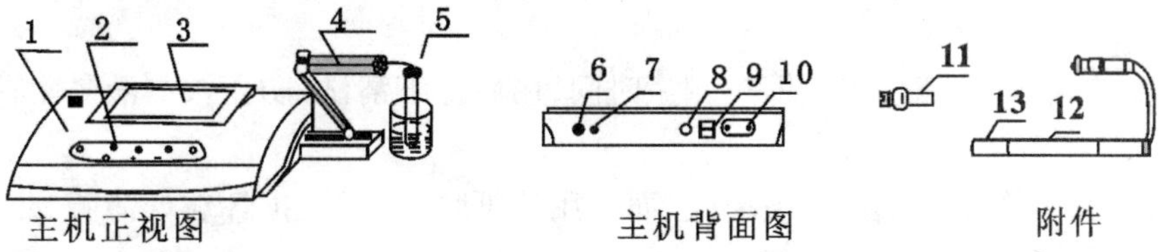

1－机箱　2－键盘或旋钮　3－显示屏　4－多功能电极架　5－电极　6－测量电极插座
7－参比电极接口　8－保险丝　9－电源开关　10－电源插座　11－Q9 短路插
12－E－201－C 型 PH 复合电极　13－电极保护套

图 2－111　PHS－3C 型酸度计仪器的外观结构

3.2.3 标定

仪器使用前,先要标定,一般来说,仪器在连续使用时,每天要标定一次。

(1)在测量电极插座处拨去短路插座。

(2)在测量电极插座处插上复合电极。

(3)把选择开关旋钮调到 pH 档。

(4)调节温度补偿旋钮,使旋钮白线对准溶液温度值。

(5)把斜率调节旋钮顺时针旋到底(即调到 100% 位置)。

(6)把清洗过的电极插入 pH =6.86 的缓冲溶液中。

(7)调节定位调节旋,使仪器显示读数与该缓冲溶液当时温定下降时的 pH 值相一致(如用混合磷酸定位温度为 10℃时,pH =6.92)。

(8)将蒸馏水清洗过的电极,再插入 pH =4.0(或 pH =9.18)的标准溶液中,调节斜率旋钮使仪器显示读数与该缓冲溶液中当时温度下的 pH 值一致。

(9)重复(6)－(8)直至不用再调节定位或斜率两调节旋钮为止。

(10)仪器完成标定。

3.2.4. 测量 pH 值

经标定过的仪器,即可用来测定被测溶液,被测溶液与标定溶液温度不同,测量步骤也有所不同。

(1)被测溶液与定位溶液温度相同时,测量步骤如下:

①用蒸馏水清洗电极头部,再用被测溶液清洗一次。

②把电极浸入被测溶液中,用玻璃棒搅拌溶液,使溶液均匀,在显示屏上读出溶液的 pH 值。

(2)被测溶液和定位溶液温度不相同时,测量步骤如下:

①电极头部，用被测溶液清洗一次。

②用温度计测出被测溶液的温度值。

③调节“温度”调节旋钮，使白线对准补测溶液的温度值。

④把电极插入被测溶液中，用玻璃棒搅溶液，使溶液均匀后读出该溶液的 pH 值。

使用中若能够合理维护电极、按要求配制标准缓冲液和正确操作电极，可大大减小 pH 示值误差，从而提高化学实验、医学检验数据的可靠性。

3.3 电极的正确使用与保养

目前实验室使用的电极都是复合电极，其优点是使用方便，不受氧化性或还原性物质的影响，且平衡速度较快。使用时，将电极加液口上所套的橡胶套和下端的橡皮套全取下，以保持电极内氯化钾溶液的液压差。

电极的使用与维护介绍。

(1)复合电极不用时，可将其充分浸泡在 3M 氯化钾溶液中。

(2)使用前，检查玻璃电极前端的球泡。正常情况下，球泡应该透明而无裂纹；球泡内要充满溶液，不能有气泡存在。

(3)测量浓度较大的溶液时，尽量缩短测量时间，用后仔细清洗，防止被测液黏附在电极上而污染电极。

(4)清洗电极后，不要用滤纸擦拭玻璃膜，而应用滤纸吸干，避免损坏玻璃薄膜、防止交叉污染，影响测量精度。

(5)测量中注意电极的银—氯化银内参比电极应浸入到球泡内的氯化物缓冲溶液中，避免 pH 计显示部分出现数字乱跳现象。使用时，注意将电极轻轻甩几下。

(6)电极不能用于强酸、强碱或其他腐蚀性溶液。

(7)严禁在脱水性介质如无水乙醇、重铬酸钾等中使用。

3.4 标准缓冲液的配制及其保存

(1)pH 标准物质应保存在干燥的地方，如混合磷酸盐 pH 标准物质在空气湿度较大时就会发生潮解，一旦出现潮解，pH 标准物质就不可使用。

(2)配制 pH 标准溶液时应使用二次蒸馏水或者去离子水。如果是用于 0.1 级 pH 计测量，则可以用普通蒸馏水。见表 2－19。

(3)配制 pH 标准溶液应使用较小的烧杯来稀释，以减少沾在烧杯壁上的 pH 标准液。存放 pH 标准物质的塑料袋或其他容器，除了应该干净以外，还应用蒸馏水多次冲洗，然后将其倒入配制的 pH 标准溶液中，以保证配制的 pH 标准溶液准确无误。

(4)配制好的标准缓冲溶液一般可保存 2～3 个月，如发现有浑浊、发霉或沉淀等现象时，不能继续使用。

(5)碱性标准溶液应装在聚乙烯瓶中密闭保存。防止二氧化碳进入标准溶液后形成碳酸，降低其 pH 值。

(6)在校准前应特别注意待测溶液的温度。不同的温度下，标准缓冲溶液的 pH 值是不一样的。校准工作结束后，对使用频繁的 pH 计一般在 48 小时内仪器不需再次定标。如遇到下列情况之一，仪器则需要重新标定：

表 2-19 pH 标准缓冲溶液(25℃)

名称	配 制	pH 值
草酸盐标准缓冲溶液	c[$KH_3(C_2O_4)_2 \cdot 2H_2O$]为 0.05 mol·$L^{-1}$。称取 12.71g 四草酸钾[$KH_3(C_2O_4)_2 \cdot 2H_2O$]溶于无二氧化碳的水中,稀释至 1000 mL	1.68
酒石酸盐标准缓冲溶液	在 25℃时,用无 CO_2 的水溶解外消旋的酒石酸氢钾($KHC_4H_4O_6$),并剧烈振摇至成饱和溶液	3.55
苯二甲酸氢盐标准缓冲溶液	c($C_6H_4CO_2HCO_2K$)为 0.05 mol·L^{-1},称取于(115.0 ± 5.0)℃干燥 2~3 h 的邻苯二甲酸氢钾($KHC_8H_4O_4$)10.21 g,溶于无 CO_2 的蒸馏水,并稀释至 1000 mL(注:可用于酸度计校准)	4.00
磷酸盐标准缓冲溶液	分别称取在(115.0 ±5.0)℃干燥 2~3 h 的磷酸氢二钠(Na_2HPO_4)(3.53 ± 0.01) g 和磷酸二氢钾(KH_2PO_4)(3.39 ±0.01) g,溶于预先煮沸过 15~30 min 并迅速冷却的蒸馏水中,并稀释至 1000 mL(可用于酸度计校准)	6.86
硼酸盐标准缓冲溶液	c($Na_2B_4O_7 \cdot 10H_2O$)称取硼砂($Na_2B_4O_7 \cdot 10H_2O$)(3.80 ± 0.01) g(注意:不能烘!)溶于预先煮沸过 15~30 min 并迅速冷却的蒸馏水中,并稀释至 1000 mL。置聚乙烯塑料瓶中密闭保存防 CO_2 的进入。	9.18
氢氧化钙标准缓冲溶液	在 25℃,用无 CO_2 的蒸馏水制备 $Ca(OH)_2$ 的饱和溶液。氢氧化钙溶液的浓度 c[$1/2Ca(OH)_2$]应在(0.0400~0.0412)mol·L^{-1}。$Ca(OH)_2$ 的浓度可以酚红为指示剂,用 c(HCl) = 0.1 mol·L^{-1}滴定测出。存放时要防 CO_2 的进入。	12.45

注:为保证 pH 值的准确度,上述标准缓冲溶液必须使用 pH 基准试剂配制。

(1)溶液温度与定标温度有较大的差异时;(2)电极在空气中暴露过久,如半小时以上时;(3)定位或斜率调节器被误动;(4)测量过酸($pH<2$)或过碱($pH>12$)的溶液后;(5)换过电极后;(6)当所测溶液的 pH 值不在两点定标时所选溶液的中间,且距 $pH=7$ 又较远时。

4. 溶液 pH 值的控制

在化学中,有一类能够减缓因外加强酸或强碱以及稀释等而引起的 pH 急剧变化的作用的溶液,此种溶液被称为 pH 缓冲溶液。pH 缓冲溶液一般都是由浓度较大的弱酸及其共轭碱所组成,如 $HAc-Ac^-$,NH_4^+—NH_3 等,此种缓冲溶液具有抗外加强酸强碱的作用,同时还有抗稀释的作用。在高浓度的强酸或强碱溶液中,由于 H^+ 或 OH^- 浓度本来就很高,外加少量酸或碱基本不会对溶液的酸度产生太大的影响。强酸($pH<2$)、强碱($pH>12$)也是缓冲溶液,但此类缓冲溶液不具有抗稀释的作用。在分析化学中用到的缓冲溶液,大多数是用于控制溶液的 pH,也有一部分是专门用于测量溶液的 pH 值时的参照标准,被称为标准缓冲溶液。

十、试管实验基本技术

普通试管和离心试管作为化学反应的基本容器,具有试剂用量少,操作灵活,易于观察实验现象等诸多优点,特别适用于元素及化合物的性质实验。有关试管反应的实验技术可归纳如下:

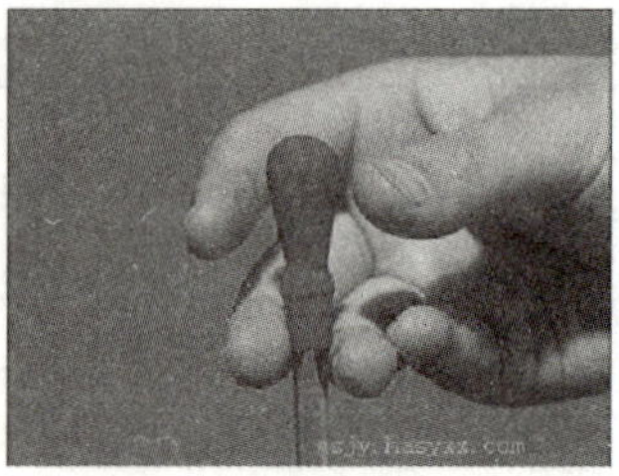

图 2－112　小滴管的正确拿法

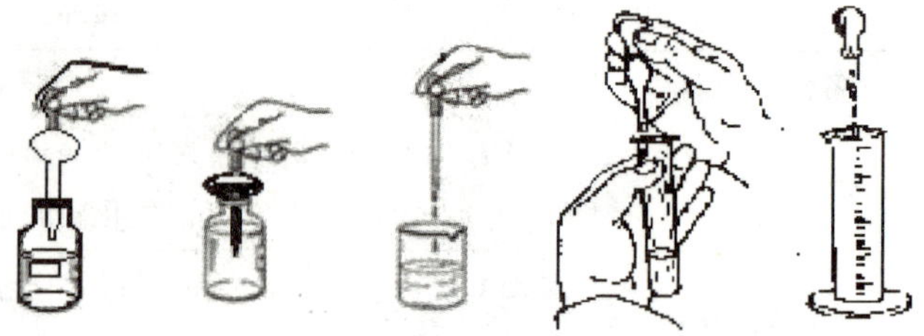

图 2－113　用滴管向试管或其他容器中滴加试剂

（一）往试管中滴加试剂

用中指与无名指夹住滴瓶小滴管向上提起，离开滴瓶中的液面，用食指与大拇指挤压的橡皮头排出空气，捏紧并伸入滴瓶液面下，松开大拇指与食指吸取溶液，提起移至试管口垂直放在试管口或其他容器的正上方，轻捏橡皮头即可将试剂逐滴加入，如图 2－112、2－113 所示。该操作应注意下几点：

（1）严禁将滴管深入试管或其他容器内。

（2）严禁将滴管乱放与桌面或插入其他试剂瓶内，用完后应立即放回原试剂瓶内，一个滴管只能取一种试剂，严防试剂污染。

（3）小滴管不能倒置，不能平持或斜持，以防试液流入胶帽中，腐蚀胶帽并玷污试剂。

（4）严禁小滴管充满液体放置，不用时尽可能排空其中的试剂。

（二）试剂用量

定性试验的试剂用量不要求准确，液体试剂用量一般在 0.5～2mL，反应液体最多不超过试管标示容积的 1/2，固体试剂除特殊指明，如黄豆粒儿、米粒儿等大小外，可以铺满试管底部为限，总用量不超过试管标注体积的 1/5，离心试管用量更少。需要强调的是：实验中不能随意增加试剂的用量，否则会导致各种试剂难以混合均匀，操作困难，危险性增加，试剂浪费。

（三）试管中固体或液体的加热

试管一般可直接在酒精灯火焰上加热，但应注意：

（1）加热试管中的液体时，液体量不得超过试管容积的 1/3。用试管夹夹持住试管中上部，管口向上，试管倾斜约 45°，先在火焰上方往复移动试管，使其均匀预热后，再放在外火焰中加热（见图 2－114）。为使其受热均匀，可先加热试管中液体的中上部，再缓慢向下移动加热，以防局部过热产生的大量蒸气带动液体冲出管外。

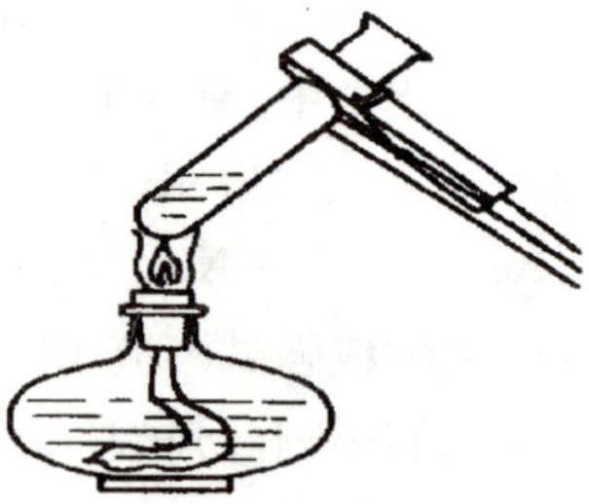

图 2－114　加热试管中的液体

（2）加热试管中的液体时，应避免出现直接用手拿取试管进行加热（见图 2－115（d））、试管夹夹取试管中部直立加热（见图 2－115（e））、试管口朝向自己或他人进行加热（见图 2－115（f））以及集中加热某一部位，致使局部过热液体溅出（见图 2－115（g））等错误操作。

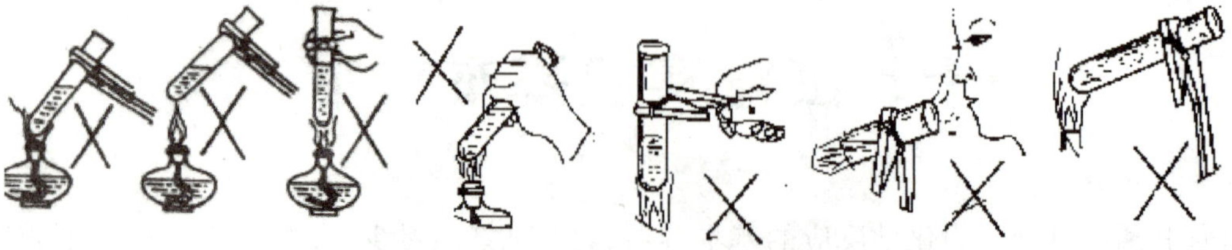

(a)　(b)　(c)　(d)　(e)　(f)　(g)

图 2－115　试管加热的错误操作

(3)加热试管中的固体时,固体试剂应放入试管底部并铺匀,块状或粒状固体一般应先研细后再加入试管中。加热时,用铁夹夹持试管的中上部,将试管口稍微倾斜向下(也可将其固定在铁架台上)(见图2－116)。以免凝结在试管上的水珠倒流到灼热的管底,而使试管炸破。

先用灯焰对整个试管预热,然后从盛有固体试剂的前部缓慢向后移动加热,见图2－117(a)。加热试管中的固体时,应避免出现将药品集中堆放在试管底部,致使加热时外层药物形成硬壳而阻止内部继续反应,或内部产生的气体将固体药品冲出试管外(见图2－117(b)),以及将试管口朝上加热,致使产生的液体流向灼热的管底发生炸裂(见图2－117(c))错误操作。

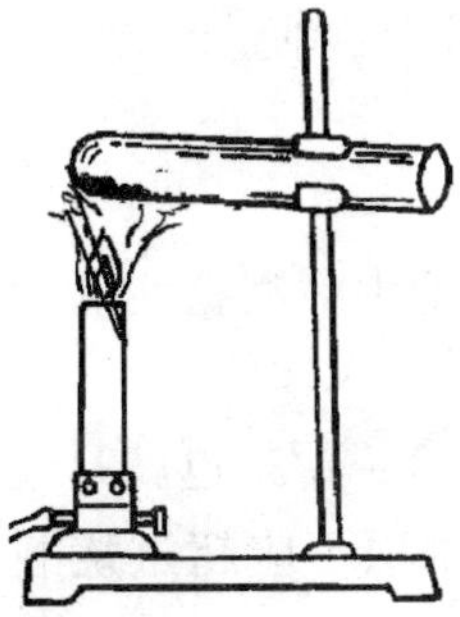

图2－116　加热试管中的固体

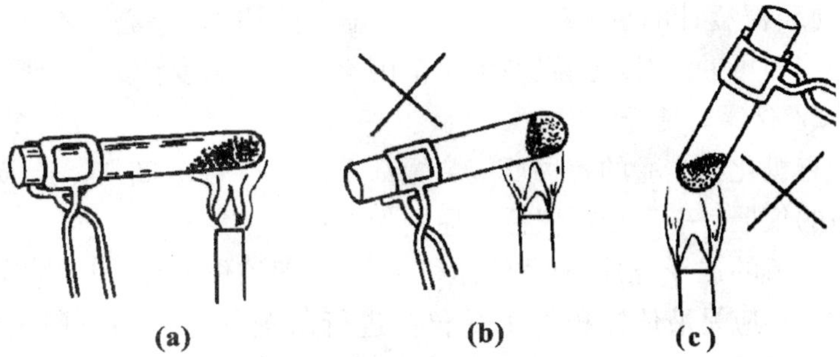

图2－117　加热试管中的固体

(4)离心试管不能直接用灯焰加热,可在水浴中加热。其还可用于定性分析中的沉淀分离。具支试管可直接有火加热,用于制备和检验气体或接到装置中,但其加热后不能骤冷。

十一、化学制备实验仪器的装配

(一)有机化学制备仪器的选择、装配与拆卸

1. 有机化学制备仪简介

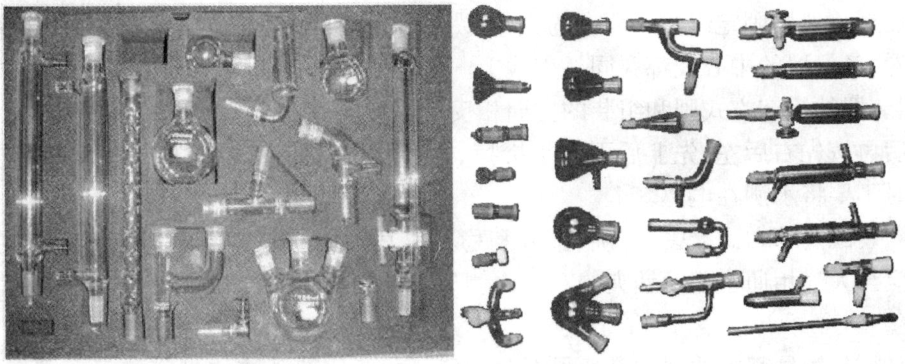

图2－118　有机化学制备仪

1.1 有机化学制备仪

有机化学制备仪采用硼硅酸盐硬质玻璃制成的高强度、加厚瓶身,各种标准磨口的成套产品,按照实验试剂用量,可分为常量、中量、半微量制备仪,如图2－118所示;按接口口径及仪器件数又有101型、201型、301型、401型、M22型、H32型、G63型、Z61型等多种型号,相同口径的仪器可以相互连接,即可免去配塞子及钻孔等手续,也能免去反应物或产物被软木塞或橡皮塞所玷污的问题。可装

配成蒸馏、回流、分馏、搅拌等多种装置。常用 M22 型中量有机化学制备仪(全套仪器 17 种,22 件)和 T33 型少量半微量有机化学制备仪(全套仪器 25 种,33 件)两种可以基本满足有机制备实验的要求。

1.2 使用玻璃仪器应注意事项

(1)使用时要轻拿轻放,以免弄碎。

(2)除烧杯、烧瓶和试管外,均不能用火直接加热。

(3)锥形瓶、平底烧瓶不耐压,不能用于减压系统。

(4)带活塞的玻璃器皿用过洗净后,在活塞与磨口之间垫上纸片,以防粘连而打不开。

(5)温度计的水银球玻璃很薄,易碎,使用时应小心。不能将温度计当搅拌棒使用;温度计使用后应先冷却再冲洗,以免破裂;测量范围不得超出温度计刻度范围。

2. 仪器的选择

有机化学实验的各种反应装置都是由一件件玻璃仪器组装而成的,实验中应根据实验要求选择合适的仪器。一般选择仪器的原则如下:

烧瓶的选择:根据液体的体积而定,一般液体的体积应占容器体积的 1/3 ~ 1/2,也就是说烧瓶容积的大小应是液体体积的 1.5 倍。进行水蒸气蒸馏和减压蒸馏时,液体体积不应超过烧瓶容积的 1/3。

冷凝管的选择:一般情况下回流用球形冷凝管,蒸馏用直形冷凝管。但是当蒸馏温度超过 140℃ 时应改用空气冷凝管,以防温差较大时,由于仪器受热不均匀而造成冷凝管断裂。

温度计的选择:实验室一般备有 150℃ 和 300℃ 两种温度计,根据所测温度可选用不同的温度计。一般选用的温度计要高于被测温度 10℃ ~20℃。

3. 仪器装配原则

(1) 整套仪器应尽可能使每一件仪器都用铁夹固定在同一个铁架台上,以防止各种仪器因振动频率不协调而破损。

(2) 铁夹的双钳应包有橡皮、绒布等衬垫,以免铁夹直接接触玻璃而将仪器夹坏。夹物要不松不紧,既保证磨口连接处严密不漏,又尽量使到各处不产生应力。

(3) 铁架应正对实验台的外面,不要倾斜。否则重心不一致,容易造成装置不稳而倾倒。

(4) 安装仪器时,应首先确定烧瓶的位置,其高度以热源的高度为基准,先下后上,从左到右,先主件后次件,逐个将仪器固定组装。所有的铁架、铁夹、烧瓶夹都要在玻璃仪器的后面,整套装置不论从正面、侧面看,各仪器的中心线都在同一直线上。

(5) 仪器装置的拆卸方式则和组装的方向相反。拆卸前,应先停止加热,移走热源,待稍冷却后,取下产物,然后再按先右后左,先上后下逐个拆掉。注意在松开一个铁夹时,必须用手托住所夹的仪器,拆冷凝管时不要将水洒在电热套上。

总之,仪器装配要求做到严密、正确、整齐和稳妥。其轴线应与实验台边沿平行。在常压下进行反应的装置,应与大气相通密闭。铁夹的双钳内侧贴有橡皮或绒布,或缠上石棉绳、布条等。否则,容易将仪器损坏。

使用玻璃仪器时,最基本的原则是切忌对玻璃仪器的任何部分施加过度的压力或扭歪,实验装置的马虎不仅看上去使人感觉不舒服,而且也是潜在的危险。因为扭歪的玻璃仪器在加热时会破裂,有时甚至在放置时也会崩裂。

(二)常用实验装置

1. 气体吸收装置

气体吸收装置如图 2－119 所示,用于吸收反应过程中生成的有刺激性和水溶性的气体(如 HCl、SO_2 等)。在烧杯或吸滤瓶中装入一些气体吸收液(如酸液或碱液)以吸收反应过程中产生的碱性或酸性气体。防止气体吸收液倒吸的办法是保持玻璃漏斗或玻璃管悬在近离吸收液的液面上,使反应体系与大气相通,消除负压。

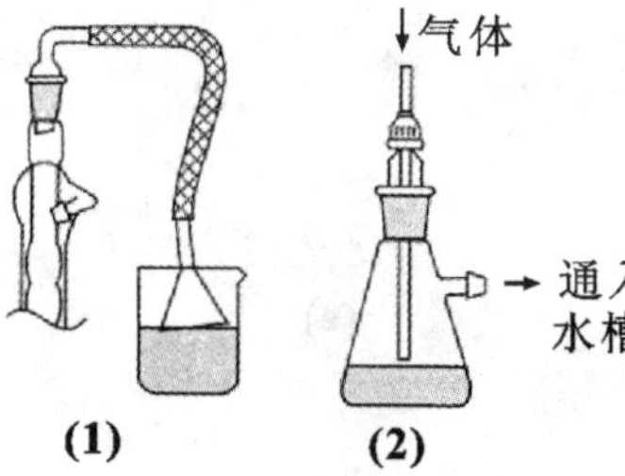

图 2－119　气体吸收装置

2. 回流(滴加)装置

很多有机化学反应需要在反应体系的溶剂或液体反应物的沸点附近进行,这时就要用回流装置。图 2－120 (a)是普通加热回流装置,图 2－120 (b)是防潮加热回流装置,图 2－120 (c)是带有吸收反应中生成气体的回流装置,图 2－120(d)为带有分水器的回流装置,回流下来的蒸气冷凝液进入分水器,分层后,有机层自动流回到反应烧瓶,生成的水从分水器中放出去。图 2－120 (e)为回流时可以同时滴加液体的装置;图 2－120 (f)为回流时可以同时滴加液体并测量反应温度的装置。

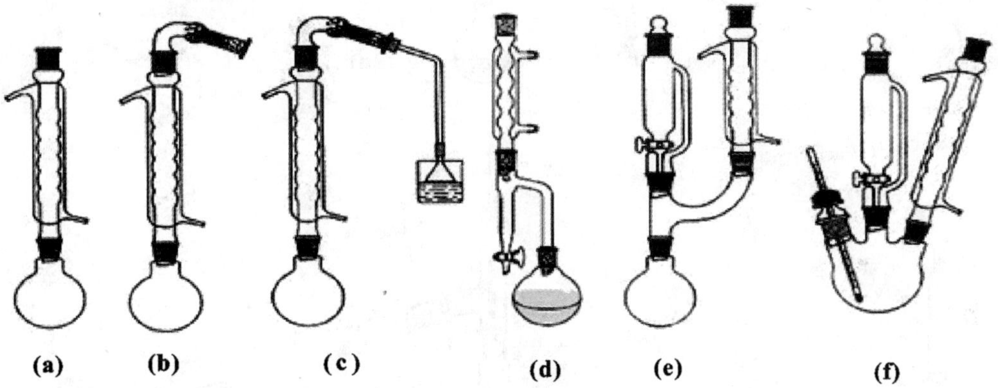

图 2－120　回流(滴加)装置

在回流装置中,一般多采用球形冷凝管。因为蒸气与冷凝管接触面积较大,冷凝效果较好,尤其适合于低沸点溶剂的回流操作。如果回流温度较高,也可采用直形冷凝管。当回流温度高于 130℃时就要选用空气冷凝管。

回流加热前,应先放入沸石。根据瓶内液体的沸腾温度,可选用电热套、水浴、油浴或石棉网直接加热等方式,在条件允许的情况下,一般不采用隔石棉网直接用明火加热的方式。回流的速率应控制在液体蒸气浸润不超过两个球为宜。

3. 搅拌回流装置

当反应在均相溶液中进行时一般可以不要搅拌,因为加热时溶液存在一定程度的对流,从而保持液体各部分均匀地受热。如果是非均相间反应或反应物之一是逐渐滴加时,为了尽可能使其迅速均匀地混合,以避免因局部过浓过热而导致其他副反应发生或有机物的分解;有时反应产物是固体,如不搅拌将影响反应顺利进行;在这些情况下均需进行搅拌操作。在许多合成实验中若使用搅拌装置,不但可以较好地控制反应温度,同时也能缩短反应时间和提高产率。

图 2－121(a)是可同时进行搅拌、回流和测量反应温度的装置;图 2－121(b)是同时进行搅拌、回流和自滴液漏斗加入液体的装置;图 2－121(c)是还可同时测量反应温度的搅拌回流滴加装置。图 2－121(d)是磁力搅拌回流装置。

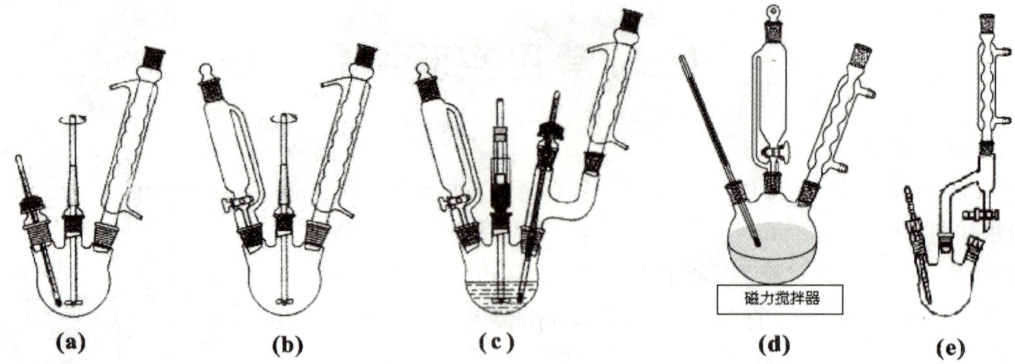

图 2－121 搅拌回流装置

4. 蒸馏、分馏装置

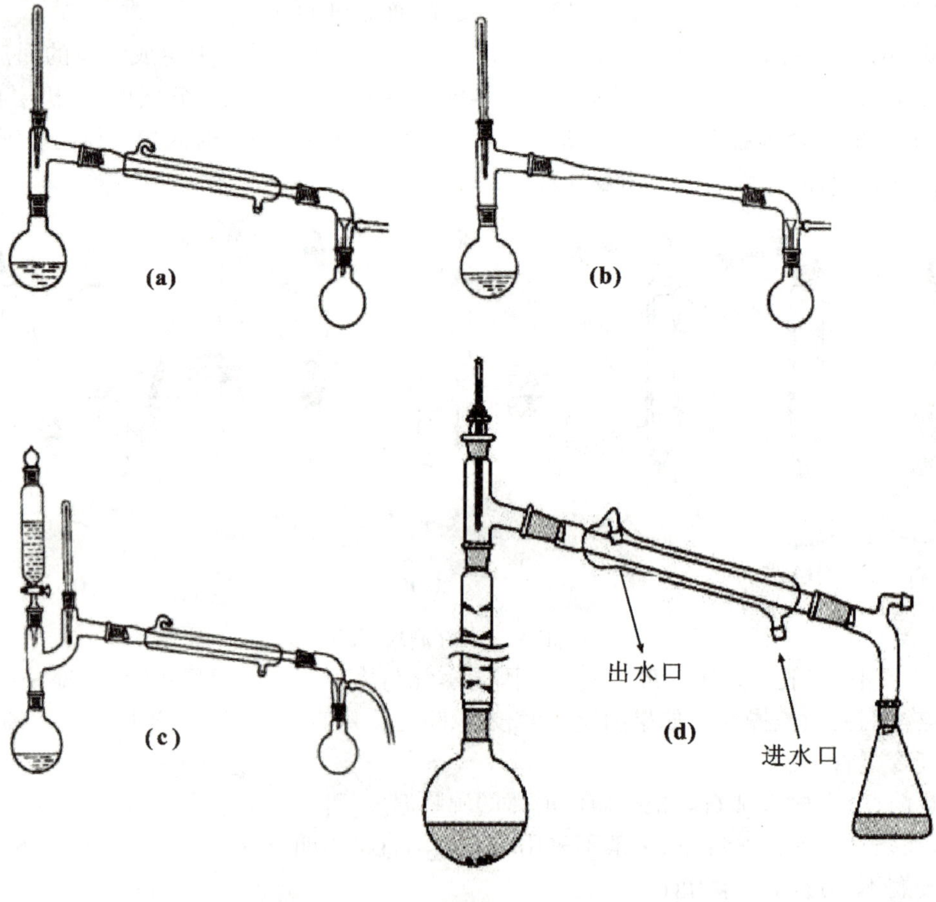

图 2－122 常见的蒸馏、分馏装

蒸馏是分离两种以上沸点相差较大的液体和除去有机溶剂的常用方法。图 2－122 (a)是最常用的蒸馏装置,若蒸馏易挥发的低沸点液体时,需将接液管的支管连上橡皮管,通向水槽或室外。支管口接上干燥管,可用作防潮的蒸馏。图 2－122 (b)是应用空气冷凝管的蒸馏装置,用于蒸馏沸点在140℃以上的液体。图 2－122(c)为蒸除较大量溶剂的装置,液体可自滴液漏斗中不断地加入,既可调节滴入和蒸出的速度,又可避免使用较大的蒸馏瓶。分馏装置见图 2－122(d)。

5. 滴加蒸馏(分馏)反应装置

某些有机反应需要一边滴加反应物一边将产物之一蒸出反应体系,防止产物再次发生反应,并破坏可逆反应平衡,使反应进行彻底,则可采用滴加蒸出反应装置,见图 2－123。利用这种装置,反应产物可单独或形成共沸混合物不断从反应体系中蒸馏出去，并可通过恒压滴液漏斗将一种试剂逐渐滴加入反应瓶中，以控制反应速率或使这种试剂消耗完全。

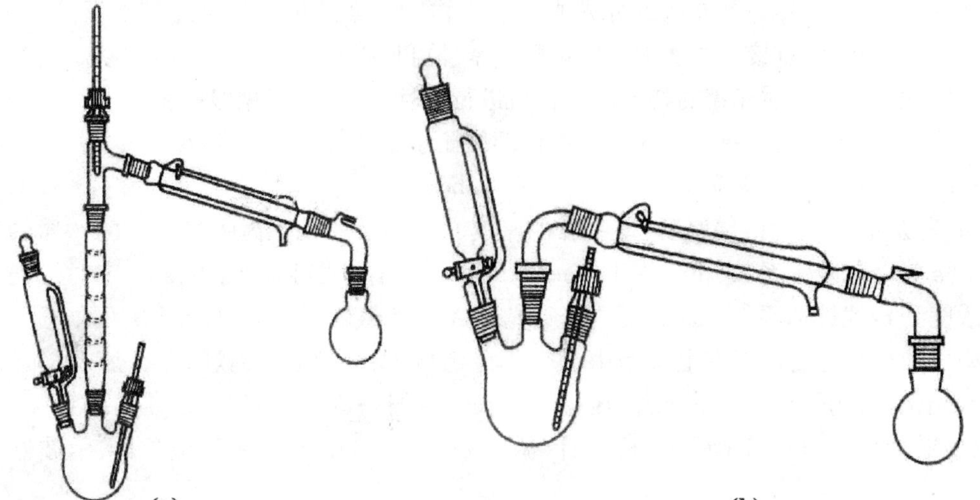
(a)　(b)

图 2－123　滴加蒸馏（分馏）反应装置

十二、大型分析仪器的使用与维护

（一）紫外可见分光光度计

1852 年，比尔（Beer）参考了布给尔（Bouguer）1729 年和朗伯（Lambert）在 1760 年所发表的文章，提出了分光光度的基本定律，这就是著名的朗伯比尔定律。1854 年，杜包斯克（Duboscq）和奈斯勒（Nessler）等人将此理论应用于定量分析化学领域，并且设计了第一台比色计。到 1918 年，美国国家标准局制成了第一台紫外可见分光光度计。此后，紫外可见分光光度计经不断改进，又出现自动记录、自动打印、数字显示、微机控制等各种类型的仪器，使光度法的灵敏度和准确度也不断提高，其应用范围也不断扩大。分光光度计是光学、精密机械和电子技术三者紧密结合而成的光谱仪器。正确安装、使用和保养分光光度计对保持仪器良好的性能和保证测试的精确度有重要作用。用于测量和记录待测物质分子对紫外光、可见光的吸光度及紫外可见吸收光谱，并进行定性定量以及结构分析的仪器，称为紫外可见吸收光谱仪或紫外可见分光光度计。见图 2－124、图 2－125。

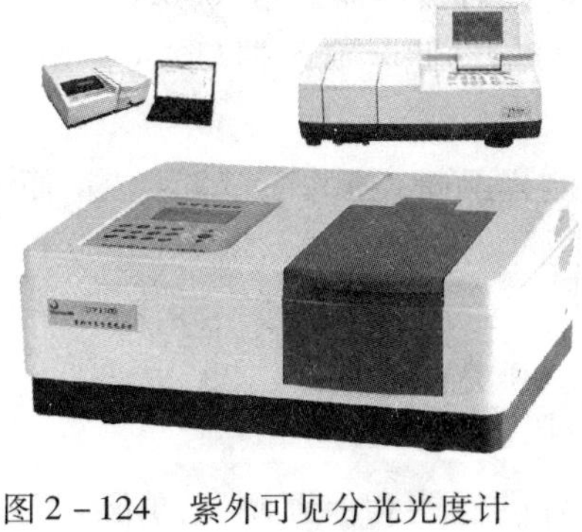

图 2－124　紫外可见分光光度计

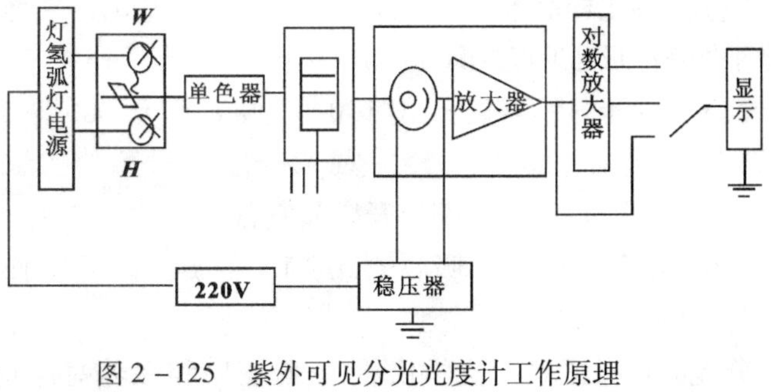

图 2－125　紫外可见分光光度计工作原理

1. 工作原理

基于物质吸收紫外或可见光，而引起分子中价电子跃迁、产生分子吸收光谱与物质组分之间的关系建立起来的分析方法，称为紫外可见分光光度法。物质的紫外可见光谱直接地反映了物质分子的电子跃迁，与物质的结构直接相关。不同的物质其紫外可见吸收光谱不同，而吸收强弱又与吸光物质的量有关。因此可以由物质光谱的特异性对物质进行定性分析，并根据吸收强度对物质作定量测试。在一定的条件下，吸光物质对单色光的吸收符合朗伯比尔定律，即

$$A = \varepsilon bc$$

式中 A 为吸光度；b 为液层厚度（即吸收池厚度），单位为 cm；c 为吸光物质的物质的量浓度，单位为 mol/L；ε 为摩尔吸光系数，单位为 $L \cdot mol^{-1} \cdot cm^{-1}$；由上式可知，当 b、$\varepsilon$ 一定时，吸光物质的吸光度为其浓度 c 成线性关系。因此只要测出吸光度 A 的数值就可以求出待测液的浓度。

各种型号的分光光度计基本上都是由五个部分组成的：①光源（钨灯、卤钨灯、氢弧灯、氘灯、汞灯、氙灯、激光光源）；②单色器（滤光片、棱镜、光栅、全息栅）；③样品吸收池；④检测系统（光电池、光电管、光电倍增管）；⑤信号指示系统（检流计、微安表、数字电压表、X－Y 记录仪、示波器、微处理显像管）。

光源 → 单色器 → 样品吸收池 → 检测系统 → 信号指示系统

其中单色器是分光光度计的心脏。单色器是将来自光源的混合光分解为单色光，并能提供所需波长的装置。单色器是由入口狭缝、出口狭缝、色散元件和准直镜等组成，其中色散元件是关键性元件，主要有棱镜和光栅两类。常见的紫外分光光度计根据光度学分类，可分为单光束和双光束两种。根据测量中提供的波长数又可分为单波长和双波长分光光度计。

2. 使用方法

分光光度计的使用主要包含以下几个步骤：

(1)连接仪器电源线，确保仪器供电电源有良好的接地性能。

(2)接通电源，使仪器预热 20 min（不包括仪器自检时间）。

(3)用《MODE》键设置测试方式，透光度（T），吸光度（A），已知标准样品浓度值方式（C）和已知标准样品斜率(F)方式。

(4)用波长选择旋钮设置所需要的分析波长。

(5)用待装液润洗比色皿后，将参比溶液和被测样品溶液分别倒入比色皿中，打开样品室盖，将盛有溶液的比色皿分别插入比色皿槽中，盖上样品室盖。仪器所附的比色皿，其透射比是经过配对测试的，因此在使用比色皿时应注意配对使用。取吸收池时，手指应拿毛玻璃面的两侧，装盛样品以池体的 4/5 为度，使用挥发性溶液时应加盖，透光面要用擦镜纸由上而下擦拭干净，检视应无溶剂残留，否则也将影响样品测试的精度。

(6)将 0%T 校具（黑体）置入光路中，在 T 方式下按“0%T”键，此时显示器显示“000.0”。

(7)将参比样品推（拉）入光路中，按“0A/100%T”键调 0A/100%T，此时显示器显示的"BLA"直至显示“100.0”%T 或“0.000” A 为止。

(8)当仪器显示器显示出“100.0” %T 或“0.000”A 后，将被测样品推（拉）入光路，这时，便可从显示器上得到被测样品的透射比或吸光度值。

(9)读完数以后应立即打开样品室盖。

(10)测量完毕，取出吸收池，洗净。各旋钮置于原来位置，电源开关置于“关”，切断电源。

3. 维护与保养

分光光度计是精密光学仪器，正确使用和保养对保持仪器良好的性能和保证测试的准确度有重

要作用。

(1)在不使用时不要开光源灯。如灯泡发黑(钨灯),亮度明显减弱或不稳定,应及时更换新灯。更换后要调节好灯丝位置。不要用手直接接触窗口或灯泡,避免油污黏附,若不小心接触过,要用无水乙醇擦拭。

(2)单色器是仪器的核心部分,装在密封的盒内,一般不宜拆开。要经常更换单色器盒的干燥剂,防止色散元件受潮生霉。仪器停用期间,应在样品室和塑料仪器罩内放置数袋防潮硅胶,以免灯室受潮,反射镜面有霉点及沾污。

(3)吸收池必须洁净,并注意配对使用。取吸收池时,手指应拿毛玻璃面的两侧,每次使用完毕后,应立即用蒸馏水洗净,为防止其光学窗面被擦伤,必须用擦镜纸或柔软的棉织物由上而下擦去水分。装盛样品以池体的4/5为度,使用挥发性溶液时应加盖,生物样品、胶体或其他在池窗上形成薄膜的物质要用适当的溶剂洗涤。有色物质污染,可用3mol · L^{-1}盐酸和等体积乙醇的混合液洗涤。洗干净后存于吸收池的盒内。

(4)光电器件应避免强光照射或受潮积尘。

(5)仪器的工作电源一般允许220V ±10%的电压波动。为保持光源灯和检测系统的稳定性,在电源电压波动较大的实验室最好配备稳压器。

(6)供试品溶液浓度除该品种已有注明外,其吸收度以在0.3 ~0.7之间为宜。测定时除另有规定外,应以配制供试品溶液的同批溶剂为空白对照,采用1 cm石英吸收池,在规定的吸收峰 ±2 nm以内,测几个点的吸收度或由仪器在规定的波长附近自动扫描测定,以核对供试品的吸收峰位置是否正确,并以吸收度最大的波长作为测定波长。

(7)供试品应取两份,如为对照品比较法,对照品一般也应取2份。平行操作,每份结果对平均值的偏差应在 ±0.5%以内。

(8)选用仪器的狭缝宽度应小于供试品吸收带的半宽度,否则测得的吸收度值会偏低,狭缝宽度的选择应以减少狭缝宽度时供试品的吸收度不再增加为准,对于大部分被测品种,可以使用2 nm缝宽。

(二)傅立叶红外光谱仪

1. 工作原理

图2-126　BRUKER TENSOR 27红外光

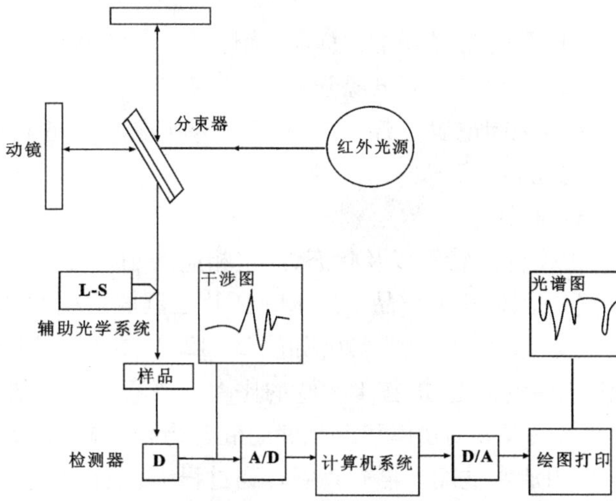

图2-127　傅立叶变换红外光谱仪

2. 使用方法

傅立叶变换红外光谱仪是由红外光源、干涉仪、样品室、检测器、电子计算机、记录仪等部件构成（TENSOR 27 红外光谱仪见图 2－126、2－127）。由光源发出的红外光，首先通过一个光圈，然后逐步通过滤光片、进入干涉仪（光束在干涉仪里被动镜调制）变成干涉图，再通过样品（透射或反射），即得到带有样品信息的干涉图，经放大器将信号放大，输入计算机进行处理或直接输入到专用计算机的存储系统中。当干涉图经模/数转换器转换和计算机计算后，再经数/模转换，由波数分析器扫描，便可由记录器绘出通常的透过率对应波数关系的红外光谱。

2.1 开机前准备

开机前检查实验室电源、温度和湿度等环境条件，电源电压：85 ~ 265V，47 ~ 65Hz，室温在 15 ~ 35℃、湿度≤70%，仪器室须保持无尘、无腐蚀性气体、无强烈震动才能开机。

2.2 开机

（1）按下仪器后侧的电源开关，开启仪器，加电后，仪器开始一个自检过程，约 30 s。自检通过后，状态灯由红变绿。仪器通电后至少要等待 10 min，等电子部分和光源稳定后，才能进行测量。

（2）开启电脑，运行 OPUS 操作软件，检查仪器主机与电脑通讯是否运作正常。

（3）设定适当的参数，检查仪器信号是否正常，若不正常需要查找原因，并进行相应的处理，正常后方可进行测量。

2.3 测量步骤

（1）根据实验要求，设置实验参数。

（2）根据样品选择背景。测量背景谱图。

（3）准备样品（如用压片机压片或液体池等）将制好的 KBr 薄片轻轻放在锁氏样品架内，插入样品池并拉紧盖子，在软件设置好的模式和参数下测试红外光谱图。先扫描空光路背景信号（或不放样品时的 KBr 薄片，有 4 个扣除空气背景的方法可供选择），再扫描样品信号，经傅立叶变换得到样品的红外光谱图。根据需要，打印或者保存红外光谱图。

（4）对谱图进行相应处理。

（5）清洗压片模具和玛瑙研钵。KBr 对钢制模具的平滑表面会产生极强的腐蚀性，因此模具用后应立即用水冲洗，再用去离子水冲洗三遍，用脱脂棉蘸取乙醇或丙酮擦洗各个部分，然后用电吹风吹干，保存在干燥箱内备用。玛瑙研钵的清洗与模具相同。

2.4 关机步骤

（1）移走样品仓中的样品，确保样品仓清洁。

（2）按仪器后侧电源开关，关闭仪器。

（3）关闭电脑。若有必要，还需要从电源插座上拔下电源线。盖上仪器防尘罩。在记录本上记录使用情况。

3. 制样

根据样品特性以及状态，制定相应的制样方法并制样。

（1）固体粉末样品　用 KBr 压片法制成透明的薄片，其具体操作步骤如下：

①严格清洗玛瑙碾具（如图 2－128），先用酒精或丙酮洗去油迹，再用清水洗净。碾磨被测物体和溴化钾的混合物，按 1∶100 的比率。碾磨成粉末状（越细、越均匀越好）。

②放入被测物体和溴化钾的混合物到压模器（如图 2－129），压模器必须先用酒精或丙酮洗去油迹，再用清水洗净。再放置混合物过程中，先拧上底座环，将挤压下垫（光面朝上）放入挤压体内，放入碾磨好的混合物粉末到挤压体内，再放入挤压上垫（光面朝下），再放入挤压杆，轻轻扭动挤压体与底座环。

图 2-128　玛瑙研钵

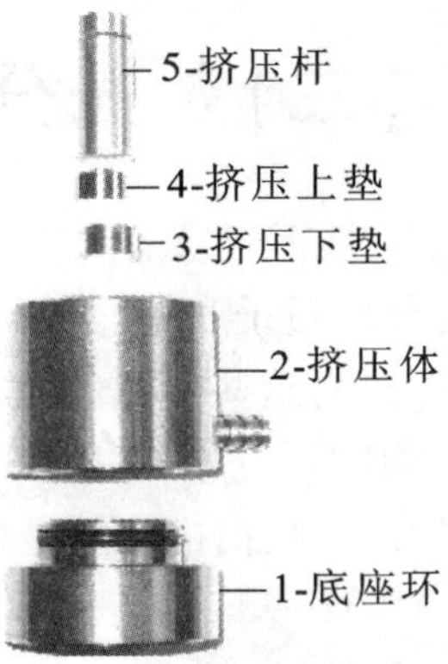

图 2-129　压模器

图 2-130　液压机

图 2-131　退取环

图 2-132　磁性样品架

③将压模器整体放入液压机上(如图 2-130),锁上油压开关,推动摇杆,将压力压到 28P ~ 30P,并停留 1 min。打开油压开关,取出压模器,拧下底座环。从下套上退取环(如图 2-131)。然后重新放入液压机上,挤压出上、下挤压垫,并取出挤压后的簿模。

④将压后的薄膜片,放入磁性样品架(如图 2-132),完成试样的制作过程。

(2)液体样品用液膜法、涂膜法或直接注入液体池内进行测定(液膜法是在可拆液体池两片窗片之间,滴上 1 ~ 2 滴液体试样,使之形成一薄的液膜,涂膜法是用刮刀取适量的试样,均匀涂于 KBr 窗片上,然后将另一块窗片盖上,稍加压力,来回推移,使之形成一层均匀无气泡的液膜。

(3)沸点较低,挥发性较大的液体试样,可直接注入封闭的红外玻璃或石英液体池中,液层厚度一般为 0.01 ~ 1mm)。

(4)塑料、橡胶、纤维等固体样品也可直接装在采样器上进行测定。

4. 维护方法

(1)保持实验室电源、温度和湿度等环境条件,当电压稳定,室温温度为 15 ~ 25℃,湿度≤60% 时才可开机。

(2)保持实验室安静和整洁,不得在实验室内进行样品化学处理,实验完毕即取出样品室内的样品。

(3)红外光谱仪室的设备附件必须严格清洗,并及时放入干燥箱内。

(4)样品室窗门应轻开轻关,避免仪器振动受损。

(5)密切注意红外光谱仪的干燥指示器,及时更换干燥剂。

(6)及时关闭红外光谱仪设备的电源。

(三)荧光分光光度计

荧光分光光度计见图2－133,是用于扫描液相荧光标记物所发出的荧光光谱的一种仪器。它能提供激发光谱、发射光谱、荧光强度、量子产率、荧光寿命、荧光偏振等许多物理参数,从不同的角度反映了分子的成键和结构情况。通过对这些参数的测定,不但可以进行一般的定量分析,还可以推断分子在不同环境下的构象变化,从而阐明分子结构与其功能之间的关系。荧光分光光度计的激发波长扫描范围一般是190～650nm,发射波长扫描范围是200～800nm。可用于液体,固体样品的光谱扫描。

荧光光度计（F-4500）

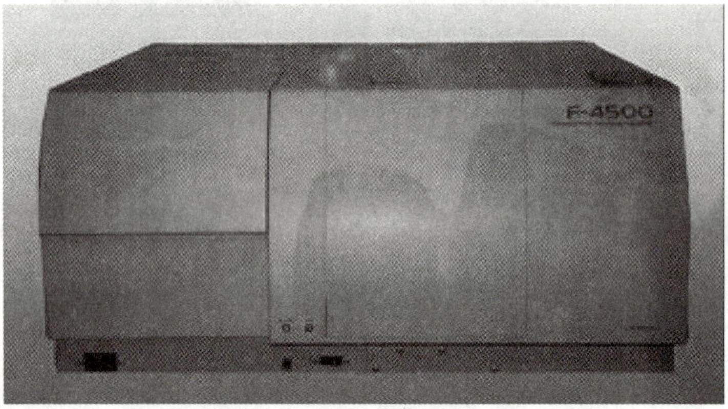

图2－133 荧光分光光度计

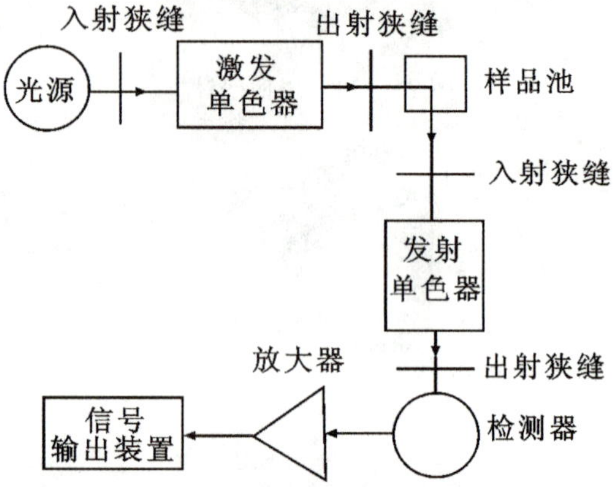

图2－134 荧光分光光度计工作原理

1. 工作原理

荧光分光光度计的工作原理见图2－134,通常情况下分子处于基态是比较稳定的,当处于基态的物质分子吸收激发光后就会变为激发态分子,而处于激发态的分子是不稳定的,在返回基态的过程中就会将一部分的能量又以光的形式放出,从而产生荧光。对于不同物质其分子结构是不同的,而激发态能级的分布也具有各自不同的特征,这种特征反映在荧光上表现为各种物质都有其特征荧光激发和发射光谱,因此可以用荧光激发和发射光谱的不同来进行物质的定性鉴定。在溶液中,当荧光物质的浓度较低时,其荧光强度与该物质的浓度通常有良好的正比关系,即 $I_F = KC$,根据这种关系可以对荧光物质进行定量分析。

2. 使用方法

2.1 开机方法

(1)接好仪器及计算机电源线。开机前首先确认主机两个开关:POWER 和 MAIN 均处于关闭状态。

(2)打开仪器电源开关(POWER),5 s 后再按下氙灯点灯按钮,当氙灯点燃后,再接通主开关(MAIN)。

(3)开启计算机,双击桌面 FL Solutions 2.0 图标,即进入仪器工作站界面。

(4)此时仪器自检及初始化,等待监视器界面(Monitor)右下方指示“Ready”,并变成绿色后,开始测量。

2.2 测量操作方法

本仪器主要测量功能有以下四项,分别如下:

(1)波长扫描(Wavelength Scan) 点击监视器界面右侧的 Method 图标,进入测量方法设定界面 →在 General 选项卡里选取 Wavelength Scan→ 在 Instrument 选项卡里输入需要的测量条件:扫描模式(Scan mode)可选激发谱(Excitation)、发射谱(Emission)或同步荧光谱(Synchronous);数据模式(Data mode)：可选荧光(Fluore - scence)、化学发光(Luminescence)或磷光(Phosphorescence)；在 EM WL(或 EX WL)里填入所需的发射(EM)或激发(EX)的波长值；在 EX Start(或 EM Start)里填入波长扫描范围的起始波长，在 EX End WL(或 EX End WL)里填入波长扫描范围的终止波长；在 Scan Speed 里选择扫描速度；EX 和 EM 里选取激发和发射狭缝的宽度；PMT Voltage 里选择光电倍增管(PMT)的电压值；Response 里选择响应时间；如需对一样品进行多次重复扫描，可在 Replicates 里选择扫描次数→ 以上条件设定结束后，按确定键确认→打开样品室门，将样品加入比色皿，将比色皿插入样品支架内，再将样品室门盖上→ 点击 PreScan 键，进行预扫描→ 预扫描结束后，如无错误信息出现，再点击 Measure 键进行扫描测量→测量结束后，系统会自动弹出数据处理界面，在此界面内可对数据进行观察、处理。在 file 菜单里选取“Save as”即可将测量结果保存。

特别说明：

①狭缝宽度和光电倍增管电压值可配合选择。一般而言，可选择相对较小的狭缝宽度和相对较大的光电倍增管电压值。

②扫描速度不宜过快。一般可选择 300 或 60。

③如扫描同步荧光谱(Synchronous)，EM WL 和 EX Start 的波长差值即是 Δλ 值。

(2)时间扫描(Time scan) 同上进入测量方法设定界面→ 在 General 选项卡里选取 Time Scan→在 Instrument 选项卡里输入需要的测量条件：EX WL 和 EM WL 里输入所需激发和发射波长值；在 Scan 里填入所需扫描时间；其余同上→ 以上条件设定结束后，按确定键确认→ 放入样品后，点击 Measure 键即可进行扫描测量。

(3)光谱定量分析(Photometry) 同上进入测量方法设定界面。→ 在 General 选项卡里选取 Time Scan。→ 在 Quantitation 选项卡里输入标准曲线的设定条件：Quantitation 里选择测量方法：Wavelength(波长法)、Peak Area(峰面积法)、Peak Height(峰高法)、Derivative(导数谱法)、Ratio(比率法)；Calibration 里选择标准曲线的拟合方法：None(不拟合)、1st order(一次曲线)、2nd order(二次曲线)、3rd order(三次曲线)、Segmented(折线法)；Concentration 里输入浓度单位值；Digit after decimal 里输入浓度值的有效数字位数；选中 Manual Calibration 即可输入已知标准曲线的系数；选中 Force curve through zero，可强制曲线过原点→ 在 Standard 选项卡里输入标准样品的浓度值。Number of 里输入标准样品数，并点击 Update 确认，然后在下面的列表里输入各样品的浓度值→ 在 Instrument 选项卡里输入需要的测量条件：在 Wavelength 里选择指定波长的方式(一般选两个波长都指定 Both WL Fixed)，并在下方的 EX 和 EM 栏里填入所需的波长值→ 以上条件设定结束后，按确定键确认→ 点击 Measure 键，并参照提示依次放入标准样品，读出值，待标准样品测完后，选择测量未知样品(Sample)，系统自动绘出标准曲线，并给出相关系数→ 放入待测未知样品，点监视器下方的 Blank 键可测量空白样品，点 Sample 键可测量待测未知样品→ 测量结束后，点击 End 键即可自动弹出数据处理界面，进行数据处理。

(4)三维扫描(3 - D Scan)（注：该功能的作用是，当某个样品不知最佳激发波长和最佳发射波长时，利用该功能可自动快速地给出最佳条件。并可供其他特殊分析用。）同上进入测量方法设定界面 → 在 General 选项卡里选取 3 - D Scan→ 在 Instrument 选项卡里输入需要的测量条件：EX Start WL 和 EX end WL 里输入激发波长的扫描范围，在 EM Start WL 和 EM end WL 里输入发射波长的扫描范围。并在 EX Sampling interval 和 EM Sampling interval 里输入两种波长的扫描间隔。其余同上。扫描速度可适当选快，如选 30000 R/分。以上条件设定结束后，按确定键确认→ 放入样品后，点击 Measure 键即可进行扫描测量。

2.3 关机方法

点击 FL Solutions 软件右上角的“×”号，或选 file 菜单里的 Exit(退出)，在弹出的对话框里选择关灯并退出软件，点确认退出。待退出软件后，先关 MAIN 开关，最后关仪器电源(POWER)。

3. 维护方法

(1)开机时,请先开氙灯电源,再开主机电源。每次开机后请先确认一下仪器两边排热风扇工作是否正常,以确保仪器正常工作,发现风扇有故障,应停机检查。

(2)主机工作时顶部排热器温度很高,切勿触摸,以免受伤。氙灯点亮后需一定时间稳定,故进行精密测试应在 20 min 以上。当氙灯未能触发,并连续发生“吱吱”高频声或“叭叭”打火声时,请立即关掉氙灯电源,稍后数秒重新触发。请尽量减少不必要的氙灯触发次数,避免氙灯在高压下反复触发。

(3)关闭氙灯电源后,若要重新使用,请等待 60 s 以后重新触发。运行未知浓度的样品测试时,灵敏度设置请从低位向高位(0 ~7)逐步设置,当灵敏度较高时(>3),为了保护光电倍增管,请勿将强光置进样品室内。当(仅当)操纵者错误操纵或其他干扰引起微机错误时,应该立即关断主机电源,重新启动,但无须关断氙灯电源。单色器内用螺丝紧固处不得松动,光学器件和仪器运行环境需保持清洁。清洁仪器外表时 ,请勿使用乙醇、乙醚等有机溶剂,请勿在工作中清洁,不使用时请加防尘罩。比色皿保持清洁。

(四)原子吸收分光光度计

原子吸收光谱法(atomic absorption spectrometry,AAS)是根据基态原子对特征波长光的吸收,来测定试样中待测元素含量的分析方法,简称原子吸收分析法。用于原子吸收光谱分析的仪器称为原子吸收分光光度计(atomic absorption spectro – photometer)或原子吸收光谱仪。见图 2 – 135。

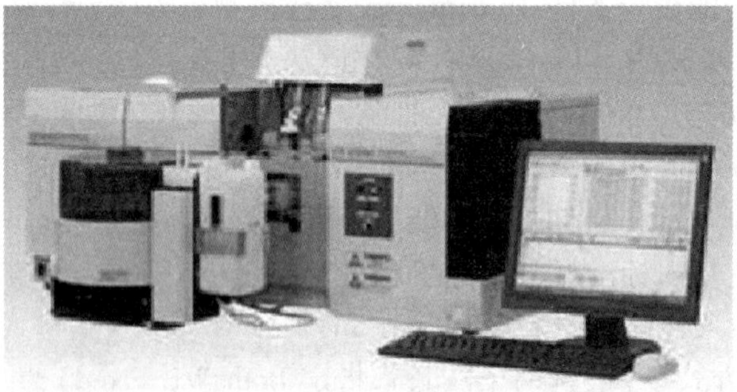

图 2 – 135 原子吸收分光光度计
(石墨炉 + AAS + 电脑)

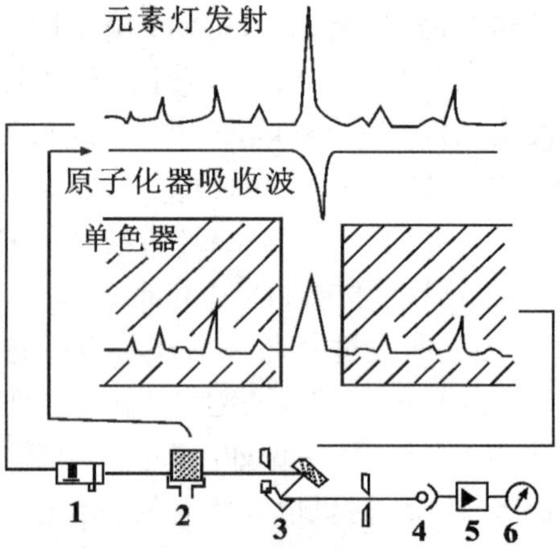

图 2 – 136 原子吸收法基本原理
1 – 元素灯 2 – 原子化器 3 – 单色器
4 – 光电倍增器 5 – 放大器 6 – 指示仪表

1. 工作原理

将被分析物质以适当方法转变为溶液,并将溶液以雾状引入原子化器。此时,被测元素在原子化器中原子化为基态原子蒸气。当光源发射出的与被测元素吸收波长相同的特征谱线时,光能因被基态原子所吸收而减弱,其减弱的程度(吸光度) 在一定条件下,与基态原子的数目(元素浓度)之间的关系,遵守朗伯 – 比尔定律。被基态原子吸收后的谱线,经分光系统分光后,由检测器接收,转换为电信号,再经放大器放大,由显示系统显示出吸光度或光谱图(见图 2 – 136)。

2. 使用方法

2.1 吸光度测量

(1)点火 5min 后,吸喷去离子水(或空白液),按“调零”钮调零。

(2)将“信号”开关置于“积分”位置,吸去离子水(或空白液),再次按“调零”钮调零。吸喷标准溶液(或试液),待能量表指针稳定后按"读数"键,3 s后显示器显示吸光度积分值,并保持5 s,为保证读数可靠,重复以上操作三次,取平均值,记录仪同时记录积分波形。

注意！每次测量后均要吸喷去离子水(或空白液),按"调零"钮调零,然后再吸喷另一试液。

2.2 浓度直读测量

(1)将"方式"开关置于"浓度","信号"开关置于"连续"位置。

(2)吸喷去离子水(或空白液),按"调零"按钮调零。

(3)吸喷标准样品,调节"扩展"钮直至显示已知的浓度读数。

(4)吸喷未知样品,显示器显示未知样品的浓度。

注意！浓度直读测量方法仅适用于元素在线性范围的测定。

2.3 氘灯背景校正测量

2.3.1 背景测量(用于分子吸收测量)

(1)将"方式"开关置"调整","信号"开关置"连续",关闭空心阴极灯。

(2)按下"氘灯"开关,点亮氘灯,让氘灯光线从氘灯前的减光盘的通孔中通过,用"增益"钮调整能量水平。

(3)将"方式"开关置"吸光度"吸取空白液,按下"调零"键调零。

(4)测量未知样品液,显示器示值即为背景。

2.3.2 氘灯背景校正测量

(1)按下"氘灯"开关点亮氘灯。将燃烧室内参比光路滑板推入光路里,挡住参比光。

(2)空心阴极灯和氘灯的光斑应重合,否则借助对光片加以调节,其方法是:上下不重合调氘灯上下位置;左右不重合,调空心阴极灯位置,沿燃烧器缝隙,两光斑都应重合。

(3)选择氘灯前的减光盘的网格窗来调整氘灯信号能量,其方法是:"方式"开关在"吸光度"位置时,能量表指示空心阴极灯能量;"方式"钮在"调整"位置时,能量表指示氘灯能量。如果氘灯能量和空心阴极灯能量相差不太大,可以调整空心阴极灯电流来平衡。

2.4 测量完毕吸喷去离子水 5 min

2.5 熄灭火焰和关机

2.5.1 空气乙炔的火焰熄灭和关机

关闭乙炔钢瓶总阀使火焰熄灭,待压力表指针回到零时再旋松减压阀。关闭空气压缩机,待压力表和流量计回零时,关闭仪器气路电源总开关,关闭空气/氧化亚氮电开关,关闭助燃气电开关,关闭乙炔气电开关,关闭仪器总电源开关,最后关闭排风机开关。

2.5.2 氧化亚氮乙炔火焰熄灭与关机

将"空气/氧化亚氮"切换到"空气"位置,把氧化亚氮乙炔火焰转换为空气－乙炔火焰(注意！切不可直接将氧化亚氮乙炔火焰熄灭)。关闭乙炔钢瓶总阀使火焰熄灭,待压力表指回零时再旋松减压阀;关闭空压机并释放剩余气体,关闭气路电源总开关,关闭各气体电源开关;关闭仪器电源开关,最后关闭排风机开关。

3. 维护方法

对任何一类仪器只有正确使用、维护和保养才能保证其运行正常,测量结果准确。原子吸收分光光度计的日常维护工作应由以下方面做起:

3.1 开机前,检查各电源插头是否接触良好,仪器各部分是否归于零位。

3.2 光源的维护保养

(1)对新购置的空心阴极灯的发射线波长和强度以及背景发射的情况,应首先进行扫描测试和登记,以方便后期使用。

(2)空心阴极灯应在最大允许电流以下范围使用。使用完毕后,要使灯充分冷却,然后从灯架上取下存放。

(3)当发现空心阴极灯的石英窗口有污染时,应用脱脂棉蘸无水乙醇擦拭干净。

(4)不用时不要点灯,否则会缩短灯寿命;但长期不用的元素灯则需每隔 1 ~ 2 个月,在额定工作电流下点燃 15 ~ 60 min,以免性能下降。

(5)光源调整机构的运动部件要定期加少量润滑油,以保持运动灵活自如。

3.3 原子化器的维护保养

(1)每次分析操作完毕,特别是分析过高浓度或强酸样品后,要立即吸喷蒸馏水数分钟,以防止雾化器和燃烧头被玷污或锈蚀。仪器的不锈钢喷雾器为铂铱合金毛细管,不宜测定高氟酚类样品,使用后应立即用蒸馏水清洗,防止腐蚀;吸液用聚乙烯管应保持清洁,无油污,防止弯折;发现堵塞,可用软钢丝清除。

(2)预混合室要定期清洗积垢,喷过浓酸、碱液后,要仔细清洗;日常工作后应用蒸馏水吸喷 5 ~ 10 min 进行清洗。

(3)点火后,燃烧器的缝隙上方,应是一片燃烧均匀,呈带状的蓝色火焰。若火焰呈齿形,说明燃烧头缝隙上有污物,需要清洗。如果污物是盐类结晶,可用滤纸插入缝口擦拭,必要时应卸下燃烧器,用 1:1 乙醇丙酮清洗;如有熔珠可用金相砂纸打磨,严禁用酸浸泡。

(4)测试有机试样后要立即对燃烧器进行清洗,一 般应先吸喷容易与有机样品混合的有机溶剂约 5 min,再吸喷 W HNO_3 = 1% 的溶液 5 min,并将废液排放管和废液容器倒空重新装水。

3.4 单色器的维护保养

(1)单色器要保持干燥,要定期更换单色器内的干燥剂。

(2)单色器中的光学元件,严禁用手触摸和擅自调节。

(3)备用光电倍增管应轻拿轻放,严禁振动。

(4)仪器中的光电倍增管严禁强光照射,检修时要关掉负高压。

3.5 气路系统的维护保养

(1)要定期检查气路接头和封口是否存在漏气现象,以便及时解决。

(2)使用仪器时,若出现废液管道的水封被破坏、漏气,燃烧器缝明显变宽,或助燃气与燃气流量比过大,或使用氧化亚氮乙炔火焰时,乙炔流量小于 2 L/min 等情况,容易发生“回火”。一旦发生“回火”,应镇定地迅速关闭燃气,然后关闭助燃气,切断仪器电源。若回火引燃了供气管道及附近物品时,应采用 CO_2 灭火器灭火。防止回火的点火操作顺序为:先开助燃气,后开燃气;熄火顺序为:先关燃气,待火熄灭后,再关助燃气。

(3)乙炔钢瓶严禁剧烈振动和撞击。工作时应直立,温度不宜超过 30 ~ 40 ℃。开启钢瓶时,阀门旋开不超过 1.5 转,以防止丙酮逸出。乙炔钢瓶的输出压力应不低于 0.05 MPa,否则应及时充乙炔气,以免丙酮进入火焰,对测量造成干扰。

(4)要经常放掉空气压缩机气水分离器中的积水,防止水进入助燃气流量计。

(五)气相色谱仪

气相色谱法亦称气体色谱法或气相层析法,它是一种以气体为流动相,利用被测物质在两相中分配系数的微小差异进行分离的技术。当两相做相对移动时,使被测物质在两相之间进行多次分配,这样原来的微小差异产生了很大的效果,使各组分分离,以达到分离分析及测定一些物理化学常数的目的。根据固定相的状态不同,气相色谱法可分为气固色谱(GSC,吸附原理)、气液色谱(GLC,分配原理)。

气相色谱仪(见图2-137)是完成气相色谱法的工具,它是以气体为流动相采用冲洗法来实现柱色谱技术的装置。它的结构整体可以归纳为:载气系统、进样系统、色谱柱、检测系统和记录系统等五大部分,如图2-138所示,其工作原理是载气(如N_2、H_2、He、Ar等)从高压钢瓶经减压阀流出,通过净化器除去杂质,再由针形调节阀调节流量,通过进样装置,把注入的样品带入色谱柱,使被测物质在两相之间进行多次分配,再把在色谱柱中被分离的组分带入检测器,进行鉴定和记录。经相关分析计算,确定物质的含量。

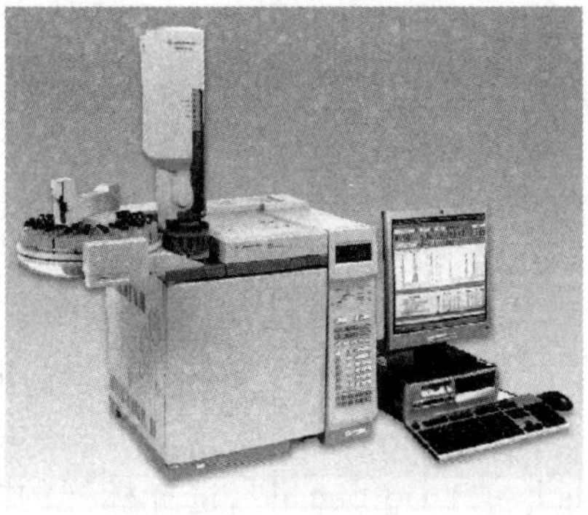

图2-137 Agilent 7890A 气相色谱

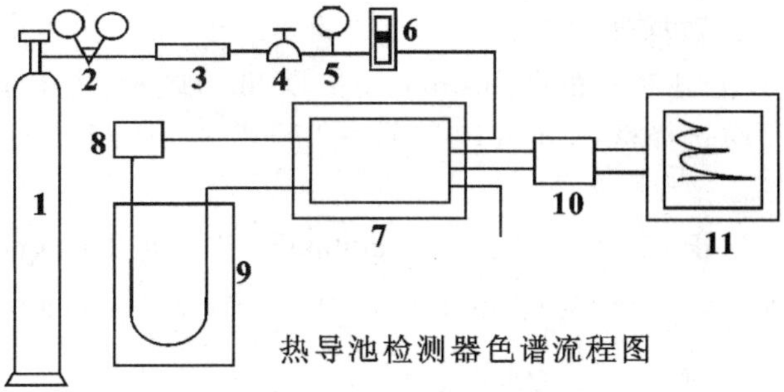

图3-138 气相色谱仪结构原理简图

1. Agilent 7890A 气相色谱仪的操作规程

1.1 操作前准备

根据需要选择合适的色谱柱并进行安装;调节气体的流量,其中,载气(N_2或He)调节至约0.6 MPa,氢气调节输出压至0.4 MPa,空气调节输出压至0.4 MPa;并用检漏液检查色谱柱及管路是否漏气。

1.2 主机操作

(1)接通电源,打开电脑,进入英文 Windows NT 主菜单界面。然后开启主机,主机进行自检,自检通过后主机屏幕显示 power on successul,进入 Windows 系统后,双击电脑桌面的(Instrument Online)图标,使仪器和工作连接。

(2)编辑新方法。

①从"Method"菜单中选择"Edit Entire Method",根据需要勾选项目,"Method Information"(方法信息),"Instrument/Acquisition"(仪器参数/数据采集条件),"Data Analysis"(数据分析条件),"Run Time Checklist"(运行时间顺序表),确定后单击"OK"。

②出现"Method Commons"窗口,如有需要输入方法信息(方法用途等),单击"OK"。

③进入"Agilent GC Method: Instrument 1"(方法参数设置)。

④"Inlet"参数设置。输入"Heater"(进样口温度);"Septum Purge Flow"(隔垫吹扫速度);拉下"Mode"菜单,选择分流模式或不分流模式或脉冲分流模式或脉冲不分流模式;如果选择分流或脉冲分流模式,输入"Split Ratio"(分流比)。完成后单击"OK"。

⑤"CFT Setting"参数设置。选择"Control Mode"(恒流或恒压模式),如选择恒流模式,在"Value"输入柱流速。完成后单击"OK"。

⑥"Oven"参数设置。选择"Oven Temp On"(使用柱温箱温度);输入恒温分析或者程序升温设置参数;如有需要,输入"Equilibration Time"(平衡时间),"Post Run Time"(后运行时间)和"Post Run"(后运行温度)。完成后单击"OK"。

⑦"Detector"参数设置。勾选"Heater"(检测器温度),"H_2 Flow"(氢气流速),"Air Flow"(空气流速),"Makeup Flow"(尾吹速度N_2),"Flame"(点火)和"Electrometer"(静电计),并对前四个参数输入

分析所要求的量值。完成后单击“OK”。

(3)方法编辑完成,储存方法。

(4)单个样品的方法信息编辑及样品运行:从“Run Control”菜单中选择“Sample Info”选项,输入操作者名称,在“Data File” - “Sub - directory”(子目录)输入保存文件夹名称,并选择“Manual”或者“Prefix/Counter”,并输入相应信息;在“Sample Parameters”中输入样品瓶位置,样品名称等信息。完成后单击“OK”。注:Manual—每次做样之前必须给出新名字,否则仪器会将上次的数据覆盖掉。

(5)待工作站提示“Ready”,且仪器基线平衡稳定后,从“Run Control”菜单中选择“Run Method”选项,开始做样采集数据。

1.3 数据处理

双击电脑桌面的(Instrument 1 Offline)图标,进入工作站。

(1)选择数据和方法。单击“File” - “Load Signal”,选择要处理的数据的“File Name”,单击“OK”。

(2)积分。单击菜单“Integration” - “Auto Integrate”。积分结果不理想,再从菜单中选择“Integration” - “Integration events”选项,选择合适的“Slope sensitivity”,“Peak Width, Area Reject”,“Height Reject”。

(3)建立新校正标准曲线。调出第一个谱图。单击菜单“File” - “Load Signal”,选择标样的“File Name”,单击“OK”,然后根据需要进行相关操作。

1.4 关机

(1)仪器在测定完毕后,首先将检测器熄火,关闭空气、氢气,将炉温降至50℃以下,检测器温度降至100℃以下,关闭进样口、炉温、检测器加热开关,关闭载气。其次将工作站退出,然后关闭主机,最后将载气钢瓶阀门关闭,切断电源。

(2)做好使用登记。

2. 维护和保养

(1)操作使用仪器前:必须进行气密性的检查。主要检查载气,氢气和空气流路。

(2)样品处理:用0.45μm的滤膜过滤样品,确保样品中不含固体颗粒;进样量尽量小。且注射器抽吸样品时不得有气泡。

(3)色谱柱的安装:在常温下进行。

①填充色谱柱安装前要检查色谱柱两头是否用玻璃棉塞好。防止玻璃棉和填料被载气吹到检测器中。

②毛细管柱安装插入的长度要根据仪器的说明书而定,如果用毛细管色谱柱,采用不分流,气化室采用填充柱接口,这时与气化室连接毛细管柱不能探进太多,略超出卡套即可。

2.4 进样口的清洗

对气相色谱仪进样口的玻璃衬管、分流平板,进样口的分流管线,EPC等部件分别进行清洗是十分必要的。

(1)玻璃衬管和分流平板的清洗:从仪器中小心取出玻璃衬管,用镊子或其他小工具小心移去衬管内的玻璃毛和其他杂质,移取过程不要划伤衬管表面。

(2)分流平板最为理想的清洗方法是在溶剂中超声处理,烘干后使用。

(3)分流管线的清洗:气相色谱仪用于有机物和高分子化合物的分析时,许多有机物的凝固点较低,样品从气化室经过分流管线放空的过程中,部分有机物在分流管线凝固。

【思考题】

1. 在气相色谱日常维护中,什么时候该更换进样隔垫?

2. 玻璃衬管清洗的原则和方法是什么?

【注释】

[1]刘虎威. 气相色谱方法及应用. 第二版. 北京:化学工业出版社,2005.
[2]李浩春. 分析化学手册. 第五分册. 气相色谱分析. 北京:化学工业出版社,1999.
[3]许国旺等。现代实用气相色谱法. 北京:化学工业出版社,2004.
[4] 安捷伦科技大学化学分析技术中心. 安捷伦气相色谱操作指导.

(六)高效液相色谱仪

高效液相色谱法是在经典色谱法的基础上,引用了气相色谱的理论,在技术上,流动相改为高压输送(最高输送压力可达 4.9×10^7 Pa);色谱柱是以特殊的方法用小粒径的填料填充而成,从而使柱效大大高于经典液相色谱(每米塔板数可达几万或几十万);同时柱后连有高灵敏度的检测器,可对流出物进行连续检测。

日立双泵 L－2000 高效液相色谱仪(见图 2－139)要有输液系统、进样系统、色谱分离系统、检测系统和数据处理系统组成。储液器中的流动相被高压泵打入系统,样品溶液经进样器进入流动相,被流动相载入色谱柱(固定相)内,由于样品溶液中的各组分在两相中具有不同的分配系数,在两相中做相对运动时,经过反复多次的吸附－解吸的分配过程,各组分在移动速度上产生较大的差别,被分离成单个组分依次从柱内流出,通过检测器时,样品浓度被转换成电信号传送到记录仪,数据以图谱形式打印出来。如图 2－140 所示。

图 2－139　液相色谱仪

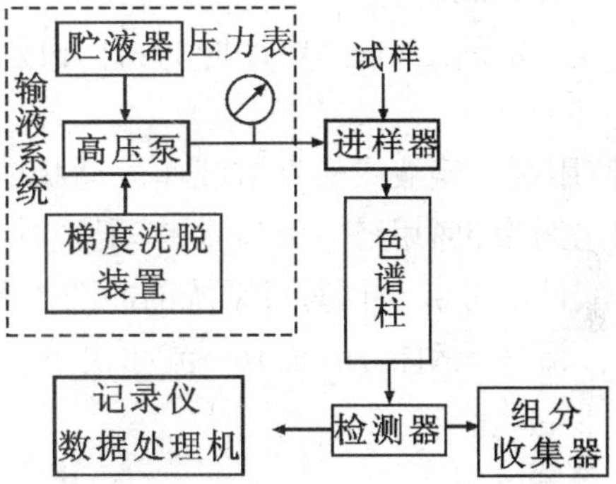

1－高压钢瓶　2－经减压阀　3－净化器　4－流量调节器　5－压力表　6－转子流速计　7－检测器　8－气化室　9－色谱柱　10－测量电桥　11－记录器

图 2－140　液相色谱仪结构原理简图

1. 日立双泵 L－2000 高效液相色谱仪操作规程

1.1 准备

根据需要选择合适色谱柱,将不锈钢滤头放入已处理好的流动相试剂瓶中,打开泵的电源开关。

1.2 开启仪器

(1)按要求设置流动相的流速(注:如标准上未要求,一般设置流速为 1mL/min)。

(2)检查液路中是否有气泡,如果没有气泡,可跳过此步骤,如果有气泡,则执行下列操作:

①打开放空阀。

②按“PURGE”键进行自动冲洗。

③几分钟后可自动停止,也可在冲洗时再按一次“PURGE”键使冲洗终止(注:如果系统中仍有气泡,或重复冲洗几次)。

④关闭放空阀。

(3)按“PUMP ON/OFF”键,使泵运行。

(4)打开检测器电源开关,按要求设置检测波长。

1.3 分析样品

(1)打开色谱工作站。

(2)待基线稳定后,进标准品(对照品)、样品(供试品),得到相应的谱图。

1.4 按顺序关机

(1)冲洗色谱柱,排出流路中可能有的缓冲液。

(2)关闭色谱工作站。

(3)关闭检测器电源开关。

(4)关泵。

①按“PUMP ON/OFF”键,使泵停止运行。

②将不锈钢过滤头放入已脱气后的纯甲醇瓶中。

③按“PUMP ON/OFF”键,使泵运行。

④30 ~ 60min 后按“PUMP ON/OFF”键,使泵停止运行。

(5)关闭泵的电源开关。

1.5 在记录本上记录使用情况

2. 维护和保养

(1)发现管路中有气泡,准备进行冲洗时,一定要先打开放空阀,因为按 PURGE 键后,系统流速会增加到 9 mL/min 以上,如果不打开放空阀,会使系统压力超出设置范围而引起报警并停机,也会对色谱柱造成一定的影响,其顺序应为:打开放空阀→按 PURGE 键→自动冲洗→按 PURGE 键→关闭放空阀。

(2)使用缓冲溶液或酸性溶液作流动相时,应在使用该流动相前后用清洗液冲洗系统 1 h 以上,清洗液的比例为 5% 甲醇 + 95% 水,其配置方法同流动相的配置,对比而言,使用普通流动相和使用缓冲溶液或酸性溶液流动相时对系统的冲洗步骤分别为:普通流动相:流动相→分析样品→甲醇。缓冲溶液或酸性溶液流动相:清洗液→流动相→分析样品→清洗液→甲醇。

【思考题】

1. 液相色谱仪在更换色谱柱时应该注意什么?

2. 含有缓冲盐的流动相怎样平衡柱子和清洗柱子?

3. 对于色谱柱的连接,金属接头经常发生拧死现象,如何解决和预防?

第三编

典型实验

一、基本操作技能训练

(一)仪器的基本操作训练

实验1　实验仪器的认领、洗涤与干燥

【实验目的】

1. 熟悉常用的实验仪器。

2. 掌握常用仪器的洗涤方法和干燥方法。

3. 通过粗食盐的提纯,熟悉固体的取用、称量,量筒的使用,固体的溶解、蒸发、结晶、常压过滤、减压过滤等基本操作。

【实验仪器及试剂】

仪器:台秤及砝码、量筒、玻璃棒、药匙、洗瓶、酒精灯、三脚架、石棉网、玻璃漏斗、铁架台、铁圈、蒸发皿、表面皿、布氏漏斗、抽滤瓶、循环真空泵、铁夹、水浴锅、坩埚、泥三角、点滴板(黑、白)。

试剂:粗食盐、洗液、酒精。

【实验内容】

1. 学习无机化学实验基本常识,包括学生守则、实验室工作规则、实验室安全规则、实验室常见事故及处理办法,化学试剂基本知识,有效数字及应用,实验(预习)报告的书写等。认领常用无机化学实验仪器,并且清点,了解仪器的用途及使用方法。

2. 清洗仪器:应根据实验的要求,污物的性质、沾污程度来选用洗涤方法,每人完成5支试管,2个烧杯,1个量筒,1支滴定管,2个容量瓶等的洗涤任务。

3. 干燥仪器:在指导教师的引导下,了解以下几种仪器干燥的方法。

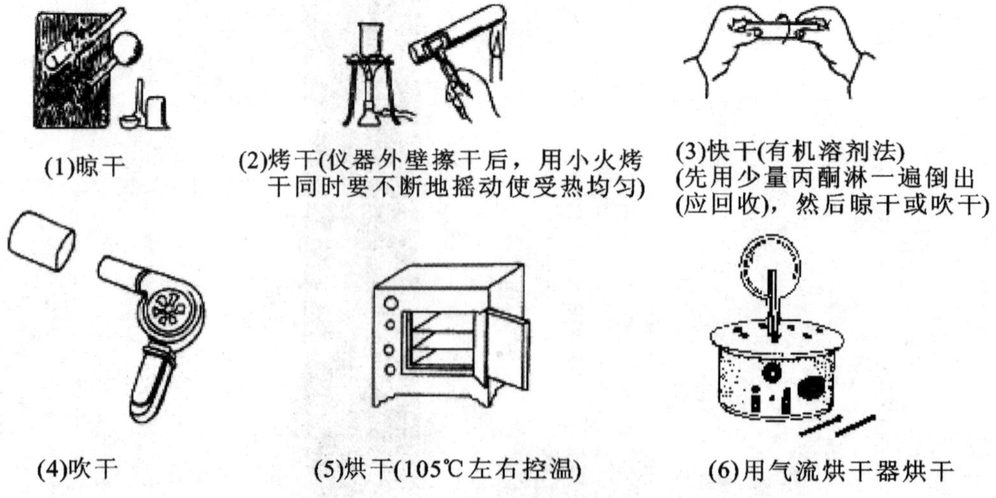

图3-1　仪器干燥的方法

4. 粗食盐的提纯

（1）称量：在天平的左右托盘放两张大小相同的称量纸，用药匙取 5 g 左右的粗食盐，放在左盘上，砝码放在右盘上，加减码至两边平衡，指针指向刻度盘中间不动。盘上砝码的质量即为食盐的质量。

（2）溶解：将称取的食盐倒入烧杯中，用量筒量取 20 mL 蒸馏水，用玻璃棒搅拌。为了加速溶解常用加热的办法，一般在三脚架上面放置石棉网，然后将烧杯置于石棉网上，在网下用酒精灯加热，边搅拌边加热，直至沸腾为止。移去酒精灯，将烧杯连同石棉网置于实验台上，加盖表面皿，静置澄清。

（3）常压过滤：对澄清过的食盐溶液和不溶物进行过滤，将不溶物用少量蒸馏水洗涤 2－3 次弃去，留滤液备用。

（4）浓缩结晶：将滤液倒入蒸发皿中，放在装有石棉网的三脚架上，用酒精灯加热，当浓缩到有晶体出现时，立即用玻璃棒搅拌，浓缩至稀粥状的稠液为止，但切不可将溶液蒸发至干（注意防止蒸发皿破裂）。

（5）减压过滤：冷却后，将晶体减压抽滤、吸干，将结晶放在蒸发皿中，在石棉网上用小火加热干燥。

（6）称出产品的质量，并计算产率。

【实验数据及其处理】

<table>
<tr><td>清洗仪器记录</td><td>试管　　支</td><td>烧杯　　个</td><td>滴定管　　支</td><td>容量瓶　　个</td></tr>
<tr><td rowspan="5">粗盐提纯记录</td><td>粗盐</td><td>g</td><td>水</td><td>mL</td></tr>
<tr><td>粗盐形色态</td><td colspan="3"></td></tr>
<tr><td>精盐</td><td colspan="3">g</td></tr>
<tr><td>精盐形色态</td><td colspan="3"></td></tr>
<tr><td>产率</td><td colspan="3">产率 $= \frac{m_{精盐}}{m_{粗盐}} \times 100\% = \underline{\qquad\qquad} \times 100\% =$</td></tr>
</table>

【实验注意事项】

1. 不要未倒废液就注水洗刷，不要几支试管一起刷洗。
2. 凡洗净仪器，决不能再用布或纸去擦拭。
3. 铬酸洗液可反复使用，直至溶液变为绿色时失效而不能使用。
4. 带有刻度的计量仪器，不能用加热的方法进行干燥，因加热会影响这些仪器的准确度。

【思考题】

洗液如何配制？怎样洗涤玻璃量器？使用洗夜要注意什么？

实验 2　分析天平与称量练习

【实验目的】

1. 熟悉分析天平的构造和使用方法。
2. 掌握减量法称量试样的方法。
3. 熟悉称量瓶与干燥器的使用。

【实验原理】

分析天平的结构、原理和使用方法参见本书基本知识部分分析天平的使用有关内容。

物体的称量有多种方法，常用的有直接称量法、固定质量称量法和差减称量法。直接称量法用于在空气中性质稳定、不吸潮的试样如金属与矿石等的称量。首先，将容器或纸片置于天平左盘的中央位置,然后将试样放到容器或纸上,称量容器和试样的总质量。差减称量法用于称取吸潮或挥发性的试样。称量步骤是,先称量容器(通常是称量瓶)和试样物质的总质量,取出部分样品后再称量剩余质量,两者之差即为取出样品的质量。本实验分别练习用直接称量法称取一定固体物质、用差减称量法称取氯化钠。

【实验仪器及试剂】

仪器:电光分析天平、电子天平、台秤、干燥器、称量瓶、小烧杯。

试剂:氯化钠。

【实验步骤】

1. 分析天平的使用

分析天平是精密仪器,放在天平室里。天平室要保持干燥清洁。进入天平室后,对照天平号坐在自己需使用的天平前,按下述方法进行操作:

(1)掀开防尘罩,叠放在天平箱上方。检查天平是否正常:天平是否水平,称盘是否洁净,指数盘是否在“000”位,环码有无脱落,吊耳是否错位等。如天平内或称盘上不洁净,应用软毛刷小心清扫。

(2)调节零点 接通电源,轻轻顺时针旋转升降枢,启动天平,在光屏上即看到标尺,标尺停稳后,光屏中央的黑线应与标尺中的“0”线重合,即为零点(天平空载时平衡点)。如不在零点,差距小时,可调节微动调节杆,移动屏的位置,调至零点;如差距大时,关闭天平,调节横梁上的平衡螺丝,再开启天平,反复调节,直至零点。若有困难,应报告指导教师,由教师指导调节。

(3)称量 零点调好后,关闭天平。把称量物通常放在左称盘中央,关闭左门;打开右门,根据估计的称量物的质量,把相应质量的砝码放入右盘中央,然后将天平升降枢半打开,观察标尺移动方向(标尺迅速往哪边跑,哪边就重),以判断所加砝码是否合适并确定如何调整。当调整到两边相关的质量小于 1 g 时,应关好右门,再依次调整 100 mg 组和 10 mg 组环码,每次均从中间量开始调节,即使用“减半加减码”的顺序加减砝码,可迅速找到物体的质量范围。调节环码至 10 mg 以后,完全启动天平,准备读数。

(4)读数 砝码与环码调定后,关闭天平门,待标尺在投影屏上停稳后再读数,及时在记录本上记下数据。砝码、环码的质量加标尺读数(均以克计)即为被称物质量。读数完毕,应立即关闭天平。

(5)复原 称量完毕,取出被称物放到指定位置,砝码放回盒内,指数盘退回到“000”位,关闭两侧门,盖上防尘罩。登记,教师签字,凳子放回原处,然后离开天平室。

2. 称量方法

2.1 直接称量法

天平零点调好以后,关闭天平,把被称物用一干净的纸条套住(也可采用戴一次性手套、专用手套、用镊子或钳子等方法),放在天平左称盘中央,调整砝码使天平平衡,所得读数即为被称物的质量。这种方法适合于称量洁净干燥的器皿、棒状或块状的金属及其他整块的不易潮解或升华的固体样品。

2.2 固定质量称量法

此法用于称取指定质量的试样。适合于称取本身不宜吸水,并在空气中性质稳定的细粒或粉末状试样,其手续如下:先称出容器(如表面皿、铝勺、硫酸纸)的质量。或将天平的左右两称盘中放上大小相等,质量相近的两个表面皿,若质量相差太大,可将轻的表面皿放在右盘,在右盘中添加适量玻璃碎片,使天平平衡,调节零点(左盘的表面皿用后及时清洗,烘干,放置天平上备用)。然后加入固定质量的砝码于右盘中,再用牛角勺将试样慢慢加入盛放试样的表面皿(或其他器皿、硫酸纸)中。开始加样时,天平应处于关闭状态。少量加样后,判断加入的量距指定的质量差多少。用牛角匙逐渐加入试样,半开天平进行试重。当所加试样与指定质量相差不到 10 mg 时,完全打开天平,极其小心地将盛有试样的牛角勺伸向左称盘的容器上方约 2 - 3 cm 处,勺的另一端顶在掌心上,用拇指、中指及掌心拿稳牛角勺,并用食指轻弹勺柄,将试样慢慢抖入容器中,直至天平平衡。此操作必须十分仔细,若不慎多加了试样,只能关闭升降枢,用牛角匙取出多余的试样,再重复上述操作直到符合要求为止。

2.3 差减(递减)称量法

即称取试样的量是由两次称量之差而求得。此法比较简便、快速、准确,在化学实验中常用来称取待测样品和基准物,是最常用的一种称量法。它与上述两种方法不同,称取样品的质量只要控制在一定要求范围内即可。操作手续如下:用手拿住表面皿的边沿,连同放在上面的称量瓶一起从干燥器里取出。用小纸片夹住称量瓶,打开瓶盖,将稍多于需要量的试样用牛角匙加入称量瓶(在台秤上粗称),盖上瓶盖,用清洁的纸条叠成约1厘米宽的纸带套在称量瓶上,左手拿住纸带尾部把称量瓶放到天平左盘的正中位置,选取适量的砝码放在右盘上使之平衡,称出称量瓶加试样的准确质量(准确到0.1 mg),记下读数设为 W_1 g。关闭天平,将右盘砝码或环码减去需称量的最小值。左手仍用纸带将称量瓶从称盘上拿到接受器上方,右手用纸片夹住瓶盖柄打开瓶盖,瓶盖不能离开接受器上方。将瓶身慢慢向下倾斜,并用瓶盖轻轻敲击瓶口,使试样慢慢落入容器内,不要把试样撒在容器外。当估计倾出的试样已接近所要求的质量时(可从体积上估计),慢慢将称量瓶竖起,用盖轻轻敲瓶口,使粘附在瓶口上部的试样落入瓶内,然后盖好瓶盖,将称量瓶再放回天平左盘上称量。若左边重,则需重新敲击,若左边轻,则不能再敲,需准确称取其质量,设此时质量为 W_2 g。则倒入接受器中的质量为($W_1 - W_2$)g。按上述方法连续操作,可称取多份试样。

(1)称出三个小烧杯的重量。

(2)用减量法称取0.5 g样品三份,准确到0.1 mg。

(3)用增量法称取0.2500 g重铬酸钾样品三份。

【实验数据及其处理】

1. 直接称量

项目	第一份	第二份	第三份
小烧杯的重量 W(g)			

2. 减量称量

项目	第一份	第二份	第三份
第一次(瓶+试样)的重 W_1(g)			
第二次(瓶+试样)的重 W_2(g)			
试样的重量 W(g)			

3. 增量称量

项目	第一份	第二份	第三份
纸的重量 W_0(g)			
(纸+样)的重量 W_1(g)			
试样的重量 W(g)			

【实验注意事项】

1. 称量未知物的质量时,一般要在台秤上粗称。这样不仅可以加快称量速度,同时可保护分析天平的刀口。

2. 加减砝码的顺序是:由大到小,依次调定。在取、放称量物或加减砝码时(包括环码),必须关闭天平。启动开关旋钮时,一定要缓慢均匀,避免天平剧烈摆动。这样可以保护天平刀口不致受损。

3. 称量物和砝码必须放在称盘中央,避免称盘左右摆动。不能称量过冷或过热的物体,以免引起空气对流,使称量的结果不准确。称取具腐蚀性、易挥发物体时,必须放在密闭容器内称量。

4. 同一实验中,所有的称量要使用同一架天平,以减少称量的系统误差。天平称量不能超过最大载重,以免损坏天平。

5. 砝码盒中的砝码必须用镊子夹取,不可用手直接拿取,以免沾污砝码。砝码只能放在天平称盘上或砝码盒内,不得随意乱放。在使用机械加码旋钮时,要轻轻逐格旋转,避免环码脱落。

【思考题】

1. 加减砝码的原则是什么？如何判断天平两盘的轻重？

2. 天平的质量检验有哪几项？如何检验？

3. 什么是零点和平衡点？如何调节天平的零点？

4. 什么是天平的稳定性、灵敏性、示值变动性和不等臂性？

5. 在称量过程中,出现以下情况,对称量结果有无影响,为什么？

(1)用手拿称量瓶或称量瓶盖子。

(2)不在盛入试样的容器上方,打开或关上称量瓶盖子。

(3)从称量瓶中很快向外倾倒试样。

(4)倒完试样后,很快竖起瓶子,不用盖子轻轻地敲打瓶口,就盖上盖子去称量。

(5)倒出所需质量的试样,要反复多次以至近 10 次才能完成。

实验 3　滴定分析器皿及其使用,容量器皿的校准

【实验目的】

1. 掌握滴定管、容量瓶和移液管的使用方法。

2. 了解实验仪器校准的意义,学习滴定管、移液管、容量瓶的校准方法。

【实验原理】

滴定管,移液管和容量瓶是滴定分析法中所用的主要量器。但是容量器皿的容积往往与其标出的体积不完全符合,甚至超出了误差的允许范围。因此,对于准确度要求较高的分析,必须对容量器皿进行校准。由于玻璃具有热胀冷缩的性质,在不同的温度下容量器皿的容积是不同的。因此,校准玻璃容量器皿时,必须规定一个共同的温度值,这一规定温度值为标准温度。国际上规定玻璃容量器皿的标准温度为 20 ℃。即在校准时都将玻璃容量器皿的容积校准到 20℃时的实际容积。容量器皿的校准方法通常有相对校准法和绝对校准法两种。

1. 相对校准

当两种容器体积之间有一定的比例关系时,常采用这种校准方法。例如,25 mL 移液管量取液体的体积应等于 250 mL 容量瓶量取体积的 1/10。

2. 绝对校准

绝对校准法又叫称量法,需要测定容量器皿的实际容积。即用天平称量容量器皿所容纳或放出纯水的质量,根据水的密度,计算出容量器皿的实际容积。但是由质量换算成容积时,需要对三方面的因素加以校正:

(1) 校准温度下水的密度。

(2) 校准温度下玻璃的热膨胀。

(3) 在空气中称量时空气浮力的影响。

为便于计算,将上述三种因素综合考虑,合并得到一个总校正值。经校正后的纯水密度见表 3－1。即用所称量水的质量除以该温度(t)下水的校正密度 d′,就可以得到该容器在 20℃的实际容积。

表 3－1　不同温度下纯水的密度值

t/℃	d′/(g · mL^{-1})	t/℃	d′/(g · mL^{-1})	t/℃	d′/(g · mL^{-1})
10	0.9984	17	0.9970	24	0.9964
11	0.9983	18	0.9968	25	0.9961
12	0.9982	19	0.9966	26	0.9959
13	0.9981	20	0.9976	27	0.9956
14	0.9980	21	0.9975	28	0.9954
15	0.9979	22	0.9973	29	0.9951
16	0.9978	23	0.9972	30	0.9948

（空气密度为 0.0012 g · cm^{-3}，钙钠玻璃体膨胀系数为 2.6×10^{-5}/℃）

【实验仪器及试剂】

仪器：分析天平，酸式滴定管，移液管，容量瓶（50 mL，250 mL），温度计，洗耳球。

试剂：蒸馏水

【实验步骤】

1. 容量器皿的使用

1.1 滴定管的使用

（1）练习滴定管的洗涤，酸式滴定管涂抹凡士林以及滴定管排气泡等操作。

（2）练习标准溶液的装入及读数操作。

（3）练习滴定以及如何控制滴定速度和液滴大小等操作技巧。

1.2 容量瓶的使用

（1）练习容量瓶的洗涤及检漏操作。

（2）练习溶液的转移及定容操作。

1.3 移液管和吸量管的使用

（1）练习移液管和吸量管的洗涤操作。

（2）练习移液管和吸量管的移液操作。

2. 容量器皿的校准

2.1 滴定管的校准

将蒸馏水装满欲校准的滴定管中，调节液面至 0.00 刻度处，记录水温。

在分析天平上称量出 50 mL 干燥的容量瓶的质量，准确称至小数点后第二位（0.01 g），然后从滴定管中放出 10 mL 水于已称过质量的容量瓶中，1 min 后读取其容积。称出容量瓶和水的质量，两次质量之差即为放出水的质量。从滴定管中再放出 10 mL 水用同样的方法称量，以此类推，直到滴定管的读数为 50.00 mL。用每次得到的水的质量除以实验温度时水的密度，即可得到滴定管各部分的实际容积。

2.2 移液管的校准

将 25 mL 移液管洗净，吸取蒸馏水至刻度，放入已称量的容量瓶中，再称量，同时测定水温。计算出蒸馏水的质量。根据水的质量计算此温度时移液管的实际容积。将两只移液管各平行测定两次。对于同一支移液管两次称量差，不得超过 20 mg，否则重做校准。

2.3 容量瓶与移液管的相对校准

用 25 mL 移液管移取蒸馏水于洗净并干燥的 250 mL 容量瓶中，放出时让水自由流下，当水流尽后，等待 15 s，并将移液管向左右转动一下，再拿出。重复此操作 10 次，然后观察溶液弯月面下缘是否与标线相切，若不相切，则可在液面最低点另做新标记。此容量瓶与此移液管配套使用时，应该以新标记作为容量瓶的标线，以减少误差。

【实验数据及其处理】

1. 滴定管校准数据记录表

（水的温度为________℃，水的密度为________g · mL^{-1}）

滴定管读数（mL）	读取容积（mL）	瓶和水的质量（g）	水的质量（g）	实际容积（mL）	校正值（$V_{真}-V_{读}$）

2. 移液管校准数据记录表

（水的温度为 ℃，水的密度为 g · mL^{-1}）

编号	移液管容积（mL）	瓶的质量（g）	瓶和水的质量（g）	水的质量（g）	实际容积（mL）	校正值（mL）
1						
2						

【实验注意事项】

1. 在滴定管中装入标准溶液时，不能借助漏斗或其他容器，以免引起标准溶液浓度改变或造成溶液污染。

2. 滴定管滴定开始和结束后读数时，要等 1 ~2 min 使附着在内壁上的溶液流下来以后才能读数，否则就会造成体积误差。

3. 滴定时速度不宜过快，以免滴定过终点造成检验误差。

4. 容量瓶不宜长期贮存溶液，尤其是碱性溶液，它会侵蚀瓶壁使瓶塞粘住，无法打开。配好的溶液如需长期保存应转入试剂瓶中，转移前须用少量该溶液将试剂瓶润洗三次。

5. 第一次用洗净的移液管吸取溶液时，应先用滤纸将尖端内外的水吸净，然后用所移取的溶液将移液管润洗 2 ~3 次，以保证移取溶液的浓度不变。

【思考题】

1. 用称量法校准滴定管时，为什么容量瓶和水的质量只需准确到 0.01g？

2. 同一次滴定实验中为什么要用同一支滴定管或移液管？滴定时为什么每次都从零刻度或零刻度附近开始？

3. 如果滴定管中有气泡对实验结果有什么影响？

4. 容量器皿中需要用待装溶液润洗的有哪些？

5. 用移液管移取液体时的操作要领是什么？

实验4　重结晶及熔点的测定

【实验目的】

1. 了解重结晶法原理,初步学会用重结晶法提纯固体有机化合物。

2. 掌握抽滤、热过滤操作和滤纸的折叠、放置方法。

3. 了解熔点测定的基本原理及应用。

4. 掌握熔点的测定方法和温度计的校正方法。

【实验原理】

1. 重结晶法提纯固体有机化合物

利用溶剂对被提纯物质及杂质的溶解度不同,可以使被提纯物质从过饱和溶液中析出。而让杂质全部或大部分仍留在溶液中(若在溶剂中的溶解度极小,则配成饱和溶液后被过滤除去),从而达到提纯目的。

选择某溶剂进行重结晶时,通常存在下列三种情况:

(1)室温下杂质较易溶解,应该使杂质在冷时的溶解度大而产物在冷时的溶解度小,或溶剂对产物的溶解性能随温度的变化大,这两方面都有利于提高回收率。

(2)杂质较难溶解,就需再次重结晶。如果混合物中杂质含量很多,则重结晶的溶剂量就要增加,或者重结晶的次数要增加,致使操作过程冗长,回收率极大的降低。

(3)两者溶解度相等,用重结晶分离产物就比较困难。在含量相等时,重结晶就不能用来分离产物了。

一般重结晶只适用于纯化杂质含量在5%以下的固体有机混合物。

2. 熔点的测定

晶体化合物的固液两态在一个大气压力下达到平衡时的温度称为该化合物的熔点。纯粹的固体有机化合物一般都有固定的熔点,即在一定的压力下,固液两态之间的变化是非常敏锐的,自初熔至全熔(熔点范围称为熔程),温度不超过0.5～1 ℃。如果该物质含有杂质,则其熔点往往较纯粹者为低,且熔程较长。故测定熔点对于鉴定纯粹有机物和定性判断固体化合物的纯度具有很大的价值。

纯物质的熔点和凝固点是一致的。从图3－2可以看到,当加热纯固体化合物时,在一段时间内温度上升,固体不熔。当固体开始熔化时,温度不会上升,直至所有固体都变为液体,温度才上升。反过来,当冷却一种纯液体化合物时,在一段时间内温度下降,液体未固化。当开始有固体出现时,温度不会下降,直至液体全部固化时,温度才会再下降。

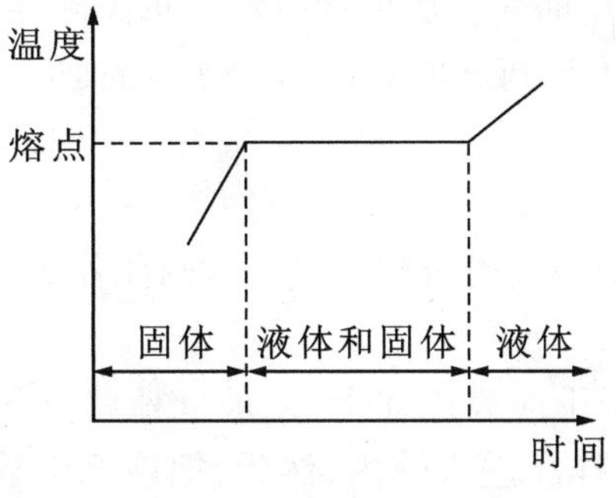

图3－2　相随着时间和温度的变化

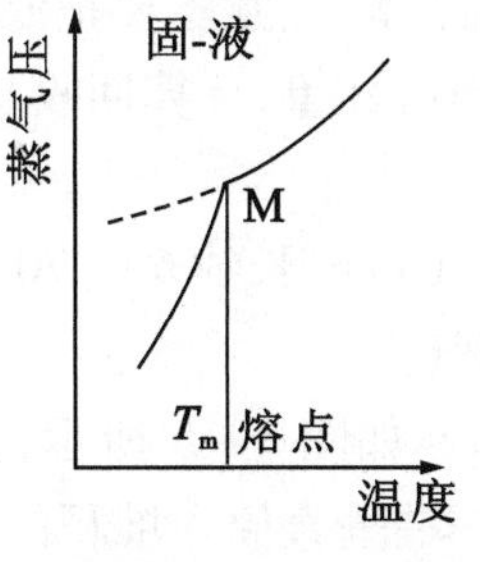

图3－3　物质的温度与蒸气压关系图

在一定温度和压力下,将某纯物质的固液两相放于同一容器种,这时可能发生三种情况:固体熔化,液体固化,固液两相并存。我们可以从该物质的蒸气压与温度关系图来理解在某一温度时,哪种情况占优势。从图3－3可以看到,固相蒸气压随温度的变化,速率比相应的液相大,最后两曲线相交于 M 点。在这特定的温度和压力下，固液两相并存，这时的温度 T_m 即为该物质的熔点。不同的化合物有不同的 T_m 值。当温度高于 T_m 时，固相全部转变为液相；低于 T_m 时液相全部转变为固相。只有固液并存时，固相和液相的蒸气压是一致的。这就是纯物质有固定而又敏锐熔点的原因。一旦温度超过 T_m（甚至只有几分之一度时），若有足够的时间，固体就可以全部转变为液体。所以要精确测定熔点，则在接近熔点时，加热速度一定要慢。一般每分钟温度升高不能超过 1 ~ 2 ℃。只有这样，才能使熔化过程近似接近于平衡状态。

【实验仪器及试剂】

仪器：抽滤瓶、布氏漏斗、锥形瓶、烧杯、表面皿、温度计、齐列管、锥形瓶、量筒。

试剂与材料：苯甲酸、苯甲酸粗品、活性炭、液体石蜡。

【实验装置】

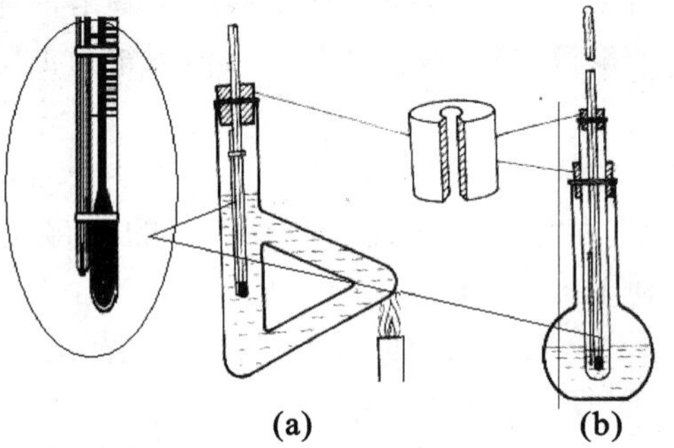

图 3 - 4　熔点的测定装置

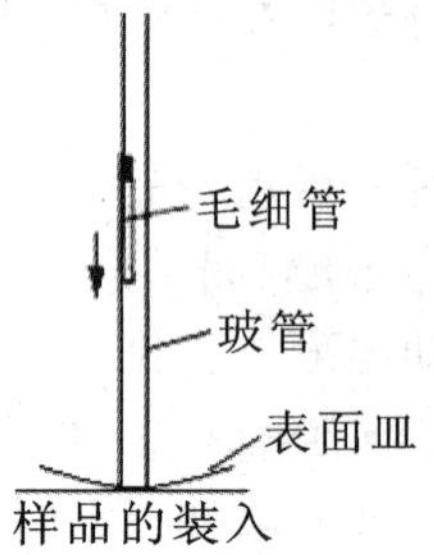

图 3 - 5　样品的装入

【实验步骤】

1. 重结晶

称取 1.5 g 苯甲酸粗品，放在 150 mL 的锥形瓶中，加水 80 mL，并放入几粒沸石，在石棉网上加热至沸腾，用玻璃棒不断搅拌，使固体溶解。若有未溶的固体，用滴管每次加入热水 3 ~5 mL，直至全部溶解。将锥形瓶移开热源，冷却 3 ~ 5 min，然后加入少量活性炭（活性炭绝对不能加入正在沸腾的溶液中，否则会引起暴沸，使溶液溢出），再加热微沸 5 min（若溶剂蒸发太多可适当补充少量水）。趁热用布氏漏斗过滤，除去活性炭和不溶性杂质。每次倒入漏斗的溶液不要太满，盛剩余溶液的锥形瓶放在石棉网上继续用小火加热，以防结晶析出。溶液过滤之后用少量热水洗涤锥形瓶和滤纸。过滤完毕，将盛滤液的烧杯用表面皿盖好放置结晶，冷至室温后再用冷水冷却使结晶完全。结晶完成之后用布氏漏斗过滤，滤纸先用少量冷水湿润抽紧，将晶体和母液分批倒入漏斗中，抽滤后，用玻璃塞挤压晶体，使母液尽量除净，然后拔开抽滤瓶上的橡皮管，停止抽气。加少量冷水于布氏漏斗中，使晶体湿润，用药勺轻轻刮动晶体（注意不要把滤纸刮破），将晶体刮到已称重过的干燥表面皿上，摊薄在空气中晾干。待产品干燥后称重，计算回收率。

2. 熔点的测定

（1）选用内径约 1 mm、长约 60 ~ 70 mm 的毛细管，在酒精灯外焰将其一端封闭作为熔点管。注意不能烧弯曲，不能漏气。

（2）样品的装入。如图 3 - 5 所示，将少许样品放于干净表面皿上，用玻璃棒将其研细并集成一堆。把毛细管开口一端垂直插入堆积的样品中，使一些样品进入管内，然后，把该毛细管垂直桌面轻轻上下振动，使样品进入管底，再用力在桌面上下振动，尽量使样品装得紧密。或将装有样品，管口向上的毛细管，放入长约 50 ~ 60 cm 垂直桌面的玻璃管中，管下可垫一表面皿，使之从高处落于表面皿上，如此反复几次后，可把样品装实，样品高度 2 ~ 3 mm。熔点管外的样品粉末要擦干净以免污染热浴液体。装入的样品一定要研细、夯实。否则影响测定结果。

(3)测熔点。按图3－4(a)搭好装置,在b形管中放入加热液(液体石蜡),用橡皮圈套在温度计和熔点管的上部(见放大图)。将附有熔点管的温度计小心地插入加热浴中,以小火在图示部位加热。开始时升温速度可以快些,当传热液温度距离该化合物熔点约10～15 ℃时,调整火焰使每分钟上升约1～2 ℃,愈接近熔点,升温速度应愈缓慢,每分钟约0.2～0.3 ℃。为了保证有充分时间让热量由管外传至毛细管内使固体熔化,升温速度是准确测定熔点的关键;另一方面,观察者不可能同时观察温度计所示读数和试样的变化情况,只有缓慢加热才可使此项误差减小。记下试样开始塌落并有液相产生时(初熔)和固体完全消失时(全熔)的温度读数,即为该化合物的熔程。要注意在加热过程中试样是否有萎缩、变色、发泡、升华、碳化等现象,均应如实记录。

测定熔点,至少要有两次的重复数据。每一次测定必须用新的熔点管另装试样,不得将已测过熔点的熔点管冷却,使其中试样固化后再做第二次测定。因为有时某些化合物部分分解,有些经加热会转变为具有不同熔点的其他结晶形式。

如果测定未知物的熔点,应先对试样粗测一次,加热可以稍快,知道大致的熔程。待浴温冷至熔点以下30℃左右,再另取一根装好试样的熔点管做准确的测定。

熔点测定后,温度计的读数须对照校正图进行校正。

一定要等冷却后,方可将液体石蜡倒回瓶中。温度计冷却后,用纸擦去石蜡方可用水冲洗。

样品:苯甲酸标准品;苯甲酸粗品。

【实验数据及处理】

1. 重结晶

苯甲酸粗品质量(m 粗)	1.5 g
苯甲酸粗品性状描述	
加水量	mL
苯甲酸纯品($m_{粗}$)	g
产　　率	产率 $=\frac{m_{纯品}}{m_{粗品}}\times 100\% = \text{——}\times 100\% =$

2. 熔点的测定

样品名称	初熔温度(℃)	全熔温度(℃)	熔程(℃)	平均值
苯甲酸标品				
苯甲酸纯品				

【实验注意事项】

1. 溶剂量的多少,要同时考虑两个因素。溶剂少则收率高,但可能给热过滤带来麻烦,并可能造成更大的损失;溶剂多,显然会影响回收率。故两者应综合考虑。一般可比需要量多加20%左右的溶剂(有的教科书上认为一般可比需要量多20～100%的溶剂)。

2. 可以在溶剂沸点温度时溶解固体,但必须注意实际操作温度是多少,否则会因实际操作时液体挥发,被提纯物晶体大量析出。但对某些晶体析出不敏感的被提纯物,可考虑在溶剂沸点时溶解成饱和溶液,故因具体情况决定,不能一概而论。例如,本次实验在100℃时配成饱和溶液,而热过滤操作温度不可能是100 ℃,可能是80 ℃,也可能是90 ℃,那么在考虑加多少溶剂时,应同时考虑热过滤的实际操作温度。

3. 为了避免溶剂挥发及可燃性溶剂着火或有毒溶剂中毒,应在锥形瓶上装置回流冷凝管,添加溶剂可从冷凝管的上端加入。

4. 熔点管必须洁净。如含有灰尘等,能产生4～10 ℃的误差。

5. 熔点管底未封好会产生漏管。

6. 样品粉碎要细,填装要实,否则产生空隙,不易传热,造成熔程变大。

7. 样品不干燥或含有杂质,会使熔点偏低,熔程变大。

8. 样品量太少不便观察,而且熔点偏低;太多会造成熔程变大,熔点偏高。

9. 升温速度应慢,让热传导有充分的时间;升温速度过快,熔点偏高。

【思考题】

1. 测定熔点时,若遇下列情况,将产生什么样结果?

(1)管壁太厚。

(2)熔点管底部未完全封闭,尚有一针孔。

(3)熔点管不洁净。

(4)样品未完全干燥或含有杂质。

(5)样品研得不细,装得不紧密或加热太快。

2. 对有机化合物进行重结晶时,最适合的溶剂应具备什么性质?

3. 进行热过滤时,为什么要尽可能减少溶剂挥发? 如何减少其挥发?

实验5　简单蒸馏及沸点的测定

【实验目的】

1. 学习简单蒸馏的装配和操作技术。

2. 掌握常量法(蒸馏法)及微量法测定沸点的原理和方法。

3. 了解沸点测定的意义。

【实验原理】

液体的分子由于分子运动有从表面逸出的倾向,这种倾向随着温度的升高而增大。如果把液体置于密闭的真空体系中,液体分子不断逸出而在液面上部形成蒸汽,最后使得分子由液体逸出的速度与分子由蒸汽中回到液体中的速度相等,使其蒸汽保持一定的压力。此时液面上的蒸汽达到饱和,称为饱和蒸汽。它对液面所施加的压力称为饱和蒸汽压。温度与蒸汽压关系见图3-6。

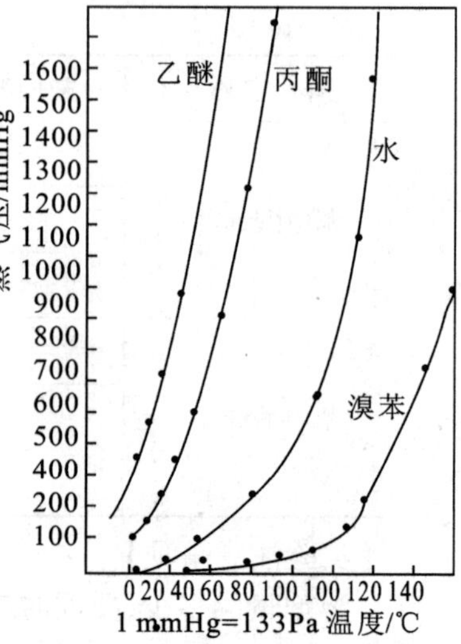

图3-6　温度与蒸汽压关系图

实验证明,液体的蒸汽压大小只与温度有关,即液体在一定温度下具有一定的蒸汽压。这是指液体与它的蒸汽平衡时的压力,与体系中液体和蒸汽的绝对量无关。

当液体的蒸气压增大到与外界施于液面的总压力(通常是指大气压力)相等时,就有大量气泡从液体内部逸出,即液体沸腾。这时的温度称为液体的沸点。

纯粹的液体有机化合物在一定的压力下具有一定的沸点(沸程0.5～1.5 ℃)。利用这一点,可以测定纯液体有机物的沸点。又称常量法。这对于对鉴定纯粹的液化有机物有一定的意义。但是具有固定沸点的液体不一定都是纯粹的化合物,因为某些有机化合物常和其他组分形成二元或三元共沸混合物,它们也有一定的沸点。将液体加热至沸腾,使液体变为蒸汽,然后使蒸汽冷却凝结为液体,这两个过程的联合操作称为蒸馏。蒸馏是提纯液体物质和分离混合物的一种常用方法。通过蒸馏可以将易挥发的物质和不易挥发的物质分离开来,也可将混合液体中各组分的沸点相差 30 ℃以上的物质进行分离。

【实验装置】

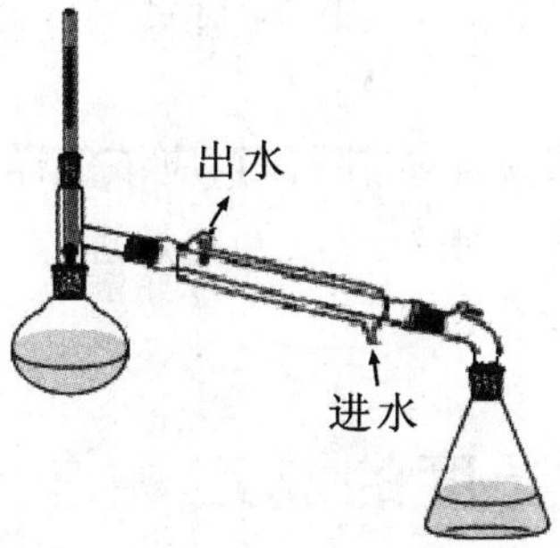

图 3－7　常量法沸点的测定装置

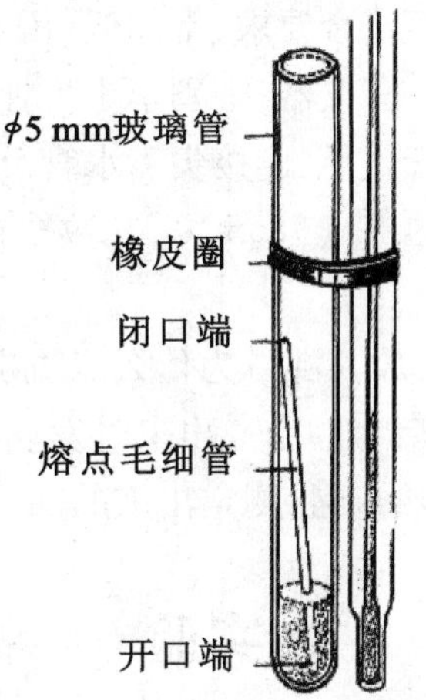

图 3－8　微量法测定沸点装置

【实验步骤】

1. 常量法沸点测定

按图 3－7 所示,在干燥的 50 mL 圆底烧瓶内加入 20 mL 样品、数粒沸石,装好常压蒸馏装置,通入冷凝水,水浴加热进行蒸馏,调整浴温,使蒸馏速度以每秒钟自接液管滴下 1～2 滴馏出液为宜。在蒸馏过程中,应使温度计水银泡被冷凝的液滴润湿,记录馏出液的沸点。重复读数 3 次,记录,求平均值即为该样品的沸点。

2. 微量法测定沸点

按图 3－8 所示,取一根内径 5 mm、长 8～9 cm 的毛细管,用小火封闭一端,作为沸点管的外管,放入欲测定沸点的样品 4～5 滴,在此管中放入一支内径 1 mm、长 5～6 cm 的上端封闭的毛细管,将开口处浸入样品中。把微量沸点管像熔点测定那样紧贴于温度计水银泡旁,并浸入热浴中,加热,由于气体膨胀,内管中有小气泡断断续续冒出来,达到样品的沸点时,将出现一连串的小气泡,此时应停止加热,使热浴的温度下降,气泡溢出的速度渐渐减慢,仔细观察,最后一个气泡出现而刚欲缩回内管的瞬间即表示毛细管内液体的蒸汽压与大气压平衡时的温度,亦就是此液体的沸点。重复加热、读数 3 次,记录,求平均值即为该样品的沸点。

样品:无水乙醇;95% 乙醇。

【实验数据及处理】

样品名称	1	2	3	平均值

【实验注意事项】

1. 蒸馏装置连接要紧密,不漏气,出口要与大气相通,密封会发生爆炸等事故。

2. 先开启冷凝水，再加热，蒸馏完毕（勿蒸干），先去热源再关冷凝水，稍冷后再拆下仪器。

3. 沸点读数要待温度计读数已基本恒定不变，馏出液已有 3 ~5 mL 时记录，常压蒸馏时记录沸点可不记录压力，反之要记录压力。

4. 若被蒸馏液沸点低易挥发，易燃，不能用直火加热，要用水浴。

5. 已用过的沸石不能重复使用，馏出液估量出体积，倒入指定回收瓶中。

6. 可能出现的问题：

（1）沸点不符合要求，常偏低（因蒸馏未平稳则记录，或温度计水银球位置不合适）。

（2）两人一套仪器，个别学生不独立操作。

（3）橡皮管直径、连接尖嘴水管及冷凝管进、出水口口径大小要适合，太松易掉落，太紧安不上。

（4）乙醇的沸点 78.5 ℃，凡数据在 77 ~79 ℃之内，沸程在 1 ℃以下，即符合要求，否则需重作。

【思考题】

1. 蒸馏时，放入沸石为什么能防止暴沸？如果加热后才发觉未加沸石时，应该怎样处理才安全？

2. 当加热后有馏出液出来时发现冷凝管未通水，能否马上通水？应该如何处理？

3. 如果加热过猛，测定出来的沸点会不会偏高，为什么？

实验 6　物质折光率和旋光度的测定

【实验目的】

1. 了解旋光仪的构造、使用方法，掌握旋光度的测定原理与方法。

2. 了解阿贝折光仪的构造，使用方法，掌握有机物折光率的测定原理和方法。

【实验原理】

折光率、旋光度是物质的特性常数，不仅作为物质纯度的标志，也可用来鉴定未知物。纯物质的折光率会随杂质的增多而发生偏离。纯物质溶解在不同溶剂中折光率也会发生变化，比如蔗糖在水中的浓度越大，其折光率增大，旋光度也会发生变化。因此可以通过测定蔗糖水溶液的折光率、旋光度来测定溶液的浓度。另外折光率的变化与溶液的浓度、温度、溶质及溶剂等因素有关，当其他条件固定时，一般当溶质的折光率小于溶剂的折光率时，浓度越大，折光率越小；反之亦然。

具有旋光性的物质称为旋光性物质或光学活性物质。旋光性物质使偏光振动平面旋转的角度称为旋光角，旋光角附上旋转方向叫旋光度，常以 α 表示；使偏光振动平面向左旋转的为左旋，用（—）或 l 表示；使偏光振动平面向右旋转的为右旋，用（ + ）或 d 表示。为比较物质的旋光性，需以一定条件下的旋光度作为基准。通常规定：1 cm^3 含 1 g 旋光性物质的溶液放在 1 dm 长的盛液管中测得的旋光度叫作该物质的比旋光度，并用[α]表示，对某一物质来说，比旋光度是一个定值，溶液的比旋光度与旋光度的关系：

$$[\alpha]_{\lambda}^{t}=\frac{\alpha}{c\cdot l}$$

式中，$[\alpha]_{D}^{20}$ 表示旋光性物质在 *t* ℃、光源波长为 λ 时的比旋光度；α 为旋光度；c 为溶液浓度，以 $g\cdot mL^{-1}$ 为单位；l 为旋光管的长度，以 dm 为单位。而旋光度与旋光性物质的浓度成正比。

食用商品味精为 μ – 谷氨酸单钠盐。μ – 谷氨酸在水溶液中比旋光度为 $[\alpha]_{D}^{20}=+12.1°$，在 2 $mol\cdot L^{-1}$ 盐酸溶液中为 +32°。L – 谷氨酸在盐酸溶液中的比旋光度在一定盐酸浓度范围内随酸度增加而增加。在测定味精纯度时加入盐酸使其浓度为 2 $mol\cdot L^{-1}$，此时谷氨酸钠以谷氨酸的形式存在。在一定温度下测定其比旋光度，并与该温度下纯 L – 谷氨酸的比旋光度比较，即可求得味精中谷氨酸钠的百分含量，即味精的纯度。

$$\text{样品味精纯度} = \frac{[\alpha]^{t}_{D样品}}{[\alpha]^{t}_{D标准}} \times 100\%$$

利用阿贝折光仪测定 20 ℃时溶液的折光率，旋光度可用旋光仪来测定。

【实验仪器及试剂】

仪器：分析天平、阿贝折光仪，WZZ 型自动旋光仪，恒温水浴及循环泵，移液管，容量瓶（50、100 mL）等。

试剂与材料：蒸馏水，无水乙醇。市售味精（99%，80%），盐酸（6 mol·L^{-1}）。

【实验步骤】

1. 折光率的测定

（1）无水乙醇—水溶液的制备：制备质量百分浓度为 10%，15%，20%，250%，30%，35%，40%，45%，50% 的乙醇水溶液。

（2）测定折光率：阿贝折光仪校正完成后，打开棱镜，用滴管把 2～3 滴待测已知浓度的乙醇水溶液均匀地滴在磨砂镜面上，要求液体无气泡并充满视场，关紧棱镜，调节反射镜使视场最亮。轻轻转动左边的刻度盘，在右镜筒内找到明暗分界或彩色光带，再转动消色散调节器，直到看到一个清晰的明暗分界线，转动左面的刻度盘，使分界线对准“十”字交叉线中心，读出折光率，重复一到两次。

2. 旋光度的测定

（1）样品溶液的制备：准确称取不同味精样品 10.00 g 于 100 mL 烧杯中，加入 20～25 mL 纯水，搅拌下加入 6 mol·L^{-1}盐酸，使其全部溶解。记录盐酸的体积，冷却至室温，用纯水定容至 100 mL。

（2）测定旋光度：旋光仪零点校正采用空白溶液校正，即取等体积 6 mol·L^{-1}盐酸置入 100 mL 容量瓶中，用纯水稀释至刻度，在旋光仪中校正。校正完成后，用少量样品溶液洗涤旋光管三次，然后注满一管，将玻璃盖片从管的侧面水平地推进盖好，适当拧紧螺丝盖，用镜头纸擦干盖片，将装好样品的旋光管放入旋光仪中，记录读数，同时记录测定时的温度，重复一到两次。

特别要注意的是因测定时溶液中旋光活性物质是 L－谷氨酸，所以需要将样品的质量通过两者摩尔质量的关系换算成 L－谷氨酸的质量。谷氨酸单钠盐含有一个结晶水。

（3）温度的矫正：测定温度如果为 T，则与 20℃时比旋光度的关系为：$[\alpha]^{t}_{D} = 32 + 0.06(20 - T)$，其中 32 为纯 L－谷氨酸 20℃时的比旋光度。记录矫正值，计算样品纯度。

【实验数据及处理】

1. 折光率的测定

（1）实验数据记录：温度：________℃。

样品浓度 w_B(%)	0.00	10.0	15.0	20.0	25.0	30.0
折射率						
样品浓度 w_B(%)	35.0	40.0	45.0	50.0	55.0	60.0
折射率						

（2）以浓度 c 与折光率 n^{t}_{D} 作图得一工作曲线。这样在测未知浓度的乙醇水溶液的折光率时，可在工作曲线上查得其浓度。

2. 旋光度的测定

实验数据记录：温度：________℃。

样品编号	1	2	3	4
V_{HCl}(mL)				
旋光度 α				
比旋光度$[\alpha]_{\lambda}^{t}$				
$[\alpha]_{\lambda}^{t}$的温度矫正值				
样品味精纯度(%)				

【实验注意事项】

1. 旋光仪在开始测量前,必须预热 5 ~ 10 min,至钠光灯充分受热。

2. 测量前还需校正旋光仪的零点。

3. 旋光管在装入蒸馏水或待测液体后,不能带入气泡;若样品管中有气泡,应让气泡浮在凸颈处。旋光管上的螺丝帽不可旋得过紧,以免玻璃盖产生扭力而影响读数的正确性。

4. 折光仪在开始测量前也必须用重蒸馏水校正。使用折光仪时要注意不应使仪器暴晒于阳光下。

5. 在使用折光仪时,切勿使滴管尖端直接接触镜面,以防造成刻痕。避免使用对棱镜、金属保温套及其间的胶合剂有腐蚀或溶解作用的液体。

6. 如果在折光仪的目镜中观察不到半明半暗的分界线,而是畸形的分界线,表明棱镜间未充满液体。若出现弧形光环,则可能是有部分光线未经过棱镜面直接照射在聚光镜上,应重新调整入射光的角度范围。

【思考题】

1. 折光率随什么因素而改变?

2. 测定某一物质的折光率时应注意哪些条件?

3. 配制味精样品时为什么要加入 HCl?

4. 测定某一物质的旋光度时应注意哪些事项?

5. 测定旋光度时如光通路上有气泡,将会产生什么影响?

实验 7 恒温槽的装配与性能测定

【实验目的】

1. 了解恒温槽的构造及恒温原理,初步掌握其装配和调试的基本技术。

2. 绘制恒温槽灵敏度曲线(温度—时间曲线),学会分析恒温槽的性能。

3. 掌握贝克曼温度计和温控仪的调试与使用方法。

【实验原理】

在许多物理化学实验中,由于待测的数据如折射率、黏度、蒸汽压、电动势、化学反应的速度常数、电离平衡常数等都与温度有关。因此,这些实验往往必须在恒温的条件下进行,这就需要各种恒温的设备。通常用恒温槽来控制温度,如图 2 - 46 所示。一般恒温槽的温度都相对的稳定,大约在 ±0.1 ℃,如果稍加改进也可达到0.01 ℃。恒温槽之所以能够恒温,主要是依靠恒温控制器来控制恒温槽的热平衡。当恒温槽的热量由于对外散失而使其温度降低时,恒温控制器就驱使恒温槽中的电加热器工作,待加热到所需要的温度时,它又会使其停止加热,使恒温槽温度保持恒定。

恒温槽的装置是多种多样的。主要包括下面的几个部件:浴槽、加热器、搅拌器、温度计、热敏元件(也称感温元件)、恒温控制器等部分组成。感温元件将温度转化为电信号而输送给控制元件,然后由控制元件发出指令让电加热元件加热或停止加热,现将各部件分别介绍如下:

浴槽:通常用的是10 L的圆柱形玻璃容器。槽内一般放水(<100 ℃)、液体石腊或甘油(>100 ℃)。

加热器:常用的是电热器,电加热器由电子继电器进行自动调节,以实现恒温。电加热器的功率是根据恒温槽的容量、恒温控制的温度以及和环境的温差大小来决定的。

搅拌器:一般采用功率为40 W的电动搅拌器,并将电动搅拌器串联在一个可调变压器上用来调节搅拌的速度,使恒温槽各处的温度尽可能的相同。桨叶应尽可能选螺旋桨式或涡轮式的,且有适当的片数、直径和面积,以使液体在恒温槽整体温度均匀。

温度计:恒温槽中常以1/10 ℃的温度计测量恒温槽的温度。用贝克曼温度计测量恒温槽的灵敏度。所用的温度计在使用前都必须进行校正和标化。

恒温控制器:采用稳定性能较好地热敏电阻作为感温元件,感温时间较短、使用方便、调速快、精度高并能进行遥控遥测。这个感温元件又因使用了特殊的烧结工艺,故只需要将此感温元件(探头)放在所需的控温部位,就能在控温的同时,从测温仪表上精确地反映出被控温部位的温度值。

恒温槽灵敏度的测定是在指定温度下观察温度随时间的波动情况。可改变加热器电压和搅拌速度测定其对恒温槽温度波动曲线的影响。该实验用较灵敏的贝克曼温度计,在一定的温度下,记录温度随时间的变化。记录最高温度为 t_1,最低温度为 t_2,恒温槽的灵敏度为:

$$t = \pm \frac{t_1 - t_2}{2}$$

灵敏度常以温度为纵坐标,以时间为横坐标绘制成温度——时间曲线来表示,见图3-9:

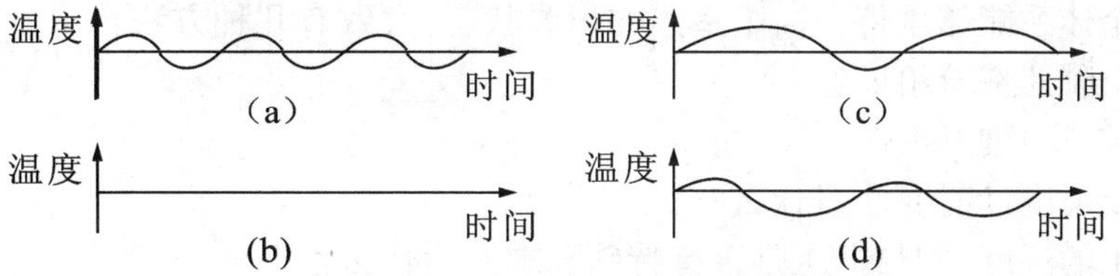

图3-9　温度—时间曲线图

(a) 表示恒温槽灵敏度较高　(b) 表示恒温槽灵敏度较低

(c) 表示加热器功率太大　(d) 表示加热器功率太小或散热太快

【实验仪器及试剂】

仪器:玻璃缸1个、秒表1个、贝克曼温度计1支、温控仪1台、搅拌器(功率40 W)1个、加热器(功率250 W的电热丝)、0~50 ℃的1/10的温度计1支、烧杯(200 mL)1个。

试剂与材料:蒸馏水。

【实验步骤】

1. 将蒸馏水注入恒温槽至2/3处,按图2-49分别将所需各部件按要求装备好。

2. 观察接触温度计标贴上端面所指的温度和触针下端所指的温度是否一致,旋开接触温度计上端的调节帽紧固螺丝,旋转调节一周观察触针(或标铁)移动的度数,然后旋转调节帽使标贴上所指温度稍低于25 ℃处(通常低于0.2~0.3 ℃)固定调节帽。

接通电源,打开搅拌器并加热。当继电器指示停止加热时,注意观察1/10 ℃温度计读数。例如达到24.2 ℃时,重新调节接触温度计标贴,按标贴需要移动读数确定调节帽应扭转的角度,这样即可很快调节到25 ℃。当1/10 ℃温度计达25℃时,使钨丝与水银刚刚处于接通与断开状态(可通过继电器的衔铁与磁铁接通或断开判断,也可由电子继电器的红绿指示灯来判断,一般红灯表示加热,绿灯表示加热停止),然后固定调节帽。需要注意,在调节过程中,决不能以接触温度计的刻度为依据,必须以1/10 ℃的标准温度计为准。接触温度计所指的数,只能给我们一个粗略的估计。

3. 按上述步骤,将恒温槽重新调节至30 ℃和35 ℃。

4. 调节贝克曼温度计:将贝克曼温度计的水银柱在35 ℃时调到刻度2.5左右(调节方法见贝克曼温度计的构造和使用),并安放到恒温槽中。

5. 恒温槽灵敏度的测量：待恒温槽已调节到 35 ℃恒温后，观察贝克曼温度计的读数，利用秒表，2 分钟记录一次贝克曼温度计的读数。连续测定 60 min，温度变化范围要求在 ±0.15 ℃以内。

6. 改变恒温槽中加热器与接触温度计的相对位置，按相同的方法测定恒温槽灵敏度。

【实验数据及其处理】

将操作步骤 5 和 6 的数据记录在下表。

时间(分钟)	2	4	6	8	10	12	14	……
贝克曼温度计的读数(℃) 改变位置后贝克曼温度计的读数(℃)								

以时间为横坐标，温度为纵坐标，绘制各个条件下的温差——时间曲线，求算恒温槽的灵敏度，并对恒温槽的性能进行评价。

【实验注意事项】

1. 为使恒温槽温度恒定，接触温度计调至某一位置时，应将调节帽上的固定螺钉拧紧，以免使之因振动而发生偏移。

2. 当恒温槽的温度和所要求的温度相差较大时，可以适当加大加热功率，但当温度接近指定温度时，应将加热功率降到合适的功率。

【思考题】

1. 要使得某个体系能够维持在高于室温的恒温状态，大致有几种方法？

2. 恒温装置由哪几部分组成？

3. 恒温槽的控温原理？

4. 使用贝克曼温度计时要注意什么？

5. 恒温槽中水的温度、加热电压是否有特殊要求？ 为什么？

实验 8　气相色谱仪性能测试

【实验目的】

1. 掌握气相色谱仪的一般使用方法。

2. 熟悉定性，定量误差的来源，气相色谱仪主要性能的测试及定量计算方法。

【实验原理】

气相色谱仪是完成气相色谱法的工具，它是以气体为流动相采用冲洗法来实现柱色谱技术的装置。它的结构总的可以归纳为：载气系统、进样系统、色谱柱、检测系统和记录系统等五大部分。其工作原理是载气（如 N_2、H_2、He、Ar 等）从高压钢瓶经减压阀流出，通过净化器除去杂质，再由针形调节阀调节流量，通过进样装置，把注入的样品带入色谱柱，使被测物质在两相之间进行多次分配，再把在色谱柱中被分离的组分带入检测器，进行鉴定和记录。经相关分析计算，确定物质的含量。

依据塔板理论计算色谱柱的理论塔板数(n)。

$$n = 5.54 \times \left(\frac{t_R}{W_{1/2}}\right)^2 = 16\left(\frac{t_R}{W}\right)^2 \qquad H = \frac{L}{n}$$

用于评价色谱柱的性能。利用分离公式计算两组分的分离度，用于评价色谱条件。

【实验仪器及试剂】

仪器：气相色谱仪，氢火焰离子化检测器。

试剂与材料：苯(AR)，0.05%苯的二硫化碳溶液，苯和甲苯(1∶1)的 0.05%二硫化碳溶液。

【实验步骤】

1. 仪器定性与定量重复性测试

1.1 实验条件

氢焰检测器;柱温:80 ± 5 ℃;汽化器及氢焰检测器温度:120 ℃;载气:N_2 30 ~ 40 mL/min; 燃气:H_2;H_2/N_2 = 1/1;助燃气:空气;H_2/空气 = 1/5 ~ 1/10;进样量:0.5 μL,进样三次。

1.2 实验方法

氢焰用:苯和甲苯(1∶1)的0.05%二硫化碳溶液

进样量:0.2 ~ 0.7 μL,连续进样5次,并计算定量重复性。

$$Q = \left|\frac{\overline{W} - Z_x}{\overline{W}}\right| \times 100\%$$

Q:最大相对误差;$\overline{W}$ 为五次进样测得的平均值;Z_x 为某些进样测量之值;$\overline{W} - Z_x$ 为最大偏差。

2. 理论塔板数及分离度的计算

将仪器的定性,定量重复性检查所得苯及甲苯的保留时间、半峰宽及峰宽代入下式计算理论塔板数 n、塔板高度 H 及分离度 R。

(1) $n = 5.54 \times \left(\frac{t_R}{W_{1/2}}\right)^2$　求出 $n_{苯}$ 及 $n_{甲苯}$。

(2) $H = \frac{L}{n}$　求出 $H_{苯}$ 及 $H_{甲苯}$(的单位以 mm 表示)

(3) $R = \frac{(t_{R甲苯} - _{R苯})}{1.699(W_{1/2甲苯} + W_{1/2苯})}$　注意 $W_{1/2}$应于 t_R 单位一致。

【实验数据及其处理】

1. 数据记录与处理

1. 苯 2. 甲苯	t_{R1} (min)	t_{R2} (min)	$t_{R2} - t_{R1}$ (min)	(cm)	(cm)	(cm)	$W^1_{1/2}$ (cm)	$W^2_{1/2}$ (cm)
1								
2								
3								
4								
5								
6								

2. 定性重复性

$$Q = \left|\frac{\overline{W} - Z_x}{\overline{W}}\right| \times 100\% \qquad \overline{W} = (t_{R2} - T_{R1})$$

$Z_X = (t_{R2} - t_{R1})$选偏差最大者

3. 定量重复性

$$Q = \left|\frac{\overline{W} - Z_x}{\overline{W}}\right| \times 100\% \qquad \overline{W} = (h_1 - h_2)^-$$

$Z_X = (h_1/h_2)$选偏差最大者

【实验注意事项】

1. 进样器的硅橡胶密封垫圈应注意及时更换。

2. 使用氢火焰离子检测器时不点火时禁止通氢气,以防引起爆炸。

3. 开机前先打开载气、氢气、空气总阀开关,检查二次表压力,氮气、空气、氦气一般是 0.6 *MPa* 左右。氢气一般 0.2 *MPa*。然后再打开仪器电源,待仪器通过自检后再打开工作站,确认每根柱子都有流量,再升温做样。关机时,可先通过软件关掉检测器及空气、氢气,将进样口、柱箱、检测器温度降至接近室温,然后关掉软件,然后再关主机,最后再关载气及其他辅助气。

4. 确定载气流量,再对色谱柱的安装进行检查注意:如果不通入载气就对色谱柱进行加热,会快速且永久性的损坏色谱柱。

5. 操作方法及注意事项,见 *Agilent* 7890*A* 气相色谱仪的操作规程。

【思考题】

1. 进样操作应注意哪些事项? 在一定的色谱操作条件下,进样量的大小是否会影响色谱峰的保留时间和半峰宽?

2. 气相色谱仪色谱柱老化的目的是什么?

实验 9 高效液相色谱仪性能测试

【实验目的】

1. 掌握高效液相色谱仪的一般使用方法。

2. 掌握色谱柱理论塔板数、理论塔板高度、分离度和色谱峰拖尾因子的计算方法。

3. 了解考察色谱柱基本特性的方法和指标。

【实验原理】

依据塔板理论计算色谱柱的理论塔板数(n)。用于评价色谱柱的性能。利用分离公式计算两组分的分离度,用于评价色谱条件。

1. 理论塔板数和理论塔板高度的测试

根据塔板理论,理论塔板数越大,板高越小,柱效能越高。通过测试苯、萘、菲、联苯的理论塔板数判断其柱效的高低。

2. 分离度的计算

分离度是从色谱峰判断相连两组分在色谱柱中总分离效能的指标,用 R 表示,分离度应大于 1.5。

3. 拖尾因子的计算

色谱柱的热力学性质和柱填充的均匀与否,将影响色谱峰的对称性,色谱峰的对称性用峰的拖尾因子(T)来衡量,T 应在 0.95 ~ 1.05 之间。

【实验仪器及试剂】

仪器:液相色谱仪(紫外检测器)、C_{18}反相键合色谱柱,微量进样器(25 μL)、过滤器(0.45 μm)、脱气装置。

试剂与材料:苯,萘,菲,联苯,甲醇(色谱纯)、重蒸馏水(新制)。

【实验步骤】

1. 色谱条件:流动相为甲醇 - 水(80:20);固定相为 C_{18}反相键合色谱柱;检测波长为 254 *nm*;流量为 1 *mL/min*。

2. 试样的制备:取苯,萘,菲,联苯的甲醇溶液(1 $\mu g/mL$),作为试样溶液。

3. 流动相:配制甲醇 - 水(80:20)液,然后过滤并脱气。

4. 测定：吸取试样溶液，注入色谱仪，记录色谱图。并计算萘的理论塔板数(n)，各组分的拖尾因子(T)及苯与萘、菲与联苯的分离度(R)。

【实验数据及处理】

1. 色谱图

2. 有关数据

样品名称					
苯					
萘					
菲					
联苯					

3. 理论塔板数的计算　$n = 5.54 \times \left(\frac{t_R}{W_{1/2}}\right)^2$

式中：t_R 为物质保留时间；$W_{1/2}$为半峰宽。根据公式计算出苯，萘，联苯的理论塔板数。

4. 分离度计算　$R = \frac{2(tR_2 - tR_1)}{W_1 + W_2}$

式中：tR_2 为相邻两峰后一峰的保留时间。tR_1 为相邻两峰前一峰的保留时间。W_1 及 W_2 为相邻两峰的峰宽。

5. 拖尾因子的计算　$T = \frac{W_{0.05h}}{2d_1}$

式中：$W_{0.05h}$为 0.05 峰高出的峰宽；d_1 为峰极大至峰前沿之间的距离。

【实验注意事项】

1. 在使用本仪器前，应了解仪器的结构，功能和操作顺序，见第二篇十二～(六)。

2. 所有的流动相使用前必须先脱气。

3. 开机时先打开工作站，排气泡后再连接泵，最后连接检测器，关闭顺序则相反。

【思考题】

1. 说明苯，萘，菲，联苯在反相色谱中的洗脱顺序。

2. 流动相在使用前为何要脱气？

(二)化学原理实验

实验 10　电解质溶液

【实验目的】

1. 了解强弱电解质电离的差别、同离子效应和缓冲溶液。

2. 了解盐类的水解反应和抑制水解的方法。

3. 了解沉淀溶解平衡和溶度积原理的应用。

4. 学习离心分离和 pH 试纸的使用等基本操作。

【实验原理】

在弱电解质溶液中加入含有相同离子的另一强电解质时，使弱电解质的解离程度降低，这种效应称为同离子效应。

弱酸及其盐或弱碱及其盐的混合溶液，当将其稀释或在其中加入少量的强酸或强碱或少量水稀释时，溶液的 pH 值改变很少，这种溶液称作缓冲溶液。缓冲溶液的 pH 值（以 HAc 和 $NaAc$ 为例）可用下式计算：

$$pH = pK_a^\theta - lg\frac{c(\text{酸})}{c(\text{盐})} = pK_a^\theta - lg\frac{c(HAc)}{c(Ac^-)}$$

在难溶电解质的饱和溶液中，未溶解的难溶电解质和溶液中相应的离子之间建立了多相离子平衡。例如在 PbI_2 饱和溶液中，建立了如下平衡：

$$PbI_2(\text{固}) \rightleftharpoons Pb^{2+} + 2I^-$$

其平衡常数的表达式为 $K_{sp}^\theta = c(Pb^{2+}) \cdot c(I^-)^2$，称为溶度积。

根据溶度积规则可判断沉淀的生成和溶解，当将 $Pb(Ac)_2$ 和 KI 两种溶液混合时，如果：

（1）$c(Pb^{2+}) \cdot c(I^-)^2 > K_{sp}^\theta$ 溶液过饱和，有沉淀析出。

（2）$c(Pb^{2+}) \cdot c(I^-)^2 = K_{sp}^\theta$ 饱和溶液。

（3）$c(Pb^{2+}) \cdot c(I^-)^2 < K_{sp}^\theta$ 溶液未饱和，无沉淀析出。

使一种难溶电解质转化为另一种难溶电解质，即把一种沉淀转化为另一种沉淀的过程称为沉淀的转化，对于同一种类型的沉淀，溶度积大的难溶电解质易转化为溶度积小的难溶电解质。对于不同类型的沉淀，能否进行转化，要具体计算溶解度。

【实验仪器及试剂】

仪器：试管、试管夹、试管架、离心试管、小烧杯、量筒、洗瓶、点滴板、玻璃棒、酒精灯、离心机。

试剂：HAc ($1mol \cdot L^{-1}$, $0.10\ mol \cdot L^{-1}$)，HCl ($0.1\ mol \cdot L^{-1}$, $2\ mol \cdot L^{-1}$)，$NH_3 \cdot H_2O$ ($0.1\ mol \cdot L^{-1}$, $2\ mol \cdot L^{-1}$)，$NaOH$ ($0.1\ mol \cdot L^{-1}$)；$NaAc$ ($1\ mol \cdot L^{-1}$, $0.1\ mol \cdot L^{-1}$)，NH_4Cl ($1\ mol \cdot L^{-1}$)，$BiCl_3$ ($0.1\ mol \cdot L^{-1}$)，$MgSO_4$ ($0.1\ mol \cdot L^{-1}$)，$NaCl$ ($0.1\ mol \cdot L^{-1}$)，Na_2CO_3 ($0.1\ mol \cdot L^{-1}$)，$Al_2(SO_4)_3$ ($0.1\ mol \cdot L^{-1}$)，$Pb(NO_3)_2$ (0.1, $0.001\ mol \cdot L^{-1}$)，NaH_2PO_4 ($mol \cdot L^{-1}$)，Na_2HPO_4 ($0.1\ mol \cdot L^{-1}$)，Na_3PO_4 ($0.1\ mol \cdot L^{-1}$)，$AgNO_3$ ($0.1\ mol \cdot L^{-1}$)，KI ($0.02\ mol \cdot L^{-1}$)，K_2CrO_4 ($0.1\ mol \cdot L^{-1}$)；$NH_4Cl(s)$，锌粒，酚酞，甲基橙，pH 试纸。

【实验内容】

1. 比较强酸和弱酸的酸性

（1）在点滴板上，用 pH 试纸测试浓度各为 $0.10\ mol \cdot L^{-1}$ 的 HCl 和 HAc 溶液的 pH 值，并与计算值进行比较。

（2）在两支试管中分别加入 1 mL $0.10\ mol \cdot L^{-1}$ HCl 和 HAc 溶液，再分别加入一小颗锌粒，并用酒精灯加热试管，观察生成氢气的剧烈程度。

由实验结果比较 HCl 和 HAc 的酸性有何不同？为什么？

2. 同离子效应和缓冲溶液

（1）在两支试管中，各加入 1 mL 蒸馏水，2 滴 $2\ mol \cdot L^{-1}$ 氨水，再加入 1 滴酚酞溶液，观察溶液显什么颜色？然后给其中一支试管中，加入少量 NH_4Cl 固体，摇动试管使其溶解，与另一支试管比较，观察溶液颜色有何变化？说明原因。

（2）在烧杯中加入 10 mL $1.0\ mol \cdot L^{-1}$ HAc 溶液和 10 mL $1.0\ mol \cdot L^{-1}$ $NaAc$ 溶液，搅匀，用 pH 试纸测定其 pH 值；然后将溶液分成两份，一份加入 5 滴 $0.10\ mol \cdot L^{-1}$ HCl，测其 pH 值；另一份加入 5 滴 $0.10\ mol \cdot L^{-1}$ $NaOH$，测其 pH 值。

(3)在一小烧杯中加入 10 mL 蒸馏水,用 pH 试纸测其 pH 值,将其分成两份,在一份中加入 5 滴 0.1 $mol \cdot L^{-1} HCl$ 溶液,测其 pH 值;在另一份中加入 5 滴 0.1 $mol \cdot L^{-1} NaOH$ 溶液,测其 pH 值,与上一实验做一比较,得出什么结论?

3. 盐类的水解和影响水解的因素

(1)盐的水解与溶液的酸碱性。

在三支试管中分别加入少量 0.1 $mol \cdot L^{-1} Na_2CO_3$. $NaCl$、$Al_2(SO_4)_3$ 溶液,用 pH 试纸测定它们的酸碱性。写出离子方程式,解释现象。

在另三支试管中分别加入少量 0.1 $mol \cdot L^{-1} Na_3PO_4$. Na_2HPO_4. NaH_2PO_4 溶液,用 pH 试纸测定它们的酸碱性。写出离子方程式,解释现象。

(2)酸度对水解平衡的影响。

在试管中加入 2 滴 0.1 $mol \cdot L^{-1} BiCl_3$ 溶液,加入 1 mL 水,观察沉淀的产生,往沉淀中滴加 2 $mol \cdot L^{-1} HCl$ 溶液,至沉淀刚好消失。

$$BiCl_3 + H_2O \rightleftharpoons BiOCl \downarrow + 2HCl$$

(3)温度对水解平衡的影响。

在两支试管中分别加入 1 mL 0.1 $mol \cdot L^{-1} NaAc$ 溶液,并各加入 3 滴酚酞试液,将其中一支试管用酒精灯加热,观察颜色的变化。解释现象。说明加热对水解的影响。

4. 沉淀的生成

(1)在试管中,加入 1 mL 0.1 $mol \cdot L^{-1} Pb(NO_3)_2$ 溶液,再逐渐加入 1 mL 0.1 $mol \cdot L^{-1} KI$ 溶液,观察沉淀的生成和颜色。解释观察到的现象,写出相关反应式。

(2)在另一支试管中加入 1 mL 0.001 $mol \cdot L^{-1} Pb(NO_3)_2$ 溶液,再逐渐加入 1 mL 0.001 $mol \cdot L^{-1}$ KI 溶液,观察有无沉淀生成?试以溶度积原理解释观察到的现象。

5. 分步沉淀

(1)在离心试管中加 3 滴 0.1 $mol \cdot L^{-1} NaCl$ 溶液和 1 滴 0.1 $mol \cdot L^{-1} K_2CrO_4$ 溶液,稀释至 1 mL,混匀后,边振荡试管,边滴加 0.1 $mol \cdot L^{-1} AgNO_3$ 溶液 1 ~ 3 滴,当砖红色完全转化为白色沉淀时,离心 2 分钟,观察沉淀颜色,注意沉淀颜色与溶液颜色的差别。再往清液中滴加数滴 0.1 $mol \cdot L^{-1}$ $AgNO_3$ 溶液,会出现什么颜色的沉淀?试根据沉淀颜色的变化并通过有关溶度积的计算,判断哪一种沉淀先生成?说明原因。解释观察到的现象,写出相关反应式。

(2)在一支试管中加入 2 滴 0.1 $mol \cdot L^{-1} AgNO_3$ 溶液和 1 滴 0.1 $mol \cdot L^{-1} Pb(NO_3)_2$ 溶液,用蒸馏水稀释至 5 mL,摇匀。逐滴加入 0.1 $mol \cdot L^{-1} K_2CrO_4$ 溶液,观察现象。写出有关反应方程式,并解释之。

6. 沉淀的溶解

在试管中,加入 2 mL 0.1 $mol \cdot L^{-1} MgSO_4$ 溶液,加入 2 $mol \cdot L^{-1}$ 氨水数滴,此时生成的沉淀是什么?再向此溶液中加入少量 NH_4Cl 固体,观察沉淀是否溶解。解释观察到的现象,写出相关反应式。

7. 沉淀的转化

取 10 滴 0.1 $mol \cdot L^{-1} Pb(NO_3)_2$ 溶液加入试管中,加入 10 滴 0.1 $mol \cdot L^{-1} NaCl$ 溶液,振荡,观察沉淀的颜色,再在其中加入 0.1 $mol \cdot L^{-1} KI$ 溶液,边加边振荡,观察沉淀的颜色变化,解释现象,写出相关反应式。

【思考题】

1. 同离子效应与缓冲溶液的原理有何异同?

2. 如何抑制或促进水解?举例说明。

3. 是否一定要在碱性条件下,才能生成氢氧化物沉淀?不同浓度的金属离子溶液,开始生成氢氧化物沉淀时,溶液的 *pH* 值是否相同?

实验 11　氧化还原反应与电极电势

【实验目的】

1. 掌握电极电势对氧化还原反应的影响。

2. 定性观察浓度、酸度对电极电势的影响。

3. 定性观察浓度、酸度、温度及催化剂对氧化还原反应方向、产物、速度的影响。

4. 通过实验了解原电池的装置。

【实验原理】

金属间的置换反应伴随着电子的转移,利用这类反应可组装原电池,如标准铜锌原电池。

$$(-)Zn \mid ZnSO_4(1\ mol \cdot L^{-1}) \parallel CuSO_4(1\ mol \cdot L^{-1}) \mid Cu\ (+)$$

在原电池中,化学能转变为电能,产生电流,由于电池本身有内电阻,用毫伏计所测的电压,只是电池电动势的一部分(即外电路的电压降)。

当氧化剂和还原剂所对应的电对的电极电势相差较大时,通常可以直接用标准电极电势 E^θ 来判断,作为氧化剂电对对应的电极电势与作为还原剂电对对应的电极电势数值之差大于零,则氧化还原反应就自发进行。也就是 E^θ 值大的氧化态物质可以氧化 E^θ 值小的还原态物质,或 E^θ 值小的还原态物质可以还原 E^θ 值大的氧化态物质。

若两者的标准电极电势代数值相差不大时,必须考虑浓度对电极电势的影响。具体方法是利用 *Nernst* 方程式:

$$E = E^\theta + \frac{0.059}{n} lg \frac{c(\text{氧化态})}{c(\text{还原态})}$$

计算出不同浓度的电极电势值来说明氧化还原反应的情况。

若有 H^+ 或 OH^- 参加氧化还原反应,还必须考虑 *pH* 值(酸度)对电极电势和氧化还原反应的影响。

【实验仪器及试剂】

仪器:*pHS-3c* 型酸度计、铜片电极和锌片电极各两根、铁片电极和石墨电极、盐桥、50 *mL* 干燥烧杯 4 只、酒精灯、表面皿大小各一个。试管、离心试管、水浴锅。

试剂:HCl(浓、1 $mol \cdot L^{-1}$),H_2SO_4(3 $mol \cdot L^{-1}$),HNO_3(浓,1 $mol \cdot L^{-1}$),$H_2C_2O_4$(0.1 $mol \cdot L^{-1}$),$CuSO_4$(0.2 $mol \cdot L^{-1}$),$ZnSO_4$(0.2 $mol \cdot L^{-1}$),$FeSO_4$(0.1 $mol \cdot L^{-1}$),$K_2Cr_2O_7$(0.1 $mol \cdot L^{-1}$),$NH_3 \cdot H_2O$(浓,2 $mol \cdot L^{-1}$),$NaOH$(6 $mol \cdot L^{-1}$),KBr(0.1 $mol \cdot L^{-1}$);KI(0.1 $mol \cdot L^{-1}$),$FeCl_3$(0.1 $mol \cdot L^{-1}$),H_2O_2(3%),$(NH_4)_2Fe(SO_4)_2$(0.1 mol·L^{-1}),$K_3[Fe(CN)_6]$(0.1 mol·L^{-1}),$MnSO_4$(0.1 mol·L^{-1}),KSCN(0.1 mol·L^{-1}),$AgNO_3$(0.1 mol·L^{-1}),MnO_2(s),Zn 粒,Na_2SO_3 固体,$(NH_4)_2S_2O_8$ 固体,溴水,CCl_4,红色石蕊试纸,砂纸。

【实验内容】

1. 氧化还原反应与电极电势的关系

(1)往试管中加入 0.5 mL 0.1 mol·L^{-1}的 KI 溶液和 2 滴 0.1 mol·L^{-1} $FeCl_3$ 溶液,再加入 10 滴 CCl_4,观察 CCl_4 层颜色的变化,发生了什么反应?

(2)用 0.1 mol·L^{-1}KBr 溶液代替 KI 溶液,进行上述实验,反应能否发生?

根据(1)、(2)的实验结果,定性地比较 $E(Br_2/Br^-)$、$E(I_2/I^-)$、$E(Fe^{3+}/Fe^{2+})$ 的相对大小,并指出哪一种物质是最强氧化剂,哪一种物质是最强还原剂?

2. 浓度对电极电势的影响

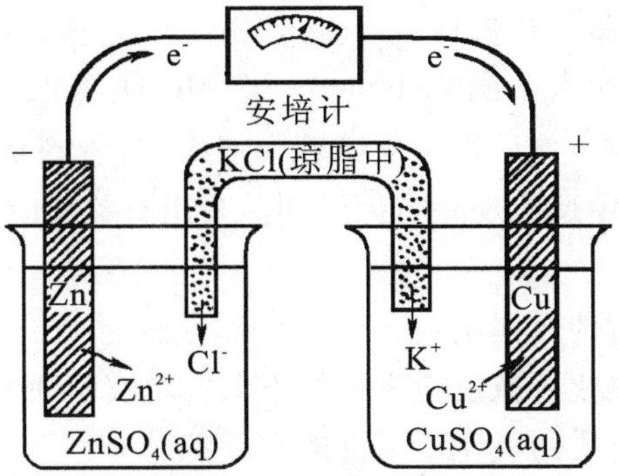

图 3－10　原电池示意图

(1)如图 3－10 装配铜锌原电池。取两个 50 mL 的烧杯中，一个加入 15 mL 0.2 mol·L^{-1}的 $ZnSO_4$ 溶液,另一个加入 15 mL 0.2 mol·L^{-1}的 $CuSO_4$ 溶液。在 $ZnSO_4$ 溶液中插入锌片,在 $CuSO_4$ 溶液中插入铜片,用导线将锌片和铜片分别与伏特计的负极和正极相连,用盐桥连通两个烧杯溶液,测量两极间电压。记录数据,并写出电池符号与电极反应。

(2)在(1)的 $CuSO_4$ 溶液中滴加浓氨水并不断搅拌,至生成沉淀、沉淀完全溶解形成深蓝色溶液,分别放入盐桥,重新测定电动势,记录电压表数据,与(1)的实验数据进行比较,写出电池符号并解释之。

(3)取出盐桥,在 $ZnSO_4$ 溶液中滴加浓氨水并不断搅拌,至生成沉淀、沉淀完全溶解形成无色溶液,分别放入盐桥,重新测定电动势,记录电压表数据,与(2)的实验数据进行比较,写出电池符号并解释之。

3. 酸度对电极电势的影响

(1)取两只 50 mL 的烧杯,在一只烧杯中加入 15 mL 0.1mol·L^{-1}的 $FeSO_4$,插入铁片,另一只烧杯中加入和 15 mL 0.1 mol·L^{-1}的 $K_2Cr_2O_7$,插入碳棒。将铁片和碳棒用导线分别与伏特计的负极和正极相连,用盐桥连通两个烧杯溶液,测量两极间电压。记录电压表数据,并写出电池符号及电极反应。

(2)往盛有 $K_2Cr_2O_7$ 的溶液中,慢慢加入 3 mol·L^{-1}的 H_2SO_4 溶液,观察电压有何变化？记录电压表数据,并解释之。

(3)再往 $K_2Cr_2O_7$ 溶液中逐滴加入 6 mol·L^{-1}的 NaOH 溶液,观察电压又有何变化？记录电压表数据,并解释之。

4. 浓度和酸度对氧化还原反应产物的影响

(1)观察锌粒分别与浓 HNO_3 和 1 mol·$L^{-1}$$HNO_3$ 的反应现象,并检验所产生的气体,写出反应方程式。浓 HNO_3 被还原后主要产物可通过观察生成气体的颜色来判断。稀 HNO_3 的还原产物可用检验溶液中是否有 NH_4^+ 离子生成的办法来确定。

气室法检验 NH_4^+:将 5 滴被检溶液滴入一个表面皿中,再加入 5 滴 6 mol·L^{-1}的 NaOH 混匀。在另一块较小的表面皿中黏附一小块润湿的红色石蕊试纸,把它盖在大的表面皿上做成气室。将此气室放在水浴锅上微热 2 分钟,若石蕊试纸变蓝,则表示有 NH_4^+ 存在。

(2)试管 3 支中,各加 10 滴 0.001 mol·$L^{-1}$$KMnO_4$,再分别加入 3 mol·$L^{-1}$$H_2SO_4$、$H_2O$、6 mol·$L^{-1}$NaOH 各 0.5 mL,然后向 3 支试管加 Na_2SO_3 固体少许,观察实验现象？写出有关反应式。

5. 溶液酸度、温度、催化剂对氧化还原反应速率的影响

(1)在两支各盛 1 mL 0.1 mol·L^{-1}KBr 溶液的试管中,分别加入 3 mol·$L^{-1}$$H_2SO_4$ 和 2 mol·L^{-1} HAc 溶液各 0.5 mL,然后各加入 2 滴 0.001 mol·$L^{-1}$$KMnO_4$ 溶液,观察 2 支试管中紫红色褪去的速度。写出有关反应方程式,并解释。

(2)在两支试管中,分别加入 1 mL 0.1 mol·L^{-1} $H_2C_2O_4$、5 滴 3 mol·$L^{-1}$$H_2SO_4$ 和 1 滴 0.001 mol

$\cdot L^{-1} KMnO_4$ 溶液,摇匀,将其中一支试管放入热水浴中加热,另一支不加热,观察两支试管中紫红色褪去的速度。写出有关反应方程式,并解释。

(3)在两支试管中,各分别加入 2 滴 0.1 mol · $L^{-1} MnSO_4$溶液、1 mL 3 mol · $L^{-1} H_2SO_4$ 和少许 $(NH_4)_2S_2O_8$ 固体,振荡使其溶解。然后往一支试管中加入 2 ~3 滴 0.1 mol · $L^{-1} AgNO_3$溶液,另一只不加,水浴微热。观察两支试管中反应现象有何不同。写出有关反应方程式,并解释。

【思考题】

1. 怎样装置原电池? 盐桥有什么作用?
2. 如何用电极电势来判断氧化还原反应进行的方向? 本实验通过什么反应来说明的?
3. 如何通过实验比较下列物质的氧化还原性的强弱?

① Cl_2、Br_2、I_2 和 Fe^{3+} ; ② Cl^-、Br^-、I^-和 Fe^{2+}。

4. 电极电势受哪些因素的影响? 是如何影响的? 本实验是通过哪些实验来证明?
5. 在氧化还原反应中,为什么一般不用 HNO_3、HCl 作为反应的酸性介质?

实验 12 配合物的生成、性质与应用

【实验目的】

1. 了解配离子的生成和组成。
2. 掌握配离子和简单离子的区别。
3. 了解配位平衡与沉淀溶解平衡间的相互转化。
4. 熟悉过滤和试管的使用等基本操作。

【实验原理】

配位化合物分子一般是由中心离子、配位体和外界所构成。中心离子和配位体组成配位离子(内界),例如:

$$[Cu(NH_3)_4]SO_4 = [Cu(NH_3)_4]^{2+} + SO_4^{2-}\text{(完全解离)}$$

$$[Cu(NH_3)_4]^{2+} \rightleftharpoons Cu^{2+} + 4\ NH_3\text{(部分解离)}$$

$[Cu(NH_3)_4]^{2+}$ 称为配位离子(内界),其中 Cu^{2+} 为中心离子,NH_3 为配位体,SO_4^{2-} 为外界。配位化合物中的内界和外界可以用实验来确定。

$$M^{n+} + nL^- \rightleftharpoons ML_n \qquad K^{\ominus}_{稳} = \frac{c_{ep}[ML_n]}{c_{ep}(M^{n+}) \cdot [c_{eq}(L^-)]^n}$$

配位离子的解离平衡也是一种动态平衡,能向着生成更难解离或更难溶解的物质的方向移动。

配合物的稳定性可由 $K^{\theta}_{稳}$(即 K^{θ}_{s})表示,数值越大配合物越稳定。增加配体(R)或金属离子(M)浓度有利于配合物(MLn)的形成,而降低配体和金属离子的浓度则有利于配合物的解离。如溶液酸碱性的改变,可能引起配体的酸效应或金属离子的水解等,就会导致配合物的解离;若有沉淀剂能与中心离子形成沉淀的反应发生,引起中心离子浓度的减少,也会使配位平衡朝离解的方向移动;若加入另一种配体,能与中心离子形成稳定性更好的配合物,则同样导致配合物的稳定性降低。若沉淀平衡中有配位反应发生,则有利于沉淀溶解。配位平衡与沉淀平衡的关系总是朝着生成更难解离或更难溶解物质的方向移动。

配位反应应用广泛,如利用金属离子生成配离子后的颜色、溶解度、氧化还原性等一系列性质的改变,进行离子鉴定、干扰离子的掩蔽反应等。

【实验仪器及试剂】

仪器：离心机、普通试管、离心试管、烧杯。

试剂：HAc（2 mol · L^{-1}，6 mol · L^{-1}），NaOH（2 mol · L^{-1}），NH_3 · H_2O（2 mol · L^{-1}，6 mol · L^{-1}），$AgNO_3$、$CuSO_4$、$K_3[Fe(CN)_6]$、$FeCl_3$、KBr、KNCS、KI、NaCl、$BaCl_2$（0.1 mol · L^{-1}），$(NH_4)_2C_2O_4$（饱和），$Na_2S_2O_3$（1mol · L^{-1}），pH 试纸。

【实验内容】

1. 配位化合物的生成和组成

（1）在两支试管中各加入 10 滴 0.10 mol · L^{-1} $CuSO_4$ 溶液，然后分别加入 2 滴 0.10 mol · L^{-1} $BaCl_2$ 溶液和 2 滴 0.10 mol · L^{-1} NaOH 溶液，观察生成的沉淀。

（2）另取 10 滴 0.10 mol · L^{-1} $CuSO_4$ 溶液，加入 2.0 mol · L^{-1} NH_3 · H_2O 至生成深蓝色溶液，然后将深蓝色溶液分盛在两支试管中，分别加入 2 滴 0.10 mol · L^{-1} $BaCl_2$ 溶液和 2 滴 0.10 mol · L^{-1} NaOH 溶液，观察是否都有沉淀产生。

根据上面实验的结果，说明 $CuSO_4$ 和 NH_3 所形成的配位化合物的组成。

3. 简单离子与配离子、复盐与配合物的区别

（1）在试管中加入 5 滴 0.1 mol · L^{-1} $FeCl_3$ 溶液，再加入 3 滴 0.1 mol · L^{-1}KI 和 5 滴 CCl_4，充分振荡后观察 CCl_4 层的颜色，写出反应方程式。

以 0.1 mol · $L^{-1}$$K_3[Fe(CN)_6]$溶液代替 $FeCl_3$ 溶液，做同样的实验，观察现象。比较两者有何不同，并加以解释。

（2）在试管中加入 5 滴 0.1 mol · $L^{-1}$$FeCl_3$ 溶液，然后加入 2 滴 0.1 mol · L^{-1}KSCN 溶液，观察现象。写出反应方程式（保留溶液待以后实验用）。

以 0.1 mol · $L^{-1}$$K_3[Fe(CN)_6]$溶液代替 $FeCl_3$ 溶液，做同样的实验，观察现象有何不同。并解释原因。

根据以上实验，说明简单离子和配离子有哪些区别。

4. 配离子稳定性比较

取 2 滴 0.1 mol · L^{-1} $FeCl_3$ 溶液于试管中，加入 1 滴 0.1 mol · L^{-1}KSCN 溶液，观察溶液颜色的变化，再滴加饱和$(NH_4)_2C_2O_4$ 溶液，溶液颜色又有何变化，写出有关反应方程式。

根据溶液颜色的变化，比较这两种 Fe(Ⅲ)配离子的稳定性。

5. 配位平衡的移动

（1）配离子的解离和平衡移动。

取米粒大小的 $CoCl_2$ · $6H_2O$ 于试管中，加水溶解，观察现象。再往试管中滴加浓盐酸，观察颜色变化，再滴加水，颜色又有何改变，解释现象。

（2）配位平衡与沉淀溶解平衡。

往试管加入 3 滴 0.1 mol · $L^{-1}$$AgNO_3$ 溶液，加 1 滴 0.1 mol · L^{-1}的 NaCl 溶液，有什么现象，再往试管中滴加 6 mol · $L^{-1}$$NH_3$ · H_2O 有何现象？再往试管中滴加 0.1 mol · L^{-1}KBr 溶液，又有什么现象？再往试管中滴加 1 mol · $L^{-1}$$Na_2S_2O_3$ 溶液，振荡，有什么现象？再往试管中滴加 0.1 mol · L^{-1}KI 溶液，又有什么现象？根据难溶物的溶度积和配合物的稳定常数解释上述一系列现象，并写出有关反应方程式。

（3）配位平衡与氧化还原反应。

取两支试管各加入 2 滴 0.1 mol · L^{-1} $FeCl_3$ 溶液，然后向一支试管中加入 5 滴饱和$(NH_4)_2C_2O_4$ 溶液，另一支试管加 5 滴蒸馏水，再向两支试管中各加 3 滴 0.1 mol · L^{-1}KI 溶液和 5 滴 CCl_4，振荡试

管。观察两支试管中 CCl_4 层的颜色，解释实验现象。

（4）配位平衡与酸碱反应。

①在试管中加入 10 滴 0.5 mol·L^{-1}的 $FeCl_3$ 溶液，再逐滴加入 4 mol·L^{-1} $(NH_4)_2C_2O_4$ 溶液，充分振荡至无色。将溶液分成两份，一份加入几滴 2 mol·L^{-1}的 NaOH 溶液，另一份加入几滴浓硫酸。观察现象，写出反应方程式。

②将自制的 $[Cu(NH_3)_4]^{2+}$ 溶液分成两份，在其中一份中逐滴加入 1 mol·L^{-1}的 H_2SO_4，有什么现象。写出反应方程式（另一份留在后面实验用）。

6. 螯合物的生成及应用

（1）在前面保留的硫氰酸铁和 $[Cu(NH_3)_4]^{2+}$ 溶液的试管中，各滴加 0.1 mol·L^{-1}的 EDTA 溶液，观察现象并加以解释。写出有关的反应方程式。

（2）Ni^{2+} 离子与二乙酰二肟反应生成鲜红色的内络盐沉淀：在试管中加入 1 滴 $NiSO_4$ 溶液、10 滴蒸馏水和 3 滴 2 mol·L^{-1} $NH_3 \cdot H_2O$，再加几滴 1% 二乙酰二肟的乙醇溶液，然后加入 1 mL 乙醚，振荡静置，则有二乙酰二肟合镍(Ⅱ)鲜红色沉淀生成：

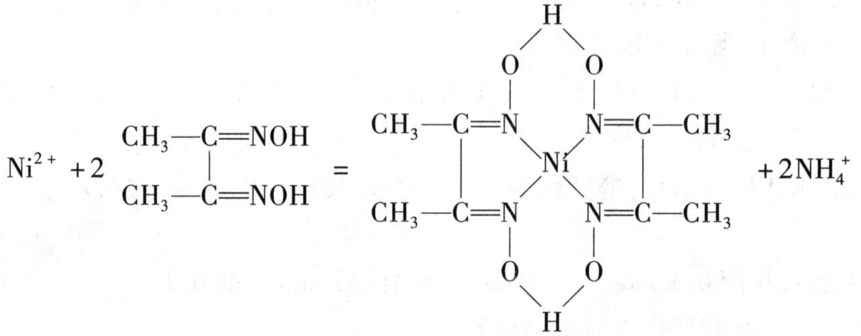

H^+ 离子浓度过大不利于内络盐的生成，而 OH^- 离子的浓度也不宜太高，否则会生成 $Ni(OH)_2$ 沉淀。合适的酸度是 pH 值为 5～10。

【思考题】

1. 通过实验总结简单离子形成配离子后，哪些性质会发生改变？

2. 影响配位平衡的主要因素是什么？

3. Fe^{3+} 可以将 I^- 氧化为 I_2，而自身被还原成 Fe^{2+}，但 Fe^{2+} 的配离子 $[Fe(CN)_6]^{4-}$ 又可以将 I_2 还原成 I^-，而自身被氧化成 $[Fe(CN)_6]^{3-}$，如何解释此现象？

4. 用实验说明硫酸铁铵是复盐，铁氰化钾是配合物，写出操作步骤并用实验验证。

实验 13 醋酸解离度和解离常数的测定

【实验目的】

1. 学习测定醋酸解离度和解离常数的基本原理和方法。

2. 学会酸度计的使用方法。

3. 巩固溶液的配制及容量瓶和移液管的使用，学习溶液浓度的标定。

【实验用品】

仪器：碱式滴定管（50 mL）、移液管（25 mL，5 mL）、锥形瓶（250 mL 或 100 mL）、容量瓶（50 mL）、烧杯（50 或 100 mL）、pHS—3C 型酸度计及复合玻璃电极。

药品：HAc（0.20mol·L^{-1}）、NaOH 标准溶液（0.1000 mol·L^{-1}）、酚酞指示剂。

【实验原理】

弱电解质 HAc 在水溶液中存在下列解离平衡：

$$HAc\ (aq) \rightleftharpoons H^+(aq) + Ac^-(aq)$$

其解离常数 K^θ 的表达式为：

$$K^\theta(HAc) = \frac{c_{eq}(H^+) \cdot c_{eq}(Ac^-)}{c_{eq}(HAc)} \tag{1}$$

温度一定时，HAc 的解离度为 α，则 $c_{eq}(H^+) = c_{eq}(Ac^-) = c_{eq}\alpha$，代入式（1）得：

$$K^\theta(HAc) = \frac{(c_{aq}\alpha)^2}{c_{aq}(1-\alpha)} = \frac{c_{eq}\alpha^2}{1-\alpha} \tag{2}$$

在一定温度下，用酸度计测一系列已知浓度的 HAc 溶液的 pH 值，根据 $pH = -\lg c_{eq}(H^+)$，可求得各浓度 HAc 溶液对应的 $c_{eq}(H^+)$，利用 $c_{eq}(H^+) = c_{eq}\alpha$，求得各对应的解离度 α 值，将 α 代入(2)式中，可求得一系列对应的 K^θ 值。取 α 及 K^θ 的平均值，即得该温度下醋酸的解离常数 $K^\theta(HAc)$ 及值 α(HAc)。

【实验内容】

1. 配制 250 mL 浓度为 0.1 mol · L^{-1} 的醋酸溶液

计算配制 250 mL 浓度为 0.1 mol · L^{-1} 的醋酸溶液需用 36%（约 6.2 mol · L^{-1}）的醋酸的体积，并用量筒量取所需溶液的体积，置于 250 mL 量筒中，加入蒸馏水稀释至 250 mL 刻度，混匀即得 250 mL 浓度约为 0.1 mol · L^{-1} 的醋酸溶液，将其储存于试剂瓶中备用。

2. 0.1 mol · L^{-1} 醋酸溶液的浓度标定

用移液管准确移取 25.00 mL 醋酸溶液（V_1）于锥形瓶中，加入 1 ~ 2 滴酚酞指示剂，用标准 NaOH 溶液（c_2）滴定，边滴边摇，待溶液呈浅红色，且半分钟内不褪色即为终点。由滴定管读出所消耗的 NaOH 溶液的体积 V_2，根据公式 $c_1V_1 = c_2V_2$ 计算出醋酸溶液的浓度 c_1。平行做三份，计算出醋酸溶液浓度的平均值。

3. 精确配制不同浓度的醋酸溶液

用移液管或酸式滴定管分别取 25.00、5.00、2.50mL 已测得准确浓度 c_1 的醋酸溶液，把它们分别加入 50mL 容景瓶中。再用蒸馏水定容，摇匀，标记为 $c_1/20$，$c_1/5$，$c_1/2$ 或 1、2、3 号，并计算出这三种醋酸溶液的准确浓度。填入表 2。

4. pH 值的测定

取 4 只洁净干燥的 100mL 烧杯，将上述三种不同浓度的溶液及原溶液 c_1 按浓度由低到高的顺序，标记为 1、2、3、4 号，分别用酸度计由稀到浓的次序测定它们的 pH 值。记录数据和室温。计算解离度和解离常数，将数据填入表 2。

【实验数据记录及处理】

表 1　醋酸溶液的浓度的测定

滴定序号		Ⅰ	Ⅱ	Ⅲ
NaOH 标准溶液的浓度/mol · L^{-1}				
HAc 溶液的用量/mL				
NaOH 溶液的用量/mL	滴定后读数/mL			
	滴定前读数/mL			
	NaOH 用量/mL			
溶液的浓度 c_1 /mol · L^{-1}	测定值			
	平均值			
相对平均偏差(%)				

表 2　醋酸溶液的 pH 值及醋酸的解离度、解离平衡常数

HAc 的原始浓度________ $mol \cdot L^{-1}$　　测定温度________℃

编号	V(HAc) /mL	c(HAc) /$mol \cdot L^{-1}$	pH	$c(H^+)$ /$mol \cdot L^{-1}$	α(%)	解离常数 K_a^θ	
						测定值	平均值
1(c_1/20)	2.50						
2(c_1/10)	5.00						
3(c_1/2)	25.00						
4(c_1)	50.00						

【实验注意事项】

1. 测定醋酸溶液 pH 值用的小烧杯，必须洁净、干燥，否则，会影响醋酸起始浓度，以及所测得的 pH 值。

2. 吸量管的使用与移液管类似，但如果所需液体的量小于吸量管体积时，溶液仍需吸至刻度线，然后放出所需量的液体。不可只吸取所需量的液体，然后完全放出。

3. pH 计使用时按浓度由低到高的顺序测定 pH 值，每次测定完毕，都必须用蒸馏水将电极头清洗干净，并用滤纸吸干。

4. 酸度计指示温度必须与溶液的温度一致，否则需要进行温度补偿。

【思考题】

1. 用 pH 计测定同一种酸溶液的 pH 值时，为什么要按浓度由低到高的顺序进行？
2. 醋酸的解离度和解离平衡常数是否受醋酸浓度变化的影响？
3. 实验时为什么要记录温度？
4. 测 pH 值时盛放溶液的烧杯必须是干燥的吗？为什么？酸碱滴定时，烧杯必须要干燥吗？

实验 14　NaOH 标准溶液的配制和标定

【实验目的】

1. 学会配制 NaOH 标准溶液和基准物质标定标准溶液浓度的方法。
2. 掌握碱式滴定管的使用和酚酞指示剂的滴定终点的判断。

【实验原理】

配制标准溶液的方法有两种：

(1)直接法：准确称量一定的某些基准物质，用少量的水溶解，移入容量瓶中直接配成一定浓度的标准溶液。

(2)间接法：像浓硫酸，浓盐酸之类不能直接配制成标准溶液的物质，可先配制成近似所需的浓度，然后用基准物质(或已经用基准物质标定的标准溶液)来标定它的浓度。氢氧化钠的配制就用间接法。固体 NaOH 容易吸收空气中水分和 CO_2，因此不能直接配制准确浓度 NaOH 标准溶液，只能先配制近似浓度的溶液，然后用基准物质标定其准确浓度。也可用另一已知准确浓度的标准溶液滴定该溶液，再根据他们的体积比求得该溶液的浓度。

标定碱溶液用的基准物质很多，如：草酸，苯甲酸，氨基磺酸，邻苯二甲酸氢钾等，目前常用的是邻苯二甲酸氢钾。邻苯二甲酸氢钾($KHC_8H_4O_4$)，它易制得纯品，在空气中不吸水，容易保存，摩尔质量较大，是一种较好的基准物质，标定反应如下：

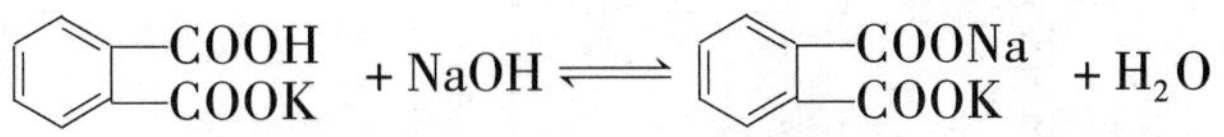

计量点时由于弱酸盐的水解，溶液呈微碱性，所以选择酚酞为指示剂。

【实验仪器及试剂】

仪器：分析天平、台秤、碱式滴定管、容量瓶、锥形瓶、移液管、试剂瓶、烧杯、量筒、洗瓶、玻璃棒、洗耳球。

试剂与材料：邻苯二甲酸氢钾（A. R）、氢氧化钠固体（A. R）、0.2% 酚酞指示剂：0.2 g 酚酞溶于 100 mL 乙醇中。

【实验步骤】

1. 0.1 $mol \cdot L^{-1}$氢氧化钠溶液的配制　在台秤上迅速称取氢氧化钠固体 1.0 g，加新煮沸过的冷蒸馏水溶解，并稀释至 250 mL，摇匀后用橡皮塞塞紧，备用。

2. 0.1 $mol \cdot L^{-1}$氢氧化钠溶液的标定　准确称取干燥至恒重的基准邻苯二甲酸氢钾 4.5 ~ 5.0 g，置小烧杯中溶解，定量转移至 250 mL 容量瓶，用蒸馏水稀释至刻度摇匀。精密量取 25.00 mL 该溶液，置于 250 mL 锥形瓶中，加 25 mL 水，1 滴酚酞，用 0.1 $mol \cdot L^{-1}$氢氧化钠溶液滴定至溶液呈淡粉色保持 30 s 不褪色即为终点。记录消耗氢氧化钠溶液的体积，平行测定三次，实验数据记录在下表中。

【实验数据及其处理】

根据终点时消耗 NaOH 的体积，按下式计算 NaOH 溶液的准确浓度：

$$c_{NaOH} = \frac{m_{KHC_8H_4O_4} \times \frac{25.00}{250} \times 1000}{M_{KHC_8H_4O_4} \times V_{NaOH}} \ mol \cdot L^{-1}$$

$$M_{KHC_8H_4O_4} = 204.2\ g \cdot mol^{-1}$$

滴定序号	1	2	3
邻苯二甲酸氢钾质量（g）			
滴定管的初始读数（mL）			
滴定终点读数（mL）			
消耗 NaOH 体积（mL）			
NaOH 溶液的浓度（$mol \cdot L^{-1}$）			
NaOH 溶液的平均浓度（$mol \cdot L^{-1}$）			
相对平均偏差（%）			

【实验注意事项】

1. 配制 NaOH 溶液时，蒸馏水用量筒量取，不能用烧杯。

2. 接近终点时，NaOH 溶液应半滴半滴加，以免滴过终点，并要用洗瓶及时淋洗锥形瓶内壁。

3. 先用待装溶液润洗滴定管，后装入该溶液，滴定管应该先赶气泡，再调零。

4. 规范实验操作，注意观察终点前后颜色的变化。

【思考题】

1. 基准物邻苯二甲酸氢钾称得太多或太少对标定有什么影响？

2. 在滴定分析中，滴定管为何要用滴定剂润洗几次？滴定中的锥形瓶是否也要用滴定剂润洗呢？为什么？

3. 每次滴定要从滴定管零点或零点附近开始滴定，为什么？

实验15　HCl标准溶液的配制和标定

【实验目的】

1. 掌握用滴定法测定酸溶液浓度的原理和操作方法。

2. 进一步练习滴定管,容量瓶,移液管的使用。

3. 熟悉甲基橙和酚酞指示剂的使用和终点的变化。掌握酸碱指示剂的选择方法。

【实验原理】

由于浓HCl容易挥发,不能用它们来直接配制具有准确浓度的标准溶液,因此,配制HCl标准溶液时,只能先配制成近似浓度的溶液,然后用基准物质标定它们的准确浓度,或者用另一已知准确浓度的标准溶液滴定该溶液,通过两者之间的化学计量关系计算该HCl溶液的准确浓度。常用基准物质无水Na_2CO_3标定HCl溶液,其反应式如下:

$$Na_2CO_3 + 2HCl = 2NaCl + CO_2\uparrow + H_2O$$

由于Na_2CO_3易于吸收空气中的水分,因此采用市售的基准物试剂的时应预先于180 ℃使之充分干燥,并保存于干燥器中。滴定至反应完全时,为H_2CO_3饱和溶液,溶液pH为3.89,通常选用甲基橙作指示剂,滴至溶液呈橙色为终点。为使H_2CO_3的过饱和部分不断分解逸出,临近终点时应将溶液充分摇动或加热。

【实验仪器及试剂】

仪器:分析天平、台秤、酸式滴定管、容量瓶、锥形瓶、移液管、试剂瓶、烧杯、量筒、洗瓶、玻璃棒、洗耳球。

试剂与材料:浓盐酸(密度1.19)、无水碳酸钠(A.R)、0.2%甲基橙指示剂:0.2 g甲基橙溶于100 mL水中。

【实验步骤】

1. 0.1 mol·L^{-1}HCl溶液的配制　用量筒量取浓盐酸4.5 mL,倒入预先盛有适量水的试剂瓶中,加水稀释至500 mL,摇匀,备用。

2. 0.1 mol·L^{-1}HCl溶液的标定　用减量法精密称取干燥至恒重的基准无水Na_2CO_3 0.9~1.2 g,置小烧杯中溶解,定量转移至250 mL容量瓶,用蒸馏水稀释至刻度。精密量取25.00 mL该溶液,置于250 mL锥形瓶中,加25 mL水,1~2滴甲基橙,用0.1 mol·L^{-1}HCl溶液滴定至溶液由黄色变为橙色即为终点。记录所耗用的HCl溶液的体积,平行测定三次。实验数据记录在下表中。

【实验数据及处理】

根据Na_2CO_3的质量及消耗的HCl溶液的体积,按下式计算HCl溶液的准确浓度:

$$c_{HCl} = \frac{2 \times m_{Na_2CO_3} \times \frac{25.00}{250} \times 1000}{M_{Na_2CO_3} \times V_{NaOH}} \text{mol}\cdot\text{L}^{-1} \quad M_{Na_2CO_3} = 105.99\ \text{g}\cdot\text{mol}^{-1}$$

实验数据记录

	1	2	3
Na_2CO_3 质量(g)			
滴定管的初始读数(mL)			

续表

	1	2	3
滴定终点读数(mL)			
消耗 Na_2CO_3 体积(mL)			
HCl 溶液的浓度($mol \cdot L^{-1}$)			
HCl 溶液的平均浓度($mol \cdot L^{-1}$)			
相对平均偏差(%)			

【实验注意事项】

1. 干燥至恒重的无水碳酸钠有吸湿性,因此在标定中精密称取基准无水碳酸钠时,宜采用“减量法”称取,并应迅速将称量瓶加盖密闭。

2. 在滴定过程中产生的二氧化碳,使终点变色不够灵敏,因此,在滴定进行至临近终点时,应将溶液加热煮沸,以除去二氧化碳,待冷至室温后,再继续滴定。

【思考题】

1. 滴定管在装入标准溶液前为什么要用此溶液润洗 2～3 次？用于滴定的锥形瓶或烧杯需要干燥吗？要不要用标准溶液润洗？为什么？

2. 本实验中盐酸溶液的体积需要准确量取吗？

实验 16　$AgNO_3$ 标准溶液的配制和标定

【实验目的】

1. 掌握硝酸银标准溶液的配制与标定方法。

2. 掌握以氯化钠为基准物标定硝酸银溶液的基本原理。

3. 掌握沉淀滴定法中以铬酸钾为指示剂,判断滴定终点的方法。

【实验原理】

$AgNO_3$ 标准溶液可以用经过预处理的基准试剂 $AgNO_3$ 直接配制。但非基准试剂 $AgNO_3$ 中常含有杂质,如金属银、氧化银、游离硝酸、亚硝酸盐等,因此用间接法配制。先配成近似浓度的溶液后,用基准物质标定。标定硝酸银溶液一般是在中性或弱碱性溶液中以 NaCl 作为基准物质,其标定反应为:

$$Cl^- + Ag^+ = AgCl\downarrow \text{(白色)}$$

该滴定多采用铬酸钾指示剂法确定滴定终点。由于 AgCl 的溶解度小于 Ag_2CrO_4 的溶解度,所以当滴定开始时溶液中先产生白色的 AgCl 沉淀,当 AgCl 定量沉淀后,即生成砖红色的 Ag_2CrO_4 沉淀,表示滴定反应达到了终点。反应方程式为:

$$CrO_4^{2-} + 2Ag^+ = Ag_2CrO_4\downarrow \text{(砖红色)}$$

【实验仪器及试剂】

仪器:分析天平,台秤,酸式滴定管(棕色),烧杯,锥形瓶,量筒,洗瓶,玻璃棒,棕色试剂瓶。

试剂与材料:硝酸银固体(A.R),氯化钠固体(A.R),5%铬酸钾指示剂:5 g 铬酸钾溶于 100 mL 水中。

【实验步骤】

1. 0.1 $mol \cdot L^{-1}$ $AgNO_3$ 溶液的配制

在台秤上称取 $AgNO_3$ 8.5 g,置于 500 mL 烧杯中,加 100 mL 蒸馏水使其溶解,然后用蒸馏水稀释至 500 mL,移入棕色试剂瓶中,摇匀,避光保存。

2. 0.1 mol · L^{-1} $AgNO_3$ 溶液的标定

精密称取在 110 ℃干燥至恒重的基准物 NaCl 固定 3 份,每份 0.15 ~ 0.16 g,分别置于 250 mL 锥形瓶中,分别加蒸馏水 50.00 mL 使溶解,再加 1 mL5% 铬酸钾指示剂,在不断摇动下用待标定的 $AgNO_3$ 标准溶液滴定,当沉淀由白色变为砖红色时,即为终点。记录所消耗的 $AgNO_3$ 标准溶液的体积。平行滴定三次。实验数据记录在下表中。

【实验数据及处理】

根据滴定消耗 $AgNO_3$ 的体积,按下式计算 $AgNO_3$ 的浓度:

$$c_{AgNO_3} = \frac{m_{NaCl} \times \frac{25.00}{250} \times 1000}{M_{NaCl} \times V_{AgNO_3}} \text{mol} \cdot \text{L}^{-1} \qquad M_{NaCl} = 58.44\ \text{g} \cdot \text{mol}^{-1}$$

实验数据记录

滴定序号	1	2	3
NaCl + 称量瓶的初始质量(g)			
NaCl + 称量瓶的末质量(g)			
NaCl 的质量(g)			
滴定管的初始读数(mL)			
滴定终点读数(mL)			
消耗 $AgNO_3$ 体积(mL)			
$AgNO_3$ 溶液的浓度(mol · L^{-1})			
$AgNO_3$ 溶液的平均浓度 mol · L^{-1})			
相对平均偏差(%)			

【实验注意事项】

1. 配制 $AgNO_3$ 标准溶液的水应无 $C1^-$,否则配成的 $AgNO_3$ 溶液出现白色浑浊,不能使用。
2. 滴定管读数时,视线要与弯液面相切,读取到小数点后两位。
3. 含银废液应该予以回收,不能随意倒入水槽。

【思考题】

1. $AgNO_3$ 标准溶液应装在酸式滴定管还是碱式滴定管中?
2. 配制 $AgNO_3$ 标准溶液的容器用自来水洗涤后,如果不用蒸馏水洗涤就直接配制 $AgNO_3$ 溶液,将会出现什么现象?
3. 配制好的 $AgNO_3$ 溶液要贮于棕色瓶中,并置于暗处,为什么?

实验 17 EDTA 标准溶液的配制和标定

【实验目的】

1. 掌握 EDTA 标准溶液的配制和标定方法。
2. 熟悉金属指示剂的变色原理以及滴定终点的判断方法。

【实验原理】

EDTA(乙二胺四乙酸)是一种有机配合剂,能与大多数金属离子形成稳定的螯合物,因此常用作配位滴定的标准溶液。由于 EDTA 在水中的溶解度较小,因此配制 EDTA 标准溶液常用乙二胺四乙酸二钠(EDTA - 2Na · $2H_2O$)盐配制。EDTA - 2Na · $2H_2O$ 为白色结晶粉末,因不易制得纯品,标准溶液常用间接法配制。标定 EDTA 标准溶液的基准试剂较多,例如 Zn,ZnO,$CaCO_3$,Bi,Cu,$MgSO_4$ ·

$7H_2O$,Ni,Pb 等。通常 以 ZnO 为基准物质标定其浓度。滴定时溶液的 pH = 10,指示剂为铬黑 T,滴定至溶液由紫红色变为纯蓝色即为终点。滴定过程可以用方程式表示为:

滴定前: $Zn^{2+} + HIn^{2-} \rightleftharpoons ZnIn^{-} + H^{+}$

酒红色

终点时: $ZnIn^{-} + H_2Y^{2-} \rightleftharpoons ZnY^{2-} + H_2In^{-}$

纯蓝色

$$c_{EDTA} = \frac{m_{ZnO} \times 1000}{M_{ZnO} \times V_{EDTA}} \text{mol} \cdot \text{L}^{-1}$$

【实验仪器及试剂】

仪器:分析天平、台秤、酸式滴定管、烧杯、锥形瓶、量筒、聚乙烯瓶、酒精灯、pH 试纸、洗瓶。

试剂与材料: EDTA - $2Na \cdot 2H_2O$(A. R)、ZnO(基准试剂)、盐酸、铬黑 T 指示剂:铬黑 T 0.1 g 与 NaCl 10 g 研细混匀。

氨 - 氯化铵缓冲溶液(pH = 10):取 20 gNH_4Cl 溶于少量水中,加入 100 mL 浓氨水,加水稀释至 1000 mL。

氨试液:取浓氨水 400 mL,加水稀释至 1000 mL。

0.025% 甲基红的乙醇液:取甲基红 0.025 g,加无水乙醇 100 mL。

【实验步骤】

1. 0.05 mol · L^{-1}EDTA 溶液的配制 取 EDTA - $2Na \cdot 2H_2O$ 9.5 g,加 100 mL 蒸馏水,温热使固体快速溶解,用蒸馏水稀释至 500 mL,摇匀,贮存于聚乙烯瓶中,备用。

2. 0.05 mol · L^{-1}EDTA 溶液的标定 精密称取已在 800 ℃灼烧至恒重的基准 ZnO 0.10 ~ 0.13 g,加稀 HC(1:1)3 mL 使之溶解,加蒸馏水 25 mL,甲基红指示剂的乙醇溶液 1 滴,滴加氨试液至溶液呈微黄色。再加蒸馏水 25 mL,氨 - 氯化铵缓冲溶液 10 mL,铬黑 T 指示剂适量,用 EDTA 溶液滴定至溶液由紫红色变为纯蓝色即为终点。平行滴定三次。实验数据记录在下表中。

【实验数据及处理】

根据滴定消耗 EDTA 的体积,按下式计算 EDTA 标准溶液的准确浓度:

$$c_{EDTA} = \frac{m_{ZnO} \times 1000}{M_{ZnO} \times V_{EDTA}} \text{mol} \cdot \text{L}^{-1} \quad M_{ZnO} = 81.38 \text{ g} \cdot \text{mol}^{-1}$$

实验数据记录

	1	2	3
ZnO + 称量瓶的初始质量(g)			
ZnO + 称量瓶的末质量(g)			
ZnO 的质量(g)			
滴定管的初始读数(mL)			
滴定终点读数(mL)			
消耗 EDTA 体积(mL)			
EDTA 溶液的浓度(mol · L^{-1})			
EDTA 溶液的平均浓度(mol · L^{-1})			
相对平均偏差(%)			

【实验注意事项】

1. 甲基红指示剂只需加 1 滴,如多加了几滴,在滴加氨试液后溶液呈现较深的黄色,致使终点颜色发绿。

2. 滴加氨试液至溶液呈微黄色，应边加边振摇，如果出现 $Zn(OH)_2$ 沉淀，可用稀 HCl 回调，使沉淀溶解。

3. 配位反应为分子反应，反应速度不如离子反应速度快，因此近终点时，滴定速度不宜太快。

【思考题】

1. 滴定中为什么要加氨试液？加氨－氯化铵缓冲溶液的目的是什么？

2. 配位滴定中选择金属指示剂的原则是什么？

3. 铬黑 T 指示剂的用量对滴定有何影响？

实验 18 碘标准溶液的配制和标定

【实验目的】

1. 掌握碘标准溶液的配制和标定方法。

2. 了解直接碘量法的基本原理、操作步骤及注意事项。

【实验原理】

I_2 可以通过升华法制得纯试剂，纯 I_2 可用作基准物，故用纯 I_2 可按直接法配制 I_2 标准溶液。但因其容易升华，称量时容易引起损失，并且对天平有腐蚀性，因此不宜用直接法配制 I_2 标准溶液，通常采用间接法配制。I_2 在水中的溶解度很小（25 ℃为 $1.8\times10^{-3}\ mol\cdot L^{-1}$），而且非常容易挥发，所以通常都是将 I_2 溶解在浓的 KI 溶液里，此时 I_2 与 I^- 生成 I_3^- 配离子。由于 I_3^- 配离子的形成，使 I_2 的溶解度大大提高，而挥发性大为降低，电位也无显著变化。

标定 I_2 标准溶液浓度最好的基准物是三氧化二砷（As_2O_3，俗名砒霜，有剧毒！）。As_2O_3 难溶于水，可溶于碱溶液中，与 NaOH 反应生成亚砷酸钠，所以，通常用 NaOH 溶液溶解，反应式如下：

$$As_2O_3 + 6NaOH = 2Na_3AsO_3 + 3H_2O$$

滴定反应方程式为：

$$AsO_3^{3-} + I_2 + H_2O = AsO_4^{3-} + 2I^- + 2H^+$$

该反应是可逆反应，在中性或弱碱性溶液中（pH 大约为 8），反应可以定量地向右进行。但由于 As_2O_3 有剧毒，实际工作中常用已知准确浓度的 $Na_2S_2O_3$ 标准溶液标定 I_2 溶液，即用 I_2 溶液滴定一定体积的 $Na_2S_2O_3$ 标准溶液，即直接碘量法。反应方程式为：

$$I_2 + 2S_2O_3^{2-} = S_4O_6^{2-} + 2I^-$$

以淀粉为指示剂，滴定至溶液由无色变为蓝色即为终点。

【实验仪器及试剂】

仪器：台秤、分析天平、酸式滴定管、表面皿、锥形瓶、烧杯、试剂瓶（500 mL，棕色）、量筒、玻璃棒。

试剂与材料：I_2（A. R），KI（A. R），淀粉指示剂（$5\ g\cdot L^{-1}$），$Na_2S_2O_3$ 标准溶液（$0.1000\ mol\cdot L^{-1}$）。

【实验步骤】

1. $0.05\ mol\cdot L^{-1}\ I_2$ 标准溶液的配制 称取 6.5 g I_2 于小烧杯中，再称取 17 g KI，用量筒量取蒸馏水 500 mL，将称取的 KI 分 4～5 次放入装有 I_2 的小烧杯中，每次加水 5～10 mL，并用玻璃棒轻轻研磨，使 I_2 逐渐溶解，溶解部分转入棕色试剂瓶中，如此重复直至 I_2 全部溶解为止。用水多次清洗烧杯,洗涤液一并转入试剂瓶中,剩余的水全部加入试剂瓶中,摇匀,备用。

2. 0.05 mol · L^{-1} I_2 标准溶液的标定 用移液管移取已知准确浓度的 $Na_2S_2O_3$ 标准溶液 25.00 mL 于锥形瓶中,加水 25 mL,加淀粉溶液 5 mL,用 I_2 溶液滴定至溶液变蓝即为终点。记录消耗 I_2 标准溶液的体积,计算 I_2 标准溶液的浓度。

【实验数据及处理】

根据消耗 I_2 溶液的体积,按下式计算 I_2 溶液的浓度:

$$c_{I_2}=\frac{c_{Na_2S_2O_3}\times V_{Na_2S_2O_3}}{2\times V_{I_2}}\text{mol}\cdot\text{L}^{-1}$$

	1	2	3
I_2 的质量(g)			
滴定管的初始读数(mL)			
滴定终点读数(mL)			
消耗 $Na_2S_2O_3$ 体积(mL)			
I_2 溶液的浓度(mol · L^{-1})			
I_2 溶液的平均浓度(mol · L^{-1})			
相对平均偏差(%)			

【实验注意事项】

1. I_2 微溶于水而易溶于 KI 溶液,但是在稀的 KI 溶液中溶解得非常慢,所以配制 I_2 溶液时要注意不能过早加水稀释,应先将 I_2 与 KI 混合,再用少量水充分研磨,待溶解完全后再稀释。

2. I_2 有腐蚀性,应在干净的表面皿上称取。

【思考题】

1. 配制 I_2 标准溶液时,将称得的 I_2 和 KI 一次加水至 500 mL 再搅拌,可以吗?

2. I_2 标准溶液为棕红色,装入滴定管中弯液面看不清楚,应如何读数?

3. I_2 溶液应装在哪种滴定管中,为什么?

4. 配制 I_2 溶液时为什么要加 KI?

实验 19 醋酸的电位滴定

【实验目的】

1. 通过醋酸的电位滴定,掌握电位滴定的基本操作和滴定终点的计算方法。

2. 学习电位滴定法测定弱酸解离常数的原理,巩固弱酸解离平衡的基本概念。

3. 掌握酸度计的使用方法。

【实验原理】

食醋是人们日常生活中必不可少的一味调味品,食醋中大约含有 3 ~ 5% 的醋酸,而醋酸是一种酸,可以通过酸碱滴定法或电位滴定法将其含量测定出来。

电位滴定法是在滴定过程中根据指示电位和参比电极的电位差或溶液的 pH 值突跃来确定终点的方法。在酸碱电位滴定过程中,随着滴定剂的不断加入,被测物与滴定剂发生反应,溶液 pH 值不断变化,就能确定滴定终点。滴定过程中,每加一次滴定剂,测一次 pH 值,在接近化学计量点时,每次滴定剂加入量要小到 0.10 mL,滴定到超过化学计量点为止。这样就得到一系列滴定剂用量 V 和相应的 pH 值数据。

常用的确定滴定终点的方法有以下几种。

1. 绘 pH ~ V 曲线法：以滴定剂用量 V 为横坐标，以 pH 值为纵坐标，绘制 pH ~ V 曲线。作两条与滴定曲线相切的 45°倾斜的直线，等分线与直线的交点即为滴定终点，如图 3 - 11(a)所示。

2. 绘 △pH/△V ~ V 曲线法：△pH/△V 代表 pH 的变化值一次微商与对应的加入滴定剂体积的增量(△V)的比。绘制 △pH/△V ~ V 曲线的最高点即为滴定终点(见图 3 - 11(b))。

3. 二级微商法：绘制(Δ^2pH/△V^2) ~ V 曲线。(△pH/△V) ~ V 曲线上一个最高点，这个最高点下即是 Δ^2pH/△V^2 等于零的时候，这就是滴定终点法。该法也可不经绘图而直接由内插法确定滴定终点(见图 3 - 11(c))。

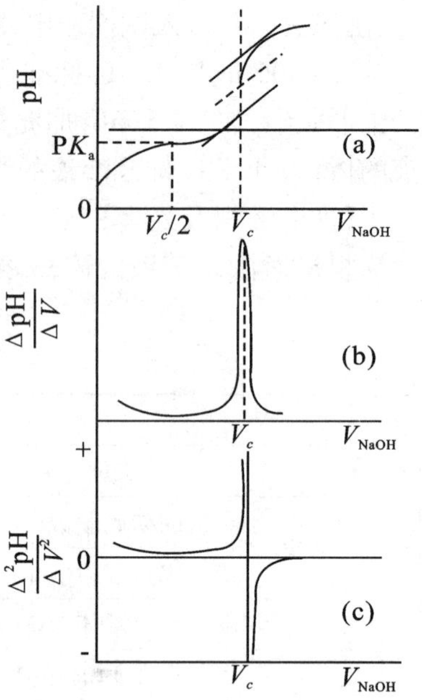

图 3 - 11 NaOH 滴定 HA_C 的 3 种滴定曲线示意图

醋酸的电位滴定是以玻璃电极和饱和甘汞电极组成原电池，用酸度计测定溶液的 pH 值，将记录的滴定剂的体积和相应的溶液 pH 值，按 pH ~ V 作图，就能得到该滴定的计量点的数值，以此为依据计算出醋酸的浓度和含量。

醋酸在水溶液中电离如下：

$$HAc = H^+ + Ac^-$$

其酸常数为 $K_a^\theta = \dfrac{c_{eq}(H^+) \cdot c_{eq}(Ac^-)}{c_{eq}(HAc)}$

当醋酸反应了一半时。溶液中：$c_{eq}(Ac^-) = c_{eq}(HAc)$，根据以上平衡式，此时 $K_a^\theta = c_{eq}(H^+)$，即 pK_a^θ = pH。因此，pH ~ V 图中$\frac{1}{2}Ve$ 所处的 pH 值即为 pK_a^θ，从而可求出醋酸的解离平衡常数 K_a^θ。

【实验仪器和试剂】

仪器：pHS - 3c 型酸度计、电磁搅拌器、复合电极、10 mL 半微量碱式滴定管、100 mL 小烧杯、10.00 mL移液管、100 mL 容量瓶。

试剂：0.6 mol · L^{-1}HAc，1 mol · L^{-1}KCl，0.1000 mol · L^{-1} NaOH 标准溶液，pH = 4.00(25 ℃)的标准缓冲溶液。pH = 6.86(25 ℃)的标准缓冲溶液，白色食醋样品。

【实验内容】

1. 用 pH = 4.00、pH = 6.86 (25℃)的缓冲溶液校准 pHs - 3C 型酸度计。

2. 准确吸取醋酸试液 10.00 mL 于 100 mL 容量瓶中，加水至刻度摇匀，吸 10.00 mL 于小烧杯中，加 1 mol · L^{-1}KCl 5.0 mL，再加水 35.00 mL。放入搅拌磁子，浸入复合电极。开启电磁搅拌器，用 0.1000 mol · L^{-1}NaOH 标准溶液进行滴定，滴定开始时每点隔 1.0 mL 读数一次，待到化学计量点附近时间隔 0.10 mL 读数一次。记录格式如下。

【实验数据及处理】

1. 有关实验数据记录表

V/mL	pH	△V	△pH	△pH/△V	△^{2}pH/△V^2
1.00		1.00			
2.00		2.00			
⋮		⋮			

2. 绘制 pH - V 和(△pH/△V) - V 曲线，分别确定滴定点 Ve (可由 HG 软件作图)。

3. 用二级微商法或内插法确定终点 Ve。

4. 由$\frac{1}{2}V_e$法计算 HAc 的解离平衡常数 K^0a,并与文献值比较($K_a^0 = 1.76 \times 10^{-5}$),分析产生错误的原因。

5. $\triangle pH$,$\triangle V$,$\triangle PH/\triangle V$,$\triangle^2 pH/\triangle V^2$ 可用计算机编程处理。

【实验注意事项】

1. 复合电极在使用前必须在饱和 KCl 溶液中浸泡活化 24h,玻璃电极膜很薄易碎,使用时应十分小心。

2. 甘汞电极在使用前应拔去加在 KCl 溶液小孔处的橡皮塞,以保持足够的液压差,并检查饱和氯化钾溶液是否足够,若盐桥内溶液不能与白色甘汞部分接触时应再添加一些饱和 KCl。

3. 安装电极时甘汞电极应比玻璃电极略低些,两电极不要彼此接触,也不要碰到杯底或杯壁。

4. 滴定开始时滴定管中 NaOH 应调节在零刻度上,滴定剂每次应准确放至相应的刻度线上。滴定过程中,可将读数一直保持打开,直至滴定结束,电极离开被测溶液时应及时将读数开关关闭。

5. 切勿把搅拌磁子连同废液一起倒掉。

6. 若食醋有过深颜色,应先用活性炭脱色,然后再滴定。

【思考题】

1. 用电位滴定法确定终点与指示剂法相比有何优缺点?

2. 实验中为什么要加入 1 mol · L^{-1}KCl 5.0 mL?

3. 当醋酸完全被氢氧化钠中和时,反应终点的 pH 值是否等于 7? 为什么?

实验 20 氧化铝活度的测定

【实验目的】

1. 掌握吸附薄层色谱软板的制备方法。

2. 熟悉用薄层色谱测定氧化铝活度的方法。

3. 通过定级测定,了解吸附薄层色谱的一般操作方法。

【实验仪器与试剂】

仪器:玻璃板、制板器、色谱缸。

试剂:六种染料:偶氮苯(1 号)、对甲氧基偶氮苯(2 号)、苏丹黄(3 号)、苏丹红(4 号)、对氨基偶氮苯(5 号)、对羟基偶氮苯(6 号)、氧化铝、四氯化碳。

【实验原理】

采用 Brockmann 法测定氧化铝的吸附能力等级,观察氧化铝对多种偶氮染料的吸附情况,确定氧化铝的等级。偶氮染料的吸附按吸附次序为:偶氮苯(1 号) < 对甲氧基偶氮苯(2 号) < 苏丹黄(3 号) < 苏丹红(4 号) < 对氨基偶氮苯(5 号) < 对羟基偶氮苯(6 号)。根据氧化铝对偶氮苯染料的吸附情况,将氧化铝的活度分为五级,吸附能力越小,活度级别越大。

$$R_f = \frac{\text{斑点中心距原点的距离}}{\text{溶剂前沿距原点的距离}}$$

【实验内容】

1. 色谱软板的制备

取表面光滑,直径统一的玻璃棒一支,依据所制备薄层的宽度、厚度要求,在玻璃棒两端套上厚度为 0.3 ~1 mm 的塑料圈或金属环,并在玻璃棒一端一定距离处套上较厚的塑料圈或金属环,以使玻璃棒向前推动时能保持平行方向,操作时,将氧化铝粉均匀地铺在玻璃板上,匀速向前推动,即得均匀薄层。

2. 点样

以铅笔尖或毛细管尖在薄层板一端 2.5 ~ 3.0 cm 处为点样起始线，间隔 1 cm 左右轻轻点上 5 个可以看清的小点，各吸取约 0.02 mL 染料试剂分别点滴于原点上，点样的直径不得超过 2 mm。

3. 饱和

将点好样的板放入色谱缸，以四氯化碳为展开剂，使展开剂的蒸汽充分被板吸收，并均匀。

4. 展开

使板的点样端浸入展开剂中，薄层板与容器底部夹角为 10 ~ 40°之间，让展开剂沿着板面向上迁移。展开距离为 10 cm 以上为宜。如图 3 – 12 所示。

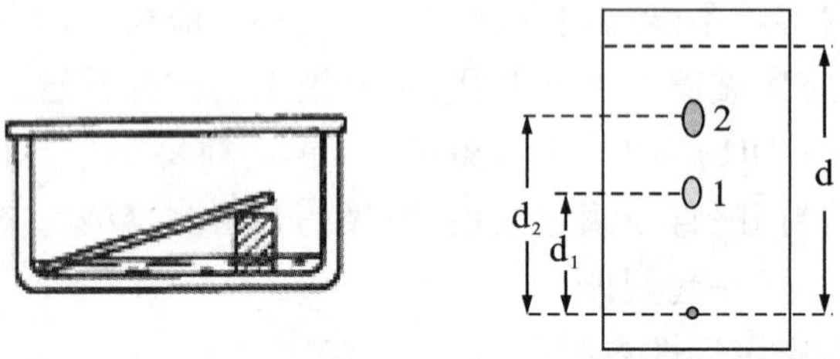

R_f值计算示意图

图 3 – 12　色谱缸与饱和、展开过程

5. 测量、计算比移值

测出各斑点的 R_f 值，从表 3 – 2 确定氧化铝的活度。

表 3 – 2　氧化铝活度与偶氮染料 R_f 值关系

偶氮染料	氧化铝活度级 R_f 值			
	二级	三级	四级	五级
偶氮苯	0.59	0.72	0.85	0.95
对甲氧基偶氮苯	0.16	0.45	0.69	0.89
苏丹黄	0.02	0.25	0.87	0.98
苏丹红	0.00	0.10	0.35	0.50
对氨基偶氮苯	0.00	0.05	0.08	0.19

【实验数据及处理】

染料	偶氮苯	对甲氧基偶氮苯	苏丹红	对氨基偶氮苯
前沿距离				
斑点				
比移值				

结果分析与结论：将测定结果与标准对比，判断氧化铝的级别。

【实验注意事项】

1. 薄层层析时，薄层板的制备要厚薄均匀，表面平整光洁。

2. 薄层板需放在 105 ~ 115 ℃的烘箱内活化 30 min，取出后在干燥器中冷却备用。

3. 样点位置应在距离底边 1.5 ~ 2 cm 处，样品原点直径应小于 0.2 cm，相邻两斑点中心间距应大于 1.5 cm。

4. 先用展开剂蒸汽饱和、再入液展开；样点不能泡在展开剂中；薄层版浸入时不能歪斜进入。

5. 当展开剂前沿上升到离薄层板上端 2 ~ 3 cm 处时，停止展开。

6. 为节省药品和时间，可先选取 3 种染料进行实验，确定氧化铝的活度级别。若确定不了，再继续做其它染料。

【思考题】

1. 吸附层析的基本原理是什么？
2. 薄层层析板为何要进行“活化”？
3. 薄层板的涂布、点样要求是什么？为什么要这样做？
4. 展开前层析缸内空间为什么要用展开蒸汽预先进行饱和？
5. 在一定的操作条件下为什么可利用 R_f 值来鉴定化合物？
6. 展开剂的高度若超过了点样线，对薄层色谱有何影响？

实验 21　氨基酸的纸色谱

【实验目的】

1. 学习用纸色谱法分离、鉴定氨基酸的原理和方法。
2. 掌握纸色谱法分离和鉴定氨基酸的操作技术。
3. 熟悉纸色谱法在分离鉴定方面的应用。

【实验原理】

氨基酸是人体蛋白质的基本单位，是人体所必需的基本营养物质，如丙氨酸、亮氨酸等。

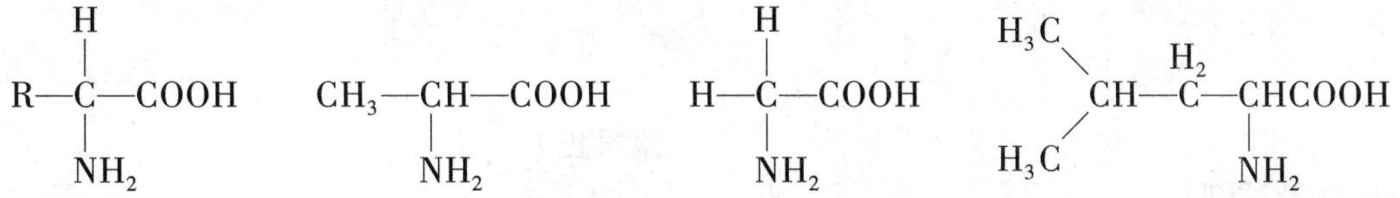

氨基酸通式　　丙氨酸　　甘氨酸　　亮氨酸

丙氨酸是构成蛋白质的基本单位，是组成人体的 21 种之一，相对分子质量:89.063。

甘氨酸又名氨基乙酸，为非人体所必需，相对分子量 75.07，甘氨酸有独特的甜味，能缓和酸、碱味，掩盖食品中添加糖精的苦味并增强甜味。

L－亮氨酸是组成蛋白质的常见氨基酸之一，是哺乳动物的必需氨基酸和生酮生糖氨基酸。相对分子量 131.17。一般多用于面包、面类制品，配制输液及综合氨基酸制剂，降血糖剂，植物生长促进剂。

纸色谱法是选用特制的滤纸作为多孔支撑物，在大多数情况下，以原先就存在滤纸中的水分为固定相，也可用不同的溶剂(硅胶油、石蜡油、汽油等)浸渍滤纸作为固定相。将要分离的混合物点在滤纸的一端，当流动相(展开剂)沿滤纸流动经过样点时，混合物中各组分在固定相与流动相间连续发生多次分配，结果在流动相中具有较大溶解度的物质随展开剂移动的速度较快，而在水中溶解度较大的物质随展开剂移动的速度较慢，经过一定的时间展开后，混合物中的各组分便逐个地分离开。展开完成后，物质斑点的位置以 R_f 值(比移值)鉴别：

$$R_f = \frac{\text{从起始点到物质斑点(中心)的距离}}{\text{从起始点到溶剂前缘的距离}}$$

R_f 值是每一个化合物的特征数值。R_f 值随被分离化合物的结构、固定相与流动相的性质、温度和滤纸质量不同而异，故重复性常常很差。因此，在对未知物进行定性鉴定的层析谱时，总是同时展开一个已知物作为对照。

由于各种氨基酸在结构上的差异，可用纸色谱法将其分离鉴定。本实验采用标准丙氨酸、甘氨酸作对照物，以正丁醇－冰醋酸－乙醇－水(4:1:1:2)作展开剂分离和鉴定混合氨基酸。氨基酸为无色化合物，经纸上层析后的斑点不能直接看出，故常用 0.5% 茚三酮水溶液作显色剂显色。

α—氨基酸遇水合茚三酮显现蓝紫色(脯氨酸显黄色除外),可将分离的氨基酸斑点显色,其反应机理如下:

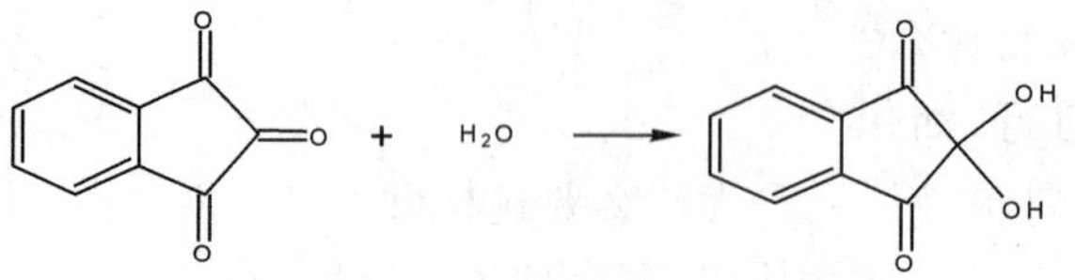

茚三酮 水合茚三酮

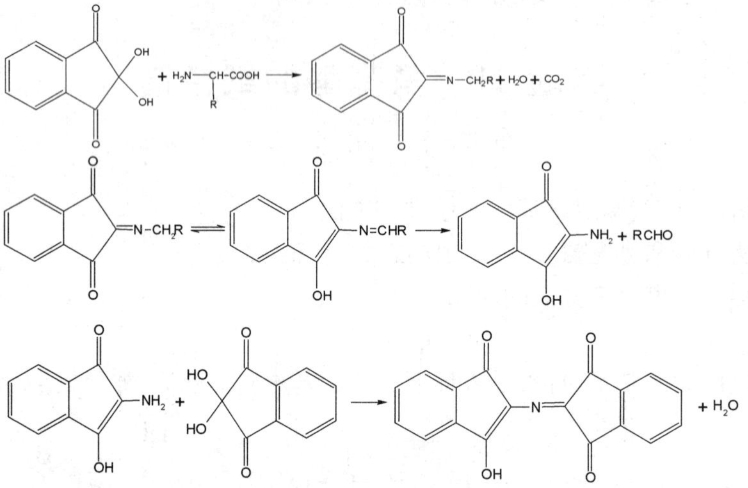

(蓝紫色)

【实验仪器及试剂】

仪器:玻璃展开筒(150×300 mm)、色谱用滤纸(纸条)98×240 mm(可用定性滤纸代替)、毛细管(2μL)、喷雾瓶(50 mL)、空气压缩机。

试剂:展开剂[正丁醇:冰醋酸:乙醇:水(4:1:1:2)]、氨基酸标准液(将异亮氨酸、赖氨酸和谷氨酸分别配成的0.2%的水溶液)、茚三酮试液(0.5%的乙醇溶液)。

【实验内容】

1. 滤纸的选择与处理 取质地均匀、平整无折痕、纸纤维松紧适宜,纸面洁净的滤纸条(5×15 cm),将滤纸条的下端剪成小倒梯形,在距纸的这端2~3 cm处,用铅笔画一横线作为起始线。

2. 点样 用点样毛细管分别在起始线上点样,样点间距均匀,中间点待检样品,两侧分别点对照品。采用分量多次点样,每次点样待自然干燥后,再二次点样,以免斑点扩散。每个样点1~2次,点样斑的直径小于2~3 mm,点样量一般以几微升为宜。

图3-13 纸色谱分离和鉴定的操作技术

3. 饱和与展开 在色谱筒内放入展开剂10 mL,将点好样的色谱纸悬空吊挂在密闭色谱筒内,待饱和10-15 min后,将滤纸条点样端浸入展开剂中,深度约0.5 cm展开。待展开剂前沿线离起始线约8 cm时取出滤纸,用铅笔划出前沿线,先使纸面自然风干一段时间后,放入80 ℃烘箱干燥10 min取出。

4. 显色 在纸面的起始线与溶剂前沿线之间,喷洒茚三酮溶液后,将滤纸放入85 ℃烘箱干燥显色,用铅笔标出斑点位置，记录斑点颜色并测量各斑点展开距离。如图 3－13 所示。

5. 定性鉴定 分别计算各斑点的值，将待检样品与对照品比较，进行定性鉴别。

【实验现象数据记录与结果】

样品编号	1	2	3	4
样品名称	空白	异亮氨酸	赖氨酸	谷氨酸
展开时间				
Rf 值				

【实验注意事项】

1. 起始线及点样点必须清楚可视，点样点勿过大。
2. 层析用滤纸面尽量勿用手指触摸。
3. 展开剂液面不能超过样点，滤纸不要接触展开缸壁。
4. 色谱纸要平整，不得玷污，点样时可在下面垫一张白纸。

【思考题】

1. 根据丙氨酸与亮氨酸的结构差异，推断哪个比移值 R_f 大，并与实验结果对比。
2. 影响纸色谱 R_f 值的因素有哪些？
3. 色谱纸为什么要用展开剂饱和？
4. 喷洒显色剂前为什么要将滤纸干燥至无味？

实验 22 牛黄中胆酸的薄层色谱测定

【实验目的】

1. 熟悉薄层扫描法的基本原理。
2. 熟悉用薄层扫描法测定中药牛黄中胆酸的含量。

【实验原理】

薄层扫描法是用一束长宽可以调节的、一定波长、一定强度的光照射薄层上的斑点，用仪器测量照射前后光束强度的变化，从而求得物质含量的方法。

薄层扫描仪可分为单光束、双光束、双波长等类型。每台仪器都包括主机、数据处理及信号输出等部分。大多数薄层扫描仪的分光器为光栅，少数为棱镜，极个别的用滤光片。其测量范围是光栅为 200～800 nm，棱镜为 200～2500 nm。光源室具有可见光源钨灯，波长范围为 400～800 nm；紫外光源氘灯，波长范围为 200～400 nm；荧光光源为氙灯或汞灯。操作时可通过光源选择杆来变换光源选择镜的位置。检测器一般为光电倍增管。测定方法可分为吸收测定法、荧光测定法及荧光猝灭法，其中吸收测定法根据光测定方式的不同又可分为透射法、反射法、透射－反射法。测光形式分为单波长扫描、双波长扫描。扫描方式根据光束轨迹的不同，又可包括直线扫描（线型扫描）、锯齿扫描（曲折扫描）、圆形扫描、倾斜扫描、多通道自动扫描。

【实验仪器与试剂】

仪器：岛津 CS－9301 型双波长飞点薄层扫描仪或 CAMAG 薄层扫描仪、CAMAG LINOMAT IV 半自动点样仪、电子天平、超声波振荡器。

试剂：胆酸对照品、甲醇、乙醇、乙酸乙酯、异辛烷、盐酸、乙酸丁酯、冰醋酸、甲酸、氢氧化钠、无水硫酸钠、硫酸均为分析纯。

药材：牛黄细粉。

【实验内容】

1. 供试品溶液的制备

取牛黄细粉约0.2 g,精密称定,置具塞锥形瓶中,精密加入甲醇50 mL,称定重量,超声处理30 min,再称定重量,用甲醇补足减失的重量,摇匀,滤过。精密量取滤液25 mL,蒸干,残渣加20%氢氧化钠溶液10 mL,加热回流2小时,冷却,加稀盐酸19 mL调节pH至酸性,用乙酸乙酯提取4次(25 mL,25 mL,20 mL,20 mL),提取液均用同一铺有少量无水硫酸钠的脱脂棉滤过,合并提取液,回收溶剂,残渣加甲醇溶解并转移至10 mL量瓶中,加甲醇至刻度,摇匀,作为供试品溶液。

2. 对照品溶液的制备

精密称取在105 ℃干燥至恒重的胆酸对照品,加甲醇制成每1 mL含0.48 mg的溶液,作为对照品溶液。

3. 扫描测定条件及计算

精密吸取供试品溶液2μL、对照品溶液lμL与3μL,分别交叉点于同一硅胶G薄层板上,以异辛烷-乙酸丁酯-冰醋酸-甲酸(8:4:2:1)为展开剂,展至14~17 cm,取出,晾干,喷以30%硫酸乙醇溶液,在105 ℃加热至斑点显色清晰,取出,在薄层板上覆盖同样大小的玻璃板,周围用胶布固定,放入薄层扫描仪中,波长$\lambda_S=380$ nm,$\lambda_R=650$ nm,锯齿扫描,测量供试品吸光度积分值与对照品吸光度积分值,根据下列公式,按干燥品计算,含胆酸($C_{24}H_{40}O_5$)不得少于4.0%。

$$\frac{\left[\frac{(A-A_1)(M_2-M_1)\times Cs}{A_2-A_1}+M_1\times Cs\right]\times V}{1000\times M\times W\times(1-B)}$$

注:(1)A:样品峰面积　(2)A_1:1μL对照品峰面积

(3)A_2:3μL对照品峰面积　(4) mL:对照品的低点样量(1μL)

(5)M_2:对照品的高点样量(3μL)　(6)CS:对照品的浓度($mg\cdot mL^{-1}$)

(7)M:样品的点样量(2μL)　(8)W:样品的取样量(g)

(9)B:所测样品的水分百分含量

(10)V:稀释倍数;例如:本品的稀释倍数为20,即10 mL×50 mL÷25 mL

【实验数据及处理】

样品编号	峰面积	含量

【思考题】

1. 薄层扫描法的基本原理是什么?

2. 薄层扫描定量的影响因素是什么?

实验23　固体试样红外光谱的测定(KBr法)

【实验目的】

1. 掌握KBr压片制样方法,了解红外分光光度计的结构,熟悉其工作原理和使用方法。

2. 掌握用KBr压片法和液膜法制备样品的操作。

3. 了解苯甲酸、山梨酸、苯甲酸乙酯的红外光谱特征,通过实践初步掌握有机化合物的红外光谱解析的一般方法。

【实验原理】

红外吸收光谱是将红外线照射试样,测定分子中有偶极矩变化的振动产生的吸收所得到的光谱。由 N 个原子组成的多原子分子有 3N - 6 个简振振动(基频),直线型分子有 3N - 5 个。对于简单分子,用理论解析这些基频是可能的,但是实际上复杂的有机化合物不仅基频数目多,而且倍频和组合频也出现吸收,使光谱变得很复杂,对全部吸收谱带都做理论分析是非常困难的。因此,红外光谱用于定性分析时通常用各种特征吸收图表,找出基团和骨架结构引起的吸收谱带,然后与推断的化合物的标准谱图进行对照,得出结论。

为了便于谱图的解析,通常把红外光谱分为两个区域,即官能团区和指纹区。波数 4000 ~ 1400 cm^{-1}的频率范围为官能团区,吸收主要是由于分子的伸缩振动引起的。常见的官能团在这一区域内一般都有特定的吸收峰,低于 1400 cm^{-1}的区域称为指纹区,其间吸收峰的数目较多,是由化学键的弯曲振动和部分单键的伸缩振动引起的,吸收带的位置和强度随化合物而异,如同人彼此有不同的指纹一样,许多结构类似的化合物,在指纹区仍可找到它们之间的差异,因此指纹区对鉴定化合物起着非常重要的作用。如在未知物的红外光谱图中的指纹区与标准样品相同,就可以断定它和标准样品是同一物(对映体除外)。

常见官能团和化学键的特征吸收频率见表 3 - 3。

表 3 - 3 常见官能团和化学键的特征吸收频率

基 团	ν/ cm^{-1}	强 度*
A. 烷基		
C—H(伸缩)	2853 ~ 2962	(m ~ s)
—CH(CH_3)	1380 ~ 1385 及	(s)
	1365 ~ 1370	(s)
—C(CH_3)	1385 ~ 1395 及	(m)
	≈1365	(s)
B. 烯烃基		
C—H(伸缩)(C—H 面外弯曲)	3010 ~ 3095	(m)
C = C(伸缩)(C—H 面外弯曲)	1620 ~ 1680	(v)
R—CH = CH_2(C—H 面外弯曲)	985 ~ 1000 及	(s)
	905 ~ 920	
R_2C = CH_2(C—H 面外弯曲)	880 ~ 900	(s)
(Z)—RCH = CHR(C—H 面外弯曲)	675 ~ 730	(s)
(E)—RCH = CHR(C—H 面外弯曲)	960 ~ 975	(s)
C. 炔烃基		
≡C—H(伸缩)	≈3300	(s)
C≡C(伸缩)	2100 ~ 2260	(v)
D. 芳烃基		
Ar—H(伸缩)	≈3030	(v,s)
芳环取代类型(C—H 面外弯曲)		
一取代	690 ~ 710 及	(v,s)
	730 ~ 770	(v,s)

续表

基　　团	ν/ cm^{-1}	强度*
邻二取代	735～770	(s)
间二取代	680～725 及	(s)
	750～810	(s)
对二取代	790～840	(s)
E. 醇、酚和羧酸		
OH(醇、酚)	3200～3600	(宽,s)
OH(羧酸)	2500～3600	(宽,s)
F. 醛、酮、酯和羧酸		
C=O(伸缩)	1690～1750	(s)
G. 胺		
N—H(伸缩)	3300～3500	(m)
H. 腈		
C≡N(伸缩)	2200～2600	(m)

* s=强,m=中,v=不定

按化学键的性质可将红外区 4000 ～ 1000 cm^{-1} 划分为四个区,见表 3－4。

表 3－4　红外光谱 4000～1000 cm^{-1} 的四个区段

波数	4000～2500 cm^{-1}	2500～2000 cm^{-1}	2000～1500 cm^{-1}	1500～1000 cm^{-1}
波区	氢键区	叁键区或累积双键区	双键区	单键区
产生吸收的基团	O—H C—H N—H 等	C≡C C≡N C=C=C 等	C=C C=O N=O	C—C C—N C—O

分析红外光谱的顺序是先官能团区,后指纹区;先高频区,后低频区;先强峰,后弱峰。即先在官能团区找出最强的峰的归属,然后再在指纹区找出相关峰。对许多官能团来说,往往不是存在一个而是一组彼此相关的峰,就是说,除了主证,还需有佐证,才能证实其存在。

目前人们对已知的化合物的红外光谱图已陆续汇集成册,这就给鉴定未知物带来了极大的方便。如果未知物和某已知物具有完全相同的红外光谱,那么这个未知物的结构也就确定了。本实验将通过测定苯甲酸、山梨酸、苯甲酸乙酯及未知物的红外吸收光谱,根据它们的红外光谱特征鉴定未知物是苯甲酸、山梨酸还是苯甲酸乙酯。

山梨酸、苯甲酸、苯甲酸乙酯的标准红外线光谱如图 3－14、3－15、3－16 所示。

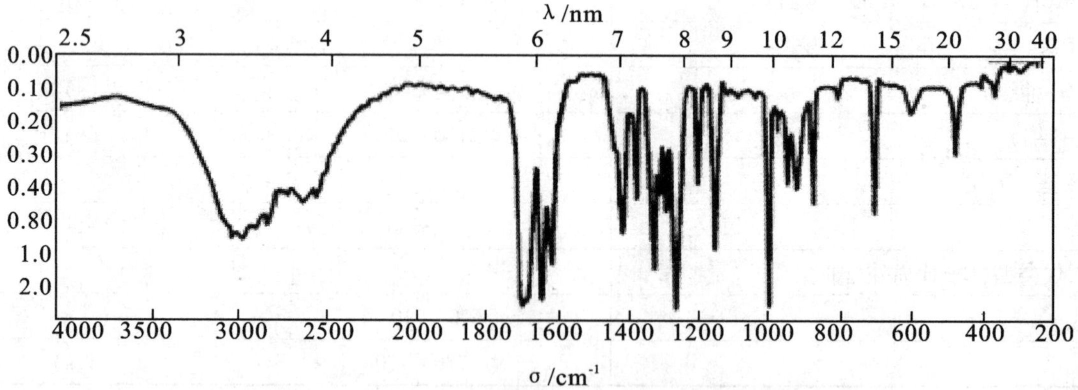

图 3－14　山梨酸的红外光谱图

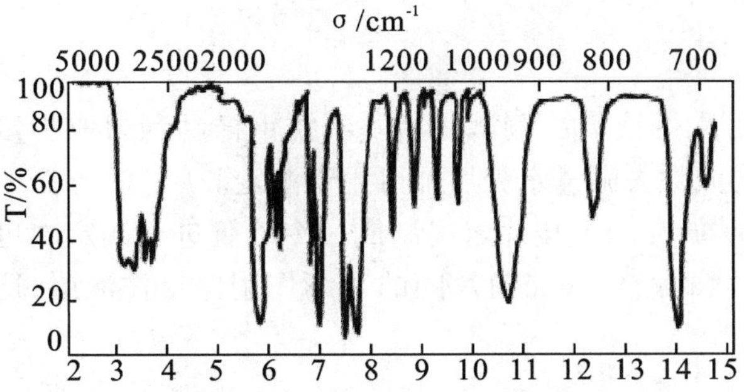

图 3 - 15　苯甲酸的红外光谱图

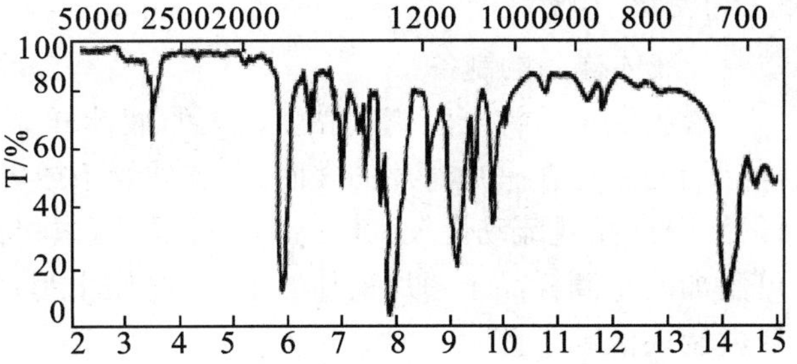

图 3 - 16　苯甲酸乙酯的红外光谱图

【实验仪器及试剂】

仪器:红外分光光度计、油压压片机和模具、玛瑙乳钵、红外灯。

试剂与材料:苯甲酸、乙酰水杨酸、肉桂酸或者其他样品、KBr(光谱纯或者 GR)。

【实验步骤】

称取试样 1 ~2 mg,另称 200 目的 KBr 粉末 200 mg,与红外灯下在玛瑙乳钵中研磨均匀,装入压片模具,用油压压片机以 8 吨的压力 5 ~10 min,然后取下压片(厚度约 1 mm)装入样品架,置于样品窗口;同时,压一片空白 KBr 片作为补偿,置于参比光路上,开机进行红外扫描测定。测定完后对未知物谱图进行解析,并推断其可能的结构。对压片模具,用后应立即用擦镜纸擦拭干净,以免腐蚀模具。

【实验数据及处理】

样品的 IR 图及图形分析(略)

【实验注意事项】

1. 固体试样在红外灯下研磨后仍然应防止吸水,否则压出的薄片易沾在模具上。

2. 可拆式液体池的氯化钠盐片应保持干燥透明,每次测定前后均应在红外灯下反复用无水乙醇及滑石粉抛光,不能用水冲洗。烘干后保存在干燥器中。

3. 盐片装入可拆式液体池时,螺丝不宜拧得过紧,否则会压碎盐片。

【思考题】

1. 为什么在做红外光谱测定分析时样品不能含有水分?

2. 在研磨操作过程中为什么需要在红外灯下进行?

实验 24　液体试样红外光谱的测定

【实验目的】

1. 了解液体样品红外光谱的制样方法。

2. 了解红外分光光度计的一般操作方法。

3. 了解 ATR 光谱附件的工作原理并掌握其使用方法。

【实验原理】

液体试样的红外光谱测定法常用液膜法。取两片氯化钠晶体片,用酒精棉球擦拭,并于绒布上打磨抛光。在一片氯化钠晶体上加 1 ~2 滴液体样品,盖上另一氯化钠晶片使成液膜。对于黏度较大,流动性较差的液体样品,可以在单片氯化钠晶体片上涂制液膜。

【实验仪器及试剂】

仪器:傅里叶变换红外分光光度计,洗耳球,吸量管(2 mL)。

试剂与材料:环己酮(AR),环己烷(AR)。

【实验步骤】

1 液体样品的制备

液膜法 (1)沸点较高且黏度较大的液体样品,可采用液膜法测试。用一不锈钢样品刮刀取少量样品均匀涂抹在一片窗片的表面,在红外灯下或电吹风除去微量水分后即可用于测定。(2)沸点低的样品、黏度小且流动性较大的高沸点样品,可以将样品放在两个盐片之间制成一个液膜进行测定。也可滴加一小滴样品于一片窗片的中央,再压上另一片窗片,依靠二窗片间的毛细作用保持住液层,这样就制成液膜了。

2 衰减全反射红外光谱(ATR)的应用

衰减全反射(又称内反射光谱)简称 ATR,常用的红外透光材料为 KRS-5(TlBr 和 TlI 的混晶,折射率为 2.38)或为 ZnSe(折射率为 2.4)。ATR 法主要用于固体、薄膜等表面或界面层的结构研究。测试时,先将 ATR 附件置于红外光谱仪的光路中,扫描空气背景,然后将样品的待测表面紧贴于 ATR 附件的红外透光晶体面上,扫描得样品待测表面的红外光谱。

【实验数据及处理】

1. 解析谱图

比较环己酮,环己烷红外光谱图,解析谱图,指出主要吸收峰的归属。

2. 实验结果和讨论

【实验注意事项】

1. 试样的浓度和测试厚度应选择适当试样的浓度和测试厚度应选择适当试样的浓度和测试厚度应选择适当试样的浓度和测试厚度应选择适当。若有 0.2 mm 液体吸收池,直接装样扫描即可。

定性分析:使最强峰的透光率在 10~95% 范围内。

定量分析:使分析谱峰的透光率在 20~60% 范围内。

2. 试样中不应含有游离水。水分的存在不仅会侵蚀吸收池的窗片,且水分在红外区有吸收,将使测得的光谱图变形。

3. 试样应该是单一组分的纯物质试样。多组分试样在测定前应尽量预先进行组分分离,否则各组分光谱相互重叠,将影响对谱图的正确解析。

4. 保证试剂与样品均无污染。保持取样勺的洁净,使用前后需清洁,以免污染;窗片使用前后需清洁抛光,以免腐蚀或污染。

【思考题】

1. 液体试样的测定方法与固体试样的测定方法有什么不同?

2. 液体试样的红外光谱图在解析的时候应注意什么?

实验 25 气相色谱法测定冰片中龙脑的含量

【实验目的】

1. 练习气相色谱仪的使用。

2. 学会用外标法定量。

【实验原理】

外标法分为标准曲线法、外标一点法和外标二点法。标准曲线法是用对照物质配成一系列浓度的对照品溶液确定工作曲线,求出斜率和截距,还可以计算出标准曲线的回归方程。在完全相同的条件下,准确进样,对照品溶液进样量与样品溶液进样量完全相同,根据待测组分的色谱峰面积信号,从标准曲线上查出其浓度或代入标准曲线的回归方程计算出样品浓度。标准曲线的截距为零时,可用外标一点法(直接比较法)定量。标准曲线的截距不为零时,需用外标二点法定量。

【实验仪器及试剂】

仪器:气相色谱仪、FID 检测器、5 μL 微量注射器。

试剂与材料:乙酸乙酯(AR)、冰片药材、龙脑对照品。

【实验步骤】

1. 仪器条件

以聚乙二醇 20000(PEG-20M)为固定相,涂布浓度为 10%;柱温 140℃;理论塔板数按照龙脑峰计算应不低于 1500。

2. 对照品溶液的制备

取龙脑对照品适量,精密称定,加乙酸乙酯制成每 1 mL 含 5 mg 的溶液,即得。

3. 试样溶液的制备

取冰片细粉约 50 mg,精密称定,置 10 mL 量瓶中,加入乙酸乙酯溶解并稀释至刻度,摇匀,即得。

4. 测定

分别精密吸取对照品溶液与试样溶液各 1 μL,注入气相色谱仪,测定并计算含量。

本品含龙脑($C_{10}H_{18}O$)不得少于 55.0%。

【实验数据及处理】

1. 标准品含量、出峰时间、峰面积及色谱图。

2. 样品出峰时间、峰面积及色谱图。

【实验注意事项】

1. 测定时取样要准确,进样要迅速。注入试样溶液时,试液中不应有气泡。

2. 测定时应严格控制实验条件,实验条件稳定是成功的关键。

【思考题】

1. 外标一点法的应用前提和优点是什么?

2. 外标二点法的应用前提是什么?

实验 26 高效液相色谱法测定槐花中芦丁的含量

【实验目的】

1. 练习使用高效液相色谱仪。

2. 学会用外标法定量分析。

【实验原理】

外标法可以分为外标一点法,外标二点法和标准曲线法。当标准曲线截距为零时,可用外标一点法定量。在药物分析中,为了减少实验条件波动对分析结果的影响,采用随行外标一点法,即每次测定都同时进对照品与试样溶液。

【实验仪器及试剂】

仪器:液相色谱仪(紫外检测器),微量注射器(10 μL),C_{18}反相色谱柱,容量瓶(10 mL),超声提取器。

试剂与材料:甲醇(色谱纯),二次蒸馏水,芦丁对照品,槐花药材。

【实验内容】

1. 色谱条件

以十八烷基硅烷键合硅胶为填充剂,流动相为甲醇-1%冰醋酸(32:68),检测波长 257 nm,流速 1 mL/min,理论塔板数按照芦丁峰计算不低于 2000。

2. 对照品溶液的制备

精密称取芦丁对照品适量,精密称定,加甲醇制成每 1 mL 含 0.1 mg 的溶液,即得。

3. 试样溶液的制备

取槐花药材粗粉 0.2 g(槐米约 0.1 g),精密称定,置具塞锥形瓶中,精密加入甲醇 50 mL,密封塞紧,称定重量,超声处理(功率 250 W,频率 25 kHZ)30 min,放冷,密封塞紧,再称定重量,用甲醇补足减失的重量,摇匀,滤过。精密量取续滤液 2 mL,置 10 mL 量瓶中,加甲醇至刻度,摇匀,即得。

4. 测定

分别精密吸取对照品溶液与试样溶液各 10 μL,注入液相色谱仪,测定并计算含量。

【实验现象数据记录与结果】

1. 标准品含量、出峰时间、峰面积及色谱图

编号	含量	峰面积
1		
2		
3		
4		
5		
6		

2. 样品出峰时间、峰面积及色谱图

色谱图: 含量计算:

【实验注意事项】

试样溶液提取时要注意补足减失的重量,超声提取温度不宜过高,多次提取时要注意换超声提取器中的水,以免其受热分解影响其含量。

【思考题】

1. 外标一点法的主要误差来源是什么?

2. 紫外检测器的优缺点是什么?

实验 27 燃烧热的测定

【实验目的】

1. 通过测定萘的燃烧热,掌握有关热化学实验的一般知识和技术。

2. 掌握氧弹式量热计的原理、构造及其使用方法。

3. 掌握高压钢瓶的有关知识并能正确使用。

【实验原理】

燃烧热的定义:在指定的温度和压力下,1 mol 物质完全燃烧生成指定产物所放出来的热,称该物质在此温度下的摩尔燃烧热。在恒容条件下测得的燃烧热称为恒容燃烧热,用符号 Q_V 表示,恒容反应热等于该过程内能的改变量(△U)。在恒压条件下测得的燃烧热称为恒压燃烧热,用符号 Q_P 表示,恒压反应热等于体系的焓变(△H)。

本实验是在恒容条件下测定的。根据恒压热效应与恒容热效应关系:

$$Q_p = Q_v + \Delta nRT$$

公式中△n 指产物与反应物中气体物质的量差值;对产物取正值,反应物取负值。R 为气体常数;T 为反应的热力学温度。化学反应的热效应(燃烧热)通常都是用恒压热效应来表示的。根据上述公式可知,只要测出了反应过程恒容热和恒压热中任何一个数据,就可求出另外一个数据。

测量化学反应热的仪器称为量热计,又称为卡计。本实验就是通过量热计来测定萘的燃烧热。

量热计的安装示意图见图 3－17，氧弹计测定的是恒容燃烧热（Q_v），其测量的原理是将一定量的待测物质样品在氧弹中充分燃烧，燃烧所放出的热量使氧弹及其周围介质（本实验采用水）的温度升高。通过测量燃烧前后氧弹及其周围介质的温度变化，根据能量守恒原理，结合恒容热与恒压热关系，就可以算出样品完全燃烧所放出的热量（恒压热）。

在盛有水的容器中放入装有 W 克样品和氧气的密闭氧弹，使样品完全燃烧，放出的热量引起体系温度的上升。用温度计测量温度的改变量，由下式求得 Q_v。

$$W_{卡}\ \Delta t = \frac{m}{M}Q_v + Q_{点火丝}m_{点火丝}$$

式中，M 是样品的摩尔质量（$g \cdot mol^{-1}$）；m 为样品的质量（g）；Δt 为点火后和点火前温度的变化；$W_{卡}$ 为样品燃烧放热使水和氧弹每升高 1 度所需要的热量，称为水当量（$J \cdot K^{-1}$）。水当量的求法是用已知燃烧热的物质（本实验用苯甲酸）放在量热计中，测定 t 始和 t 终，然后依据上述公式计算。

实验室所用的氧弹量热计，如图 3－17 中，内筒 C 以内的部分为仪器的主体，即为本实验研究的体系，体系 C 与外界空气层 B 绝热，下方有绝缘的垫片 4 架起，上方有绝热胶板 5 敷盖。为了减少对流蒸发和热辐射及控制环境温度恒定，体系外围包有温度与体系相近的水套 A。为了使体系温度很快达到均匀，还装有搅拌器 2，由马达 6 带动。为了准确测量温度的变化，由精密的温差测定仪来实现。实验中把温差测定仪的热敏探头插入研究体系内，便可直接准确读出反应过程中每一时刻体系温度的相对值。样品燃烧的点火由拨动开关接入一可调变压器来实现，设定电压在 24 V 进行点火燃烧。

图 3－18 是氧弹的构造。氧弹是用不锈钢制成的，主要部分有厚壁圆筒 1，弹盖 2 和螺帽 3 紧密相连；在弹盖 2 上装有用来充入氧气的进气孔 4，排气孔 5 和电极 6，电极直通弹体内部，同时作为燃烧皿 7 的支架；为了将火焰反射向下而使弹体温度均匀，在另一电极 8（同时也是进气管）的上方还有火焰遮板 9。

【实验仪器及试剂】

仪器：氧弹量热计 1 套、压片机 1 台、贝克曼温度计 1 支、温度计（0 ~ 100 ℃）1 支、容量瓶（1000 mL）1 只、万用表 1 只、氧气钢瓶（需大于 80 Kg 压力）、氧气减压阀 1 个、台称 1 台、电子天平 1 台（0.0001 g）。

试剂与材料：苯甲酸（A.R）；萘（A.R）；燃烧丝。

【实验装置】

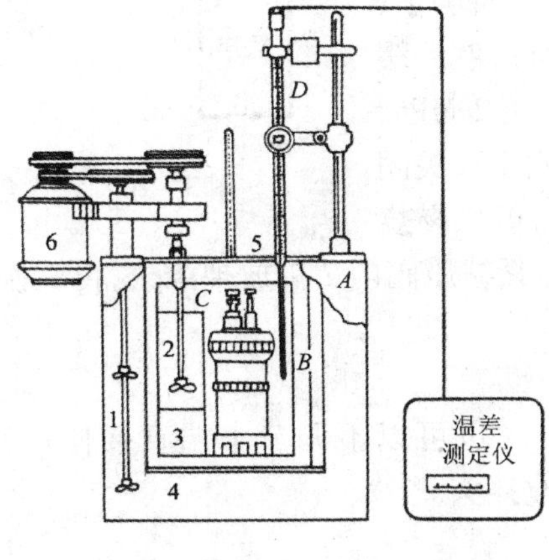

图 3－17 氧弹卡计交安装示意

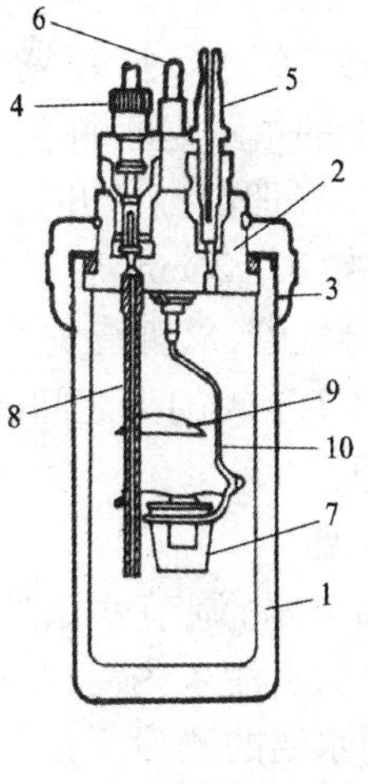

图 3－18 氧弹结构

【实验步骤】

1. 水当量的测定

1.1 样品压片

用台秤称取约 0.6 g 苯甲酸，用分析天平准确称取一段点火丝，在压片机上压片，压片前先检查压片用钢模是否干净，否则应进行清洗并使其干燥。将准确称量的点火丝双折后在中间位置打环，置于压片机的底板压模上，如图 3－19 所示，装入压片机内，倒入预先粗称的苯甲酸样品，使样品粉末将点火丝环浸埋，用压片机螺杆徐徐旋紧，稍用力使样品压牢（注意用力均匀适中，压力太大易使合金丝压断，压力太小样品疏松，不易燃烧完全），抽去模底的托板后，继续向下压，用干净滤纸接住样品，弹去周围的粉末，将样品置于称量瓶中，在分析天平上用减量法准确称量后供燃烧使用。

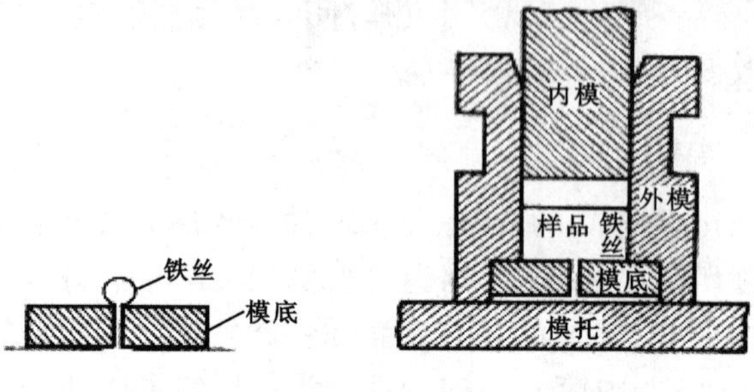

图 3－19　样品的压片过程

1.2 氧弹充氧

（1）将氧弹的弹头放在弹头架上，把燃烧丝的两端分别紧绕在氧弹头上的两根电极上，用万用表检查两极是否通路。如通路，旋紧氧弹出气口后就可以充氧。在氧弹中加入 10 mL 蒸馏水（实验中此步骤可以省略），把弹头放入弹杯中，拧紧。

（2）充氧时，开始先充约 0.5 MPa 氧气，然后开启出口，借以赶出氧弹中的空气。再充入 1 MPa 氧气，充气约 1 min。氧弹放入量热计中，接好点火线。装置氧弹：拧开氧弹盖，将氧弹内壁擦干净，特别是电极下端的不锈钢接线柱更应擦干净。在氧弹中加 10 mL 蒸馏水。将样品片上的合金丝小心地绑牢于氧弹中两根电极 8 与 10 上（见图 3－18 氧弹剖面图）。旋紧氧弹盖，用万用电表检查两电极是否通路。若通路，则旋紧出气口 5 后即可充氧气。按图 3－20 所示，连接氧气钢瓶和氧气表，并将氧气表头的导管与氧弹的进气管接通，此时减压阀门 2 应逆时针旋松（即关紧），打开氧气钢瓶上端氧气出口阀门 1（总阀）观察表 1 的指示是否符合要求（至少在 4 MPa），然后缓缓旋紧减压阀门 2（即渐渐打开），使表 2 指针指在表压 2 MPa，氧气充入氧弹中。1～2 min 后旋松（即关闭）减压阀门 2，关闭阀门 1，再松开导气管，氧弹已充入约 2 MPa 的氧气，可供燃烧之用。但是阀门 2 至阀门 1 之间尚有余气，因此要旋紧减压阀门 2 以放掉余气，再旋松阀门 2，使钢瓶和氧气表头复原。

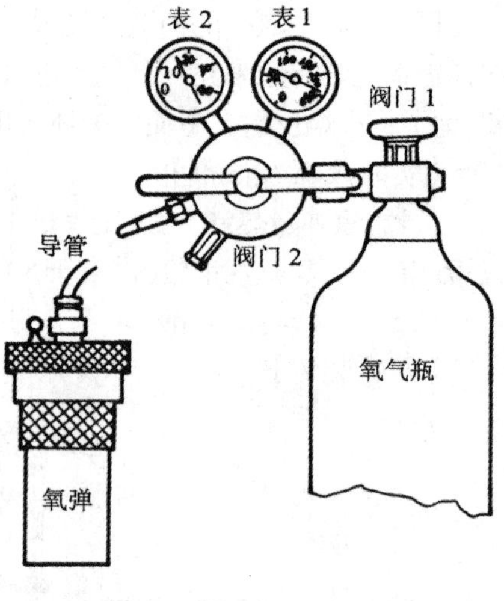

图 3－20　氧弹充气示意

1.3 调节水温

准备一桶自来水，调节水温约低于外筒水温 1℃（也可以不调节水温直接使用）。用容量瓶取 3000 mL 已调温的水注入内筒，水面盖过氧弹，装好搅拌头。

1.4 燃烧和水温的测量

打开搅拌器，待温度稳定上升后开始记录温度。起初，每隔 1 分钟记录一次，共记录 10 min。开启“点火”按钮，若指示灯亮后又熄灭，温度明显升高时，说明点火成功，读数改为每隔 30 s 记录一次。若指示灯亮后不熄灭，温度不上升，说明点火不成功，此时应加大电流，引发燃烧，如果温度还是没有上升，此时应打开氧弹检查是否点火丝熔断；自点燃后约 5 min，温度上升到最高点，之后每隔 1 分钟记录一次，再记录 10 次。

停止搅拌，取出氧弹，打开氧弹出气口，放出余气，旋开氧弹，若氧弹中无灰烬，表示燃烧完全，将剩余燃烧丝称重,待处理数据时用。

2. 萘燃烧热的测量

称取 0.5 g 左右的萘,重复上述步骤测定之。

【实验数据及其处理】

1. 实验数据记录。

(1)苯甲酸的实验数据

燃烧丝重________g; 苯甲酸样品重________g; 剩余燃烧丝重________g;水温________℃。

反应前期(1 次/min)		反应中期(1 次/30 s)		反应后期(1 次/60 s)	
时间	温度	时间	温度	时间	温度
1	1	1			
2	2	2			
3	3	3			
4	4	4			
5	5	5			
6	6	6			
7	7	7			
8	8	8			
9	9	9			
10	10	10			
	12				
	13				
	14				
	15				

(2)萘的实验数据

燃烧丝重________g; 萘样品重________g; 剩余燃烧丝重________g;水温________℃。

反应前期(1 次/min)		反应中期(1 次/15s)		反应后期(1 次/60s)	
时间	温度	时间	温度	时间	温度
1	1	1			
2	2	2			
3	3	3			
4	4	4			
5	5	5			
6	6	6			
7	7	7			
8	8	8			
9	9	9			
10	10	10			
	11				
	12				
	13				
	14				
	15				

2. 由实验数据分别求出苯甲酸、萘燃烧前后的 $t_{始}$ 和 $t_{终}$。

$\Delta T_{苯甲酸}$ =　　　　　　$\Delta T_{萘}$ =

环境恒温式量热计由雷诺曲线求得 ΔT 的方法如下图所示。详细步骤如下：

将样品燃烧前后历次观察的水温对时间作图，联成 *FHIDG* 折线（见图 3－21），图中 *H* 相当于开始燃烧的点，*D* 为观察到的最高温度读数点，过 *HD* 中点的平行线 *JI* 交曲线于 *I*，过 *I* 点作 *ab* 垂线，然后将 *FH* 线和 *GD* 线外延交 *ab* 线于 *A*、*C* 两点，*A* 点与 *C* 点所表示的温度差即为欲求温度的升高值（ΔT）。图中 *AA′* 表示由于环境辐射和搅拌造成的量热计温度上升，是必须予以扣除的；*CC′* 表示体系向环境辐射出能量而造成体系温度的降低，因此需要添加上。由此可见 *AC* 两点的温差是较客观地表示了样品燃烧致使量热计温度升高的数值。

有时量热计的绝热情况良好，热散失小，而搅拌器功率大，不断稍微引进能量使得燃烧后的最高点不出现（见图 3－22）。这种情况下 ΔT 仍然可以按照同样方法校正。

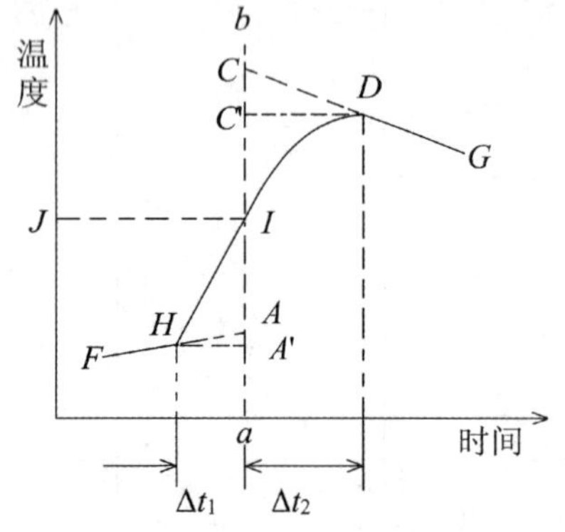

图 3－21　绝热较差时的雷诺校正图

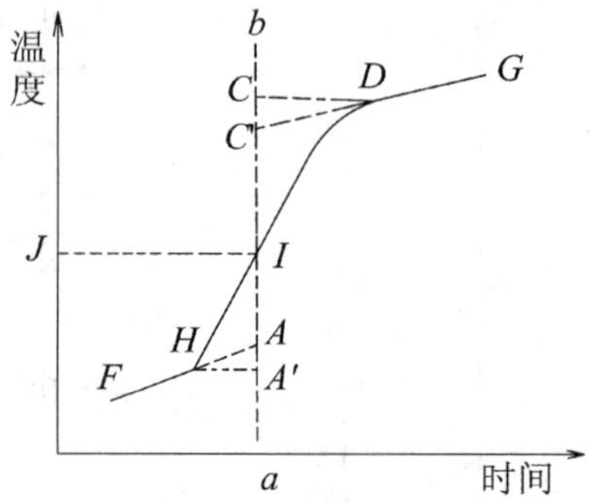

图 3－22　绝热良好时的雷诺校正图

3. 由苯甲酸数据求出水当量 $W_{卡}$。

已知：25 ℃时苯甲酸 $Q_p = -3228.0\ \mathrm{kJ \cdot mol^{-1}}$；$Q_{点火丝} = -1400.8\ \mathrm{J \cdot g^{-1}}$；

$$W_{卡} = \frac{(Q_V)\dfrac{m_{苯甲酸}}{M_{苯甲酸}} - Q_{点火丝}m_{点火丝}}{\Delta T}$$

4. 求出萘的燃烧热 Q_V，换算成 Q_p。

5. 将所测萘的燃烧热值与文献值比较，求出误差，分析误差产生的原因。

【实验注意事项】

1. 保证试样完全燃烧是实验的关键。

2. 氧弹点火一定要迅速果断，否则对实验结果就会产生影响。

3. 高压钢瓶的使用：无论钢瓶中是否有高压气体，打开和关闭钢瓶阀门时，使用者和他人都不能处在阀门和减压阀表头的正面，人应该站在钢瓶阀门和减压阀表头的侧面。

4. 氧弹盖开启时，无论氧弹中是否充有高压气体，一定要先确保氧弹盖的放气阀处于打开、松弛的状态，才能拧开氧弹盖。

【思考题】

1. 在本实验中采用的是恒容方法先测量恒容燃烧热，然后再换算得到恒压燃烧热。为什么本实验中不直接使用恒压方法来测量恒压燃烧热？

2. 本实验中，哪些为体系、哪些为环境、实验过程中有无热损耗，如何降低热损耗？

实验 28　二组分气—液平衡相图的绘制

【实验目的】

1. 掌握回流冷凝法测定溶液沸点的方法。

2. 绘制常压下正丙醇—乙醇双液系的 T – x 图,找出恒沸物的组成和最低恒沸点。

3. 掌握阿贝折射仪的使用方法。

【实验原理】

在常温下,任意两种液体混合而成的体系称为双液系。若两液体能按任意比例互溶,则称完全互溶双液体系。

液体的沸点是指液体的蒸汽压与外界大气压相等时的温度,在一定的外压下,纯液体的沸点是恒定的。而双液体系的沸点不仅与外压有关,还与双液体系的组成有关。完全互溶的二组分体系的相图有三种类型,如图 3 – 23 所示。如液体与拉乌尔定律的偏差不大,溶液沸点介于两种纯液体沸点之间,如图中(a)所示;如溶液与拉乌尔定律有较大的负偏差,溶液存在最高沸点,如图(b)所示;溶液与拉乌尔定律有较大的正偏差,溶液存在最低沸点,如图(c)所示。图中纵轴是温度(沸点),横轴是溶质 B 的摩尔分数(或质量百分组成),虚线是气相线,实线是液相线,对应于同一沸点温度的两曲线上的两个点,就是互相成平衡的气相点和液相点,其相应的组成可从横轴上获得,因此如果在恒压下将溶液蒸馏,待平衡时测定溶液的沸点,同时测定气相馏出液和液相蒸馏液的组成就能绘出 T – x 图。

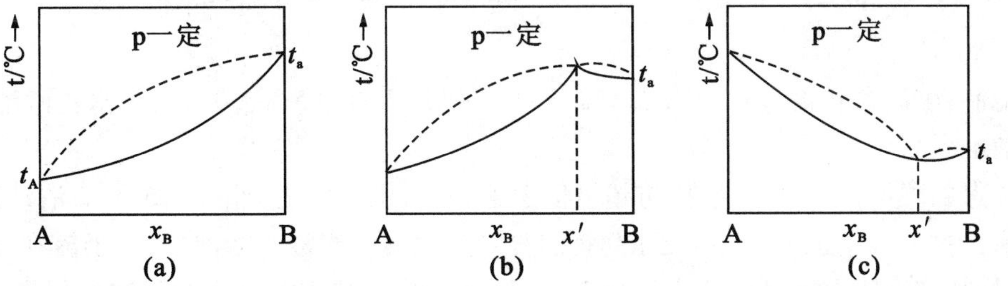

图 3 – 23　二组分气 – 液平衡体系相图

最高和最低点所对应的气液两相组成相同,这些点称为恒沸点,相应的溶液称为恒沸点混合物。恒沸点混合物蒸馏时,所得到的气液两相组成相同,靠蒸馏法无法改变其组成。

本实验需要对温度进行准确测定,故要对温度测量进行露茎校正。校正值按下式计算:

$$\Delta t_{露茎} = Kn(t_{观} - t_{环})$$

公式中 K = 0.00016,是水银对玻璃的相对膨胀系数,n 为水银温度计露出被测体系之外的水银柱长度,以温度差值表示,$t_{观}$为测量温度计上的读数,$t_{环}$为环境温度,可用另外一支辅助温度计读出,其水银球置于测量温度及露茎的中部。真实温度为:

$$\Delta t_{真实} = t_{观} + \Delta t_{露茎}$$

由于实验过程中大气压并非一个标准大气压,而相图需在一个标准大气压下绘制,故需对所测沸点利用特鲁顿规则和双克方程予以校正,即可得正常沸点(或理论沸点):

$$\Delta T_P = \frac{RT_{沸}}{88} \times \frac{\Delta P}{P} = \frac{T_{沸}}{10} \times \frac{101325 - P}{101325}$$

$$T_{正常} = T_{沸} - \Delta T_P$$

公式中 $T_{沸}$为溶液沸点,即经过露茎校正后的溶液沸点,P 为实验时的大气压。

【实验仪器及试剂】

仪器:沸点仪1只、阿贝折射仪1台、稳流电源1台、温度计1支(50~100 ℃,最小分度1/10 ℃)、温度计1支(0~100 ℃,最小分度1/10 ℃)、烧杯超级恒温槽1套、长、短毛细滴管各10支、小玻璃漏斗1只;

试剂与材料:正丙醇(AR)、乙醇(AR)。

【实验装置】

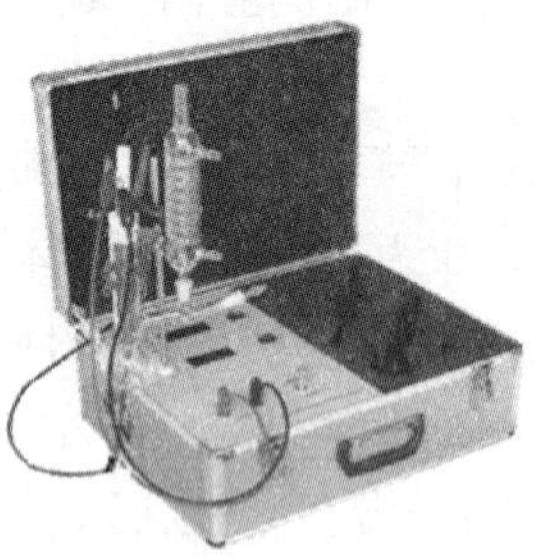

图3-24 实验装置

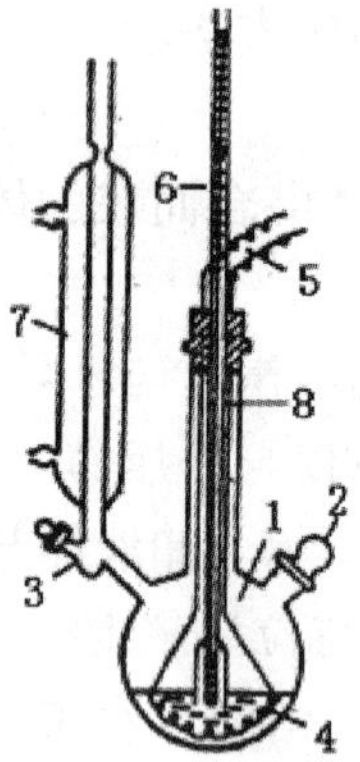

图3-25 沸点仪

1-测定瓶 2-残存液取样口 3-蒸出液取样口 4-加热电阻丝 5-导线接变压器 6-精密温度计 7-冷凝器 8-玻璃套管

【实验步骤】

1. 溶液配制:配制含正丙醇约10%、25%、35%、50%、75%、85%、90%的无水乙醇溶液(质量比,可由教师提前准备)。

2. 乙醇沸点的测定:将阿贝折射仪与超级恒温槽相连,调节使之恒温在25 ℃。清洗沸点仪(如右图3-24所示),并向其中加入25 mL乙醇,将温度计水银球一半浸入溶液中,一半露在蒸汽中。打开冷凝水,通电加热使液体沸腾,(电流不超过2A),将冷凝管下端袋中液体倒回沸点仪底部,反复2~3次,待温度恒定后记录沸点并停止加热。冷却后,用长吸管吸取袋中蒸出液,迅速测定折射率(防止挥发成分变化)。再用另一吸管从沸点仪进料口吸取液体迅速测折射率。分别记下沸点仪中温度计的沸点和环境温度,用长毛细滴管从回流冷凝管口吸取少量气相样品,再用另一只滴管从烧瓶口吸取沸点仪中的溶液,停止加热。待所取样品冷却后,分别滴入折射仪中,测折射率。每份样品读数三次,取平均值。各溶液回收到原瓶。

3. 溶液沸点的测定:用相同的方法测定含正丙醇约10%、25%、35%、50%、75%、85%、90%的无水乙醇溶液的沸点和折射率。

4. 正丙醇沸点的测定:向沸点仪中加入25 mL正丙醇,按上法测定其沸点和折射率。

5. 数据补测:由实验数据绘制草图(温度可以不校正),确定补测点的数据。

【实验数据及其处理】

1. 绘制工作曲线:正丙醇和乙醇混合溶液在298 K时浓度和折射率的关系见表3-5。用坐标纸绘出折射率与摩尔分数的关系曲线(在实验过程中,如果测定的不是25 ℃的折射率数据,则应另找一条该温度的标准曲线,或者近似的以温度每升高1 ℃,折射率降低4×10^{-4},校正到25 ℃后再在图中找出相应成分)。

2. 记录:将实验每一份溶液的沸点,气液两相冷凝液的折射率,环境的温度及露茎温度数据记录在下表中。

表 3-5　25 ℃正丙醇和乙醇混合液浓度与折射率关系

正丙醇 x_B	0.00	7.70	16.0	24.6	33.7	43.2	53.3	63.8	75.3	87.3	100
n_D^{25}	1.3592	1.3619	1.3642	1.3668	1.3691	1.3715	1.3740	1.3764	1.3789	1.3812	1.3839

正丙醇—乙醇体系的折光率—组成关系

正丙醇(W%)	正丙醇(x_B)	折射率(气相)n_D^{25}	折射率(液相)n_D^{25}	T环	△T露茎
0%					
10%					
25%					
35%					
50%					
75%					
85%					
90%					
100%					

3. 进行温度校正,即露茎校正和大气压校正。

4. 利用以上所测的数据绘制其 $T-x_B$ 相图,并且注明此图属于何种类型。

【实验注意事项】

1. 加热用电热丝不能露出液面,否则通电加热时可能引起有机液体燃烧。通过的电流不能太大,只要能使待测液体沸腾即可,过大会引起待测液体燃烧或电阻丝熔断。

2. 一定要使体系达到气液平衡,方可停止加热,取样分析。

3. 使用阿贝折射仪时,棱镜上不能触及硬物,擦棱镜时需用擦镜纸。

【思考题】

1. 如何判断气-液两相达到平衡?

2. 蒸馏时,因仪器保温条件比较差,在气相到达袋状部前,沸点较高的组分会发生部分的冷凝,这样它们的 T-x 图将怎样变化?

3. 你认为本实验用的沸点仪尚有哪些缺点?如何改进?

实验 29　蔗糖转化速率的测定

【实验目的】

1. 了解蔗糖转化反应体系中各物质浓度与旋光度之间的关系。

2. 测定蔗糖转化反应的速率常数和半衰期。

3. 掌握测量原理和旋光仪的使用方法。

【实验原理】

蔗糖转化反应为:

$$C_{12}H_{22}O_{11}(\text{蔗糖}) + H_2O \xrightarrow{H^+} C_6H_{12}O_6(\text{葡萄糖}) + C_6H_{12}O_6(\text{果糖})$$

为使水解反应加速,常以酸为催化剂,此反应的反应速率与蔗糖的浓度、水的浓度以及催化剂 H^+ 的浓度有关。在 H^+ 浓度固定的条件下,这个反应本是二级反应,但由于反应中水是大量的,虽有部分水分子参加反应,但浓度变化极小,可以认为整个反应中水的浓度基本是恒定的。而 H^+ 是催化剂,其浓度也是固定的，所以，此反应可视为一级反应。其动力学方程为：

$$-\frac{dc}{dt}=kc$$

式中，k 为反应速率常数；c 为时间 t 时的反应物浓度。将上式积分得：

$$\ln c=-kt+\ln c_0 \quad (1)$$

(1)式中，c_0 为反应物的初始浓度。当 $c=0.5\ c_0$ 时，t 可用 $t_{1/2}$ 表示，即为反应的半衰期。由上式可得：

$$t_{1/2}=\frac{\ln 2}{k}=\frac{0.693}{k}$$

蔗糖及水解产物均为旋光性物质。但它们的旋光能力不同，故可以利用体系在反应过程中旋光度的变化来衡量反应的进程。

溶液的旋光度与溶液中所含旋光性物质的种类、浓度、溶剂的性质、液层厚度、光源波长及温度等因素有关。为了比较各种物质的旋光能力，引入比旋光度的概念。比旋光度可用下式表示：

$$[\alpha]_D^t=\frac{\alpha}{t\times c}$$

式中，t 为实验温度(℃)；D 为光源波长；α 为旋光度；l 为液层厚度(m)；c 为浓度($kg\cdot m^{-3}$)。由上式还可知，当其他条件不变时，旋光度 α 与浓度 c 成线性关系。即：

$$\alpha=Kc$$

式中的 K 是一个与物质旋光能力、液层厚度、溶剂性质、光源波长、温度等因素有关的常数。

假设反应开始时蔗糖的初始浓度为 c_0，溶液旋光度为 α_0；t 时刻时浓度为 c，旋光度为 α_t；反应最终旋光度为 α_∞。则：

$$t=0\text{ 时刻},\alpha_0=K_{反}\ c_0 \quad (2)$$

$$t=\infty\text{ 时刻},\alpha_\infty=K_{生}\ c_0 \quad (3)$$

$K_{反}$ 和 $K_{生}$ 分别为对应反应物与产物之比例常数。

$$t=t\text{ 时刻},\alpha_t=K_{反}\ c+K_{生}(c_0-c) \quad (4)$$

三式联立可以解得：

(2)－(3)得 $$c_0=\frac{\alpha_0-\alpha_\infty}{K_{反}-K_{生}}=K'(\alpha_0-\alpha_\infty)$$

(4)－(3)得 $$c=\frac{\alpha_t-\alpha_\infty}{K_{反}-K_{生}}=K'(\alpha_t-\alpha_\infty)$$

将两式代入(1)式即得：

$$\ln(\alpha_t-\alpha_\infty)=-kt+\ln(\alpha_0-\alpha_\infty)$$

可见，以 $\ln(\alpha_t-\alpha_\infty)$ 对 t 作图，由该直线的斜率即可求得反应速率常数 k，半衰期 $t_{1/2}$。

【实验仪器及试剂】

仪器：旋光仪 1 台、旋光管 1 只、台称 1 个、停表 1 块、100 mL 烧杯 1 个、25 mL 移液管 2 只、100 mL 磨口三角瓶 2 只。

药品：HCl 溶液(4 $mol\cdot L^{-1}$)、蔗糖(AR 级)、镜头纸。

【实验步骤】

1. 仪器预热

通电源，打开旋光仪的电源开关，预热 20 min 使光源波长稳定。

2. 旋光仪零点校正

洗净旋光管，将管子一端的盖子旋紧，向管内注入蒸馏水，把玻璃片盖好，使管内无气泡存在。再旋紧套盖，勿使漏水。用吸水纸擦净旋光管，再用擦镜纸将管两端的玻璃片擦净。放入旋光仪中盖上槽盖，调节目镜使视野清晰，然后旋转检偏镜至观察到的三分视野暗度相等为止（见图3－26中c），记下检偏镜的旋转角α，重复操作三次，取其平均值，即为旋光仪的零点。

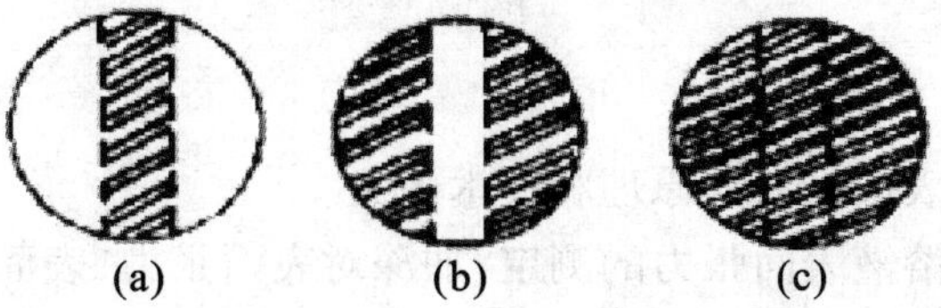

图3－26　三分视场

3. 蔗糖溶液的配置

用台称称取6 g蔗糖，放入100 mL锥形瓶中，加入30 mL蒸馏水配成溶液（若溶液混浊则需过滤）。用量筒量取30 mL1 mol · L^{-1}的HCl溶液，缓慢的加入到锥形瓶中，边加边搅拌，当加入一半时记录时间作为零时刻。

4. 蔗糖水解过程中α_t的测定

迅速将待测溶液装入旋光管，用滤纸擦净管外的溶液后，尽快放入旋光仪中、盖上槽盖。测量不同时间t时溶液的旋光度α_t。测定时要迅速准确，开始30 min时，可每3 min测一次，30 min后，每5 min测一次。测定1 h。

5. α_∞的测定

将步骤4剩余的溶液置于近60 ℃的水浴中（水浴温度不能过高，同时应避免溶液蒸发），加热30 min以加速反应，然后冷却至室温，按上述操作，测定其旋光度α_∞。

实验结束，关闭旋光仪电源开关，切断电源，将旋光槽内擦干，盖上槽盖。旋光管清洗干净，放回盒内。

【实验数据及其处理】

1. 将实验数据记录于下表。

时间$t(s)$	α_t	$\alpha_t-\alpha_\infty$	$\ln(\alpha_t-\alpha_\infty)$

2. 以$\ln(\alpha_t-\alpha_\infty)$对$t$作图，由图线的斜率可求出反应的速率常数k。

3. 计算蔗糖转化反应的半衰期$t_{1/2}$。

【实验注意事项】

1. 装样品时，旋光管盖旋至不漏液体即可，不要用力过猛，以免压碎玻璃片。

2. 由于酸对仪器有腐蚀，操作时应特别注意，避免酸液滴漏到仪器上。实验结束后，必须立即将旋光管洗净。

【思考题】

1. 如何判断某一旋光性物质是左旋还是右旋？

2. 实验中，为什么用蒸馏水来校正旋光仪的零点？在蔗糖转化反应过程中，所测的旋光度α_t是否需要零点校正？为什么？

3. 蔗糖溶液为什么可粗略配制？

4. 蔗糖的转化速率和哪些因素有关？

实验30 最大气泡法测定液体表面张力

【实验目的】

1. 掌握最大气泡法测定表面张力的原理和技术。

2. 通过对不同浓度乙醇溶液表面张力的测定,加深对表面张力、表面自由能和表面吸附量关系的理解。

【实验原理】

在液体的内部任何分子周围的吸引力是平衡的。可是在液体表面层的分子受力却不相同。因为表面层的分子,一方面受到液体内层的邻近分子的吸引,另一方面受到液面外部气体分子的吸引,而且前者的作用要比后者大。因此在液体表面层中,每个分子都受到垂直于液面并指向液体内部的不平衡力。这种吸引力使表面上的分子向内挤促成液体的最小面积。欲使液体产生一个新的表面积 ΔA,则需要对其做功,功的大小与 ΔA 成正比:

$$W=\sigma\cdot\Delta A$$

式中 σ 为液体的比表面吉布斯函数,亦称表面张力。它表示了液体表面自动缩小趋势的大小,其值与温度、液体的成分、溶质的浓度、表面气氛等因素有关。

当向溶剂里面加入溶质后,表面张力就发生了变化。我们把溶质在表面层中与本体溶液中浓度不同的现象称为溶液的表面吸附。使表面张力降低的物质称为表面活性物质;反之,使表面张力增加的物质称为表面惰性物质。显然,在一定温度和压力下,溶质的吸附量与溶液的浓度和表面张力有关,热力学上,它们遵从吉布斯公式(Gibbs):

$$\Gamma=-\frac{c}{RT}\left(\frac{d\sigma}{dc}\right)_T$$

式中 Γ 为表面吸附量($mol\cdot m^{-2}$),R 为气体常数 $R=8.314J\cdot K^{-1}mol^{-1}$,T 为绝对温度(K),$\sigma$ 为表面张力($J\cdot m^{-2}$),c 为溶液浓度($mol\cdot L^{-1}$),$\left(\frac{d\sigma}{dc}\right)_T$ 表示在一定温度下表面张力随浓度的改变率。

当 $\left(\frac{d\sigma}{dc}\right)_T<0$ 时,$\Gamma>0$ 溶质能降低溶剂的表面张力,溶液表面层的浓度大于内部的浓度,称为正吸附。

当 $\left(\frac{d\sigma}{dc}\right)_T>0$ 时,$\Gamma<0$,溶质能增加溶剂的表面张力,溶液表面层的浓度小于内部的浓度,称为负吸附。

而吸附量与浓度的关系,可用朗格茂(Langmuir)吸附等温式表示:

$$\Gamma=\Gamma_\infty\cdot\frac{Kc}{1+Kc}$$

式中 Γ_∞ 为饱和吸附量,K 为常数。将上式变形可得:

$$\frac{c}{\Gamma}=\frac{c}{\Gamma_\infty}+\frac{1}{\Gamma_\infty K}$$

作 $\frac{c}{\Gamma}\sim c$ 图,直线的斜率的倒数即为 Γ_∞。

如果用 N 代表 $1m^2$ 表面上溶质的分子数,则有:

$$N=\Gamma_\infty L$$

式中 L 为阿伏伽德罗常数,由此可算出每个溶质分子在表面上所占据的横截面积 S:

$$S = \frac{1}{\Gamma_{\infty} L}$$

本实验通过浓度与折光率的关系确定溶液的浓度，表面张力采用最大气泡法测定，最后求得不同浓度溶液的表面吸附量、饱和吸附量以及每个溶质分子在表面上所占据的横截面积。仪器见图 3－28。

将待测溶液装于支管试管中，使毛细管下端面刚好与液面相切，由于毛细现象，液面会上升。打开滴瓶进行缓慢抽气，此时毛细管内液面上方气压（P_r）大于支管试管中液面压力（p），故毛细管内液面逐渐下降，并从毛细管和液面相切处慢慢逸出，形成气泡。其曲率半径由大变小，直至恰好等于毛细管半径，之后又由小变大，直到逸出液面破裂。如图 3－27 所示（r 为气泡半径，r_0 为毛细管半径）：

根据拉普拉斯方程知：$\Delta p = p_s = p_0 - p_r = \frac{2\sigma}{r}$

当气泡曲率半径最小的时候，此时压差达到最大值（$r = r_0$），即压差与气泡的半径成反比，与表面张力成正比。在实验中，如果使用同一套仪器，并且温度等不变，上式即可写成：

$$\sigma = K\Delta p_{max}$$

式中 K 称为仪器常数，可用已知表面张力的液体来测算。

【实验仪器及试剂】

仪器：微型压差计 1 台、阿贝折射仪 1 台、恒温槽 1 套、滴瓶 1 只、支管试管 1 支、毛细管（0.2～0.3 mm）、胶头滴管 1 只、量桶 1 个、容量瓶 7 只（50 mL）、烧杯 1 只（250 mL）。

试剂和材料：蒸馏水；无水乙醇（AR）；

【实验装置】

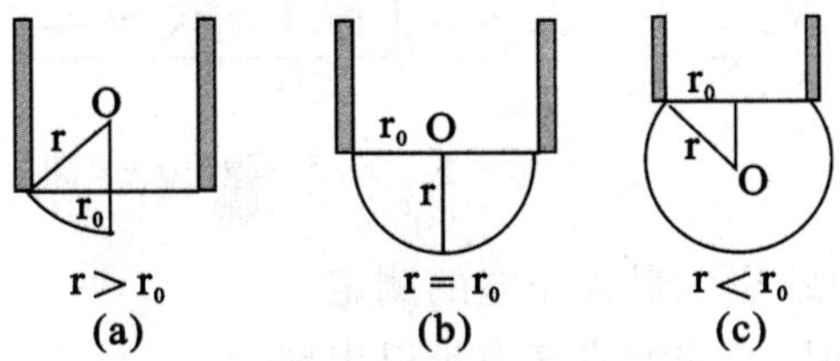

图 3－27　气泡半径的变化

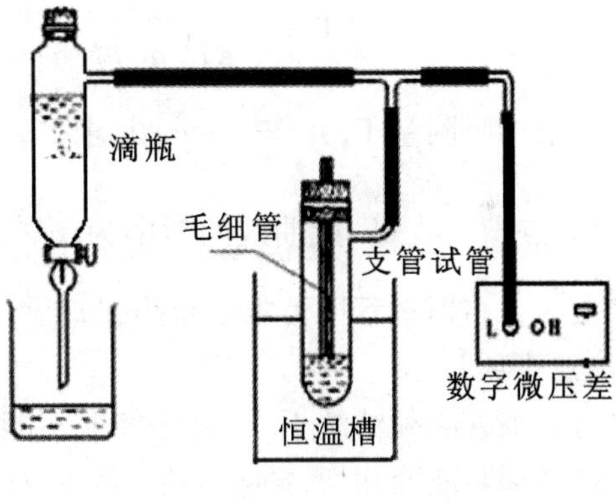

图 3－28　表面张力测定装置

【实验步骤】

1 仪器常数的测定

1.1 安装

将支管试管与毛细管清洗干净，按照图 3－28 示连接好装置，并将电源接通，打开微型压差计。

1.2 校零

调节恒温槽为 25 ℃，打开橡胶塞，向滴瓶中加入自来水（不能超过上端支管），向支管试管中加入适量的蒸馏水，用滴管调节液面，使毛细管下端与液面刚好相切，打开橡胶塞，按校零键，待仪器显示为零后，将橡胶塞塞严实。

1.3 测量

将支管试管恒温几分钟后，打开滴瓶，调节滴水速度，使气泡从毛细管缓慢均匀逸出（每分钟产生 8－12 个）。然后在微型压差计上读出压差的最大值（随着气泡的产生，数值在不停地变化），连续记录 3 个最大值，取平均值。

2. 待测样品表面张力的测定

(1)配制不同浓度的待测液(按体积比):10%、15%、20%、25%、30%、35%、50%,用待测溶液洗净支管试管和毛细管后,按上述的方法,装入待测液,测定气泡缓慢均匀逸出时的最大压差。

(2)用阿贝折射仪测量待测液的折光率,并从工作曲线上找出相应的浓度值。

【实验数据及其处理】

1. 将实验数据记录在下列表格中,根据所测折光率,在工作曲线上查各溶液的浓度。

次数	蒸馏水	10%	15%	20%	25%	30%	35%	50%
$\Delta p_{max}1$								
$\Delta p_{max}2$								
$\Delta p_{max}3$								
$\overline{\Delta p_{max}}$								
折光率(n)								
浓度(c)								

2. 根据水的表面张力计算仪器常数,并计算各溶液的表面张力 σ。

3. 以浓度 c 为横坐标,横坐标从零开始,以 σ 为纵坐标作图,将各点连成光滑曲线。

4. 在 $\sigma-c$ 曲线上取若干个点,做该点的切线,求其斜率,即$\frac{\mathrm{d}\sigma}{\mathrm{d}c}$。如图 3-29 所示。

5. 根据吉布斯等温方程

$$\Gamma=-\frac{c}{RT}\left(\frac{d\sigma}{dc}\right)_T$$

求出各溶液的吸附量 Γ,并作$\frac{c}{\Gamma}\sim c$ 图,求 Γ_∞ 及 S。

例如:过 a 点做切线 ab,此曲线的斜率为:$\frac{\mathrm{d}\sigma}{\mathrm{d}c}=\frac{z}{0-c_1}=-\frac{z}{c_1}$

将斜率带入吉布斯方程即可求出吸附量。

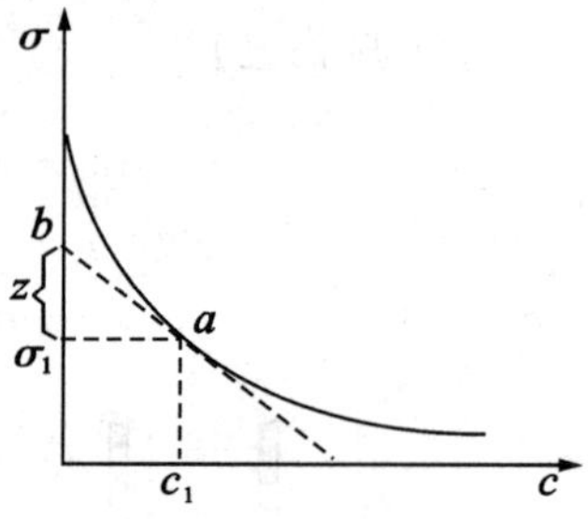

图 3-29 $\sigma-c$ 图

【实验注意事项】

1. 测定时毛细管必须清洗干净,否则气泡不能连续形成,影响最大压差的测定。

2. 毛细管必须与液面相切,插入太深,会导致则测得的压差偏大或气泡难以出现。

3. 开始实验时,一定要检查橡胶管内部是否有水,如果有水,必须将水排出,否则会使实验数据不稳定。

【思考题】

1. 表面张力为什么必须在恒温槽中进行测定,温度变化对表面张力有何影响,为什么?

2. 哪些因素影响表面张力的测定?应当如何减小或消除这些因素的影响?

3. 滴液漏斗的滴液速度对本实验有何影响?

4. 用最大气泡压力法测定溶液的表面张力时,为什么要读取最大压差?

实验 31 固液界面吸附

【实验目的】

1. 了解固体吸附剂在溶液中的吸附特点。

2. 通过测定活性炭在醋酸溶液中的吸附,验证弗劳因特立希(Freundlich)吸附等温式。

3. 做出在水溶液中用活性炭吸附醋酸的吸附等温式，求等温式中的经验常数。

【实验原理】

固液界面吸附分为分子吸附和离子吸附。分子吸附就是非电解质及弱电解质中的吸附；而离子吸附是指强电介质溶液中的吸附。通常，把被吸附的物质称为吸附质，把具有吸附作用的物质称为吸附剂。充当吸附剂的物质一般都是多孔性的，也就是具有较大的比表面吉布斯函数。本实验采用活性炭作为吸附剂，在一定温度下，根据弗劳因特立希（Freundlich）吸附等温式，研究活性炭在中等醋酸溶液中的吸附情况：

$$\frac{x}{m}=kc^{\frac{1}{n}}$$

式中 m 为吸附剂的质量（g）；x 为吸附平衡时，吸附质被吸附的物质的量（mol）；$\frac{x}{m}$为平衡吸附量（$mol \cdot g^{-1}$）；c 为吸附平衡时吸附质在溶液中的浓度（$mol \cdot L^{-1}$）；k 和 n 是与吸附质、吸附剂及温度有关的常数。

对上式两边取对数：

$$\lg\frac{x}{m}=\frac{1}{n}\lg c+\lg k$$

以 $\lg\frac{x}{m}$对 $\lg c$ 作图，得到一条直线，根据直线斜率和截距，就可以求出 n 和 k。

【实验仪器及试剂】

仪器：振荡器 1 台、磨口具塞锥形瓶 6 个、锥形瓶 6 个、长颈漏斗 6 个、电子天平 1 台（0.01 g）、移液管 1 支（25 mL）、移液管 2 支（10 mL）、移液管 1 支（5 mL）、酸式滴定管 1 支、碱式滴定管 1 支。

试剂与材料：粉末活性炭，0.4 $mol \cdot L^{-1}$HAc 溶液，0.1000 $mol \cdot L^{-1}$NaOH 标准溶液，定性滤纸若干。

【实验步骤】

1. 取 6 个干燥清净的具塞锥形瓶并编号，用电子天平准确称量 2.00 g 活性炭分别倒入锥形瓶。然后按下表分别用酸式滴定管和碱式滴定管加入 0.4 $mol \cdot L^{-1}$HAc 和蒸馏水，并立即用塞子盖上，置于 25℃恒温振荡器中振荡 1 小时。并移取 5.00 mL 醋酸于锥形瓶中，用 0.1000 $mol \cdot L^{-1}$NaOH 标准溶液标定两次，计算醋酸的准确浓度。

2. 滤去活性炭，用锥形瓶接收滤液。如果锥形瓶内有水，可用初滤液 10 mL 分两次洗涤弃去。

3. 按下表要求，从相应锥形瓶中用移液管取规定体积的样液，以酚酞作指示剂，用 0.1000 $mol \cdot L^{-1}$的标准 NaOH 滴定两次，碱量平均值记录在表中。

【实验数据及其处理】

1. 将实验数据记录在下表中。

实验数据记录

序　号	1	2	3	4	5	6
0.4 $mol \cdot L^{-1}$HAc（mL）	80.00	40.00	20.00	12.00	6.00	3.00
蒸馏水（mL）	0.00	40.00	60.00	68.00	74.00	77.00
HAc 初始 C_0（mL）						
活性炭量 m（g）						
平衡取样量 V（mL）	5.00	10.00	10.00	25.00	25.00	25.00
NaOH 消耗量（mL）						
HAc 平衡 C						

续表

序号	1	2	3	4	5	6
$\frac{x}{m}$(mol · g^{-1})						
lg$c$						
lg $\frac{x}{m}$						

2. 计算吸附前醋酸的初始浓度 c_0 和吸附平衡时的浓度 c。并根据下面公式计算平衡吸附量：

$$\frac{x}{m}=\frac{V(c_0-c)}{m}\times\frac{1}{1000}$$

式中 V(mL)为被吸附溶液的总体积。

3. 绘制$\frac{x}{m}$对 c 的吸附等温线。

4. 以 lg $\frac{x}{m}$对 lg$c$ 作图，根据直线斜率和截距求出 n 和 k。

【实验注意事项】

1. 震荡时间要充分，否则吸附达不到平衡，影响实验结果。
2. 磨口具塞锥形瓶必须是清洁干燥的。
3. 为了防止挥发，醋酸滤液使用完后必须加以密封，其准确浓度要用滴定法测定。

【思考题】

1. 为了提高实验的准确度应该注意哪些操作?
2. 固体吸附剂的吸附量与哪些因素有关?
3. 在过滤分离活性炭时，为什么要将初滤液(约 10 mL)弃去? 不弃去将对实验产生什么影响?

实验 32　黏度法测定聚合物的黏均分子量

【实验目的】

1. 掌握黏度法测定聚合物分子量的原理及实验技术。
2. 测定聚乙烯醇的黏均摩尔质量。

【实验原理】

线型聚合物溶液的基本特性之一是黏度比较大，并且其黏度值与分子量有关，因此可利用这一特性测定聚合物的分子量。聚合物溶液与小分子溶液不同，甚至在极稀的情况下，仍具有较大的黏度。黏度是分子运动时内摩擦力的量度，因溶液浓度增加，分子间相互作用力增加，运动时阻力也增大。表示聚合物溶液黏度和浓度关系的经验公式很多，最常用的是哈金斯(Huggins)公式：

$$\frac{\eta_{sp}}{c}=[\eta]+k[\eta]^2c \qquad (1)$$

另一个常用的式子是：

$$\frac{\ln\eta_r}{c}=[\eta]-\beta[\eta]^2c \qquad (2)$$

式中 k 与 β 均为常数。从(1)式和(2)式看出，如果用$\frac{\eta_{sp}}{c}$或$\frac{\ln\eta_{sp}}{c}$对 c 作图并外推到 $c\to0$(即无限稀释)，两条直线会在纵坐标上交于一点，其共同截距即为特性黏度[η]，如图 3－30 所示。

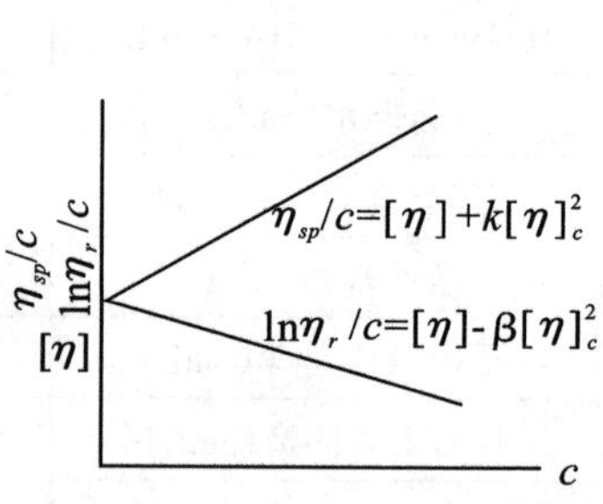

图 3－30　外推法求特性黏度

$$\lim_{c\to 0}\frac{\eta_{sp}}{c}=\lim_{c\to 0}\frac{\ln\eta_r}{c}=[\eta]$$

$[\eta]$反映的是无限稀释溶液中高聚物分子与溶剂分子之间的内摩擦，其值取决于溶剂的性质和高聚物分子的大小和形态。

当聚合物的化学组成、溶剂、温度确定以后，$[\eta]$值只与聚合物的分子量有关。常用两参数的马克－豪温（Mark－Houwink）经验公式表示：

$$[\eta]=KM^{\alpha} \tag{4}$$

公式中 M 是黏均摩尔质量，K、α 是与温度、高聚物及溶剂的性质有关的常数，只能通过一些绝对实验方法（如膜渗透压法、光散射法）确定，聚乙烯醇在 25 ℃时，$K=2\times10^{-2}$，$\alpha=0.76$；30 ℃时，$K=6.66\times10^{-2}$，$\alpha=0.64$。

本实验采用毛细管法测定黏度，通过测定一定体积的液体流经一定长度和半径的毛细管所需时间而获得。采用的黏度计如图 3－31 所示。液体在重力的作用，除驱使液体流动外，还部分转变为动能，这部分能量损耗，必须予以校正。

$$\eta=\frac{\pi hgR^4\rho t}{8lV}-\frac{m\rho V}{8\pi lt}$$

上式右边的第一项是指重力消耗于克服液体的黏性流动，而第二项是指重力的一部分转化为流出液体的动能，此即毛细管测定液体黏度技术中的“动能改正项”。h 为等效平均液柱高，即流经毛细管的液柱的平均高度；t 为液面流经 a 线至 b 线间所需的时间；V 为 t 时间内流出液体的体积，亦即 a、b 线间球体体积；l 为毛细管长度；R 为毛细管直径；g 为重力加速度；m 为和毛细管两端液体流动有关的常数（近似等于 1）。令仪器常数，$A=\frac{\pi hgR^4}{8lV}$，$B=\frac{mV}{8\pi l}$，经动能校正的泊塞尔定律为

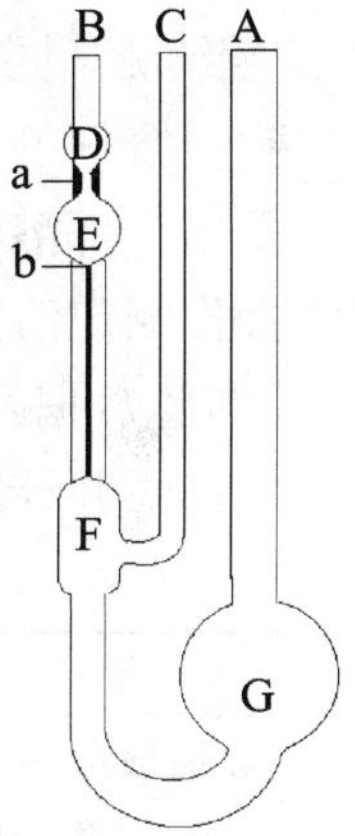

图 3－31　乌氏黏度

$$\frac{\eta}{\rho}=At-\frac{B}{t}$$

用同一支黏度计 A 可约去，可表示为：

$$\eta_r=\frac{\eta}{\eta_0}=\frac{\rho}{\rho_0}\times\frac{t}{t_0}$$

通常是在极稀的浓度下进行测定，所以溶液和溶剂的密度近似相等，$\rho\approx\rho_0$。由此可改写为

$$\eta_r=\frac{\eta}{\eta_0}=\frac{t}{t_0}$$

t、t_0 分别为溶液和纯溶剂的流出时间。

【实验仪器及试剂】

仪器：乌氏黏度计一支、计时用的停表一块、25 mL 容量瓶 2 个、分析天平一台、恒温槽装置一套、3#玻璃砂芯漏斗一个。

试剂：聚乙烯醇样品（AR）、乙醇（cp）。

【实验步骤】

1. 装配恒温槽及调节温度

温度的控制对实验的准确性有很大影响，要求准确到 0.5 ℃。水槽温度调节到 25 ℃ ±0.5 ℃，为有效地控制温度，应尽量将搅拌器、加热器放在一起，而黏度计要放在较远的地方。

2. 聚合物溶液的配制

用黏度法测聚合物分子量，选择高分子－溶剂体系时，常数 K、α 值必须是已知的而且所用溶剂应该具有稳定、易得、易于纯化、挥发性小、毒性小等特点。为此，本实验选择测定聚乙烯醇的分子量。

准确称取0.5 g(准确至0.0001 g)聚乙烯醇于100 mL具塞锥形瓶中,加入约60 mL蒸馏水溶解,因不易溶解,可在60 ℃水浴中加热数小时,待其颗粒膨胀后,放在电磁搅拌器上加热搅拌,加速其溶解,小心转移至100 mL容量瓶中,将容量瓶置入恒温水槽内,加水稀释至刻度线(或由教师准备)。

3. 溶液流出时间的测定

把预先经严格洗净并干燥的黏度计B、C管,分别套上清洁的医用胶管,垂直夹持于恒温槽中,然后用移液管吸取10.00 mL溶液自A管注入G,恒温15 min后,用夹子夹住C管上的胶管,用吸耳球从B管把液体缓慢地抽至D球,停止抽气,把连接B、C管的胶管同时放开,让空气进入F球,B管溶液就会慢慢下降,至弯月面降到刻线a时,按停表开始计时,弯月面到刻度为b时,再按停表,记液面流经a、b间的时间t_1,如此平行测定三次,每次时间相差不超过0.2 s。但有时相邻两次之差虽不超过0.2 s,而连续所得的数据是递增或递减(表明溶液体系未达到平衡状态),这时应认为所得的数据不可靠的,可能是温度不恒定,或浓度不均匀,应继续测。同样方法用移液管依次加入溶剂5.00,5.00,10.00,10.00 mL,分别进行测定。

4. 纯溶剂的流经时间测定

倒出全部溶液,用溶剂洗涤数遍,黏度计的毛细管要用吸耳球进行抽洗。洗净后加入溶剂25 mL,如上操作测定溶剂的流出时间,记作t_0。

【实验数据及其处理】

1. 记录并计算各种数据。

实验数据记录

编号	1	2	3	4	5	6
溶液量/mL						
溶剂量/mL						
溶液浓度						
t_1						
t_2						
t_3						
t(平均)						
η_r						
η_{sp}						
		$[\eta]$ =			$\overline{M_\eta}$ =	

2. 用$\eta_{sp}/c \sim c$及$\ln\eta_r/c \sim c$作图外推至$c \to 0$求$[\eta]$

用浓度c为横坐标,η_{sp}/c和$\ln\eta_r/c$分别为纵坐标;根据上表数据作图,截距即为特性黏度$[\eta]$。

3. 求出特性黏度$[\eta]$之后,代入方程式$[\eta]=KM^{\alpha}$,就可以算出聚合物的分子量$\overline{M}_\eta$,此分子量称为黏均分子量。

【实验注意事项】

1. 高聚物在溶剂中溶解缓慢,配制溶液时必须保证其完全溶解,否则会影响溶液起始浓度,从而导致结果偏低。

2. 黏度计必须洁净,高聚物溶液中若有絮状物不能将它移入黏度计中。

3. 本实验溶液的稀释是直接在黏度计中进行的,因此每加入一次溶剂进行稀释时必须混合均匀,并抽洗D球和E球。

4. 实验过程中恒温槽的温度要恒定,溶液每次稀释恒温后才能测量。

5. 黏度计要垂直放置,实验过程中不要振动黏度计,否则影响结果的准确性。

6. 在处理实验数据时，如果 $\eta_{sp}/c \sim c$ 和 $\ln\eta_r/c \sim c$ 作图得到的两条线的交点不能正好相交于纵坐标轴上某点（如平行或交于纵坐标轴的左侧或右侧），则以 $\eta_{sp}/c \sim c$ 直线或其延长线与纵坐标轴的交点（即截距）为准。

【思考题】

1. 用黏度法测定聚合物分子量的依据是什么？

2. 从手册上查 K、α 值时要注意什么？为什么？

3. 外推求[η]时两条直线的张角与什么有关？

（三）物质含量测定实验

实验 33 葡萄糖的干燥失重的测量

【实验目的】

1. 通过本实验进一步巩固分析天平的称量操作。

2. 掌握干燥失重的测定方法。

3. 明确恒重的意义。

【实验原理】

应用挥发重量法，将试样加热，使其中水分及挥发性物质逸去，再称出试样减失后的重量。该法可广泛应用于药物水分和灰分的测量。

【实验仪器及试剂】

仪器：分析天平、扁称量瓶、干燥器。

试剂：葡萄糖试样。

【实验步骤】

1. 空称量瓶的干燥失重：将洗净的称量瓶，置恒温干燥箱中，打开瓶盖，放于称量瓶旁（或将瓶盖搁于称量瓶上）。于 105 ℃进行干燥。取出称量瓶，加盖，置于干燥器中冷却（约 30 min）至室温。称定重量，按上法再干燥、冷却、称量直至恒重为止。

2. 取已干燥至恒重的称量瓶三个，加盖，精密称定重量。

3. 取混合均匀的样品（如为较大的结晶，应先捣碎成 2 mm 以下的颗粒）1 ~ 1.5 g 三份，分别铺在已称重的三称量瓶中，厚度不可超过 5 mm，加盖，分别精密称定重量。打开瓶盖，置于称量瓶旁，放进干燥箱中，逐渐升温，并于 105 ℃干燥至恒重。

4. 从干燥箱中取出样品，将瓶盖盖上，至干燥器中冷却至室温，分别精密称定重量，减失的重量即为样品的干燥失重。

【实验数据及处理】

1. 实验数据记录格式

平行测定次数	1	2	3
称量瓶质量(g)			
(干燥前试样 + 称量瓶)质量(g)			
干燥前试样质量(g)			
(干燥后试样 + 称量瓶) 质量(g)			
葡萄糖干燥失重(%)			
平均值(%)			
相对平均偏差			

2. 计算方法

样品干燥失重 = 干燥前样品和称量瓶重—干燥后样品和称量瓶重

$$\text{葡萄糖干燥失重\%} = \frac{\text{样品干燥失重}}{\text{干燥前样品和称量瓶重} - \text{称量瓶重}} \times 100\%$$

最后算出葡萄糖干燥失重的平均值。并计算出各自的相对平均偏差。

【实验注意事项】

1. 试样在干燥器中冷却时间每次应相同。

2. 称量应迅速，以免干燥的试样或器皿在空气中露置久后吸潮而不易达恒重。

3. 葡萄糖受热温度较高时可能融化于吸湿水及结晶水中，因此测定本品干燥失重时，宜先于较低温度(60 ℃左右)干燥一段时间，使大部分水分挥发后再在105 ℃下干燥至恒重。

【思考题】

1. 什么叫干燥失重？加热干燥适宜于哪些药物的测定？

2. 什么叫恒重？影响恒重的因素有哪些？恒重时，几次称量数据哪一次为实重？

实验34　草酸的含量测定

【实验目的】

1. 掌握酸碱滴定法测定草酸含量的原理和操作。

2. 掌握酚酞指示剂的滴定终点判断。

3. 掌握强碱滴定弱酸的突跃范围及指示剂的选择。

【实验原理】

草酸是无色透明或白色的粉末，是一种二元弱酸，在水中可以解离出 H^+，存在两级解离平衡，由于 $K_{a_1} = 5.9 \times 10^{-2}$，$K_{a_2} = 6.4 \times 10^{-5}$，$K_{a_1} \times c_1 = 5.9 \times 10^{-2} \times 0.10 > 10^{-8}$，$Ka_2 \times c_2 = 6.4 \times 10^{-5} \times 0.10/2 > 10^{-8}$，所以可以用强碱准确滴定草酸，滴定反应如下：

$$2NaOH + H_2C_2O_4 = Na_2C_2O_4 + 2H_2O$$

但是由于 $K_{a_1}/K_{a_2} = 5.9 \times 10^{-2}/6.4 \times 10^{-5} < 10^4$，即在滴定草酸时第一，二级两点附近有明显的突跃，可以准确滴定，但两个计量点不能彼此分开滴定，是两个突跃和在一起形成一个突跃，滴定终点的pH值为8.4，因此可以用酚酞作为指示剂，来测定草酸的总量。

【实验仪器及试剂】

仪器：分析天平、台秤、量筒、烧杯、锥形瓶、试剂瓶、碱式滴定管、容量瓶、移液管、玻璃棒、洗耳球、洗瓶。

试剂：0.1000 mol · L^{-1} NaOH 标准溶液、草酸样品、邻苯二甲酸氢钾(A. R)、0.2% 酚酞指示剂：0.2 g酚酞溶于100 mL乙醇中。

【实验步骤】

用小烧杯准确称量1.2～1.3 g 草酸样品，溶解，定量转移至250 mL容量瓶中，用蒸馏水稀释至刻度。精密量取25.00 mL该溶液，置于250 mL锥形瓶中，加25 mL水，1滴酚酞指示剂，用0.1 mol · L^{-1} NaOH溶液滴定至溶液呈淡粉色保持30 s不褪即为终点。记录所耗用的NaOH溶液的体积，平行测定三次。

【实验数据及其处理】

草酸含量的计算公式如下：

$$H_2C_2O_4\% = \frac{(cV)_{NaOH} \times M_{H_2C_2O_4}}{2 \times 1000 \times W \times \frac{25.00}{250}} \times 100\% \quad M_{H_2C_2O_4} = 90.04\ g \cdot mol^{-1}$$

序号	1	2	3
邻苯二甲酸氢钾 + 称量瓶初始质量（g）			
邻苯二甲酸氢钾 + 称量瓶倾出后质量（g）			
邻苯二甲酸氢钾的质量（g）			
标定 NaOH 时滴定管的初始读数（mL）			
标定 NaOH 时滴定管的终点读数（mL）			
消耗 NaOH 体积（mL）			
NaOH 溶液的浓度（$mol \cdot L^{-1}$）			
NaOH 溶液的平均浓度（$mol \cdot L^{-1}$）			
测定草酸时滴定管的初始读数（mL）			
测定草酸时滴定管的终点读数（mL）			
消耗 NaOH 体积（mL）			
草酸样品中草酸的含量（%）			
草酸样品中草酸的含量的平均值（%）			
相对平均偏差（%）			

【实验注意事项】

1. 每次测量时，注意终点颜色的观察，颜色不要太深。

2. 滴定管的读数时，注意视线要与弯液面相切，读取到小数点后两位。

【思考题】

为什么可用 NaOH 直接滴定草酸？

实验 35　混合碱中各组分含量测定

【实验目的】

1. 进一步熟练滴定操作和滴定终点的判断。

2. 掌握混合碱分析的测定原理，方法和计算。

【实验原理】

混合碱是 Na_2CO_3 和 NaOH 或 Na_2CO_3 和 $NaHCO_3$ 的混合物，可采用双指示剂法进行分析，测定各组分的含量。首先在混合碱试液中加入酚酞指示剂，用 HCl 标准溶液滴定至溶液呈微红色。此时试液中的 NaOH 完全被中和，Na_2CO_3 也被滴定成 $NaHCO_3$，滴定反应如下：

$$NaOH + HCl = NaCl + H_2O \qquad Na_2CO_3 + HCl = NaCl + NaHCO_3$$

设此过程中消耗 HCl 溶液的体积为 V_1(mL)。然后加入甲基橙指示剂，继续用 HCl 标准溶液滴定至溶液由黄色变为橙色即为终点。此时 $NaHCO_3$ 被中和成 H_2CO_3，滴定反应为：

$$NaHCO_3 + HCl = NaCl + H_2O + CO_2\uparrow$$

设此时消耗 HCl 标准溶液的体积为 V_2(mL)。根据 V_1 和 V_2 的相对大小可以判断出混合碱的组成。设试液的体积为 V(mL)，如果 $V_1 > V_2$，则试液为 NaOH 和 Na_2CO_3 的混合物；如果 $V_1 < V_2$，则试液为 Na_2CO_3 和 $NaHCO_3$ 的混合物。

【实验仪器及试剂】

仪器:酸式滴定管、锥形瓶、移液管、洗瓶。

试剂:0.100 mol · L^{-1}HCl 标准溶液,混合碱试液,1%甲基橙水溶液,0.2%酚酞乙醇溶液。

【实验步骤】

用移液管移取25.00 mL混合碱试液于250 mL锥形瓶中,加25mL蒸馏水,2滴酚酞指示剂,用0.10 mol · L-1 HCl标准溶液滴定至溶液红色刚消失,为第一终点,记录消耗HCl标准溶液体积V1。随后向滴定液中加入2滴甲基橙指示剂,此时溶液为黄色,用HCl滴定至溶液由黄色恰好变为橙色,煮沸两分钟,冷至室温,继续滴定至溶液出现橙色为第二终点,记录用去HCl标准溶液体积V_2。平行滴定三次。

【实验数据记录及其处理】

设试液的体积为V(mL),如果$V_1 > V_2$,试液为NaOH和Na_2CO_3的混合物,NaOH和Na_2CO_3的含量可由下式计算:

$$\rho_{NaOH} = \frac{(V_1 - V_2) \cdot c_{HCl} \cdot M_{NaOH}}{V} \qquad \rho_{Na_2CO_3} = \frac{2V_2 \cdot c_{HCl} \cdot M_{Na_2CO_3}}{2V}$$

如果$V_1 < V_2$,试液为Na_2CO_3和$NaHCO_3$的混合物,NaOH和Na_2CO_3的含量可由下式计算:

$$\rho_{Na_2CO_3} = \frac{2V_1 \cdot c_{HCl} \cdot M_{Na_2CO_3}}{2V} \qquad \rho_{NaOH} = \frac{(V_2 - V_1) \cdot c_{HCl} \cdot M_{NaHCO_3}}{V}$$

序 号	1	2	3
标准溶液浓度(mol · L^{-1})			
混合碱体积(mL)			
滴定初始读数(mL)			
第一终点读数(mL)			
第二终点读数(mL)			
V_1(mL)			
V_2(mL)			
V_1平均值(mL)			
V_2平均值(mL)			
ρ_{NaOH}			
$\rho_{Na_2CO_3}$			
ρ_{NaHCO_3}			

【实验注意事项】

1. 近终点时,一定要充分摇动,以防形成CO_2过饱和溶液而使终点提前到达。

2. 混合碱如果是由NaOH和Na_2CO_3组成时,酚酞指示剂可适当多加几滴,否则常因滴定不完全使NaOH的测定结果偏低,而Na_2CO_3的测定结果偏高。

3. 最好用$NaHCO_3$的酚酞溶液(浓度相当)作对照。在达到第一终点前,不要因为滴定速度过快,造成溶液中HCl局部过浓,引起CO_2的损失,带来较大的误差,滴定速度也不能太慢,摇动要均匀。

【思考题】

1. 什么是双指示剂法?用双指示剂法测定混合碱组成的方法原理是什么?

2. 采用双指示剂法测定混合碱,试判断下列五种情况下,混合碱的组成?

① $V_1 = 0$ $V_2 > 0$ ② $V_1 > 0$ $V_2 = 0$ ③$V_1 < V_2$ ④ $V_1 = V_2$

3. 酚酞和甲基橙的变色范围是多少?

实验 36　KBr 含量的测定

【实验目的】

1. 掌握银量法中吸附指示剂法的原理及应用。

2. 学会正确判断曙红指示剂的终点。

【实验原理】

KBr 是一种白色稍具潮解性的固体或粉末，易溶于水，在乙醇中微溶。可以用作神经镇静剂。其含量可以采用吸附指示剂法来测定。用 $AgNO_3$ 标准溶液滴定之。由于颜色的变化发生在 AgBr 沉淀的表面上，所以 AgBr 沉淀的表面积越大，到达滴定终点时，颜色的变化就越明显。为此，可将基准物质 NaBr 配成较稀的溶液，并加入糊精溶液以保护胶体，防止 AgBr 胶体的凝聚，使其保持胶体状态而具有较大的表面积，终点时的颜色变化就更明显。

用曙红作指示剂标定 KBr 标准溶液时，曙红指示剂的使用条件是 pH = 2 ~ 10，曙红在溶液中离解成阳离子和阴离子。在计量点前，溶液中存在过量的 Br^-，这时滴定所生成的 AgBr 胶态沉淀吸附 Br^-，使 AgBr 沉淀颗粒表面带负电荷。由于同种电荷相斥，此时，沉淀不会吸附曙红指示剂的阴离子，所以溶液显曙红阴离子的粉红色。当滴定至终点时，溶液中 Ag^+ 稍过量，AgBr 沉淀颗粒吸附 Ag^+ 而带正电荷，从而吸附曙红指示剂阴离子，使指示剂发生形变，指示剂由粉红色转变为红紫色。从而指示滴定反应达到了终点。

【实验仪器及试剂】

仪器：分析天平、酸式滴定管（棕色）、烧杯、玻璃棒、移液管、容量瓶、锥形瓶、量筒、棕色试剂瓶。

试剂：0.1000 mol · L^{-1} $AgNO_3$ 标准溶液、曙红指示剂、溴化钾样品。

【实验步骤】

精密称取 KBr 试样约 3 g，置于小烧杯中，加少量水溶解，定量转移至 250 mL 容量瓶中，用蒸馏水稀释至刻度。精密量取 25.00 mL 该溶液，置于 250 mL 锥形瓶中，加 25 mL 水，0.5 mL 署红指示剂，在不断摇动下，用 0.1000 mol · L^{-1} $AgNO_3$ 标准溶液滴定至呈现红紫色即为终点，平行测定三次。

【实验数据及其处理】

根据下式计算 KBr 的含量：

$$KBr\% = \frac{(cV)_{AgNO_3} \times M_{KBr}}{100 \times \frac{25.00}{250} \times W} \times 100\% \qquad M_{KBr} = 119.00\ g \cdot mol^{-1}$$

序 号	1	2	3
KBr 样品 + 称量瓶初始质量（g）			
KBr 样品 + 称量瓶倾出后质量（g）			
KBr 样品的质量（g）			
滴定管的初始读数（mL）			
滴定终点读数（mL）			
消耗 $AgNO_3$ 体积（mL）			
$AgNO_3$ 溶液的浓度（mol · L^{-1}）			
KBr 含量（%）			
KBr 平均含量（%）			
相对平均偏差（%）			

【实验注意事项】

1. 每次测量时,注意终点颜色的观察,颜色不要太深。

2. 滴定管读数时视线要与液面平行,读取到小数点后两位。

【思考题】

用沉淀滴定法测定含量,除了曙红指示剂外,还可以选择哪些指示剂?

实验 37 自来水中总硬度及钙镁离子含量的测定

【实验目的】

1. 了解配位滴定法测定水硬度的原理和方法。

2. 掌握水硬度的计算。

【实验原理】

水的总硬度是指水中 Ca^{2+}、Mg^{2+} 的总量,它包括暂时硬度和永久硬度。水中 Ca^{2+},Mg^{2+} 以碳酸氢盐形式存在的称为暂时硬度;若以硫酸盐、硝酸盐或氯化物形式存在称为永久硬度。

硬度又分为钙硬和镁硬,钙硬是由 Ca^{2+} 引起的,镁硬是由 Mg^{2+} 引起的。

水的硬度是表示水质的一个重要指标,对工业用水关系很大。水的硬度是形成锅垢和影响产品质量的主要因素。因此,水的硬度即水中钙、镁总量的测定,为确定用水质量和进行水处理提供依据。

水的总硬度的测定一般采用配位滴定法。在 pH = 10 的氨 - 氯化铵溶液中,以铬黑 T 为指示剂[1],用 EDTA 标准溶液直接滴定水中的 Ca^{2+}、Mg^{2+} 总量。由于 $K_{CaY} > K_{MgY} > K_{Mg \cdot EBT} > K_{Ca \cdot EBT}$,铬黑 T 先与部分 Mg^{2+} 结合生成 Mg - EBT(酒红色)。当 EDTA 滴入时,EDTA 与 Ca^{2+}、Mg^{2+} 结合,终点时 EDTA 夺取 Mg - EBT 中的 Mg^{2+},将 EBT 置换出来,溶液由酒红色转为纯蓝色。测定水中钙硬度时,另取等量水样加 NaOH 调节溶液使 pH = 12 ~ 13. 使 Mg^{2+} 生成 $Mg(OH)_2$ 沉淀,加入钙指示剂用 EDTA 滴定,测定水中 Ca^{2+} 的含量。已知 Ca^{2+}、Mg^{2+} 的总量和 Ca^{2+} 的含量,即可算出水中的含量,即镁硬。

滴定时,Fe^{3+}、Al^{3+} 的干扰可用三乙醇胺掩蔽,Cu^{2+}、Pb^{2+}、Zn^{2+} 等重金属离子可用 KCN,Na_2S 予以掩蔽[2]。

国际上水的硬度有多种表示方法,常以水中 Ca^{2+}、Mg^{2+} 总量换算为 CaO 含量的方法表示,单位为 $mg \cdot L^{-1}$ 和(°)。水的硬度 10 表示 1 L 水中含 10 mgCaO。计算水的总硬度公式为:

$$\frac{(cA)_{EDTA} \times M_{CaO}}{V_{H_2O}} \times 1000 \quad (mg \cdot L^{-1})$$

$$\frac{(cA)_{EDTA} \times M_{CaO}}{V_{H_2O}} \times 1000 \quad (°)$$

式中 V_{H_2O} 为水样体积(mL),A 为加入的 EDTA 的体积(mL)。

【实验仪器和试剂】

仪器:碱式滴定管、锥形瓶、洗瓶、容量瓶、吸量管、吸耳球、烧杯、试剂瓶、分析天平、称量瓶。

试剂:0.020 $mol \cdot L^{-1}$ EDTA 标准溶液;铬黑 T 指示剂 5 $g \cdot L^{-1}$;氨 - 氯化铵缓冲溶液(pH = 10);三乙醇胺溶液 1:2; NaOH 溶液 40 $g \cdot L^{-1}$ 钙指示剂。

【实验步骤】

1. EDTA 标准溶液的标定

精密称取已在 120 ℃干燥 2 小时的 $CaCO_3$ 0.5 ~ 0.6 g,于 250 mL 烧杯中,用少量水润湿,盖上表面皿,然后移开表面皿慢慢加入6 mol·L^{-1}盐酸溶液约20 mL溶解。将溶液转入250 mL容量瓶中，用水稀释至刻度，摇匀。

移取25.00 mL上述溶液三份，分别置250 mL锥形瓶中，加入20 mL pH = 10的氨性缓冲溶液和2 ~3滴铬黑指示剂，用待标定的EDTA溶液滴定至溶液由酒红色变为纯蓝色为终点。记下耗用EDTA溶液的体积。根据耗用EDTA溶液的体积，计算EDTA溶液的浓度，标定后的溶液妥为保存，留以下实验用。

2. 总硬度的测定

用移液管移取自来水样100 mL(V)于250 mL锥形瓶中，加入5 mL氨－氯化铵缓冲溶液，3 ~4滴铬黑T，用0.020 mol·L^{-1}EDTA标准溶液滴定至溶液由酒红色变为纯蓝色，即为终点。记录EDTA耗用的体积为V_1(mL)。平行测定三次。计算水的总硬度。

3. 钙镁硬度的测定

移取与步骤1等量水样于250 mL锥形瓶中，加入5 mL 40 g·L^{-1}NaOH，再加入少许钙指示剂，用0.020 mol·L^{-1}EDTA标准溶液滴定至溶液由酒红色变为纯蓝色，即为终点，记录EDTA耗用的体积为V_2(mL)。平行测定三次。

以下式分别计算水中钙，镁离子的含量(以mg·L^{-1}表示)。

$$\rho_{Ca^{2+}} = \frac{(cV_2)_{EDTA} \times M_{Ca^{2+}} \times 10^3}{V} \quad (mg \cdot L^{-1})$$

$$\rho_{Mg^{2+}} = \frac{c(\overline{V_1} - \overline{V_2})_{EDTA} \times M_{Mg^{2+}} \times 10^3}{V} (mg \cdot L^{-1})$$

【实验数据记录与结果】

序 号	1	2	3
标准溶液浓度(mol·L^{-1})			
自来水体积(mL)			
滴定初始读数(mL)			
第一终点读数(mL)			
第二终点读数(mL)			
V_1(mL)			
V_2(mL)			
V_1平均值(mL)			
V_2平均值(mL)			
水的总硬度			
钙离子含量			
镁离子含量			

【实验注意事项】

1. 铬黑T与Mg^{2+}显色的灵敏度高，与Ca^{2+}显色的灵敏度低，当水样中钙含量很高而镁含量很低时，往往得不到敏锐的终点。可在水样中加入少许Mg－EDTA，利用置换滴定法的原理来提高终点变色的敏锐性，或者改用K－B指示剂。

2. 若水样中含锰离子的量超过1 mg·L^{-1}时，在碱性溶液中将被氧化成高价，使指示剂变为灰白或者浑浊的玫瑰色。可在水样中加入0.5 ~2 mL 10 g·L^{-1}的盐酸羟胺，还原高价锰，以消除干扰。

3. 使用三乙醇胺掩蔽 Fe^{3+}，Al^{3+}，须在 $pH<4$ 下加入，摇动后再调节 pH 至滴定酸度。本实验只提供三乙醇胺溶液，所测水样是否需要加入三乙醇胺，应由实验决定。若水样含铁量超过 $10\ mg\cdot L^{-1}$ 时，掩蔽有困难，需要用纯水稀释到含 Fe^{3+} 不超过 $7\ mg\cdot L^{-1}$。

4. 滴定时，因反应速度较慢，在接近终点时，标准溶液慢慢加入，并充分摇动；因氨性溶液中，当 $Ca(HCO_3)_2$ 含量高时，可慢慢析出 $CaCO_3$ 沉淀使终点拖长，变色不敏锐。这时可于滴定前将溶液酸化，即加入 1~2 滴 1∶1 的 HCl，煮沸溶液以除去 CO_2。但不宜多加，否则影响滴定时溶液的 pH。

5. EDTA 若贮存于玻璃器皿中，根据玻璃质料的不同，EDTA 将不同程度地溶解玻璃中的 Ca^{2+} 而生成 $[CaY]^{2-}$，使 EDTA 溶液浓度缓慢降低。因此，在每使用一段时间后，做一次检查性标定。最好贮存于聚乙烯之类的容器中，其浓度基本不改变。

6. 铬黑 T 的配制方法：(1) 取铬黑 T 0.1 g 与磨细干燥的 NaCl 研匀，配成固体合剂，保存于干燥器中。用时取出少许即可。(2) 取铬黑 T 0.2 g 溶于 15 mL 三乙醇胺，待完全溶解后，加入 5 mL 无水乙醇即得。(3) 取铬黑 T 0.5g 溶于 20 mL 三乙醇胺中，加水稀释至 100 mL。滴定时，Fe^{3+}、Al^{3+} 等干扰离子用三乙醇胺掩蔽；Cu^{2+}、Pb^{2+}、Al^{3+}、Zn^{2+} 等金属离子则可用 KCN、Na_2S 或巯基乙酸等掩蔽。

注意仪器与试剂质量常有变化，故应根据具体情况确定最适宜的指示剂比例。

7. 当水的硬度较大时，在 $pH\approx10$ 会析出 $CaCO_3$ 沉淀，使溶液浑浊：

$$HCO_3^- + Ca^{2+} + OH^- = CaCO_3\downarrow + H_2O$$

这种情况下，滴定至“终点”时出现返回现象，使终点难以确定，测定结果重现性差。为了防止 Ca^{2+}、Mg^{2+} 的沉淀，可量取水样 100.0 mL，放入一小块刚果红试纸，用 1∶1 盐酸酸化至试纸变蓝色，振摇两分钟后，再如前述进行测定。

【思考题】

1. 本实验中移液管是否要用去离子水润洗？锥形瓶是否要用去离子水润洗？

2. 如果只有铬黑 T 指示剂，能否测定 Ca^{2+} 的含量？如何测定？

3. 为什么滴定 Ca^{2+}、Mg^{2+} 总量时总要控制 $pH\approx10$，而滴定 Ca^{2+} 分量时要控制为 pH 为 12~13，若 $pH>13$ 时，测 Ca^{2+} 对结果有何影响？

实验 38　维生素 C 含量的测定

【实验目的】

1. 了解用 I_2 标准溶液进行滴定的过程及维生素 C 含量的测定方法。

2. 进一步掌握碘量法的操作。

【实验原理】

维生素 C（又称抗坏血酸）为白色晶体，分子式为 $C_6H_8O_6$（$M=176.12$），m. p：190 - 192 ℃，易溶于水，稍溶于乙醇，难溶于乙醚、氯仿、苯、石油醚、油类及脂肪。有酸味，在空气中很快氧化成脱氢抗坏血酸，颜色变为不同的淡黄色。抗坏血酸广泛存在于各种新鲜果蔬中，植物和许多动物可自身合成，但人和猿等不能完成此生物合成，必须从果蔬中摄取。维生素 C 在医药和化学上应用非常广泛，主要用于对坏血病的预防和治疗，以及因维生素 C 不足而引起的龋齿、牙龈脓肿、贫血、生长发育停滞等疾病。

由于抗坏血酸分子中的烯二醇基[—C(OH) = C(OH)—]具有还原性，可用 I_2 标准溶液直接测定。在稀酸性溶液中维生素 C 与 I_2 反应如下：

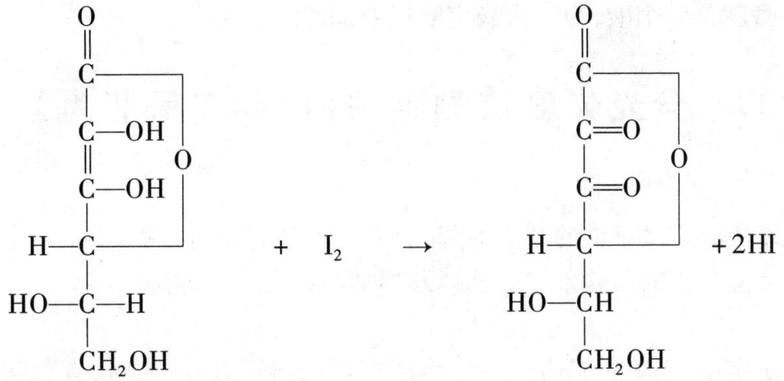

维生素 C 分子中的二烯醇被氧化成二酮基，反应可定量进行且很完全。过量的碘遇到淀粉指示剂呈现蓝色，即为终点。由于维生素 C 的还原性很强，易被空气氧化，特别是在碱性溶液中更易被氧化，所以加入稀的 HAc，使保持在稀酸性溶液中，以减少副反应。

【实验仪器及试剂】

仪器：分析天平、台秤、称量瓶、量筒、碘量瓶、酸式滴定管、研钵、容量瓶等。

试剂与材料：维生素 C(分析纯)、I_2 标准溶液、2mol · L^{-1}HAC、1% 淀粉指示剂。

实验样品：维生素 C 针剂；新鲜果蔬：如西红柿、猕猴桃等。

【实验步骤】

1. 样品溶液的制备

取 5 ~ 10 个新鲜果蔬，平均取样 20 g(根据植物组织中抗坏血酸含量)，用不锈钢刀在玻璃板或磁盘上切碎，绝对避免与铁器或铜器接触，防止抗坏血酸被氧化，立即倒入研钵中加入少许稀醋酸，迅速研磨后移入 100 mL 容量瓶中，用稀醋酸冲洗研钵 2 ~ 3 次移入容量瓶并稀释至刻度，放于暗处浸提半小时，然后过滤备用。

2. 滴定

将 I_2 标准溶液装入滴定管，取滤液 20 mL 于 100 mL 碘量瓶中，加入 1% 淀粉指示剂 2 mL。用 I_2 标准溶液滴定样液至微蓝 30 秒不褪色为终点。记录所用碘液 mL 数 ，平行测定三次 ，用其平均值计算维生素 C 含量。

【实验数据及其处理】

根据终点时消耗的标准溶液的体积，按照下式计算维生素的含量。

$$C_6H_8O_6\text{(毫克)}/100\text{ 克样品中} = \frac{V \times A}{B} \times 100$$

V：滴定样品所用碘液 mL 数；A：1 mL 碘标准溶液相当的抗坏血酸毫克数；B：滴定时吸取的样液中含样品克数。

【实验注意事项】

1. 维生素 C 在稀酸(pH4.5 ~ 6)溶液中较为稳定，但试样溶于稀酸后仍应立即滴定。

2. 维生素 C 在有水和潮湿的情况下易分解为糖醛。

3. 碘液见光遇热时浓度会发生变化，故应装载于棕色瓶中，放置暗处保存，避免与橡皮管、橡皮塞接触，切记 I_2 溶液不能装在碱式滴定管中。

4. 纯水中含有溶解氧，一定要煮沸驱赶，因维生素 C 的还原性很强(E^θ = 0.18 V)，极易被氧化，使结果偏低。

【思考题】

1. 为什么维生素 C 的含量可以直接用碘量法测定？

2. 维生素 C 本身就是一个酸，为什么滴定时还要加酸？

实验 39　分光光度法测定铁（以邻二氮菲为显色剂）

【实验目的】

1. 掌握分光光度法测定微量铁的基本原理、分光光度计的使用方法。

2. 学会分光光度法分析的实验条件的选择及标准曲线的绘制方法。

【实验原理】

根据朗伯－比尔定律，当单色光通过一定厚度（l）的有色物质溶液时，有色物质对光的吸收程度（用吸光度 A 表示）与有色物质的浓度（c）成正比。

$$A = k \cdot c \cdot l$$

其中，ε 是吸光系数，它是各种有色物质在一定波长下的特征常数。在分光光度法中，当条件一定时，k、l 均为常数，此时，上式可写成：

$$A = K \cdot c$$

因此，一定条件下只要测出各不同浓度溶液的吸光度值，以浓度为横坐标，吸光度为纵坐标即可绘制标准曲线。

在同样条件下，测定待测溶液的吸光度，然后从标准曲线查出其浓度。

在可见区的吸光光度测量中，若被测组分本身有色，则可直接测量。若被测组分本身无色或颜色很浅，则可用显色剂与其反应（即显色反应），生成有色化合物，再进行吸光度的测量。

邻菲啰啉（邻二氮杂菲）是目前分光光度法测定铁含量的较好显色试剂。在 pH ＝ 2～9 的溶液中试剂与 Fe^{2+} 生成稳定的红色配合物（$\lg K_{稳} = 21.3$）。该反应中铁必须是亚铁状态，因此，在显色前要加入还原剂，如盐酸羟胺。反应如下：

$$2Fe^{3+} + 2NH_2OH + 2OH^- = 2Fe^{2+} + N_2 + 4H_2O$$

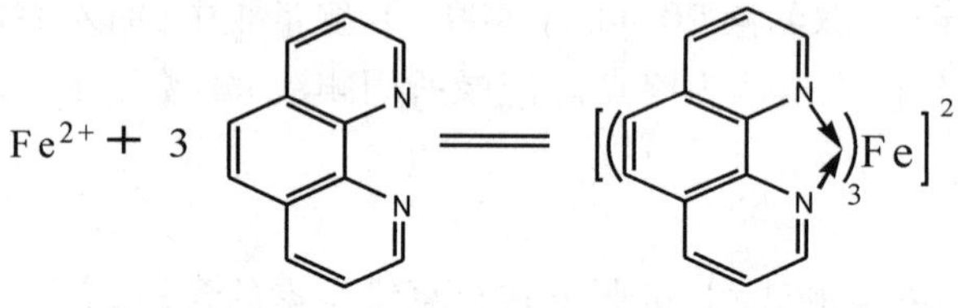

此反应很灵敏，红色配合物的最大吸收波长（λ_{max}）为 508～510 nm。配合物的摩尔吸光系数 ε 为 1.1×10^4，在 pH＝2～9 之间，颜色深度与酸度无关，而且很稳定，在有还原剂存在的条件下，颜色深度可以保持几个月不变。本方法的选择性很高，相当于铁含量 40 倍的 Sn^{2+}、Al^{3+}、Ca^{2+}、Mg^{2+}、Zn^{2+}、SiO_3^{2-}，和 20 倍的 Cr^{3+}，Mn^{2+}，VO^{3+}，PO_4^{3-}，5 倍的 Co^{2+}，Cu^{2+} 等均不干扰测定，所以此法应用很广。

【实验仪器及试剂】

1. 仪器

UV1100 型分光光度计（附 1 cm 比色皿 4 个）、容量瓶 50 mL20 个、滴定管 50 mL1 支、吸量管 1、2、5 mL 各 1 支、量筒 10 mL1 个。

2. 试剂

（1）标准铁溶液（100.0 μg · L^{-1}）：准确称取 0.7842 g $(NH_4)_2Fe(SO_4)_2 \cdot 6H_2O$ 置于烧杯中，加入 6 mol · L^{-1} HCl 120 mL 和少量蒸馏水，溶解后转入 1000 mL 容量瓶中，加蒸馏水稀释至刻度，摇匀备用。

（2）盐酸羟胺溶液 10%（临用时配制）。

（3）邻二氮菲溶液 0.15%（临用时配制）：应先用少许酒精溶液溶解，再用水稀释。

(4)醋酸钠溶液 1 mol · L^{-1}。

(5)精密试纸。

【实验步骤】

1. 绘制吸收曲线并选择测量波长

取两个 50 mL 容量瓶,其中一个加入 0.60 mL 100 μg · mL^{-1}铁标准溶液。然后,在两个容量瓶中各加入 1 mL10% 盐酸羟胺溶液,2 mL0.15% 邻二氮菲溶液及 5 mL 醋酸钠溶液,用水稀释至刻度,摇匀。

在分光光度计上,用 1 cm 比色皿,以不含铁的试剂溶液作参比溶液,进行波长扫描,记录 440 ~ 540 nm 的吸光度值。将实验数据汇入表 1 中,以测定波长为横坐标,吸光度为纵坐标,绘制吸收曲线。选择吸收曲线的峰值波长确定为本实验测量波长。

2. 显色剂用量的测定

取十个 50 mL 容量瓶,每个瓶中都加入 0.60 mL 100 μg · mL^{-1}铁标准溶液,1 mL10% 盐酸羟胺溶液。然后,在十个瓶中分别加入 0, 0.20,0.40,0.60,0.80,1.00,1.50,2.00,2.50,3.00 mL 0.15% 邻二氮菲溶液。最后,都加入 5 mL 醋酸钠溶液,用水稀释至刻度,摇匀。以不含显色剂的溶液作为参比溶液,使用 1 cm 比色皿,在选定波长下测量,将实验数据汇入表 2 中,以显色剂浓度为横坐标,吸光度为纵坐标绘图。确定显色剂的用量。

3. 绘制吸光度对铁浓度曲线

取 50 mL 容量瓶 6 个,按下表所列的量,用吸量管取各种溶液加入容量瓶中,加蒸馏水稀释至刻度,摇匀。即配成以系列标准溶液及待测溶液。

标准溶液及待测溶液

容量瓶编号	1(空白)	2	3	4	5	6	7 水样(3.0 mL)
标准铁溶液(mL)	0	2.00	4.00	6.00	8.00	10.00	- - -
盐酸羟胺(mL)	1.0	1.0	1.0	1.0	1.0	1.0	1.0
邻菲啰啉(mL)	2.0	2.0	2.0	2.0	2.0	2.0	2.0
醋酸钠溶液(mL)	5.0	5.0	5.0	5.0	5.0	5.0	5.0

在选定的波长下,用 1 cm 比色皿,以不含铁的试剂空白溶液作参比溶液,测量各个溶液的吸光度,记录结果。以吸光度(A)为纵坐标,Fe^{2+}离子浓度(μg · mL^{-1})为横坐标,绘制标准曲线。

4. 待测水样中 Fe^{2+}离子浓度的测定

准确吸取待测水样 3.0 mL,按标准曲线的操作步骤,测定其吸光度。根据所测得的水样的吸光度,即可由标准曲线方程求其浓度。

【实验数据记录及处理】

表 1　记录不同波长及相应吸光度,绘制吸收曲线,并确定最大吸收峰值波长。

λ/nm	440	450	460	470	480	490	492	494
Abs								
λ/nm	496	498	500	502	504	506	508	510
Abs								
λ/nm	512	514	516	518	520	525	530	540
Abs								

波长扫描曲线图(可在 Excel 表中完成):

最大吸收波长(λmax)为:

表 2 记录显色剂用量与吸光度关系,并绘制相应曲线,从中决定选择的显色剂用量。

编号	1	2	3	4	5	6	7	8	9	10
VPhen(mL)	0	0.20	0.40	0.60	0.80	1.00	1.50	2.00	2.50	3.00
Abs										

显色剂用量与吸光度曲线图(可在 Excel 表中完成):

显色剂最佳用量:

3. 记录系列标准溶液浓度及相应的吸光度。绘制吸光度对铁的浓度曲线,并确定其线性范围及相关系数。

容量瓶编号	1(空白)	2	3	4	5	6
标准铁溶液 (mL)	0	0.40	0.80	1.20	1.60	2.00
Abs						

标准吸收曲线图(可在 Excel 表中完成):

标准吸收曲线方程与及线性相关系数:

4. 根据实验结果,计算铁(II) - 邻二氮菲络合物的摩尔吸光系数。从标准吸收曲线方程求得试样溶液原始浓度及平均值,相对平均偏差。

试样编号	1	2	3
水样浓度($\mu g \cdot mL^{-1}$)			
平均值($\mu g \cdot mL^{-1}$)			
相对平均偏差(%)			

误差分析:

【思考题】

1. 实验中盐酸羟胺、醋酸钠的作用是什么?若用氢氧化钠代替醋酸钠,有什么缺点?
2. 以本实验为例,说明溶液的颜色和吸收曲线峰值波长有何关系?
3. 试分析实验得到的吸光度对铁浓度曲线。
4. 根据实验结果计算铁(II) - 邻二氮菲络合物的摩尔吸光系数。

实验 40 饮用水中氟含量的测定

【实验目的】

1. 了解精密离子计及氟离子选择性电极的基本结构、特性和使用条件;理解总离子强度调节缓冲剂(TISAB)的作用。
2. 掌握离子选择性电极在电位测定法中的应用。
3. 熟悉电位分析中标准曲线法和标准加入法两种定量方法。

【实验原理】

饮用水中氟含量的高低对人体健康有一定的影响。我国生活饮用水卫生标准规定,氟的适宜浓度为 $0.5 \sim 1.0\ mol \cdot L^{-1}$。水中氟的含量可以用离子选择性电极进行测定。

离子选择性电极是一种化学传感器,它能将溶液中特定离子的活度转换成相应的电位。以氟离子选择电极为指示电极,饱和甘汞电极为参比电极,当溶液总离子强度等条件一定时,氟离子浓度在 $1 \sim 10^{-6}\ mol \cdot L^{-1}$ 范围内,电池电动势(或氟电极的电极电位)与 pF 成线性关系,可用标准曲线法或标准加入法定量测定。

氟离子选择电极是由 LaF_3 单晶薄膜、内参比电极（Ag－AgCl 电极）及内充液（NaF－NaCl 溶液）等构成。将氟离子选择电极和参比电极（SCE）插入含 F^- 试液中，组成原电池。

测量原电池为：氟离子选择电极 ‖ 测试溶液 | SCE

该电池电动势与氟离子活度的关系为：

$$E = K - \frac{2.303RT}{F}\lg\alpha_{F^-} \tag{1}$$

加入总离子强度调节缓冲剂（TTSAB），使离子强度保持恒定，此时溶液中离子的活度系数为一常数，则电池电动势与氟离子浓度的关系式为：

$$E = K' - \frac{2.303RT}{F}\lg\alpha_{F^-} \tag{2}$$

在某温度下，$E \propto \lg\alpha_{F^-}$。因此，通过测定一系列标准溶液的电池电动势，绘制 $E - \lg C_F$ 标准曲线；然后由测得的水样的电池电动势，从标准曲线上求得氟离子的浓度，即可求得水中氟离子的含量。

标准加入法为取一定体积的试液，在一定温度下，测定电动势 E_1；然后向试液中加入比待测离子浓度大 10～100 倍，体积比待测试液小 10～100 倍的标准溶液，再测该溶液的电动势 E_2。则待测离子的浓度可按下式求出：

$$C_x = \frac{\Delta C}{10^{\Delta E/S - 1}}(\Delta C = C_S V_S / V_x, \Delta E = E_1 - E_2) \tag{3}$$

在酸性溶液中，H^+ 离子与部分 F^- 离子形成 HF 或 HF^{2-}，会降低 F^- 离子的浓度。在碱性溶液中，LaF_3 薄膜与 OH－离子发生交换作用而使溶液中的 F－离子浓度增加。因此溶液的酸度对测定有影响，测定适宜的 pH 范围为 5.0～6.0。

凡能与 F^- 离子形成稳定配合物或难溶沉淀的离子，如：Al^{3+}、Fe^{3+}、Ca^{2+}、H^+、OH^- 等离子会干扰测定，通常采用柠檬酸、磺基水杨酸、EDTA 等掩蔽剂掩蔽干扰离子。

【实验仪器与试剂】

1. 仪器

精密离子计、电磁搅拌器、氟离子选择电极、饱和甘汞电极。聚乙烯塑料瓶、1000 mL 容量瓶 2 个、移液管、刻度吸量管、塑料烧杯。

2. 试剂

氟化钠、氯化钠、柠檬酸钠、冰醋酸、氢氧化钠、氯化钾（均为 AR）。

3. 试液

（1）1∶1 的 $NH_3 \cdot H_2O$ 溶液。

（2）0.1000 mol·L^{-1} F^- 离子标准储备液：精密称取 NaF（优级纯，120 ℃干燥 2 h）4.1990 g，加少量的去离子水使之溶解，转入 1000 mL 容量瓶中，用去离子水稀释至刻度，摇匀，转入干燥的塑料瓶中备用。

（3）总离子强度调节缓冲剂（TISAB）：称取氯化钠 58 g、柠檬酸钠 10 g，溶于盛有 800 mL 的去离子水的烧杯中，再加入冰醋酸 57 mL；将烧杯置于冷水浴中，在酸度计上用 1∶1 的 $NH_3 \cdot H_2O$ 溶液调节至 pH 在 5.0～6.0 之间，将烧杯自冷水浴上取出放至室温，转入 1000 mL 容量瓶中，用去离子水稀释至刻度，摇匀。

【实验步骤】

1. 氟离子选择电极的准备

使用前将氟离子选择电极浸泡在盛有 10^{-3} mol·L^{-1} NaF 溶液中浸泡 1 h，用去离子水清洗干净，直至测得电位值为－300mV 左右，且两次测定值接近，方可使用。

2. 离子计调节

接通电源，预热20 min，按下 - mV 键，调零，校正，定位（详见仪器使用说明），安装电极准备测定。

3. 电池电动势测定

将电极浸入待测溶液中，开动电磁搅拌器，按下读取开关，读取稳定的毫伏数。若指针走出读数刻度范围，转动分档开关或范围档使指针在可读范围内。

4. 标准曲线法

（1）标准溶液的配置：精密吸取 5 mL 0.1000 mol · L^{-1}的 NaF 标准储备溶液和 10 mL TISAB 溶液于 50 mL 容量瓶中，用去离子水稀释至刻度，配成 0.01000 mol · L^{-1}的 F^-标准溶液，并用上述方法逐级稀释配成浓度分别为 10^{-3}、10^{-4}、10^{-5}、10^{-6} mol · L^{-1}的 F^-离子标准溶液。

（2）标准曲线的绘制：将上述标准溶液由低浓度到高浓度逐个转入到塑料小烧杯中，浸入电极，测定其电池电动势。将测得的数据记录在表一中，并用表中的数据在坐标纸上绘制图。

（3）水样测定：准确移取 10 mLTISAB 溶液于 50 mL 容量瓶中，用水样稀释至刻度，摇匀，转入塑料小烧杯中，按上法测定其电动势。由标准曲线查得水样浓度 F^-离子 Cx（mol · L^{-1}）。

5. 标准加入法

精密吸取 10 mL TISAB 溶液于 50 mL 容量瓶中，用水样稀释至刻度，摇匀，转入塑料小烧杯中，以 F^-选择电极和饱和甘汞电极测电动势 E1（在不断搅拌下测定至读数稳定）。然后在此试液中准确加入浓度为 Cs mol · L^{-1}的 F^-标准溶液 Vs mL，再测电动势 E_2。测得实验数据表二中（要求$\frac{V_s}{V_x}=\frac{1}{10}-\frac{1}{100}$，$\frac{C_s}{C_x}=10-100$，使 $\Delta E=20-40$mV 为宜）。

【实验数据及处理】

1. 标准曲线法

根据测定水样的电动势在标准曲线图上查得相应的浓度为 Cx（mol · L^{-1}）。按下式计算水样的氟离子浓度，并根据所取试样的量计算试样中氟的含量。

$$C_{F^-}(mg \cdot L^{-1}) = C_x \times \frac{50}{40} \times 19.0 \times 10^3$$

注：C_x 为在标准曲线上查得水样的 F^-离子（mol · L^{-1}）

标准曲线法数据记录表

实验序号	1	2	3	4	5	6	7（水样）
溶液浓度（mol · L^{-1}）							
电池电动势（mV）							
lgC_{F^-}							

2. 标准加入法

根据在水样中加入标准溶液前测得的电动势 E_1 和加入标准溶液后测得的电动势 E_2，按下式计算水中的氟离子浓度。

$$C_{F^-} = C_x \times \frac{\Delta C}{10^{\Delta E/S-1}} \times \frac{50}{40} \times 19.0 \times 10^3 (mg \cdot L^{-1})$$

注：Vs 加入标准溶液的体积（ mL）；Vx 待测溶液的体积（ mL）。

标准加入法数据记录表

实验序号	Vx(mL)	Vs(mL)	E_1(mV)	E_2(mV)
1				
2				

【实验注意事项】

1. 电极在使用前应按使用说明书进行活化、清洗。电极的敏感膜应保持清洁、完好，切勿沾污或受到机械损伤。

2. 电极安装完毕后，只有当电极浸入溶液时，才可按下读数键，读取读数后即放开读数键，才可使电极离开溶液。否则，指针将剧烈摆动。

3. 氟电极使用前需要用 3MΩ 以上的去离子水浸泡活化数小时，使其空白电位在 −300 mV 左右；使用时电极膜外不要附着水泡，以免干扰读数。测定时搅拌速度缓慢且稳定，待电位稳定后方可读数。平衡时间：在 10^{-6} μg · mL^{-1} 的 F^- 溶液中电极电位平衡时间在 4 min 左右；在 10^{-5} μg · mL^{-1} 的 F^- 溶液中在 2 分钟以内。浓度增高，平衡时间缩短。

4. 使用饱和甘汞电极时，应注意 KCl 溶液不被气泡隔断，管内应存少许 KCl 晶体；不使用时应套好橡皮塞和套，存放在电极盒中。

5. 测量氟标准溶液系列时，应按由稀至浓的顺序进行；搅拌速度宜缓慢且保持恒定，待电位稳定后方可读数。

6. 测定中更换溶液时，“测量”键必须处于断开位置，以免损害仪器。

7. 每次测定完毕，需用蒸馏水冲洗电极，并用滤纸吸干，才可进行下次测定。

8. 在高浓度溶液中测定后应立即在去离子水中将电极清洗至空白电位值，才能测定低浓度溶液，否则将因迟滞效应影响测定准确度。

【思考题】

1. 简述氟离子选择电极的构造，为什么它对 F^- 碱液有响应？如何消除主要干扰离子？

2. 测量中为什么要加入总离子强度调节缓冲剂？它包括哪些组分？

3. 测量 F^- 标准系列时，为何溶液顺序由稀到浓？若由浓到稀，结果又如何？

4. 溶液酸度对本测定有何影响？

实验 41　荧光法测定维生素 B_1 的含量

【实验目的】

1. 熟悉荧光分光光度计的使用方法。

2. 掌握硫色素法测定维生素 B_1 含量的定量方法（比例法）。

【实验原理】

1. 维生素 B_1 是氨基嘧啶环和噻唑环通过亚甲基连接而成的季铵化合物，噻唑环在碱性介质中可被铁氰化钾氧化，再与嘧啶环上氨基缩合生成具有荧光（刚性和共平面性的共轭结构）的硫色素。硫色素用正丁醇（或异丁醇、异戊醇）提取。在紫外光（λ_{ex} = 365 nm）照射下显蓝色荧光（$\lambda_{em(max)}$ = 435 nm）。

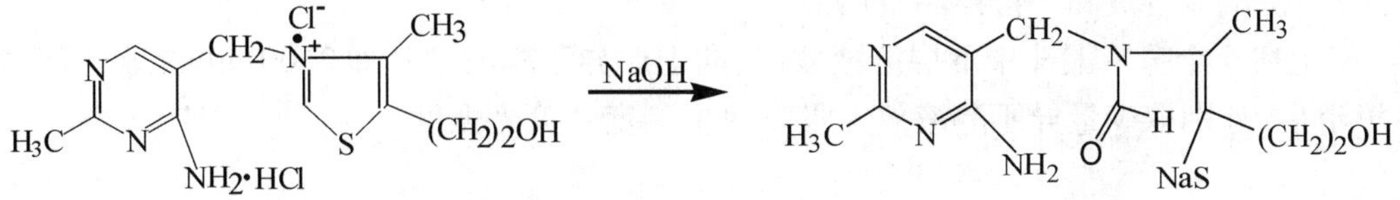

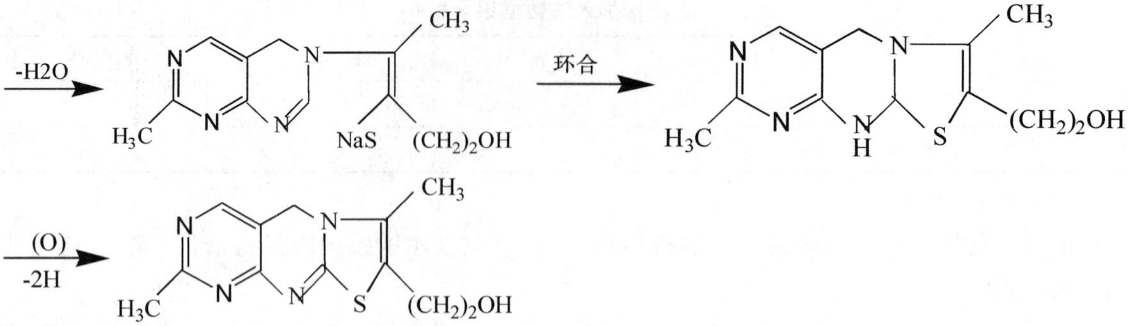

2. 本实验采用比例法进行定量分析，测定了标准品和样品的空白荧光值 F_{S0} 和 F_{X0}，用以消除标准溶液和样品溶液在制样过程中产生的硫色素和样品中可能存在的硫色素及水、试剂中的荧光杂质的干扰。

【实验仪器与试剂】

1. 仪器

960CRT 荧光分光光度计；容量瓶(1000 mL,250 mL,100 mL)；以量管(10 mL,5 mL,2 mL)；分液漏斗(60 mL)。

2. 试剂

盐酸硫胺(V_{B_1}) 贮备液：精密称取盐酸硫胺标准品 25 mg，用稀乙醇(1→5，用 3 mol · L^{-1}HCI 调节 pH 为 4.0)溶解并稀释成 1000 mL，作为贮备液(25μg · mL^{-1})。

1% 铁氰化钾($K_3[Fe(CN)_6]$)溶液；0.2 mol · L^{-1} HCl 溶液；3.5 mol · L^{-1} NaOH 溶液。

3. 试样

维生素 B_1 片，每片标示量为 10 mg(药典规定为标示量的 90 ~ 110%)。

【实验步骤】

1. 试样溶液配制

取维生素 $B_1$10 片，精密称定求出平均片重，充分研细，精密称取粉末约 40 mg，用 0.2 mol · L^{-1} HCI 液稀释定容，摇匀，即得(约 0.2 μg · mL^{-1})。

2. 标准溶液配制

精密吸取盐酸硫胺(V_{B_1})贮备液 2 mL 于 250 mL 容量瓶中，用 0.2 mol · L^{-1} HCl 液稀释至刻度，摇匀，即得(0.2 μg · mL^{-1})。

3. 氧化剂配制

精密吸取 1% $K_3[Fe(CN)_6]$液 4 mL 于 100 mL 容量瓶中，用 3.5 mol · L^{-1} NaOH 稀释至刻度，摇匀。

4. 测定

(1)标准对照液的配置：取 3 个 60 mL 分液漏斗，各加标准溶液 5.00 mL，于第一、二两个漏斗中迅速(1 ~2 秒内)再加氧化剂各 3.00 mL，在 30 s 内再各加入异丁醇 20.0 mL，密塞，剧烈振摇 90 s，静置分层；在第三个漏斗中加 3.5 mol · L^{-1}NaOH 液 3.00 mL 以代替氧化剂，并照上法同样操作得标准空白液。

(2)测试液的配置：另取 3 个 60 mL 分液漏斗，各加试样溶液 5.00 mL，照上述标准对照液的配置方法同样操作得两份试样溶液和一份样品空白液。

(3)测定：将上述 6 个分液漏斗中下层溶液放出，向上层异丁醇液中各加 2.00 mL 无水乙醇，振摇数秒，待溶液澄清后，分别取少量异丁醇液放入吸收池中测定其荧光强度。

【实验数据及处理】

1. 按下表记录数据

F_{S1}	F_{S2}	F_{S0}	F_{X1}	F_{X2}	F_{X0}

2. 计算

先求出 5 mL 供试液中盐酸硫胺的微克数，再根据样品称量 W(mg)，计算片剂中维生素 B_1 的标示量的百分含量。

$$V_{B1}标量量\% = \frac{F_X - F_{X0}}{F_S - F_{S0}} \times \frac{250 \times 250 \times 10^{-3}}{5.00 \times 2.00} \times \frac{平均片重(mg)}{W(mg) \times 标示量} \times 100\%$$

【实验注意事项】

1. 盐酸硫胺(V_{B1}) 贮备液、试样溶液和氧化剂溶液均应避光、冷藏保存，最好临用时配制。

2. 6 份测定中所加各种试剂都应出自同一瓶，加 3.5 $mol \cdot L^{-1}$ NaOH 液和氧化剂的刻度吸管不可混用，否则影响测定的精密度。

【思考题】

1. 能否用软木塞或橡胶塞代替玻璃塞？

2. 所用 NaOH 液用量不足时，会对荧光有何影响？

3. 在异丁醇萃取液中加入 2 mL 无水乙醇的作用是什么？

4. 试分步推导求 V_{B1} 标示量% 的公式。

(四)物质基本性质实验

实验 42　卤素、氧、硫、磷、硼

【实验目的】

1. 掌握卤素单质、次氯酸盐、氯酸盐强氧化性的区别；熟悉 H_2O_2 的某些重要性质。

2. 掌握不同氧化态硫的化合物的主要性质，熟悉 S^{2-}、$S_2O_3^{2-}$ 的鉴定方法。

3. 掌握硝酸及其盐的性质；熟悉 NO_2^-、NO_3^-、NH_4^+ 的鉴定方法。

4. 试验磷酸盐的酸碱性和溶解性，硼砂的主要性质。

5. 了解氯、溴、氯酸钾的安全操作，练习硼砂珠实验的操作，学会酒精喷灯的使用。

【实验仪器与试剂】

仪器：烧杯、试管、滴管、离心机、酒精灯、酒精喷灯、玻璃棒、蒸发皿。

试剂：H_2SO_4(浓、2 $mol \cdot L^{-1}$)，HCl (浓、6 $mol \cdot L^{-1}$、2 $mol \cdot L^{-1}$)，HNO_3(浓)，HAc (2 $mol \cdot L^{-1}$)；NaOH (2.0，0.1 $mol \cdot L^{-1}$)，$NH_3 \cdot H_2O$ (2 $mol \cdot L^{-1}$)；$KMnO_4$(0.1，0.01 $mol \cdot L^{-1}$)，$FeCl_3$(0.1 $mol \cdot L^{-1}$)，Na_2S (0.1 $mol \cdot L^{-1}$)，Na_2SO_3(0.1mol $\cdot L^{-1}$)，$Na_2S_2O_3$(0.1mol $\cdot L^{-1}$)，$AgNO_3$(0.1mol $\cdot L^{-1}$)，KI (0.1mol $\cdot L^{-1}$)，$NaNO_2$(0.1mol $\cdot L^{-1}$)，NH_4Cl (0.1mol $\cdot L^{-1}$)，KNO_3(0.1mol $\cdot L^{-1}$)；$Na_4P_2O_7$(0.1mol $\cdot L^{-1}$)、Na_2HPO_4(0.1mol $\cdot L^{-1}$)、Na_3PO_4(0.1mol $\cdot L^{-1}$)、NaH_2PO_4(0.1mol $\cdot L^{-1}$)、CaCl2 (0.5mol $\cdot L^{-1}$)、$CuSO_4$(0.1mol $\cdot L^{-1}$)、硼砂(饱和)、$MnSO_4$(0.1mol $\cdot L^{-1}$，0.002 mol $\cdot L^{-1}$)、$Pb(NO_3)_2$(0.1 mol $\cdot L^{-1}$)。

固体试剂：二氧化锰、氯酸钾、过二硫酸钾、氯化钙、硝酸钴、硫酸铜、硫酸镍、硫酸锌、硫酸锰、硫酸亚铁、三氯化铁、三氯化铬、硼酸、硼砂、硫粉、锌片、漂白粉、MnO_2 粉末、$(NH_4)_2Fe(SO_4)\cdot 6H_2O(s)$。

其他材料：碘水，淀粉溶液，CCl_4，无水乙醇、甘油、H_2O_2（3%）、氯水、溴水、碘水、四氯化碳、乙醚、品红、硫代乙酰胺（0.1 mol·L^{-1}）；淀粉－KI 试纸、$Pb(Ac)_2$ 试纸，pH 试纸、红、蓝色石蕊试纸。火柴、铂丝（或镍铬丝）。

【实验原理】

卤素是周期系第ⅦA 族元素。价电子层结构为 ns^2np^5，易获得一个电子形成氧化数为 -1 的化合物。因此卤素单质都是氧化剂，其氧化性强弱顺序为：$F_2 > Cl_2 > Br_2 > I_2$；而卤素离子作为还原剂，其还原性强弱顺序为：$I^- > Br^- > Cl^-$。

卤素的含氧酸根都具有氧化性，次氯酸盐是强氧化剂。氯酸盐在中性溶液中没有明显的氧化性，但在酸性介质中能表现出明显的氧化性。

卤化银不溶于水和稀硝酸，而 CO_3^{2-}、PO_4^{3-}、CrO_4^{2-} 等阴离子形成的银盐溶于硝酸，所以可在硝酸溶液中使卤素阴离子形成卤化银沉淀以防止其他阴离子的干扰。卤化银在氨水中溶解度不同，可以控制氨的浓度来分离混合的卤离子。实验中，常用 $(NH_4)_2CO_3$，使 AgCl 沉淀溶解，与 AgBr、AgI 分离。反应式如下：

$$(NH_4)_2CO_3 + H_2O \rightleftharpoons NH_4HCO_3 + NH_3\cdot H_2O$$

$$AgCl + 2NH_3\cdot H_2O \rightleftharpoons [Ag(NH_3)_2]^+ + Cl^- + 2H_2O$$

氧、硫是周期系第 VI 主族元素，价电子层构型为 ns^2np^4，H_2O_2 俗称双氧水，是强氧化剂，但和更强的氧化剂作用时，它又是还原剂。H_2O_2 的鉴定方法：在含 $Cr_2O_7^{2-}$ 的溶液中加入 H_2O_2 和戊醇（或乙醚），有蓝色的过氧化物 CrO_5 生成，该化合物不稳定，放置或摇动时便分解。利用这一性质可以鉴定 H_2O_2，Cr(III) 和 Cr(IV)，主要反应是：

$$Cr_2O_7^{2-} + 4H_2O_2 + 2H^+ = 2CrO_5 + 5H_2O$$

硫能形成氧化数为 -2，+2、+3、+4，+6、+7、+8 等多种的化合物。H_2S 中 S 的氧化数为 -2，它是强还原剂。S^{2-} 能与稀酸反应产生 H_2S 气体，可根据 H_2S 特有的腐蛋臭味，或能使 $Pb(Ac)_2$ 试纸变黑的现象检验出 S^{2-}。另在弱碱性条件下，S^{2-} 与 $Na_2[Fe(CN)_5NO]$［亚硝酰五氰合铁(II)酸钠］反应生成紫红色配合物：

$$S^{2-} + [Fe(CN)_5NO]^{2-} = [Fe(CN)_5NOS]^{4-}$$

氧化数为 +4 的 SO_2、H_2SO_3 及其盐常用作还原剂，但遇强还原剂时，也起氧化剂的作用。$Na_2S_2O_3$ 是硫代硫酸的盐。硫代硫酸不稳定，易分解：

$$H_2S_2O_3 = H_2O + SO_2\uparrow + S\downarrow$$

$S_2O_3^{2-}$ 具有还原性、配位性。$Na_2S_2O_3$ 是常用的还原剂、配合剂。

$$2S_2O_3^{2-} + I_2 = S_4O_6^{2-}\text{（连四硫酸根）} + 2I^-$$

$S_2O_3^{2-}$ 与 Ag^+ 生成白色生成不稳定的沉淀 $Ag_2S_2O_3$（过量则生成配离子），但迅速变黄色，棕色，最后变为黑色 $Ag_2S\downarrow$，这个特征反应用来鉴定 $S_2O_3^{2-}$。

$$Ag_2S_2O_3\downarrow\text{白} \rightarrow \text{黄} \rightarrow \text{棕} \rightarrow Ag_2S\downarrow\text{黑色}$$

氮、磷是周期系 VA 族元素，它的价电子层结构为 ns^2np^5，它的氧化数最高为 +5，最低为 -3。氨水是常用的一元弱碱，铵盐则以无色、易溶、易分解为其特点，鉴定 NH_4^+ 的常用的方法有两种，一是 NH_4^+ 与 OH^- 反应，生成的 $NH_3(g)$ 使湿润的红色石蕊试纸变蓝：二是 NH_4^+ 与奈斯勒（Nessler）试剂（$K_2[HgI_4]$ 的碱性溶液）反应，生成红棕色碘化氨基·氧合二汞（Ⅱ）沉淀。

$$NH_4Cl + 2K_2[HgI_4] + 4KOH = [(Hg)_2ONH_2]I\downarrow_{\text{红棕色}} + KCl + 7KI + 3H_2O$$

亚硝酸可用亚硝酸盐与酸反应制得，但亚硝酸不稳定，易分解。

$$2HNO_2 \underset{冷}{\overset{热}{\rightleftharpoons}} \underset{(蓝)}{N_2O_3} + H_2O \underset{冷}{\overset{热}{\rightleftharpoons}} \underset{红棕}{NO_2} + NO + H_2O$$

亚硝酸具有氧化还原二重性。一般被还原为NO；与强氧化剂作用时 则生成硝酸盐。NO_2^- 与 $FeSO_4$ 溶液在HAc介质中生成棕色的$[Fe(NO)(H_2O)_5]^{2+}$：

$$Fe^{2+} + NO_2^- + 2HAc = Fe^{3+} + NO + H_2O + 2Ac^-$$

$$[Fe(H_2O)_6]^{2+} + NO = [Fe(NO)(H_2O)_5]^{2+}$$

硝酸具有强氧化性。它与许多非金属反应，主要还原产物是NO。浓硝酸与金属反应主要生成NO_2，稀硝酸与金属反应通常生成NO，活泼金属能将极稀硝酸还原为NH_4^+。

$$4Zn + 10HNO_3(稀) = 4Zn(NO_3)_2 + NO + 5H_2O$$

$$4Zn + 10HNO_3(极稀) = 4Zn(NO_3)_2 + NH_4NO_3 + 5H_2O$$

NO_3^- 与 $FeSO_4$ 溶液在浓 H_2SO_4 介质中反应生成棕色$[Fe(NO)(H_2O)_5]^{2+}$：

$$3Fe^{2+} + NO_3^- + 4H^+ = 3Fe^{3+} + NO + 2H_2O$$

$$[Fe(H_2O)_6]^{2+} + NO = [Fe(NO)(H_2O)_5]^{2+}$$

在试液与浓 H_2SO_4 液层界面处生成的$[Fe(NO)(H_2O)_5]^{2+}$呈棕色环状。称为"棕色环"法用于鉴定NO_3^-。NO_2^- 的存在干扰可加入尿素并微热，以除去NO_2^-：

$$NO_2^- + CO(NH_2)_2 + 2H^+ = 2N_2\uparrow + CO_2\uparrow + 3H_2O$$

磷酸是具有中等强度的三元酸，不同形式的盐酸碱性及溶解性有所不同，这与电离与水解程度的相对大小有关，焦磷酸盐还是很好的配位剂。

$$2CuSO_4 + Na_4P_2O_7 = Cu_2P_2O_7\downarrow_{淡绿色} + 2Na_2SO_4$$

$$2Cu_2P_2O_7 + 2Na_4P_2O_7 = 4[Cu(P_2O_7)]^{2-}_{蓝色} + 8Na^+$$

在浓硝酸溶液中，PO_4^{3-} 与过量的钼酸铵反应有淡黄色磷钼酸铵晶体析出，以此可检验PO_4^{3-}。

$$PO_4^{3-} + 12MoO_4^{2-} + 3NH_4^+ + 24H^+ = (NH_4)_3[P(Mo_{12}O_{40})]\cdot 6H_2O + 6H_2O$$

硼酸是稍弱的一元lewis酸，能与多羟基醇发生加合反应，使溶液的酸性增强。硼砂的水溶液因水解而呈碱性，与酸反应可析出硼酸。硼砂可受强热脱水熔化为玻璃体，与不同的金属的氧化物或盐类熔融生成具有不同特征颜色的偏硼酸复盐，即硼砂珠试验。

常利用硼酸和甲醇或乙醇在浓 H_2SO_4 存在的条件下，生成挥发性硼酸酯燃烧所特有的绿色火焰来鉴别硼酸根。

$$H_3BO_3 + 3CH_3OH = B(OCH_3)_3 + 3H_2O$$

【实验内容】

1. Cl_2、Br_2、I_2 的氧化性及 Cl^-、Br^-、I^- 的还原性

用所给试剂设计实验，验证卤素单质的氧化性顺序和卤离子的还原性强弱。根据实验现象写出反应方程式，查出有关的标准电极电势，说明卤素单质的氧化性顺序和卤离子的还原性顺序。

2. 卤素含氧酸盐的性质

（1）次氯酸盐的氧化性：取四支试管分别注入0.5 mL的次氯酸钠溶液。于第一支试管中加入4~5滴0.2 mol·L^{-1}KI溶液，2滴1mol·L^{-1}的 H_2SO_4 溶液。第二支试管加入4~5滴0.1 mol·L^{-1} $MnSO_4$ 溶液。第三支试管加入4~5滴浓盐酸。第四支试管加入2滴品红溶液。观察以上实验现象，写出有关的反应方程式。

（2）氯酸钾的氧化性：取少量的氯酸钾晶体溶解配成 $KClO_3$ 溶液。向0.5 mL 0.2 mol·L^{-1}KI液中滴入刚配制的 $KClO_3$ 溶液，加淀粉溶液5滴，观察有何现象。再用3 mol·L^{-1} H_2SO_4 酸化，观察溶

液颜色的变化，继续往该溶液中滴加 $KClO_3$ 溶液，又有何变化，解释实验现象，写出相应的方程式。

根据实验，总结氯元素含氧酸盐的性质。

3. H_2O_2 的性质

(1) 设计实验：用3% H_2O_2、0.1 mol·$L^{-1}$$Pb(NO_3)_2$、0.1 mol·$L^{-1}$$KMnO_4$、0.1 mol·$L^{-1}$硫代乙酰胺、3 mol·$L^{-1}$ H_2SO_4、0.1 mol·L^{-1}KI、MnO_2(s)设计一组实验，验证 H_2O_2 的分解和氧化还原性。

(2) H_2O_2 的鉴定反应：在试管中加入2 mL 3% H_2O_2 溶液、0.5 mL 乙醚、1 mL 2 mol·$L^{-1}$$H_2SO_4$ 和3~4滴0.5 mol·L^{-1} $K_2Cr_2O_7$ 溶液，振荡试管，观察溶液和乙醚层的颜色有何变化。

4. 硫的化合物的性质

(1) 亚硫酸盐的性质。往试管中加入2 mL 0.5 mol·$L^{-1}$$Na_2SO_3$ 溶液，用3 mol·$L^{-1}$$H_2SO_4$ 酸化，观察有无气体产生。用湿润的pH试纸移近管口，有何现象？然后将溶液分为两份，一份滴加0.1 mol·L^{-1}硫代乙酰胺，另一份滴加0.5 mol·$L^{-1}$$K_2Cr_2O_7$ 溶液，观察现象，说明亚硫酸盐具有什么性质，写出有关的反应方程式。

(2) 硫代硫酸盐的性质。用氯水、碘水、0.1 mol·$L^{-1}$$Na_2S_2O_3$、3 mol·$L^{-1}$$H_2SO_4$、0.1 mol·$L^{-1}$ $AgNO_3$ 设计实验验证：

①$Na_2S_2O_3$ 在酸中的不稳定性；

②$Na_2S_2O_3$ 的还原性和氧化剂强弱对 $Na_2S_2O_3$ 还原产物的影响；

③$Na_2S_2O_3$ 的配位性；

④ $S_2O_3^{2-}$ 的鉴定：在点滴板上滴2滴0.1 mol·L^{-1} $Na_2S_2O_3$，加入0.1 mol·$L^{-1}$$AgNO_3$，直至产生白色沉淀，观察沉淀颜色的变化（由白→黄→棕→黑）利用 $Ag_2S_2O_3$ 分解时颜色的变化可以鉴定 $S_2O_3^{2-}$ 存在。

由以上实验总结硫代硫酸盐的性质，写出反应方程式。

(3) 过二硫酸盐的氧化性。在试管中加入3 mL 1mol·$L^{-1}$$H_2SO_4$ 溶液、3 mL 蒸馏水、3滴0.01 mol·$L^{-1}$$MnSO_4$ 溶液，混合均匀分为两份。在第一份中加入少量过二硫酸钾。第二份中加入1滴0.1 mol·$L^{-1}$$AgNO_3$ 溶液和少量过二硫酸钾固体。将两支试管同时放入同一只热水浴中加热，溶液的颜色有何变化？写出反应方程式。比较以上实验结果并解释之。

5. 氮的化合物的性质

(1) 硝酸的氧化性：分别往两支各加少量锌片的试管中加入1 mL 浓 HNO_3 和1 mL 1mol·L^{-1} HNO_3 溶液，观察两者反应速率和反应产物有何不同。将两滴锌与稀硝酸反应的溶液滴到一只表面皿上，再将润湿的红色石蕊试纸贴于另一只表面皿凹处。向装有溶液的表面皿中加1滴40%浓碱，迅速将贴有试纸的表面皿倒扣其上并且放在热水浴上加热。观察红色石蕊试纸是否变为蓝色。此法称为气室法检验 NH_4^+。见图3-56。

(2) 亚硝酸的生成和性质：在试管中加入10滴1 mol·$L^{-1}$$NaNO_2$（如果室温较高，可放在冰水中冷却），然后滴入浓 H_2SO_4，观察溶液的颜色和液面上液体的颜色，写出反应方程式。

(3) 亚硝酸盐的氧化性和还原性

① 在0.1 mol·$L^{-1}$$NaNO_2$ 中加入0.1 mol·L^{-1}KI，观察现象，然后用2 mol·$L^{-1}$$H_2SO_4$ 酸化，观察现象，并用 CCl_4 验证是否有 I_2 产生？写出反应方程式。

② 在0.01 mol·$L^{-1}$$KMnO_4$中加入0.1 mol·$L^{-1}$ $NaNO_2$，观察紫红色是否褪去，然后用2 mol·$L^{-1}$$H_2SO_4$ 酸化，观察现象，写出反应方程式。

(4) NO_2^- 的鉴定：滴10滴0.1 mol·$L^{-1}$$NaNO_2$ 于试管中，加入数滴2 mol·L^{-1}HAc 酸化，再加入1~2小粒硫酸亚铁晶体，如有棕色出现，证明有 NO_2^- 存在。

(5) NO_3^- 的鉴定：取约 1 mL 0.1 mol·$L^{-1}$$KNO_3$ 于试管中，加入 1～2 小粒硫酸亚铁晶体，振荡，溶解后，将试管斜持，沿试管壁慢慢滴加约 1 mL 浓 H_2SO_4，观察浓 H_2SO_4 与溶液交界面有无棕色环出现。

(6) NH_4^+ 的鉴定：用 0.1 mol·L^{-1} NH_4Cl 溶液，2 mol·L^{-1}NaOH 溶液和红色石蕊试纸用气室法鉴定 NH_4^+，观察现象，写出反应方程式。

6. 磷酸盐的性质

(1) 酸碱性：

①用 pH 试纸测定 0.1 mol·$L^{-1}$$Na_3PO_4$、$Na_2HPO_4$ 和 NaH_2PO_4 溶液的 pH。写出反应方程式并解释之。

②分别往三支试管中注入 0.5 mL 0.1 mol·L^{-1}的 Na_3PO_4、Na_2HPO_4 和 NaH_2PO_4 溶液，再各滴加入适量的 0.1 mol·$L^{-1}$$AgNO_3$ 溶液，是否有沉淀产生？试验溶液的酸碱性有无变化？写出有关的反应方程式。

(2) 溶解性：分别取 0.1 mol·L^{-1}的 Na_3PO_4、Na_2HPO_4 和 NaH_2PO_4 溶液各 0.5 mL，加入等量的 0.5 mol·$L^{-1}$$CaCl_2$ 溶液，观察有何现象，用 pH 试纸测定它们的 pH。滴加 2 mol·L^{-1}氨水，各有何变化？再滴加 2 mol·L^{-1}盐酸，又有何变化？比较磷酸钙、磷酸氢钙、磷酸二氢钙的溶解性，说明它们之间相互转化的条件，写出反应方程式。

(3) 配位性：取 0.5 mL 0.1 mol·L^{-1}的 $CuSO_4$ 溶液，逐滴加入 0.1 mol·L^{-1}焦磷酸钠溶液，观察沉淀的生成。继续滴加焦磷酸钠溶液，沉淀是否溶解？写出相应的反应方程式。

7. 硼酸及硼酸的焰色鉴定反应

(1) 硼酸的性质：取 1 mL 饱和硼酸溶液，用 pH 试纸测其 pH。在硼酸溶液中滴人 3～4 滴甘油，再测溶液的 pH。该实验说明硼酸具有什么性质？

(2) 硼酸的鉴定反应：在蒸发皿中放入少量的硼酸晶体，1 mL 乙醇和几滴浓硫酸。混合后点燃，观察火焰的颜色有何特征。

(3) 硼砂珠的制备试验：用 6 mol·L^{-1}盐酸清洗铂丝，然后将其置于氧化焰中灼烧片刻，取出再浸入酸中，如此重复数次直至铂丝在氧化焰中灼烧不产生离子特征的颜色，表示铂丝已经洗干净了。将这样处理过的铂丝蘸上一些硼砂固体，在氧化焰中灼烧并熔融成圆珠，观察硼砂珠的颜色、状态。

(4) 用硼砂珠鉴定钴盐和铬盐：用烧热的硼砂珠分别沾上少量硝酸钴和三氧化二铬固体，熔融之。冷却后观察硼砂珠的颜色，写出相应的反应方程式。

【思考题】

1. 根据实验结果比较：

① $S_2O_8^{2-}$ 与 MnO_4^- 氧化性的强弱；② $S_2O_3^{2-}$ 与 I^- 还原性的强弱。

2. 在鉴定 $S_2O_3^{2-}$ 时，如果 $Na_2S_2O_3$ 比 $AgNO_3$ 的量多，将会出现什么情况，为什么？

3. 如何区别：

① 次氯酸钠和氯酸钠。

② 三种酸性气体：氯化氢、二氧化硫、硫化氢。

③ 硫酸钠、亚硫酸钠、硫代硫酸钠、硫化钠。

4. 通过实验可以用几种方法将无标签的试剂磷酸钠、磷酸氢钠、磷酸二氢钠一一鉴别出来？

5. 现有一瓶白色粉末状固体，它可能是碳酸钠、硝酸钠、硫酸钠、氯化钠、溴化钠、磷酸钠中的任意一种。试设计鉴别方案。

6. 为什么 $NaNO_2$ 与 KI 的反应要在酸性介质中进行？在 $Na_2S_2O_3$ 与 I_2 的反应中，能不能加酸？为什么？

7. 怎样鉴定 S^{2-}、$S_2O_3^{2-}$、NH_4^+、NO_2^-、NO_3^-？

8. 长期放置的 H_2S、Na_2S 和 Na_2SO_3 溶液会发生什么变化，为什么？

9. 鉴定 NH_4^+ 时，为什么将奈斯勒试剂滴在滤纸上检验逸出的 NH_3，而不是将奈斯勒试剂直接加到含 NH_4^+ 的溶液中？

10. 硝酸与金属反应的主要的还原产物与哪些因素有关？

11. 为什么 H_2O_2 既可以作为氧化剂又可以作为还原剂？什么条件下 H_2O_2 可将 Mn^{2+} 氧化为 MnO_2，什么条件下 MnO_2 又可将 H_2O_2 氧化为 O_2？它们互相矛盾吗？为什么？

12. 总结常见阴离子的检验方法。

实验 43 铬、锰、铁、铜、银

【实验目的】

1. 试验 Cr(III)，Mn(II)，Fe(II，III)，Cu(I，II)，Ag(I) 氢氧化物、配合物的生成和性质。

2. 试验铬、锰、铁、铜、银各种主要氧化态之间的转化。

3. 试验铬(VI)、锰(VII)化合物的氧化性以及介质对氧化还原反应的影响。

【实验仪器与试剂】

试剂：酸：H_2SO_4($6\ mol \cdot L^{-1}$，$2\ mol \cdot L^{-1}$)，HCl(浓，$6\ mol \cdot L^{-1}$)，HNO_3(浓，$6\ mol \cdot L^{-1}$)，HAc($6\ mol \cdot L^{-1}$)，NaOH($2\ mol \cdot L^{-1}$，$6\ mol \cdot L^{-1}$)，氨水($2\ mol \cdot L^{-1}$) $AgNO_3$，$BaCl_2$，$CuSO_4$，$KCr(SO_4)_2$，K_2CrO_4，$K_2Cr_2O_7$，$Pb(NO_3)_2$，KSCN，$MnSO_4$，$FeCl_3$，NaCl，KBr，KI，$K_4[Fe(CN)_6]$，$K_3[Fe(CN)_6]$，$(NH_4)_2Fe(SO_4)_2$，$Na_2S_2O_3$(浓度均为 $0.1mol \cdot L^{-1}$)；饱和的 KI 溶液，$(NH_4)_2S$($2\ mol \cdot L^{-1}$)，$KMnO_4$($0.01\ mol \cdot L^{-1}$)，3% H_2O_2；KOH(s)，$KClO_3$(s)，MnO_2(s)，$(NH_4)_2Fe(SO_4)2.6\ H_2O$(s)，$PbO_2$(s)；$3\ mol \cdot L^{-1}$ 硫代乙酰胺，$CHCl_3$ 或淀粉溶液，84 消毒液。

仪器：试管(架)、离心试管、量筒(10 mL)、酒精灯、水浴锅、离心机等。

【实验原理】

铬、锰、铁依次属于 VIB、VIIB 和 VIII 族元素，在化合物中，Cr、Mn 的最高氧化值和族数相等。Fe 的最高氧化值则小于族数。Cr 常见氧化值为 +3、+6；Mn 为 +2、+4、+6、+7；Fe 为 +2、+3。铜、银则是 IB、IIB 族元素，常见氧化值为 +1、+2。

$Cr(OH)_3$ 灰绿色，两性；$Mn(OH)_2$ 白色，碱性；$Fe(OH)_2$ 白色，碱性；$Fe(OH)_3$ 棕色，两性极弱；$Mn(OH)_2$ 和 $Fe(OH)_2$ 极易被空气氧化为 $MnO(OH)_2$(棕黑)和 $Fe(OH)_3$(棕)。$Cu(OH)_2$ 为蓝色沉淀，可溶于氨水，CuOH、AgOH 均为白色沉淀(乙醚中)，在水中极不稳定，迅速分解为 Ag_2O(褐色)、Cu_2O(砖红色)。

Cr(III)氧化成 Cr(VI)在碱性介质中进行，如：

$$2CrO_2^- + 3H_2O_2 + 2OH^- = 2CrO_4^{2-} + 4H_2O$$

Cr(VI)还原成 Cr(III)在酸性介质中进行，如：

$$Cr_2O_7^{2-} + 3S^{2-} + 14H^+ = 2Cr^{3+} + 3S + 7H_2O$$

铬酸盐和重铬酸盐在溶液中存在下列平衡：

$$2CrO_4^{2-} + 2H^+ = Cr_2O_7{}^{2-} + H_2O$$

加酸或碱可使平衡移动。一般多酸盐溶解度较单酸盐大，故在 $K_2Cr_2O_7$ 溶液中加入 Pb^{2+}，Ba^{2-}、Ag^+ 离子时，实际生成 $PbCrO_4$、$BaSO_4$ 黄色沉淀和 Ag_2CrO_4 砖红色沉淀。

Mn(VI)由 MnO_2 和强碱在氧化剂 $KClO_3$ 的作用下加强热而制得，绿色锰酸钾溶液极易歧化：

$$3K_2MnO_4 + 2H_2O = 2KMnO_4 + MnO_2 + 4KOH$$

K_2MnO_4 可被 Cl_2 氧化成 $KMnO_4$。

$KMnO_4$ 是强氧化剂，它的还原产物随介质酸碱性不同而异。在酸性溶液中 MnO_4^- 被还原成无色的 Mn^{2+}，在中性溶液中被还原为棕色的 MnO_2 沉淀，在强碱性介质中被还原成绿色的 MnO_4^{2-}。

Fe^{3+} 具有一定的氧化性，Fe^{3+} 和 Fe^{2+} 均易和 CN^- 形成配合物，Fe^{3+} 与 $[Fe(CN)_6]^{4-}$ 反应、Fe^{2+} 与 $[Fe(CN)_6]^{4-}$ 反应均能生成蓝色沉淀或溶胶，前者称普鲁士蓝，后者称藤氏蓝。最近，被证明它们的结构相同，为 $[KFe^{II}(CN)_6Fe^{III}]$。

Cu^{2+} 与 Ag^+ 可与 NH_3、CN^-、S_2O_3、I^- 等形成多种配合物，Cu^{2+} 与亚铁氰化钾 $K_4[Fe(CN)_6]$ 在中性或酸性介质形成红褐色沉淀，常用于 Cu^{2+} 的鉴定。

$$2Cu^{2+} + [Fe(CN)_6]^{4-} = Cu_2[Fe(CN)_6]\downarrow\text{(红褐色)}$$

【实验内容】

1. 铬、锰、铁、铜、银氢氧化物的生成与性质

(1) 取五支干净试管，分别往试管中加入少许 0.1 mol·L^{-1} 的 $KCr(SO_4)_2$、$MnSO_4$、$(NH_4)_2Fe(SO_4)_2$、$FeCl_3$、$CuSO_4$、$AgNO_3$ 溶液 10 滴与 2 mol·L^{-1} NaOH 溶液数滴，观察沉淀的颜色与状态。倾出上层溶液，将沉淀分为四份，分别试验对空气、稀酸、浓碱及热的稳定性。写出反应式。填写下表。

金属离子溶液	加适量碱使沉淀生成(两份)		倒出上层液放置		加酸检验沉淀物的碱性		加过量碱检验沉淀物的酸性		加热沉淀	
	现象	主要产物	现象	主要产物	现象	主要产物	现象	主要产物	现象	主要产物
Cr^{3+}										
Mn^{2+}										
Fe^{2+}										
Fe^{3+}										
Cu^{2+}										
Ag^+										

(2) Cr(III) 被氧化。向上面制得的 $Cr(OH)_3$ 溶液中加入 3% H_2O_2 数滴并加热，观察现象的变化，写出反应式。

(3) CrO_4^{2-} 与 $Cr_2O_7^{2-}$ 间的平衡移动。取 0.1 mol·L^{-1} K_2CrO_4 溶液数滴，用 2 mol·L^{-1} H_2SO_4 酸化，观察颜色变化，再加入 2 mol·L^{-1}NaOH，颜色又有何变化？

(4) Mn(II) 的被氧化。往试管中加入少许 PbO_2(s)、10 mL 6 mol·L^{-1} H_2SO_4 及 1 滴 0.1 mol·L^{-1} $MnSO_4$，将试管用小火加热，小心振荡，静置后观察溶液转为紫红色，写出反应式，并用电极电势说明之。

(5) Cu_2O 的生成。往一支试管中加入 1～2 mL 0. mol·L^{-1} $CuSO_4$ 溶液，再加入过量的 2 mol·L^{-1}NaOH 溶液与少量固体葡萄糖。放置，观察现象的变化。将沉淀用水洗净分为两份，分别试验其对浓氨水、浓盐酸的作用，观察现象的变化，写出反应式。

2. 铬、锰、铁、铜、银的难溶化合物

(1) 取 5 支干净试管，分别往试管中加入少许 0.1mol·L^{-1} 的 $KCr(SO_4)_2$、$MnSO_4$、$(NH_4)_2Fe(SO_4)_2$、$FeCl_3$、$CuSO_4$、$AgNO_3$ 溶液 10 滴与 3 mol·L^{-1} 的溶液硫代乙酰胺数滴，观察沉淀的颜色与状态。倾出上层溶液，将沉淀分为四份，分别试验在浓盐酸、浓硝酸中的溶解性。观察现象的变化，写出

反应式。填写下表。

金属离子溶液	加硫代乙酰胺使沉淀生成(两份)		加稀、浓盐酸检验沉淀物的溶解性		加稀、浓硝酸检验沉淀物的溶解性	
	现象	主要产物	现象	主要产物	现象	主要产物
Cr^{3+}						
Mn^{2+}						
Fe^{2+}						
Fe^{3+}						
Cu^{2+}						
Ag^{+}						

(2) 取 3 支干净试管,各加入 5 滴 0.1 mol · L^{-1} $K_2Cr_2O_7$ 溶液中,再往其中分别滴加 0.1 mol · L^{-1} $Pb(NO_3)_2$,0.1 mol · L^{-1} $BaCl_2$,0.1 mol · L^{-1} $AgNO_3$ 溶液 3 滴,观察沉淀的生成及颜色,写出反应式。

3. 铬、锰、铁、铜、银配合物

(1) 取 5 支干净试管,分别往试管中加入少许 0.1 mol · L^{-1} 的 $KCr(SO_4)_2$、$MnSO_4$、$(NH_4)_2Fe(SO_4)_2$、$FeCl_3$、$CuSO_4$、$AgNO_3$ 溶液 5 滴,逐滴加入 2 mol · L^{-1} 的氨水,观察沉淀颜色,继续加氨水至过量,观察沉淀是否溶解,写出反应式。

金属离子溶液	加入适量氨水至沉淀产生		继续加入过量氨水至沉淀溶解	
Cr^{3+}	现象	主要产 物	现象	主要产物
Mn^{2+}				
Fe^{2+}				
Fe^{3+}				
Cu^{2+}				
Ag^{+}				

(2) 往一支试管中加入少许 0.1 mol · L^{-1} 的 $CuSO_4$ 溶液与 2 mol · L^{-1} 的 NaOH 溶液,制备少量 $Cu(OH)_2$ 沉淀,离心沉降,弃去清液,再加入少许 2 mol · L^{-1} 氨水,观察沉淀颜色及是否溶解,写出反应式。

(3) 往试管中加入几滴 0.1 mol · L^{-1} $AgNO_3$ 溶液和 0.1 mol · L^{-1} NaCl 溶液,离心沉淀,弃去清液,加 2 mol · L^{-1} 氨水,观察沉淀颜色及是否溶解,写出反应式。

(4) 往试管中加入几滴 0.1 mol · L^{-1} $AgNO_3$ 溶液和 0.1 mol · L^{-1} KBr 溶液,观察沉淀的颜色。离心沉降,弃去清液,在沉淀中加入 0.1 mol · L^{-1} $Na_2S_2O_3$ 溶液,观察沉淀是否溶解,写出反应式。

(5) Fe(Ⅱ)、Fe(Ⅲ)的配合物

①在数滴 0.1 mol · L^{-1} $FeC1_3$ 溶液中,滴加 0.1 mol · L^{-1} $K_4[Fe(CN)]_6$,观察普鲁士蓝色沉淀(或溶胶)形成。

②在数滴 0.1 mol · L^{-1} $(NH_4)_2Fe(SO_4)_2$ 溶液中,滴加 0.1 mol · L^{-1} $K_3[Fe(CN)]_6$ 观察藤氏蓝色沉淀(或溶胶)的形成。

③在数滴 0.1 mol · L^{-1} $(NH_4)_2Fe(SO_4)_2$ 溶液中,加 1 滴 2 mol · L^{-1} H_2SO_4 及 0.1 mol · L^{-1} KSCN 溶液数滴,观察有无现象变化?然后再滴加 3% H_2O_2 溶液数滴,观察颜色的变化,写出反应式。

4. 铬、锰、铁、铜、银化合物的氧化还原性

(1) Cr(VI)的氧化性。将 2 mol · L^{-1} $(NH_4)_2S$ 滴加到酸化的 0.1 mol · L^{-1} $K_2Cr_2O_7$ 溶液中，微热，观察现象及颜色变化。

(2) 锰(VI)化合物

①K_2MnO_4 的生成。在一干燥试管中放一小粒 KOH 和约等体积的 $KClO_3$ 晶体，加热至熔结一起后，再加入少许 MnO_2，加热熔融，至熔结后，使试管口稍低于管底部，强热至熔块呈绿色，放置，待冷后加 4 mL 水振荡使溶，溶液应呈绿色。写出反应式。

②K_2MnO_4 的歧化 取少量上面自制的 K_2MnO_4 溶液，加入 6mol · L^{-1} HAc 溶液，观察溶液颜色的变化和沉淀的生成。

③K_2MnO_4 的氧化。取少量上面自制的 K_2MnO_4 溶液，滴加 NaClO 溶液并微热，观察溶液颜色的变化。

(3)锰(VII)化合物。

取 3 支试管各加入 2 滴 0.01 mol · L^{-1} $KMnO_4$ 溶液，再分别加入数滴 2 mol · L^{-1} H_2SO_4、水、6 mol · L^{-1} NaOH，然后分别加入少许 Na_2SO_3 晶体。观察各试管所发生的现象。写出反应式，并作出介质对 $KMnO_4$ 还原产物的影响结论。

(4) Fe(III)的氧化性。在 0.1 mol · L^{-1} $FeCl_3$ 溶液中，滴入 0.1mol · L^{-1} KI 溶液，观察现象，设法检验所得产物是什么?

(5)Cu(I)化合物的生成和性质。在 5 滴 0.1 mol · L^{-1} $CuSO_4$ 溶液中，加入 20 滴 0.1 mol · L^{-1} KI 溶液，离心分离清液和沉淀。检查清液中是否有 I_2存在。把沉淀洗涤两次，观察沉淀的颜色和状态。在洗净的沉淀中加入饱和的 KI 溶液至沉淀刚好溶解，取此清液数滴，加水稀释，观察有何现象? 写出反应式。

(6)银镜反应。在一支洁净的试管(不能有油污)中加入 2 mL 0.1 mol · L^{-1} $AgNO_3$ 溶液，逐滴加入 2 mol · L^{-1}氨水直到生成的沉淀刚好溶解为止，摇匀。然后，再往溶液中加入几滴 10% 葡萄糖溶液，并把试管放在水浴中静止加热(70 ~ 80 ℃)，观察试管壁上生成的银镜。

5. Cu^{2+} 与 Ag^+ 的鉴定

①Cu^{2+} 的鉴定：Cu^{2+} 可用生成$[Cu(NH_3)_4]^{2+}$的方法来鉴定。但当 Cu^{2+} 的量较少时，可用更灵敏的亚铁氰化钾法鉴定：取 2 滴 0.1 mol · L^{-1} CuSO 溶液，加入 2 滴 0.1mol · L^{-1} $K_4[Fe(CN)_6]$溶液，有何现象? 写出反应式

②在试管中加入 5 滴 0.1 mol · L^{-1} $AgNO_3$溶液，滴加 2 mol · L^{-1} HCl 至沉淀完全。离心沉降，弃去清液。沉淀用蒸馏水洗涤一次。然后在沉淀内加过量的氨水，待沉淀溶解后，加 2 滴 0.1 mol · L^{-1} KI 溶液，观察有何现象? 写出反应式。

【实验注意事项】

1. 试验 Cr^{3+} 还原性时，H_2O_2 为氧化剂，有时溶液会出现褐红色，这是由于生成过酸钠的缘故。

$$2CrCl_3 + 3H_2O_2 + 10NaOH = 2Na_2CrO_4(\text{黄色}) + 6NaCl + 8H_2O$$

$$2Na_2CrO_4 + 2NaOH + 7H_2O_2 = 2Na_3CrO_8(\text{褐红色}) + 8H_2O$$

2. 在酸性溶液中，MnO_4^- 被还原成 Mn^{2+} 时有时会出现 MnO_2 的棕色沉淀，这是因溶液的酸度不够及 $KMnO_4$ 过量，与生成的 Mn^{2+} 反应所致：

$$2MnO_4^- + 3Mn^{2+} + 2H_2O = 5MnO_2\downarrow + 4H^+$$

3. Fe^{3+} 呈淡紫色，由于水解生成$[Fe(H_2O)_5(OH)]^{2+}$而使溶液呈棕黄色。

【思考题】

1. 怎样实现 $Cr^{3+} \to Cr(OH)_4^- \to CrO_4^{2-} \to Cr_2O_7^{2-} \to CrO_5 \to Cr^{3+}$ 的转化？怎样实现 $Mn^{2+} \to MnO_2 \to MnO_4^{2-} \to MnO_4^- \to Mn^{2+}$ 的转化？各用反应方程式表示之。

2. 如何鉴定 Cr^{3+}、Mn^{2+}、Fe^{3+}、Fe^{2+}、Cu^{2+} 和 Ag^+ 的存在？

3. 怎样存放 $KMnO_4$ 溶液？为什么？

4. 试用两种方法实现 Fe^{3+} 和 Fe^{2+} 的相互转化。

5. 将 $Cu(OH)_2$ 加热，将发生什么变？将 NaOH 溶液加入 $AgNO_3$ 溶液中，是否能得到 AgOH？

6. 将氨水分别加入 $CuSO_4$ 和 $AgNO_3$ 溶液中，将产生什么现象？

7. 将 KI 加到 $CuSO_4$ 溶液中，是否会得到 CuI_2？CuI 沉淀是否可溶于浓的 KI 溶液中溶液中？为什么？

实验 44　烃与卤代烃的性质

【实验目的】

1. 验证烃、芳香烃、卤代烃的主要化学性质。

2. 掌握烯、炔、芳香烃、卤代烃的鉴别方法。

【实验原理】

烷、烯、炔、芳香烃都是烃类。烷烃在一般情况下比较稳定，在特殊条件下可发生取代反应等。而烯烃和炔烃由于分子中具有不饱和双键（$>C=C<$）和叁键（—C≡C—），所以表现出加成，氧化等特征反应。具有 R—C≡CH 结构的炔烃，因含有活泼氢，能与重金属，如亚铜离子，银离子形成炔基金属化合物，故能够与烯烃和具有 R—C≡C—R 结构的炔类相区别。

芳烃由于在环状共扼体系中电子密度平均化的结果，它的化学性质比烯烃、炔烃稳定，不易发生加成反应和氧化反应，却易发生取代反应，构成了苯和其他芳香烃的特征反应。

卤代烃分子中的 C－X 键比较活泼，—X 可以被—OH、—NH_2、—CN 等取代，也可与硝酸银醇溶液作用，生成不溶性的卤化银沉淀。烃基的结构和卤素的种类是影响反应的主要因素，分子中卤素活泼性越大，反应进行越快。各种卤代烃卤素的活泼顺序如下：

$$R-I > R-Br > R-Cl$$

$$RCH=CHCH_2X, PhCH_2X > 3°R-X > 2°R-X > 1°R-X > CH_3-X > RCH=CHX, Ph-X$$

【实验试剂】

样品：精制石油醚、松节油、苯和甲苯；1－氯丁烷、1－溴丁烷、1－碘丁烷、氯苄、1－氯丁烷、氯苯。

试剂：5% Br_2-CCl_4 溶液、$AgNO_3$ 乙醇溶液（0.1%）、0.1% $KMnO_4$、1:5（v/v）H_2SO_4。

【实验内容与步骤】

1. 烃的性质

1.1 对氧化剂的安定性

在四支干净的试管中各加入 2 滴 0.1% $KMnO_4$ 溶液及 4 滴稀 H_2SO_4，然后依次加入 10 滴精制石油醚、2 滴松节油、1 滴苯和甲苯，于水浴中温热，然后剧烈振荡，观察其现象。

1.2 卤代反应

（1）光卤代反应：照下取 2 支干燥试管，各加入 10 滴精制石油醚[1]，再加入 1～2 滴 Br_2-CCl_4 溶液，摇匀后，一支放在暗处；另一支光照，观察现象，数分钟后比较结果。

（2）芳烃的卤代反应：取 2 支干燥小试管，分别加入 5 滴苯和甲苯，再各加入 5 滴 Br_2-CCl_4 溶液，振荡后放置数分钟观察是否发生反应(溶液是否褪色,是否有 HBr 烟雾生成?)然后光照,观察实验现象。

1.3 烯烃的加成反应:于试管中加入 5 滴溴水,然后加入 1 滴松节油,振荡试管,观察溴水是否褪色。

2. 卤代烃的性质

2.1 相同烃基,不同卤素活性的比较

取 3 支用蒸馏水洗过的干燥试管,各加入 0.5 mL $AgNO_3$ 乙醇溶液,然后分加入 2 ~ 3 滴 1 - 氯丁烷、1 - 溴丁烷、1 - 碘丁烷,振摇后观察结果[2]。将不反应的试管放在水浴中缓缓加热数分钟,再观察结果。

2.2 不同烃基上的氯原子活性比较

取 3 支用蒸馏水洗过的干燥试管,各加入 1 mL 硝酸银乙醇溶液,再分别加入 5 滴氯苄、1 - 氯丁烷、氯苯、振摇后静置 5 min,将不反应的试管放在水浴上缓缓加热,冷却后,观察有无沉淀析出,然后将沉淀物中加 1 滴稀硝酸,观察沉淀是否溶解?

【注释】

[1]石油醚的精制:取 2.5 mL 石油醚于试管中,加入 1 mL 浓 H_2SO_4,剧烈振荡后静置片刻,待分层后,将下层深色的硫酸用滴管抽去,重新加入 1 mL 浓 H_2SO_4 振荡洗涤,重复上述操作,直到硫酸层无色为止(约洗 3 ~ 4 次)。然后用水洗去残留的酸液(约洗 2 次以上)即得到精制石油醚。

[2]烷烃易溶于 $Br_2 - CCl_4$ 溶液中,溴代反应进行较快,而生成的溴化氢气体则不溶于 $Br_2 - CCl_4$ 溶液中,若向试管吹一口气,便有白色烟雾,能使湿的蓝色石蕊试纸变红。而加成反应则无溴化氢气体产生,这是取代反应与加成反应不同之处。

【思考题】

1. 苯和甲苯的溴代条件有何不同,各是什么类型反应?

2. 苯的溴代、氧化等反应,为什么只能温热而不能的沸水浴中加热?

3. 说明下列卤代烃反应活泼性次序的原因:

①$RI > RBr > RCl$; ② $PhCH_2Cl > CH_3(CH_2)_2Cl > PhCl$

4. 如何鉴别下列化合物?

$CH_3CH_2Br, CH_2 = CHBr$

实验 45　醇、酚、醚、醛和酮的性质

【实验目的】

1. 验证醇、酚、醚、醛和酮的主要化学性质。

2. 掌握醇、酚、醛和酮的鉴别方法。

【实验原理】

醇、酚、醚都可看作是烃的含氧衍生物。由于氧原子联结的基团(或原子)不同,使醇、酚、醚的化学性质有很大的区别。

醇类的特征反应与羟基有关,羟基中的氢原子可被金属钠取代生成醇钠。羟基还可被卤原子取代。伯、仲、叔醇与卢卡斯(Lucas)试剂(无水氯化锌的浓盐酸溶液)作用时,反应速度不尽相同,生成的产物氯代烷不溶于卢卡斯试剂中,故可以根据出现混浊的快慢来鉴别伯、仲、叔醇。立即出现混浊放置分层为叔醇,经微热几分钟后出现混浊的为仲醇,无明显变化为伯醇。此外,伯仲醇易被氧化剂如高锰酸钾、重铬酸钾等氧化,而叔醇在室温下不易被氧化,故可用氧化反应区别叔醇。

多元醇如丙三醇、乙二醇及1,2－二醇等邻二醇都能与新配制的氢氧化铜溶液作用,生成深蓝色产物,此反应可用于邻二醇的鉴别。

酚的反应比较复杂,除具有酚羟基的特性外,还具有芳环上的取代反应。由于两者的相互影响,使酚具有弱酸性(比碳酸还弱),故溶于氢氧化钠溶液中,而不溶于碳酸氢钠溶液中。苦味酸(2,4,6－三硝基酚)则具有中强的酸性。苯酚与溴水反应可生成2,4,6－三溴苯酚的白色沉淀,可用于酚的鉴别。此外,苯酚容易被氧化,可使高锰酸钾紫色退去。与三氯化铁溶液发生特征性的颜色反应,可用于酚类的鉴别。

醚与浓的强无机酸作用可生成鉾盐,故乙醚可溶于浓硫酸中。当用水稀释时,盐又分解为原来的醚和酸。利用此性质可分离或除去混在卤代烷中的醚。此外,醇、醛、酮、酯等中性含氧有机物,也都能形成盐而溶于浓硫酸。

乙醚具有沸点低易挥发,易燃、密度比空气重等特点。故蒸馏或使用乙醚时,严禁明火,并需采用特殊的接收装置。乙醚在空气中放置易被氧化,形成过氧化物,此过氧化物浓度较高时,易发生爆炸,故蒸馏乙醚时不应蒸干,以防发生意外事故。

醛和酮分子中含有羰基($>C=O$),所以它们都能与许多试剂发生亲核加成反应。其中与2,4—二硝基苯肼加成时生成黄色2,4—二硝基苯腙沉淀是鉴别羰基化合物的常用方法。

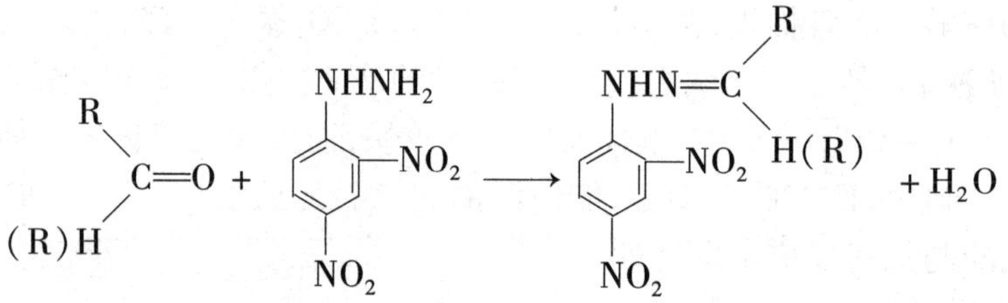

受羰基影响,α－H比较活泼,容易发生卤代、缩合反应。

醛和甲基酮与亚硫酸氢钠发生加成反应,加成产物以结晶形式析出。如果将加成物与稀盐酸或稀碳酸钠溶液共热,则分解为原来的醛或甲基酮。因此这一反应可采用来鉴别和纯化醛或甲基酮。

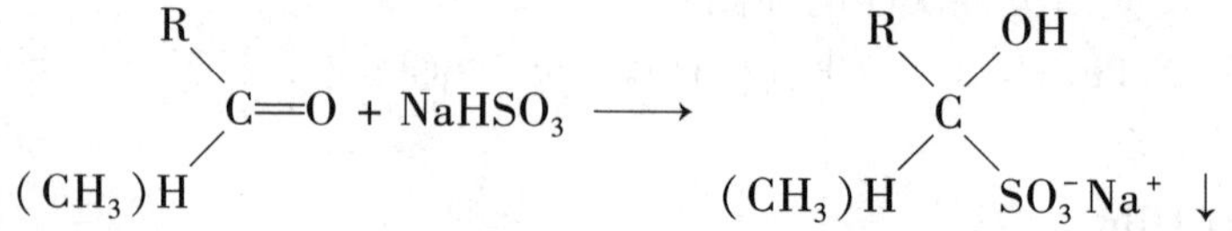

醛和酮结构上的区别,在反应中表现相互不同的特点。醛羰基碳上连接一个氢原子而有还原性,能被弱碱性氧化剂氧化,例如,Tollens试剂、Fehling试剂,而酮则不能。醛能与品红醛试剂(Schiff试剂)作用,形成一种紫红色的醌型染料,酮则不能。我们可以利用这些反应来区别醛和酮。

在分子中具有 CH_3CO—原子团的化合物,或其他易被次碘酸钠氧化成这种基团的化合物,如 $(CH_3—\underset{\text{OH}}{\underset{|}{\text{CH}}}—)$ 均能发生碘仿反应,这是一个鉴别甲基酮(甲基醇)的简便方法。

【实验试剂】

无水乙醇、正丁醇、仲丁醇、叔丁醇、卢卡斯试剂、甘油、乙二醇、苦味酸、碳酸氢钠溶液(5%)、三氯化铁溶液(1%)、乙醚、金属钠、酚酞溶液、高锰酸钾溶液(0.5%)、浓硫酸(96～98%)、异丙醇、稀盐酸($6\ mol\cdot L^{-1}$)、苯酚、氢氧化钠(10%,20%)、碳酸钠(5%)、饱和溴水、稀硫酸($3mol\cdot L^{-1}$)、重铬酸钾溶液(5%)、硫酸亚铁铵(2%)、硫氰化铵(1%)。甲醛水溶液、饱和亚硫酸氢钠溶液、乙醛水溶液、10% 氢氧化钠溶液、苯甲醛、2%氨水溶液、丙酮、2,4—二硝基苯肼试剂、乙醇、希夫(Schiff)试剂、5%硝酸溶液。

【实验步骤】

1. 醇的性质

(1)醇钠的生成与水解。在两支干燥的试管中,分别加入 1 mL 无水乙醇,1 mL 正丁醇,再各加入一粒黄豆大小的金属钠,观察两支试管中反应速度有何差异。用大拇指按住试管口片刻,再用点燃的火柴接近管口,有什么情况发生?醇与钠作用后期,反应逐渐变慢,这时需用小火加热,使反应进行完全,直至钠粒完全消失。静置冷却,醇钠从溶液中析出,使溶液变黏稠(甚至凝固)。然后向试管中加入 5 mL 水,并滴入 2 滴酚酞指示剂,观察溶液颜色的变化。试管中若还有残余钠粒,绝不能加水!否则金属钠遇水,反应进行剧烈,会发生着火事故!此外未反应完的钠粒决不能倒入水槽(或废酸缸)中。

(2)醇的氧化。在 3 支试管中分别加入 1 mL 5% $K_2Cr_2O_7$ 溶液和 1 mL 3 mol · L^{-1} H_2SO_4,混匀后再分别加入 3 ~4 滴正丁醇,仲丁醇,叔丁醇,观察各试管中溶液颜色的变化。

(3)与卢卡斯试剂作用(伯、仲、叔醇的鉴别[1])。在 3 支干燥试管中,分别加入 0.5 mL 正丁醇、仲丁醇、叔丁醇,再各加入 1 mL 卢卡斯试剂,管口配上塞子。用力振摇片刻后静置,观察各试管中的变化,并记录第一个出现浑浊的时间。然后将其余两支试管放入 50 ~55 ℃水浴中,几分钟后观察两支试管中有无变化,并加以记录。

(4)多元醇与氢氧化铜的作用。在两支试管中,分别加入 1 mL 1% $CuSO_4$ 溶液和 1 mL 10% NaOH 溶液,立即析出蓝色氢氧化铜沉淀。倾去上层清液,再各加入 2 mL 水,充分振摇后分别滴入 3 滴甘油、乙二醇,振摇并观察溶液颜色的变化。再加入过量的稀盐酸观察溶液颜色又有何变化[2]。

2. 酚的性质

2.1 苯酚的水溶性和弱酸性

(1)在试管中放入少量苯酚晶体和 1 mL 水,振摇并观察溶解性[3]。加热后再观察其中的变化。将溶液冷却,加入几滴 20% NaOH 溶液,然后再滴加 3 mol · L^{-1} H_2SO_4,观察反应过程的现象。

(2)在两支试管中,各加入少量苯酚晶体,再分别加入 1 mL5% $NaHCO_3$ 溶液、1 mL 5% Na_2CO_3 溶液,振摇并用手握住试管底部片刻,观察各个试管中的现象并加以对比。

(3)在试管中加入 1 mL5% $NaHCO_3$ 溶液,再加入少量苦味酸晶体,振摇并观察现象[4]。

2.2 苯酚与溴水作用

在试管中放入少量苯酚晶体,并加入 2 ~3 mL 水,制成透明的苯酚稀溶液[5],滴加饱和溴水,观察现象。

2.3 苯酚与三氯化铁作用

(1)在试管中放入少量苯酚晶体并加入 2 ~3 mL 水,制成透明的苯酚稀溶液。再滴加 2 ~3 滴 1% $FeCl_3$ 溶液,观察现象。

(2)在试管中加入少量对苯二酚晶体与 2 mL 水,振摇后,再加入 1 mL% $FeCl_3$ 溶液,观察溶液颜色的变化。放置片刻后再观察有无结晶析出(可用玻棒摩擦试管壁,加速结晶析出)。

3. 醚的性质

3.1 乙醚的挥发性和易燃性

在固定的铁环上,安放一个玻璃漏斗,颈口连接一端拉尖的玻璃弯管,下面再放置 500 mL 烧杯。装置如图 3 -4。并在玻璃漏斗口铺一薄层玻璃毛。

在干燥的小烧杯中,放入 2 ~3 mL 乙醚,再放入一小团脱脂棉吸收乙醚,将吸收乙醚后的棉花放入玻璃漏斗(棉花应稍压干,勿使乙醚液滴下)。几分钟后,在弯管尖嘴处用火柴点燃(或将燃着的火柴放入烧杯内),观察并解释实验现象。

3.2 乙醚与酸的作用

在干燥试管中放入 2 mL 浓 H_2SO_4,用冰水浴冷却后,再小心加入已冰冷的 l mL 乙醚,观察现象并嗅其气味。然后在振摇和冷却下,把试管内的混合液倒入盛 5 mL 冰水的试管里,观察现象并嗅其气味。再小心滴加几滴5% NaOH溶液,混合液又发生什么变化?

3.3 过氧化物的检验

取1 mL 2% $(NH_4)_2Fe(SO_4)_2$ 溶液(新配制),滴入2~3滴1% NH_4CNS 溶液,再加入1 mL工业乙醚,然后用力振摇。观察溶液颜色有无变化并解释原因[6]。

4. 醛和酮的性质

4.1 与二硝基苯肼试剂反应[7]

在3支试管中各加入1 mL 2.4-二硝基苯肼溶液,然后分别加入2滴甲醛、乙醛、苯甲醛和丙酮,振荡,观察有无沉淀产生,若无沉淀生成,可水浴加热片刻,再流水冷却。有黄色或橙色沉淀生成,表明样品是羰基化合物。

4.2 与亚硫酸氢钠反应[8]

在3支干燥试管中,各加入1 mL亚硫酸氢钠饱和溶液,然后分别加入0.5 mL丁醛、苯甲醛和丙酮,边加边用力摇动试管,观察有无晶体析出。若无晶体析出,可放置5~10 min后再观察。若有结晶析出表明样品是醛或甲基酮。最后各取晶体少许干燥后,放置试管中,分别加入2 mL 10%碳酸钠溶液,摇匀,并且稍微温热,继续摇动试管,观察现象,注意其气味。

4.3 Fehling试验[9]

取四支试管,在每支试管中,注入此Fehling试剂"A"和Fehling试剂"B"各0.5 mL,混合均匀后,再分别加入3~4滴甲醛水溶液,乙醛水溶液、丙酮和苯甲醛。在沸水浴中加热,观察现象,比较结果(若有砖红色沉淀,表明是脂肪醛类化合物)。

4.4 Tollen's试验[10]

取四支十分洁净的试管中,分别加入2 mL 5%硝酸银溶液,1滴5%氢氧化钠溶液,分别逐渐滴加2%氨水,边滴边摇动试管,直到生成的沉淀恰好溶解为止,即为银氨溶液。分别加入2滴甲醛水溶液、乙醛水溶液、丙酮和苯甲醛溶液。振荡混匀,可在手心或40 ℃水浴中温热几分钟,观察现象,比较结果。若有银镜生成,表明是醛类化合物。实验完后,立即用硝酸将试管底部的混合物洗涤干净,不能久放。为什么?

4.5 Schiff's试验[11]

在三支试管中各加入1 mL Schiff's试剂(品红醛试剂),再分别加入3~4滴甲醛水溶液、苯甲醛溶液和丙酮,放置数分钟,观察其颜色变化。

4.6 碘仿试验[12]

取四支试管,分别加入0.5 mL碘溶液,再分别加入3~4滴丙酮、乙醛、乙醇、2-丁醇,再滴加1滴10%氢氧化钠溶液,直至碘的棕色近于消失。观察有无沉淀产生。若不出现沉淀,可在温水浴中温热数分钟,冷却后观察。

【注释】

[1]卢卡斯试验只适用于鉴定 C_3~C_6 醇,因为6个碳以上的醇不溶于卢卡斯试剂,而 C_1~C_2 醇反应生成的氯代烷是气体,故都不适用。

[2]随着醇分子中羟基数目增多,多元醇具有弱酸性。多元醇能与某些金属(铜、铅)的氢氧化物发生反应。例如甘油与氢氧化铜反应,生成甘油酮,它溶于水,水溶液中因有络合物生成呈深蓝色。此实验是多元醇的定性反应。此络合物对碱稳定,加入过量稀盐酸,又分解为多元醇与铜盐、颜色又变浅蓝色。

[3]因为碳酸钠水解产生氢氧化钠,$Na_2CO_3 + H_2O \rightleftharpoons NaOH + NaHCO_3$ 苯酚与氢氧化钠反应生成水溶性的苯酚钠(在此过程无 CO_2 放出),故苯酚能溶于碳酸钠溶液,但不溶于碳酸氢钠溶液。

[4]苦味酸的酸性比甲酸要强(pKa=0.38)。实验中析出的固体是苦味酸钠。

[5]2,4,6－三溴苯酚的溶解度极小(20 ℃ 0.007 g/100 g 水),1 ppm 的苯酚稀溶液加入溴水也呈现混浊。2,4,6－三溴苯酚继续与过量溴水作用,会产生淡黄色难溶于水的四溴化合物(溴水也是氧化剂)。

[6]若乙醚中有过氧化物存在,它能使亚铁盐氧化为铁盐,铁盐与 NH_4CNS 作用,生成血红色的硫氰化铁络离子。

[7]2.4－二硝基苯肼试剂的配制　取 2,4－二硝基苯肼 1 克,加入 7.5 mL 浓硫酸,溶解后,将溶液倒入 75 mL 95% 乙醇中,用水稀释至 250 mL,必要时过滤备用。

[8]饱和亚硫酸氢钠溶液的配制　取 100 mL 40% 亚硫酸氢钠溶液,加入 25 mL 无水乙醇。若有少量结晶析出,必须过滤,或倾出上层清溶液。此溶液不稳定,容易被氧化或分解,因此不能保存过久。

[9]Fehling 溶液的配制　用酒石酸钾和氢氧化铜混合后生成的络合物不稳定,故需分别配制,试验时将二溶液混合。

Fehling 溶液"A"　结晶硫酸铜 34.6 g 溶于 500 mL 水中。

Fehling 溶液"B"　酒石硫钾钠 173 g,氢氧化钠 70 g 溶于 500 mL 水中。

[10]配制 Tollen's 试剂时应防止加入过量的氨水,否则将生成雷酸银(Ag－ON＝C),受热后将增加其爆炸的机会,试剂本身还将失去灵敏性。

Tollen's 试剂久置后将析出黑色氮化银(Ag_3N)沉淀。它受震动时即分解,容易爆炸,有时潮湿的氮化银也能引起爆炸。因此这种试剂必须在临用时配制,不宜贮存备用。进行实验时,切忌用灯焰直接加热。

[11]品红醛试剂的配制 溶解 0.5 g 品红盐酸盐于 500 mL 蒸馏水中,过滤,另取 500 mL 蒸馏水通过二氧化硫使饱和,将这两种溶液混合均匀,静置过夜后,贮于密闭的棕色瓶中。这种配法可获得无色的、很灵敏的试剂。

[12]碘溶液的配制 取 5 g 碘化钾,溶于 200 mL 水中,再溶入 25 g 碘即成。

【思考题】

1. 为什么必须使用无水乙醇与金属钠反应？反应产物加水后用酚酞检验,产生什么现象并加以说明。

2. 用卢卡斯试剂如何鉴别伯、仲、叔醇。

3. 多元醇如甘油可用什么溶液鉴别？并写出有关反应式。

4. 苯酚和三氧化铁溶液显紫色,当加入 NaOH 溶液,使溶液呈碱性,请预测可能出现的现象,并用实验加以验证。

5. 乙醚为什么能溶于浓的无机强酸？加水稀释后乙醚为何又浮在上层？加几滴碱后乙醚层为何又增多？

实验 46　羧酸及其衍生物、糖、胺的性质

【实验目的】

1. 验证羧酸及其衍生物、糖、胺的性质。

2. 掌握羧酸及其衍生物、糖、胺鉴别方法。

【实验原理】

1. 羧酸的性质

(1)羧酸官能团－COOH 有酸性。甲酸的 pKa:3.77;草酸的 pKa:1.46 和 4.40;乙酸的 pKa:4.76;碳酸的 pKa:6.5。因为羧酸的酸性比碳酸酸性强,因此可分解碳酸盐。

(2)酯化。

$$CH_3CH_2OH + CH_3COOH \xrightleftharpoons{H^+} CH_3COOCH_2CH_3 + H_2O$$

(3)甲酸和草酸的加热分解。

$$HOOCCOOH \xrightarrow[\triangle]{} CO_2\uparrow + HCOOH$$

(4)还原性。

$$HCOOH + KMnO_4 \longrightarrow CO_2 + H_2O$$

$$5HOOCCOOH + 2KMnO_4 + 3H_2SO_4 \longrightarrow K_2SO_4 + 2MnSO_4 + 10CO_2 + 8H_2O$$

(5)成盐反应。

2. 羧酸衍生物官能团 - COOL

可以水解成酸 - COOH;醇解成酯 - COOR;氨解成酰胺 - $COONH_2$。

糖类化合物又称碳水化合物。糖包括单糖、双糖、多糖等,其中最简单的是单糖。按其官能团可分为醛糖、酮糖,根据碳原子数目又可分为戊糖、己糖等。单糖的结构可看作是一个多羟基醛(醛糖)或多羟基酮(酮糖),所以单糖具有一般醛、酮的性质,但因羰基与分子内的羟基形成环状半缩醛、半缩酮的结构,故其性质与一般醛、酮又有些不同,如不与品红醛试剂反应,难以与亚硫酸氢钠发生加成反应等。

胺可看作氨(NH_3)分子中的氢原子被烃基取代的产物,—NH_2称为氨基,它与脂肪烃基相连为脂肪胺,与芳基相连则称为芳胺。按氢原子被烃基取代的数目又分为伯胺、仲胺叔胺。

胺具有弱碱性,可与酸成盐,胺类性质较活泼,在制药及药物分析上具有重要意义。

【实验仪器和试剂】

仪器:试管、酒精灯等。

试剂:甲酸、草酸、乙酸、苯甲酸、冰醋酸、无水乙醇、乙酰氯、苯胺、乙酸酐、乙酰胺、95%乙醇。

10%氢氧化钠溶液、20%氢氧化钠溶液、30% ~ 40%氢氧化钠溶液、10%盐酸、石灰水、稀硫酸(1:5)、浓硫酸、10%硫酸溶液、0.5%高锰酸钾溶液、蒸馏水、20%碳酸钠溶液、氯化钠、2%硝酸银溶液、四氯化碳、溴的四氯化碳溶液、10%氯化钙溶液;刚果红试纸、红色石蕊试纸等;2%葡萄糖、2%果糖、2%乳糖、2%蔗糖;苯肼盐酸盐、醋酸钠。

【实验步骤】

1. 羧酸的性质

1.1 酸性的试验

将甲酸、乙酸各10滴及0.5 g草酸分别溶于2 mL蒸馏水中。然后用洗净的玻璃棒分别沾取相应的酸液在同一条刚果试纸上画线,比较各线条的颜色和深浅程度。

1.2 成盐反应

取0.2 g苯甲酸晶体放入盛有1 mL蒸馏水的试管中,加入10%氢氧化钠溶液数滴,振荡并观察现象。接着再加数滴10%盐酸,振荡并观察所发生的变化。

1.3 氧化反应

在3支小试管中分别加入0.5 mL甲酸、乙酸以及由0.2 g草酸和1 mL水所配成的溶液,然后饭别加入15%硫酸1 mL及0.5%高锰酸钾溶液2 ~ 3 mL,加热至沸,观察现象。

1.4 成脂反应

在一干燥试管中加入1 mL无水乙醇和1 mL冰醋酸,再加入0.2 mL浓硫酸,振摇均匀后浸在60

℃ –70 ℃热水浴中约10 min。然后将试管浸入冷水中冷却，最后向试管内再加入5 mL蒸馏水。这时试管中有酯层析出并浮于液面之上，试闻生成酯的气味。

2. 酰氯和酸酐的性质

2.1 水解作用

在试管中加入2 mL蒸馏水，再加入数滴乙酰氯，观察现象。反应结束后在溶液中滴加数滴2%硝酸银溶液，观察现象。

2.2 醇解作用

在一干燥试管中加入1 mL无水乙醇，慢慢滴加乙酰氯，同时用冷水冷却试管并不断振荡。反应结束后先加入1 mL水，然后小心地用20%碳酸钠溶液中和反应液使之呈中性，即有一酯层浮在液面上，如果没有酯层浮起，在溶液中加入粉状的氯化钠至溶液饱和为止，观察现象并闻气味。

2.3 氨解作用

在一干燥试管中加入5滴新蒸馏过的淡黄色苯胺，然后慢慢滴加8滴乙酰氯，待反应结束后再加入5 mL水并用玻璃棒搅匀，观察现象。

3. 酰胺的水解作用

3.1 碱性水解

取0.1 g乙酰胺和20%氢氧化钠溶液1 mL一起放入试管中，混合均匀并用小火加热至沸。用湿润的红色石蕊试纸在试管口检验所产生的气体。

3.2 酸性水解

取0.1 g乙酰胺和15%硫酸1.5 mL一起放入试管中，混合均匀并用小火加热沸腾2 min（注意：有醋酸味产生）。放冷后加入20%氢氧化钠溶液至反应液呈碱性，再次加热，用湿润的红色石蕊试纸检验所产生气体的性质。

4. 酯的水解反应

取3支洁净的试管，各加入1 mL乙酸乙酯和1 mL水。在第二试管中再加入2滴15%硫酸；在第3支试管中再加入2滴30%氢氧化钠溶液。振荡试管，注意观察3支试管里酯层和气味消失的快慢有何不同。此现象说明了什么？

5. 异羟肟酸铁

在5支装有0.5 mL盐酸羟胺甲醇溶液（1 mol · L^{-1}）的试管中，各加入2滴乙酸乙酯、乙酸酐、乙酰氯、乙酸和40 mg乙酰胺，摇匀后加氢氧化钾溶液（2 mol · L^{-1}）使呈碱性，加热煮沸。冷却后加5%稀盐酸使呈弱酸性，再滴加5滴1%三氯化铁溶液，如出现葡萄酒红色为阳性反应。

6. 乙酰乙酸乙酯的性质

6.1 酮式的性质

取1支干燥的试管，加入10滴乙酰乙酸乙酯和10滴新配制的饱和亚硫酸钠溶液。摇动试管，放置10分钟后观察有何现象。

6.2 烯醇式的性质

取1支试管，加入10滴乙酰乙酸乙酯和1 mL乙醇，混合均匀，分成两份。一份中滴加1滴1%三氯化铁溶液，反应液呈何颜色？在另一份中滴加数滴饱和溴水，变化如何？放置后又会怎样？解释上述变化过程。

7. 胺的性质

7.1 弱碱性

取1 mL水置试管中，滴加5滴苯胺，振摇，观察苯胺是否溶于水。然后加入3滴浓盐酸，振摇观察其变化。全部溶解后，再加入3～4滴20% NaOH溶液，又有何变化？如何解释这些现象？

7.2. 苯胺与溴水作用

在试管中加入 2 mL ~ 3 mL 水，再加入 1 滴苯胺，振摇使其全部溶解后，取此苯胺水溶液 1 mL，逐滴加入饱和溴水，有何变化？如何解释这些现象？

7.3. 与苯磺酰氯反应（Hinsberg 试验）

取三只试管，分别加入苯胺、N－甲基苯胺、N，N－二甲基苯胺各 1 滴，10% NaOH 10 滴，苯磺酰氯两滴，塞住管口，剧烈振摇，并在水浴中温热（不可煮沸），直到苯磺酰氯气味消失，有何变化？如何解释这些现象？

7.4. 与亚硝酸反应

取三只试管，分别加入苯胺、N－甲基苯胺、N，N－二甲基苯胺各 2 滴，0.5 mL 水及 3 滴浓 HCl，振摇均匀后浸在冰水中冷至 0 ℃，在振摇下慢慢加入 5% $NaNO_2$ 溶液 3 滴各有何变化？往第一支试管的溶液中加入 2 滴 β－萘酚碱性溶液，又有何变化？往第三支试管的溶液中加 5% NaOH 溶液中和至碱性后，又有何变化？如何解释这些现象？

8. 糖的性质

8.1 还原性试验

（1）斐林反应：在有标记的四支干净的试管中，分别加入 2% 葡萄糖、2% 果糖、2% 蔗糖、2% 乳糖各 5 滴，在每一试管内加入 5 滴斐林试剂，在水浴中加热观察现象。

（2）银镜反应：在试管中加入 1 mL 5% $AgNO_3$，1 滴 5% NaOH，再逐滴加入 5% 氨水，不断振摇，至生成的沉淀恰好溶解为止，将制得溶液均分到四支干净的试管中，然后分别加入 2% 葡萄糖、2% 果糖、2% 蔗糖、2% 乳糖各 5 滴，混合均匀后，将试管浸在 60 ℃ ~ 80 ℃ 水浴中（勿振荡），观察有何变化？

（3）在 2 支干净的试管中，然后分别加入葡萄糖、果糖溶液各 5 滴，饱和溴水 1 滴，振荡，观察有何变化？

8.2 糖脎的生成

操作：在四支试管中分别加入 2% 葡萄糖、2% 果糖、2% 乳糖、2% 蔗糖各 0.5 mL，再各加入 0.1 g 苯肼盐酸盐与醋酸钠的混合物，加热使固体完全溶解后，将试管放在沸水浴中加热，随时加以振摇，待黄色的结晶开始出现时（但双糖必须煮沸 30 min 以上再取出）从沸水中取出试管，放在试管架上，使其冷却，则美丽的黄色的糖脎结晶逐渐形成，取一点点糖脎（用水稀释）于载玻片上，在显微镜下观察其形状。苯肼盐酸盐与醋酸钠的重量比为 2∶3，混合后放在研钵里研细，苯肼有毒，使用勿与皮肤接触。

【实验注意事项】

1. 注意指示剂变色的变色范围。

2. 乙酰氯的水解和醇解反应都很剧烈，滴加时要小心，以免液体溅出。

【思考题】

1. 羧酸成酯反应为什么必须控制在 60 ~ 70 ℃ 温度偏高或偏低有什么影响？

2. 写出甲酸、冰醋酸、草酸加热分解的反应式，并试用电子效应解释实验现象。

3. 列表比较酯、酰氯、酸酐、酰胺的反应活性。

4. 怎样鉴别（1）伯胺、仲胺、叔胺；（2）葡萄糖、果糖、蔗糖。

(五)物质的制备实验

实验 47　硫酸亚铁铵的制备

【实验目的】

1. 了解复盐的一般特征和制备方法。

2. 练习水浴加热、蒸发浓缩、结晶、减压过滤等基本操作。

【实验原理】

硫酸亚铁铵又称摩尔盐,是浅绿色透明晶体,易溶于水但不溶于乙醇。它在空气中比一般的亚铁铵盐稳定,不易被氧化。在定量分析中常用来配制亚铁离子的标准溶液。

在 0 ~ 60 ℃的温度范围内,硫酸亚铁在水中的溶解度比组成它的每一组分的溶解度都小,因此很容易从浓的 $FeSO_4$ 和 $(NH_4)_2SO_4$ 的混合溶液结晶制得摩尔盐。

通常先用铁屑与稀硫酸反应生成硫酸亚铁,反应方程式为:

$$Fe + H_2SO_2 = FeSO_4 + H_2 \uparrow$$

然后加入等物质的量的 $(NH_4)_2SO_4$ 溶液,充分混合后,加热浓缩,冷却,结晶,便可析出硫酸亚铁铵复盐,反应方程式为:

$$FeSO_4 + (NH_4)_2SO_4 = (NH_4)_2Fe(SO_4)_2 \cdot 6H_2O$$

【实验仪器及实剂】

仪器:锥形瓶(150 mL)、烧杯、酒精灯、石棉网、量筒(25 mL)、漏斗、漏斗架、玻璃棒、布氏漏斗、吸滤瓶、蒸发皿、电子台秤、水浴锅、滤纸、温度计。

试剂:H_2SO_4(3mol · L^{-1})、$(NH_4)_2SO_4$(固体)、铁屑、95%乙醇。

【实验内容】

1. 铁屑的净化(去油污)

称取 2 g 铁屑放在锥形瓶中,加入 20 mL 质量分数为 10% 的 Na_2CO_3 溶液,小火加热煮沸并适当搅拌约 5 ~ 10 min,以除去铁屑上的油污。用倾析法将碱液倒出,用纯水把铁屑反复冲洗干净。

2. 硫酸亚铁的制备

将 20 mL 3 mol · L^{-1} H_2SO_4 倒入盛有铁屑的锥形瓶中,水浴上加热(在通风厨中进行),经常取出锥形瓶摇荡,并适当补充水分,直至反应完全为止(不再有氢气气泡冒出)。再加入几滴 3 mol · L^{-1} H_2SO_4。趁热减压过滤,滤液转移到蒸发皿内(若滤液稍有浑浊,可滴入硫酸酸化)。过滤后的残渣用滤纸吸干后称重,计算出已反应铁屑的质量,并根据反应方程式算出 $FeSO_4$ 的理论量。

3. 硫酸亚铁铵的制备

称取所需硫酸铵固体和量取所需水的体积,一并加入到盛有硫酸亚铁溶液的蒸发皿中。水浴加热,搅拌至硫酸铵完全溶解。继续蒸发浓缩至表面出现晶膜为止。静置自然冷却结晶至母液完全清亮,抽滤。用少量乙醇洗涤晶体两次。取出晶体放在表面皿上晾干,观察产品的颜色和晶形。称重,计算产率。

【实验数据及其处理】

铁屑总量(g)	
剩余铁屑的质量(g)	
铁屑的实际反应量(g)	
稀硫酸的体积(mL)	
$FeSO_4$ 的理论产量(g)	
硫酸铵固体质量(g)	
所需水的体积(mL)	
产品的颜色和晶形	
产品的实际产量(g)	
产品的理论产量(g)	
产率(%)	

【实验注意事项】

1. 配制 $3mol \cdot L^{-1} H_2SO_4$ 溶液时，应将浓硫酸沿玻璃棒慢慢倒入已加有适量去离子水的烧杯中，边倒边搅拌，切不可将去离子水倒入浓硫酸中。

2. 铁屑用 Na_2CO_3 溶液洗涤后，必须用水冲洗至中性。否则，残留碱要耗去即将加入的部分硫酸，致使反应过程中溶液酸度不够。

3. 为节省加热时间，可向铁屑与硫酸作用时所用的水浴中加入由实验预备室供给的开水，并继续加热。在铁屑与硫酸作用的过程中，会产生大量氢气及少量有毒气体(如 H_2S、PH_3、AsH_3 等)，应注意通风，避免发生事故。在加热过程中，应经常取出锥形瓶摇荡，以加速反应，并适当地往锥形瓶中添加少量水，以补充蒸发掉的水分。

4. 用热水洗涤锥形瓶及铁残渣附着的硫酸亚铁溶液时，用水量应尽可能少。用水太多，最后的溶液蒸发时间就过长。

5. 若嫌水浴蒸发需时过多，也可将蒸发皿放在石棉网上直接加热，但在溶液沸腾后必须用小火加热，并要小心搅拌，以防溅出。待刚出现晶体膜，即可停止加热。

6. 蒸发过程中，有时溶液会由浅蓝绿色逐渐变为黄色(这是由于溶液的酸度不够，Fe^{2+} 离子被氧化成 Fe^{3+} 及 Fe^{3+} 进一步水解所致)。这时要向溶液中加入几滴浓硫酸提高酸度，同时再加几只铁钉，使 Fe^{3+} 转变为 Fe^{2+}。在制备过程中，为了使 Fe^{2+} 不被氧化和水解，溶液需保持足够的酸度。

7. 蒸发浓缩后的溶液，必须让其充分冷却后，才能用布氏漏斗抽气过滤。若未充分冷却，在滤液中会有硫酸亚铁铵晶体析出，致使产量降低。

【思考题】

1. 本实验中前后两次水浴加热的目的有何不同？

2. 在硫酸亚铁铵的制备过程中为什么要控制溶液 pH 值为 1 ~ 2？

3. 在计算硫酸亚铁铵的产率时，是根据铁的用量还是硫酸铵的用量？铁的用量过多对制备硫酸亚铁铵有何影响？

4. 减压过滤有何特点？什么情况下应采用减压过滤？应注意哪些事项？步骤有哪些？

实验 48 硫代硫酸钠的制备

【实验目的】

1. 了解用 $Na_2S_2O_3$ 和 S 制备硫代硫酸钠的方法。

2. 学习用冷凝管进行回流的操作。

3. 熟悉减压过滤、蒸发、结晶等基本操作。

4. 进一步练习滴定操作。

【实验原理】

硫代硫酸钠从水溶液中结晶得五水合物（$Na_2S_2O_3 \cdot 5H_2O$），它是一种白色晶体，商品名称为“海波、大苏打”，硫代硫酸根中硫的氧化值为 +2，其结构式为：

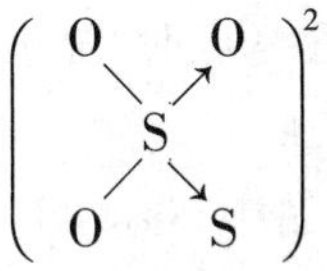

元素的电极电势图如下：

E_A^θ/V　$S_2O_8^{2-}$ $\underline{\ 2.01\ }$ SO_4^{2-} $\underline{\ 0.20\ }$ H_2SO_3 $\underline{\ 0.40\ }$ $S_2O_3^{2-}$ $\underline{\ 0.50\ }$ S

E_B^θ/V　SO_4^{2-} $\underline{\ 0.93\ }$ SO_3^{2-} $\underline{\ -0.58\ }$ $S_2O_3^{2-}$ $\underline{\ -0.74\ }$ S

由电极电势图可知，酸性溶液中 $S_2O_3^{2-}$ 易发生歧化反应，生成 H_2SO_3 和 S。碱性溶液中发生反歧化反应，即由 SO_3^{2-} 与 S 作用生成 $S_2O_3^{2-}$。

本实验是利用亚硫酸钠与硫共煮制备硫代硫酸钠。其反应式为：

$$Na_2SO_3 + S \xlongequal{\triangle} Na_2S_2O_3$$

鉴别 $Na_2S_2O_3$ 的特征反应为：

$$2Ag^+ + S_2O_3^{2-} = Ag_2S_2O_3\downarrow（白色）$$

$$Ag_2S_2O_3\downarrow + H_2O = H_2SO_4 + Ag_2S\downarrow（黑色）$$

在含有 $S_2O_3^{2-}$ 溶液中加入过量的 $AgNO_3$ 溶液，立刻生成白色沉淀，此沉淀迅速变黄、变棕，最后变成黑色。

硫代硫酸盐的含量测定是利用反应：

$$2S_2O_3^{2-} + I_2(aq) = S_4O_6^{2-} + 2I^-(aq)$$

但亚硫酸盐也能与 I_2—KI 溶液反应：

$$SO_3^{2-} + I_2 + H_2O = SO_4^{2-} + 2I^- + 2H^+$$

所以用标准碘溶液测定 $Na_2S_2O_3$ 含量前，先要加甲醛使溶液中的 Na_2SO_3 与甲醛反应，生成加合物 $CH_2(Na_2SO_3)O$，此加合物还原能力很弱，不能还原 I_2—KI 溶液中的 I_2。

【实验仪器和试剂】

仪器：圆底烧瓶（500 mL）、球形冷凝管、量筒、减压过滤装置、表面皿、烘箱、锥形瓶、滴定管（50 mL）、滴定台、移液管（25 mL）、蒸发皿、托盘天平、分析天平。

试剂：Na_2SO_3（固）、S（固）、HAc－NaAc 缓冲溶液（含 HAc 0.1 $mol \cdot L^{-1}$、NaAc 1 $mol \cdot L^{-1}$）、$AgNO_3$（0.1 $mol \cdot L^{-1}$）、I_2 标准溶液（0.05 $mol \cdot L^{-1}$）（标准浓度见标签）、淀粉溶液（0.5%）、中性甲醛溶液（40%）（配制方法：40% 甲醛水溶液中加入 2 滴酚酞，滴加 NaOH 溶液（2 g/L）至刚呈微红色）。

【实验装置】

见图 3－31。

【实验内容】

1. 制备 $Na_2S_2O_3 \cdot 5H_2O$

在圆底烧瓶中加入 12 g Na_2SO_3、60 mL 去离子水、4 g 硫黄，按图安装好回流装置，加热煮沸悬浊液，回流 1 h 后，趁热用减压过滤装置过滤。将滤液倒入蒸发皿，蒸发滤液至开始析出晶体。取下蒸发皿，冷却，待晶体完全析出后，减压过滤，并用吸水纸吸干晶体表面的水分。称量产品质量，并按 Na_2SO_3 用量计算产率。

2. 产品的鉴定

(1)定性鉴别。取少量产品加水溶解。取此水溶液数滴加入过量 $AgNO_3$ 溶液,观察沉淀的生成及其颜色变化。若颜色由白色→黄色→棕色→黑色,则证明有 $Na_2S_2O_3$。

(2)定量测定产品中 $Na_2S_2O_3$ 的含量称取 1 g 样品(精确至 0.1 mg)于锥形瓶中,加入刚煮沸过并冷却的去离子水 20 mL 使其完全溶解。加入 5 mL 中性 40 % 甲醛溶液,10 mL HAc—NaAc 缓冲溶液(此时溶液的 pH≈6),用标准碘水溶液滴定,近终点时,加 1 ~ 2 mL 淀粉溶液,继续滴定至溶液呈蓝色,30 s 内不消失即为终点。

计算产品中 $Na_2S_2O_3 \cdot 5H_2O$ 的含量。

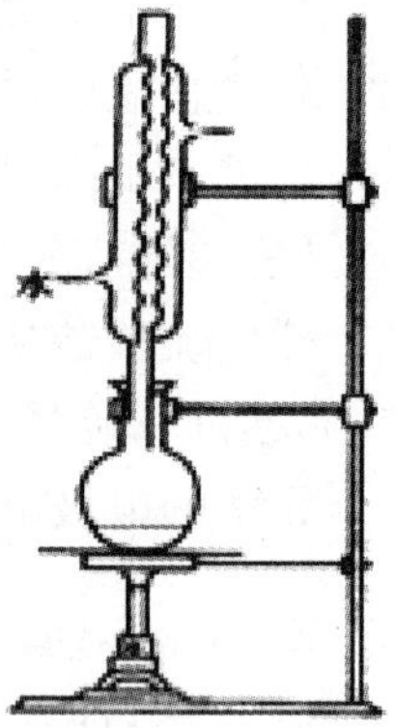

图 3-31　反应装置

【实验注意事项】

1. 在制备硫代硫酸钠的过程中,一定在溶液 pH = 7 ~ 8 时停止反应。如果 pH < 7,会引起 $Na_2S_2O_3$ 的分解;反之,会使 Na_2S 反应不完全,两者都影响产量,尤其后者更影响到产品的质量。

pH 大小检查方法是:在反应大约一小时后,迅速用 pH 试纸检查溶液的酸碱性。

2. 蒸发结晶的温度控制。

3. 发生二氧化硫气体时,要控制浓盐酸用量速度使 5 ~ 10 s 冒一个气泡。因为反应是放热反应,温度要升高,影响二氧化硫在水中溶解度,从而影响反应进行程度。另外,二氧化硫必须是计算量,否则影响产品产量和质量。

【思考题】

1. $Na_2S_2O_3$ 在酸性溶液中能否稳定存在?写出相应的反应方程式。

2. 适量和过量的 $Na_2S_2O_3$ 与 $AgNO_3$ 溶液作用有什么不同?用反应方程式表示之。

3. 计算产率时为什么以 Na_2SO_3 用量而不以硫磺的用量计算?

4. 在定量测定产品中 $Na_2S_2O_3$ 的含量时,为什么要用刚煮沸过并冷却的去离子水溶解样品?

实验 49　环己烯的制备

【实验目的】

1. 学习、掌握由环己醇制备环己烯的原理及方法。

2. 了解分馏的原理及实验操作。

3. 练习并掌握蒸馏、分液、干燥等实验操作方法。

【实验原理】

烯烃是重要的化工原料,工业上主要通过石油裂解的方法制备烯烃,有时也利用醇在高温下脱水制取。实验室中主要使用浓硫酸等作为催化剂使醇脱水或卤代烃在强碱存在下发生消除反应来制备烯烃。

本实验采用浓硫酸作为催化剂使环己醇脱水来制备环己烯,反应式如下:

主反应

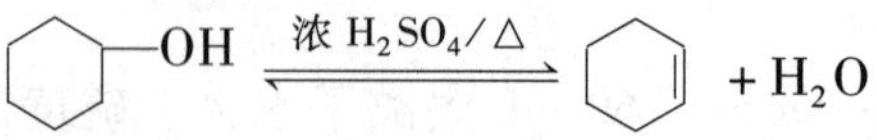

一般认为,该反应历程为 E1 历程,整个反应是可逆的:酸使醇羟基质子化,使其易于离去而生成正碳离子,后者失去一个质子,就生成烯烃。

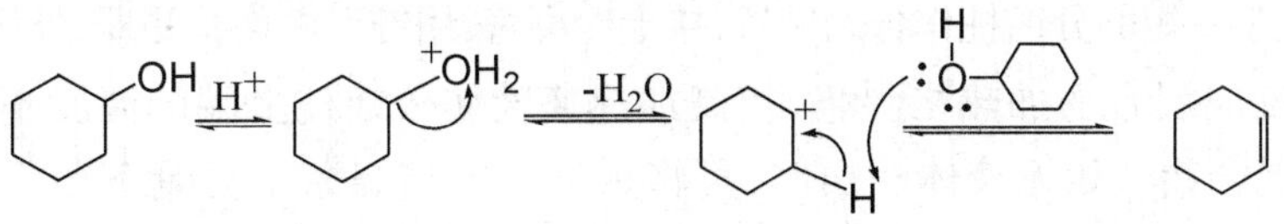

可能的副反应:(难)

副反应 2

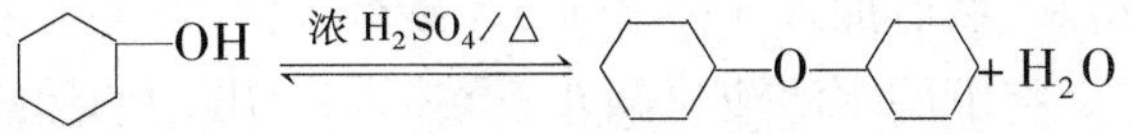

本实验采用的措施是:边反应边蒸出反应生成的环己烯和水形成的二元共沸物(沸点 70.8 ℃,含水 10%)。但是原料环己醇也能和水形成二元共沸物(沸点 97.8 ℃,含水 80%)。为了使产物以共沸物的形式蒸出反应体系,而又不夹带原料环己醇,本实验采用分馏装置,并控制柱顶温度不超过 90 ℃。

反应也可采用 85% 的磷酸为催化剂,而不用浓硫酸作催化剂,是因为磷酸氧化能力较硫酸弱得多,减少了氧化副反应。

分馏的原理就是让上升的蒸汽和下降的冷凝液在分馏柱中进行多次热交换,相当于在分馏柱中进行多次蒸馏,从而使低沸点的物质不断上升、被蒸出;高沸点的物质不断地被冷凝、下降、流回加热容器中,结果将沸点不同的物质分离。

【实验仪器及试剂】

仪器:50 mL 圆底烧瓶、分馏柱、直型冷凝管,分液漏斗、锥形瓶、蒸馏头,接液管、温度计。

试剂:环己醇,浓硫酸或浓磷酸,氯化钠、无水氯化钙、5% 碳酸钠水溶液。

【实验装置与实验流程图】

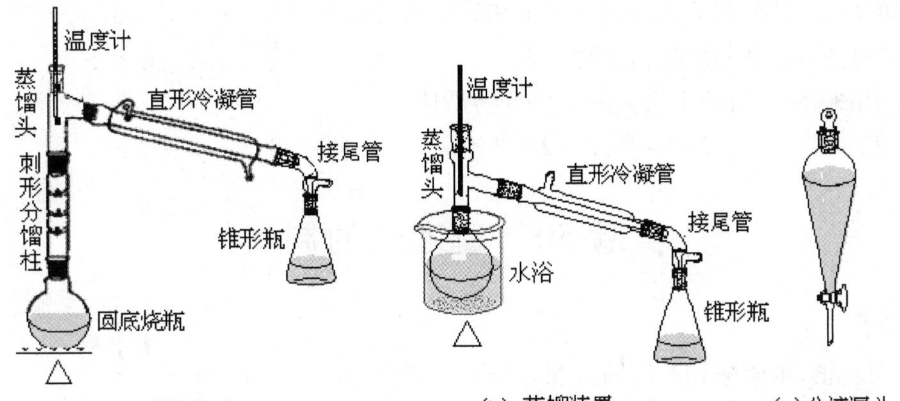

(a) 反应装置 (b) 蒸馏装置 (c)分液漏斗

图 3－32 实验装置

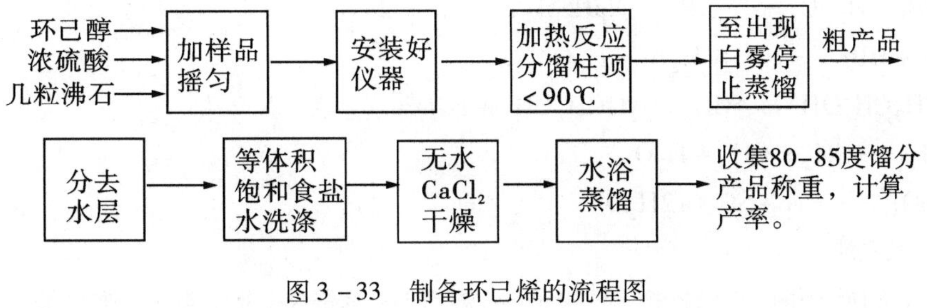

图 3－33 制备环己烯的流程图

【实验步骤】

在 50 mL 干燥的圆底烧瓶中,放入 15 g 环己醇(15.6 mL,0.15 mol)、1 mL 浓硫酸和几粒沸石,充分振摇使混合均匀。烧瓶上装一短的分馏柱作分馏装置，接上冷凝管，用锥形瓶作接受器，外用冰水冷却。

用小火慢慢将反应混合物加热之沸腾，控制加热速度使分馏柱上端的温度不要超过 90 ℃，馏出液为环己烯和水的混合物。如无液体蒸出时，可将火加大。当烧瓶中只剩下很少量的残渣并出现阵阵白雾时，即可停止蒸馏。全部蒸馏时间约需 1 h。

将馏出液用精盐饱和，然后加入 3 ~4 mL 5%碳酸钠溶液中和微量的酸。将此液体倒入小分液漏斗中，振摇后静置分层。将下层水溶液自漏斗下端活塞放出、上层的粗产物自漏斗的上口倒入干燥的锥形瓶中，加入 1 ~2 g 无水氯化钙干燥。将干燥后的液体滤入干燥的蒸馏瓶中，加入沸石后用水浴加热蒸馏，收集 80 ~85 ℃的馏分于一已称重的干燥锥形瓶中。产量 6 ~8 g。

纯环己烯为无色液体，沸点为 82.98 ℃，n_D^{20}为 1.4465。本实验约需 3 ~4 h。

【实验注意事项】

1. 环己醇在常温下是黏稠状液体，因而若用量筒量取时应注意转移中的损失，环己醇与硫酸应充分混合，否则在加热过程中可能会发生局部碳化。

2. 最好使用油浴，使蒸馏时受热均匀。由于反应中环己烯与水形成共沸物（含水 10%，沸点 70.8 ℃），环己醇与环己烯形成共沸物（沸点 64.9 ℃，含环己醇 30.5%）；环己醇与水形成共沸物（沸点 97.8 ℃，含水 80%）。因比在加热时温度不可过高，蒸馏速度不宜太快，以减少未作用的环己醇蒸出。

3. 水层应尽可能分离完全，否则将增加无水氯化钙的用量，使产物更多地被干燥剂吸附而导致损失，这里用无水氯化钙干燥较适合，因为氯化钙还可除去少量环己醇。

4. 在蒸馏已干燥的产物时，蒸馏所用仪器都应充分干燥。

【思考题】

1. 在粗制的环己烯中，加入精盐使水层饱和的目的何在？

2. 在蒸馏终止前，出现的阵阵白雾是什么？

3. 下列醇用浓硫酸进行脱水反应的主要产物是什么？

（1）3 - 甲基 - 1 - 丁醇，（2）3 - 甲基 - 2 - 丁醇，（3）3，3 - 二甲基 - 2 - 丁醇。

实验 50 溴乙烷的制备

【实验目的】

1. 学习以溴化钠、浓硫酸和乙醇制备溴乙烷的原理。

2. 学习低沸点蒸馏的基本操作和分液漏斗的使用方法。

【反应原理】

主反应：$NaBr + H_2SO_4 \longrightarrow HBr + NaHSO_4$

$CH_3CH_2OH + HBr \longrightarrow CH_3CH_2Br + H_2O$

副反应：$2CH_3CH_2OH \longrightarrow CH_3CH_2OCH_2CH_3 + H_2O$

$CH_3CH_2OH \longrightarrow CH_2 = CH_2 + H_2O$

$2HBr + H_2SO_4 \longrightarrow Br_2 + SO_2 + 2H_2O$

【实验仪器与试剂】

仪器：100 mL 圆底烧瓶、直形冷凝管、接液头、温度计、蒸馏头、分液漏斗、锥形瓶。

试剂：乙醇（95%）10 mL（0.17mol）、溴化钠（无水）15 g（0.15mol）、浓硫酸（d = 1.84）19 mL、饱和亚硫酸氢钠 5 mL。

【实验装置与流程图】

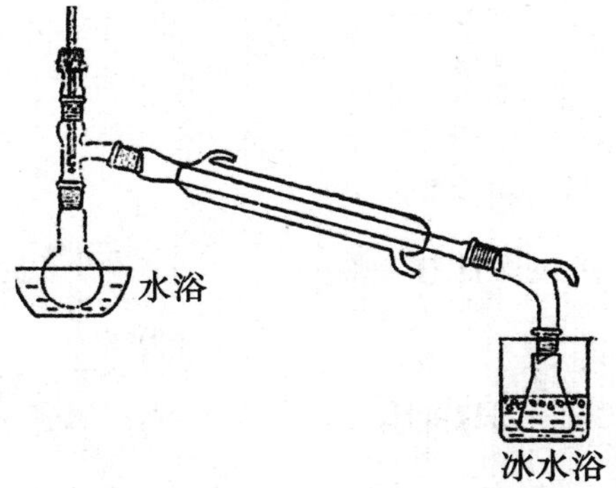

图 3－34　制备溴乙烷的装置图

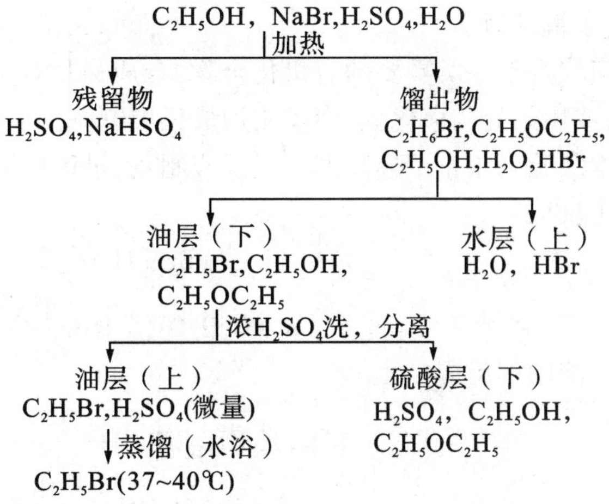

图 3－35　制备溴乙烷的流程图

【实验步骤】

1. 溴乙烷的生成

在 100 mL 圆底烧瓶中加入 10 mL 95% 乙醇及 9 mL 水，在不断振荡和冷却下，缓慢加入浓硫酸 19 mL，混合物冷却到室温，在搅拌下加入研细的 15 g 溴化钠，再加入几粒沸石，小心摇动烧瓶使其均匀。冷凝管下端连接接引管。溴乙烷沸点很低，极易挥发。为了避免损失，在接收器中加入冷水及 5 mL 饱和亚硫酸氢钠溶液，放在冰水浴中冷却，并使接受管的末端刚浸没在水溶液中。

开始小火加热，使反应液微微沸腾，使反应平稳进行，直到无溴乙烷流出为止（随反应进行，反应混合液开始有大量气体出现，此时一定控制加热强度，不要造成暴沸然后固体逐渐减少，当固体全部消失时，反应液变得黏稠，然后变成透明液体。此时已接近反应终点。用盛有水的烧杯检查有无溴乙烷流出。

2. 溴乙烷的精制

将接收器中的液体倒入分液漏斗，静止分层后，将下面的粗溴乙烷转移至干燥的锥形瓶中。在冰水冷却下，小心加入 1～2 mL 浓硫酸，边加边摇动锥形瓶进行冷却。用干燥的分液漏斗分出下层浓硫酸。将上层溴乙烷从分液漏斗上口倒入 50 mL 烧瓶中，加入几粒沸石进行蒸馏。由于溴乙烷沸点很低，接收器要在冰水中冷却。接受 37～40 ℃的馏分。产量约 10 g（产率约 54%）。

纯溴乙烷为无色液体，沸点 38.4 ℃，$n_D^{20}=1.4239$。

注：如果在加热之前没有把反应混合物摇均，反应时极易出现暴沸使反应失败。开始反应时，要小火加热，以避免溴化氢逸出。加入浓硫酸精制时一定注意冷却，以避免溴乙烷损失. 实验过程采用两次分液，第一次保留下层，第二次要上层产品。在反应过程中，既不要反应时间不够，也不要蒸馏时间太长，将水过分蒸出造成硫酸钠凝固在烧瓶中。

【思考题】

1. 溴乙烷沸点低（38.4 ℃），实验中采取了哪些措施减少溴乙烷的损失？

2. 溴乙烷的制备中浓 H_2SO_4 洗涤的目的何在？

实验 51　正溴丁烷的合成

【实验目的】

1. 学习以正丁醇、溴化钠和浓硫酸制备 1－溴丁烷的原理和方法。

2. 掌握连有有毒气体吸收装置的加热回流操作和蒸馏操作。

【实验原理】

卤代烃是一类重要的有机化合物，合成卤代烃通常用醇和氢卤酸、卤化亚砜、卤化磷等进行反应制备，或用烯烃与卤化氢、卤素的加成反应制备。

本实验采用正丁醇和溴化氢反应制备，过程如下：

主反应：

$$NaBr + H_2SO_4 \longrightarrow HBr + NaHSO_4$$

$$n-C_4H_9OH + HBr \xrightarrow{H_2SO_4} n-C_4H_9Br + H_2O$$

可能的副反应：

$$CH_3CH_2CH_2CH_2OH \xrightarrow{H_2SO_4} CH_3CH_2CH=CH_2 + H_2O$$

$$2n-C_4H_9OH \xrightarrow{H_2SO_4} (n-C_4H_9)_2O + H_2O$$

$$2HBr + H_2SO_4 \longrightarrow Br_2 + SO_2\uparrow + 2H_2O$$

【实验仪器及试剂】

仪器：铁架台、电炉或电热套、中量制备仪、锥形瓶(250 mL)、量筒(10 mL)、短颈三角漏斗、温度计(200 ℃)、分液漏斗、烧杯(500 mL、250 mL、100 mL)、铁圈、烧瓶夹、冷凝管夹、十字夹、玻璃管、玻璃弯管(90°)、橡皮管、沸石等。

试剂：正丁醇、溴化钠、浓硫酸、氢氧化钠、碳酸氢钠、无水硫酸钠。

【实验装置与流程】

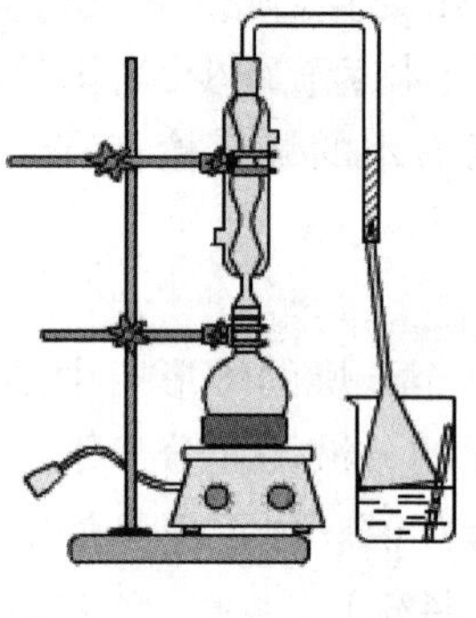

图 3-36 制备装置图

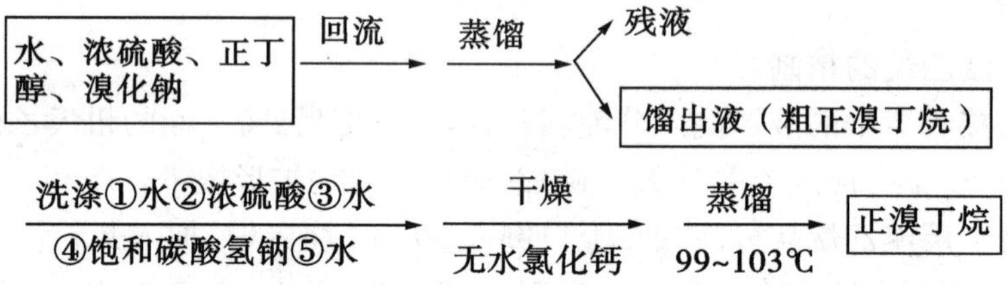

图 3-37 制备正溴丁的流程图

【实验步骤】

1. 合成：在 100 mL 圆底烧瓶中，加入 10 mL 水，慢慢滴加 12 mL 浓硫酸，混合均匀，冷却后加入 7.5 mL(6.07 g)正丁醇，摇匀后再加 10 g 研细的溴化钠，用磁力搅拌器搅拌均匀，搭好装置。加热回流 0.5 h，使之充分反应。冷却后改为蒸馏装置，蒸出正溴丁烷粗品。

2. 精制：粗产品倒入分液漏斗中，用 5 mL 浓硫酸洗涤，分出酸层，有机相依次用 10 mL 水、10 mL 饱和碳酸氢钠溶液和 10 mL 水洗涤后，有机相用无水硫酸钠干燥，过滤得产品。用蒸馏装置加热过滤所得产品，收集 99 ℃ ~103 ℃的馏分。

纯粹的正溴丁烷的沸点为 101.6 ℃，折光率为 1.4399，无色透明液体，密度 1.2758。

本实验约需 6 h。

【实验数据及处理】

已知相对分子质量：正丁醇：$M_1 = 74.12$ g/mol，正溴丁烷：$M_2 = 137.03$ g/mol。

则理论上正溴丁烷的质量：$m = (6.07\ g \times M_2) \div M_1$；若称得正溴丁烷的最后纯品为 a g，则实验的产率：

$$\omega = (\text{实际上正溴丁烷的质量} \div \text{理论上正溴丁烷的质量}) \times 100\%$$
$$= (a \div m) \times 100\%$$

(1)产品性状＿＿＿＿＿＿；　(2)馏分＿＿＿＿＿＿；

(3)实际产量＿＿＿＿＿＿；　(4)理论产量＿＿＿＿＿＿；

(5)折光率＿＿＿＿＿＿；　(6)产率＿＿＿＿＿＿。

【实验注意事项】

1. 投料时，一定要混合均匀。配酸：(1)硫酸在通风橱内移取，量筒专用，务必要小心。在本实验中浓硫酸的作用：①催化剂；②反应物，生成 HBr；③洗涤。(2)在烧瓶内，先加水再加浓硫酸，顺序不要弄错，以免暴沸，产生危险。水浴中冷却，边加浓硫酸边摇荡。(3)要注意加料的顺序，而且分散要均匀。如用含结晶水的溴化钠($NaBr \cdot 2H_2O$)，可按物质的量换算，并减少水的用量。

2. 回流时，应小火加热并振摇，否则有机相发红、发黑(Br_2 放出及炭化)。液体首先由一层变成三层，上层开始极薄，中层为橙黄色(可能是硫酸氢丁酯)，随着反应进行，上层越来越厚，由淡黄变橙黄，中层逐渐消失。保持回流平稳进行，防止导气管发生倒吸。

3. 粗产品蒸馏时，注意判断正溴丁烷是否蒸完，判断有无油滴蒸出的方法：粗产物是否蒸完检验的三种方法：①馏出液是否由浑浊变为澄清；②反应瓶上层油层是否消失；③取 1 滴馏出液滴入清水中是否溶解或呈一油珠在水面上。蒸完后烧瓶冷却，析出无色透明结晶 $NaHSO_4$。要趁热处理，否则会结块。产品是否清亮透明，是衡量产品是否合格的外观标准。

4. 在蒸馏已干燥的产物时，所用仪器应充分干燥。最后一次蒸馏时，蒸馏装置要预先烘干。

5. 洗涤粗产物时，注意正确判断产物的上下层关系。

【思考题】

1. 本实验中硫酸的作用是什么？硫酸作为原料时浓度过大或过小有什么影响？

2. 反应后的粗产物中含有哪些杂质？依次用等体积水、浓 H_2SO_4、水、饱和 $NaHCO_3$ 溶液、水洗涤，每一次洗涤的作用是什么？能否省去？用饱和碳酸氢钠溶液洗涤前要先用水洗涤；浓 H_2SO_4 洗涤时要用干燥的分液漏斗。各步洗涤的目的何在？

3. 用分液漏斗洗涤产物时，正溴丁烷时而在上层，时而在下层，若不知道产物的密度，可用什么简便的方法加以判断？

4. 正溴丁烷必须蒸完，否则会影响产率，这可以从哪几个方面判断？

5. 从反应混合物中分离出粗产品正溴丁烷时，为什么用蒸馏的方法，而不直接用分液漏斗分离？

6. 本次实验中，一共排放了哪些废水与废渣？你有什么治理方案？

实验 52　无水乙醇的制备

【实验目的】

1. 学会实验室制取无水乙醇的原理和方法。

2. 了解其他各种试剂的纯化方法和检验方法。

3. 掌握回流及蒸馏操作技术。

【实验原理】

在有机合成中，溶剂纯度对反应速度及产率有很大影响。有些反应，必须在绝对干燥条件下进行，在反应产物的最后纯化过程中，为避免某些产物与水生成水合物，也需要较纯的无水有机溶剂。一般常用溶剂的纯化方法，详见附录 20。

由于乙醇和水形成共沸物，故含量为95.5%的工业乙醇尚含有4.5%的水。若要得到含量较高的乙醇，在实验室中用加入氧化钙（生石灰）加热回流。使乙醇中的水与氧化钙作用，生成不挥发的氢氧化钙来除去水分。这样制得的无水乙醇，其纯度最高可达99.5%，已能满足一般实验使用。如要得到纯度更高的绝对乙醇，可用金属镁或金属钠进行处理。

$2C_2H_5OH + Mg \rightarrow Mg(OC_2H_5)_2 + H_2\uparrow$　　或 $C_2H_5OH + Na \rightarrow C_2H_5ONa + \frac{1}{2}H_2\uparrow$

$Mg(OC_2H_5)_2 + H_2O \rightarrow 2C_2H_2OH + MgO$　　$(C_2H_5Na + H_2O \rightleftharpoons CH_2H_5OH + NaOH)$

【实验仪器及试剂】

仪器：圆底烧瓶、回流冷凝管、干燥管、蒸馏头、温度计、蒸馏烧瓶。

试剂：95%乙醇、生石灰（氧化钙）8.0 g、氯化钙、高锰酸钾、无水硫酸铜、稀盐酸；金属钠99%的乙醇、邻苯二甲酸二乙酯1 g、99.5%乙醇、镁条或镁屑0.6 g、碘片。

【实验步骤】

1. 无水乙醇（含量99.5%）的制备

在100 mL彻底干燥的圆底烧瓶中，放置30 mL95%乙醇和8.0 g生石灰，用木塞塞紧瓶口，备用。

拔去木塞，装上回流冷凝管，其上端接一无水氯化钙干燥管，在水浴上回流加热2～3 h，稍冷后取下冷凝管，换上装有温度计和蒸馏头（或蒸馏瓶），改成蒸馏装置。蒸去前馏分后，用干燥的吸滤瓶或蒸馏瓶作接收器，其支管接一氯化钙干燥管，使与大气相通。用水浴加热，蒸馏至几乎无液滴流出为止。称量无水乙醇的重量或量其体积，计算回收率。

取一支小试管，里面放一小粒高锰酸钾或少量无水硫酸铜粉末，迅速滴入几滴蒸馏后的无水乙醇，塞住试管口。观察乙醇是否变为紫红色或变为蓝色，如果没有变化说明含水量低，产品质量符合要求。由于乙醇吸水很快，所以检验时动作要快。高锰酸钾比无水硫酸铜灵敏。

2. 绝对乙醇（含量99.95%）的制备

（1）金属钠制取：装好回流反应装置。在250 mL圆底烧瓶中，放置2 g金属钠和100 mL纯度至少为99%的乙醇，加入几粒沸石。加热回流30 min后，加入4 g邻苯二甲酸二乙酯，再回流10 min。取下冷凝管，改成蒸馏装置，按收集无水乙醇的要求进行蒸馏。产品储于带有橡皮塞的容器中。

（2）用金属镁制取：同法装好回流反应装置。在圆底烧瓶中放置0.6 g干燥的镁条（或镁屑）和10 mL99.5%乙醇。在水浴上微热后，移去热源，立即投入几小粒碘片（注意此时不要摇动），不久碘粒周围即发生反应，慢慢扩大，最后可达到相当激烈的程度。当全部镁条反应完毕后，加入100 mL 99.5%乙醇和几粒沸石，回流加热1 h。以下操作同上法。

纯粹乙醇的沸点为78.5 ℃，折光率 n_D^{20} 1.3611。

【实验数据及处理】

1. 产品性状：________________。

2. 馏分：________________。

3. 原料投入量：________________mL。

4. 馏出液量：________________mL。

5. 折光率：________________。

6. 产率 =（馏出液量 ÷ 原料投入量）×100% = ________________。

【实验注意事项】

1. 本实验中所用仪器均需彻底干燥。由于无水乙醇具有很强的吸水性，故操作过程中和存放时必须防止水分浸入。

2. 一般用干燥剂干燥有机溶剂时，在蒸馏前应先过滤除去。但氧化钙与乙醇中的水反应生成的氢氧化钙，因在加热时不分解，故可留在瓶中一起蒸馏。

3. 若不放置，可适当延长回流时间。

4. 取用金属钠时应使用镊子，先用双层滤纸吸去沾附在金属钠上的溶剂油后，用小刀切去其表面的氧化层，再切成小条。切下来的钠屑应放回原瓶中，切勿与滤纸一起投入废物缸内，并严禁将大量金属钠与水接触，以免引起燃烧爆炸事故。

5. 加入邻苯二甲酸二乙酯的目的，是利用它能与氢氧化钠进行如下反应：

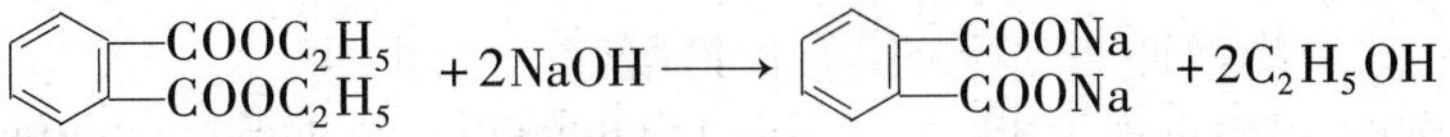

因此消除了氢氧化钠，促使乙醇钠再和水的作用，这样制得的乙醇可达到极高的纯度。

6. 所用乙醇的水分不能超过 0.5%，否则反应相当困难。

7. 碘粒可加速反应进行，如果加碘粒后仍不开始反应，可再加几粒，若反应仍很缓慢，可适当加热促使反应进行。

【思考题】

1. 制备无水试剂时应注意什么事项？为什么在加热回流和蒸馏时冷凝管的顶端和接受器支管上要装置氯化钙干燥管？

2. 用 200 mL 工业乙醇（95%）制备无水乙醇时，理论上需要氧化钙多少克？

3. 工业上是怎样制备无水乙醇的？

4. 回流在有机制备中有何优点？为什么在回流装置中要用球形冷凝管？

实验 53　2－甲基－2－己醇的合成

【实验目的】

1. 了解 grignard 试剂制备方法及其在有机合成中的应用。

2. 掌握无水实验操作技术和制备格氏试剂的基本操作。

3. 巩固回流、萃取、蒸馏等操作技能。

【实验原理】

卤代烷烃与金属镁在无水乙醚中反应生成烃基卤化镁 RMgX，称为 grignard 试剂。g 试剂能与羰基化合物等发生亲核加成反应，产物经水解后可得到醇类化合物。本实验以 1－溴丁烷为原料、乙醚为溶剂制备 grignard 试剂，而后再与丙酮发生加成、水解反应，制备 2－甲基－2－己醇。反应必须在无水、无氧、无活泼氢条件下进行，因为水、氧或其他活泼氢的存在都会破坏 grignard 试剂。

$$n-C_4H_9Br + Mg \xrightarrow{\text{无水乙醚}} n-C_4H_9MgBr$$

$$n-C_4H_9MgBr + CH_3COCH_3 \xrightarrow{\text{无水乙醚}} n-C_4H_9\underset{\displaystyle OMgBr}{\underset{|}{C}}(CH_3)_2$$

$$n-C_4H_9\underset{\displaystyle OMgBr}{\underset{|}{C}}(C_3)_2 + HOH \xrightarrow{H^+} n-C_4H_9-\underset{\displaystyle OH}{\underset{|}{C}}(CH_3)_2$$

副反应：

$$n-C_4H_9MgBr + H_2O \longrightarrow n-C_4H_{10} + Mg(OH)Br$$

$$n-C_4H_9MgBr + n-C_4H_9MgBr \longrightarrow n-C_8H_{18} + MgBr_2$$

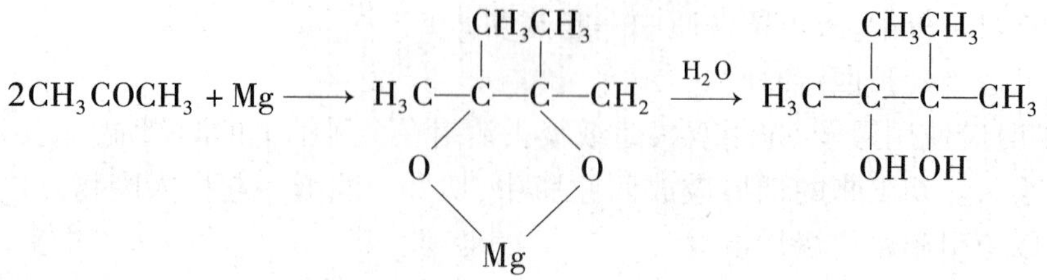

【实验仪器和试剂】

仪器：圆底烧瓶、球形冷凝管、三角漏斗、直形冷凝管、分液漏斗。

试剂：镁屑，正溴丁烷，丙酮，无水乙醚，乙醚，10%硫酸溶液，5%碳酸溶液，无水碳酸钾。

【实验装置与流程图】

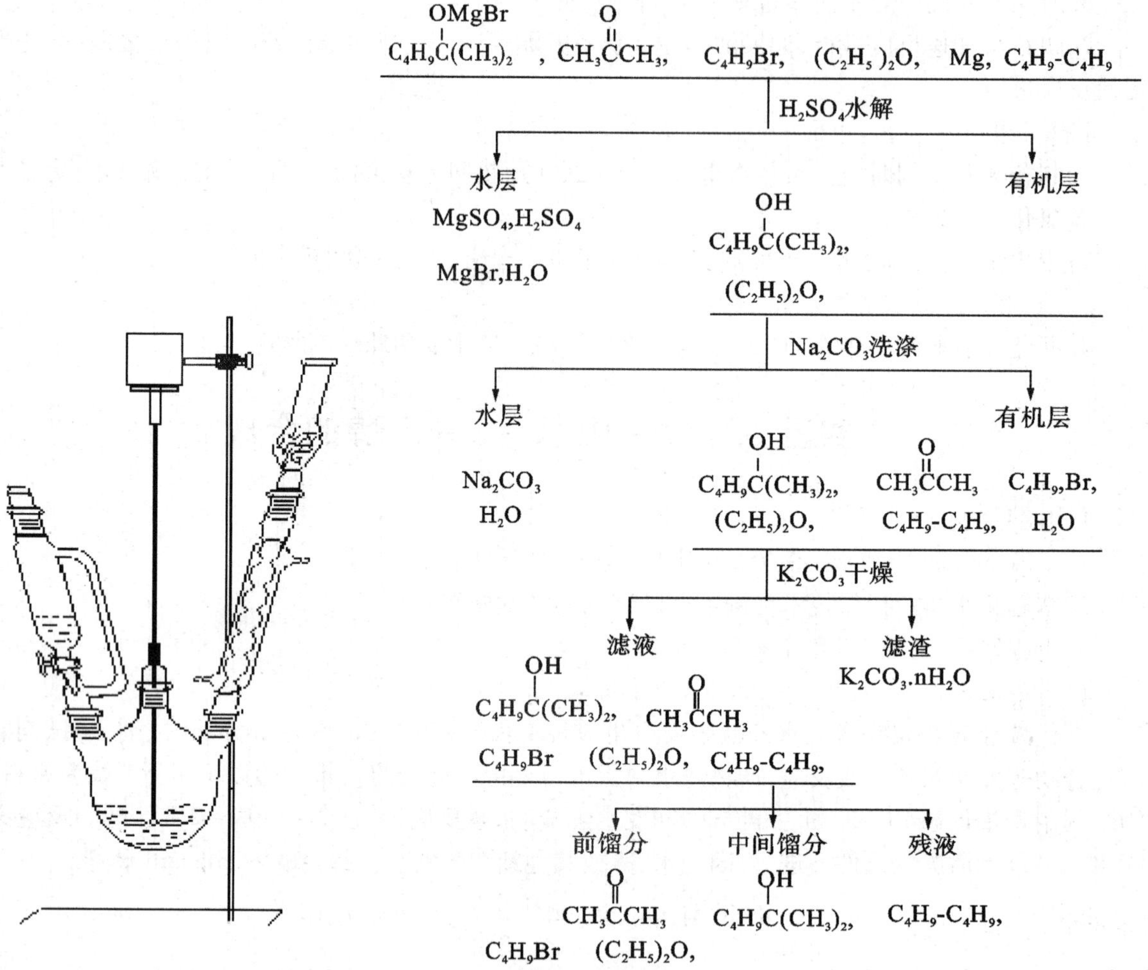

图 3-38 实验装置图及实验流程

【实验步骤】

1. 正丁基溴化镁的制备

在 250 mL 三口烧瓶上，分别装上搅拌器，回流冷凝管及滴液漏斗，在冷凝管及滴液漏斗上端装上氯化钙干燥管。瓶内放置 0.6 g 镁屑或除去氧化膜的镁条，4 mL 无水乙醚及一小粒碘片。在滴液漏斗中混合 2.7 mL 正溴丁烷和 3 mL 无水乙醚。先向瓶内滴入约 1 mL 混合液，约 5 min 后即见溶液呈微沸状态，碘的颜色消失，溶液呈浑浊。若不反应，可用温水浴加热。反应开始比较激烈，必要时可用冷水冷却。待反应缓和后，自冷凝管上端加入 5 mL 乙醚，开动搅拌器，并滴入其余的正溴丁烷与乙醚的混合液。控制滴加速度，使反应液呈微沸状态。滴加完后，在水浴上加热回流 20 min，使镁屑几乎作用完全。

2. 2－甲基－2－己醇的制备

将上面制好的 grignard 试剂在冰水浴冷却和搅拌下，从滴液漏斗中加入 2 mL 丙酮和 3 mL 无水乙醚的混合液，控制滴加速度在 1～2 滴/秒，防止反应过于激烈。加完后在室温下继续搅拌约 10 min，溶液中有少许白色稠状固体析出。

将反应瓶在冰水浴冷却和搅拌下，自滴液漏斗分批加入约 20 mL 10% 硫酸溶液，分解产物（开始滴加速度为 1 滴/秒，以后逐渐快至 5 滴/秒）。待分解完后，将溶液倒入分液漏斗中，分出醚层。水层每次用 5 mL 乙醚萃取 2 次，合并醚层，用 6 mL 5% 碳酸钠洗涤一次，再用无水碳酸钾干燥。

将干燥后的粗产物滤入 25 mL 蒸馏瓶中，先用温水浴分批蒸除乙醚，再用电热套蒸出产物。收集 138～142 ℃馏分，产量约 1.5 g。纯粹 2－甲基－2－己醇的沸点为 143 ℃，折光率 1.4175。

本实验约需 4 h。

【实验注意事项】

1. 所有的反应仪器及试剂必须充分干燥。正溴丁烷事先用无水氯化钙干燥并蒸馏进行纯化。丙酮用无水碳酸钾干燥亦经蒸馏纯化。所用仪器在烘箱中烘干，让其稍冷后，取出放在干燥器中冷却待用（也可以放在烘箱中冷却）。

2. 镁带应用砂纸擦去氧化层，再用剪刀剪成约 0.5 cm 的小段，放人干燥器中待用。或用 5% 盐酸溶液与之作用数分钟，抽滤除去酸液，依次用水、乙醚洗涤，干燥待用。

3. 乙醚应绝对无水。

4. 开始为了使正溴丁烷局部浓度较大，易于发生反应和便于观察反应是否开始，故搅拌应在反应开始后进行。若 5 min 后仍不反应，可用温水浴加热，或在加热前加入一小粒碘以催化反应。反应开始后，碘的颜色立即褪去。碘催化的过程可用下列方程式表示：

$$Mg + I_2 \longrightarrow MgI_2 \xrightarrow{Mg} 2M\dot{g}I$$

$$M\dot{g}I + RX \longrightarrow R^{\cdot} + MgXI$$

$$MgXI + Mg \longrightarrow M\dot{g}X + M\dot{g}I$$

$$R^{\cdot} + M\dot{g}X \longrightarrow RMgX$$

5. 如仍有少量残留的镁，并不影响下面的反应。

6. 硫酸溶液应事先配好，放在冰水中冷却待用。分解产物也可用氯化铵的水溶液水解。

7. 为了提高干燥剂的效率，可事先将干燥剂放在瓷坩埚中焙烧一段时间，冷却后待用。

8. 如需制作 2－甲基－2－丁醇，可用 2.5 mL(0.052mol) 溴乙烷代替正溴丁烷。其余步骤相同，产物蒸馏收集 95～105 ℃馏分，产量约 1 g。纯粹的 2－甲基－2－丁醇的沸点为 102 ℃，折光率 1.4052。

【思考题】

1. 本实验在水解前的各步中，为什么使用的仪器和药品都必须绝对干燥？

2. 反应若不能立即开始，应采取什么措施？本实验有哪些副反应？应如何避免？

3. 请自己设计出用格氏反应来制备 2－甲基－2－丁醇的实验方案。

4. 本实验有哪些副反应，如何避免？

5. 本实验的粗产物可否用无水氯化钙干燥，为什么？

实验 54　正丁醚的制备

【实验目的】

1. 掌握醇分子间脱水制备醚的反应原理和实验方法。

2. 学习使用分水器的实验操作。

【实验原理】

$$2C_4H_9OH \xrightleftharpoons[130\ ℃ - 140\ ℃]{H_2SO_4} (C_4H_9)_2O + H_2O$$

为从可逆反应中获得较好收率,常采用的方法有两种:①使廉价的原料过量;②使反应产物之一生成后立即脱离反应区。本实验不存在第①种方法,只能采用第②种方法使生成的水迅速脱离反应区,故采用一边反应一边蒸出生成水的方法。

副反应:

$$CH_3CH_2CH_2OH \xrightleftharpoons[160\ ℃]{H_2SO_4} C_2H_5CH = CH_2 + H_2O$$

【实验仪器和药品】

仪器:50 mL 三口瓶、球形冷凝管、分水器、温度计、分液漏斗、50 mL 蒸馏瓶。

试剂:正丁醇、浓硫酸、无水氯化钙、5% 氢氧化钠、饱和氯化钙。

【实验装置与实验流程图】

如图 3-39、3-40。

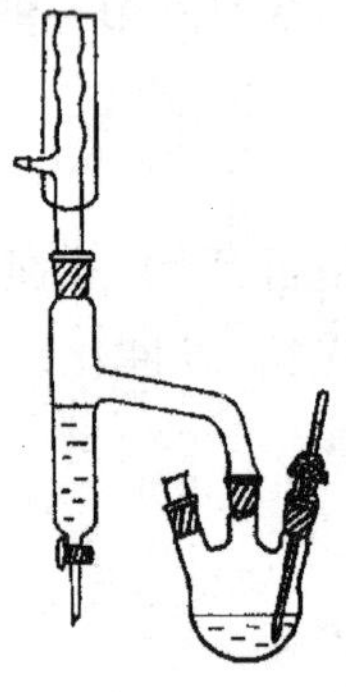

图 3-39 反应装置图

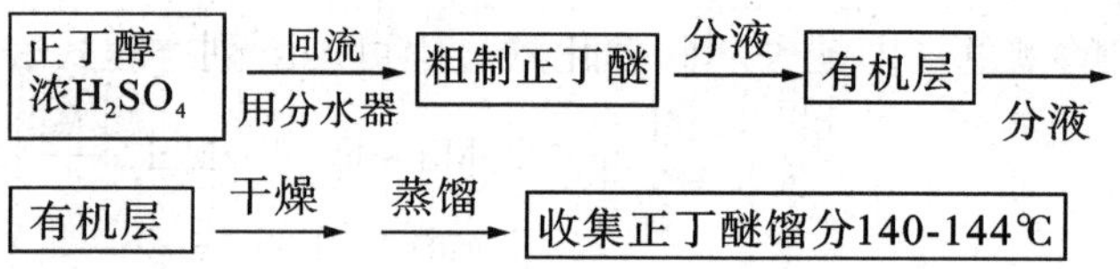

图 3-40 制备正丁醚的流程图

【实验操作】

在 50 mL 三口烧瓶中,加入 13.5 mL 正丁醇、2.5 mL 浓硫酸和几粒沸石,摇匀后,一口装上温度计,温度计插入液面以下,另一口装上分水器,分水器的上端接一回流冷凝管。先在分水器内放置(V-1.7)mL 水,另一口用塞子塞紧。然后将三口瓶放在石棉网上小火加热至微沸,进行分水。反应中产生的水经冷凝后收集在分水器的下层,上层有机相积至分水器支管时,即可返回烧瓶。大约经 1.5h后,三口瓶中反应液温度可达 134 ℃ ~ 136 ℃。当分水器全部被水充满时停止反应。若继续加热,则反应液变黑并有较多副产物烯生成。

将反应液冷却到室温后倒入盛有 25 mL 水的分液漏斗中,充分振摇,静置后弃去下层液体。上层粗产物依次用 12 mL 水、8 mL 5% 氢氧化钠溶液、8 mL 水和 8 mL 饱和氮化钙溶液洗涤,用 1 g 无水氯化钙干燥。干燥后的产物滤入 25 mL 蒸馏瓶中蒸馏,收集 140 ℃ ~ 144 ℃馏分,产量 3.0 ~ 4.0 g。

纯正丁醚的沸点 142.4 ℃, 折光率 1.3992。

【实验注意事项】

1. 加入硫酸后须振荡,以使反应物混合均匀。

2. 在分水器中预先加水,其水面低于分水器回流支管下沿 3 ~ 5 mm(加水量须计量),以保证醇能及时回到反应体系继续参加反应。本实验根据理论计算失水体积为 1.5 mL,故分水器放满水后先放掉约 1.7 mL 水。注意:只要水不回流到反应体系中就不要放水。

3. 制备正丁醚的较宜温度是 130 ~ 140 ℃,但开始回流时,这个温度很难达到,因为正丁醚可与水形成共沸点物(沸点 94.1 ℃含水 33.4%);另外,正丁醚与水及正丁醇形成三元共沸物(沸点90.6 ℃,含水 29.9%,正丁醇 34.6%),正丁醇也可与水形成共沸物(沸点 93 ℃,含水 44.5%),故应在 100 ~ 115 ℃之间反应半小时之后可达到 130 ℃以上。

4. 在碱洗过程中,不要太剧烈地摇动分液漏斗,否则生成乳浊液,分离困难。一旦形成乳浊液,可加入少量食盐等电解质或水,使之分层。

5. 正丁醇溶在饱和氯化钙溶液中,而正丁醚微溶。

【思考题】

1. 如何得知反应已经比较完全?

2. 反应物冷却后为什么要倒入 25 mL 水中? 各步的洗涤目的何在?

3. 能否用本实验方法由乙醇和 2 - 丁醇制备乙基仲丁基醚? 你认为用什么方法比较好?

实验 55　苯乙酮的制备

【实验目的】

1. 学习利用 Friedel - Crafts 酰基化反应制备芳香酮的原理。

2. 掌握 Friedel - Crafts 酰基化反应的实验操作方法。

【实验原理】

Friedel - Crafts 酰基化,是制备芳酮的常用方法,可用 $FeCl_3$、$AlCl_3$ 等 Lewis 酸作催化剂,效果最佳的是在无水 $AlCl_3$ 和无水 $AlBr_3$,Friedel - Crafts 酰基化反应试剂是酰卤或酸酐,但常用的是酸酐,这是因为酰卤副反应多,而酸酐原料易得,纯度高,操作方便,无明显的副反应或有害气体放出,反应平稳且产率高,生成的芳酮容易提纯。

反应时:

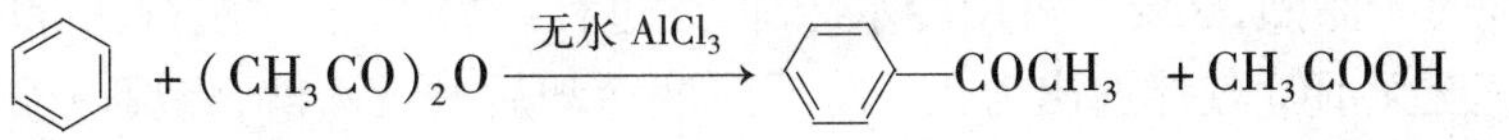

酰基化反应通常用过量的液体芳烃、二硫化碳、硝基苯、二氯甲烷等作为反应的溶剂。

Friedel - Crafts 反应是一个放热反应,通常是将酰基化试剂配成溶液后慢慢加到盛有芳香化合物溶液的反应瓶中,并需密切注意反应温度的变化。

由于芳香酮与三氧化铝可形成配合物,与烷基化反应相比,酰基化反应的催化剂用量要大得多。一般需要 3 mol 的三氯化铝。

【实验仪器和试剂】

仪器:电动搅拌器一套、中量制备仪一套、温度计一支、大小烧杯各一个、水浴锅。

试剂:乙酸酐、无水三氯化铝、浓盐酸、石油醚、5% 氢氧化钠、无水硫酸镁。

【实验装置图】

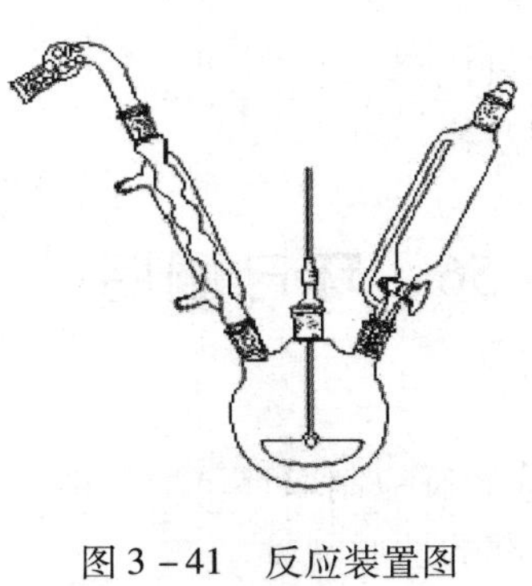

图 3 - 41　反应装置图

【实验步骤】

1. 常量合成

在100 mL的三口瓶上，装上回流冷凝器，在冷凝器的上口接一个装有无水氯化钙的干燥管并连接气体吸收装置，在烧杯中加入5% NaOH溶液作为吸收剂，吸收反应中产生的HCl气体。出气口与液面距离1～2 mm为宜，千万不要全部插入液体中，以防倒吸。在三口瓶的另一个口上装上恒压滴液漏斗，装好电磁搅拌器。

向反应瓶中加入12 g(0.09mol)无水三氯化铝和16 mL(0.18mol)苯，开动搅拌器，边搅拌边滴加4 mL(0.042 mol)乙酸酐，开始先少加几滴，待反应发生后在继续滴加。此反应为放热反应，应注意控制滴加速度，切勿使反应过于激烈，必要时可用冷水冷却。此过程约需10～15 min。原料加完，待反应缓和后，用水浴加热反应瓶并搅拌，直至无HCl气体逸出为止。此过程约需40 min。

将反应瓶置于冷水浴，边搅拌边慢慢滴加18 mL浓盐酸和40克碎冰。若还有固体存在，应补加浓盐酸使其溶解。然后将反应液倒入分液漏斗中，分出上层有机相，用40 mL石油醚分两次萃取，萃取后的石油醚与有机相合并，依次用10 mL 10% NaOH和10 mL水洗涤。在水浴上蒸出石油醚和苯后，在用常压蒸馏或减压蒸馏蒸出产品。

常压蒸馏时，当温度超过140 ℃时改用空气冷凝器继续蒸馏，收集198～202 ℃的馏分，产品为无色透明液体，产率约65%。

纯苯乙酮沸点为202 ℃，折光率为1.5338。

2. 半微量合成

在50 mL的三口瓶上，装上回流冷凝器，在冷凝器的上口接一个装有无水氯化钙的干燥管并连接气体吸收装置，吸收反应中产生HCl气体。在三口瓶的另一个口上装上恒压滴液漏斗。装好电磁搅拌器。

向反应瓶中加入6 g(0.09 mol)无水三氯化铝和8 mL(0.18 mol)苯，开动搅拌器，边搅拌边滴加2 mL(0.042 mol)乙酸酐，开始先少加几滴，待反应发生后再继续滴加。此反应为放热反应，应注意控制滴加速度，切勿使反应过于激烈，必要时可用冷水冷却，此过程约需10 min左右。待反应缓和后，用水浴加热反应瓶并搅拌，直至无HCl气体逸出为止。待反应液冷却后进行水解，将反应液倾入盛有10 mL浓盐酸和20 g碎冰的烧杯中(此操作最好在通风橱中进行)若还有固体存在，应补加浓盐酸使其溶解。然后将反应液倒入分液漏斗中，分出上层有机相，用30 mL石油醚2次萃取下层水相，合并有机相，依次用5 mL10% Na和5 mL水洗至中性。用无水硫酸镁干燥，在水浴上蒸出石油醚和苯后，再用常压蒸馏或减压蒸馏蒸出产品，常压常压蒸馏收集198～202 ℃的馏分，产品为无色透明液体，产率约65%。

【实验注意事项】

1. 装置仪器和试剂应无水，否则反应失败。

2. 滴加乙酐时应控制速度，使反应平稳进行。

3. 注意反应终点和反应混合物处理时一定在通风橱内进行。

【思考题】

1. 为什么要用过量的苯和无水三氯化铝？

2. 为什么要用含酸的冰水来分解产物？

实验56 环己酮肟的制备

【目的和要求】

1. 学习并掌握用环己醇经氧化、成肟反应制取环己酮肟的方法和原理。

2. 掌握高、低沸点蒸馏操作和醇、酮的性质。

【实验原理】

反应方程式：

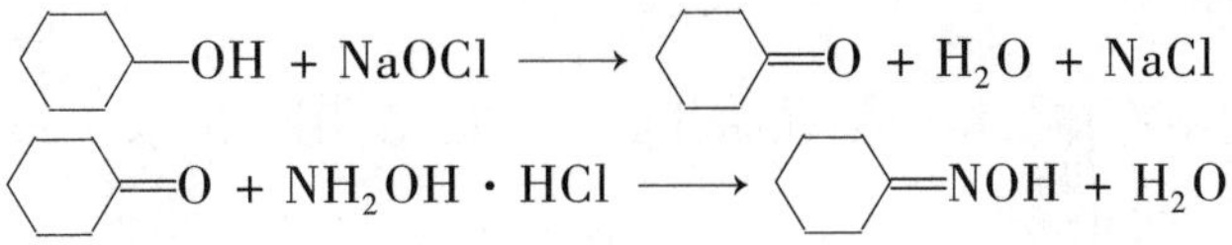

【实验仪器和试剂】

仪器：圆底烧瓶、温度计、蒸馏头、直形冷凝管、接引管、分液漏斗、电热套、空气冷凝管。

试剂：环己醇、重铬酸钠、浓硫酸、甲醇、精盐、无水硫酸镁、羟胺盐酸盐、结晶乙酸钠等。

【实验装置与流程图】

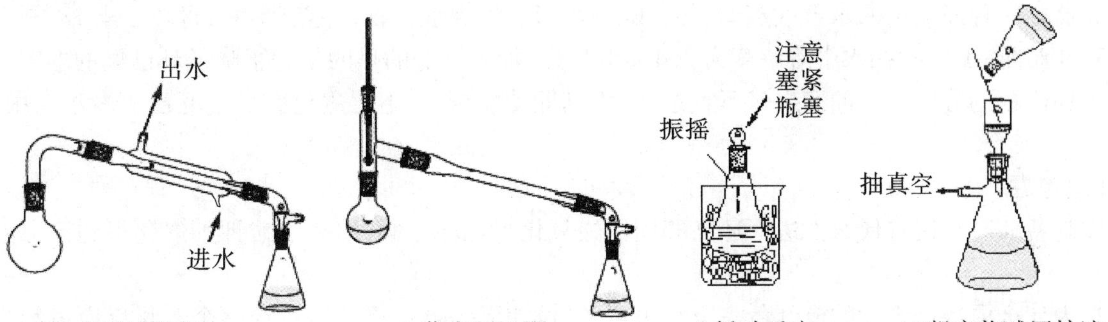

1.蒸出环己酮和水　　2.蒸出环己酮　　3.摇动反应　　4.粗产物减压抽滤

图 3－42　蒸馏装置图

环己醇、铬酸 —振摇 / 55～60 ℃→ 黑绿色液体 —加入水 / 蒸馏→ 馏出液 ⟶ 分离、萃取、干燥 —蒸馏 / 151～155 ℃→ 环己酮

环己酮 —盐酸羟胺液 / 乙酸钠液 密封→ —冷水冷却→ —结晶、抽滤、洗涤、干燥→ 环己酮肟

图 3－43　反应流程图

【实验操作】

1. 环己酮的制备

在 50 mL 烧杯中，溶解 3.5 g 重铬酸钠于 20 mL 水中，然后在搅拌下，用注射器滴入 3 mL 浓硫酸，得一橙红色溶液，冷却至 30 ℃以下备用。

在 50 mL 圆底烧瓶中，加入 3.5 mL 环己醇，然后分批分次加入上述制备好的铬酸溶液，振动使充分混合，要待反应物的橙红色完全消失后，方可加下一批重铬酸钠，放入一个温度计，测量初始温度并时常观察温度变化情况，当温度上升到 55 ℃时立即用冷水浴冷却。保持温度在 50～55 ℃之间。约 15 min 后，温度开始出现下降趋势，移去水浴，再放置 15min。期间要不时摇动，使反应完全，反应液呈墨绿色。必要时可加入 0.3～0.6 mL 甲醇（或 0.2～0.3 g 草酸）以还原过量的氧化剂。

在反应瓶内加入 20 mL 水和几粒沸石，改成蒸馏装置，将环己酮与水一起蒸出来，观察冷凝管馏出液中再无油滴为止，收集约 15 mL 馏出液。馏出液用精盐饱和（约需 3 g）后，转入分液漏斗，静置后分出有机层。水层用 5 mL 乙醚提取一次，合并有机层和萃取层，用无水硫酸镁或碳酸钾干燥，在水浴上蒸去乙醚后，改在电热套上加热蒸馏，收集 151～155 ℃的馏分，产量 2～2.4 g。纯环己酮沸点为 155.7 ℃，折光率 1.4507。

2. 环己酮肟的制备

在 250 mL 锥形瓶中，放入 50 mL 水和 7 g 羟胺盐酸盐，摇动使其溶解。加入 7.8 mL 环己酮，充分摇动，使之完全溶解。

在一烧杯中,把 10 g 结晶乙酸钠溶于 20 mL 水中,将此乙酸钠溶液缓慢的滴加到上述溶液中,边加边摇动锥形瓶,即可得粉末状环己酮肟。为使反应进行完全,用橡皮塞塞紧瓶口,用力振荡约 10 min。

把锥形瓶放入冰水浴中冷却。粗产物在布什漏斗上抽滤,用少量水洗涤,尽量挤出水分。取出滤饼,放在空气中晾干。

纯环己酮肟为无色棱柱晶体,熔点 90 ℃,产量:7 ~8 g。

【实验注意事项】

1. 本实验是一个放热反应,必须严格控制温度。但反应物不宜过于冷却,以免积累起未反应的铬酸。当铬酸达到一定浓度时,氧化反应会进行得非常剧烈,有失控的危险。

2. 这是一种简化了的水蒸气蒸馏,环己酮与水形成恒沸混合物,沸点 95 ℃,含环己酮 38.4%。

3. 环己酮 31 ℃时在水中溶解度为 2.4 g/100 g。加入精盐的目的是为了降低环己酮的溶解度,并有利于环己酮的分层。水的馏出量不宜过多,否则即使盐析,仍不可避免有少量环己酮溶于水中而损失掉。

【思考题】

1. 制备环己酮还有什么方法?环己醇用铬酸氧化得到环己酮,用高锰酸钾则氧化得到己二酸,为什么?

2. 为什么要待反应物的橙红色完全消失后,方可加下一批重铬酸钠?在整个氧化反应过程中,为什么要控制温度在一定的范围?氧化反应结束后,为什么要往反应物中加入甲醇或草酸?

3. 为什么把反应混合物先放到冰水浴中冷却后再过滤?

4. 从反应混合物中分离出环己酮,除现用的水蒸气蒸馏法外,还可采用何种方法?

5. 为什么把反应混合物先放到冰水浴中冷却后再过虑?粗产物抽滤后,用水洗涤除去什么杂质?用水量的多少对实验结果有什么影响?

实验 57 维生素 B_1 催化合成 1,2 二苯基乙酮(安息香)

【实验目的】

1. 学习以维生素 B_1 为催化剂进行安息香缩合反应的生物有机合成方法。

2. 对不同的合成方法进行验证和比较。

【实验原理】

芳香醛在氰化钠(钾)作用下,分子间发生缩合生成二苯基乙酮或安息香的反应,称为安息香缩合。最典型的例子是苯甲醛的缩合反应。

除氰离子外,噻唑生成的季铵盐也可对安息香缩合起催化作用。如用有生物活性的维生素 B_1 的盐酸盐代替氰化物催化安息香缩合反应,反应条件温和、无毒且产率高。

维生素 B_1 又称硫胺素或噻胺(Thiamine),它是一种辅酶,作为生物化学反应的催化剂,在生命过程中起着重要作用。其结构如下:

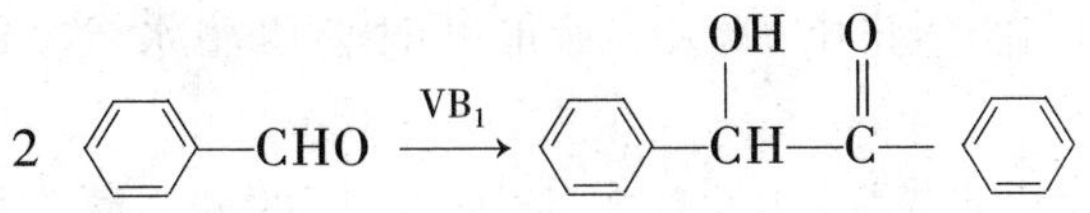

【实验仪器与试剂】

仪器：蒸馏装置、电热套、回流装置、恒温水浴锅、电磁搅拌器、抽滤装置、25 mL 烧瓶、烧杯、锥形瓶、胶塞、活性炭等。

试剂：VB_1、3 mol · L^{-1}NaOH、pH 试纸、苯甲醛（新蒸）、95%乙醇。

【实验步骤】

实验方法一

在 50 mL 的烧瓶中，加入 0.6 g 维生素 B_1 和 1 mL 水、4 mL95%乙醇，在冰水浴冷却下，慢慢滴入 3mol · L^{-1}NaOH 溶液，将酸度准确调至 pH = 10 ~ 11（约 1 ~ 2 mL 溶液），并不断搅拌。此时溶液呈黄色，去掉冰水浴，加入 2.9 g（2.8 mL）新蒸的苯甲醛，装上回流冷凝管，80 ~ 90 ℃水浴回流 60 min。这时有固体析出。抽滤，用少量冰水洗涤，得到安息香的粗产品（黄色固体），用 95%乙醇重结晶，得到白色针状晶体。mp：134 ~ 136 ℃。

实验方法二

在 50 mL 圆底烧瓶中，加入 0.6 g 维生素 B_1、2 mL 蒸馏水和 5 mL 乙醇，溶解后将烧瓶置于冰水浴中冷却。同时取 2 mL 10%的氢氧化钠溶液于一支试管中，也置于冰水浴中冷却。然后在冰水浴冷却下，将氢氧化钠溶液慢慢加入硫胺素溶液中，并不断摇荡，调节 pH 为 9 ~ 10，此时溶液呈黄色。去掉冰水浴，加入 3 mL 新蒸的苯甲醛，装上回流冷凝管，加几粒沸石，将混合物置于 60 ~ 75 ℃水浴上温热 1.5 h。切勿将混合物加热至沸腾，此时反应混合物呈橘黄或橘红色均相溶液。

停止反应，将反应混合物倒入烧杯中，置于冰水浴中冷却，析出浅黄色结晶。抽滤，用 15 mL 冷水分两次洗涤结晶。粗产物用 95%的乙醇重结晶，产量约 1.5 g，熔点 134 ~ 136 ℃。纯安息香为白色针状结晶，熔点为 137 ℃。

本实验约需 4 h。

实验方法三

在 50 mL 的锥形瓶中加入 0.90 g 维生素 B_1，3 mL 蒸馏水，待固体溶解后，再加入 8 mL 95%乙醇。用塞子塞上瓶口，放在冰盐浴中冷却。用一支试管取 3 mL 10% NaOH 溶液，也放在冰浴中冷却。将冷透的 NaOH 溶液加入冰浴中的锥形瓶中，调节溶液 pH 为 10 ~ 11，用小量筒取 5 mL（5.23 g，49.3 mol）新蒸过的苯甲醛，迅速将苯甲醛加入其中，充分摇匀，室温放置一天。有白色或浅黄色结晶析出（如无固体，可加入少许固体作为晶种），待结晶完全后，用布氏漏斗抽滤收集粗产品，用 25 mL 冷水分两次洗涤晶体。称重，粗品可用 80% 乙醇进行重结晶，如产物呈黄色，可加少许活性炭脱色。

纯产物为白色针状结晶，称重，计算产率。

产品约 2.00 ~ 4.00 g，产率 39% ~ 76%，沸点 134 ~ 136 ℃。

实验方法四

室温下，在 50 mL 圆底烧瓶中加入 0.9 g 维生素 B_1、3 mL 蒸馏水、7.5 mL 95%乙醇和 5 mL 新蒸馏过的苯甲醛，混合后滴加 150 g · L^{-1}氢氧化钠，使反应液 pH 达到 9 ~ 10，并 3 min 内颜色不褪，磁力搅拌，70 ℃水浴反应 60 min。反应毕，冷却结晶，置 20min 后抽滤收集粗品，质量为 4.2 g。必要时用 95%乙醇结晶，精品质量为 3.6 g。

【实验注意事项】

1. 维生素 B_1（盐酸硫胺素）在酸性条件下是稳定的，但易吸水，在水溶液中易被氧化失效，光及铜、铁、锰等金属离子均可加速氧化；在氢氧化钠溶液中噻唑环易开环失效。在碱性条件下受热容易分解、变质，将失去催化作用，所以维生素 B_1 醇水溶液加碱时必须在冰浴冷却冷透和搅拌下慢慢加入，加热时也不要过于激烈。

2. 苯甲醛极易被空气中的氧所氧化，如发现实验中所使用的苯甲醛有固体物苯甲酸存在，用前最好经 5% 的碳酸氢钠溶液洗涤，而后重新蒸馏后使用。

3. 安息香在沸腾的 95% 乙醇中的溶解度为 12 ~ 14 g/100 mL。

【思考题】

1. 本实验中加碱的根本目的是什么？如何控制加入量？

2. 四种方法，哪一种方法较好？为使实验效果更佳，你有何建议？

实验 58　肉桂酸的合成

【实验目的】

1. 练习并掌握用 Perkin 反应制备肉桂酸的原理及方法。

2. 练习并掌握水蒸气蒸馏的原理及操作方法。

3. 练习高温蒸馏和空气冷凝管的使用方法。

【实验原理】

芳香醛和酸酐在碱性催化剂的作用下，可以发生类似的羟醛缩合作用，生成 α，β－不饱和芳香酸，这个反应称为 Perkin 反应。催化剂通常是相应酸酐的羧酸钾或叔胺，例如苯甲醛和醋酸酐在无水醋酸钾（钠）的作用下缩合，即得肉桂酸。反应时，可能是酸酐受醋酸钾（钠）的作用，生成一个酸酐的负离子，负离子和醛发生亲核加成，生成中间物 β－羟基酸酐，然后再发生失水和水解作用就得到不饱和酸。未反应的苯甲醛在碱性中水蒸气蒸馏可除去。

反应式：

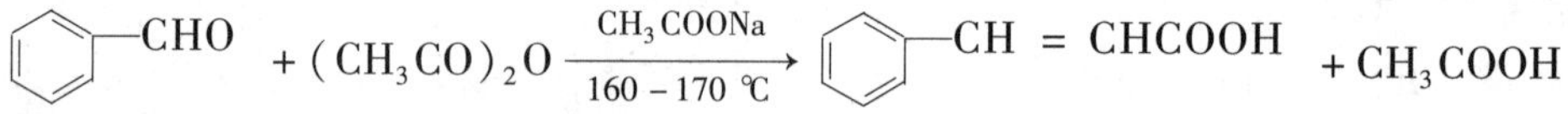

本实验操作训练的重点是水汽蒸馏操作。

【实验仪器和试剂】

仪器：三口烧瓶、空气冷凝管、温度计、水蒸气蒸馏装置、抽滤装置、烧杯、表面皿。

试剂：苯甲醛（新蒸），无水醋酸钾（新融），乙酐，饱和碳酸钠溶液，浓盐酸，活性炭等。

【实验流程与实验装置图】

见图 3－44、3－45。

【实验步骤】

本实验的反应装置中使用的反应瓶及回流冷凝管都应事先干燥，否则缩合反应不能顺利进行。

称取新熔融并研细的无水醋酸钾粉末 3 g 置于 250 mL 三颈瓶中，再加入 3 mL 新蒸的苯甲醛和 5.5 mL 乙酐，振荡使之混合均匀。

按图 3－35 装配仪器。要求水银温度计水银球的位置是处于液面以下，但不能与反应瓶底或瓶壁接触。用酒精灯加热，使反应温度维持在 150 ~ 170 ℃，反应时间为 1 h。

将反应物趁热倾倒入 500 mL 长颈圆底烧瓶中，用少量沸水冲洗反应瓶，使反应物全部转入烧瓶中。然后一边充分摇动烧瓶，一边慢慢地加入固体碳酸钠（5 －7.5 g），直到反应混合物呈弱碱性为止。进行水蒸气蒸馏，直到馏出液无油珠为止。剩余反应液体中加入少许活性炭（0.5 ~ 1.0 g），加热煮沸 10 min，趁热过滤，得无色透明液体。

将滤液小心地用浓盐酸酸化，使其呈明显的酸性，然后用冷水浴冷却。肉桂酸呈无定形固体析

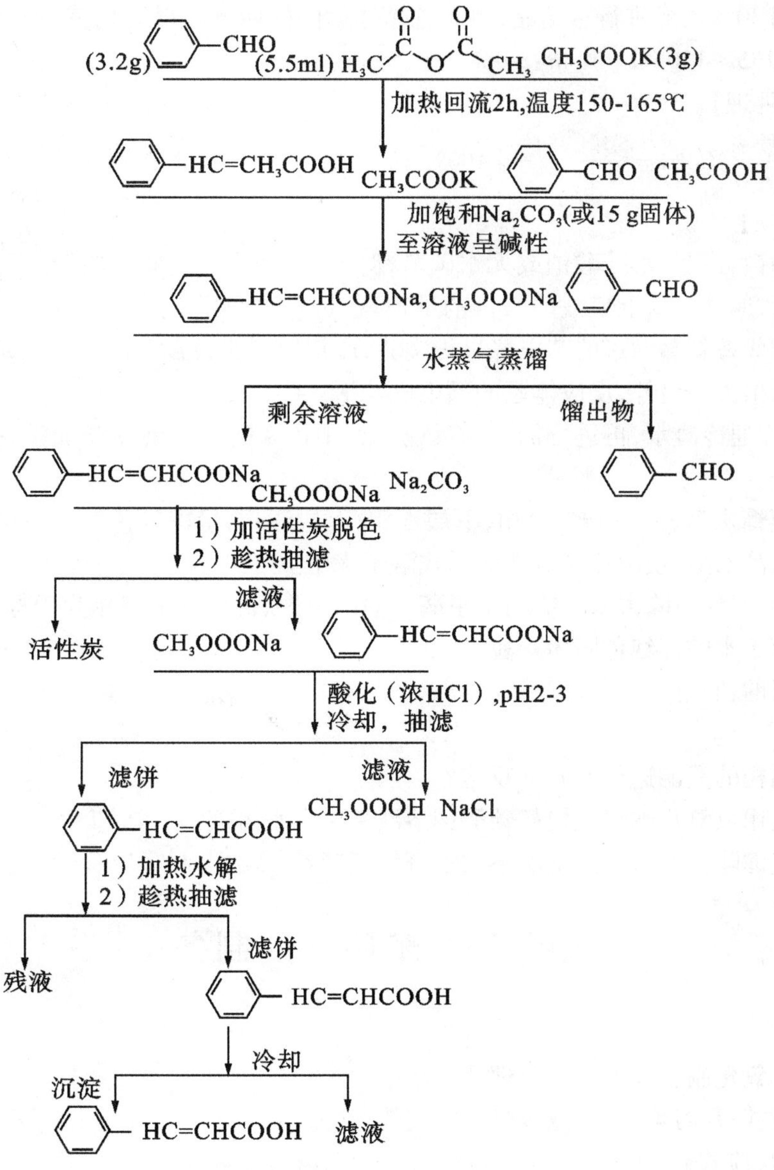

图 3－44　实验流程图

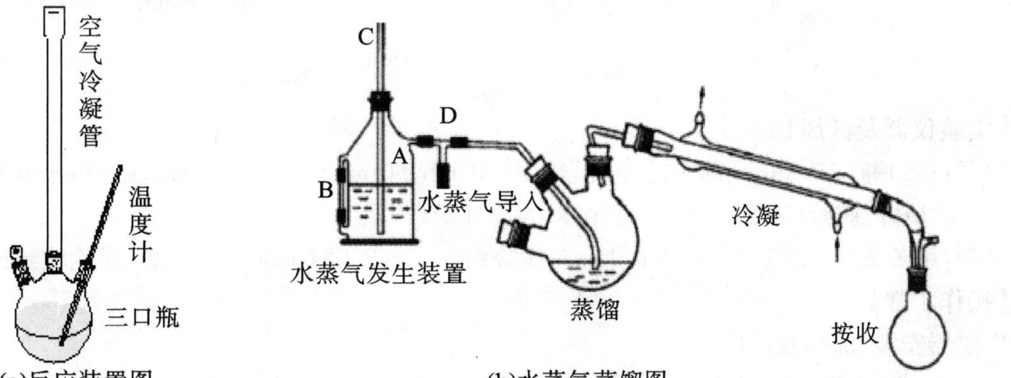

(a)反应装置图　　(b)水蒸气蒸馏图

图 3－45　水蒸气蒸馏装置

出。待冷至室温后，减压过滤。晶体用少量水洗涤并尽量用挤去水分。干燥，得粗肉桂酸。

将粗肉桂酸用30%乙醇进行重结晶,得无色晶体。肉桂酸有顺反异构体,通常以反式形式存在,为无色晶体,熔点135~136 ℃。产量:2~2.5 g。

【实验数据及处理】

$$产率:\frac{实际产量}{理论产量}\times 100\% = \frac{实际产量}{44.4}\times 100\% =$$

【实验注意事项】

1. ①无水醋酸钾可用无水醋酸钠或无水碳酸钾代替。②无水醋酸钾的粉末可吸收空气中水分,故每次称完药品后,应立刻盖上盛放醋酸钾的试剂瓶盖,并放回原干燥器中,以防吸水。③若用未蒸馏过的苯甲醛试剂代替新蒸馏过的苯甲醛进行实验,产物中可能会含有苯甲酸等杂质,而后者不易从最后的产物中分离出去。另外,反应体系的颜色也较深一些。

2. 操作中,应先通冷凝水,再进行加热。反应过程中体系的颜色会逐渐加深,有时会有棕红色树脂状物质出现。

3. 加入热的蒸馏水后,体系分为两相,下层水相;上层油相,呈棕红色。加 Na_2CO_3 的目的是中和反应中产生的副产品乙酸,使肉桂酸以盐的形式溶于水中。

4. 水蒸气蒸馏的目的:除去未反应的苯甲醛。油层消失后,体系呈匀相为浅棕黄色。有时体系中会悬浮有少许水溶于水的棕红色固体颗粒。

5. 加活炭的目的:脱色。

【思考题】

1. 具有何种结构的酯能进行 Perkin 反应?

2. 为什么不能用氢氧化钠溶液代替碳酸钠溶液来中和水溶液?

3. 用水蒸气蒸馏除去什么? 能不能不用水蒸气蒸馏?

实验 59 苯甲酸的制备

【实验目的】

1. 学习用甲苯氧化制备苯甲酸的原理及方法。

2. 训练机械搅拌;复习重结晶、减压过滤等技能。

【实验原理及反应式】

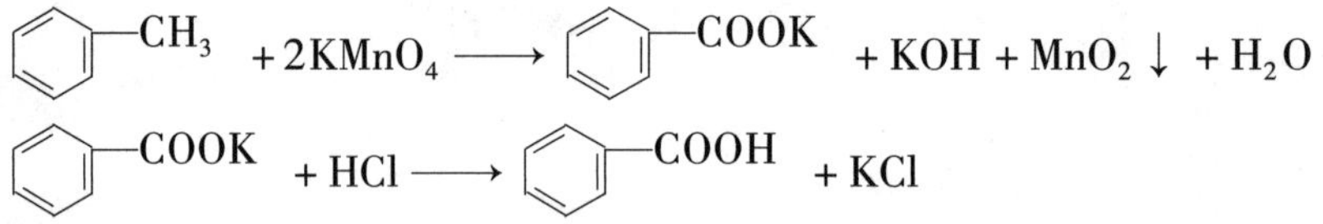

【实验仪器及试剂】

仪器:三口瓶(250 mL)、球形冷凝管、量筒(10 mL,50 mL)、石棉网、抽滤瓶、布氏漏斗、烧杯(250 mL * 2)、酒精灯、胶管(2 根)、滤纸、搅拌棒、表面皿等。

试剂:甲苯 2.7 mL(2.3 g,025 mol)、高锰酸钾 8.5 g(0.054 mol)、浓盐酸、亚硫酸氢钠。

【操作步骤】

1. 仪器安装、加料及反应

在250 mL圆底烧瓶(或三口瓶)中放入2.7 mL甲苯和100 mL水,瓶口装回流冷凝管和机械搅拌装置,在石棉网上加热至沸。分批加入8.5 g高锰酸钾;粘附在瓶口的高锰酸钾用25 mL水冲洗入瓶内。继续在搅拌下反应,直至甲苯层几乎消失,回流液不再出现油珠(约需4~5 h)。

2. 分离提纯

将反应混合物趁热减压过滤[1]，用少量热水洗涤滤渣二氧化锰。合并滤液和洗涤液，放在冰水浴中冷却，然后用浓盐酸酸化（用刚果红试纸试验），至苯甲酸全部析出。

将析出的苯甲酸减压过滤，用少量冷水洗涤，挤压去水分，把制得的苯甲酸放在沸水浴上干燥。若要得到纯净产物，可在水中进行重结晶[2]。

纯苯甲酸为无色针状晶体，熔点 122.4 ℃。产量：约 1.7 g。

【注释】

[1]滤液如果呈紫色，可加入少量亚硫酸氢钠使紫色褪去，重新减压过滤。

[2]苯甲酸在 100 g 水中的溶解度为 4 ℃，0.18 g；18 ℃，0.27 g；75 ℃，2.2 g。

【思考题】

1. 在氧化反应中，影响苯甲酸产量的主要因素是哪些？

2. 反应完毕后，如果滤液呈紫色，为什么要加亚硫酸氢钠？

3. 精制苯甲酸还有什么方法？

实验 60　己二酸的制备

【实验目的】

1. 学习环己醇氧化制备己二酸的原理和了解由醇氧化制备羧酸的常用方法。

2. 巩固浓缩、过滤、重结晶等基本操作。

3. 巩固固体的干燥。学会滴加原料、测量反应温度、有毒气体吸收装置的应用。

【实验原理】

制备羧酸最常用的方法是烯、醇、醛等的氧化法。常用的氧化剂有硝酸、重铬酸钾（钠）的硫酸溶液、高锰酸钾、过氧化氢及过氧乙酸等。但其中用硝酸为氧化剂反应非常剧烈，伴有大量二氧化氮毒气放出，既危险又污染环境。因而本实验采用环己醇在高锰酸钾的酸性条件发生氧化反应，然后酸化得到己二酸。反应式如下：

主反应：

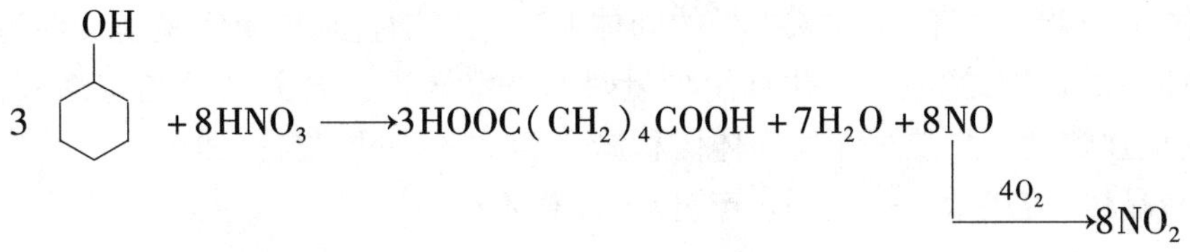

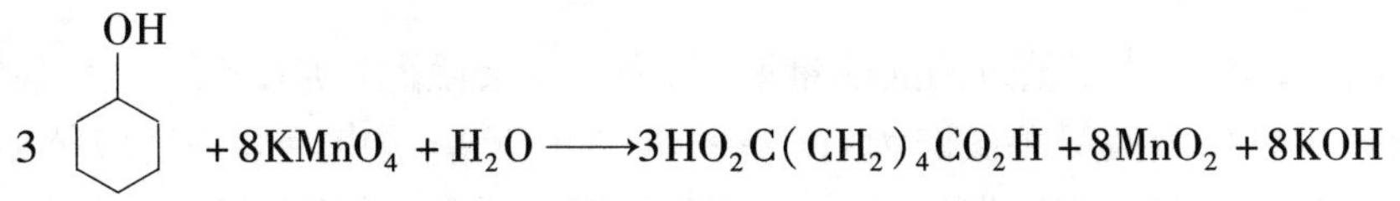

副反应：深度氧化⟶ $HOOC(CH_2)_3COOH$ + $HOOC(CH_2)_2COOH$ 等。

【实验仪器及试剂】

仪器：烧杯（250 mL、800 mL 各 1 个）、温度计（1 支）、吸滤瓶（1 个）、布氏漏斗（1 个）、250 mL 三颈烧瓶、循环水多用真空泵。

试剂：环己醇 2 g 2.1 mL（0.02mol）；高锰酸钾 6 g（0.038 mol）；0.3mol. L^{-1} NaOH；亚硫酸氢钠、浓硫酸、硝酸（d = 1.42）5 mL（0.08mol）。

【实验装置图】

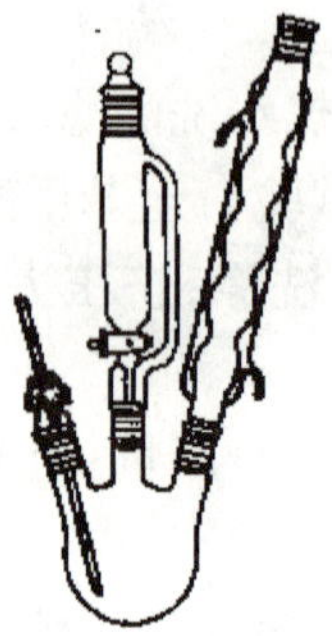

图 3-46 实验装置图

【实验步骤】

1. 实验方法一

本实验必须在通风橱内进行。做实验必须严格地遵照规定的反应条件。

按图 3-46，在 50 mL 圆底烧瓶中放一支温度计，其水银球要尽量接近瓶底。用有直沟的单孔软木塞将温度计夹在铁架上。

在烧瓶中加 5 mL 水，再加 5 mL 硝酸。将溶液混合均匀，在水浴上加热到 80 ℃，然后用滴管加 2 滴环己醇。反应立即开始，温度随即上升到 85～90 ℃。小心地逐渐滴加 2.1 mL 环己醇，一定要使温度维持在这个范围内，必要时往水浴中添加冷水。当醇全部加入而且溶液温度降低到 80 ℃以下时，将混合物在 85～90 ℃下加热 2～3 min。

在冰浴中冷却，析出的晶体在布氏漏斗上进行抽滤。用滤液洗出烧瓶中剩余的晶体。用 3 mL 冰水洗涤己二酸晶体，抽滤。晶体再用 3 mL 冰水洗涤一次，再抽滤。取出产物，晾干。产量：约 1.4 g。

纯己二酸为白色棱状结晶，m. p. 152 ℃，b. p. 330.5 ℃（分解）。

2. 实验方法二

在 100 mL 烧杯中安装机械搅拌。烧杯中加入 2 mL 10% 氢氧化钠溶液和 15 mL 水，搅拌下加入 2 g 高锰酸钾。待高锰酸钾溶解后，用滴管慢慢加入 0.8 mL 环己醇，控制滴加速度，维持反应温度在 45 ℃左右。滴加完毕反应温度开始下降时，在沸水浴中将混合物加热 5 min，使氧化反应完全并使二氧化锰沉淀凝结。用玻棒蘸 1 滴反应混合物，点到滤纸上做点滴试验。如有高锰酸盐存在，则在二氧化锰点的周围出现紫色的环，可加入少量的固体亚硫酸氢钠直到点滴实验呈负性为止。

趁热抽滤混合物，滤渣二氧化锰用少量热水洗涤 3 次。合并滤液与洗涤液，用 1.2 mL 浓盐酸酸化，使溶液呈强酸性。加热浓缩使液体体积减少至 3～4 mL 左右，加少量活性炭脱色后放置结晶，得白色己二酸晶体，熔点 151～152 ℃，产量 0.7～0.8 g。

【实验注意事项】

1. 在量取环己醇时不可使用量过硝酸的量筒，因为二者会激烈反应，容易发生意外。反应起始温度为 60 ℃，滴加速度以反应液保持微沸为宜（75～85 ℃），反应结束后抽去反应体系中的有毒气体。本实验应在通风条件较好的情况下进行，因产生的氧化氮气体有毒，不可逸散在实验室内。仪器装置要求严密不漏，如发现漏气现象，应立即停止实验，改进后再继续实验。

2. 环己醇在较低温度下为针状晶体，熔化时为黏稠液体，不易倒净。因此量取后可用少量水荡洗量筒，一并加入滴液漏斗中，这样既可减少器壁粘附损失，也因少量水的存在而降低环己醇的熔点，避免在滴加过程中结晶堵塞滴液漏斗。不同温度下己二酸的溶解度如表 3-6。粗产物须用冰水洗涤，如浓缩母液可回收少量产物。分离纯化：① 充分冷却反应物（冰—水浴），使产物较完全地析出结晶。②水重结晶纯化产品 4 mL/ g（粗）。

表 3-6 不同温度下环己醇在水中的溶解度

温度/℃	15	34	50	70	87	100
溶解度/g/(100 g 水)	1.44	3.08	8.46	34.1	94.8	100

3. 本反应强烈放热,环己醇切不可一次加入过多,否则反应太剧烈,使温度急剧升高而难以控制,可能引起爆炸。浓缩蒸发时,加热不要过猛,以防液体外溅。浓缩至 10 mL 左右后停止加热,让其自然冷却、结晶。环己醇的滴加速度和反应温度的控制是本实验的成败关键

4. 注意装置不要漏气;亦不能装成密闭系统。

【思考题】

1. 制备己二酸时,为什么必须严格控制滴加环已醇的速度和反应的温度?

2. 本实验为什么必须在通风橱中进行?

3. 制备羧酸的常用方法有哪些?

实验 61 乙酸乙酯的制备

【实验目的】

1. 学习并掌握酯化反应连续制备酯的原理和方法。

2. 掌握蒸馏、分液漏斗的使用等操作;学习分液漏斗的使用液体有机物的干燥。

【实验原理】

主反应:

$$CH_3COOH + CH_3CH_2OH \underset{110-125\ ℃}{\overset{H_2SO_4}{\rightleftharpoons}} CH_3COOC_2H_5 + H_2O$$

酯化反应是一个典型的、酸催化的可逆反应。反应达到平衡后,酯的生成量就不再增多,为了提高酯的产率,根据质量作用定律,可采取下列措施:

①增加反应物(醇或羧酸)的浓度; ②减少产物(酯或水)的浓度。

本实验采取双管齐下的措施,即加入过量的乙醇和适量的浓硫酸,并将反应中生成的乙酸乙酯及时地蒸出。本实验所采用的酯化方法,适用于合成一些沸点较低的酯类。优点是能连续进行,用较小容积的反应瓶制得较大量的产物。对于沸点较低的酯,若采用相应的酸与醇回流加热来制备,常常不够理想。

副反应:

$$2C_2H_5OH \xrightarrow[140\ ℃]{H_2SO_4} C_2H_5OC_2H_5 + H_2O$$

$$C_2H_5OH \xrightarrow[170\ ℃]{H_2SO_4} CH_2=CH_2 + H_2O$$

【实验仪器与试剂】

仪器:50 mL 单口圆底烧瓶、分水器、球形冷凝管、分液漏斗、锥形瓶、直形冷凝管、蒸馏头、接受弯头、电热套。

试剂:乙醇、冰醋酸、浓硫酸、10% 碳酸钠水溶液、无水硫酸镁、沸石、脱脂棉。

【反应装置图】

本实验采用滴加蒸出反应装置(见图 3-47,其中的分馏柱可不装)。

【实验步骤】

在 50 mL 三口烧瓶中加入 3 mL 无水乙醇,并在摇动下慢慢加入 3 mL 浓硫酸(必要时可用冷水

浴),再加几粒沸石。在分液漏斗中,加 20 mL 无水乙醇和 14.3 mL 冰醋酸,混匀。

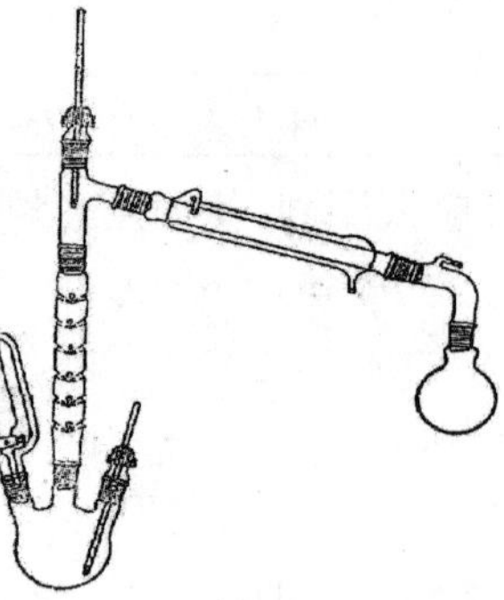

图 3－47 反应装置图

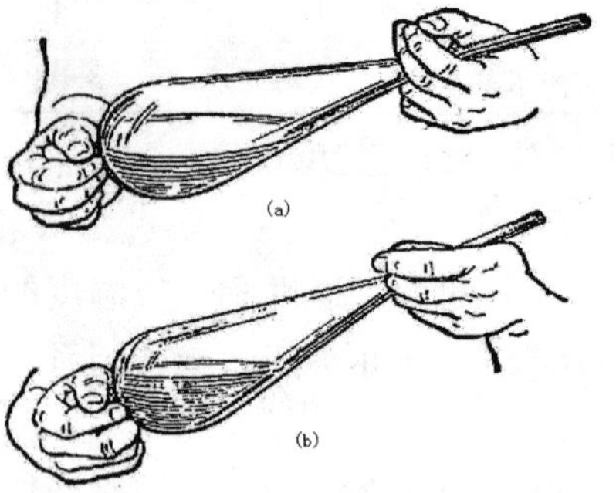

图 3－48 分液漏斗的振摇

按照图 3－47 装好仪器并检查不漏气后,用酒精灯或油浴加热,慢慢升温加热烧瓶,保持反应温度为 120～125 ℃。若用油浴加热,油浴温度为 140 ℃,方可使反应温度保持在 120～125 ℃。将滴液漏斗中的乙醇和冰醋酸的混合液慢慢地滴入三口烧瓶中,调节加料速度,使和酯蒸出的速度大致相等,加料时间约需 90 min。滴加完毕后,继续加热约 10 min,直到不再有液体馏出为止。保持缓慢回流 0.5 h,待瓶内反应物稍冷后,将回流装置改成蒸馏装置,接受瓶用冷水冷却。加热蒸出生成的乙酸乙酯,直到馏出液体积约为反应物总体积的 1/2 为止。

在馏出液中慢慢加入饱和碳酸钠溶液,并不断振荡,直至不再有二氧化碳气体产生(或调节 pH 试纸不再显酸性),然后转入分液漏斗中分去水层,有机层分别用用等体积的饱和食盐水、饱和氯化钙溶液和水洗涤,尽量分净水层后,从分液漏斗上口将粗乙酸乙酯倒入干燥的小锥形瓶内,用适量无水硫酸镁或无水碳酸钾干燥。干燥后的有机层进行蒸馏,收集 73～78 ℃的馏分。

纯乙酸乙酯为无色而有香味的液体,熔点为 77.06 ℃,折光率为 1.3723。产量:14.5～16.5 g。

【实验注意事项】

1. 本实验为无水操作,所用仪器不要用水洗,以免引入水分而不利于酯化反应的进行。

2. 本实验的关键是控制火焰温度和加料速度,保持加料速度与酯蒸出的速度大致相等。温度不宜过高,否则会增加副产物乙醚的含量。滴加速度太快会使醋酸和乙醇来不及作用而被蒸出。

3. 分液漏斗的使用:①使用前先用水检查分液漏斗的上口和下口活塞是否漏液;②分液漏斗的握法和振摇;③注意放气:放气时活塞部分向上,旋转活塞,自下口放气。

4. 碳酸钠必须洗去,否则下一步用饱和氯化钙洗去醇时,会产生絮状的碳酸钙沉淀,造成分离的困难。用饱和食盐水洗涤是为了减少酯在水中的溶解度(每 17 份水溶解 1 份乙酸乙酯)。饱和氯化钙溶液可洗去未参加反应而蒸出的乙醇。乙醇必须洗净,否则它能与乙酸乙酯、水等形成共沸物,增多馏头,降低产率。

5. 乙酸乙酸一水形成沸点为 70.4 ℃的二元恒沸混合物(含水 8.1%);乙酸乙酯、乙醇与水形成沸点 70.2 ℃的三元恒沸混合物(含乙醇 8.4%,水 9%)。如果在蒸馏前不把乙酸乙酯中的乙醇和水除尽,就会有较多的前馏分。

【思考题】

1. 酯化反应有什么特点?在实验中如何创造条件促使酯化反应尽量正向进行?

2. 本实验为什么要用过量的乙醇 ?若采用醋酸过量的做法是否合适?为什么?

3. 蒸出的粗乙酸乙酯中主要有哪些杂质?如何除去?

实验 62　乙酸正丁酯的合成

【实验目的】

1. 通过乙酸正丁酯的制备,学习并掌握羧酸的酯化反应原理和基本操作。

2. 正确使用分水器及时分出反应过程中生成的水使反应向生成产物的方向移动,以提高产率。

3. 进一步掌握加热、回流、洗涤、干燥、蒸馏等产品的后处理方法。

【实验原理】

反应:

$$CH_3COOH + CH_3CH_2CH_2CH_2OH \xrightleftharpoons{\text{浓} H_2SO_4} CH_3COOCH_2CH_2CH_2CH_3 + H_2O$$

副反应:

$$2CH_3CH_2CH_2CH_2OH \xrightleftharpoons{\text{浓} H_2SO_4} CH_3CH_2CH_2CH_2OCH_2CH_2CH_2CH_3 + H_2O$$

$$CH_3CH_2CH_2CH_2OH \xrightleftharpoons{\text{浓} H_2SO_4} CH_3CH_2CH = CH_2\uparrow + H_2O$$

为了促使反应向右进行,通常采用增加酸或醇的浓度或连续地移去产物(酯和水)的方式来达到的。在实验过程中二者兼用。至于是用过量的醇还是用过量的酸,取决于原料来源的难易和操作上是否方便等诸因素。提高温度可以加快反应速度。

【实验仪器与试剂】

仪器:50 mL 单口圆底烧瓶、分水器、球形冷凝管、分液漏斗、锥形瓶、直形冷凝管、蒸馏头、接受弯头、滴管、pH 试纸、小烧杯、洗瓶、铁圈。加热系统。

试剂:无水硫酸镁;正丁醇;冰醋酸;浓硫酸;10% 碳酸钠水溶液。

【实验装置及流程图】

装有分水器回流反应装置如图 3 - 49。

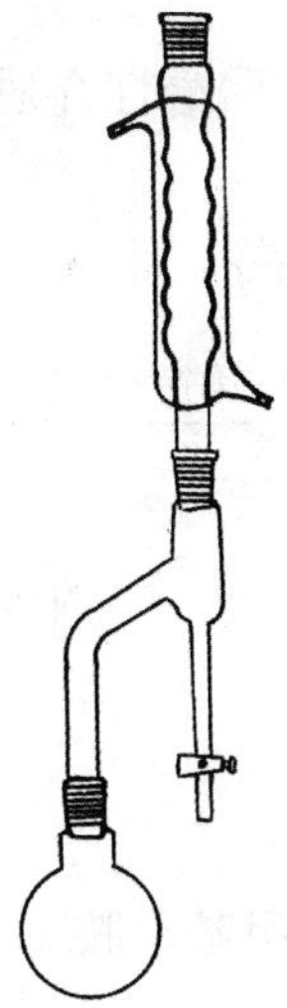

图 3 - 49　反应装置图

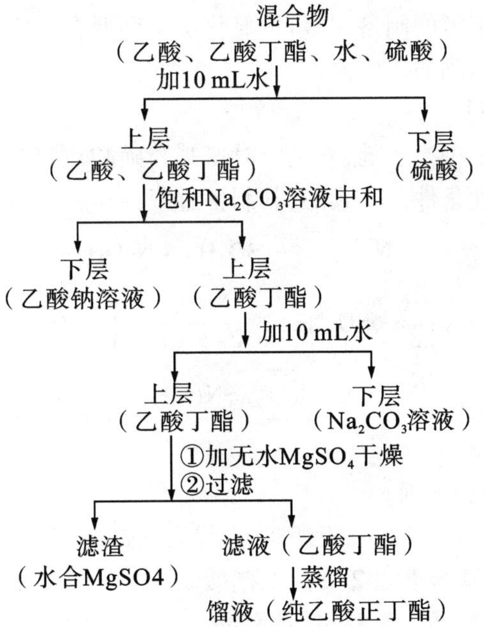

图 3 - 50　混合物分离流程图

【实验步骤】

在干燥的 50 mL 单口烧瓶中加入 11.5 mL(9.3 g,0.125mol)正丁醇,7.2 mL (7.5 g,0.125mol)冰醋酸和 3 ~4 滴浓硫酸(催化),摇匀后,加入几粒沸石,摇动烧瓶使之混合均匀。装上分水器(分水器中加入水至支管下沿约 1 cm 处)、球形冷凝管。用加热套加热回流 40 min,注意观察分水器支管液面高度,始终控制在距支管下沿 0.5 ~1.0 cm(当水充满时,可以由活塞放出)。计量分出水的体积(估计酯化反应程度),当分出水的体积接近理论值(此时已无水生成),停止加热回流,撤掉加热套。

将分水器中液体转移到反应用烧瓶中,摇动烧瓶使之混合均匀(此步操作既是将分水器中产品回收,又是用水洗涤反应混合物),然后将烧瓶中液体转移到分液漏斗中,静置分层,自分液漏斗下口放出水。再向分液漏斗中加入 10 mL10% 碳酸钠水溶液,洗涤有机相,放出水相,有机相再用 10 mL 水洗一次。

将有机相自分液漏斗上口转移至干燥的锥形瓶中,用 2 ~3 g 无水硫酸镁干燥之(可以小心加热加快干燥速度)。

在 50 mL 烧瓶中进行蒸馏,收集 124 ~126 ℃馏分,用一干燥的小烧杯称产品重量(或用量筒量取产品体积)。测其产品折光率。产量 10 ~11.0 g。

【实验数据与处理】

产品:乙酸正丁酯,性质:有水果香味的无色液体。

理论产量:____g(或____mL),　　实际产量____g(或____mL)。

产率____%。

折光率:____。

【思考题】

本实验是根据什么原理来提高乙酸正丁酯的产率的?

实验 63　甲基橙的制备

【实验目的】

1. 通过甲基橙的制备,学习重氮化反应和偶合反应的实验操作。

2. 巩固重结晶的操作。

【实验原理】

甲基橙是一种指示剂,它是由对氨基苯磺酸重氮盐与 N,N－二甲基苯胺在弱酸性介质中发生偶联反应再在碱性条件下得到的,其制备过程:

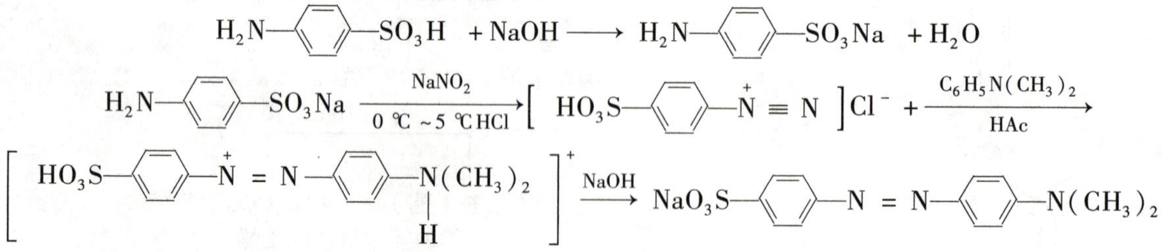

【实验仪器和试剂】

仪器:烧杯、布氏漏斗、吸滤瓶、干燥表面皿、滤纸、KI－淀粉试纸 。

试剂:对氨基苯磺酸 2.0 g、亚硝酸钠 0.8 g, 5% 氢氧化钠 10 mL、N,N－二甲基苯胺 1.2 g, 氯化钠溶液 20 mL、浓盐酸 2.5 mL、冰醋酸 1 mL、10% 氢氧化钠 15 mL、乙醇 4 mL。

【实验步骤】

1. 重氮盐的制备

称取 2.00 g 对氨基苯磺酸于 100 mL 烧杯中，再加入 10 mL5% NaOH，水浴加热至溶解。对氨基苯磺酸为白色粉末状，溶解后溶液呈橙黄色，待溶液冷却至室温。另溶 0.8 g$NaNO_2$ 于 6 mL 水，加入上述烧杯内，冰水浴冷却至 0～5 ℃。加入 $NaNO_2$ 后，溶液的橙色变淡，溶液中有白色的小颗粒。将 2.5 mL 浓 HCl 慢慢加入到 13 mL 的水中，混合均匀后。边搅拌边逐滴加入到溶液中，控制温度在5 ℃以下。滴毕后，用 KI－淀粉试纸检验。加入 HCl 后溶液颜色加深，变成了红色溶液，但溶液中又有很多白色颗粒。KI－淀粉试纸呈紫色。冰水浴 15 min。制得重氮盐。溶液分层。下层为白色颗粒。

2. 偶合反应

将 1.2 g N,N－二甲基苯胺和 1 mL 冰醋酸加到试管中，震荡混合后，边搅拌边加到重氮盐溶液中，搅拌 10 min。N,N－二甲基苯胺为淡黄色油状液体，加入混合液后，溶液变成了红色的糊状液。往溶液中慢慢加入 15 mL 10% NaOH 溶液直至橙色。加热溶液至沸腾，让反应完全。刚开始加热时，产生大量的泡沫。随着温度的升高，泡沫慢慢消失，变红色悬浊液。沸腾后，白色颗粒消失，变成了深红色溶液。待溶液稍冷却后，冰水浴，冷却结晶。然后减压过滤。用饱和 NaCl 冲洗烧杯两次，每次过滤得到为橘黄色颗粒的滤饼，滤液为棕色液体。

3. 重结晶

将滤饼连同滤纸一起移到装有 75 mL 热水的烧杯中，全溶后冷却至室温。然后使用冰水浴冷却结晶。抽滤，用乙醇洗涤滤饼两次，每次 2 mL。将得到的滤饼转移到表面皿。滤饼为橘黄色块状固体。干燥产品，称重。产品为橙红色片状晶体，少许为粉末状晶体。溶解少许产品，加几滴稀 HCl，再加入几滴稀 NaOH，观察颜色变化。产品溶解后呈橙色，加入盐酸后，溶液变紫红色，再加入 NaOH 后，溶液呈橙色。

【实验数据及处理】

1. 外观：________________。

2. 实际产量：________________。

表面皿＋产品：____g。

表面皿：________________g。

产品：________________g。

3. 理论产量：________g；已知：对氨基苯磺酸的相对分子质量：$M_1 = 173.83\ g \cdot mol^{-1}$，甲基橙的相对分子质量：$M_2 = 327.33\ g \cdot mol^{-1}$。理论产量＝$(2.00\ g \times M_2) \div M_1$

4. 产率：＝（实际上甲基橙的质量÷理论上甲基橙的质量）×100%＝________。

【实验注意事项】

1. 对氨基苯磺酸为两性化合物，酸性强于碱性，它能与碱作用生成盐而不能与酸作用成盐。所以它能溶于碱中而不溶于酸中。

2. 重氮化过程中，溶液酸化时生成亚硝酸，同时，对氨基苯磺酸钠变为对氨基苯磺酸从溶液中以细粒状沉淀析出，并立即与亚硝酸作用，发生重氮化反应，生成粉末状的重氮盐。为了使对氨基苯磺酸完全重氮化，反应过程必须不断搅拌。应严格控制温度，反应温度若高于 5 ℃，生成的重氮盐易与水解为酚，降低产率。

3. 用淀粉－碘化钾试纸检验时，若试纸不显色，需补充亚硝酸钠溶液。若亚硝酸已过量，可用尿素水溶液使其分解。$2HNO_2 + 2KI + 2HCl \rightarrow I_2 + 2NO + 2H_2O + 2KCl$

4. 若反应物中含有未作用的 N,N－二甲基苯胺醋酸盐，在加入 NaOH 后。就会有难溶于水的 N,

N－二甲基苯胺析出，影响产物的纯度。

5. 重结晶操作要迅速，否则由于产物呈碱性，在温度高易使产物变质，颜色变深。

6. 湿的甲基橙在空气中受光照射后，颜色会很快变深，故一般得紫红色粗产物，如再依次用水、乙醇、乙醚洗涤晶体，可使其迅速干燥。

【思考题】

1. 何谓重氮化反应？为什么此反应必须在低温、强酸性条件下进行？

2. 对氨基苯磺酸重氮化时，为什么要先加碱变成钠盐？为什么要用略微过量的碱液？

3. 在本实验中，偶合反应是在什么介质中进行的？为什么？

实验 64　阿司匹林的合成

【实验目的】

1. 掌握酰化反应的原理，了解酰化反应的常用试剂及其影响因素。

2. 熟悉无水操作的方法。

3. 熟练掌握重结晶操作。

【实验原理】

本实验以乙酸酐为酰化试剂，与水杨酸（邻羟基苯甲酸）在一定温度下进行反应制备阿司匹林（乙酰水杨酸）：

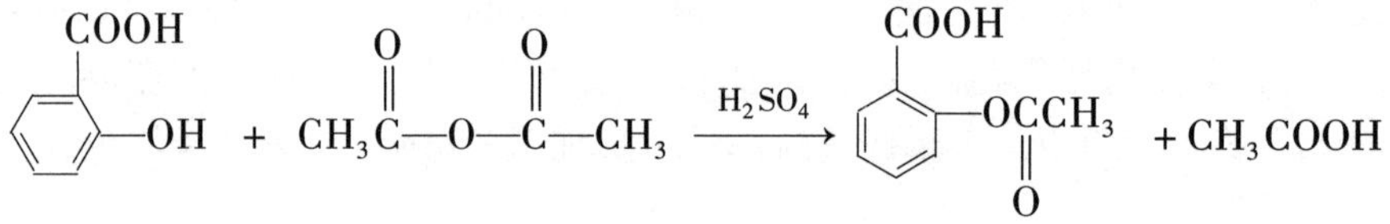

由于水杨酸分子内的羧基和邻位的羟基可形成分子内氢键，不利于酰化反应，可加入少量浓硫酸、浓磷酸、碳酸钠等破坏氢键，并可降低反应所需的温度，使反应在 60 ℃ ~80 ℃进行，同时减少了副产物的生成。

阿司匹林是一种重要的药物，能解热镇痛、抗风湿、抑制血栓形成等。

【实验仪器和试剂】

仪器：800 W 微波炉、台秤、量筒、100 mL 锥形瓶、烧杯、玻璃棒、抽滤泵、布氏漏斗、试管等。

试剂与材料：水杨酸、乙酸酐、浓硫酸、饱和碳酸氢钠、无水醋酸钾、3 mol · L^{-1}盐酸、95% 乙醇、1% 氯化铁，滤纸，冰块等。

【实验步骤】

方法一：硫酸催化法

1. 粗品的制备

称取 2.5 g 水杨酸于干燥的 100 mL 锥形瓶中，加入 5 mL 乙酸酐，滴入 2 滴浓硫酸，充分振摇，然后将此锥形瓶置于 70 ~80 ℃的水浴中加热，并不断振摇，直至固体溶解（约需 20 min）。放置室温冷却，当瓶内有晶体出现（未见晶体，可用玻璃棒摩擦瓶壁促使晶体形成）、反应物成糊状时，在不断搅拌下向锥形瓶中加 50 mL 冷水，以分解过量的乙酸酐，冰水浴冷却，使晶体析出完全，抽滤，用少量水洗涤晶体，尽量抽干水分，得乙酰水杨酸粗品。

2. 重结晶

取出少许粗品备用，其余放入锥形瓶中，在搅拌下慢慢加入饱和 $NaHCO_3$ 溶液至瓶内无 CO_2 生成，过滤此溶液，除去不溶物，用 5 mL 水洗涤滤渣，洗涤液并入滤液，搅拌下加 10 mL 3 mol · L^{-1} HCl

于滤液中，即析出乙酰水杨酸。然后将混合物用冰水冷却，使结晶完全析出，抽滤，在空气中晾干所得阿司匹林晶体。

3. 纯化

将第二步所得产品放入锥形瓶中，加入 5 mL 95% 乙醇，水浴加热至全部溶解，取出，趁热滴入 50 ℃的热水使其变浑浊（约需水 15 ~ 20 mL），继续加热使其全部溶解，然后冰水浴冷却，使结晶充分析出，抽滤，用乙醇－水（$V_{醇}$∶$V_{水}$ = 1∶3）洗涤 2 ~ 3 次，干燥，称重。

方法二：微波辐射法

在圆底烧瓶中加入物质的量之比为 1∶1.5 的水杨酸和乙酸酐，以适量醋酸钾为催化剂，回流冷凝至溶解完全，然后在 550 W 微波辐射下反应 5 min，取出反应瓶，冷却至室温，有白色结晶析出，在冰水浴中继续冷却，使结晶完全，抽滤，得粗产品。

重结晶和纯化步骤同硫酸催化法。

纯度检测：取少量水杨酸、阿司匹林粗品、纯阿司匹林分别加入三支试管中，在加 1 mL 乙醇使其溶解，然后分别加入 1% $FeCl_3$ 溶液，观察，记录，并解释实验现象。

纯乙酰水杨酸为白色针状结晶，熔点 136 ℃。

【实验注意事项】

1. 加热温度不能过高，不宜超过 90 ℃，否则有副产物生成，如水杨酰水杨酸酯、乙酰水杨酰水杨酸酯。

2. 冷却速度过快，容易出现油状物而不是晶体，这是因为溶剂中的其他小分子进入晶格破坏结晶。

3. 粗品与 $NaHCO_3$ 形成钠盐而溶解，副产物不溶可过滤除去。

4. 通过加入盐酸使乙酰水杨酸又重新生成而游离出来，且溶解性小，可从水中析出。

5. 由于乙酰水杨酸受热分解的温度为 128 ~ 135 ℃，熔点不明显，为 136 ℃。测熔点时，可先加热载体至 120 ℃，然后放入样品。

【思考题】

1. 反应容器为什么要干燥无水？水的存在对反应有何影响？

2. 常规法制备乙酰水杨酸为何要加浓硫酸？除了浓硫酸还可加什么？

3. 计算反应物的物质的量比，为何实验中用过量的乙酸酐，而不用过量的水杨酸？

（六）天然有机化合物的提取、分离及纯化实验

实验 65 茶叶中咖啡因的提取

【实验目的】

1. 学习从茶叶中提取咖啡因的基本原理和方法，了解咖啡因的一般性质。

2. 掌握用索氏提取器提取有机物的原理和方法。

3. 进一步熟悉萃取、蒸馏、升华等基本操作。

【实验原理】

咖啡因又叫咖啡碱，学名 1,3,7－三甲基－2,6－二氧嘌呤，结构式见图 3－51，是存在于茶叶、咖啡、可可等植物中的一种生物碱。例如茶叶中含有 1% ~ 5% 的咖啡因，同时还含有单宁酸、色素、纤维素等物质。

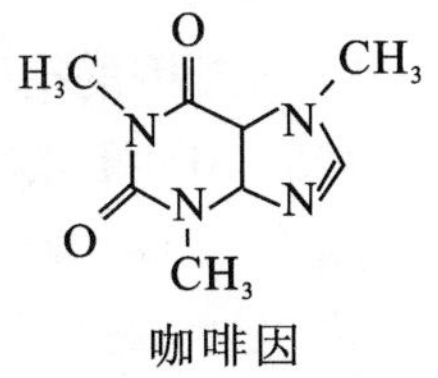

咖啡因

图 3－51 咖啡因结构式

咖啡因是弱碱性化合物，可溶于氯仿、丙醇、乙醇和热水中，难溶于乙醚

和苯(冷)。纯品熔点 235 ~236 ℃，含结晶水的咖啡因为无色针状晶体，在 100 ℃时失去结晶水，并开始升华，120 ℃时显著升华，178 ℃时迅速升华。利用这一性质可纯化之。咖啡因是一种温和的兴奋剂，具有刺激心脏、兴奋中枢神经和利尿等作用。故可以作为中枢神经兴奋药，它也是复方阿司匹林(A. P. C)等药物的组分之一。

提取咖啡因的方法有碱液提取法和索氏提取器提取法。本实验以乙醇为溶，用索氏提取器提取，再经浓缩、中和、升华，得到含结晶水的咖啡因。

【实验装置与流程】

1. 实验流程

$$\text{茶叶末}\xrightarrow[\text{回流提取}]{95\%\text{的乙醇}}\text{提取液}\xrightarrow{\text{蒸馏}}\text{粗提取}\xrightarrow{\text{蒸干}}\text{粗提取物}\xrightarrow[\text{2. 收集}]{\text{1. 升华}}\text{咖啡因}$$

2. 索氏(Soxhlet)提取器

索氏(Soxhlet)提取器由烧瓶、提取筒、回流冷凝管 3 部分组成，装置如图 3 –52 所示。索氏提取器是利用溶剂的回流及虹吸原理，使固体物质每次都被纯的热溶剂所萃取，减少了溶剂用量，缩短了提取时间，因而效率较高。萃取前，应先将固体物质研细，以增加溶剂浸溶面积，然后将研细的固体物质装入滤纸筒内，再置于抽提筒，烧瓶内盛溶，并与抽提筒相连，抽提筒索式提取器上端接冷凝管。溶剂受热沸腾，其蒸气沿抽提筒侧管上升至冷凝管，冷凝为液体，滴入滤纸筒中，并浸泡筒中样品。当液面超过虹吸管最高处时，即虹吸流回烧瓶，从而萃取出溶于溶剂的部分物质。如此多次重复，把要提取的物质富集于烧瓶内。提取液经浓缩除去溶剂后，即得产物，必要时可用其他方法进一步纯化。

3. 升华装置

见图 3 –53。

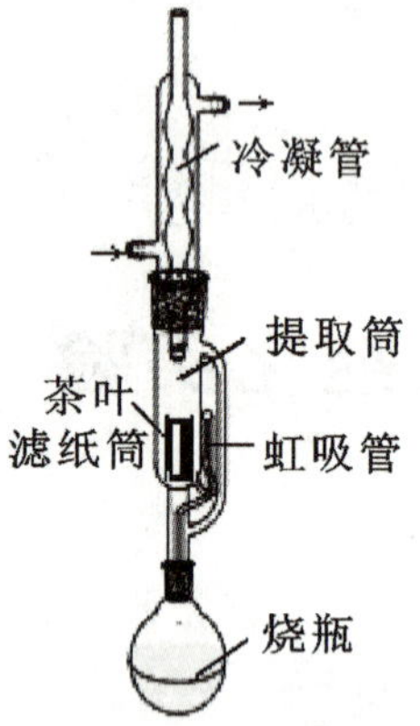

图 3 –52　Soxhlt 提取

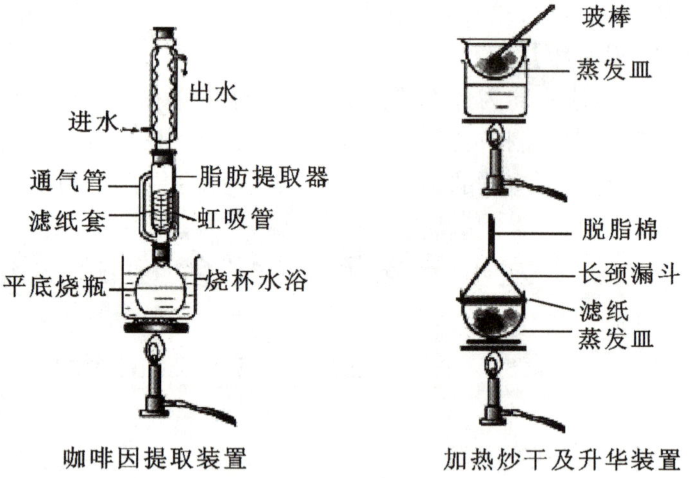

图 3 –53　提取与升华装置

【实验步骤】

1. 咖啡因的提取

称取 10 g 干茶叶，装入滤纸筒内，轻轻压实，滤纸筒上口塞一团脱脂棉，置于抽提筒中，圆底烧瓶内加人 120 ~160 mL95% 乙醇，加热乙醇至沸，连续抽提 1 h，待冷凝液刚刚虹吸下去时，立即停止加热。

将仪器改装成蒸馏装置，加热回收大部分乙醇。然后将残留液（大约 10 ~15 mL）倾入蒸发皿中，烧瓶用少量乙醇洗涤，洗涤液也倒入蒸发皿中，蒸发至近干。加入 8 g 生石灰粉，搅拌均匀，用电热套加热(100～120 V)，蒸发至干，除去全部水分。冷却后，擦去沾在边上的粉末，以免升华时污染产物。

将一张刺有许多小孔的圆形滤纸盖在蒸发皿上，取一只大小合适的玻璃漏斗罩于其上，漏斗颈部疏松地塞一团棉花。

用电热套小心加热蒸发皿，慢慢升高温度，使咖啡因升华。咖啡因通过滤纸孔遇到漏斗内壁凝为固体，附着于漏斗内壁和滤纸上。当纸上出现白色针状晶体时，暂停加热，冷至 100 ℃左右，揭开漏斗和滤纸，仔细用小刀把附着于滤纸及漏斗壁上的咖啡因刮入表面皿中。将蒸发皿内的残渣加以搅拌，重新放好滤纸和漏斗，用较高的温度再加热升华一次。此时,温度也不宜太高，否则蒸发皿内大量冒烟，产品既受污染又遭损失。合并两次升华所收集的咖啡因，测定熔点。

2. 咖啡因的鉴定

(1)与生物碱试剂：取咖啡因结晶的一半于小试管中，加 4 mL 水，微热，使固体溶解。分装于 2 支试管中，一支加入 1～2 滴 5% 鞣酸溶液，记录现象。另一支加 1～2 滴 10% 盐酸(或 10% 硫酸)，再加入 1～2 滴碘—碘化钾试剂，记录现象。

(2)氧化：在表面皿剩余的咖啡因中，加入 30% $H_2O_2$8～10 滴，置于水浴上蒸干，记录残渣颜色。再加 1 滴浓氨水于残渣上，观察并记录颜色有何变化?

【实验注意事项】

1. 滤纸筒的直径要略小于抽提筒的内径 ，其高度一般要超过虹吸管，但是样品不得高于虹吸管。如元现成的滤纸筒，可自行制作。其方法为 :取脱脂滤纸一张，卷成圆筒状(其直径略小于抽提筒内径)，底部折起而封闭(必要时可用线扎紧)，装入样品，上口盖脱脂棉，以保证回流液均匀地浸透被萃取物。

2. 提取过程中,生石灰起中和及吸水作用 。

3. 索氏提取器的虹吸管极易折断,装置和取拿时必须特别小心。

4. 提取时,如留烧瓶里有少量水分，升华开始时，将产生一些烟雾，污染器皿和产品。

5. 蒸发皿上覆盖刺有小孔的滤纸是为了避免已升华的咖啡因回落入蒸发皿中，纸上的小孔应保证蒸气通过。漏斗颈塞棉花，为防止咖啡因蒸气逸出。

6. 在升华过程中必须始终严格控制加热温度，温度太高，将导致被烘物和滤纸炭化，一些有色物质也会被带出来，影响产品的质和量。进行再升华时，加热温度亦应严格控制。

【思考题】

1. 试述索氏提取器的萃取原理,它与一般的浸泡萃取相比,有哪些优点?

2. 索氏提取器有哪几部分组成? 对与索式提取器滤纸筒的基本要求是什么?

3. 为什么要将固体物质(茶叶)研细成粉末?

4. 生石灰的作用是什么? 为什么必须除净水分?

5. 升华装置中为什么要在蒸发皿上覆盖刺有小孔的滤纸? 漏斗颈为什么塞棉花?

6. 升华过程中,为什么必须严格控制温度? 咖啡因与鞣酸溶液作用生成了什么沉淀? 咖啡因与碘－碘化钾试剂作用生成什么颜色的沉淀? 咖啡因与过氧化氢等氧化剂作用的实验现象是什么?

【实验讨论】

咖啡因的其他鉴别方法。

咖啡因可以通过测定熔点及光谱法加以鉴别。此外,还可以通过制备咖啡因水杨酸盐衍生物进一步确证。咖啡因作为碱,可与水杨酸作用生成水杨酸盐,此盐的熔点为 137 ℃。

咖啡因水杨酸盐衍生物的制备方法:在试管中加入 50 mg 咖啡因、37 mg 水杨酸和 4 mg 甲苯,在水浴上加热摇振使其溶解,然后加入约 1 ml 石油醚(60 ℃ －90 ℃),在冰浴中冷却结晶。如无晶体析出，可以用玻璃棒或刮刀摩擦管壁。用玻璃钉漏斗过滤收集产物，测定熔点。纯盐的熔点 137 ℃。

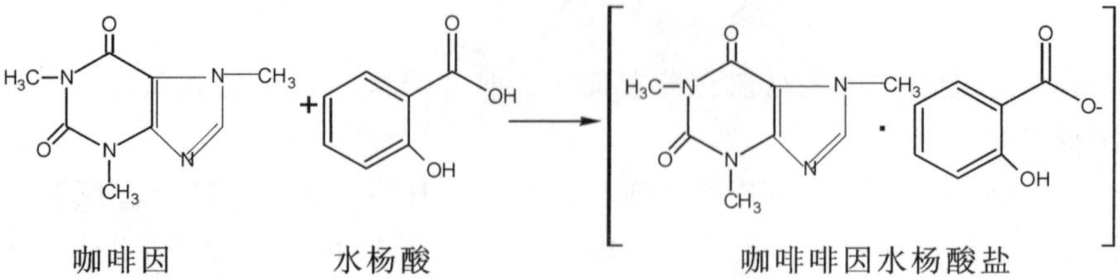

实验 66　黄连中黄连素的提取及其含量分析

【实验目的】

1. 学习从中草药中提取生物碱的方法和原理。

2. 进一步练习减压蒸馏和抽滤等操作。

【实验原理】

黄连素，又称小檗碱，在中药材黄连的主要成分，含量为 4% ~10%。黄柏、三颗针、伏牛花、白屈菜、南天竹等植物也含有黄连素，但以黄连和黄柏中含量为高，可作为提取黄连素的原料。

黄连素为黄色针状结晶，微溶于冷水，易溶于热水和热乙醇中，难溶于苯、氯仿、乙醚、丙酮。多以较稳定的季铵碱形式在自然界中存在，其结构为：

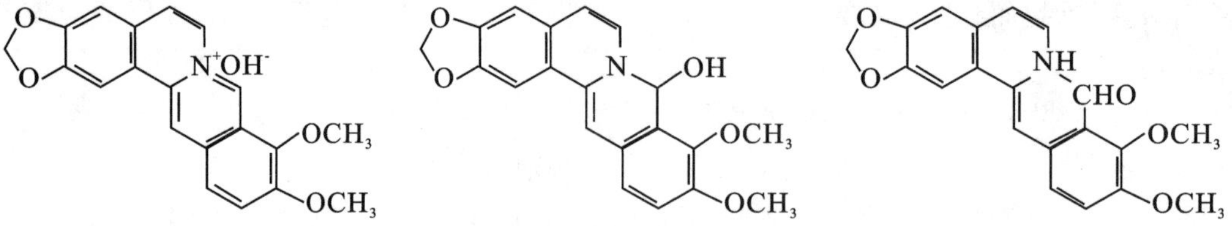

本实验以乙醇为提取剂，盐酸化提取物，得到盐酸黄连素（小檗碱）。盐酸黄连素为黄色粉末状结晶，微溶于冷水，易溶于沸水，难溶于乙醇、氯仿、乙醚。

小檗碱抗菌能力强，能抑制多种细菌，尤其是痢疾杆菌，常用于治疗急性细菌性痢疾、肠胃炎、急性结膜炎和口疮等。

【实验仪器和试剂】

仪器：台秤，研钵，索氏提取器，直型冷凝管，水浴，250 mL 烧杯，抽滤泵，布氏漏斗，表面皿等。

试剂与材料：黄连、95% 乙醇、1% 醋酸、浓盐酸、丙酮、漂白粉、稀盐酸、石灰乳，pH 试纸、滤纸等。

【实验步骤】

1. 小檗碱的提取：称取 5 g 已研磨的黄连，放入 150 mL 索氏提取器的滤纸筒中，按图 3 –27 装置好，在烧瓶中加入 95% 乙醇 80 ~100 mL，水浴加热回流，直至提取物的颜色较浅为止（约 2.5 h），待冷凝液刚虹吸下去时，立即停止加热。稍冷后，在水泵减压下蒸出乙醇（回收），得红色糖浆状物。

2. 小檗碱的纯化：加 30 ~40 mL 1% 醋酸于糖浆中，并加热溶解，然后抽滤以除去不溶物，往滤液中加 1∶1 盐酸，直至溶液浑浊为止（pH 1 ~2），用冰水冷却，即有黄色针状盐酸黄连素析出。抽滤，晶体用冰水洗涤两次，再用丙酮洗涤一次，干燥后称重。将盐酸黄连素加热水至刚好溶解，煮沸，用石灰乳调节 pH 为 8.5 ~9.8，稍冷后过滤除去杂质，滤液继续冷却至室温，即有针状黄连素晶体析出（如晶型不好，可用水重结晶一次），抽滤，在 50 ~60 ℃下干燥结晶，mp. 145 ℃。

3. 黄连素的含量分析一般采用高效液相色谱法（HPLC）。

【思考题】

1. 黄连素为哪种生物碱类化合物?

2. 提取黄连素的原理是什么?

3. 为何要用石灰乳来调节 pH,用强碱氢氧化钾(钠)行不行? 为什么?

实验 67　丁香中挥发油的提取与分离

【实验目的】

1. 学习中药挥发油的提取与分离方法。

2. 学会使用挥发油分离器。

【实验原理】

丁香属桃金娘科植物,其花蕾中挥发油含量达 16% ~19%,丁香油比水重,具有香味和挥发性,易溶于二氯甲烷、氯仿、乙醇,难溶于水,可随水蒸气一起蒸出。丁香油中 8% 以上是丁香酚,丁香酚有酸性,能溶于氢氧化钠,加酸酸化后又游离出来,本实验利用此性质分离丁香油中的丁香酚。

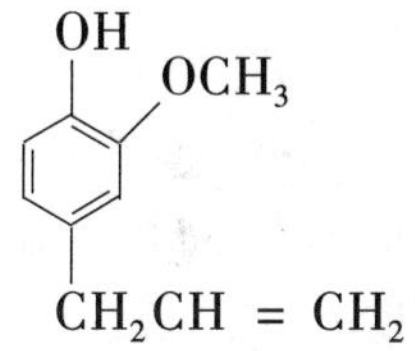

丁香酚的结构式如图所示。丁香油,具有止痛、消炎、抗菌作用,可用于治疗牙痛,在临床上常用于急性止痛。

【实验仪器和试剂】

仪器:油水分离器(比水重)、500 mL 烧瓶、冷凝管、电热套、500 mL 烧杯、250 mL 分液漏斗。

试剂与材料:丁香粗粉、沸石、10% NaOH 溶液、盐酸、10% KOH - 乙醇溶液、乙醚、pH 试纸。

【实验内容】

1. 挥发油的提取:在 500 mL 烧瓶中小心加入 15 g 丁香粗粉,然后加入 300 mL 蒸馏水和数粒沸石,振摇后,依次连接支管上的油水分离器、冷凝管,检查各接口紧密后,用合适的热源加热,控制温度使馏出液保持 2 ~3 滴/秒,当测定管中的油量不再增多时,停止加热。冷却至室温(约 1 h)后,记录油水分离器中的油量,换算成样品中的百分含量。

2. 丁香酚的分离:加 10% NaOH 于所得挥发油中,使其中的丁香酚呈钠盐溶于水,用 1 ~2 倍量热水稀释,稀释后的溶液转入分液漏斗中,分液,分出的水层用盐酸酸化,丁香酚即游离出来,然后出去水层,即可得丁香酚。用折光仪测折光率。

或在所得挥发油中加 10% KOH - 乙醇溶液,其中的非酚性成分用乙醚除去,然后盐酸中和乙醚提取过的碱性溶液,再用乙醚提取酚性成分,除去乙醚,即得丁香酚,用折光仪测定折光率。也可用硅胶板制备薄层纯化,用乙烷 - 乙酸乙酯(85:15)为展开剂,得纯净的丁香酚。

【思考题】

1. 除了挥发油提取法,可否用水蒸气蒸馏法提取丁香挥发油? 为什么?

2. 从水中分离出丁香酚的依据是什么?

实验 68　肉桂中肉桂醛的提取

【实验目的】

1. 学习水蒸气蒸馏的原理。

2. 掌握水蒸气蒸馏的操作方法。

【实验原理】

水蒸气蒸馏是分离和纯化有机化合物的常用方法之一，常用于下列几种情况：①反应混合物中含有大量树脂状杂质或不挥发性杂质；②要求除去易挥发的有机物；③从较多固体反应混合物中分离出被吸附的液体产物；④某些有机物在达到沸点时容易被破坏，采用水蒸气蒸馏可在 100 ℃以下蒸出。使用这种方法时，被提纯物质应该具备下列条件：不溶（或几乎不溶）于水，在沸腾下长时间与水共存而不起化学变化；在 100 ℃左右时必须具有一定的蒸气压（一般要有 0.663～1.33 kPa 或 5～10 mmHg）。

一般说来，在反应物中混有大量树脂状或焦油状物时，用水蒸气蒸馏的效果较一般蒸馏或重结晶为好。有时反应产生两种或几种有机化合物，当其中一种具备上面条件时，用此种方法可获得满意的效果。此外，在实际操作过程中，常应用过热水蒸气蒸馏以提高馏出液中化合物的含量。当某化合物分子的摩尔质量很大，而其蒸气压过低（仅具有 133～666Pa 或 1～5 mmHg），这时就可用过热水蒸气蒸馏提纯。

为了防止过热蒸汽冷凝，须保持盛蒸馏物烧瓶的温度与蒸气的温度相同。具体操作时，可在蒸气导管和烧瓶之间串联一段铜管（最好是螺旋形的）。铜管下用火焰加热，以提高蒸气的温度，烧瓶再用油浴保温，也可用图 3－54 所示的装置来进行。其中 A 是为了除去蒸汽中冷凝下来的液滴，B 处是用几层石棉纸裹住的硬质玻管，下面用鱼尾灯焰加热。C 是温度计套管，内插温度计。烧瓶外用油浴或空气浴维持和蒸气一样的温度。少量物质的水蒸气蒸馏，可用克氏蒸馏瓶（头）代替圆底烧瓶，装置如图 3－55 所示。

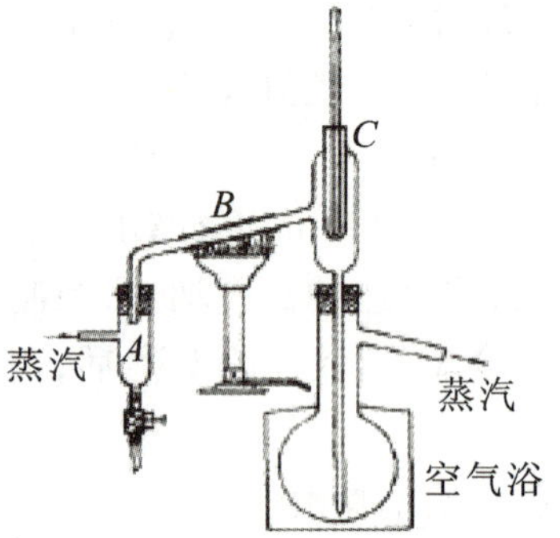

图 3－54　过热水蒸气蒸馏装置

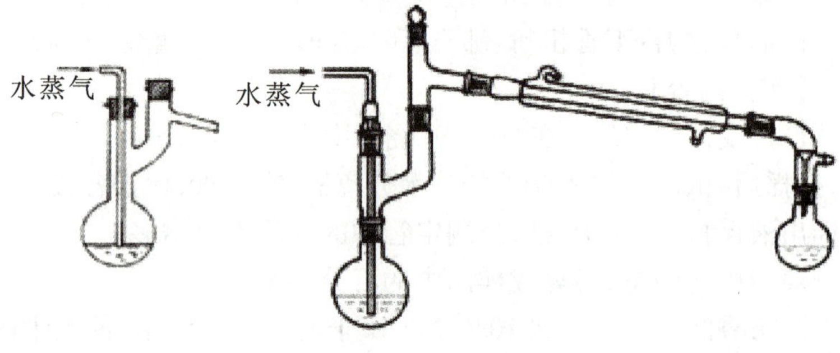

图 3－55　用克氏蒸馏瓶（头）进行少量物质的水蒸气蒸馏

植物精油中含有很多类化合物，它们使许多种植物带上香味，尤其是那些通常已为人们所熟悉的芳香植物。有一类精油属于丙苯衍生物，最著名的含有一个连接在苯环上的三碳链结构的精油是肉桂醛（反－3－苯基丙烯醛）。肉桂油基本上是纯肉桂醛。肉桂醛在室温下呈油状，它可从粉碎的肉桂树皮中通过水蒸气蒸馏提取出来。

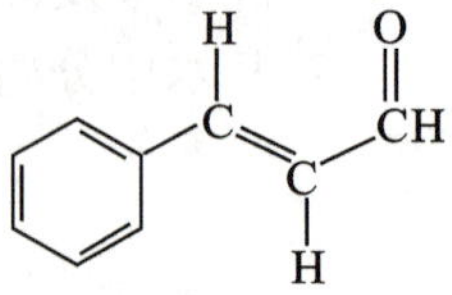

肉桂醛不溶于水，它与水形成不相互溶的液相。在水蒸气蒸馏肉桂时，高沸点的肉桂油和低沸点的水一起被蒸出和冷凝下来。肉桂醛形成的油滴分散在水的介质中，这种油滴容易用二氯甲烷从水中萃取出来，然后蒸去二氯甲烷可得到基本纯净的肉桂醛。

所得到的产物可通过 Tollen 试剂来检验是否是肉桂醛。Tollen 试剂能氧化反－3－苯基丙烯醛，生成反－3－苯基丙烯酸铵盐和金属银沉淀。当反应混合物温热时，这种金属银沉淀物通常像镜面一样沉积在器壁上。Tollen 试剂是一种银氨络合物 $Ag(NH_3)_2OH$，它必须在使用时制备。

【实验仪器和试剂】

仪器:水蒸气蒸馏装置 1 套。

试剂:1 mL 10% $AgNO_3$溶液、1 mL 10% NaOH 溶液、几毫升氢氧化铵溶液(6.0 mol · L^{-1})、15 g 肉桂、20 mL 二氯甲烷、1 g 无水硫酸钠、10 mL 无水乙醇。

【实验内容】

1. 在 250 mL 圆底三颈瓶中放入 15 g 研细的肉桂,加入足量的水使其润湿,并覆盖粉末表面。安装好水蒸气蒸馏装置(注:用一厚层玻璃棉包裹蒸馏头,以加快水蒸气蒸馏速度)。注意:插入安全玻管时,务必不要使肉桂粉末堵塞管子。

2. 收集约 80 mL 水 – 肉桂醛蒸馏液,将蒸馏液转移至分液漏斗中,用二氯甲烷萃取蒸馏液 3 ~ 5 次,每次用量 10 mL。合并三次二氯甲烷溶液,并用无水硫酸钠干燥之。过滤,将滤液收集在一个预先称重的烧瓶中,然后在通风橱中用蒸气浴蒸去二氯甲烷。测定从肉桂中分离得到的肉桂醛的重量,并计算其产率。

3. 肉桂醛的化学鉴定。在进行 Tollen 试验前,将肉桂醛溶解于 5 mL 无水乙醇中。然后取 1.0 mL 肉桂醛 – 乙醇溶液加入到 Tollen 试剂中。用小火将试管温和加热,不断旋转在火焰上的试管,但不要使反应物沸腾,观察并记录实验现象。

【思考题】

1. 今有硝基苯、苯胺混合液体,能否利用化学方法及水蒸气蒸馏的方法将二者分离?

2. 以下几组混合体系中,哪几个可用水蒸气蒸馏法(或结合化学方法)进行分离?

① 对氯甲苯和对甲苯胺;② $CH_3CH_2CH_2OH$ 和 CH_3CH_2OH;③ Fe、$FeBr_3$ 和溴苯。

二、综合技能训练实验

实验 69　常见非金属阴离子的分离与鉴定

【实验目的】

1. 学习和掌握常见非金属阴离子的分离与鉴定方法。

2. 熟悉离子检出的基本操作。

3. 培养综合应用基础知识的能力。

【实验原理】

阴离子多数是由两种或两种以上元素构成的酸根或配离子,同一种元素的中心原子能形成多种阴离子,例如:由 S 可以形成 S^{2-}、SO_3^{2-}、SO_4^{2-}、$S_2O_3^{2-}$、$S_2O_7^{2-}$、$S_2O_8^{2-}$ 和 $S_4O_6^{2-}$ 等常见的阴离子;由 P 可以构成 PO_4^{3-}、HPO_4^{2-}、$H_2PO_4^-$、$P_2O_7^{4-}$、HPO_3^{2-} 和 $H_2PO_2^-$ 等阴离子。

在非金属阴离子中,有的与酸作用生成挥发性的物质,有的与试剂作用生成沉淀,也有的呈现氧化还原性质。利用这些特点,根据溶液中离子共存情况,应先通过初步试验或进行分组试验以排除不可能存在的离子,然后鉴定可能存在的离子。

初步性质检验一般包括试液的酸碱性试验,与酸反应产生气休的试验,各种阴离子的沉淀性质、氧化还原性质。预先做初步检验,可以排除某些离子存在的可能性,从而简化分析步骤。初步检验包括以下内容:

1. 试液的破碱性试验: 若试液里强酸性,则易被酸分解的离子如:CO_3^{2-}、NO_2^-、$S_2O_3^{2-}$ 等阴离子不存在。

2. 是否产生气体的试验：若在试液中加入稀 H_2SO_4 或稀 HCl 溶液，有气体产生，表示可能存在 CO_3^{2-}、SO_3^{2-}、$S_2O_3^{2-}$、S^{2-}、NO_2^- 等离子。根据生成气体的颜色和气味以及生成气体具有某些特征反应，确证其含有的阴离子，如 NO_2^- 被酸分解后生成的红棕色 NO_2 气体，能将湿润的碘化钾－淀粉试纸变蓝；S^{2-} 被酸分解后产生的 H_2S 气体可使醋酸铅试纸变黑，据此可判断 NO_2^- 和 S^{2-} 离子分别存在于各自溶液中。

3. 氧化性阴离子的试验。

在酸化的试液中，加入 KI 溶液和 CCl_4，振荡后 CCl_4 层呈紫色，则有氧化性离子存在，如 NO_2^-。

4. 还原性阴离子的试验。

在酸化的试液中，加入 $KMnO_4$ 溶液，若紫色褪去，则表示存在 S^{2-}、SO_3^{2-}、$S_2O_3^{2-}$、Br^-、I^-、NO_2^- 等离子。

5. 难溶盐阴离子的试验。

(1) 钡组阴离子：在中性或弱碱性试液中，用 $BaCl_2$ 能沉淀 SO_4^{2-}、SO_3^{2-}、$S_2O_3^{2-}$、CO_3^{2-}、PO_4^{3-} 等阴离子。

(2) 银组阴离子：用 $AgNO_3$ 能沉淀 Cl^-、Br^-、S^{2-}、I^-、$S_2O_3^{2-}$ 等阴离子，然后用稀 HNO_3 酸化，沉淀不溶解。

可以根据 Ba^{2+} 和 Ag^+ 相应盐类的溶解性，区分易溶盐和难溶盐。加入一种阳离子（例如 Ag^+）可以试验整组阴离子是否存在，这种试剂就是相应的组试剂。

经过初步试验后，可以对试液中可能存在的阴离子作出判断，然后根据阴离子的特征反应进行鉴定。

【实验仪器与试剂】

仪器：试管、离心试管、点滴板、离心机。

固体试剂：硫酸亚铁、碳酸镉、锌粉（或镁粉）。

液体试剂：H_2SO_4（2 mol·L^{-1}，浓），HCl（6 mol·L^{-1}），HNO_3（2 mol·L^{-1}，6 mol·L^{-1}，浓），HAc（2 mol·L^{-1}，6 mol·L^{-1}，$NH_3 \cdot H_2O$（2 mol·L^{-1}），$Ba(OH)_2$（饱和），$KMnO_4$（0.01 mol·L^{-1}），KI（0.1 mol·L^{-1}），$K_4[Fe(CN)_6]$（0.1mol·L^{-1}），$NaNO_2$（0.1 mol·L^{-1}），$Na[Fe(CN)_5NO]$（1%，新配），$(NH_4)_2CO_3$（12%），$(NH_4)_2MoO_4$（0.1 mol·L^{-1}），$BaCl_2$（1 mol·L^{-1}），$AgNO_3$（0.1 mol·L^{-1}），Zn（粉），$PbCO_3$(s)，$FeSO_4 \cdot 7H_2O$(s)，尿素，Cl_2 水（饱和），I_2 水（饱和），CCl_4，淀粉溶液 。

材料：pH 试纸，$Pb(Ac)_2$ 试纸，淀粉—碘化钾试纸。

【实验内容】

常见阴离子的鉴定

(1) CO_3^{2-} 的鉴定。

取 5 滴含 CO_3^{2-} 离子的试液于离心试管中，用 pH 试纸测定溶液的 pH，再加 5 滴 6 mol·L^{-1}HCl 溶液，立即将事先沾有 1 滴新配制的石灰水或 $Ba(OH)_2$ 溶液的玻璃棒置于试管口上，仔细观察，如玻璃棒上溶液立刻变为白色浑浊液，结合溶液的 pH 值，可以判断有 CO_3^{2-} 离子存在。

(2) NO_3^- 的鉴定。

取两滴含 NO_3^- 离子的试液于点滴板上，在溶液的中央放一粒 $FeSO_4$ 晶体，然后在晶体上加 1 滴浓硫酸。如晶体周围有棕色出现，表示有 NO_3^- 离子存在。

(3) NO_2^- 的鉴定。

取两满含 NO_2^- 离子的试液于点滴板上，加 1 滴 2 mol·L^{-1}HAc 溶液酸化，再加 1 滴对氨基苯磺酸和 1 滴 α－萘胺。如有玫瑰色出现，表示有 NO_2^- 离子存在。

(4) SO_4^{2-} 的鉴定。

取 3 滴含 SO_4^{2-} 离子的试液于试管中，加两滴 6 mol·L^{-1}HCl 溶液和 1 滴 1 滴 0.1 mol·L^{-1}$BaCl_2$

溶液，如有白色沉淀出现，表示有 SO_4^{2-} 离子存在。

（5）SO_3^{2-} 的鉴定。

取 3 滴含 SO_3^{2-} 离子的试液于试管中，加两滴 1 mol · L^{-1} H_2SO_4 溶液，迅速加入 1 滴 0.01 mol · L^{-1} $KMnO_4$ 溶液，如紫色褪去，表示有 SO_3^{2-} 离子存在。

（6）$S_2O_3^{2-}$ 的鉴定。

取 3 滴含 $S_2O_3^{2-}$ 离子的试液于试管中，加 5 滴 0.1 mol · L^{-1} $AgNO_3$ 溶液，振荡，如有白色沉淀迅速变棕变黑，表示含 $S_2O_3^{2-}$ 离子存在。

（7）PO_4^{3-} 的鉴定。

取 3 滴含 PO_4^{3-} 离子的试液于试管中，加 5 滴 6 mol · L^{-1} HNO_3 溶液，再加 8 滴 $(NH_4)_2MoO_4$ 溶液，温热，如有黄色沉淀出现，表示有 PO_4^{3-} 离子存在。

（8）S^{2-} 的鉴定。

取 1 滴含 S^{2-} 离子的试液于离心试管中，加 1 滴 2 mol · L^{-1} NaOH 溶液，再加 1 滴 $Na[Fe(CN)_5NO]$ 溶液，如溶液变成紫色，表示有 S^{2-} 离子存在。

（9）Cl^- 的鉴定。

取 3 滴含 Cl^- 离子的试液于离心试管中，加 l 滴 6 mol · L^{-1} HNO_3 溶液酸化，再滴加 0.1 mol · L^{-1} $AgNO_3$ 溶液。如有白色沉淀初步说明试液中可能含 Cl^- 存在。将离心试管在水浴上微热，离心分离，弃去清液，在沉淀上加入 3 ~ 5 滴 6 mol · L^{-1} 的氨水，用细玻璃棒搅拌，如沉淀溶解，再加 5 滴 6 mol · L^{-1} 的 HNO_3 酸化后重新生成白色沉淀表示有 Cl^- 离子存在。

（10）Br^- 的鉴定。

取 5 滴含 Br^- 离子的试液于离心试管中，加 3 滴 11 mol · L^{-1} H_2SO_4 溶液和 2 滴 CCl_4，然后逐滴加入 5 滴氨水并振荡试管，如 CCl_4 层出现黄色或橙红色表示有 Br^- 离子存在。

（11）I^- 的鉴定。

取 5 滴含 I^- 离子的试液于离心试管中，加两滴 1 mol · L^{-1} H_2SO_4 溶液和 3 滴 CCl_4，然后逐滴加入氨水并振荡试管，如 CCl_4 层出现紫色然后褪至无色，表示有 I^- 离子存在。

【思考题】

1. 某阴离子未知液经初步试验结果如下：

（1）试液呈酸性时无气体产生。

（2）酸性溶液中加入 $BaCl_2$ 溶液无沉淀。

（3）加入稀硝酸和 $AgNO_3$ 溶液产生黄色沉淀。

（4）酸性溶液中加入 $KMnO_4$，紫色褪去，加 I_2 - 淀粉溶液，蓝色不褪去。

（5）与 KI 无反应。

由以上初步实验结果，推测哪些阴离子可能存在。说明理由并提出进一步验证的步骤。

2. 用图形式表示 S^{2-}、$S_2O_3^{2-}$、SO_3^{2-} 混合离子的分离过程和鉴定方法。

3. 用图表形式表示 Cl^-、Br^-、I^- 混合离子的分离过程和鉴定方法。

实验 70　常见阳离子的分离与鉴定

【实验目的】

1. 巩固和进一步掌握一些金属元素及其化合物的化学性质。

2. 了解常见阳离子混合液的分离和检出的方法。

3. 进一步练习分离、鉴定的基本操作。

【实验原理】

离子的分离和鉴定是以各离子对试剂的不同反应为依据的。这种反应常伴随着特殊的现象，如沉淀的生成或溶解，特殊颜色的出现，气体的产生等等。各离子对试剂的作用的相似性和差异性都是构成离子分离与鉴定的基础。也就是说，离子的基本性质是进行分离检出的基础。因而要想掌握分离检出的方法就要熟悉离子的基本性质。

离子的分离和检出是在一定条件下进行。所谓一定的条件主要是指溶液的酸度、反应物的浓度、反应温度、促进或妨碍反应的物质是否存在等。为使反应向期望的方向进行，就必须选择适当的反应条件。

离子混合液中诸组分若对鉴定反应不产生干扰，便可以利用特效反应直接鉴定某种离子。若共存的其他组分彼此干扰，就要选择适当方法消除干扰。通常采用掩蔽剂消除干扰，通常采用遮掩剂消除干扰，这是一种比较简单、有效的方法。但在很多情况下没有合适的遮掩剂，就需要将彼此干扰的组分分离。

沉淀分离是最经典的分离方法。这种方法是向混合溶液中加入沉淀剂，利用形成的化合物溶解度的差异，使被分离组分与干扰组分分离。常用的沉淀剂有 HCl、H_2SO_4、NaOH、$NH_3 \cdot H_2O$、$(NH_4)_2CO_3$ 及 $(NH_4)_2S$。由于元素周期表中的位置使相邻元素在化学性质上表现出相似性，因此一种沉淀剂往往可以使具有相似的元素同时产生沉淀。这种沉淀剂称为产生沉淀的元素的组试剂。组试剂将元素划分为不同的组，逐渐达到分离的目的。

【实验仪器和试剂】

仪器：试管、烧杯、离心机、离心试管、电热炉、点滴板、试管架。

液体试剂：Ag^+，Hg^{2+}，Pb^{2+}，Cu^{2+}，Fe^{3+}，Al^{3+}，Ba^{2+} 混合溶液（七种离子均为硝酸盐，其浓度都为 10 ng·mL^{-1}），HCl（2 mol·L^{-1}，6 mol·L^{-1}，浓），H_2SO_4（2 mol·L^{-1}，6 mol·L^{-1}），HNO_3（6 mol·L^{-1}），HAc（2 mol·L^{-1}，6 mol·L^{-1}），NaOH（2 mol·L^{-1}，6 mol·L^{-1}），KOH（2 mol·L^{-1}），$NH_3 \cdot H_2O$（6 mol·L^{-1}），NaCl（1 mol·L^{-1}），KCl（1 mol·L^{-1}），KI（1 mol·L^{-1}），$MgCl_2$（0.5 mol·L^{-1}），$CaCl_2$（0.5 mol·L^{-1}），$BaCl_2$（0.5 mol·L^{-1}），$AlCl_3$（0.5 mol·L^{-1}），$SnCl_2$（0.5 mol·L^{-1}），$Pb(NO_3)_2$（0.5 mol·L^{-1}），$HgCl_2$（0.2 mol·L^{-1}），$CuCl_2$（0.5 mol·L^{-1}），$CuSO_4$（0.2 mol·L^{-1}），$AgNO_3$（0.1 mol·L^{-1}），$ZnSO_4$（0.2 mol·L^{-1}），$Al(NO_3)_3$（0.5 mol·L^{-1}）、$NaNO_3$（0.5 mol·L^{-1}），$Ba(NO_3)_2$（0.5 mol·L^{-1}），Na_2S（0.5 mol·L^{-1}，1 mol·L^{-1}），H_2S（饱和），$KSb(OH)_6$（饱和），$NaHC_4H_4O_6$（饱和），NaAc（0.2 mol·L^{-1}，1 mol·L^{-1}），K_2CrO_4（1 mol·L^{-1}，2 mol·L^{-1}），Na_2CO_3（12%，饱和），NH_4Cl（饱和），NH_4Ac（2 mol·L^{-1}），$(NH_4)_2C_2O_4$（饱和），$K_4[Fe(CN)_6]$（0.25 mol·L^{-1}，0.5 mol·L^{-1}），硫代乙酰胺（5%），对氨基苯磺酸，镁试剂，0.1% 铝试剂，罗丹明 B，苯，2.5% 硫脲，$(NH_4)_2[Hg(SCN)_4]$。

固体试剂：亚硝酸钠、亚硫酸钠、锌粉、碳酸钠。

材料：pH 试纸、玻璃棒、镍丝。

【实验步骤】

1. s 区金属离子的鉴定

(1) Na^+ 的鉴定。

在盛有 0.5 mL 1 mol·L^{-1} NaCl 溶液的试管中，加入 0.5 mL 饱和六羟基锑(V)酸钾溶液，即有白色沉淀生成。如无沉淀产生，可用玻璃棒摩擦试管内壁，静置片刻。观察现象并写出化学反应方程式。

(2) K^+的鉴定。

在盛有0.5 mL 1 mol · L^{-1}KCl溶液的试管中,加入0.5 mL饱和酒石酸氢钠溶液,如有白色沉淀生成,显示有K^+存在。如无沉淀产生,可用玻璃棒摩擦试管内壁,静置片刻。观察现象并写出化学反应方程式。

(3) Mg^{2+}的鉴定。

在盛有2滴0.5 mol · L^{-1} $MgCl_2$溶液的试管中,滴加6 mol · L^{-1} NaOH溶液,直到白色絮状沉淀为止;然后加入1滴镁试剂,搅拌之,生成蓝色沉淀,示有Mg^{2+}存在。

(4) Ca^{2+}的鉴定。

在盛有0.5 mL 0.5 mol · L^{-1} $CaCl_2$溶液的离心试管中,滴加10滴饱和草酸氨溶液,有白色沉淀生成。离心分离,弃清液。若白色沉淀不溶于6 mol · L^{-1} HAc溶液而溶于2 mol · L^{-1} HCl,表示有Ca^{2+}存在,写出反应方程式。

(5) Ba^{2+}的鉴定。

加两滴0.5 mol · $L^{-1}$$BaCl_2$溶液的离心试管中,加2 mol · L^{-1}HAc和2 mol · L^{-1} NaAc各两滴,然后滴加两滴1 mol · $L^{-1}$$K_2CrO_4$,有黄色沉淀生成,表示有$Ba^{2+}$存在。写出反应方程式。

2. P区和部分过渡金属离子的鉴定

(1) Al^{3+}的鉴定。

取5滴0.5 mol · L^{-1} $AlCl_3$溶液于小试管中,加两滴水,两滴2 mol · L^{-1} HAc及两滴0.1 % 铝试剂,搅拌后,置于水浴上加热片刻,再加入1 ~2滴6 mol · L^{-1}氨水,有红色絮状沉淀生成,示有Al^{3+}存在。

(2) Sn^{2+}的鉴定。

取5滴0.5 mol · L^{-1} $SnCl_2$溶液于小试管中,逐滴加入0.2 mol · L^{-1} $HgCl_2$,边加边震荡,若产生的沉淀由白色变为灰色,然后变为黑色,示有Sn^{2+}存在。

(3) Pb^{2+}的鉴定。

取5滴0.5 mol · L^{-1} $Pb(NO_3)_2$溶液于小试管中,加两滴mol · L^{-1} K_2CrO_4,若黄色的沉淀产生,在沉淀上滴加数滴2 mol · L^{-1}NaOH溶液,沉淀溶解,示有Pb^{2+}存在。

(4) Cu^{2+}的鉴定。

取1滴0.5 mol · L^{-1}CuCl2溶液于试管中,加1滴6 mol · L^{-1}HAc溶液酸化,再加入1滴0.5 mol · L^{-1}亚铁氰化钾$K_4[Fe(CN)_6]$溶液,生成红棕色$Cu_2[Fe(CN)_6]$沉淀,示有Cu^{2+}存在。写出反应方程式。

(5) Ag^+的鉴定。

取5滴0.1 mol · $L^{-1}$$AgNO_3$溶液于小试管中,加5滴2 mol · L^{-1}HCl,产生白色的沉淀,在沉淀上滴加6 mol · L^{-1}氨水至沉淀完全溶解。此溶液中再用6 mol · $L^{-1}$$HNO_3$溶液酸化,产生白色沉淀,示有$Ag^+$存在。

(6) Zn^{2+}的鉴定。

取3滴0.2 mol · $L^{-1}$$ZnSO_4$溶液于小试管中,加两滴2 mol · L^{-1}HAc溶液酸化,再加3滴硫氰酸汞铵溶液,摩擦试管内壁,若白色的沉淀产生,示有Zn^{2+}存在。

硫氰酸汞铵$(NH_4)_2[Hg(SCN)_4]$溶液的配制:取8 g $HgCl_2$和9 g NH_4SCN固体溶于100 mL蒸馏水中即可。

(7) Cd^{2+}的鉴定。

取3滴0.2 mol · $L^{-1}$$Cd(NO_3)_2$溶液于小试管中,加两滴2 mol · $L^{-1}$$Na_2S$溶液,若亮黄色的沉淀

产生,示有 Cd^{2+} 存在。

(8) Hg^{2+} 的鉴定。

取两滴 0.2 mol · L^{-1} $HgCl_2$ 溶液于小试管中,逐滴加 0.5 mol · L^{-1} $SnCl_2$ 溶液,边加边震荡,观察沉淀颜色的变化过程,最后变为灰色,示有 Hg^{2+} 存在。

(9) Sb^{3+} 的鉴定。

在离心试管中加 5 滴 0.1 mol · L^{-1} $SbCl_3$ 溶液,加入 3 滴浓盐酸及少许亚硝酸钠,将 Sb(Ⅲ)氧化为 Sb(Ⅴ),当无气体放出时,加数滴苯及两滴罗丹明 B 溶液,苯层显紫色,示有 Sb^{3+} 存在。

(10) Bi^{3+} 的鉴定。

取 1 滴 0.1 mol · L^{-1} $Bi(NO_3)_3$ 溶液于试管中,加 1 滴 2.5% 的硫脲,生成鲜黄色配合物,示有 Bi^{3+} 存在。

(11) Mn^{2+} 的鉴定。

取 2 滴 0.1 mol · L^{-1} $MnSO_4$ 溶液于试管中,加 10 滴 6 mol · L^{-1} HNO_3 溶液酸化,再加少许 $NaBiO_3$ 固体,微热,溶液呈紫色,示有 Mn^{2+} 存在。写出反应方程式。

(12) Cr^{3+} 的鉴定。

取 5 滴 0.1 mol · L^{-1} $CrCl_3$ 溶液于试管中,滴加 6 mol · L^{-1} NaOH 溶液至生成的灰绿色沉淀溶解为亮绿色溶液,然后加入 0.5 mL 3% H_2O_2,水浴加热使溶液变为黄色。

① 取所得黄色溶液用 6 mol · L^{-1} HNO_3 溶液酸化,再滴加 0.1 mol · L^{-1} $Pb(NO_3)_2$ 溶液,生成黄色沉淀,示有 Cr^{3+} 存在。写出反应方程式。

② 取所得黄色溶液用 6 mol · L^{-1} HNO_3 溶液酸化至 pH2 ~ 3,再加入 0.5 mL 乙醚和 2 mL3% H_2O_2,乙醚层呈蓝色,示有 Cr^{3+} 存在。写出反应方程式。

(13) Fe^{2+} 的鉴定。

①取 5 滴 0.1 mol · L^{-1} $FeSO_4$ 溶液于试管中,滴入 0.1 mol · L^{-1} $K_3[Fe(CN)_6]$溶液,生成深蓝色沉淀,示有 Fe^{2+} 存在。写出反应方程式。

② 取 10 滴 0.1 mol · L^{-1} $FeSO_4$ 溶液于试管中,滴入 1% 邻二氮菲溶液,生成橘红色沉淀,也示有 Fe^{2+} 存在。

(14) Fe^{3+} 的鉴定。

① 取 1 滴 0.1 mol · L^{-1} $FeCl_3$ 溶液滴于点滴板上,滴入 0.1 mol · L^{-1} $K_4[Fe(CN)_6]$溶液 1 滴,生成蓝色沉淀(习惯称普鲁士蓝),示有 Fe^{3+} 存在。写出反应方程式。

② 取 1 滴 0.1 mol · L^{-1} $FeCl_3$ 溶液滴于点滴板上,滴入两滴饱和 NH_4SCN 溶液,生成血红色溶液,示有 Fe^{3+} 存在。写出反应方程式。

(15) Co^{2+} 的鉴定。

取 5 滴 0.1 mol · L^{-1} $CoCl_2$ 溶液于试管中,滴入 2 mol · L^{-1} HCl 溶液两滴,饱和 NH_4SCN 溶液 5 滴和丙酮 10 滴,振荡试管,溶液出现蓝色,示有 Co^{2+} 存在。写出反应方程式。

(16) Ni^{2+} 的鉴定。

取 1 滴 0.1 mol · L^{-1} $NiSO_4$ 溶液滴于点滴板上,加 1 滴 2 mol · L^{-1} $NH_3 \cdot H_2O$,再加 1 滴 1% 丁二酮肟溶液,生成鲜红色沉淀,示有 Ni^{2+} 存在。

(17) NH_4^+ 的鉴定。

① 取 1 滴铵盐溶液,滴入点滴板中,滴两滴奈斯勒试剂(碱性四碘合汞溶液),生成红棕色沉淀,示有 NH_4^+ 存在。

② 气室法:如图 3 – 56 所示,用洁净的表面皿两块,在其中一块表面皿的凹面粘附一小段湿润的

红色石蕊试纸(或 pH 试纸),在另一块表面皿的凹面中心滴入 3 滴铵盐溶液,再加 3 滴 6 mol·L^{-1} NaOH 溶液,立即闭合两表面皿做成气室。将此气室放在水浴上微热 2 min,试纸变蓝,示有 NH_4^+ 存在。

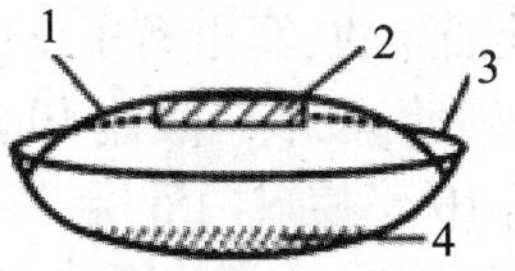

图 3－56　气室法示意图

1－75mm 表面皿

2－湿润的红色石蕊试纸

3－90mm 表面皿

4－NH4＋溶液中加几滴 6 mol·L^{-1}NaOH

【思考题】

1. 在未知溶液分析中,当由碳酸盐制备铬酸盐沉淀时,为什么须用醋酸溶液去溶解碳酸盐沉淀,而不用强酸如盐酸去溶解?

2. HgS 的沉淀一步中为什么选用 H_2SO_4 溶液酸化而不用 HCl?

3. 汞盐和亚汞盐的性质有何不同?通过实验你可以得到几种区别它们的方法?

4. 试设计一分析流程图,分离和检出 Ag^+、Zn^{2+} 和 Cu^{2+} 混合溶液。

实验 71　无机阴、阳离子的鉴定和未知物的鉴别

【实验目的】

1. 掌握常见无机阴、阳离子的特征反应和鉴定反应的操作。

2. 明确化学反应与鉴定反应的关系。

3. 了解未知物定性分析的试验流程。

【实验原理】

利用加入试剂,使其与溶液中某种无机离子产生特征化学反应用来鉴定溶液中无机离子存在与否的试验称为离子的鉴定。鉴定反应是具有下述特征反应之一的化学反应:①沉淀的生成或沉淀的溶解;②溶液或沉淀发生颜色变化;③有特殊气体生成并排出;④产生其他特殊现象等。结晶反应、焰色反应、气室反应常被用作鉴定反应。有机试剂的应用常能提高离子鉴定反应的特效性和灵敏度。

【实验仪器与试剂】

仪器:试管、铂丝玻璃棒、离心机。

试剂:酸:浓 HCl,1mol·L^{-1} HCl,浓 H_2SO_4,2mol·L^{-1} H_2SO_4,浓 HNO_3。

碱:2mol·L^{-1} NaOH,2mol·L^{-1}氨试液。

盐:K^+、Na^+、NH_4^+、Ag^+、Mg^{2+}、Fe^{2+}、Ba^{2+}、Al^{3+}、Sb^{3+}、As^{3+}、Fe^{3+}、NO_3^-、SO_3^{2-} 离子溶液,3mol·$L^{-1}$$NH_4Ac$,饱和 $FeSO_4$,1mol·$L^{-1}$$Na_2S$,1mol·$L^{-1}$$Hg(NO_3)_2$,1mol·$L^{-1}$$AgNO_3$,1mol·$L^{-1}$$NaNO_2$,1mol·$L^{-1}$$Hg_2Cl_2$。

其他:硫代乙酰胺溶液、锌粉、四苯硼钠、硼砂晶体、醋酸铀酰锌、邻菲罗啉乙醇溶液、铝试剂、玫瑰红酸钠、茜素磺酸钠、奈斯勒试剂、甲醇。

【实验内容】

1. 无机阴、阳离子的特征反应

1.1 试管试法

将试液放入试管中滴加试剂,使其产生沉淀或颜色变化的方法叫试管试法。用试管试法进行离子特征反应时每加 1 滴试剂都要充分摇匀直到现象产生。

(1)Na^+盐:取 Na^+盐的中性溶液 10 滴于小试管中,加醋酸铀酰锌试剂 3～4 滴,不断搅动并摩擦试管壁,即有黄色沉淀生成,写出离子反应式。

(2)K^+盐:取 K^+盐的中性溶液 10 滴于小试管中,加钴亚硝酸钠试剂 3 滴,摇匀后有黄棕色沉淀产生,写出离子反应式。在另一试管中加入 K^+盐的中性溶液 10 滴,再滴加四苯硼钠 3～4 滴,摇匀后

观察沉淀的生成,写出离子反应式。

(3)硝酸盐:取硝酸盐 10 滴于小试管中,加入饱和 $FeSO_4$ 溶液 8 ~ 12 滴,然后沿着管壁小心加入浓 H_2SO_4 10 滴使成两液层,不要搅动,稍待片刻,观察两液层交界处的颜色,记录颜色环的颜色。

(4)硼酸盐:取硼砂晶体约 0.5 g 于小试管中,加蒸馏水 3 mL 加热溶解,稍冷却后加浓 H_2SO_4 少许,观察有何变化,加甲醇 5 ~ 10 mL 后点火燃烧,观察火焰边缘带的颜色。

1.2 点滴板反应试法

将少量试液、试剂均滴在点滴板上使其反应的方法叫点滴板反应试法,该试法试液、试剂用量较少。

(1)Fe^{2+} 盐:取 Fe^{2+} 盐溶液少许,加 1% 邻菲罗啉乙醇溶液数滴,观察颜色的变化。

化学反应如图 3 – 57 所示:

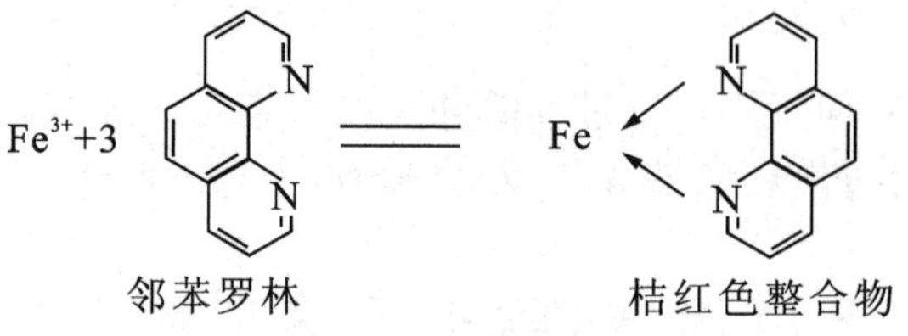

图 3 – 57

(2)Mg^{2+} 盐:取 Mg^{2+} 盐溶液少许,加 NaOH 试液和镁试剂各数滴,观察沉淀的生成,镁试剂化学名为对硝基偶氮间苯二酚,结构式为:

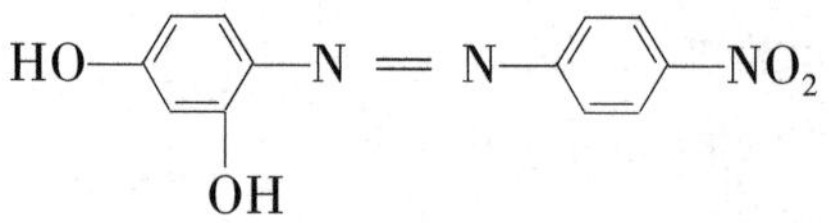

(3)Al^{3+} 盐:取 Al^{3+} 盐溶液少许,加数滴 $3mol \cdot L^{-1} NH_4Ac$ 溶液和 1 ~ 2 滴铝试剂,观察沉淀的生成。化学反应为:

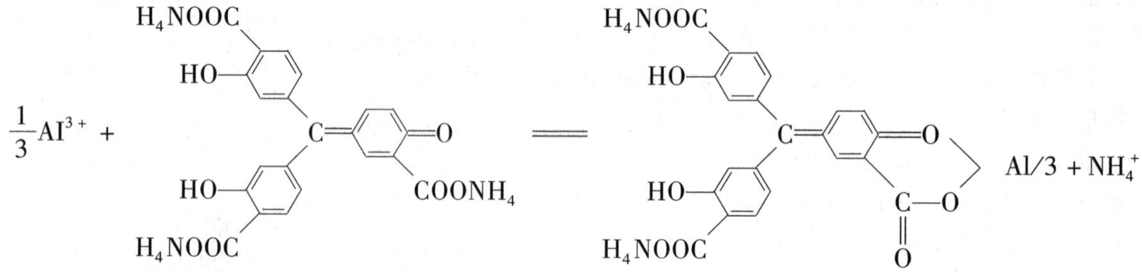

1.3 离心管试法

将试液、试剂放在离心管中进行沉淀反应,并使沉淀物在离心机上进行离心析出的方法叫离心管试法。开动离心机时,要注意离心机的平稳,离心管放在离心机的管套中要做到对称,必要时用空试管加水做对称。离心沉降后沉淀物受离心作用沉降在离心管的尖端,可用毛细管将离心液吸出,留下沉淀物在离心管中。

(1)Ag^+ 盐:取 Ag^+ 盐溶液少许加稀盐酸数滴酸化,观察白色凝乳状沉淀的生成,离心,弃去上清液,在沉淀物上滴加氨水试液,观察沉淀的溶解。写出离子反应式。

(2)Sb^{3+} 盐:取 Sb^{3+} 盐溶液少许加稀盐酸数滴酸化,通硫化氢气体,观察沉淀的生成,离心,弃去上清液,在沉淀物上滴加硫化钠溶液,观察沉淀的溶解。写出离子反应式。

1.4 纸上滴定试法

将试液、试剂放在滤纸上进行沉淀,由于纸上的毛细管作用,除沉淀外,其它离子会均匀扩散至沉淀区域之外,沉淀观察比较明显,这种方法叫纸上滴定试法。

Ba^{2+} 盐:取 Ba^{2+} 盐溶液少许置滤纸上,加玫瑰红酸钠试液,观察沉淀的生成。用稀酸处理后注意滤纸颜色的变化。

1.5 气室试法

气室是由两块小表面皿合在一起构成的，上面一块可稍小并擦干，将试纸润湿后贴在上面表面皿的凹面中央，然后盖在下面表面皿上，必要时可放在小烧杯上用蒸汽浴加热，待反应发生后观察试纸颜色变化。这种鉴定离子是否存在的方法叫气室试法。

(1) NH_4^+ 盐：取 NH_4^+ 盐固体少许，加过量 NaOH 试液，加热，分解产生的气体遇浸有纳氏试剂的滤纸会产生色斑，观察色斑的生成并写出离子反应式。

(2) As^{3+} 盐：在表面皿上放 As^{3+} 固体少许，加无砷锌粉少量，添加稀硫酸，在气室上表面皿上粘一沾有硝酸银溶液的滤纸，数分钟后，观察滤纸上色斑的生成。

(3) SO_3^{2-} 盐：在表面皿上放 SO_3^{2-} 盐固体少许，加 HCl 产生气体并能使硝酸亚汞试液湿润的滤纸产生色斑，观察色斑的产生。

1.6 焰色试法

将铂丝（或镍铬丝）做成环状，取数滴浓盐酸置滴定板上，将金属环插进盐酸中浸湿，在灯焰上灼烧，反复数次直至火焰不染色，表明金属丝已处理洁净。用洁净的金属丝沾取试液在外焰中灼烧，通过火焰特征颜色来鉴定无机离子的方法叫焰色试法。

(1) 钠盐：火焰中显鲜黄色。

(2) 钾盐：火焰中显紫色（当有钠盐混存时，可用蓝玻璃透视）。

(3) 钙盐：火焰中显砖红色。

(4) 钡盐：火焰中显黄绿色。

记录每种盐在火焰中呈现的颜色，每次实验前应将金属丝洁净，方法同上。千万不可将铂丝放在还原焰中灼烧，否则生成碳化铂，铂丝会发生脆断。

2. 未知物的鉴别：未知溶液的分析

领取未知溶液一份，其中可能含有的离子是：

Na^+，K^+，NH_4^+ +，Mg^{2+}，Ca^{2+}，Ba^{2+}，Cl^-，Br^-，I^-，参照以上实验，自己拟定分析步骤，确定未知溶液中含有哪些离子。

【思考题】

1. 哪些操作技术被用来进行常见离子的鉴定反应？

2. 进行离子“一般鉴定反应”应具有什么前提？

3. 若未知液中有 Br^- 无 Cl^-，而在处理卤化银沉淀的 2 $mol \cdot L^{-1} NH_3 \cdot H_2O$ 中加 HNO_3 检出 Cl^- 时，溶液却变混浊，试解释这种现象？

实验 72　药用氯化钠的制备与检验

【实验目的】

1. 通过沉淀反应，了解提纯氯化钠的原理。

2. 练习台秤和电加热套的使用方法。

3. 掌握溶解、减压过滤、蒸发浓缩、结晶、干燥等基本操作。

【实验原理】

化学试剂或医药用的 NaCl 都是以粗食盐为原料提纯的。粗食盐中除含有少量不溶性杂质外，还含有 K^+、Ca^{2+}、Mg^{2+}、Fe^{3+}、SO_4^{2-}、CO_3^{2-} 等杂质，这些杂质的存在不仅使食盐极易潮解，影响食盐的贮运，而且也不适合医药和化学试剂的要求，因此化学试剂和药用 NaCl 必须除去这些杂质，通常选用合适的试剂使 Ca^{2+}、Mg^{2+}、Fe^{3+}、SO_4^{2-} 生成不溶性的化合物与粗盐中的不溶性杂质一起除去，具体方法是首先在粗盐饱和溶液中加入 $BaCl_2$ 溶液，除去 SO_4^{2-}：$Ba^{2+} + SO_4^{2-} = BaSO_4\downarrow$，然后再加入饱和的

Na_2CO_3 溶液，除去 Ca^{2+}、Mg^{2+}、Fe^{3+} 和过量的 Ba^{2+}：

$$Ca^{2+} + CO_3^{2-} = CaCO_3\downarrow$$

$$2Mg^{2+} + 2CO_3^{2-} + H_2O = [Mg_2(OH)_2]CO_3\downarrow + CO_2\uparrow$$

$$2Fe^{3+} + 3CO_3^{2-} + 3H_2O = 2Fe(OH)_3\downarrow + 3CO_2\uparrow$$

$$Ba^{2+} + CO_3^{2-} = BaCO_3\downarrow$$

过量的 Na_2CO_3 可用 HCl 中和后除去，粗盐中 K^+ 和上述沉淀剂不起作用，仍留在溶液中，由于 KCl 的溶解度比 NaCl 大，而且在粗食盐中含量极小，所以在浓缩 NaCl 溶液时，NaCl 结晶出来，KCl 仍留在溶液中，吸附在 NaCl 晶体上的 HCl 可用酒精洗涤而除去，再进一步用水浴加热，除去少量水，酒精和 HCl，最后得到纯度很高 NaCl。

【实验仪器与试剂】

仪器：台秤、烧杯、玻璃棒、量筒、布氏漏斗、抽滤瓶、循环水真空泵、蒸发皿、试管。

试剂：HCl（$2mol\cdot L^{-1}$）、NaOH（$2mol\cdot L^{-1}$）、$BaCl_2$：（$1mol\cdot L^{-1}$）、Na_2CO_3（$1mol\cdot L^{-1}$）、$(NH_4)_2C_2O_4$（$0.5mol\cdot L^{-1}$）、粗食盐（s）；镁试剂、pH 试纸、滤纸。

【实验内容】

1. 粗盐的溶解 称取 20 g 粗盐，加入 80 mL 水，加热搅拌至溶解，然后加入少量活性炭，加热至 80 ℃ 左右保温约 5 min。

2. SO_4^{2-} 的除去 将溶液加热至近沸，在搅拌的同时逐滴加入 25% $BaCl_2$ 溶液 3 ~ 5 mL 继续加热 5 分钟，使沉淀颗粒长大而易于沉降。

3. 检查 SO_4^{2-} 是否除尽：取 0.5 ~ 1 mL 上清液，常压过滤至试管中，加几滴 6mol/LHCl，25% $BaCl_2$ 溶液及 1 mL 酒精试管中，若发生混浊，表明 SO_4^{2-} 未除尽需继续加 25% $BaCl_2$ 使 SO_4^{2-} 沉淀完全（不再产生混浊），若无混浊，可将全部溶液过滤（常压法过滤），弃去沉淀。

4. 除去 Ca^{2+}、Mg^{2+}、Ba^{2+}、Fe^{3+} 等阳离子：将所得滤液加热至近沸，搅拌下滴加饱和 Na_2CO_3 溶液至不再产生沉淀，然后再多加 0.5 mL Na_2CO_3 溶液，静置。

5. 检查 Ba^{2+} 是否除尽：用滴管取 1 mL 除 Ca^{2+} 等杂质后上清液，加几滴 6 $mol\cdot L^{-1}H_2SO_4$ 和 1 mL 酒精，若发生混浊，表明 Ba^{2+} 未除尽（检验液用后弃去），需要再向原液中加饱和碳酸钠溶液，直到检查无 Ba^{2+} 离子后再过滤，弃去沉淀。

6. 除去过量的 CO_3^{2-}：往滤液中滴加 6 $mol\cdot L^{-1}$ 的 HCl，加热搅拌，中和到溶液 pH 值约为 2 ~ 3（用 pH 试纸检查）。

7. 浓缩与结晶：将调好 pH 的溶液倒入蒸发皿中，蒸发浓缩至溶液变为黏稠状为止，冷却减压过滤、抽干，母液倒入回收瓶中，用滴管吸取酒精淋洗产品 2 ~ 3 次，将 NaCl 晶体转移到蒸发皿中，在石棉网上用小火烘干，冷却后称重，计算产率。

【思考题】

1. 20 g 粗盐加入 80 mL 水，所得溶液是否饱和，为什么？

2. 除 Ca^{2+}、Mg^{2+} 等杂质时用 Na_2CO_3，而不用别的可溶性碳酸盐，除去 CO_3^{2-} 时用 HCl 而不用别的强酸，为什么？

3. 除 SO_4^{2-} 时，为什么用毒性较大的 Ba^{2+} 而不用无毒的 $CaCl_2$。

4. 检验 SO_4^{2-}、Ba^{2+} 是否除尽时，为什么要加酒精？

5. 加 HCl 除 CO_3^{2-} 时，为何要把溶液的 pH 值调到 2 ~ 3，恰好调到中性好不好（从溶液中 H_2CO_3、HCO_3^- 和 CO_3^{2-} 的浓度比与 pH 的关系考虑）。

6. 如果本实验收率过高或过低，可能的原因是什么？

实验 73　碳酸钠溶液的配制和浓度的标定

【实验目的】

1. 了解配制一定浓度溶液的方法。

2. 了解用滴定法测定溶液浓度的原理和操作方法。

3. 学习酸式滴定管、移液管、台称的使用和固体取用的操作。

【实验原理】

配制一定浓度的溶液的方法有多种，一般是根据溶质的性质而定。某些易于提纯而稳定不变的物质（如 Na_2CO_3），可以精确称取其纯晶体，通过容量瓶等仪器直接制成所需的一定体积的准确浓度的溶液。某些不易提纯的物质（如 NaOH 等），可先配制成近似浓度的溶液，然后用已知一定浓度的标准溶液来测定它的浓度。

溶液浓度的滴定：用移液管或滴定管准确量取一定体积的待测溶液，然后由滴定管放出已知准确浓度的标准溶液，使它们相互作用达到反应的计量点，并由此计算出待测溶液的浓度，这种操作称为滴定。

反应终点通常是利用指示剂来确定的，指示剂应能在反应计量点附近有明显的颜色变化。本实验是用 HCl 滴定 Na_2CO_3，可用甲基橙作指示剂，甲基橙在碱性溶液中是黄色，在酸性溶液中是红色。刚开始滴定时由于 Na_2CO_3 水解后显碱性，甲基橙在 Na_2CO_3 溶液中是黄色，当全部 Na_2CO_3 与 HCl 作用完毕时，只要有 1 滴过量的 HCl 溶液，溶液就显酸性，甲基橙即由黄色变为橙色。表明此时该反应已达到反应的终点。该滴定反应的反应式为：

$$Na_2CO_3 + 2HCl = 2NaCl + H_2O + CO_2\uparrow$$

其碳酸钠浓度的计算公式为：

$$c_{Na_2CO_3} = \frac{c_{HCl} \times V_{HCl}}{2V_{Na_2CO_3}}$$

由于 HCl 的浓度、体积及 Na_2CO_3 的体积都是已知的，则 Na_2CO_3 溶液的浓度即可求出。

【实验仪器和试剂】

仪器：量筒（250 mL）、酸式滴定管（50 mL）、移液管（25 mL）、洗耳球、洗瓶、滴定台（或铁架台）、台秤、滴定管夹、烧杯（400 mL）、玻璃棒、锥形瓶 3 个。

试剂：分析纯无水 Na_2CO_3、甲基橙指示剂、HCl 标准溶液（$0.1000\ mol \cdot L^{-1}$）。

【实验内容】

1. Na_2CO_3 溶液的配制

本溶液只配成近似浓度，用台秤称取约 1.3 gNa_2CO_3 固体（1.2 ~ 1.4 g）置于 400 mL 烧杯中，用 250 mL 量筒准确量取蒸馏水 250 mL，沿玻璃棒倒入烧杯，注意不要过急以免外溢，用玻璃棒搅拌使 Na_2CO_3 溶解并混合均匀，备用。

2. 酸式滴定管的准备

先将滴定管用自来水冲洗，并检查是否漏液，旋塞转动是否灵活。如漏液，应卸下旋塞，洗净、擦干、重新涂上凡士林，再将酸式滴定管用蒸馏水洗净，并以 HCl 标准溶液润洗三次，注意旋塞及旋塞下部也应洗净。加入 HCl 标准溶液，调整液面在滴定管“0”刻度线附近，记下液面凹处位置，作为起点读数。

3. Na_2CO_3 溶液的标定

用洗净的移液管准确移取 Na_2CO_3 溶液 25 mL 3 份，分别置于三个 250 mL 锥形瓶中，加入 1 滴甲基橙指示剂，用已知浓度的盐酸进行标定。边摇动锥形瓶边滴加 HCl 标准溶液，至甲基橙由黄色变为橙色，反应到达终点，停止滴加 HCl 标准溶液（临近终点前应用洗瓶冲洗瓶壁以保证滴定准确），记录滴定管中消耗的 HCl 的体积。

【实验数据与处理】

HCl 标准溶液浓度

滴定序号		I	II	III
HCl 溶液的浓度 $mol \cdot L^{-1}$				
Na_2CO_3 溶液的用量（mL）				
HCl 的用量（mL）	终读数			
	始读数			
	HCl 的体积数			
Na_2CO_3 溶液的浓度（$mol \cdot L^{-1}$）	测定值			
	平均值			
相对平均偏差（%）				

【思考题】

1. 怎样洗涤滴定管、移液管，为什么要在使用前用标准溶液荡洗？锥形瓶需要用标准溶液荡洗吗？

2. 甲基橙指示剂的用量对实验结果有无影响？

实验 74 水杨酸甲酯（冬青油）的合成和红外光谱测定

【实验目的】

1. 学习酯化反应的基本原理和基本操作。

2. 熟悉有机回流装置的原理和操作。

3. 掌握有机分液的原理和操作。

【实验原理】

酯是醇和酸失水的产物，大体可分为无机酸酯和有机酸酯，如硫酸二甲酯就是无机酸酯，它是硫酸和甲醇的失水产物。酯的制备方法很多，可以用羧酸盐与活泼卤代烷反应合成；羧酸和重氮甲烷可以反应形成羧酸甲酯；酰氯或者酸酐和醇也可以反应生成酯；酯与醇发生酯交换反应可以生成另一个酯；腈与醇在酸催化下也可以反应得到酯。

有机羧酸在酸催化下反应也能生成酯，这种直接利用酸和醇进行的反应称为酯化反应。常用的催化剂是硫酸、氯化氢或苯磺酸等，这个反应进行得很慢，并且是可逆反应，反应到一定程度时，即可停止。为提高产率，必须使反应尽量地向右方向进行，一个方法是用共沸法形成共沸混合物，将水带走，或加合适的去水剂把反应中产生的水除去。另一方法是反应时加入过量的醇或者酸，以改变反应达到平衡时反应物和产物的组成。根据平衡原理，用过量的醇可以把酸完全转化为酯，反过来，用过量的酸也可以把醇完全酯化。在有机合成中，常常选择最合适的原料比例，以最经济的价格，来得到最好的产率。

水杨酸甲酯的制备一般是将水杨酸在酸催化下和过量的甲醇反应生成。因水杨酸的价格和甲醇相比相对昂贵一点，所以在反应中我们可以加入过量甲醇以提高水杨酸的产率，在这个反应中，甲醇既作为反应原料又作为溶剂存在。

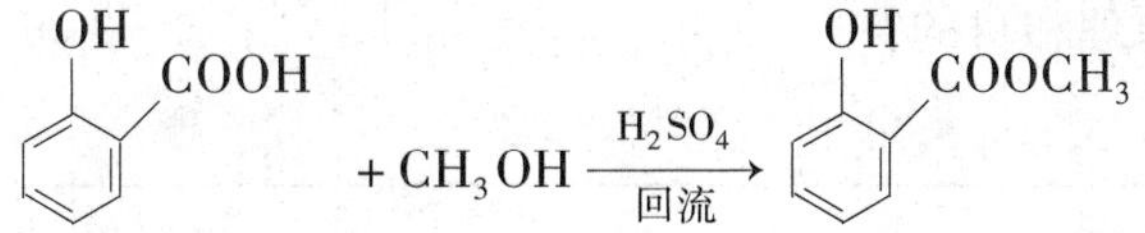

【实验仪器和试剂】

仪器:有机合成制备仪。

试剂:水杨酸 7 g(0.05mol),甲醇 30 mL(0.75mol),浓硫酸 8 mL,5%的碳酸氢钠,饱和食盐水,无水氯化钙。

【操作步骤】

1. 水杨酸甲酯的合成

在 100 mL 圆底烧瓶中依次加入水杨酸和甲醇,轻轻振摇烧瓶,使水杨酸溶于甲醇中,然后再在振摇下慢慢滴入浓硫酸,使混合均匀。加入 1 ~2 粒沸石,装上带有干燥管的回流冷凝管,用电热套加热回流 2 h。稍冷后将盛有混合物的烧瓶浸入冷水浴中,使反应瓶内的溶液冷却,然后再振摇下加入 40 mL 饱和食盐水。将反应混合物倾至分液漏斗中,将有机层分开(哪一层?)。用50 mL 5%的碳酸氢钠洗涤粗酯,再用 15 mL 水分两次洗涤有机层,分出有机层,将其转入 25 mL 的锥形瓶中,用无水氯化钙干燥,将干燥后的粗产物先在水泵减压下蒸去可能存在的低沸点物,然后用机械泵(油泵)减压。收集 100 ~110 ℃/14 mmHg 的馏分。产量 4 ~5 g。纯水杨酸甲酯的沸点 222.2 ℃/760 mmHg; 105 ℃/14 mmHg,d_{25}^{20} 1.182。

2. 水杨酸甲酯的红外光谱测定

2.1 纯 KBr 薄片扫描本底

取少量 KBr 固体,在玛瑙研钵中充分磨细,并将其在红外灯下烘烤 10 min 左右。取出约 100 mg 装于干净的压膜内(均匀铺撒并使中心凸起),在压片机上于 29.4 MPa 压力下压 1 min,制成透明薄片。将此片装于样品架上,插入红外光谱仪的试样安放处,从 4000 ~600 cm^{-1}进行波数扫描。

2.2 扫描固体样品

取 1 ~2 mg 水杨酸甲酯产品(已经经过干燥处理),在玛瑙研钵中充分研磨后,再加入 400 mg 干燥的 KBr 粉末,继续研磨到完全混合均匀,并将其在红外灯下烘烤 10 min 左右。取出 100 mg 按照步骤 1 同样方法操作,得到吸收光谱。并和标准光谱图比较。最后,取下样品架,取出薄片,将模具、样品架擦净收好。

【讨论题】

将所得到的红外光谱与标准光谱对比,并判断各个吸收峰所对应的官能团。

【实验注意事项】

1. 水杨酸甲酯在 1843 年,首次从冬青植物中被提取,有止痛和退热特征,可以内服和通过皮肤吸收。在小范围内被用作调味素。

2. 本反应所有仪器必须干燥,任何水的存在将降低收率。

3. 避免明火加热,因为甲醇为低沸点的易燃液体。

4. 因两者比重相近,很难分层,易呈悬浊液,若遇此现象可加入 5 mL 环已烷一起振摇后静置。

5. 分几次加入碳酸氢钠溶液,并轻轻振摇分液漏斗,使生成的二氧化碳气体及时逸出。最后塞上塞子,振摇几次,并注意随时打开下面的活塞放气,以免漏斗集聚的二氧化碳气体将上口活塞冲开,造成损失。

6. 第一次减压蒸馏应在教师指导下进行。若产物量较少,可以合并几次产物进行蒸馏。

【思考题】

1. 怎样避免回流过程中溶液变黑?

2. 解释每一步洗涤的原理和目的？

附：

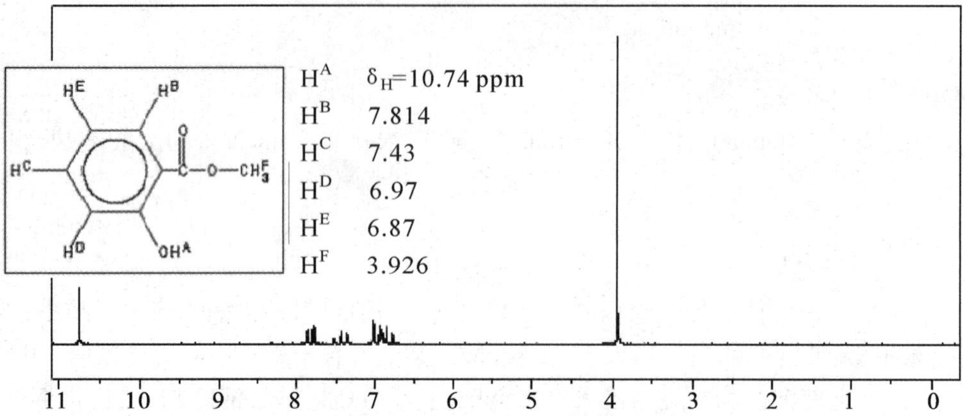

图 3－58　水杨酸甲酯的^{1}HNMR 谱图

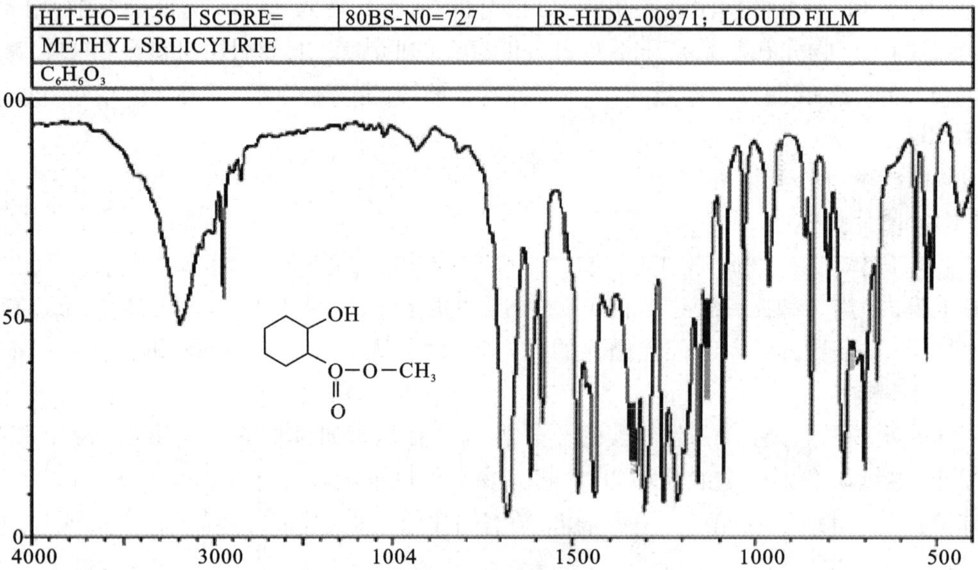

图 3－59　水杨酸甲酯的红外光谱(IR)谱图

实验 75　乙酰乙酸乙酯的制备及鉴定

【实验目的】

1. 了解 Claisen 酯缩合反应的机理和应用。

2. 熟悉在酯缩合反应中金属钠的应用和操作。

3. 复习液体干燥和减压蒸馏操作。

【实验原理】

含 α－活泼氢的酯在强碱性试剂(如 Na，$NaNH_2$，NaH，三苯甲基钠或格氏试剂)存在下，能与另一分子酯发生 Claisen 酯缩合反应，生成 β－羰基酸酯。乙酰乙酸乙酯就是通过这一反应制备的。虽然反应中使用金属钠作缩合试剂，但真正的催化剂是钠与乙酸乙酯中残留的少量乙醇作用产生的乙醇钠。一旦反应开始，乙醇就可以不断生成并和金属钠继续作用。如果使用高纯度的乙酸乙酯和金属钠反而不能发生缩合反应。反应经历了以下平衡：

$$CH_3\overset{\overset{O}{\|}}{C}OC_2H_5 + {}^-OC_2H_5 \rightleftharpoons {}^-CH_2COOOC_2H_5 + CH_3CH_2OH$$

$$CH_3\overset{\overset{O}{\|}}{C}OC_2H_5 + {}^-CH_2COOC_2H_5 \rightleftharpoons CH_3\underset{\underset{OC_2H_5}{|}}{\overset{\overset{O^-}{|}}{C}}—CH_2COOC_2H_5$$

$$\rightleftharpoons CH_3COCH_2COOC_2H_5 + {}^-OC_2H_5 \rightleftharpoons$$

$$[\ CH_3\overset{\overset{OH}{|}}{C}=CHCOOC_2H_5 \longleftrightarrow CH_3COCH_2COOC_2H_5\ ] + CH_3CH_2OH$$

总反应为：

$$2CH_3CO_2Et \xrightarrow{C_2H_5ONa} CH_3\overset{\overset{O}{\|}}{C}CH_2COOEt + C_2H_5OH$$

乙酰乙酸乙酯与其烯醇式是互变异构(或动态异构)现象的一个典型例子，它们是酮式和烯醇式平衡的混合物，在室温时含 92% 的酮式和 8% 的烯醇式。单个异构体具有不同的性质并能分离为纯态，但在微量酸碱催化下，迅速转化为二者的平衡混合物。

【实验装置与流程图】

如图 3－60 所示。

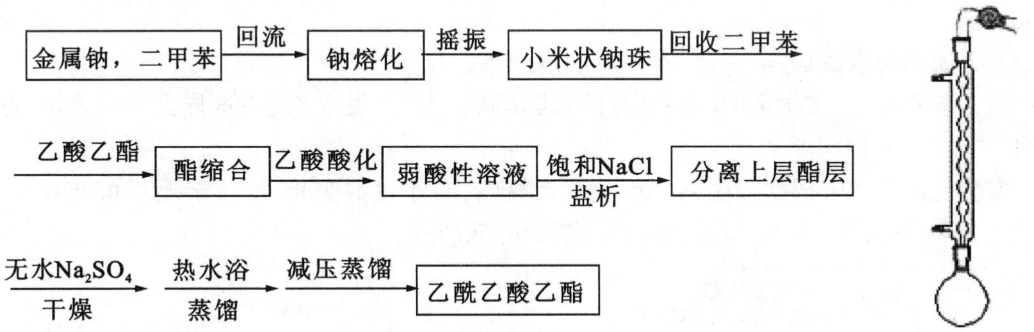

图 3－60　实验流程与装置图

【实验内容】

1. 乙酰乙酸乙酯的合成

(1)熔钠和摇钠。在干燥的 25 mL 圆底烧瓶中加入 0.5 g 金属钠和 2.5 mL 二甲苯，装上冷凝管，加热使钠熔融。拆去冷凝管，用磨口玻塞塞紧圆底烧瓶，用力振摇得细粒状钠珠。

(2)缩合和酸化。稍经放置钠珠沉于瓶底，将二甲苯倾倒到二甲苯回收瓶中(切勿倒入水槽或废物缸，以免着火)。迅速向瓶中加入 5.5 mL 乙酸乙酯，重新装上冷凝管，并在其顶端装一氯化钙干燥管。反应随即开始，并有氢气逸出。如反应很慢时，可稍加温热。待激烈的反应过后，置反应瓶于石棉网上小火加热，保持微沸状态，直至所有金属钠全部作用完为止。反应约需 0.5h。此时生成的乙酰乙酸乙酯钠盐为橘红色透明溶液(有时析出黄白色沉淀)。待反应物稍冷后，在摇荡下加入 50% 的醋酸溶液，直到反应液呈弱酸性(约需 3 mL)。此时，所有的固体物质均已溶解。

(3)盐析和干燥。将溶液转移到分液漏斗中，加入等体积的饱和氯化钠溶液，用力摇振片刻。静置后，乙酰乙酸乙酯分层析出。分出上层粗产物，用无水硫酸钠干燥后滤入蒸馏瓶，并用少量乙酸乙酯洗涤干燥剂，一并转入蒸馏瓶中。

(4)蒸馏和减压蒸馏。先在沸水浴上蒸去未作用的乙酸乙酯,然后将剩余液移入 5 mL 圆底烧瓶中,用减压蒸馏装置进行减压蒸馏。减压蒸馏时须缓慢加热,待残留的低沸点物质蒸出后,再升高温度,收集乙酰乙酸乙酯。产量约 1.1 g(产率 40%)。

2. 乙酰乙酸乙酯的鉴定

(1)乙酰乙酸乙酯的沸点为 180.4 ℃,折光率为 1.4199。

(2)取 1 滴乙酰乙酸乙酯,加入 1 滴 $FeCl_3$ 溶液,观察溶液的颜色(淡黄→红)。

(3)取 1 滴乙酰乙酸乙酯,加入 1 滴 2,4 - 二硝基苯肼试剂,微热后观察现象(橙黄色沉淀折出)。

【实验注意事项】

1. 仪器干燥,严格无水。金属钠遇水即燃烧爆炸,故使用时应严格防止钠接触水或皮肤。钠的称量和切片要快,以免氧化或被空气中的水汽侵蚀。多余的钠片应及时放入装有烃溶剂(通常二甲苯)的瓶中。

2. 摇钠为本实验关键步骤,因为钠珠的大小决定着反应的快慢。钠珠越细越好,应呈小米状细粒。否则,应重新熔融再摇。摇钠时应用干抹布包住瓶颈,快速而有力地来回振摇,往往最初的数下有力振摇即达到要求。切勿对着人摇,也勿靠近实验桌摇,以防意外。

3. 金属钠遇水易燃烧爆炸,在空气中易氧化,故在称量压丝和切成片的过程中,操作要迅速。金属钠的颗粒大小,直接影响酯缩合反应的速度,最好将压细机出口的钠丝,直接装入盛有乙酸乙酯的烧瓶内。

4. 缩合反应是一个放热反应,用小火加热控制上升蒸气在回流冷凝管的第一个小球下,以免挥发损失。反应完毕后得一透明带有绿色荧光的橘红色液体,有时被检出少量黄白色固体(乙酰乙酸乙酯的烯醇或钠盐)。

5. 由于金属钠遇水易爆炸、燃烧、不宜用水溶加热。

6. 乙酰乙酸乙酯,在常压蒸馏时很易分解,其分解产物为“失水乙酸”这样会影响产率,故采用减压蒸馏法。

7. 本实验的产率通常根据金属钠的用量来计算的,要注意本实验,从头至尾尽可能在 1 - 2 天内完成,如果间隔时间太长,会因失水乙酸的生成,而降低产量。

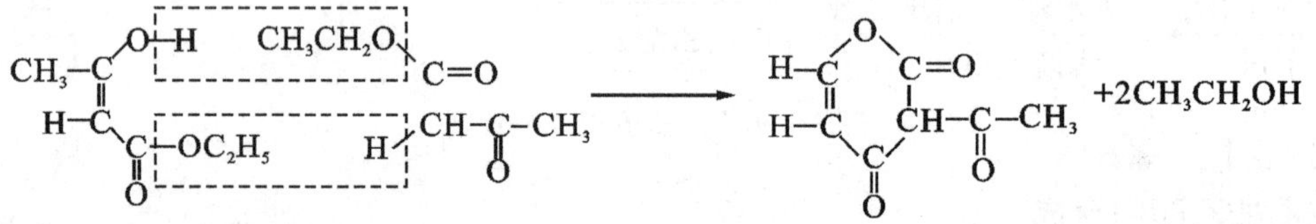

【思考题】

1. 乙酰乙酸乙酯在合成上有什么用途? 烷基取代乙酰乙酸乙酯与稀碱和浓碱作用将分别得到什么产物?

2. 为什么使用二甲苯做溶剂,而不用苯,甲苯? 为什么要做钠珠?

3. 本实验中加入 50% 醋酸和饱和氯化钠溶液有何作用?

4. 如何证明常温下得到的乙酰乙酸乙酯是两种互变异构体的平衡混合物?

实验 76　牛奶酸度和钙含量的测定

【实验目的】

1. 了解牛奶酸度和钙含量的检测及其表示方法。

2. 了解配位滴定法的原理及方法。

【实验原理】

通过测定牛奶的酸度即可确定牛乳的新鲜程度，同时可反映出乳质的实际状况。

乳的酸度一般以中和100 mL牛乳所用0.1 mol · L^{-1}氢氧化钠溶液的毫升数来表示，正常牛乳的酸度随乳牛的品种、饲料、泌乳期的不同而略有差异，但一般均在12～18°T之间。如果牛乳放置时间过长，因细菌繁殖而致使牛乳酸度降低。因此牛乳的酸度是反映乳质量的一项重要指标。

测定牛奶中的钙采取配位滴定法，用乙二胺四乙酸二钠盐(EDTA)溶液滴定牛奶中的钙。用EDTA测定钙，一般在pH = 12～13的碱性溶液中，以钙指试剂(络蓝黑R)为指示剂，计量点前钙与钙指试剂形成粉红配合物，当用EDTA溶液滴定至计量点时，游离出指示剂，溶液呈现蓝色。

滴定时Fe^{3+}、Al^{3+}干扰时用三乙醇胺掩蔽。

【实验仪器与试剂】

仪器：量筒、碱式滴定管、pHs－3C型酸度计，移液管(25 mL)、锥形瓶(250 mL)。

试剂：1% 酚酞指示剂，0.1 mol · L^{-1}氢氧化钠标准溶液，pH = 6.88标准缓冲溶液，EDTA标准溶液(0.02 mol · L^{-1})、NaOH(20 %)、铬蓝黑R(0.5%)或MgY－EBT作指示剂。

【实验内容】

1. 酸度的测定

1.1 滴定法

量取10 mL鲜乳，注入250 mL锥形瓶中，用20 mL中性蒸馏水稀释，加入1% 酚酞指示剂5滴，混匀。用0.1 mol · L^{-1}氢氧化钠标准溶液(如何标定?)滴定，不断摇动，直至微红色在1min内不消失为止。计算酸度以100 mL牛乳消耗的NaOH克数表示，或量取250 mL酸牛乳，充分搅拌均匀，然后准确称取此酸牛乳15～20 g于250 mL锥形瓶中，加入50 mL热至40 ℃ 的蒸馏水(摇匀)，加0.1%酚酞指示剂3滴，用0.1 mol · L^{-1} NaOH标准溶液滴至微红色在30 s内不消失，即为终点，重复三次，计算酸度(以100 g酸牛奶消耗的NaOH的克数表示)。

1.2 酸度计法

按照pH计的使用说明用标准缓冲溶液pH =4.00及pH = 6.88定位，用蒸馏水洗净电极，擦干。取20 mL鲜牛奶放入50 mL烧杯中，在酸度计上测定pH值。

2. 钙含量的测定

2.1EDTA溶液的标定(用标准锌溶液标定)

2.2 钙含量的测定

准确移取牛奶试样25.00 mL三份分别加入250 mL锥形瓶中，加入蒸馏水25 mL，加入2 mL 20% NaOH溶液，摇匀，再加入10～15滴铬蓝黑R指示剂，用标准EDTA滴定至溶液由粉红色至明显灰蓝色，即为终点，平行测定三次，计算牛奶中的含钙量，以每100 mL牛奶含钙的毫克数表示。将纯鲜牛奶换成高钙牛奶，重复做三次，计算高钙牛奶中的含钙量。

$$Ca_{(mg/100\ mL)} = \frac{c_{EDTA} V_{EDTA} \times 40}{25} \times 100$$

【思考题】

1. 牛奶酸度和钙含量是怎样表示的?

2. 锌标准溶液如何配制?

3. EDTA滴定牛奶中钙的原理? 如何消除Fe、Al的干扰?

实验 77 维生素 B_{12} 注射液的定性鉴别及定量分析

【目的要求】

1. 掌握定性鉴别的方法和吸光系数法的定量方法。

2. 熟悉紫外分光光度计的操作方法。

3. 了解含量测定、标示量的百分含量及稀释度等计量方法。

【实验原理】

维生素 B_{12}是一类含钴的卟啉类化合物，具有很强的生理作用，可用于治疗恶性贫血等疾病。维生素 B_{12}不是单一的一种化合物，共有七种。通常所说的维生素 B_{12}是指其中的氰钴素，为深红色吸湿性结晶，制成注射液其标示含量有每毫升含维生素 B_{12} 50、100 或 500μ g 等规格。

维生素 B_{12}的水溶液在 278 nm ± 1nm、361 nm ± 1nm、与 550 nm ± 1nm、三波长处有最大吸收。药典规定，在 361 nm 波长处的吸光度与 278 nm 的波长处吸光度的比值应为 1.70 ~ 1.88。361 nm 波长处的吸光度与 550 nm 的波长处吸光度比值在 3.15 ~ 3.45 范围内为定性鉴别的依据。药典规定，以 361 nm ± 1 nm 处吸收峰的百分吸光系数值(207)为测定注射液实际含量的依据。

【实验仪器与试剂】

仪器：紫外 - 可见分光光度计；石英吸收池；吸量管(5 mL)；容量瓶(10 mL)。

试剂：维生素 B_{12}注射液。

【实验步骤】

1. 实验溶液制备

精密吸取维生素 B_{12}注射液样品($100\ \mu g \cdot mL^{-1}$)3.0 mL，置于 10 mL 容量瓶中，加蒸馏水至刻度，摇匀，得试样溶液。

2. 测定

将试样稀释装入 1 cm 石英池中，以蒸馏水为空白，在 278 nm、361 nm 波长处与 550 nm 的波长处分别测定吸光度。

【实验数据及处理】

1. 定性鉴别

根据测得的在 278nm、361nm 与 550nm 的波长处吸光度数据，计算该两两波长处的吸光度此值，并与药典规定的幅度值比较，进行维生素 B_{12}的鉴别。

2. 吸光系数法

将 361 nm 波长处测得的吸光度 A 值与 48.21 相乘，即得试样稀释液中每毫升含维生素 B_{12}的微克数。按照百分吸光系数的定义，每 100 mL 含 1 g 维生素 B_{12}的溶液(1%)在 361 nm 的吸光度应为 207，即：

$$E_{1\,cm}^{1\%}(361\ nm) = 207[100\ mL \cdot g^{-1} \cdot cm^{-1}] = 2.07 \times 10^{-2}[mL \cdot \mu g^{-1} \cdot cm^{-1}]$$

$$C_{样} = \frac{A_{样}}{b \cdot E_{1\,cm}^{1\%}} = A_{样} \times 48.31(\mu g \cdot mL^{-1})$$

$$维生素\ B_{12}标示量(\%) = \frac{C_{样}(\mu g \cdot mL^{-1}) \times 试样稀释倍数}{标示量(100\ \mu g \cdot mL^{-1})} \times 100\%$$

【实验注意事项】

1. 在使用紫外 - 可见分光光度计前，应熟悉本仪器的结构、功能和操作注意事项。

2. 吸收池的光学面，必须清洁干净，不能用手触摸，只可用擦镜纸擦拭。

【思考题】

试比较用标准曲线法及吸收系数法定量的优缺点。

实验 78　银黄口服液中黄芩苷和绿原酸的含量测定

【实验目的】

1. 掌握紫外－可见分光光度计的定量操作方法。

2. 掌握银黄口服液中黄芩苷和绿原酸的含量测定的基本原理和定量计算方法。

【实验原理】

本品为金银花提取物与黄芩提取物制成的口服液，规格为每支 10 mL。按我国药典规定，该口服液每支含金银花提取物以绿原酸计不得少于 0.108 g，含黄岑提取物以黄芩苷计不得少于 0.216 g。

【实验仪器和试剂】

仪器：紫外－可见分光光度计，容量瓶（100 mL），移液管（2 mL，1 mL），吸耳球。

试剂：$0.2\ mol \cdot L^{-1}$ HC1 溶液，HC1（分析纯）。

试样：银黄口服液。

【实验步骤】

精密量取试样 1 mL 置 50 mL 容量瓶中，加 $0.2\ mol \cdot L^{-1}$ HC1 溶液稀释至刻度，摇匀。精密量取稀释液 1 mL，置于 50 mL 容量瓶中，加上述 HC1 溶液稀释至刻度，用 1.0 cm 的石英池收池，在 278 nm ±2 nm 与 318 nm ±2 nm 波长处分别测定吸光度。

【实验数据及处理】

根据测得的数据计算口服液中绿原酸和黄芩苷的含量。

绿原酸：$E_{1cm}^{1\%}$（绿，318 nm）=515.2，$E_{1cm}^{1\%}$（绿，278 nm）=222.7

黄芩苷：$E_{1cm}^{1\%}$（黄，318 nm）=369.5，$E_{1cm}^{1\%}$（黄，278 nm）=631.2

按下式计算待测口服液中绿原酸和黄芩苷的浓度（mg/100 ml）

$C_{绿} = 2.5999A_{318nm} - 1.522A_{278nm}$

$C_{黄} = 2.121A_{278nm} - 0.9169A_{318nm}$

【实验注意事项】

1. 取样要准确。

2. 仪器操作时应严格按照操作规程进行。

【思考题】

1. 银黄口服液的质量控制都可以采用哪些方法？各有何特点？

2. 欲将吸光系数作定量依据，需要哪些实验条件？

实验 79　红外光谱法测定有机化合物结构

【实验目的】

1. 掌握红外分光光度计的使用方法。

2. 掌握红外光谱法制备及测定样品的方法。

3. 了解利用红外光谱图鉴别官能团，并根据官能团确定有机物结构的方法。

【实验原理】

红外吸收光谱是由分子的振动－转动能级跃迁引起的。不同的化合物具有不同的官能团,因而具有不同的红外光谱特征。因此可以用物质的红外光谱进行定性鉴别和结构鉴定。

进行红外光谱分析,要求样品的纯度必须 $>98\%$,且不含水。固体物质常采用 KBr 压片法制备试样。

红外光谱定性方法一般采用两种方法:已知物对照法和标准谱图查对法。

已知物对照法是将标准物和被检物在完全相同的条件下,分别绘制出红外光谱图并进行对比,若谱图相同,则肯定为同一化合物。

标准谱图查对法是根据待测样品的来源、物理常数、分子式及谱图中的特征谱带,查对标准谱图来确定化合物。常用标准谱图集为利用萨特勒红外标准谱图集。该方法是最直接、可靠的定性方法。

在使用标准谱图查对法时,须注意几点:

(1)比较所用仪器与绘制标准谱图时,仪器在分辨率和精度上的差别,将导致某些峰在细微结构上的差异。

(2)对未知物的测绘条件须一致,否则谱图会出现差异。如测定试样为样品溶液更须注意溶剂及浓度的一致性。若溶剂相同而浓度不同时,须比对每个峰的相对强度是否一致。

(3)测定时尽可能避免引入杂质。因杂质的吸收峰会对试样谱图产生影响,如 KBr 压片时可能吸水而引入水的吸收带等。

谱图的解析步骤:

(1)先特征区后指纹区,在特征区找出化合物所含主要官能团的特征峰;在指纹区进一步找到官能团存在的依据,即相关峰。因为一个基团通常会有多种振动形式,须找出所有的吸收带来证明该基团的存在。

(2)对指纹区各谱带的位置、强度和形状仔细辨别分析,确定化合物的可能结构。

(3)对照标准谱图,配合其他鉴定手段进一步验证。

【实验仪器与试剂】

仪器:傅里叶变换红外光谱仪、油压压片机及模具、玛瑙乳钵、红外灯、分析天平、可拆式液体池、盐片。

试剂:KBr(光谱纯或 GR)、无水乙醇(A.R)、石蜡油、滑石粉、苯甲酸、对硝基苯甲酸、苯乙酮、苯甲醛、待测样品。

【实验步骤】

1. 固体样品苯甲酸红外光谱的测定

1.1 苯甲酸(或对硝基苯甲酸)红外光谱的测定

称取已干燥的苯甲酸(或对硝基苯甲酸)1～2 mg,另称 200 目的 KBr 粉末 200 mg,置于玛瑙乳钵中,在红外灯下研磨均匀,装入压片模具,用油压机以 29.4 Mpa 的压力压 3～5 min,然后取下压片(厚度约 1 mm)装入样品架,置于样品窗口;同时,压一片空白 KBr 片作为补偿,置于参比光路上,开机进行 4000 cm^{-1}～650 cm^{-1}红外扫描测定。

1.2 待测样红外光谱的测定

按上述 1.1 方法对待测样品进行红外扫描,测定红外谱图,测定完成后对未知物谱图进行解析,并推断其可能的结构。对压片模具,每次使用后应立即用擦镜纸揩擦干净,以免吸湿腐蚀磨具。

2. 液体样品苯乙酮(或苯甲醛)红外光谱的测定

2.1 苯乙酮(或苯甲醛)红外光谱的测定

(1)液体样品池的准备。戴上指套将可拆式液体样品池的两个盐片从干燥器中取出,在红外灯下用加入几滴无水乙醇的滑石粉磨光其表面。用软纸擦洁净后,滴无水乙醇数滴,再用纸擦洗干净;反复多次。将盐片放置于红外灯下烘干备用。

(2)液体试样的测定。在可拆式液体样品池的金属池板上垫上橡胶圈,在孔中央位置放一盐片,滴1滴液体试样于盐片上,将另一盐片压在上面,其间不能有气泡,再将另一金属片盖上,对角线旋紧螺丝,使盐片紧夹在其中。把液体样品池放置于红外分光光度计的样品池处,进行红外扫描。

(3)液体样品池的清洁。扫描结束后,取下样品池,松开螺丝,戴上指套小心取出盐片;先用软纸擦净液体,滴无水乙醇洗去样品,在红外灯下用滑石粉及无水乙醇抛光处理,最后用无水乙醇将表面洗干净,擦干并烘干。将两盐片置于干燥器存放,备用。

2.2 待测样红外光谱的测定

按上述2.1方法对待测样品进行红外扫描,测定红外谱图,测定完成后对未知物谱图进行解析,并推断其可能的结构。

【实验数据及处理】

将实验测得的苯甲酸、苯乙酮谱图与已知标准谱图进行对比,找出吸收峰的归属。并对固体与液体待测试样的红外光谱分析研究,仔细解析谱图。

【思考题】

1. 为什么在作红外光谱测定分析时样品不能含有水分?

2. 在研磨操作过程中为什么需要在红外灯下进行?

3. 液体试样与固体样品测定方法有何不同?

4. 液体试样的红外谱图在解析时应注意什么?

实验80　大山楂丸中总黄酮的含量测定

【实验目的】

1. 熟悉用索氏提取器提取、分离中药黄酮类成分的方法。

2. 进一步熟悉显色反应条件的重要性及其控制。

3. 掌握分光光度计的使用方法。

4. 掌握标准曲线的绘制及回归方程的计算。

5. 掌握用分光光度法测定黄酮类成分的方法。

【实验原理】

总黄酮含量的测定用于大山楂丸质量标准的控制。黄酮类化合物在一定条件下,可与铝盐(Al^{3+})定量地发生显色反应,生成红色配合物,于510 nm处测其吸光度,从而测定总黄酮的含量。

【实验仪器和试剂】

仪器:索氏提取器、容量瓶、刻度吸管、分析天平、可见分光光度计。

试剂:槲皮素对照品、乙醇(AR)、5% $NaNO_2$ 溶液、10% $Al(NO_3)_3$ 溶液、1 $mol \cdot L^{-1}$ NaOH溶液,大山楂丸(市售品)试样。

【实验步骤】

1. 标准品溶液的配制

精密称取槲皮素对照品 20 mg，置于 100 mL 容量瓶中，加入 95% 乙醇 50 mL 溶解，再以 50% 乙醇稀释至刻度，摇匀，即得 0.2 $mg \cdot L^{-1}$的对照品溶液。

2. 标准曲线的制备

精密量取对照品溶液 0.0、1.0、2.0、3.0、4.0、5.0 mL，分别置于 10 mL 容量瓶中。分别加入 50% 乙醇使成 5 mL；精密加入 5% $NaNO_2$ 溶液 0.3 mL，摇匀，放置 6 min；加入 10% $Al(NO_3)_3$ 溶液 0.3 mL，摇匀，放置 6 min；加入 1 $mol \cdot L^{-1}$ NaOH 溶液 4 mL；分别用 50% 乙醇稀释至刻度，摇匀，放置 15 min。以第一瓶作空白，于 510 nm 处分别测其吸光度，作 A ~ C 曲线（即标准曲线）或计算其回归方程。

3. 总黄酮的提取及试液的制备

取于 105 ℃ 干燥 2 h 的大山楂丸约 6.5 g，精密称定，置索氏提取器中，加入 95% 乙醇 130 mL，回流提取 1.5 ~ 2 h。

将提取液定量转移至 250 mL 容量瓶中，补加蒸馏水至刻度，摇匀，作为试样溶液。

4. 含量测定

精密量取试样溶液 1 mL，置 10 mL 容量瓶中，加入 50% 乙醇使成 5 mL，按标准品溶液显色的方法操作，并测定吸光度 A。由标准曲线或回归方程计算试样中总黄酮的含量。平行测定三次。

【实验数据及处理】

标准曲线或回归方程：

实验数据记录表

实验序号	1	2	3
试样质量（g）			
提取时间（小时）			
吸光度			
总黄酮含量（%）			
相对平均偏差			

【实验注意事项】

1. 提取 1.5 或 2 h，视具体情况而定。

2. 显色剂加入顺序均不可随意改变。

3. 试样、对照品显色后应尽快测定 A，若放置超过 30 min，将可能产生误差。

【思考题】

分光光度计及比色皿使用中应注意哪些问题？

实验 81　原子吸收法测定感冒颗粒中的铜

【实验目的】

1. 掌握火焰法测量条件的选择方法。

2. 了解原子吸收仪器的操作使用方法。

【实验原理】

在使用锐线光源条件下，基态原子蒸气对共振线的吸收符合朗伯 - 比尔定律：

$$A = \lg \frac{I_0}{I} = KLN_0$$

在试样原子化时，火焰温度低于3000K时，对大多数元素而言，原子蒸气中的基态原子数实际上接近原子总数。在固定的实验条件下，待测元素的原子总数与该元素在试样中的浓度成正比。因此上式可以表示为：

$$A = K' \cdot C$$

这就是原子吸收定量分析的依据。对组成简单试样，用标准曲线法进行定量分析。

当二价铜离子在乙炔火焰中被原子化，用铜离子的锐线光源进行照射，则其吸光度与溶液中铜离子的浓度成正比。根据测定试样的吸光度值，利用标准曲线便可求出试样中铜离子的含量。

【实验仪器和试剂】

1. 仪器

原子吸收分光光度计（铜离子空心阴极灯，波长324.8 nm，灯电流3 mA，火焰为乙炔－空气）、100 mL容量瓶2个、500 mL容量瓶1个、10 mL容量瓶7个。

2. 试剂

（1）铜标准储备液（1 $mg \cdot mL^{-1}$）：准确称取光谱纯铜试剂0.5000 g于100 mL烧杯中，盖上表面皿，加入1 mL浓硝酸溶液溶解，将溶液转移到500 mL容量瓶中，用1%硝酸稀释到刻度，摇匀备用。

（2）铜标准液（20 $\mu g \cdot mL^{-1}$）：准确吸取2 mL上述标准铜储备液于100 mL容量瓶中，用1%硝酸稀释到刻度，摇匀备用。

（3）硝酸：浓度1%～2%，待测感冒灵颗粒。

【实验步骤】

1. 标准曲线的绘制

取6个10 mL的容量瓶，分别加入浓度为20 $\mu g \cdot mL^{-1}$的铜标准溶液0.00 mL、0.10 mL、0.20 mL、0.40 mL、0.60 mL、0.80 mL，用1% HNO_3稀释至刻度，以试剂空白液作参比，测定各标准溶液的A值，绘制A～C标准曲线，或计算出其线性方程。

2. 含量测定

准确称取感冒灵颗粒0.5 g于烧杯中，加1%硝酸溶液使之溶解，转入100 mL容量瓶中，用1%硝酸稀释到刻度，摇匀备用。

移取上述试样溶液1.00 mL置于10 mL容量瓶中，用1% HNO_3稀释至刻度，以试剂空白液作参比，测定待测溶液的A值。依据测得数据在标准曲线上查其浓度并计算百分含量。

【实验数据及处理】

从标准曲线上查出（或用线性方程法计算出）待测试样的浓度C值，单位：$\mu g \cdot mL^{-1}$。

$$Cu\ 含量(mg \cdot g^{-1}) = \frac{C \times 10 \times 100}{1000\ m} = \frac{C}{m}$$

m：称取的试样重量（g），计算结果为每克感冒灵颗粒中含铜毫克数。

【实验注意事项】

1. 注意乙炔流量和压力的稳定性。

2. 乙炔为易燃、易爆气体，应严格按操作步骤进行，先通空气，后给乙炔气体；结束或暂停实验时，要先关乙炔气体，再关闭空气，避免回火。

【思考题】

1. 简述原子吸收光谱法的基本原理。

2. 原子吸收光谱分析为何要用待测元素的空心阴极灯作光源？能否用氢灯或钨灯代替，为什么？

3. 本实验的主要干扰因素及其消除措施有哪些?

4. 标准溶液及样品溶液的酸度对吸光度有什么影响?

实验 82 矿物药石膏与玄明粉中重金属含量的测定

【实验目的】

1. 掌握重金属检查的方法与原理。

2. 熟悉目视比色法的操作与判断。

【实验原理】

目视比色法是以肉眼直接观察比较样品溶液与标准品溶液的颜色深浅,判断样品所含杂质是否超出规定限度。重金属在实验条件下都能与硫代乙酰胺或硫化钠反应显色,生成黑色硫化物沉淀,标准溶液常以 Pb^{2+} 为代表,其原理为:

在酸性溶液中

$$CH_3CSNH_2 + H_2O = CH_3CONH_2 + H_2S\uparrow$$

$$Pb^{2+} + H_2S = PbS\downarrow \text{(黑色)}$$

在碱性溶液中

$$Pb^{2+} + Na_2S == PbS\downarrow \text{(黑色)} + 2Na^+$$

【实验仪器与试剂】

仪器:电炉、25 mL 纳氏比色管及比色管架,万分之一分析天平,容量瓶、吸量管、烧杯、锥形瓶、量筒等。

试剂:

1. 标准铅溶液的配制

精密称取在 105 ℃干燥至恒重的硝酸铅 0.1598 g 置 1000 mL 容量瓶中,加硝酸 5 mL,水 50 mL 溶解后,用水稀释至刻度,摇匀,作为储备液。

临用前,精密量取储备液 10 mL,置 100 mL 容量瓶中,加水稀释至刻度,摇匀,即得(每 1 mL 相当于 10 μg 的 Pb)。

2. 硫代乙酰胺试液的配制

取硫代乙酰胺 4 g,加水使溶解成 100 mL,置冰箱中保存,临用前取混合液(由 1 mol·L^{-1}氢氧化钠溶液 15 mL,水 5.0 mL 及甘油 20 mL 组成)5.0 mL,加上述硫代乙酰胺溶液 1.0 mL,置水浴上加热 20 s,冷却,立即使用。

3. 醋酸盐缓冲液的配制(pH3.5)

取醋酸铵 25 g 加水 25 mL 溶解后,加 7mol·L^{-1}盐酸溶液 38 mL,用 2mol·L^{-1}盐酸溶液或 5 mol·L^{-1}氨溶液准确调节 pH 值至 3.5(电位法指示),用水稀释至 100 mL,即得。

其他试剂均为 AR 级。

药材:石膏、玄明粉(市售品)。

【操作步骤】

1. 石膏重金属检查

取样品 16 g,加冰醋酸 4 mL 与水 96 mL,煮沸 10 min,放冷,滤过,用水洗涤并定容至 100 mL。取 25 mL 纳氏比色管 2 支,甲管中加标准铅溶液 2 mL 与醋酸盐缓冲液(pH = 3.5)2 mL 后加水使成 25 mL。乙管加样品滤液 25 mL,在甲乙两管中分别加硫代乙酰胺试液 2 mL,摇匀,放置 2 min,同置白纸上，自上向下透视，乙管中显出的颜色与甲管比较，不得更深。

2. 玄明粉重金属检查

取 25 mL 纳氏比色管 2 支，甲管中加标准铅溶液 2 mL 与醋酸盐缓冲液(pH = 3.5)2 mL 后，加水使成 25 mL，乙管取玄明粉 1.0 g，加醋酸盐缓冲液 2 mL 与适量水溶解成 25 mL。在甲乙两管中分别加入硫代乙酰胺试液各 2 mL，摇匀，同置白纸上，自上向下透视，乙管中显出的颜色与甲管比较，不得更深。

【思考题】

1. 石膏及玄明粉的重金属限量分别是多少？

2. 在酸性溶液中重金属能否用 Na_2S 作显色剂？为什么？

实验 83　安钠咖注射液中咖啡因含量的测定

【实验目的】

1. 掌握双波长分光光度法测定二元混合物中待测组分含量的原理和方法。

2. 掌握选择测定波长(λ_1)和参比波长(λ_2)的方法。

3. 掌握在单波长分光光度计上进行双波长法的测定。

【实验原理】

咖啡因的化学名为 1,3,7 - 三甲基 - 2,6 - 二氧嘌呤，其结构为：

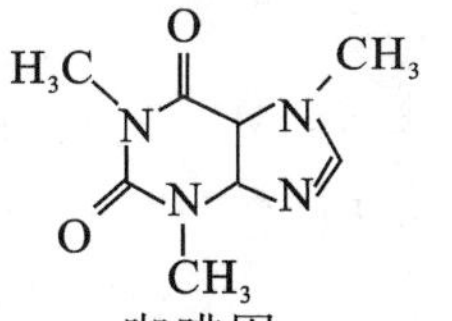

咖啡因

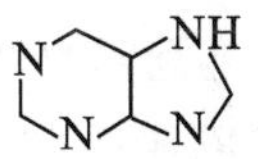

嘌呤

纯咖啡因为白色针状结晶体，无臭，味苦，置于空气中有风化性。易溶于水、乙醇、氯仿、丙酮、微溶于石油醚，难溶于苯和乙醚，它是弱碱性物质，水溶液对石蕊试纸呈中性反应。咖啡因在 100 ℃时失去结晶水并开始升华，120 ℃升华显著，178 ℃时很快升华。无水咖啡因的熔点为 238 ℃。

咖啡因具有刺激心脏，兴奋大脑神经和利尿等作用，因此可单独作为有关药物的配方。咖啡因可由人工合成法或提取法获得。

安钠咖注射液由无水咖啡因和苯甲酸钠组成，其紫外吸收光谱如图 3 - 61 所示：

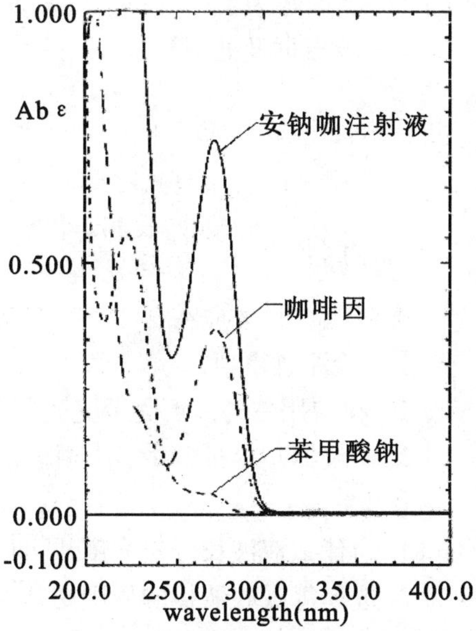

图 3 - 61　安钠咖注射液的紫外吸收光谱

吸收光谱表明咖啡因的吸收峰在 272 nm 处，苯甲酸钠的吸收峰在 230 nm 处。若测定咖啡因，从光谱上可知干扰组分苯甲酸钠 272 nm 和 253 nm 处的吸光度相等，则

$$
\begin{aligned}
\triangle A &= \triangle_{272\ \text{nm}}^{\text{咖}+\text{苯}} - A_{253\ \text{nm}}^{\text{咖}+\text{苯}} \\
&= A_{272\ \text{nm}}^{\text{咖}} + A_{272\ \text{nm}}^{\text{苯}} - A_{253\ \text{nm}}^{\text{咖}} - A_{253\ \text{nm}}^{\text{苯}} \\
&= A_{272\ \text{nm}}^{\text{咖}} - A_{253\ \text{nm}}^{\text{咖}} (\because A_{272\ \text{nm}}^{\text{苯}} = A_{253\ \text{nm}}^{\text{苯}}) \\
&= E_{272\ \text{nm}}^{\text{咖}} C_{\text{咖}}\, b - E_{253\ \text{nm}}^{\text{咖}} C_{\text{咖}}\, b \\
&= (E_{272\ \text{nm}}^{\text{咖}} - E_{253\ \text{nm}}^{\text{咖}}) C_{\text{咖}}\, b \\
&= \Delta E_{\text{咖}}\, C_{\text{咖}}\, b
\end{aligned}
$$

式中：ΔA：混合物在 272 nm 和 253 nm 波长处的吸光度之差。272 nm 和 253 nm 为干扰组分苯甲酸钠的等吸光波长。

$E_{272\ \text{nm}}^{\text{咖}}$、$E_{253\ \text{nm}}^{\text{咖}}$为被测组分在 272 nm 和 253 nm 波长处的吸

收系数(用标准品测得)。

$C_{咖}$ 为被测组分的浓度;b 为吸收池厚度。

ΔA 仅与咖啡因浓度成正比,而与苯甲酸钠浓度无关,从而测得咖啡因的浓度。

【实验仪器与试剂】

1. 仪器:紫外 - 可见分光光度计、石英吸收池、容量瓶(100 mL)、吸量管(10 mL,1 mL)。

2. 试剂:咖啡因、苯甲酸钠、安钠咖。

3. 试液:安钠咖注射液(每 1 mL 中含无水咖啡因 0.12 g、苯甲酸钠 0.13 g)。

【实验内容与步骤】

1. 标准贮备液的制备:精密称取咖啡因和苯甲酸钠各 0.1 g,分别用蒸馏水溶解,定量转移至 100 mL 容量瓶中,用蒸馏水稀释至刻度,摇匀,即得浓度为 $1.0\ mg \cdot mL^{-1}$ 的贮备液,置于冰箱中保存。

2. 咖啡因标准溶液的制备:精密量取咖啡因贮备液 1.0 mL,置于 100 mL 容量瓶中,加水稀释至刻度,摇匀。

3. 苯甲酸钠标准溶液的制备:精密量取苯甲酸钠贮备液 1.0 mL,置于 100 mL 容量瓶中,加水稀释至刻度。

4. 供试品溶液的制备:精密量取安钠咖注射液(浓度为每 1 mL 中含无水咖啡因 0.012 g,苯甲酸钠 0.013 g)1.0 mL,置于 100 mL 容量瓶中,加水稀释至刻度,摇匀。从中精密量取 10.0 mL,置于 100 mL 容量瓶中,加水稀释至刻度,摇匀。

5. 咖啡因和苯甲酸钠标准溶液紫外吸收光谱的测定:在紫外 - 可见分光光度计上,分别取咖啡因和苯甲酸钠标准溶液于 1cm 石英吸收池中,以蒸馏水为空白,在 200 ~ 400 nm 范围内,扫描出紫外吸收光谱。

6. 干扰组分等吸收波长的选择:从苯甲酸钠吸收光谱图上找出等吸收波长 λ_1 和 λ_2,其中 λ_1 尽量与咖啡因的最大吸收波长一致。

7. 咖啡因标准溶液的 △A 值测定:在紫外 - 可见分光光度计上,取咖啡因标准溶液于 1 cm 石英吸收池中,以蒸馏水为空白,在 λ_1 和 λ_2 处分别测其吸光度。

8. 安钠咖样品液的 △A 值测定:在紫外 - 可见分光光度计上,取安钠咖样品液于 1 cm 石英吸收池中,以蒸馏水为空白,在 λ_1 和 λ_2 处分别测其吸光度。

【实验数据及处理】

$$\Delta A = \Delta ECb$$

$$\frac{\Delta A_{样}}{\Delta A_{标}} = \frac{\Delta EC_{样}\ b}{\Delta EC_{标}\ b} = \frac{C_{样}}{C_{标}}$$

$$咖啡因含量\% = \frac{C_{样} \times 稀释倍数}{标示量} \times 100\%$$

咖啡因含量%应在 95% ~105%之间。

【实验注意事项】

1. 在使用紫外 - 可见分光光度计前,应熟悉本仪器的结构、功能和操作注意事项。

2. 在仪器扫描过程中,不要按动任何键,不要任意打开样品室盖子。

【思考题】

1. 为什么双波长分光光度法可以不经分离直接测定二元混合物中待测组分的含量?

2. 选择等吸收波长的原则是什么?怎样从吸收光谱图上选择等吸收波长?

实验 84　丹皮酚注射液中丹皮酚含量测定

【实验目的】

1. 复习紫外分光光度计的构造、性能、使用方法。

2. 掌握测定及绘制药物吸收曲线的方法。

3. 学会测定药物的吸收系数。

4. 掌握用光度法测定中药制剂中有效成分含量的方法。

【实验仪器与试剂】

仪器：容量瓶 10 mL，微量注射器 10 μL，紫外分光光度计。

试剂：纯品丹皮酚、95% 乙醇、丹皮酚注射液样品。

【实验原理】

丹皮酚 Paeonolum，别名芍药醇，牡丹酚，化学名 Phenanthro [1, 2 - b] furan - 10, 11 - dione, 6, 7, 8, 9 - tetrahydro - 1, 6, 6 - trimethyl，化学结构如图 3 - 62 所示，存在于毛茛科植物牡丹（Paeonia moutan Sim.）皮，萝藦科植物徐长卿（Pycnostelma paniculatum K. Schum）的全草等中。丹皮酚为白色或微黄色有光泽的针状结晶，无色针状结晶（乙醇），熔点 49 ℃ - 51 ℃，气味特殊，味微辣，易溶于乙醇和甲醇中，溶于乙醚、丙酮、苯、氯仿及二硫化碳中，稍溶于水，在热水中溶解，不溶于冷水，能随水蒸气挥发。丹皮酚可随水蒸气蒸馏，且在紫外光区有强烈吸收，在 274nm 波长处为 862，利用此性质可用紫外分光光度计进行测定。

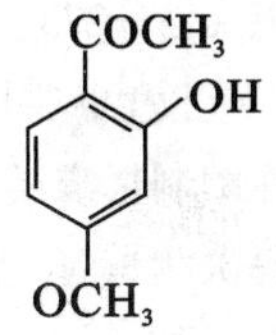

$C_9H_{10}O_3$　　166.18

图 3 - 62　丹皮酚的结构

我国药典规定：丹皮酚注射液中丹皮酚（$C_9H_{10}O_3$）含量应为其标示量的 95.0 ~ 105.0%。丹皮酚最大吸光波长 274 nm，百分吸光系数为 908。市售丹皮酚注射液中丹皮酚标示量为 1 mL 含 5 mg。利用丹皮酚在 274 nm 处测的吸光度，由吸光系数计算其百分含量。

$$E_{1cm}^{1\%}(\lambda_{max}) = \frac{A}{CL}$$

$$C_9H_{10}O_3\% = \frac{E_{1cm}^{1\%}(x)}{E_{1cm}^{1\%}(s)} \times 100\%$$

【实验步骤】

精密称取一定量的丹皮酚纯品 0.1000 g，用 95% 的乙醇溶解，定容 100 mL，摇匀。移取 5.00 于 100 mL 容量瓶，用 95% 的乙醇定容，作为母液备用。此溶液中丹皮酚含量为 0.005%。

1. 丹皮酚溶液，丹皮酚注射液样品溶液的配制。精密吸取上述对照品溶液 1.00 mL 于 10 mL 容量瓶用 95% 的乙醇定容，此溶液中丹皮酚含量为 0.0005%。精密量取丹皮酚注射液 10 μL，置 10 mL 容量瓶中，用 95% 乙醇稀释至刻度，摇匀。

2. 紫外分光光度计的调节及空白校正。

3. 吸收曲线的测定（240 ~ 300 nm）。取纯品溶液于在 1cm 石英吸收池中，按紫外分光光度法，以 95% 的乙醇为空白，在 240 ~ 300 nm 波长范围每 10 nm 测定吸收度。在峰和谷处每隔 1 或者 0.5nm 测定一次，每次均需要校正零点。记录不同波长处的测定值，以波长为横坐标，以吸收度为纵坐标，绘制吸收曲线。

4. 吸光度的测定。取丹皮酚注射液样品溶液，在 274 nm 处测定其吸光度。

5. 样品含量的计算。以上述在 274 nm 处测定的吸光度，计算其百分吸光系数，与药典给出的吸光系数比较，求出丹皮酚的含量。

【实验数据及处理】

$\lambda_{max}=274$ nm

λ(nm)					

$$E_{1cm}^{1\%}(\lambda_{max})=\frac{A}{CL}$$

$$C_9H_{10}O_3\%=\frac{E_{1cm}^{1\%}(x)}{E_{1cm}^{1\%}(s)}\times100\%$$

1. 以吸光度与波长绘制吸收曲线。
2. 由最大波长处的吸光度 A_{max} 和浓度计算出吸光系数。
3. 以 $\lambda_{max}=274$ nm 的吸光度计算出样品的百分吸光系数。
4. 以 $\lambda_{max}=275$ nm 的吸光度计算出的样品百分吸光系数，与标准品的百分吸光系数比较，计算出注射液的含量。

【实验注意事项】

1. 在配制标准溶液和样品溶液时，使用的方法和加入各种试剂的量要相同，测定条件也相同。
2. 每次测量时，注意记录数据的对应关系。

【思考题】

1. 试比较测定的百分吸光系数和药典的百分吸光系数，讨论误差产生的原因。
2. 单色光不纯对测定吸收曲线会有什么影响？
3. 试比较用标准曲线法和吸光系数法定量的优缺点。

实验 85　标准曲线法测定芦丁含量

【实验目的】

1. 掌握标准曲线绘制的方法。
2. 掌握标准曲线法测定中药有效成分的方法。

【实验原理】

显色反应需要具备良好的重现性与灵敏性，因此必须控制反应的条件，主要是溶剂种类、试剂用量、溶液酸碱度、反应时间和显色时间等。芦丁，(Rutin，维生素 P)，化学结构如图 3－63 所示，有调节毛细血管渗透性之作用，临床用作毛细血管止血药，如复方芦丁，也作为高血压的辅助治疗药物。

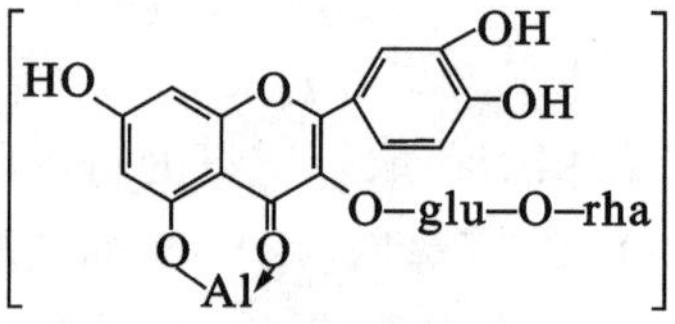

图 3－63　芦丁的结构

其具有黄酮苷类结构，能与 Al^{3+} 生成黄色配合物，在 $NaNO_2$ 的碱性溶液中呈红色，在 510 nm 波长处有最大吸收。据此显色反应用光度法测定芦丁，应注意控制反应时间、显色时间以及试剂用量。

显色法的定量方法可采用标准曲线法。

【实验仪器与试剂】

仪器：紫外－可见分光光度计、容量瓶(100 mL、50 mL、10 mL)、移液管或吸量管(10 mL、5 mL、1 mL)。

试剂：亚硝酸钠、硝酸铝、氢氧化钠、乙醇(均为分析纯)、芦丁。

试液：5% 亚硝酸钠溶液，10% 硝酸铝溶液，1 mol · L^{-1} 氢氧化钠溶液，30% 乙醇溶液，0.1 mg ·

mL^{-1}芦丁对照品，芦丁样品。

【实验内容与步骤】

1. 对照品溶液的制备

精密称取在120 ℃减压干燥至恒重的芦丁对照品100 mg，置100 mL容量瓶中，加甲醇70 mL，置水浴上微热使溶解，放冷，加甲醇至刻度，摇匀。精密吸取10 mL，置100 mL容量瓶中，加水至刻度，摇匀，即得（每1 mL中含无水芦丁0.1 mg）。

2. 标准曲线的制备

精密量取对照品溶液（0.1 mg · mL^{-1}）0.0 mL、1.0 mL、2.0 mL、3.0 mL、4.0 mL、5.0 mL，分别置于10 mL容量瓶中，各加30%乙醇使成5.0 mL，各精密加入5%亚硝酸钠溶液0.3 mL，充分摇匀，放置6 min。各精密加入10%硝酸铝溶液0.3 mL，充分摇匀，放置6min。各加1 mol · L^{-1}氢氧化钠溶液4.0 mL，用蒸馏水稀释至刻度，充分摇匀，放置15 min，于分光光度计上，在510 nm波长下测定吸收度。以吸收度为纵坐标，浓度为横坐标，绘制标准曲线。

3. 样品测定

精密量取芦丁样品液（0.1 mg · mL^{-1}）3.0 mL，置10 mL容量瓶中，按标准曲线制备项下自“各加30%乙醇使成5.0 mL”起依法操作直至测定出样品的吸收度。

【实验数据及处理】

1. 根据测得的对照品的数据，绘制A～C标准曲线或计算回归方程。

2. 根据测得的样品的数据，从标准曲线上读出或由回归方程计算出样品溶液中芦丁的重量（mg），按下式计算：

$$\text{无水芦丁}(\%) = \frac{\text{标准曲线上读出的浓度}(mg \cdot mL^{-1}) \times 10\ mL}{\text{取样量}(mL) \times \text{样品的标示浓度}(mg \cdot mL)} \times 100\%$$

【实验注意事项】

1. 加入各种试剂的顺序应按操作方法进行。

2. 本显色反应为配位反应，反应速度较慢，故每加入一种试剂后应充分振摇，以利反应完全。

【思考题】

1. 试述标准曲线法的优点。

2. 影响显色反应有哪些因素？

实验86　外消旋α－苯乙胺的制备

【实验目的】

1. 学习Leuchart反应合成外消旋体α－苯乙胺的原理和方法。

2. 通过（±）α－苯乙胺的制备，进一步综合运用回流、蒸馏、萃取的测定等基本操作。

3. 通过本实验提高实验化学的研究能力和素质。

【实验原理】

醛、酮与甲酸和氨（或伯、仲胺），或与甲酰胺作用发生还原胺化反应，称为鲁卡特（Leuchart）反应。反应通常不需要溶剂，将反应物混合在一起加热（100～180 ℃）即能发生。选用适当的胺（或氨）可以合成伯、仲、叔胺。反应中氨首先与羰基发生亲核加成，接着脱水生成亚胺，亚胺随后被还原生成胺。与还原胺化不同，这里不是用催化氢化，而是用甲酸作为还原剂。它是由羰基化合物合成胺的一种重要方法。本实验是苯乙酮与甲酸铵作用得到外消旋体(±)α－苯乙胺。

反应过程为:

$$HCOONH_4 \rightleftharpoons HCOOH + NH_3$$

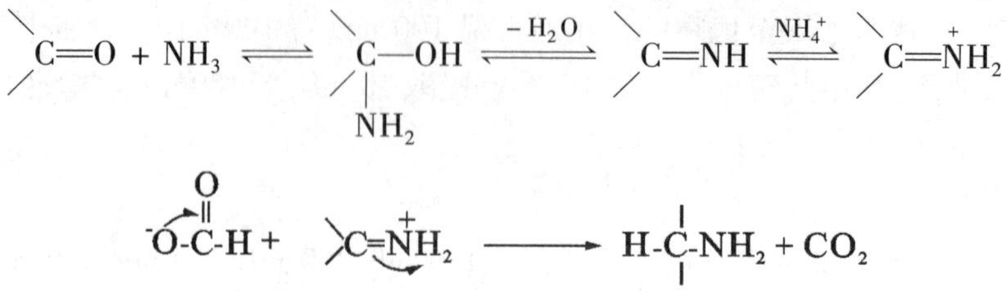

依照前面的机理生成的α－苯乙胺再与过量的甲酸形成甲酰胺,经酸水解形成铵盐,再用碱将其游离,得到α－苯乙胺。

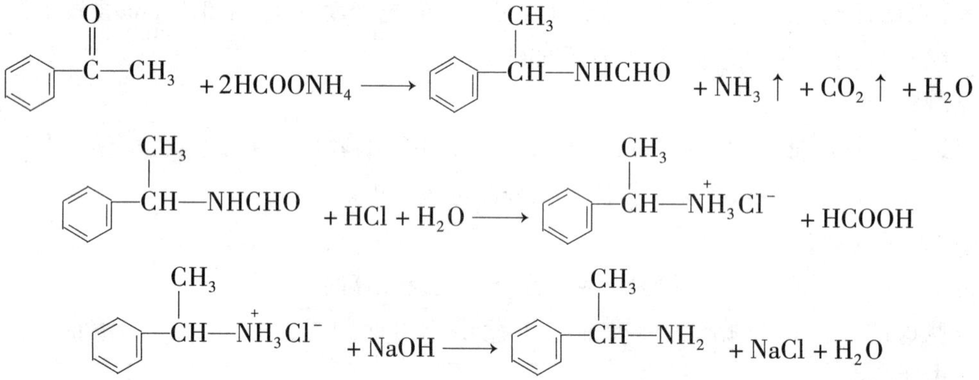

α－苯乙胺的旋光异构体可作为碱性拆分剂用于拆分酸性外消旋体。α－苯乙胺是制备精细化学品的一种重要中间体,它的衍生物广泛用于医药化工领域,主要用于合成医药、染料、香料乳化剂等。

【实验仪器与试剂】

仪器与材料:圆底烧瓶、三口烧瓶、球形冷凝管、直型冷凝管、空气冷凝管、烧杯、锥形瓶、分液漏斗、蒸馏头、锥形瓶、玻璃小漏斗、温度计、电炉或酒精灯等。

药品:苯乙酮、甲酸铵、氯仿、甲苯、浓 HCl、50% NaOH 溶液、固体 NaOH。

【实验步骤】

1. 合成

在 250 mL 圆底烧瓶中,加入 22.5 mL(0.2 mol)苯乙酮、40 g(约 0.64 mol)甲酸铵和几粒沸石,装上蒸馏头并装配成简单蒸馏装置。蒸馏头上口插入一支温度计,其水银球浸入反应混合物中。在石棉网上小火缓缓加热,反应物慢慢熔化,当温度升到 150～155 ℃时,熔化后的液体呈两相,继续加热反应物便成一相,反应物剧烈沸腾,并有水和苯乙酮被蒸出,同时不断地产生泡沫并放出二氧化碳和氨气。继续缓慢地加热到达 185 ℃[1](勿超过 185 ℃),停止加热。反应过程中可能在冷凝管中生成一些固体碳酸铵,此时可暂关闭冷却水使固体溶解,避免冷凝管堵塞。将馏出液用分液漏斗分出上层苯乙酮并倒回反应瓶中,再继续加热 2 h,控制反应温度不超过 185 ℃。

将反应物冷至室温,转入分液漏斗中,用 30 mL 水洗涤,以除去甲酸铵和甲酰胺,将分出的 N－甲酰－α－苯乙胺粗品,倒入原反应瓶中。水层每次用 12 mL 氯仿萃取两次。合并萃取液,萃取液也倒回原反应瓶中,弃去水层。向反应瓶中加入 24 mL 浓盐酸和几粒沸石,加热蒸馏直至所有氯仿均被蒸出,改为回流装置,保持微沸回流 1 h,使 N－甲酰－α－苯乙胺水解。

2. 分离和提纯

将反应液冷至室温[2]，然后每次用 12 mL 氯仿萃取三次[3]，合并的萃取液倒入指定回收容器中。水层倒入到 250 mL 三口烧瓶中。

将三口烧瓶置于冰水浴中冷却，慢慢加入 40 mL 50% 氢氧化钠溶液，并不断地振摇，然后加热进行水蒸气蒸馏[4]。用 pH 试纸检查馏出液，开始为碱性，至馏出液的 pH 值为 7 时，停止水蒸气蒸馏，约收集 120 ~ 160 mL。

将含游离胺的馏出液每次用 20 mL 甲苯萃取三次，合并萃取液，加入粒状氢氧化钠干燥并塞住瓶口[5]。干燥后粗产品先蒸馏除去甲苯，再蒸馏收集 180 ~ 190 ℃的馏分[6]。称量产品并计算产率。产量约 12 ~ 14 g，产率为 50% ~ 58%，塞好瓶口留着拆分实验使用。

纯(±)α - 苯乙胺为无色液体，沸点 187.4 ℃，折光率 1.5260。

3. 产物测定

(1) 测产物的沸点或折射率[7]。

(2) 测产物的红外光谱。

【注释】

[1] 反应过程中，若温度过高，可能导致部分碳酸铵凝固在冷凝管中。反应液温度达到 185 ℃的时间约需 2 h。

[2] 如在冷却过程中有晶体析出，可用最少量的水溶解。

[3] 主要萃取除去苯乙酮。

[4] 水蒸气蒸馏时，玻璃磨口接头涂上凡士林以防止接口因受碱液作用而被粘住。

[5] 游离胺易吸收空气中的 CO_2 形成碳酸盐。故在干燥时应塞住瓶口隔绝空气。

[6] 本实验也可以在蒸出甲苯后进行减压蒸馏，收集 82 ~ 83 ℃/2.4 kPa(18 mmHg)馏分。

[7] 因 α - 苯乙胺具有较强的腐蚀性，为保护折光仪起见，产品可测折光率。

【思考题】

1. 各步骤中用氯仿和甲苯萃取的是什么物质？

2. 为什么要在碱性条件下进行水蒸气蒸馏？馏出液含有什么成分？

【注意事项】

1. α - 苯乙胺：具有腐蚀性，能引起烧伤，避免吸入和接触皮肤和眼睛。

2. 苯乙酮：属低毒类。吞服可发生麻醉的止痛作用。对人的危害主要是对眼和皮肤的刺激作用，可引起皮肤局部灼伤。除热蒸气外，一般吸入和在实验操作过程中不会引起中毒危害。遇高热、明火或与氧化剂接触，有引起燃烧的危险。

3. 甲苯：有毒，勿吸入蒸气，避免与皮肤和眼睛接触。易燃，远离火种。使用时注意密闭保存，勿倒入下水道造成环境污染。

4. 氯仿：刺激黏膜，损害肝、心脏，是已知的致癌物。防止吸入、摄入。防止与皮肤接触。

5. 盐酸：防止其腐蚀性伤害，在使用时要倍加小心。

6. 氢氧化钠：该品具有腐蚀性，能引起烧伤，对呼吸系统有刺激性，使用时应避免吸入本品的蒸气。接触皮肤后，应立即用大量指定的液体冲洗。

实验 87 外消旋体 α－苯乙胺的拆分

【实验目的】

1. 学习将外消旋体转变为非对映异构体拆分外消旋体的原理和方法。

2. 进一步熟练旋光度的测定方法。了解对光学活性物质纯度的初步评价。

3. 通过具体实验操作，掌握相关的实验技术和技能，学会运用所学知识和理论进行实验分析和实验操作的能力，养成良好的实验素质和习惯。

【实验原理】

由一般合成方法得到的手性化合物为等量的对映体组成的外消旋体，无旋光性。若要得到纯净左旋体或右旋体，需要使用某种方法将它们分开。用某种方法将外消旋体分开成纯的左旋体和右旋体的过程称为外消旋体的拆分。由于对映异构体除旋光性不同外，具有相同的物理和化学性质，用一般的蒸馏、结晶、色谱分离等方法难于将其分离。

目前，拆分外消旋体最常用的方法是利用化学反应把对映体变为非对映体：利用外消旋混合物内含有一个易于反应的基团——拆分基团，如羧基或氨基等，可以使它与一个纯的旋光化合物——拆分剂发生反应，从而把一对对映体变成两种非对映体。由于非对映体具有不同的物理性质，便可采用常规的分离手段分开。然后经过一定的处理，去掉拆分剂，最后，得到纯的旋光化合物，达到拆分的目的。常用的拆分剂有：马钱子碱、奎宁和麻黄素等旋光纯的生物碱用来拆分外消旋的有机酸；酒石酸、樟脑磺酸、苯乙醇酸等旋光纯的有机酸用来拆分外消旋的有机碱。外消旋的醇通常先与丁二酸酐或邻苯二甲酸酐作用形成单酯，用旋光纯的碱把单酯分开，再经碱性水解得到单个的旋光性的醇。

利用具有光学活性的吸附剂，通过柱层析把一对光学活性对映体拆开：一对光学活性对映体和一个光学活性吸附剂形成两个非对映的吸附物，它们被吸附剂吸附的强弱不同，可用适当的溶剂分别把它们淋洗出来。

另外，可利用酶对它的底物有非常严格的空间专一性的反应性能，用生化的方法拆分外消旋体。

外消旋 α－苯乙胺属碱性外消旋体，可用酸性拆分试剂进行拆分，本实验用 D-(＋)-酒石酸为拆分剂。具有光学活性的 D-(＋)-酒石酸广泛存在于自然界。在酿酒中所获得的一系列副产物中就有 D-(＋)-酒石酸。外消旋 α－苯乙胺用 D-(＋)-酒石酸处理时产生的两个非对映体的盐在甲醇中的溶解度有明显差异，由于(－)-α-苯乙胺和(＋)-酒石酸所形成的盐在甲醇中的溶解度比(＋)－α－苯乙胺和(＋)－酒石酸所形成的盐小。足以用分步结晶的方法将它们分离开。因此，前者从溶液中先结晶析出，经稀碱处理，即可得到(－)-α-苯乙胺。母体中所含的(＋)-α-苯乙胺·(＋)-酒石酸盐经过类似的处理，也可得到(＋)-α-苯乙胺。

在实际工作中，要得到单个旋光纯的对映体，并不是件容易的事情，往往需要冗长的拆分操作和反复的重结晶才能完成。而要完全分离也是很困难的。常用光学纯度表示被拆分后对映体的纯净程度，它等于样品的比旋光度除以纯对映体的比旋光度。

$$\text{光学纯度(OP)} = \frac{\text{样品的}[\alpha]_{\text{样}}}{\text{纯物质的}[\alpha]_{\text{纯}}} \times 100\%$$

外消旋 α-苯乙胺的拆分过程如下所示：

【实验仪器与试剂】

仪器：圆底烧瓶、烧杯、玻璃棒、滴管、量筒、球形冷凝管、直型冷凝管、蒸馏头、锥形瓶、分液漏斗、布氏漏斗、抽滤瓶、蒸发皿、玻璃小漏斗、温度计、减压蒸馏装置、电炉或酒精灯、旋光仪等。

试剂与材料：(±)-α-苯乙胺、(+)-酒石酸、甲醇、乙醚、无水硫酸镁、50%氢氧化钠溶液、无水乙醇、浓硫酸、丙酮、滤纸等。

【实验流程图】

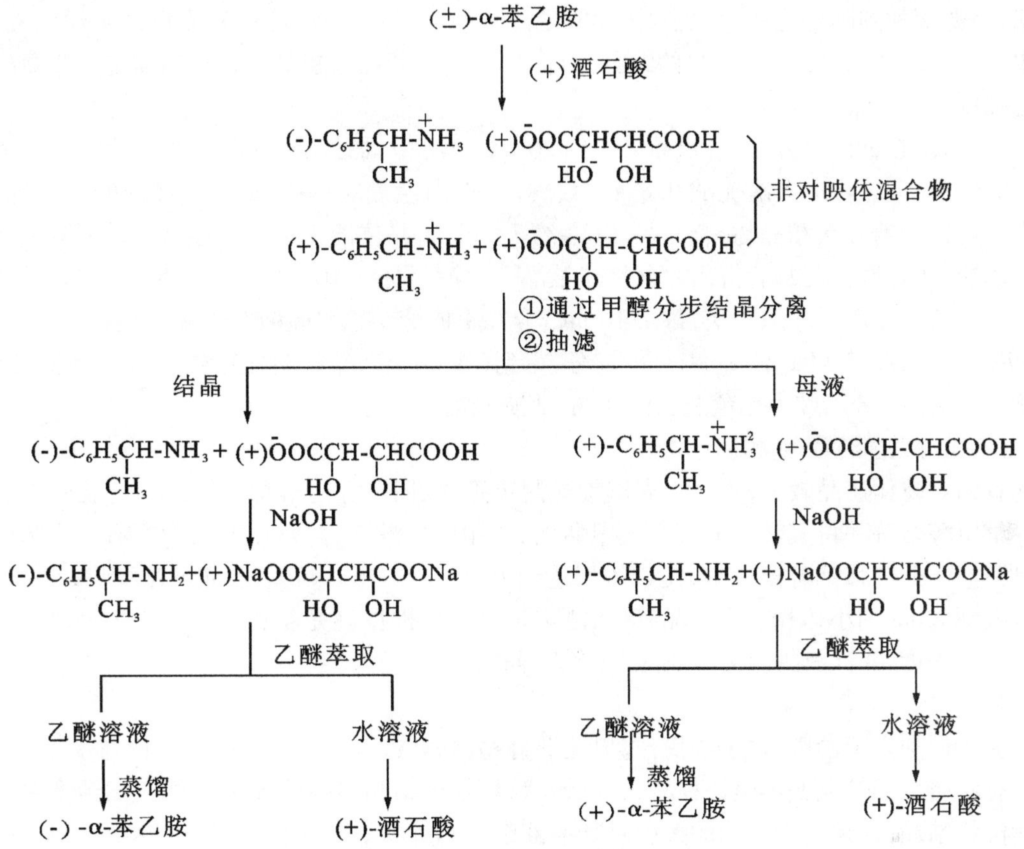

图 3-64　(±)-α-苯乙胺的拆分流程图

【实验步骤】

1. 成盐与分步结晶

在 250 mL 锥形瓶中放入 7.6 g(0.05 mol)D-(+)-酒石酸、90 mL 甲醇和几粒沸石，装上回流冷凝管后在水浴上加热至接近沸腾(约 60 ℃)。待 D-(+)-酒石酸全部溶解后，停止加热，稍冷后移去回流冷凝管，在振摇下用滴管将 6 g(0.05 mol)(±)-α-苯乙胺慢慢加入热溶液中[1]。加完稍加振摇，冷至室温后，塞紧瓶塞，放置 24 h 以上。瓶内应生成颗粒状棱柱形晶体[2]，若生成针状晶体与棱柱形结晶混合物，应置于热水浴中重新加热溶解，再让溶液慢慢冷却[3]，待析出棱状结晶完全后，减压过滤，晶体用少量冷甲醇洗涤，晾干，得到的主要是(-)-α-苯乙胺·(+)-酒石酸盐。称量(预期约 4~5 g)并计算产率。母液保留用于制备另一种对映体。

2. S-(-)-α-苯乙胺的分离

将上述所得的(-)-α-苯乙胺·(-)-酒石酸盐转入 250 mL 锥形瓶中，加入约 15 mL 水(约 4 倍量的水)，搅拌使部分结晶溶解，再加入约 2.5 mL 50%氢氧化钠溶液，搅拌使混合物完全溶解，且溶液呈强碱性。将溶液转入分液漏斗中，然后每次用 10 mL 乙醚萃取 3 次。合并乙醚萃取液。用粒状氢氧化钠[4]干燥。水层倒入指定容器中留作回收(+)-酒石酸。

将干燥后的乙醚溶液分批转入 25 mL 事先已称量的圆底烧瓶，在水浴上先尽可能蒸去乙醚，再用水泵减压除净乙醚。称量圆底烧瓶，即可得(-)-α-苯乙胺的质量[5](约 1~1.5 g)，计算产率。塞好瓶塞，供测比旋光度用。纯的 S-(-)-α-苯乙胺比旋光度为 = -39.5°。

3. R-(+)-α-苯乙胺的分离

将上述保留的母液在水浴上加热浓缩，蒸出甲醇。残留物呈白色固体，残渣用 40 mL 水和 6.5 mL50% 氢氧化钠溶液溶解，然后用乙醚提取 3 ~ 4 次，每次用 12 mL。合并萃取液，用无水硫酸镁干燥。过滤，将滤液加到圆底烧瓶中，先水浴蒸除乙醚和甲醇，然后减压蒸馏得无色透明油状液体(+)-α-苯乙胺(2.8 kPa 下收集 85 ~ 86 ℃的馏分)，即为(+)-α-苯乙胺粗品。粗产品需进一步重结晶才能达到一定纯度。

(+)-α-苯乙胺重结晶方法：将粗品溶于约 20 mL 乙醇中，加热溶解，向此热溶液中加入含浓硫酸的乙醇溶液约 45 mL(约加入浓硫酸 0.8 g)，放置后，得白色片状(+)-α-苯乙胺硫酸盐。滤出晶体，浓缩母液后可得到第二次结晶物，合并晶体(共约 7 g)。将晶体溶于 12 mL 热水中，加热沸腾，滴加丙酮至刚好浑浊，放置慢慢冷却后析出白色针状结晶。过滤后加入 10 mL 水和 1.5 mL 50% 的氢氧化钠溶液溶解。水溶液用乙醚萃取 3 次，每次 10 mL，合并萃取液用无水硫酸镁干燥。蒸除乙醚后，减压蒸馏，收集 72 ~ 74 ℃/2.3 kPa(17 mmHg)的馏分，得到(+)-α-苯乙胺，称重(约 1.3 g)，待测旋光度。

纯的 R-(+)-α-苯乙胺为无色透明油状物，比旋光度为$[\alpha]_D^{25} = +39.5°$。

4. 旋光度与光学纯度的测定

因制备的对映体产品较少，不足以充满旋光测定管，故用甲醇溶解稀释样品。向装有样品的容器内加入少量甲醇溶解并将其转入 10 mL 容量瓶内，再用甲醇淋洗容器，使容器中所有 α－苯乙胺对映体都被甲醇溶解并转移到容量瓶中，使总体积达到 10 mL，计算出 α－苯乙胺的浓度($g \cdot mL^{-1}$)。将此溶液装入到 2 dm 的小体积旋光样品管中，测定旋光度。根据旋光度和 α－苯乙胺对映体的浓度计算各自的比旋光度，并计算拆分后 α-苯乙胺旋光异构体的光学纯度[6]。

【注释】

[1] 应缓慢加入苯乙胺，须小心操作，以免混合物沸腾或起泡溢出。

[2] 有时析出的结晶并不呈棱柱状，而呈针状，从这种结晶得到的 α-苯乙胺光学纯度差。本实验必须得到棱状结晶，这是实验成功的关键。若溶液中析出针状晶体，可采取如下步骤：

① 由于针状晶体易溶解，可缓慢加热混合物到恰好针状晶体完全溶解而棱状晶体尚未开始溶解为止，重新放置过夜。

② 分出少量棱状晶体，加热混合物至其余晶体全部溶解，稍冷后，加入取得的少量棱状晶体作晶种，放置过夜。

[3] 因结晶生成速度较慢，常需放置较长时间，甚至放置过夜。

[4] 也可用无水硫酸镁或无水硫酸钠干燥。

[5] 这是一种简化的操作。因蒸馏 α-苯乙胺时容易起泡，故采用此法。也可在水浴除去乙醚后，减压蒸馏，在 3.5 kPa 时收集 84 ~ 85 ℃的馏分或直接蒸馏，可加入 1 ~ 2 滴消泡剂(聚二甲基硅烷 0.001% 的己烷溶液)进行常压蒸馏，收集 180 ~ 190 ℃馏分。

[6] 在外消旋体拆分或不对称合成中并非得到纯净的对映体，通常用“光学纯度”来评价对映体的过量百分率。

光学纯度(OP) =(实测的比旋光度/纯对映体的比旋光度)×100%

例如：某一试样(左旋)的光学纯度为 90%，即左旋体过量 90%(该试样中左旋体含量为 95%，而右旋体含量为 5%)

【实验注意事项】

1. α-苯乙胺：具有腐蚀性，能引起烧伤，避免吸入和接触皮肤和眼睛。

2. 甲醇：有毒、易燃，切勿吸入其蒸气，吸入过多甲醇会使双目失明。

3. 乙醚、乙醇：易燃易爆，操作时应远离明火。

4. 氢氧化钠：该品具有腐蚀性，能引起烧伤，对呼吸系统有刺激性，使用时应避免吸入本品的蒸气。接触皮肤后，应立即用大量指定的液体冲洗。

5. 使用浓硫酸时要注意安全。

6. 在进行减压蒸馏时，一定要按照正确的操作规程进行，以免发生意外事故。

7. 在使用旋光仪时，切不可将旋光管随意放在实验桌上，以免滚落地上摔碎。

【思考题】

1. 在(+)-酒石酸甲醇溶液中加入 α-苯乙胺后，析出棱柱状晶体，过滤后，此滤液是否有旋光性？为什么？

2. 拆分实验中关键步骤是什么？如何控制反应条件才能分离出纯的旋光异构体？

3. 试设计一个实验步骤，从上述实验中回收(+)-酒石酸。

4. 分析拆分所得样品(+)-α-苯乙胺的比旋光度较(-)-α-苯乙胺的比旋光度低的原因，并提出解决的方案。

三、综合性 设计性实验

陕西中医学院“综合性、设计性、应用性、创新性”实验是在学生学习和掌握了实验化学基本知识、基础理论、基本方法和基本实验操作技能的基础上，为培养和提高学生独立思维、独立实验能力和技能而设置的。该部分实验能体现学生综合运用基本知识、查阅文献资料、独立设计实验、独立操作和数据整理、撰写实验报告等多方面能力，有利于科学思维和综合技能的培养。

实验内容是在多年来陕西中医学院“综合性、设计性、创新性”实验的基础上，结合药学、中药学不同专业要求，从日常生活用品、自然生态研究、学生毕业论文和教师科研实践中挑选并适当进行简化而成。实验内容和方法经过多次实践检验，具有科学性和一定的代表性，也体现了化学实验在各专业中的应用领域。其中设计性和探索性实验题目会定期更换。

学生一般须经过化学实验基本操作技能考核合格后，方可进行有关实验。

一般学生进行实验须按下列步骤进行：

(1)按自由选择或随机组合组成 3 ~5 人的实验小组，挑选一个实验题目。内容较多的题目可挑选其中部分指标完成，也可 5 ~ 10 人一组，分别完成其中的一个或若干个实验项目。

(2)根据所选题目，参考有关教材、书籍、手册、国家标准等资料，或从网络上查找相关文献，对实验题目的内容、研究方法、使用仪器、药品等相关知识做系统、详细和深入的学习，并对查找的资料进行消化、归纳整理。

(3)结合资料和实验室条件(仪器、设备、药品等)，选择合适、合理的实验方法和检测手段，拟订实验方案。

(4)实验方案应包括详尽的实验内容，相应的方法原理，所需仪器、药品或试剂名称、数量和规格，计划实验时数，操作步骤，实验现象和注意事项等。

(5)实验方案须经指导老师审核批准后方可进入指定的实验室和指定的位置。

(6)实验前要按规定领取仪器和药品，使用仪器前须详细阅读仪器说明书，并在老师指导下学会操作，方可独立操作仪器。实验过程须有规范的实验记录，并在规定时间内完成实验。

(7)实验结果要经指导老师审阅合格后，方可结束实验并退还仪器、药品等实验用品，整理好实验室。

(8)写出规范的实验报告交指导老师。

实验 88 混合阳离子分离、鉴定的设计实验

【实验试剂】

(1) Ag^+、Cd^{2+}、Cr^{3+}、Fe^{3+}、Ba^{2+}；
(2) Al^{3+}、Fe^{3+}、Zn^{2+}、Mn^{2+}、NH_4^+；
(3) Hg^{2+}、Cu^{2+}、Ca^{2+}、Al^{3+}、Na^+；
(4) Sn(Ⅳ)、Mn^{2+}、CO^{2+}、K^+、NH_4^+；
(5) Sb(Ⅲ)、Cu^{2+}、Fe^{3+}、Zn^{2+}、Mg^{2+}；
(6) Pb^{2+}、Hg^{2+}、Ni^{2+}、Mn^{2+}、Ba^{2+}；
(7) Bi^{3+}、Cr^{3+}、Ni^{2+}、Ca^{2+}、Na^+；
(8) Ag^+、Cd^{2+}、Co^{2+}、Pb^{2+}、K^+。

【方法指导】

以上几组混合液，由教师安排给学生选做。学生可先自行配制一种混合液，根据实验室提供的试剂，设计合理方案，进行分离鉴定。然后领取一份相应未知液，其中的阳离子可能全部存在或部分存在，请将它们一一鉴别出来。

(1)选取一组混合阳离子试液，根据阳离子的基本性质和本实验提供的试剂，制定分离鉴定方案。

(2)写出本实验中常见阳离子个别鉴定的相关反应方程式。

【思考题】

1. Al^{3+}、Fe^{3+}、Fe^{2+}、Co^{2+}、Zn^{2+}、Mn^{2+}中，哪些离子的氢氧化物具有两性？哪些离子的氢氧化物不稳定？哪些能生成氨配合物？

2. Cu^{2+}的鉴定条件是什么？硫化铜溶于热的 6 $mol \cdot L^{-1}$ HNO_3 后，如何证实有 Cu^{2+}？

3. 在未知溶液分析中，当由碳酸盐沉淀转化为铬酸盐时，为什么必须用醋酸溶液去溶解碳酸盐沉淀，而不用强酸如盐酸去溶解？

实验 89 矿物药的鉴别

【实验目的】

1. 熟悉朴硝、硝石、滑石、雄黄、铅丹、赭石、自然铜、炉甘石、轻粉、朱砂等 10 种矿物药的主要成分及化学鉴定方法。

2. 进一步培养学生灵活运用已掌握的理论知识和实验技能，学会查阅有关资料，自行设计实验，提高学生分析问题和解决问题的能力。

【实验原理】

1. 在含 Na^+ 的溶液中加入醋酸铀酰锌试剂，可得到黄色晶形沉淀，此沉淀在乙醇中溶解度小。

$$Na^+ + Zn^{2+} + 3UO_2^{2+} + 8Ac^- + HAc + 9H_2O = NaAc \cdot Zn(Ac)_2 \cdot 3UO_2(Ac)_2 \cdot 9H_2O\downarrow + H^+$$

2. 在含 K^+ 的溶液中加入四苯硼钠，可得白色沉淀。

$$K^+ + [B(C_6H_5)_4]^- = K[B(C_6H_5)_4]\downarrow \text{白}$$

3. 棕色环试验

在含有 NO_3^- 的溶液中，加入饱和 $FeSO_4$ 溶液，试管倾斜后，沿管壁小心滴加浓 H_2SO_4，在浓 H_2SO_4 和混合液交界处可见一个棕色环。

$$NO_3^- + 3Fe^{2+} + 4H^+ = 3Fe^{3+} + NO + 2H_2O$$

$$NO + Fe^{2+} + SO_4^{2-} = [Fe(NO)SO_4]$$

4. Mg^{2+} 与 NH_4Cl、Na_2HPO_4 溶液反应可生成 $MgNH_4PO_4\downarrow$白，实验中加入少量 $NH_3 \cdot H_2O$ 可防止

Na_2HPO_4 的水解，而维持足够 PO_4^{3-} 浓度。

5. 在 SiO_3^{2-} 试液中加入 $(NH_4)_2MoO_4$，可生成黄色的硅钼酸铵溶液，若再加入联苯胺并加入 NaAc 使之转为 HAc 酸性，则硅钼酸铵氧化联苯胺，产生联苯胺蓝和钼蓝，使溶液变成蓝色。

6. 雄黄 As_4S_4 煅烧后可得到 As_2O_3，As_2O_3 与盐酸作用后可形成 As^{3+} 离子，在含有 As^{3+} 的溶液中加入饱和 H_2S 溶液可得到 $As_2S_3\downarrow$ 黄，再加入 $(NH_4)_2CO_3$ 沉淀可溶解。

$$As_4S_4 + 7O_2 = 2As_2O_3 + 4SO_2$$

$$As_2O_3 + 3H_2O = 2H_3AsO_3$$

$$As^{3+} + 3OH^- = As(OH)_3 = 3H_3AsO_3 = 3H^+ + AsO_3^{3-}$$

$$2As^{3+} + 3H_2S = As_2S_3\downarrow + 6H^+$$

$$As_2S_3 + 3(NH_4)_2CO_3 = (NH_4)_3AsS_3 + (NH_4)_3AsO_3 + 3CO_2\uparrow$$

7. Pb_3O_4 可以和 HNO_3 反应，歧化生成 Pb^{2+} 和 $PbO_2\downarrow$

8. 在 Zn^{2+} 试液中，加入 $K_4[Fe(CN)_6]$，有微蓝色沉淀产生

$$2Zn^{2+} + [Fe(CN)_4]^{4-} = Zn_2[Fe(CN)_6]\downarrow$$

9. 将轻粉—Hg_2Cl_2 和无水 Na_2CO_3 一起放在试管中共热后，在干燥试管壁上有金属 Hg 折出

$$Hg_2Cl_2 + Na_2CO_3(\text{无水}) = Hg\downarrow + HgO + 2NaCl + CO_2\uparrow$$

【实验要求】

1. 根据本实验的目的、原理，由学生通过查阅有关资料，拟订出合适的实验方案，选用仪器，溶液（所需规格及浓度），实验步骤等，方案经教师审阅后，方法合理，条件具备学生可按照自己的设计方案进行实验。

2. 独立完成实验。根据自己的实验设计方案，认真思考与操作，不断完善实验方法，培养自己的实验能力。

3. 完成实验报告。实验结束后，以论文的形式写出实验报告，内容包括：实验目的、实验原理、实验仪器与药品、实验步骤、实验现象、实验结果讨论等。

实验 90　食醋中总酸量的测定

【目的要求】

1. 利用所学知识，通过查阅有关资料，自己设计最佳实验方案，培养独立分析和解决问题的能力。

2. 学会标准溶液的配制和标定方法，掌握酸碱滴定分析的基本原理和相关仪器的实验操作技能。

3. 通过对实验过程和结果的分析，初步学会实验方案设计基本思路与方法，提高应用化学知识解决实际问题的能力，激发学生学习化学的兴趣。

【实验仪器与试剂】

仪器：烧杯、容量瓶、锥形瓶、玻璃棒、酸式滴定管、碱式滴定管、滴定管夹、滴定台、滤纸、托盘天平(0.1 g)、分析天平(0.1 mg)、PHS－3C 型酸度计、复合玻璃电极、洗耳球、10 mL、25 mL 移液管等。

试剂：邻苯二甲酸氢钾（$KHC_8H_4O_4$，基准物质）、标准缓冲溶液 pH(6.86，4.00)、氢氧化钠(A.R)、标准氢氧化钠溶液、酚酞指示剂、食醋样品。

样品：市售食用白醋、红醋或醋精或陈醋，每组 10 mL。

【实验要求】

1. 实验室提供邻苯二甲酸氢钾($KHC_8H_4O_4$,基准物质)、标准缓冲溶液(6.86,4.00)、氢氧化钠(A. R)、标准氢氧化钠溶液、酚酞指示剂、食醋样品(也可自备)及相关仪器。

2. 学生以2~5人或个人为一小组,设计实验方案并交给大组长(20~25人为一大组),由组长组织讨论本组的实验方案,最后提交2~3个本组最佳实验方案,提前3天交实验指导教师评阅,每个实验方案应包含以下几方面内容:实验原理、仪器与试剂、实验内容与步骤、实验数据的记录与处理的相关表格、实验注意问题、实验方法的来源与依据(参考文献)。

3. 学生实验之前,现有教师对每个方案进行可行性点评,提出修改意见,供同学参考。全班最后确定2~3个最佳实施方案,每小组只能选其中一个方案进行实验。

4. 每个小组应有明确的操作分工,每个成员都要负责一项实验内容或步骤,要相互协商,紧密配合,独立完成,在规定的时间内,按照规范化操作程序,最终完成整个实验。每个同学应在自己负责实验内容的原始数据记录上签字,经指导教师签字认可方能填写实验报告。否则结果无效。

5. 实验结果的讨论与分析:主要对方法的科学性、可靠性、先进性、实验误差的来源、方法的改进措施、操作的体会、样品分析的结果等方面进行。

【注意事项】

1. 本实验要充分考虑酸碱的稳定性、安全性、经济实用性、操作可行性。不要选偏、奇、特、禁药品。

2. 注意指示剂的选择:主要以滴定突跃范围为依据,指示剂的变色范围应全部或一部分在滴定突跃范围内。

3. 滴定终点的判定:溶液呈微红色,且在半分钟内不消失,超过半分钟则不用管。

4. 操作要认真规范,细心观察,如实记录。写出实验报告。

实验91 槐米中芦丁的提取与含量测定

【实验目的】

1. 掌握可见分光光度法的操作方法。

2. 掌握用可见分光光度计的工作曲线法测定中药有效成分的含量。

3. 槐米中芦丁的提取方法。

4. 用可见分光光度计的工作曲线法测定中药有效成分的含量与原理和方法。

【实验原理】

芦丁(Rutin)广泛存在于植物界中,现已发现含芦丁的植物至少在70种以上,如烟叶、槐花、荞麦和蒲公英中均含有。尤以槐花米(为植物 Sophora japonica 的未开放的花蕾)和荞麦中含量最高,可作为大量提取芦丁的原料。芦丁是由斛皮素(Quercetin)3位上的羟基与芸香糖(Rutinose)(为葡萄糖与鼠李糖组成的双糖)脱水合成的苷。

芦丁为浅黄色粉末或极细的针状结晶,含有三分子的结晶水,熔点为174~178 ℃,无水物188~190 ℃。溶解度:冷水中为1:10000;热水中1:200;冷乙醇1:650;热乙醇1:60;冷吡啶1:12。微溶于丙酮、乙酸乙酯,不溶于苯、乙醚、氯仿、石油醚,溶于碱而呈黄色。

芦丁具有维生素P样作用。有助于保持及恢复毛细血管的正常弹性,主要用作防治高血压病的辅助治疗剂,亦可用于防治因缺乏芦丁所致的其他出血症。槐米中的有效成分为芦丁,属黄酮类化合物,则可用铝盐比色法显色后定量测定。铝盐比色法:三氯化铝或硝酸铝、亚硝酸钠与黄酮类化合物生成稳定的有色化合物,可用于定量分析。

【实验仪器与试剂】

仪器：可见分光光度计，500、50、10 mL 容量瓶，25 mL 移液管，1 mL、5 mL 吸量管。

试剂：乙醇、亚硝酸钠、硝酸铝、氢氧化钠，芦丁对照品、槐花或槐米样品。

【实验内容】

1. 对照品溶液的制备：称取干燥至恒重的芦丁对照品 200 mg 置 100 mL 量瓶中，加甲醇 70 mL，置水浴上微热使之溶解，放冷，加甲醇稀释至刻度，摇匀。精密吸取 10 mL 于 100 mL 量瓶中，加水至刻度，摇匀，得 1 mL 含芦丁 0.2 mg 对照品溶液。

2. 标准曲线的绘制：精密取对照品溶液 0 mL、1.0 mL、2.0 mL、3.0 mL、4.0 mL、5.0 mL、6.0 mL，分别置于 25 mL 量瓶中，各加水至 6 mL，加 5% 亚硝酸钠溶液 1 mL ，放置 6 min，加氢氧化钠试液 10 mL，用水稀释至刻度，摇匀，放置 15 min，在 500 nm 的波长处测定吸光度，记录，绘制标准曲线。

3. 样品的制备与测定：

(1)取槐花粉 1 g，于 60 ℃干燥 6 h，精密称定，置索氏提取器中，加乙醚 120 mL，加热回流至提取液无色放冷，弃去乙醚。

(2)再加甲醇 90 mL，加热回流至提取液无色，移至 100 mL 量瓶中，用甲醇洗涤容器，洗液并入量瓶中，加甲醇至刻度，摇匀。

(3)精密量取 10 mL，置 100 mL 量瓶中，加水至刻度，摇匀。

(4)精密量取 3 mL，置 25 mL 量瓶中，照标准曲线制备项目的方法，自"加水至 6 mL"起依法测定吸光度，从取向上读取芦丁含量 μg，计算，即得。

【实验现象与数据】

测定次数	1	2	3	4	5	6
A						
C						

【结果分析与结论】

1. 以吸光度与浓度绘制工作曲线，或做出回归方程 A = a + b * C。

2. 由样品的吸光度 Ax 计算出铁的含量。

【实验注意事项】

1. 在配制标准溶液和样品溶液时，使用的方法和加入各种试剂的量要相同，测定条件也相同。

2. 每次测量时，注意记录数据的对应关系。

3. 于 60 ℃干燥 6 h，槐花中的芦丁($C_{27}H_{30}O_{16}$)不得少于 8.0%，槐米中不得少于 20.0%。

4. 如测定温度低于室温，芦丁会析出，可微热使之溶解。

5. 加入各种实际的顺序应按操作方法进行。

【思考题】

试论标准曲线法的优点。

实验 92　五味子的薄层色谱法鉴别

【实验目的】

1. 了解薄层色谱在中药分析中的作用。

2. 掌握荧光薄层色谱的原理及应用。

3. 了解薄层色谱在五味子分离鉴定方面的应用。

4. 进一步掌握吸附薄层色谱的一般操作方法和步骤。

【实验仪器与试剂】

仪器：色谱缸、玻璃板、C9301 薄层制板仪、三用紫外线分析仪。

试剂：硅胶 GF_{254}(薄层色谱用)、五味子药材样品、五味子甲素对照品、氯仿、展开剂：石油醚(30－60 ℃)、甲酸乙酯：甲酸 ＝15∶5∶1。

【实验原理】

中药五味子中主要有效成分为木质素类，五味子甲素为其主要有效成分之一，可吸收紫外光，在硅胶 GF_{254}薄层板上形成暗斑，用对照药材和对照品进行对照，可起到鉴别五味子的定性鉴定作用。测定展开距离，计算比移值。

$$R_f = \frac{\text{斑点中心距原点的距离}}{\text{溶剂前沿距原点的距离}} = \frac{a}{b}$$

【实验内容】

1. 薄层色谱板的制备：称取硅胶 GF_{254}一份与三份 0.5～0.8% 的羧甲基纤维素，加水研匀铺板，于 110 ℃烘 30 min，干燥器中冷却。

2. 供试品及对照品溶液的制备：

取 10 g 五味子药材粉末，加 200 mL 氯仿，置水浴上加热回流 30 min，过滤，滤液蒸干，残渣用 10 mL 氯仿溶解，制成 1 g 生药/1 mL 氯仿溶液。

取对照品五味子甲素 10 mg 加氯仿 10 mL，制成 1 mg 五味子甲素对照品/1 mL 氯仿溶液。

3. 点样：在距薄板一端 2.0 cm 的水平线上点样，分别点样：1 g 生药/1 mL 氯仿溶液，1 mg 五味子甲素对照品/1 mL 氯仿溶液。均匀分散，样斑的直径不得超过 2 mm，每个样斑点 2～3 次。

4. 饱和：将点好样的薄板放入色谱缸，使溶剂的蒸汽充分被薄板吸收，并使之均匀。

5. 展开：使薄板的点样端侵入展开剂中，让展开剂沿着板面向上迁移。展开的距离 10cm 以上为宜，取出，画出溶剂前沿线，使溶剂充分挥发，晾干。

6. 检视：将薄板置于紫外灯下检视，用铅笔描绘出斑点形状。

7. 测量、计算比移值。

8. 观察样品的展开线上有几个斑点，确定样品的组成，比较各组成与对照品的比移值，进行定性鉴定。

【实验现象与数据】

展开后溶剂前沿 b＝10.5 cm

五味子甲素对照品	五味子药材样品
a＝	a＝
R_f＝	R_{fx}＝

【结果分析与结论】

样品展开后出现多个斑点，显示出样品由多个组分组成。其中一个的比移值与对照品五味子甲素相近。证明样品中可能含有五味子甲素，这有待用其他色谱体系进一步证实。

【实验注意事项】

1. 喷洒显色剂时要撒均匀，不能使液滴滴到薄层板上。

2. 展开后溶剂前沿和斑点中心到原点距离的测量要准确。

【思考题】

1. 用硅胶 GF_{254}板做薄层鉴别，适用于哪些化合物？

2. 产生边缘效应的原因是什么？

实验 93　橙皮中柠檬烯的提取及气相色谱分析

【实验目的】

1. 掌握天然产物分离提取的基本概念和基本方法。

2. 掌握用气相色谱分析分离产品和检验纯度的方法。

【基本原理】

精油是植物组织经水蒸汽蒸馏得到的挥发性成分的总称。大部分具有令人愉快的香味，主要组成为单萜及倍半萜类化合物。在工业上经常用水蒸汽蒸馏的方法来收集精油，柠檬、橙子和柚子等水果果皮通过水蒸汽蒸馏得到一种精油，其主要成分(90%以上)是柠檬烯。柠檬烯属于萜烯类化合物。萜类化合物是指基本骨架可看作由两个或更多的异戊二烯以头尾相连而构成的一类化合物。根据分子中的碳原子数目可以分为单萜、倍半萜、二萜和多萜等。柠檬烯是一环状单萜类化合物，它的结构式如图 3-65 所示。

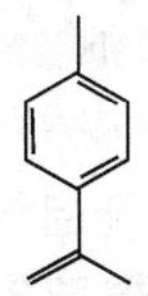

图 3-65　柠檬烯的结构式

分子中有一手性碳原子，故存在光学异构体。存在于水果果皮中的天然柠檬烯是以(+)或 d-的形式出现。通常称为 d-柠檬烯，它的绝对构型是 R 型。本实验中，我们将从橙皮中提取柠檬烯，将橙皮进行水蒸汽蒸馏，用二氯甲烷萃取馏出液，然后蒸去二氯甲烷，留下的残液为橙油，主要成分是柠檬烯。分离得到的产品可以通过测定折射率、旋光度和红外、核磁共振谱进行鉴定，同时用气相色谱分析分离产品的纯度。各种物质在一定的色谱条件下有各自确定的保留值，因此保留值可为一种定性指标。对于组分不很复杂的试样，且其中待测组分均为已知的，这种方法简单易行。

色谱归一化法定量分析：色谱定量分析是基于被测物质的量(m_i)与其峰面积(A_i)的正比关系。当试样中所有组分都能流出色谱柱，并在色谱图上显示完全分离的色谱峰时，可以使用归一化法定量。其中组分 i 的百分含量可由下式计算：

$$\%C_i = (m_i / \Sigma m_i) \times 100 = (f_i A_i / \Sigma f_i A_i) \times 100$$

式中，C_i是组分 i 的百分含量，f_i 是组分 i 的相对校正因子。

由于同一检测器对不同物质有不同的响应值，所以两个等量的物质，出峰面积往往不相等。因此，不能直接用峰面积来计算物质的含量，而需要对检测器的响应值进行校正，为此引入“定量校正因子”的概念。在一定的操作条件下 $m_i = f_i' A_i$式中 f_i'为绝对质量校正因子，表示单位峰面积代表的物质质量。f_i 与仪器灵敏度有关，不易准确测定。实际工作中常用相对校正因子 f_i，即某一物质与一标准物质的绝对校正因子之比值。相对校正因子可以通过实验测定，也可以通过查阅有关手册获得。

如果各组分的 f_i

$$\%C_i = (A_i / \Sigma A_i) \times 100$$

归一化法定量的优点是简便、准确，操作条件不需要严格控制，是一种常用的定量分析方法。此法的缺点是不管试样中某些组分是否需要测定，都必须全部分离流出，并获得测量信号，而且各组分的相对校正因子应是已知的。

【实验仪器和试剂】

FuLi 9790 型或其他型号的气相色谱仪(配氢火焰离子化检测器)、毛细管色谱柱(固定相：SE-30；载体：硅烷化白色担体)0.32×30 M×0.5 μm、FJ-2000 色谱工作站(或其他型号的色谱工作站)、积分仪或记录仪、1μL 微量进样器、高纯氮气(载气)和氢气钢瓶、柠檬烯标样、水蒸气发生器、新鲜橙子皮、二氯甲烷、无水硫酸钠等。

【实验内容】

1. 橙皮中柠檬烯的提取

将 2～3 个新鲜橙子皮剪成极小碎片后，放入 500 mL 圆底烧瓶中，加入 250 mL 水，直接进行水蒸汽蒸馏。待馏出液达 50～60 mL 时即可停止。这时可观察到馏出液水面上浮着一层薄薄的油层。将馏出液倒入 125 mL 分液漏斗中，每次用 10 mL 二氯甲烷萃取，萃取 3 次。将萃取液合并，放在 50 mL 锥形瓶中，用无水硫酸钠干燥。将干燥液滤入 50 mL 圆底烧瓶中。配上蒸馏头，用普通蒸馏方法水浴蒸去二氯甲烷。待二氯甲烷基本蒸完后，再用水泵减压抽去残余的二氯甲烷，瓶中留下少量橙黄色液体即为橙油。

2. 橙皮提取物的气相色谱分析

(1) 开启仪器，设定实验操作条件。操作条件为：柱温 120 ℃，汽化温度为 200 ℃，检测器温度 200 ℃，载气流量 30～40 mL/ min。

(2) 开启色谱工作站，进入"样品采集"窗口。

(3) 当色谱仪温度达到设定值后，氢火焰离子化检测器点火。待仪器的电路、气路系统达到平衡，工作站采样窗口显示的基线平直后即可进样。

(4) 测定橙皮提取物：将实验中得到的橙皮提取物用乙醇稀释数倍。用微量进样器吸取 0.1～0.3 μL 样品进样，用色谱工作站采集记录色谱数据并记录谱图文件名。重复进样两次。

(5) 测定柠檬烯标样：在相同的条件下，吸取 0.3 μL 柠檬烯标样（已稀释）进样测定。用色谱工作站采集色谱数据，并记录谱图文件名。重复进样两次。

(6) 数据处理和记录：进入色谱工作站的数据处理系统，依次打开色谱图文件并对色谱图进行处理，同时记下各色谱峰的保留时间和峰面积。

(7) 实验完毕，用乙醚抽洗微量进样器数次，并关闭仪器和计算机。

【结果与讨论】

1. 纯柠檬烯的沸点为 176 ℃，折射率 n_D^{20} 1.4727，$[\alpha]_D^{20}$ +125.6°。将得到的橙油用减量法称重（接受瓶预先称重）并进行纯度分析。

2. 将橙皮提取物所得色谱图中各峰的保留时间与柠檬烯标样的保留时间相比较，确定橙皮提取物中哪一个峰代表柠檬烯。

3. 用归一化法计算橙皮提取物中柠檬烯的含量（计算时应不计溶剂峰）。

【注意事项】

(1) 皮要新鲜，剪成小碎片。

(2) 样品中二氯甲烷一定要抽干，否则会影响产品的纯度。

(3) 火焰离子化检测器的点火必须在色谱仪的柱温、检测器温度、进样温度达到设定值后方可进行。点火之后应检查点火是否成功。

(4) 操作姿势是否正确，将影响实验结果的重复性。

(5) 皮提取物中还有柠檬醛、辛醛、芳香醇、香叶醇等一些含氧化合物，它们在检测器上的响应值与柠檬烯不同。严格说该样品的归一化法定量时应采用校正因子，即用公式$\% C_i = (m_i/\Sigma m_i) \times 100 = (f_i A_i/\Sigma f_i A_i) \times 100$ 计算。但由于未对合成样品作全面的定性分析，不知道每一个色谱峰所代表的物质，因此无法求得它们的校正因子。故本实验用公式$\% C_i = (A_i/\Sigma A_i) \times 100$ 计算柠檬烯的含量。

(6) 进样之前应用试样抽洗微量进样器数次，以保证进样器不受别的样品污染。进样之后，应用乙醚抽洗进样器数次，以防止其堵塞。

【思考题】

1. 若柠檬烯的骨架不变,写出另外几个同分异构体。

2. 进行水蒸汽蒸馏的物质必须具备哪几个条件?

3. 为什么用水蒸汽蒸馏法得到的橙皮提取物可以用色谱归一化法定量? 如果是溶剂萃取法得到的橙皮提取物,用该法定量分析柠檬烯的含量可能会出现什么问题?

4. 在有关气相色谱的参考书或手册中查阅烯烃、醇和醛类化合物的定量校正因子,讨论本实验定量结果偏低还是偏高?

5. 你认为要做好本实验应注意哪些问题?

实验 94 有机混合物(环己醇、酚、苯甲酸)的分离

【实验目的】

1. 学会分离三组分混合物(环己醇,苯酚,苯甲酸)的方法。

2. 学会根据自己设计的实验方案组装实验装置,并独立完成实验操作。

【实验原理】

混合液(25 mL)与 $NaHCO_3$(约 1.6 g)反应后,苯酚和环己醇不与其反应处于分液漏斗中上层的有机相中,下层水相中为苯甲酸钠溶液,分液后,将苯甲酸钠溶液用 6 mol/L 的浓盐酸酸化可还原成苯甲酸沉淀,然后进行抽滤即可得到苯甲酸。再将分离过的有机相加到干燥的分液漏斗中,先配制一定量的 NaOH 溶液(最好质量为 4.0 g,便于计算),因为环己醇不与其反应,则可在分液漏斗中上层的有机相直接分出环己醇,用蒸馏的方法干燥环己醇,在下层的水相中得到苯酚钠,同理,可用浓盐酸酸化得到苯酚,然后进行抽滤。写出相关的化学方程式。

【实验仪器与试剂】

1. 装置:分液装置,抽滤装置,蒸馏装置,玻璃管,玻璃棒,烧杯等。

2. 主要试剂:NaOH,$NaHCO_3$,浓盐酸($6\ mol \cdot L^{-1}$),环己醇 · 苯酚 · 苯甲酸的混合物。

【实验步骤】

1. 先量取混合液于干烧杯中,将配制好的 $NaHCO_3$ 溶液加到混合液中,搅拌至无气泡产生则停止加入。

2. 将混合液倒入分液漏斗中,静置分层。

3. 去下层溶液于烧杯中,加入浓盐酸,静止后进行抽滤,则得到苯甲酸。

4. 将步骤 3 分液漏斗中上层液体倒入分液漏斗中,加入刚配制好的 NaOH 溶液,震荡后静置分层。

5. 再取下层溶液于烧杯中,加入浓盐酸,待反应充分后进行抽滤,得到苯酚。

6. 取上层有机相进行蒸馏干燥操作,得到环己醇。

7. 称量并计算相关物理量。

8. 整理装置,回收试剂。

9. 检测:苯酚,(1) $FeCl_3$ 或溴水溶液,显色;(2)液溴,三溴苯酚沉淀。

苯甲酸,与 $NaHCO_3$ 反应,用澄清石灰水检测变浑浊。

环己醇,与卢卡斯试剂反应。

也可以应用物理方法来检测,比如,用物理仪器测出物质的熔沸点,在与标准物质的熔沸点对照,即可检测三种物质。

【产物外观与产率计算】

产物外观:____________;产率:____________。

【结果与讨论】

误差分析:分液时静置时间不够,或者混合不均匀导致分液不充分,过滤时压强不足,所得固体含有水分。

注意事项:所用烧杯必须清洗干净且干燥;分液时控制流速;检测分离物时,应分开并多次测量确定准确值。

【实验猜想】

1. 设计分离四组分混合物,比如,上述三种再加一种甲苯,同理,用上方法先分离出苯酚和苯甲酸,剩余只有环己醇和甲苯了,这时可利用物理方法分离它们,根据沸点(蒸馏)是最容易的方法。

2. 如果先加 NaOH,再加 $NaHCO_3$,也是可以的,只是这两种方法在过程上不同罢了,不过,在误差方面以及实验操作简易程度上,两种方法还是有区别的,实验者可根据自己的判断进行独立的实验,发现问题,提升自己的动脑动手能力。

实验 95　碱式碳酸铜的制备

【实验目的】

1. 通过查阅资料,了解碱式碳酸铜的制备原理和方法。

2. 通过实验探求出制备碱式碳酸铜的反应物配比和合适温度。

3. 初步学会设计实验方案,以培养独立分析、解决问题以及设计实验的能力。

【实验原理】

碱式碳酸铜[$Cu_2(OH)_2CO_3$]为天然孔雀石的主要成分,呈暗绿色或淡蓝绿色,加热至200 ℃即分解,在水中的溶解度很小,新制备的试样在水中很易分解。

通过查阅资料弄懂以下思考题,并给出碱式碳酸铜的制备原理和方法。

【实验仪器及试剂】

由学生自行列出所需仪器、药品、材料之清单,经指导老师检查认可,方可进行实验。

【实验内容】

1. 反应物溶液的配制

配制0.5 $mol\cdot L^{-1}$的 $CuSO_4$溶液和0.5 $mol\cdot L^{-1}$的 Na_2CO_3溶液各100 mL。

2. 反应条件的探究

2.1 $CuSO_4$和 Na_2CO_3溶液的合适配比

于4支试管内均加入2.0 mL 0.5 $mol\cdot L^{-1}$ $CuSO_4$ 溶液,再分别取0.5 $mol\cdot L^{-1}$ Na_2CO_3溶液1.6 mL、2.0 mL、2.4 mL 及2.8 mL 依次加入另外四支编号的试管中。将8支试管放在75 ℃ 的恒温水浴中。几分钟后,依次将 $CuSO_4$溶液分别倒入 Na_2CO_3溶液中,振荡试管,比较各试管中沉淀生成的速度、沉淀的数量及颜色,从中得出两种反应物溶液以何种比例相混合为最佳。

2.2 反应温度的确定

在3支试管中,各加入2.0 mL 0.5 $mol\cdot L^{-1}$ $CuSO_4$溶液,另取3支试管,各加入由上述实验得到的合适用量的0.5 $mol\cdot L^{-1}$ Na_2CO_3溶液。从这两列试管中各取一支,将它们分别置于室温、50 ℃、100 ℃ 的恒温水浴中,数分钟后将 $CuSO_4$溶液倒入 Na_2CO_3溶液中,振荡并观察现象,由实验结果确定制备反应的合适温度。

3. 碱式碳酸铜制备

取 60 mL 0.5 mol · L^{-1} $CuSO_4$溶液，根据上面实验确定的反应物合适比例及适宜温度，制取碱式碳酸铜。待沉淀完全后，用蒸馏水洗涤沉淀数次，直到沉淀中不含 SO_4^{2-} 为止，吸干。

将所得产品在烘箱中于 100 ℃ 烘干，待冷至室温后，称重并计算产率。

【思考题】

1. 各试管中沉淀的颜色为何会有差别？估计何种颜色产物的碱式碳酸铜含量最高？
2. 若将 Na_2CO_3溶液倒入 $CuSO_4$溶液，其结果是否会不同？
3. 除反应物的配比和反应温度对本实验的结果有影响外，反应物的种类、反应进行的时间等是否对产物的质量也会有影响？
4. 自行设计一个实验，来测定产物中铜及碳酸根离子的含量，从而分析所制得碱式碳酸铜质量。
5. 反应温度对本实验有何影响？
6. 反应在何种温度下进行会出现褐色产物？这种褐色物质是什么？
7. 哪些铜盐适合于制取碱式碳酸铜？写出硫酸铜和碳酸钠溶液反应的化学方程式。
8. 估计反应条件，如反应温度、反应物浓度及反应物配料比对反应产物是否有影响。

实验 96　从红辣椒中分离红色素

【实验目的】

1. 了解分离天然化合物的技术与方法。
2. 了解红辣椒所含色素的种类，掌握红色素的分离方法。
3. 了解薄层色谱板和色谱柱的制作方法，掌握薄层色谱和柱色谱分离的一般步骤。

【实验原理】

色素作为一种着色剂，广泛应用于食品、化妆品等与日常生活密切相关的行业。天然植物色素与人工合成色素相比，因其原料来源充足，对人体无毒副作用，日益受到人们的重视，有着广阔的发展前景。

红辣椒是辣椒 Capsicum annum 的成熟果实，含有几种色泽鲜艳的色素，主要为红色素。红辣椒色素以其色泽鲜艳、稳定性好而广泛作为食品着色剂，因此，研究红辣椒色素中红、黄色素的提取、分离和分析方法，将具有重要的现实意义和社会意义。

物质提纯方法主要包括萃取法，色谱分离法和蒸馏法。

萃取法的原理：利用物质在两种互不相溶（或微溶）溶剂中溶解度或分配比的不同来达到分离、提取或纯化目的的一种操作。从固体中萃取化合物，通常是用长期浸出法，靠溶剂长期的浸润溶解而将固体物质中的需要成分浸出来。萃取溶剂的选择，应根据被萃取化合物的溶解度而定，同时要易于和溶质分开，所以最好用低沸点溶剂。每次使用萃取溶剂的体积一般是被萃取液体的 1/5 ~ 1/3，两者的总体积不应超过分液漏斗总体积的 2/3。

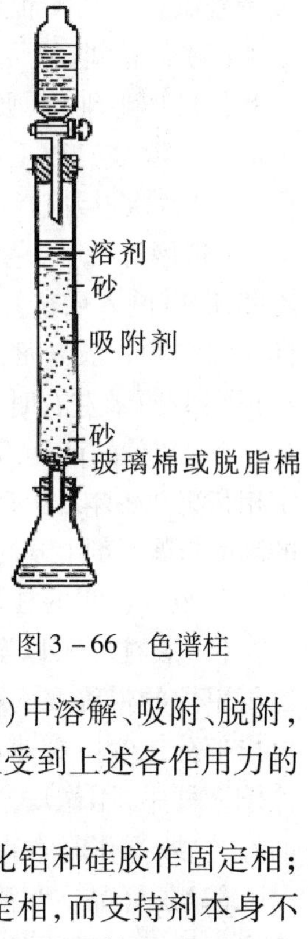

图 3－66　色谱柱

色谱分离法的原理：根据样品混合物各组分在不同的两相（固定相和流动相）中溶解、吸附、脱附，或其他亲和作用性能的差异，当两相做相对运动时，使各组分在两相中反复多次受到上述各作用力的不同而以不同的速度在固定相上移动，从而得到互相分离。

柱色谱（柱上层析）常用的有吸附色谱和分配色谱两类。吸附色谱常用氧化铝和硅胶作固定相；而分配色谱中以硅胶、硅藻土和纤维素作为支持剂，以吸收较大量的液体作固定相，而支持剂本身不起分离作用。吸附柱色谱通常在玻璃管中填入表面积很大经过活化的多孔性或粉状固体吸附剂。当待分离的混合物溶液流过吸附柱时,各种成分同时被吸附在柱的上端。当洗脱剂流下时,由于不同化合物吸附能力不同,往下洗脱的速度也不同,于是溶质在柱中自上而下按对吸附剂的亲和力大小分别形成若干色带,再用溶剂洗脱时,已经分开的溶质可以从柱上分别洗出并收集。

薄层色谱法简称 TLC,是一种微量、快速、简单的分析分离方法。将吸附剂均匀地涂在玻璃板上作为固定相,经干燥活化后点上样品,以具有适当极性的有机溶剂作为展开剂(即流动相)。当展开剂沿薄层展开时,混合样品中易被固定相吸附的组分(即极性较强的成分)移动较慢,而较难被固定相吸附的组分(即极性较弱的成分)移动较快。经过一定时间的展开后,不同组分彼此分开,形成互相分离的斑点。它不仅适用于少量样品(几到几十微克甚至0.01 μg)的分离,而且也适用于较大量样品(可达500毫克)的纯化。此法对于挥发性较小,或在较高温时易变化而不能用气相色谱法分析的物质特别适用。薄层色谱也可用于鉴别某些有机物。

【实验仪器与试剂】

仪器:100 mL 圆底烧瓶、薄层色谱板、色谱柱、广口瓶。

试剂:二氯甲烷、乙醇等。

【实验内容】

1. 粗红色素的制取

称取 3 g 红辣椒研碎放入 100 mL 的圆底烧瓶中,加入 20 mL 二氯甲烷和沸石,加热回流 30 min。然后冷却抽滤,滤液用水浴蒸至干,即是粗红色素。

2. 粗红色素的薄层层析分析

(1)薄层板的制备:铺板方法有平铺法和倾注法两种,通常使用倾注法。将调好的匀浆等量倾注在两块洗净、晾干的玻璃片上。用食指和拇指拿住玻片两端,前后左右轻轻摇晃,使流动的匀浆均匀地铺在玻璃片上,且表面光洁平整。把铺好的薄板水平放置晾干,再移入烘箱内加热活化,调节烘箱缓缓升温至 110 ℃恒温半小时,取出放在干燥器中冷却备用。

(2)点样:取薄层板,在其一端离边沿 1.0 cm 处用软铅笔轻轻划一条点样线。点样时应选择管口平齐的玻璃毛细管,吸取少量所制得的粗红色素置小锥形瓶中,再加 5~10 滴二氯甲烷配成溶液(也可取上述滤液),以毛细管取溶液点样,轻轻接触薄层板点样处,如一次点样不够,可待样品溶剂挥发后,再点数次,但应控制样品的扩散直径不超过 2 mm。

(3)展开:薄层色谱需要在密闭的容器中展开(层析缸或广口瓶),将配好的展开剂(石油醚/乙酸乙酯 1:2)倒入层析缸(液层厚度约为 0.5 cm)。将点好样品的薄层板放入缸内,点样一端在下(注意样品点必须在展开剂液面之上)。盖好缸盖,此时展开剂即沿薄层上升。当展开剂前沿上升到距薄层板顶端 1 厘米左右时,取出薄层板,尽快用铅笔标出前沿位置,然后置通风处晾干,或用吹风筒吹干。

(4)R_f值的计算:R*f* 值也是有机化合物的物理常数。当实验条件严格控制时,每种化合物在选定的固定相和流动相体系中有特定的 R_f值。因此可利用薄层色谱进行化合物的鉴定。一个化合物在薄层板上升的高度与展开剂上升的高度的比值称为该化合物的 R_f值:化合物移动的距离/展开剂移动的距离。

3. 粗红色素的柱层析分离

(1)装柱。可以湿柱,也可以干柱。用干法装柱,将 8 g 硅胶(100~200 目)装填到已装有 10 mL 二氯甲烷的带旋塞的层析柱中,排出气泡,填匀填平,再加少许干净的砂粒(约 3 mm)。然后旋开旋塞放出部分二氯甲烷使其液面降至砂层的上层面。用湿法装柱,将 8 g 硅胶用二氯甲烷调成糊状后,徐徐倒入柱中,用橡皮塞轻轻敲打色谱柱下部,使填装紧密,当装柱至 3/4 时,再在上面加一层厚 5 mm 的石英砂,操作时一直保持上述流速注意不能使液面低于砂子的上层 。

(2)加样品。当溶剂液面刚好流至石英砂面时,立即沿柱壁加入 1 mL 粗提的辣椒红溶液,当此溶液流至接近石英砂面时,立即用二氯甲烷洗下管壁的有色物质,如此连续 2~3 次,直至洗净为止。上柱子的样品层要薄,这样就能相对地减小分离的难度。

(3)洗脱。用二氯甲烷淋洗(脱)色素(层析柱中会出现色环)。以二氯甲烷为溶剂洗脱,控制流出速度如前。整个过程都应有洗脱剂覆盖吸附剂。β 胡萝卜素因极性小首先向下移动,极性较大的叶绿素、叶黄素和辣椒红色素则留在柱的上端,形成不同的色带。当最先下行的色带快流出时,更换另一接收瓶,继续洗脱,至滴出液近无色为止,再换一接收瓶。收集洗脱液每份 2 mL,当红色素洗脱后,可停止淋洗(也可继续淋洗出第二组分黄色素再停)。将含有相同组分的溶液合并蒸至干纯红色素(或黄色素)。

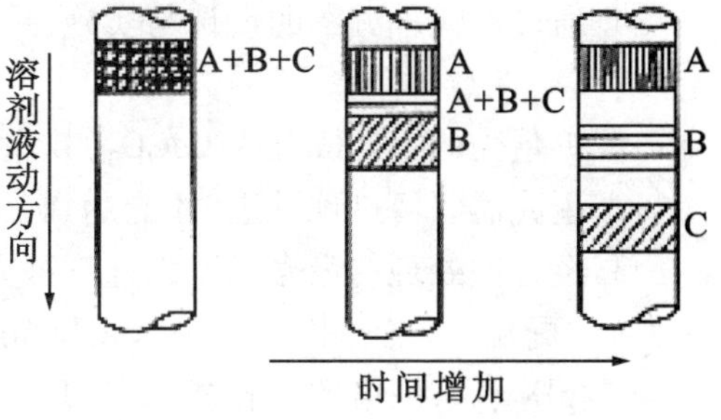

图 3－67　色谱柱洗脱示意图

(4)回收洗脱液。

4. 红色素的鉴定

将制得的纯红色素配少量溶液进行薄层析鉴定,如果只有一个点且 R_f值与前测相同,则说明已得到了纯红色素。

【实验注意事项】

1. 点样时,样品液的浓度要适宜。浓度太高易引起斑点拖尾,浓度太低则由于体积大引起斑点扩散。点与点之间,相距为 1 cm 左右,斑点大小以直径 2 mm 为宜。

2. 展开后,取出薄板立即在展开剂前沿划出标记,如不注意,展开剂挥发后,无法确定其上升的高度。也可先划出前沿,待展开剂到达时立即取出。晾干时溶剂仍可扩散一段距离,计算 R_f值时不计算在内,所以晾干时一定要水平放置,防止出现这种情况。

3. 薄层吸附色谱展开剂的选择,原则上和吸附柱色谱洗脱剂的选择类似,主要根据样品的极性、溶解度和吸附剂的活性等因素综合考虑。展开剂的极性越大,对化合物的洗脱能力越强,R_f值也越大。薄层色谱用的展开剂绝大多数是有机溶剂。

4. 柱子径高比一般在 1∶5～10。柱色谱比较多的是用氧化铝作固定相。因为硅胶中有大量的羟基裸露在外,很容易使样品分解,特别是金属有机化合物和含磷化合物。

5. 柱子下面的活塞一定不要涂润滑剂,会被淋洗剂带到产品中的。

6. 干法和湿法装柱没什么区别,只要能把柱子装实就行。大多数情况下有些小气泡没太大的影响,柱子更忌讳的是开裂,甭管竖的还是横的,都会影响分离效果,甚至作废!

【思考题】

1. 薄层色谱分析中如何选择展开剂?

2. 什么是比移值 R_f? 如何计算?

3. 装柱时为什么要把硅胶添匀填平?

4. 粗红色素提取时,在水浴加热回流实验中为何温度要控制在 50 ℃以下?

5. 填充硅胶柱时,为何要在柱子下端塞上脱脂棉? 要注意哪些问题?

实验 97　蛋壳中钙镁含量的测定

【实验内容】

1. 自拟定蛋壳的预处理过程,设计确定蛋壳称量范围的试验方案。

2. 设计三种方案进行 Ca、Mg 含量的测定。

3. 按前面学过的分析记录格式作表格,记录数据并进行数据计算处理。试列出求钙镁总量的计算式（以 CaO 含量表示）。

4. 通过对三种方案的设计与实施，总结并比较三种方法测定蛋壳中钙的优、缺点。

【实验注意事项】

1. 鸡蛋壳的主要成分为 $CaCO_3$，其次为 $MgCO_3$、蛋白质、色素以及少量 Fe 和 A1。

2. 蛋壳需要经过预处理，才能达到分析的要求。

3. 经过预处理的蛋壳可以设计三种方案进行测定。

（1）配位滴定法测定蛋壳中 Ca 和 Mg 的总量。

在 pH = 10，用铬黑 T 作指示剂，EDTA 可直接测量 Ca^{2+}、Mg^{2+} 总量，为提高配位选择性，在 pH = 10 时，加入掩蔽剂三乙醇胺使之与 Fe^{3+}、Al^{3+} 等离子生成更稳定的配合物，以排除它们对 Ca^{2+}、Mg^{2+} 离子测量的干扰。

（2）酸碱滴定法测定蛋壳中 CaO 的含量。

蛋壳中的碳酸盐能与 HC1 发生反应，过量的酸可用标准 NaOH 返滴，据实际与 $CaCO_3$ 反应标准盐酸体积求得蛋壳中 CaO 含量，以 CaO 质量分数表示。

（3）高锰酸钾法测定蛋壳中 CaO 的含量。

利用蛋壳中的 Ca^{2+} 与草酸盐形成难溶的草酸盐沉淀，将沉淀经过滤洗涤分离后溶解，用高锰酸钾法测定 Ca^{2+} 含量，换算出 CaO 的含量。

4. 蛋壳中钙主要以 $CaCO_3$ 形式存在，同时也有 $MgCO_3$，因此以 CaO 含量表示 Ca + Mg 总量。

5. 由于酸较稀，溶解需加热一定时间，试样中的不溶物，如蛋白质等不影响测定。

【思考题】

1. 如何确定蛋壳粉末的称量范围？（提示：先粗略确定蛋壳粉中钙、镁含量，再估算蛋壳粉的称量范围）

2. 蛋壳粉溶解稀释时为什么会出现泡沫？应如何消除泡沫？

四、应用型 开放性实验

实验 98　肥皂的制备

【实验目的】

1. 了解皂化反应原理及肥皂的制备方法。

2. 熟练掌握普通回流装置的安装与操作方法。

3. 熟悉盐析原理，熟练掌握沉淀的洗涤及减压过滤操作技术。

【实验原理】

肥皂是脂肪酸金属盐（主要垂钠盐和钾盐）类的总称，包括软皂、硬皂；香皂具有携带和使用方便，对皮肤刺激小，去污力强、泡沫适中，洗后易于去除等特点。所以尽管近年各种新型洗涤剂不断涌现，它作为一种去污和沐浴用品仍然存在着很强的生命力。

油脂在酸、碱或酶的催化下，易水解生成甘油和羧酸（或羧酸盐）。油脂进行碱性水解时，所生成的高级脂肪酸盐就是肥皂。因此油脂的碱性水解叫作皂化。工业上常用油脂和氢氧化钠共煮，水解为高级脂肪酸钠和甘油，反应所得的皂经盐析、洗涤、整理后，称为皂基，再继续加工而成为不同商品形式的肥皂。皂化反应是：

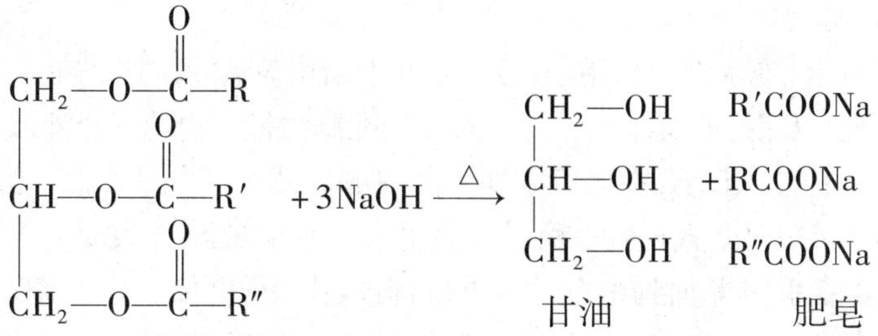

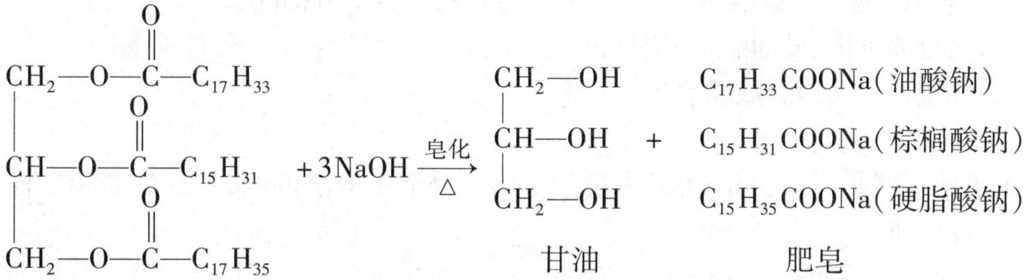

油脂的种类不同，皂化反应时需要的碱数量也不相同，可以根据油脂的皂化值（皂化值是指完全皂化 1 g 油脂所需的氢氧化钾 mg 数）计算。以下是一些油脂的皂化值。

油　脂	椰子油	花生油	棕仁油	牛油	猪油
皂化值	185	137	250	140	196

制皂流程如图 3－68 所示。

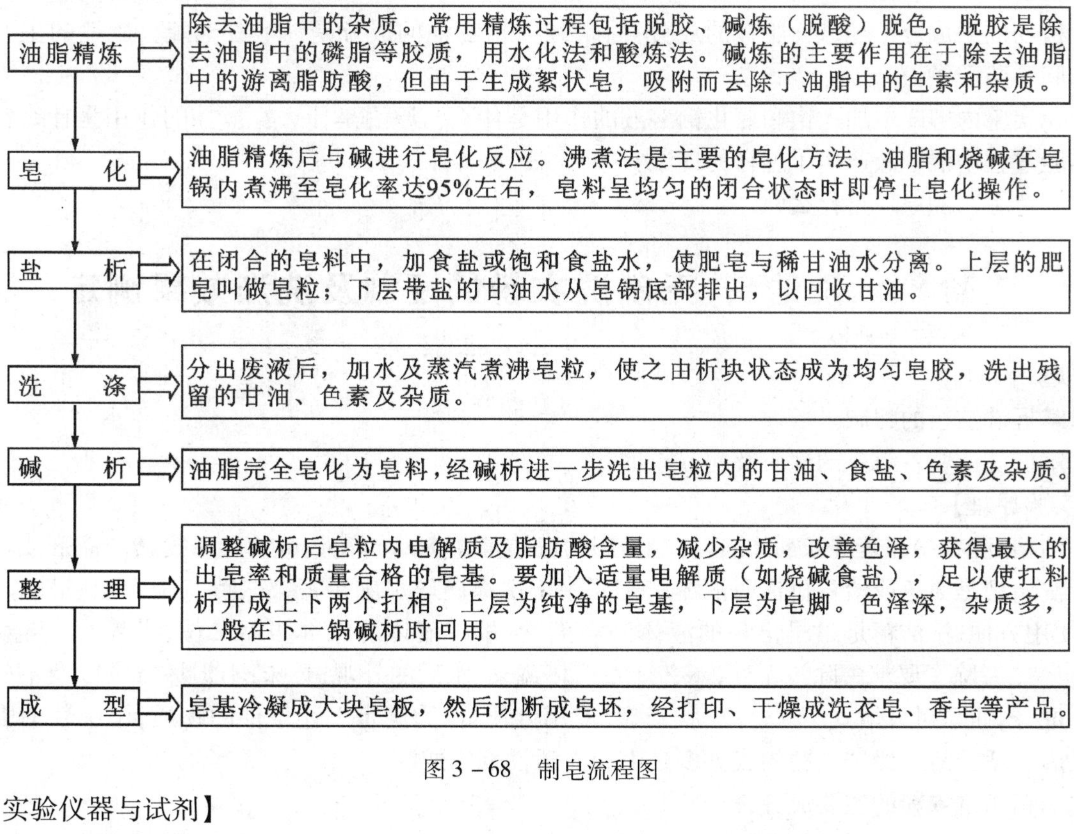

图 3－68　制皂流程图

【实验仪器与试剂】

仪器：150 及 300 mL 烧杯各一个，量筒、蒸发皿、玻棒、酒精灯、石棉网、三脚架。

试剂：猪油（或其他动植物油脂），NaOH，95% 酒精，饱和食盐水。

【实验内容】

1. 在 150 mL 烧杯里,盛 6 g 猪油或植物油和 5 mL 95% 的酒精,然后加 10 mL 40% 的 NaOH 溶液。用玻棒搅拌,使其溶解(必要时可用微火加热)。

2. 把烧杯放在石棉网上(或水浴中),用小火加热,并不断用玻璃棒搅拌。在加热过程中,倘若酒精和水被蒸发而减少应随时补充,以保持原有体积。为此可预先配制酒精和水的混合液(1:1)20 mL,以备添加。

3. 用玻棒取出几滴试样放入试管,在试管中加入蒸馏水 5 ~6 mL,加热振荡。静置时,有油脂分出,说明皂化不完全,可滴加碱液继续皂化,直到把一滴混合物加到水中时,在液体表面不再形成油滴为止。

4. 将 20 mL 热的蒸馏水慢慢加到皂化完全的黏稠液中,搅拌使它们互溶。然后将该黏稠液慢慢倒入盛入 150 mL 热的饱和食盐溶液中,边加边充分搅拌。向其中加入 1 ~2 滴香料,静置后,肥皂便盐析上浮,待肥皂全部析出、凝固后,用定性滤纸滤出固态物质,弃去含有甘油的溶液,把固态物质挤干,并把它压制成型,晾干,即制成肥皂。

【实验注意事项】

1. 油脂不易溶于碱水,加入乙醇为的是增加油脂在碱液中的溶解度,乙醇的高挥发性将水分快速带出,加快皂化反应速度。

2. 加热用小火或热水浴。

3. 皂化反应时,保持混合液体积不变,不能让蒸发皿里的混合液蒸干或溅到外面。

【思考题】

1. 在原料的准备中,加入乙醇的目的是什么?加入氢氧化钠的作用是什么?(加入乙醇的目的是使反应物成为均一的液体,以增加反应的速率。氢氧化钠的作用是催化作用。)

2. 植物油在氢氧化钠作用下发生了什么反应?反应类型是什么?写出反应方程式。

3. 植物油的成分是什么?肥皂的成分是什么?(植物油的成分是油酸甘油酯。肥皂的主要成分是高级脂肪肪酸钠。)

4. 在实验内容 3 中加入饱和氯化钠溶液的作用是什么?原因是什么?搅拌的作用是什么?玻璃棒在实验过程中混合液产生了怎样的现象?

5. 肥皂去污的原理是什么?

实验 89　洗洁精、无磷洗衣粉的配制及洗涤效果测定

【实验目的】

1. 掌握洗洁精的配制。

2. 掌握洗洁精各组分的性质及配方原理。

【实验原理】

洗洁精、洗衣粉都是洗涤剂,尤其是厨房用的洗洁精 (cleaning mixture)又叫餐具洗涤剂或果蔬洗涤剂。洗洁精是无色或淡黄色透明液体。主要用于洗涤碗碟和水果蔬菜。特点是去油腻性好、简易卫生、使用方便;洗洁精是最早出现的液体洗涤剂,产量在液体洗涤剂居第二位,世界总产量为 2×10^6kt/y。二者除了要求去除污垢外,还必须不损坏蔬菜、水果的外观,香味;不损坏餐具以及不残留洗涤剂的成分,而且对人体安全,减少皮肤干裂,使用方便,作为满足上述条件的物质,用中性的去污活性剂最为合适。故一般洗洁精的成分多是由表面活性剂组成。

洗洁精与洗衣粉的主要成分:

(1)表面活性剂:是洗洁精、洗衣粉的主要成分,大致可分为阴离子型、阳离子型、两性离子型、非离子型等几类。它的主要功能是起乳化作用、润湿作用、发泡作用和去污作用。

(2)增稠剂:在较低的浓度下具有较高的黏度、并能增进阴离子表面活性剂的起泡性。

(3)螯合剂:对金属离子有较强的螯合能力,使水中的钙、镁离子螯合,不致沉积在衣物。

(4)增溶剂:主要使产物中的难溶组分迅速溶解,此外,还使产物外观呈透明状。

(5)pH 缓冲剂:可保持洗涤剂有一定的 pH 值,提高表面活性剂在硬水中的去污能力及有一定的抑制钙、镁离子的作用。但是 pH 不能大于 10.5。

(6)填充剂:增加洗涤剂的体积。

(7)其他:如杀菌剂、香料、着色剂等。

【实验仪器和试剂】

仪器:电炉、水浴锅、电动搅拌器、温度计(0～100 ℃)、烧杯(100 mL、150 mL)、量筒(10 mL、100 mL)、托盘天平、滴管、玻璃棒。

试剂:十二烷基苯磺酸钠、脂肪醇聚氧乙烯醚硫酸钠、椰子油酸二乙醇酰胺、壬基酚聚氧乙烯醚、乙醇、甲醛、甘油、乙二胺四乙酸、三乙醇胺、香精、pH 试纸、苯甲酸钠、氯化钠、碳酸钠、羧甲基纤维素、偏硅酸钠。

【实验内容】

1. 配方

(1)洗洁精的配方:见表 3－7。

设计配方时,一定要充分考虑表面活性剂的配伍效应以及各种助剂的协同作用。如阴离子表面活性剂烷基聚氧乙烯醚硫酸酯盐与非离子表面活性剂烷基聚氧乙烯醚复配后,产品的泡沫性和去污力均好。配方中加入乙二醇单丁醚,则有助于之除油污。加入月桂酸二乙醇酰胺可以增泡和稳泡,可减轻对皮肤的刺激,并可增加介质的黏度。羊毛酯类衍生物可滋润皮肤。调整产品黏度主要使用无机电解质。高档的餐具洗涤剂要加入釉面保护剂,如醋酸铝、甲酸铝、磷酸铝酸盐、硼酸酐及其混合物。

表 3－7　洗洁净配方(wt%)

名称	配方 1	配方 2	配方 3	配方 4	配方 5
ABS－Na(30%)		16.0	12.0	16.0	5
AES(70%)	16.		5.0	14.0	12
尼诺尔(70%)	3.0	7.0	6.0		
OP－10(70%)		8.0	8.0	2.0	
EDTA	0.1	0.1	0.1	0.1	1
甘 油					1
乙醇		6.0	0.2		
烷基醇酰胺(6501)					4
甲醛			0.2		
三乙醇胺				4.0	
二甲基月桂基氧化胺	3.0				
二甲苯磺酸钠	5.0				
苯甲酸钠	0.5	0.5		0.5	0.5
氯化钠	1.0			1.5	1
香精、色素、硫酸	适量	适量	适量	适量	适量
去离子水	加至 100	加至 100	加至 100	加至 100	75

(2)无磷洗衣粉的配方

原料名称	配比	(Wt%)	
十二烷基苯磺酸钠(30%水溶液)	40	碳酸钠	6
脂肪醇聚氧乙烯醚	12	羧甲基纤维素(c.M.c)	2
偏硅酸钠(40%水溶液)	12		

2.洗洁精的配制

(1)将水浴锅中加入水并加热,烧杯中加入去离子水加热至60 ℃左右。

(2)加入AES并不断搅拌至全部溶解,此时的水温要控制在60~65 ℃。

(3)保持温度60~65 ℃,在连续搅拌下加入其他的表面活性剂,搅拌至全部溶解为止。

(4)降温至40 ℃以下加入香精、防腐剂、螯合剂、增溶剂,搅拌均匀。

(5)测溶液的pH值,用硫酸调节pH至9~10.5。

(6)加入食盐调节到所需要的黏度。调节后即为成品。

3.无磷洗衣粉的配制

将40 g十二烷基苯磺酸钠和12 g脂肪醇聚氧乙烯醚预先混合均匀,然后分别加入6 g碳酸钠,15 g偏硅酸钠,2 g羟甲纤维素充分搅拌。使各成分混合均匀。还可根据需要加入各种功能成分。如杀菌剂、着色剂、香料等。

4.测定洗涤效果

用10×10 mm白布污染后晾干,用自制洗衣粉洗涤,冲洗干净,晾干,用WSB—Ⅱd/o白度计测定洗涤效果。

【思考题】

1.配制洗洁精有哪些原则?

2.洗洁精的pH应控制在什么范围,为什么?

实验100 润肤霜、洗面奶的配制

【实验目的】

1.通过实验使学生加深对物质表面张力,界面吸附等理论的理解。

2.初步掌握乳剂形成的条件和方法。

3.熟悉化妆品产品的配制和生产原理及基本操作技术。

【实验原理】

润肤霜和洗面奶均属于乳剂产品,我们知道,乳剂中以极细小液滴分散的为不连续相或称为内相,另一相为连续相或称为外相。其中一相为水,极性大,另一相为有机类物质,非极性,习惯上称为油。油作内相时乳化剂称为水包油型(O/W),反之为油包水型(W/O)。平时,当我们把油和水放在容器内静置时,它们是分层的.如果没有外界干扰,这种状况不会改变。但是如果容器内加入乳化剂和乳化稳定剂等,并在热、快速搅拌等条件下则可形成相对稳定的乳状液。润肤霜、洗面奶就是这样的乳剂产品。

设计乳剂配方的基本步骤:

1.决定乳剂类型O/W型,还是W/O型。

2.选用乳化剂确定其HLB值。O/W选用HLB>6乳化剂为主,HLB<6为辅。W/O型则选用HLB<6乳化剂为主,HLB>6的为辅。

3.如制备的乳剂不理想,调整“乳化剂对”。

【主要原料】

1. 乳化剂:是乳剂中的表面活性物质,通常分为离子型乳化剂、非离子型乳化剂和两性离子型乳化剂。

2. 乳化稳定剂:通常乳化稳定剂都有疏水性、分散性或在水中膨胀而成胶状溶液。保护胶在分散相颗粒周围形成强力的界面膜,同时增加了外相的强度,且起到增稠作用。

3. 润肤剂:能使乳剂起护肤,调湿和柔软等作用的原料。

4. 其他助剂:具防腐作用的防腐剂,调理香型的香精等。

表 3-8 润肤霜和洗面奶的配方

序号	产品名称	相类	原料名称	配比(Wt%)	序号	产品名称	相类	原料名称	配比(Wt%)
1	润肤霜	油相	白油	12	2	洗面奶	油相	白油	5.5
			2 硅油	2.5				硅油	2.5
			棕榈酸异丙酯	1.5				Span60	2
			鲸蜡	3				羊毛酯	2
			羊毛酯	2			水相	甲、乙防腐剂	适量
			十八醇	8				羟基聚甲基树酯(3%)(Carbopol—940#)	11
			Span60	2				异丙醇	4
		水相	甲、乙防腐剂	适量				丙二醇	5
			丙二醇	5				去离子水	58
			Tween60	21			乳相	三乙醇胺(2%)	
			去离子水	61				香精	适量
		乳相	香精	适量					

【实验步骤】

1. 按配比将油相加入 200 mL 烧杯中,然后加热完全溶解,温度达 80 ℃,恒温半小时。

2. 按配比将水相中的物料加入 200 mL 烧杯中,然后加热至 80 ℃,恒温半小时。

3. 在 80 ℃时将油相中的物料慢慢倒入水相中,并在乳化搅拌器中匀速定向搅拌,然后让物料自然降温,在 50 ℃时加人防腐剂和香料搅拌均匀后,静置,冷却至室温时即得成品。

【实验注意事项】

1. AES 应慢慢加入水中。

2. AES 在高温下极易水解,因此溶解温度下不可超过 65 ℃。

【思考题】

1. 在操作中,为何将油相倒入水相,而不是水相倒入油相?

2. 为何要在 50 ℃时加人防腐剂和香料?

实验 101 洗发香波的配制

【实验目的】

1. 掌握配制洗发香波的工艺。

2. 了解洗发香波中各组分的作用和配方原理。

【实验原理】

1. 主要性质和分类

洗发香波(shampoo)是洗发用化妆洗涤用品,是一种以表面活性剂为主的加香产品;它不但有很好的洗涤作用,而且有良好的化妆效果。在洗发过程中不但去油垢、去头屑、不损伤头发、不刺激头皮、不脱脂,而且洗后头发光亮、美观、柔软、易梳理。洗发香波在液体洗涤剂中产量居第三位。其种类很多,所以其配方和配制工艺也是多种多样的。可按洗发香波的形态、特殊成分、性质和用途来分类。

按香波的主要成分表面活性剂的种类,可将洗发香波分成阴离子型、阳离型、非离子型和两性离子型。按不同发质可将洗发香波分为通用型、干性头发用、油性头发用和中性洗发香波等产品。

按液体的状态可分为透明洗发香波、乳状洗发香波、胶状洗发香波。按产品的附加功能可制成各种功能性产品,如:去头屑香波、止痒香波、调理香波、消毒香波等。

在香波中添加特种原料、改变产品的性状和外观,可制成蛋白质香波、菠萝香波、草莓香波、柔性香波、珠光香波等。

还有具有多种功能的洗发香波,如兼有洗发护发作用的“二合一”香波,兼有洗发去头屑止痒功能的“三合一”香波。

2. 配制原理

现代的洗发香波已突破了单纯的洗发功能,成为洗发、洁发、护发、美发等化妆型的多功能产品。

在对产品进行配方设计时要遵循以下原则:①具有适当的洗净力和柔和的脱脂作用。②能形成丰富而持久的泡沫。③具有良好的梳理性。④洗后的头发具有光泽、潮湿感和柔顺性。⑤洗发香波对头发、头皮和眼睑要有高度的安全性。⑥易洗涤、耐硬水,在常温洗发效果应最好。⑦用洗发香波洗发,不应给烫发和染发操作带来不利影响。

在配方设计时,除应遵循以上原则外,还应注意选择表面活性剂,并考虑其配伍性良好。主要原料要求:①能提供泡沫和去污力作用的主表面活性剂,其中以阴离子表面活性剂为主。②能增进去污力和促进泡沫稳定性,改善头发梳理性的辅助表面活性剂,其中包括阴离子、非离子、两性离子型表面活性剂。③赋予香波特殊效果的各种添加剂,如去头屑药物、固色剂、稀释剂、螯合剂、增溶剂、营养剂、防腐剂、染料和香精等。

3. 主要原料

洗发香波的主要原料由表面活性剂和一些添加剂组成。表面活性剂分主表面活性剂和辅助表面活性剂两类,主剂要求泡沫丰富,易扩散,易清洗,去垢力强并具有一定的调整作用。辅剂要求具有增强稳定泡沫作用,洗后头发易梳理、易定型、光亮、快干,并具有抗静电等功能,与主剂具有良好的配伍性。

常用的主表面活性剂有:阴离子型的烷基醚硫酸盐和烷基苯磺酸盐,非离子型的烷基醇酰胺(如椰子油酸二乙醇酰胺等)。常用的辅助表面活性剂有:阴离子型的油酰氨基酸钠(雷米邦)、非离子型的聚氧乙烯山梨醇酐单酯(吐温)、两性离子型的十二烷基二甲基甜菜碱等。

香波的添加剂主要有:增稠剂多为烷基醇酰胺、聚乙二醇硬脂酸酯、羧甲基纤维素钠、氯化钠等。遮光剂或珠光剂多为硬脂酸乙二醇酯、十八醇、十六醇、硅酸铝镁等。香精多为水果香型、花香型和草香型。螯合剂最常用的是乙二胺四乙酸钠(EDTA)。常用的去头屑止痒剂有硫、硫化硒、吡啶硫铜锌等。滋润剂和营养剂有液状石蜡、甘油、羊毛酯衍生物、硅酮等。还有胱氨酸、蛋白酸、水解蛋白和维生素等。

【实验仪器和试剂】

仪器:电炉、水浴锅、电动搅拌器、温度计(0 ~ 100 ℃)、烧杯(100 mL、250 mL)、量筒(10 mL、100 mL)、托盘天平、玻璃棒、滴管。

试剂:脂肪醇聚氧乙烯醚硫酸钠(AES)、脂肪醇二乙醇酰胺(尼诺尔)、硬脂酸乙二醇酯、十二烷基苯磺酸钠(ABS－Na)、十二烷基二甲基甜菜碱(BS－12)、聚氧乙烯山梨醇酐单酯(吐温)、羊毛酯衍生物、柠檬酸、苯甲酸钠、氯化钠、香精、色素。

【实验内容】

1. 配方(配方见表3－9,可自选)

表3－9 洗发香波的参考配方(wt%)

原料名称	活性物含量	配方1	配方2	配方3	配方4
脂肪醇聚氧乙烯醚硫酸钠(AES)	70	8.0	15.0	9.0	4.0
脂肪醇二乙醇酰胺(6501,尼诺尔)	70	4.0		4.0	4.0
十二烷基二甲基甜菜碱	30	6.0		12.0	
十一烷基苯磺酸钠	30				15.0
硬脂酸乙二醇酯				2.5	
聚氧乙烯山梨醇酐单酯(吐温)	50		90		
柠檬酸		适量	适量	适量	适量
苯甲酸钠		1.0	1.0		
NaCl		1.5	1.5		
色素		适量	适量	适量	适量
香精		适量	适量	适量	适量
去离子水		余量	余量	余量	余量
		调理香波	透明香波	珠光调理香波	透明香波

2. 操作步骤

(1)将去离子水称量后加入250 mL烧杯中,将烧杯放入水浴锅中加热至60 ℃。

(2)加入AES并不断搅拌至全部溶解,控制温度在60～65 ℃。

(3)保持水温60～65 ℃,在连续搅拌下加入其他表面活性剂至全部溶解,再加入羊毛脂珠光粉或其他的助剂,缓慢搅拌使其溶解。

(4)降温至40 ℃以下加入香精、防腐剂,染料、螯合剂等,搅拌均匀。

(5)测pH值,用柠檬酸调节pH至5.5～7.0。

(6)接近室温时加入食盐调节到所需要的黏度,并用黏度计测定香波的黏度。

【实验注意事项】

1. 用柠檬酸调节pH值时,柠檬酸需配成50%的溶液。

2. 用食盐增稠时,食盐需配成20%的溶液。食盐的加入量不得超过3%。

3. 加硬脂酸乙二醇酯时,温度控制在60～65 ℃,且慢速搅拌,缓慢冷却。否则体系则无珠光。

【思考题】

1. 洗发香波配方的原则有哪些?

2. 洗发香波配制的主要原料有哪些?为什么必须控制香波的pH值?

3. 可否用冷水配制洗发香波?如何配制?

实验102 浴用香波的制备

【实验目的】

1. 掌握浴用香波的配方原理及配制方法。

2. 了解浴用香波各组分的作用。

【实验原理】

浴用香波(bathin g shampoo)也叫沐浴液,属皮肤清洁剂的一种。浴用香波有真溶液、乳浊液、胶体和喷雾剂型等多种产品。高档产品有称为浴奶、浴油、浴露、浴乳等。有时产品中还加入各种天然营养物质,还有的加入各种药物,使产品具有多种功能。浴用香波的主要原料是合成的低刺激的表面活性剂和一些泡沫丰富的烷基硫酸酯盐及烷基酰胺等表面活性剂。

大部分产品使用多种添加剂,以便得到满意的综合性能。常用的助剂主要有:①螯合剂(乙二胺四乙酸钠是最有效的螯合剂,除此之外还有柠檬酸、酒石酸等);②增泡剂(浴用香波要求有丰富和细腻的泡沫,对泡沫的稳定性也有较高的要求);③增稠剂;④珠光剂;⑤滋润剂;⑥缓冲剂;⑦维生素;⑧色素;⑨香精等。

浴用香波和洗发香波在配方结构和设计原则上有许多相似之处,但也有差别。例如,产品对人体的安全性仍然是第一位的原则。洗涤过程首先应不刺激皮肤,不脱脂。洗涤剂在皮肤上的残留物对人体不发生病变,没有遗传病理作用等。产品应有柔和的去污力和适度的泡沫。要求产品具有与皮肤相近的 pH 值,中性或微酸性,避免对皮肤的刺激。另外对产品要求既有去污作用又不脱脂是不可能的。所以在配方时不用脱脂性强的原料,最好加入一些对皮肤有加脂和滋润作用的辅料,使产品更加完美。还可添加一些具有疗效、柔润、营养性的添加剂,使产品增加功能,提高档次。香气和颜色也是一个重要的选择性指标,要求产品香气纯正、颜色协调,使使用过程真正成为一种享受,用后留香并给人以身心舒适感。配方中还要考虑加入适量的防腐剂、抗氧剂、紫外线吸收剂等成分。总之,要综合考虑各种要求和相关因素,使配制的产品满足更多的消费者的需求。

【实验仪器和试剂】

仪器:电炉、水浴锅、电动搅拌器、温度计(0 ~ 100 ℃)、烧杯(100 mL、250 mL)、量筒(10 mL、100 mL)、托盘天平、滴管、玻璃棒。

试剂:十二醇硫酸三乙醇胺盐(40% wt)、醇醚硫酸盐(70% wt)、月桂酰二乙醇胺、甘油 - 软脂酸酯、羊毛酯衍生物、丙二醇、椰子基二乙醇酰胺、柠檬酸、脂肪酰胺烷基甜菜碱、乙醇酰胺、壬基酚基醚硫酸钠、双十八烷二甲基氯化铵、尼诺尔。

【实验内容】

1. 配方

表 3 - 10 浴用香波参考配方表(wt%)

原料名称	配方 1	配方 2	配方 3	配方 4
AES(70%)	33.0	12.0	4.0	
尼诺尔(70%)	3.0			
十二醇硫酸三乙醇胺盐(40% wt)		20.0		
硬脂酸乙二醇酯		2.0	2.0	
月桂酰二乙醇胺		5.0		6.0
甘油 - 软脂酸酯		1.0		
十二烷基二甲基甜菜碱(30% wt)			6.0	15.0
乙醇酰胺			1.5	
聚氧乙烯油酸盐(70% wt)			15.0	1.0
羊毛脂		2.0	5.0	
壬基酚基醚硫酸钠				15.0

续表

原料名称	配方 1	配方 2	配方 3	配方 4
尼泊金甲酯			2.5	
丙二醇		5.0		
柠檬酸(20% wt)	适量	适量	适量	适量
氯化钠	2.5	2.0	适量	适量
香精、色素	适量	适量	适量	适量
去离子水	加至 100	加至 100	加至 100	加至 100

附表给出的配方中,配方Ⅰ为盆浴浴剂,配方Ⅲ、Ⅳ为淋浴浴剂,配方Ⅱ即可盆浴用,也可淋浴用。

2. 操作步骤

按配方要求将去离子水加入烧杯中,加热使温度达到 60 ℃,边搅拌边加入难溶的醇醚硫酸钠,待全部溶解后再加入其他表面活性剂,并不断搅拌,温度控制在 60 ℃左右。然后再加入羊毛酯衍生物,停止加热,继续搅拌 30 min 以上。等液温降至 40 ℃时加入丙二醇、色素、香精等。并用柠檬酸调整 pH 值至 5.0 ~ 7.5,待温度降至室温后用氯化钠调节黏度。即为成品。(这里没有固定所用药品,目的是让学生根据实验条件设计配方)

按配方Ⅲ配制时不需加热,只按顺序加入水中,搅拌均匀即可。

3. 用罗氏泡沫仪测定香波的泡沫性能。

【实验注意事项】

1. 配方中高浓度表面活性剂的溶解,必须将其慢慢加入水中,而不是把水加入到表面活性剂中,否则会形成黏度极大的团状物,导致溶解困难。

2. 产品可带走试用。

【思考题】

1. 浴用香波各组分的作用是什么?

2. 浴用香波配方设计的主要原则有哪些?

实验 103　从桂皮中提取肉桂油

【实验目的】

学习香料的基本知识和提取天然香料一般方法。

【实验原理】

天然香料大多然从植物中提取得到。植物天然香料有四种提取方法,即水蒸气蒸馏、压榨、浸提和吸收等方法。蒸馏法。芳香成分多数具有挥发性,可以随水蒸气逸出,而且冷凝后因其水溶性很低而易与水分离。因此水蒸气蒸馏是提取植物香料应用最广的方法。但由于提取温度较高,某些芳香成分可能被破坏,香气或多或少地受到影响,所以,由水蒸气蒸馏所得到的香料其留香性和抗氧化性一般较差。

肉桂皮、技、叶中均含有一定量的肉桂油,其中桂皮中的油含量最高,肉桂油中的主要组分是肉桂醛(70% ~95%)及少量丁香酚等。它们大量用于食品、饮料、糖果、化妆品和香料工业,是一种很重要的芳香油,肉桂醛沸点较高(252 ℃),但蒸汽压也较高,易挥发,与水不互溶,当与水共存蒸馏时,它们的蒸汽相互混合在一起共同蒸出。馏出液一旦冷却后,各组分即从水中分层的析出,从而避免直接蒸馏时醛基受高温氧化的缺点,这方法也是从天然原料中分离出香精油的常用方法。

【实验仪器和试剂】

仪器:研磨机、水蒸气蒸馏装置、红外光谱仪等。

主要原料与试剂:肉桂皮、二氯甲烷、盐酸氨基脲、无水乙酸钠。

【实验内容】

1. 肉桂油的提取

用两只 500 mL 三口圆底烧瓶,装配成一套水蒸气蒸馏装置,用 250 mL 锥形或圆底烧瓶作接受器,将 30 g 研磨碎的肉桂皮置于一只 500 mL 三口烧瓶中,加入 150 mL 热水,装配好水蒸气蒸馏装置,通入水蒸气使溶液达到沸腾,进行速率稳定的蒸馏(注意馏出液的温度,香气及色泽)。收集馏出物 100 mL 至无油状物馏出为止,加入食盐至水层呈饱和。

将馏出液移至 250 mL 分液漏斗中,用 40 mL 二氯甲烷分两次萃取,待分层后,弃去水层,从漏斗中倒出有机层,置于已称重的 50 mL 蒸馏烧瓶中,装上蒸馏装置用电热套加热,蒸去二氯甲烷,冷却后称重,以原料肉桂皮为基准,计算精油的收率。

2. 测定

测定所得油的折光率 n_D^{25},油的红外光谱,并解释图谱中主要峰的意义。

此外,也可把所得的油制成衍生物,然后测定衍生物的熔点,并与该化合物的文献资料的熔点相对照,衍生物的制备反应方程式与方法如下:

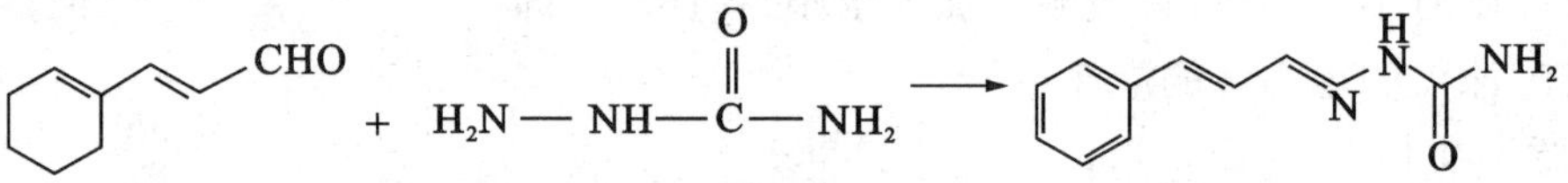

取一支 10 mL 试管加 2 mL 水,0.2 g 盐酸氨基脲和 0.3 g 无水乙酸钠,摇匀,加入 3 mL 无水乙醇摇匀,把它倒入肉桂油中,并将混合物置于水浴上温热 5 min,冷却,让肉桂醛缩氨基脲结晶。晶体过滤,用甲醇重结晶。置晶体于烘箱中 105 ℃干燥片刻,取出,冷却后,测熔点。肉桂醛缩氨基脲熔点 215 ℃。

【结果与讨论】

天然植物油如香茅油、八角油、柚皮油、茉莉花油、玫瑰花油等,它们的主要提取方法有水蒸气蒸馏、冷榨、溶剂萃取、浸提,吸附等,采用哪种方法为佳,则视该植物所含精油量及其主要组分的理化性质来决定。如柚皮油是采用冷榨法提取香油;香茅油、八角油是采用水蒸气蒸馏法提取香油;而茉莉花、玫瑰花则由于天然花含油低而采用萃取法、浸提法、吸附法来提油。为了提高油的收率,通常采用两种方法合用。

【思考题】

1. 水蒸气蒸馏法提取油的基本原则是什么?

2. 沸点为 252 ℃的肉桂醛为何能在低于 100 ℃下被蒸馏出来?与普通蒸馏比较它有何优点?

3. 植物天然香料通常有几种提取方法?如何提高天然香料的产率?

实验 104 香料紫罗兰酮的合成

【实验目的】

学习香料基本知识,掌握交叉羟醛缩合的实验技术。

【实验原理】

紫罗兰酮是存在于多种花精油和根茎油中的香气成分,分子式 $C_{13}H_{20}O$,分子量 192.29。

天然产物中存在三种键位置不同的异构体。α - 紫罗兰酮是在乙醇溶液中高度稀释时有紫罗兰香气，β－异构体的花香气较清淡，有柏木香气，γ－异构体具有质量最好的紫罗兰香气。它们都是液体，与乙醇混溶，以 1∶3 溶于 70% 乙醇；微溶于水。

紫罗兰酮都是用合成方法得到的。市售的紫罗兰酮，几乎都是 α 和 β－异构体的混合物。所谓 α－型紫罗兰酮，酮含量在 90% 以上，α－体在 60% 以上；β—型紫罗兰酮商品的酮含量在 90% 以上，β－体在 85% 以上。商品紫罗兰酮为淡黄色液体。

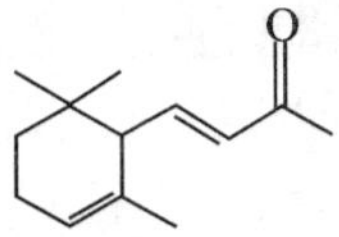

α－紫罗兰酮

bp：121～122 ℃/1.3kPa

D_4^{20}：0.931

UV_{max}：228.5 nm

（ε＝14300）

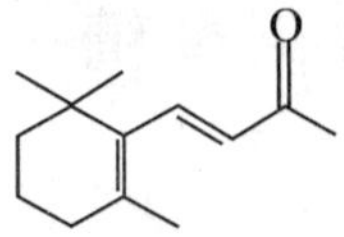

β－紫罗兰酮

bp：121～122 ℃/1.3kPa

D_4^{25}：0.940

UV_{max}：293.5 nm

（ε＝8700）

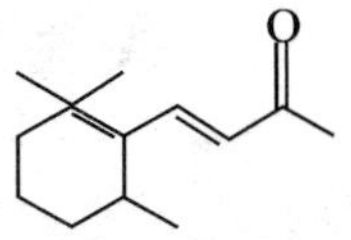

γ－紫罗兰酮

bp：121～122 ℃/1.3kPa

D_4^{20}：0.942

紫罗兰酮是重要的合成香料之一。广泛用于调制化妆品用香精和用于香皂。β－紫罗兰酮的重要用途是作为中间体用于制取维生素 A。紫罗兰酮的合成，是以柠檬醛为原料，首先与丙酮进行缩合，制成假紫罗兰酮（ψ—紫罗兰酮）。再用 65% 的硫酸水溶液作催化剂，使假紫罗兰酮环合，制得紫罗兰酮。由此制得的产物，含 γ－异构体的量极微，基本上由 α 和 β－异构体组成，以 α－异构体为主。

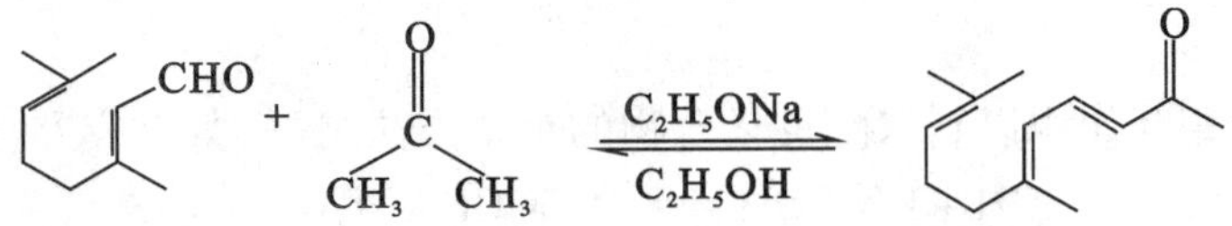

柠檬醛

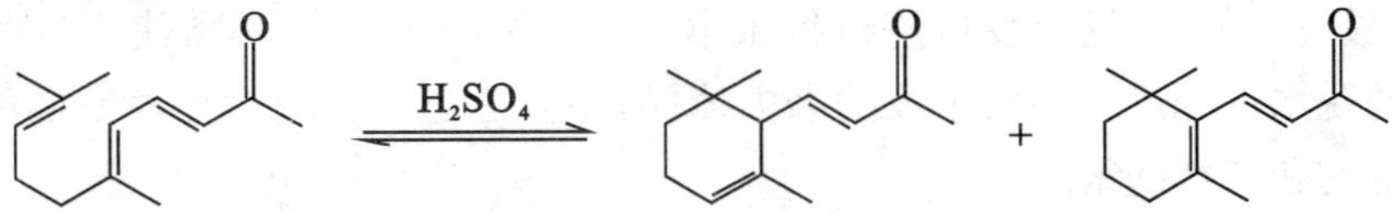

ψ—紫罗兰酮　　α—紫罗兰酮　　β—紫罗兰酮

【实验仪器和试剂】

仪器：搅拌器、滴液漏斗、温度计、冰盐浴等。

试剂：柠檬醛：沸程（100～103 ℃/933 Pa，含量 90%），金属钠，丙酮（K_2CO_3 干燥后重蒸），酒石酸，无水乙醇，甲苯，无水硫酸钠，乙醚，硫酸（60% 水溶液），碳酸钠溶液（15%）。

【实验内容】

1. 假紫罗兰酮的制备

在装有搅拌器、滴液漏斗和温度计的 250 mL 三口瓶中，加入 13.3 g（15.3 mL；0.087 mol）的柠檬醛和 54 g（66.7 mL；0.92 mol）丙酮（经无水碳酸钾干燥后重蒸），于搅拌下冷却至－10 ℃，由滴液漏斗滴入事先已配制好的含 0.61 g 金属钠的 13.3 mL 无水乙醇溶液。控制反应温度在－5 ℃以下，并应尽快滴加入含有 2 g 酒石酸的 13.5 mL 水溶液，搅拌均匀后，蒸去丙酮，直到馏出液为 70 mL 为止。注意蒸馏期间要使反应液保持微酸性。残余物冷却后，分出油层，水层以乙醚萃取 2 次，每次 15 mL 乙醚。合并醚层，以无水硫酸钠干燥后，蒸去溶剂。残留物减压蒸馏，收集 123～124 ℃/330 Pa 馏分；可得淡黄色液体 11.85 g，收率为理论量的 70%。

2. 紫罗兰酮的合成

在装备有搅拌器，滴液漏斗和温度计的 250 mL 三口瓶中，放 12 g 60% 的硫酸溶液，在不断搅拌下，依次加入 12 g 甲苯和滴加 10 g 假紫罗兰酮。保持反应温度在 25～28 ℃间。搅拌 15 min，反应结束后，加水搅拌。然后分出有机层。将有机层用 15% 碳酸钠溶液中和后，再用饱和食盐水加以洗涤。于常压下蒸去甲苯。残留物在 4～5 个理论塔板的分馏柱上，以 3∶1 至 4∶1，的回流比，将粗制紫罗兰酮进行精馏。收集沸点范围为 125～135 ℃/267 Pa 的馏分。n_D^{20} = 1.499～1.504。

实验 105　茉莉花香精—乙酸苄酯的制备

【实验目的】

1. 了解苯甲醇酯化反应原理和合成方法。
2. 掌握乙酸苄酯的分离技术的分离方法。
3. 掌握用阿贝折光仪测定折光率来确定产品的名称和纯度的方法。

【实验原理】

乙酸苄酯(benzyl acetate)，别名醋酸苯甲酯或苯甲酸乙酯，结构式如右图：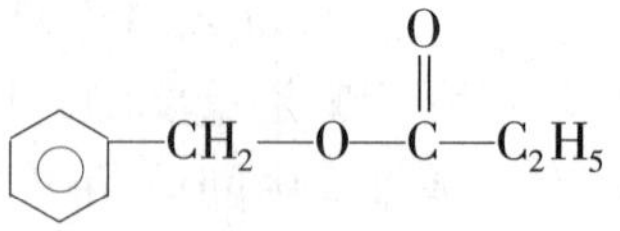

乙酸苄酯是一种无色液体，具有水果香和茉莉花香气，气味香甜。密度 1.0563(18 ℃)，沸点 216 ℃，折光率 1.5032(20 ℃)，可做皂用和其他工业用香精，对花香和幻想型香精的香韵具有提升作用，故常在茉莉、白兰、王簪和月下香、水仙等香精中广泛使用，也可少量用于生梨、苹果、香蕉、桑葚子等食用香精中。

酯化反应是醇和羧酸相互作用以制取酯类化合物的重要方法之一，其反应方程式为：

$$ROH + R'COOH \rightleftharpoons R'COOR + H_2O$$

此法又称直接酯化法。一般需要在少量催化剂存在的条件下，将醇和羧酸加热回流，常用的酸性催化剂有硫酸、盐酸等。但是，这个反应进行得很慢，为提高酯的产率，必须使反应向右进行，一般用恒沸法或加合适的脱水剂把反应中所生成的水去掉；另一方法是在反应时加过量的醇或酸，以改变反应达到平衡时反应物和产物的组成。

乙酸苄酯合成的反应式如下：

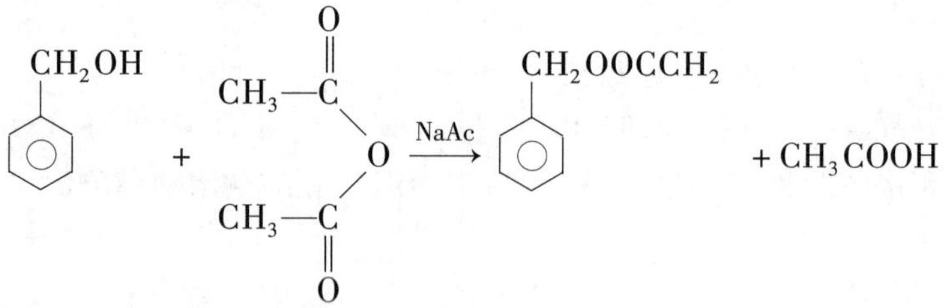

【实验仪器和试剂】

仪器：电动搅拌器、真空蒸馏装置、阿贝折射仪、电热套、三口烧瓶(250 mL)、分液漏斗(125 mL)、温度计(0～200 ℃)、冷凝管等。

试剂：苯甲醇、乙酸酐、碳酸钠(15%)、无水醋酸钠、无水氯化钙、氯化钠(15%)、硼酸等。

【实验内容】

在(250 mL)三口烧瓶中加入 30 g 苯甲醇、30 g 乙酸酐和 1 g 无水醋酸钠，搅拌并升温至 110 ℃，回流 4～6 h。反应物降温后，在搅拌下慢慢加入 15% 的碳酸钠，直至无气泡放出为止，然后将有机相用 15% 的氯化钠洗涤至中性。分出有机相，用少量无水氯化钙干燥粗产品。

在粗产品中加入少量硼酸，减压(1.87 kPa)蒸馏，收集 98～100 ℃的馏分，即得产品。

将产品称重,计算产率,并测折光率进行检验。

【实验注意事项】

1. 乙酸酐有强烈的腐蚀性和刺激性,操作时要小心。

2. 用碳酸钠溶液洗涤粗产品时要在搅拌下慢慢加入,以免大量 CO_2 放出时发生冲料现象。

【思考题】

1. 乙酸苄酯的合成方法有哪几种? 试比较各种方法的优缺点。

2. 减压蒸馏操作中应注意那些问题?

实验 106　果胶的提取和果冻的制备

【实验目的】

了解从植物中提取天然多糖的一般方法以及在药物及食品中的应用。

【实验原理】

果胶是植物中的一种酸性多糖物质,它通常为白色至淡黄色粉末,稍带酸味,具有水溶性,工业上即可分离,其分子量约5万~30万,主要存在于植物的细胞壁和细胞内层,为内部细胞的支撑物质。在食品上作胶凝剂,增稠剂,稳定剂,悬浮剂,乳化剂,增香增效剂,并可用于化妆品,对保护皮肤,防止紫外线辐射,治疗创口,美容养颜都存一定的作用。果胶广泛存在于水果和蔬菜中,主要存在于细胞壁间隙中,把纤维素、半纤维素结合在一起,成为细胞壁的组成成分。如苹果中含量为0.7~1.5%(湿品计),在蔬菜中以南瓜含量最多,是7~17%。

果胶(Pectin)是一组聚半乳糖醛酸。它的分子式:$(C_6H_{10}O_7)_n$。在适宜条件下其溶液能形成凝胶和部分发生甲氧基化(甲酯化,也就是形成甲醇酯),其基本结构是以 α—1,4 苷键联结的聚 D —半乳糖醛酸,其中部分羧基被甲酯化,其余的羧基与钾、钠、铵离子结合成盐。天然果胶中约20%~60%的羧基被酯化,分子量为2万~4万。果胶的粗品为略带黄色的白色粉状物,溶于20份水中,形成黏稠的无味溶液,带负电。主要成分是部分甲酯化的,残留的羧基单元以游离酸的形式存在或形成铵、钾钠和钙等盐。

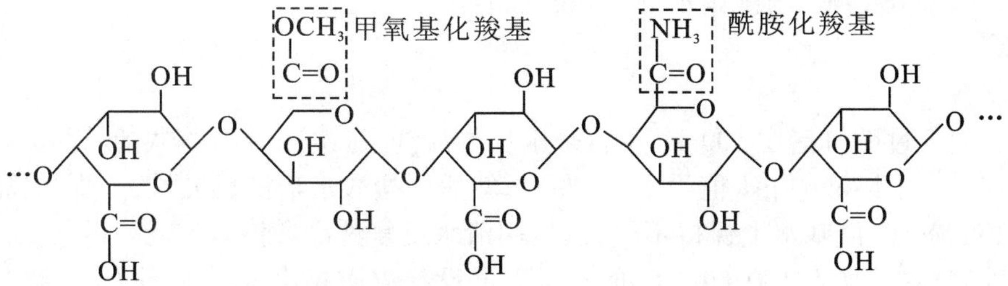

图 3-69　果胶的化学结构

果胶制作工艺流程是:原料→预处理→抽提→脱色→浓缩→干燥→成品。

【实验仪器和试剂】

烧杯、酒精灯、尼龙布等。

橘皮(新鲜),0.25% HCl,95% 乙醇,蔗糖,柠檬等。

【实验内容】

1. 果胶的提取

(1)原料预处理:称取新鲜柑橘皮 40 g(干品为 8 g),用清水洗净以后,放入 500 mL 烧杯中加 120 mL 水,加热至 90 ℃保持 10 min,使酶失活。用水冲洗后切成 3~5 mm 大小的颗粒,用 50 ℃左右的热水漂洗,直至水为无色、果皮无异味为止。每次漂洗必须把果皮用尼龙布挤干,再进行下一次漂洗。

(2)酸水解萃取:将预处理过的果皮粒放入烧杯中,加约 0.25% HCl 120 mL,以浸没果皮为度,pH

值调整在2.0～2.5之间，加热至90 ℃，煮45分钟，趁热用尼龙布（100目）或四层纱布过滤。

（3）脱色：在滤液中加入0.5%的活性炭于80 ℃加热20 min进行脱色和除异味，趁热抽滤，如抽滤困难可加入2～4%的硅藻土作助滤剂。如柑橘皮漂洗干净，萃取液为清澈透明，则不用脱色。

（4）沉淀：待萃取液冷却后，用稀氨水调节至pH为3～4，在不断搅拌下加入95%乙醇，加入乙醇的量约为原体积的1.3倍，使酒精浓度达50～60%，（可用酒精计测定），静置10 min。

（5）过滤、洗涤、烘干：用尼龙布过滤，果胶用95%乙醇洗涤二次，在60～70 ℃烘干。

2. 柠檬味果冻的制备

（1）将果胶0.2 g（干品）浸泡在20 mL水中，软化后在搅拌下慢慢加热至果胶全部溶化。

（2）加入柠檬酸0.1 g，柠檬酸钠0.1 g和蔗糖20 g，在搅拌下加热至沸，继续熬煮5 min，冷却后即成果冻。

【思考题】

果胶属于哪一类高分子化合物？有何应用价值？

实验107　明胶的制备及其胶凝性质

明胶是动物胶原蛋白经部分水解所得到的水溶性蛋白质。分子量约为10,000～70,000左右，不溶于冷水但能缓慢吸收5～10倍重量的冷水而膨胀软化。能溶于热水，遇水则凝固成富有弹性的凝胶，具有热可逆性，有的加热时融化，冷却后不再形成凝胶，是食品工业广泛应用的胶凝剂、增稠剂、稳定剂。

如果明胶水溶液长时间煮沸，发生分解，冷却后不再形成凝胶。明胶溶液受甲醛作用，会变成不溶于水的不可逆凝胶。几乎所有的蛋白酶都能作用于明胶而使其失去胶凝能力。

胶原是动物体的皮、骨和结缔组织中主要蛋白质，也是制备明胶的主要原料：本实验选用新鲜猪皮为原料，经石灰乳处理后，再经中和、水洗后于60～70 ℃水解、熬炼而制取。

【实验材料和试剂】

实验材料：猪皮：将新鲜猪皮，刮去皮下脂肪，经清洗后，在2～4%的石灰水中浸泡2～3天（pH值是12～12.5），当猪皮发白松软后取出，用水清洗，切成1 cm^2 的小块，备用。

实验试剂：1∶1盐酸溶液、酚酞指示剂、甲醛、过氧化氢。

【实验步骤】

1. 明胶的制备

取经石灰乳处理过的鲜猪皮100 g，用自来水反复冲洗，每次洗后用酚酞指示剂1～2滴滴在猪皮上试验至呈浅红色。水溶液的pH值为8～9左右，然后用盐酸水溶液反复洗涤，保持洗涤水的pH值为2.5～3，至洗涤液pH值基本上保持不变，然后用清水反复洗净酸液。

将猪皮放入烧杯中，加入150 mL水，加水量以浸没猪皮而超出lcm左右为宜，调节pH值为5.5左右，将烧杯置于恒温水浴中，保持温度在60～65 ℃提胶6 h，提胶过程中经常搅拌。提胶完毕，趁热用细尼龙布过滤，除去皮渣，所得胶液在减压下蒸发除去水分，蒸馏温度保持在60～70 ℃，至胶液量为60 mL左右，取出剩余胶液加2～3滴过氧化氢，倒入瓷盘中，冷却后凝固，用小刀划成小块放入烘箱中，在50 ℃左右烘干，即得透明的明胶片。

2. 明胶的性质

（1）在100 mL烧杯中，加入5 g明胶，40 mL水，在60～70 ℃水浴中加热，观察明胶溶解成均匀的胶体溶液。取出烧杯放入冷水中充分冷却，观察凝胶的形成，将生成的凝胶再放入温水浴中加热，明胶又溶解，冷后重新胶凝，即明胶的可逆性胶凝现象。然后将明胶溶液溶解进行以下实验。

（2）取明胶溶液四份，各5 mL，分别加水5 mL，10 mL，15 mL 20 mL稀释，水浴中温热使其溶解均匀，充分冷却，观察是否形成凝胶以及凝胶强度，解释明胶的浓度对凝胶的形成及凝胶温度的影响。

（3）取明胶溶液5 mL，滴加饱和硫酸铵溶液l mL，观察沉淀的产生，然后在水浴中温热，观察沉淀是否溶解，冷却是否再形成凝胶。

(4)取明胶溶液 5 mL 加入甲醛溶液 5 滴，冷却使其胶凝，再在温水浴中加热，观察凝胶是否再溶解，解释凝胶的不可逆性。

【注意事项】

(1)制备明胶前，皮骨等原料必须经过充分的碱浸，一般使用石灰乳浸，其作用是除去脂肪，使胶原蛋白膨胀，松软，有利于水解。延长浸渍时间可提高明胶的收率。石灰水中加入少量 NaOH 可缩短浸渍时间，但会溶解部分胶原蛋白，降低收率。

(2)提胶温度一般在 60 ~ 65 ℃，温度过高，胶原水解过度，分子量变小，影响明胶的胶凝性，温度太低，则提取率太低。增加提胶时间和次数可提高明胶的收率。

实验 108　从绿色蔬菜中提取天然色素

【实验目的】

1. 熟悉从植物中提取天然色素的原理和方法。

2. 熟悉柱色谱分离的原理和方法。

3. 熟练掌握萃取、分离等操作技术。

【实验原理】

绿色植物的茎、叶中含有叶绿素(绿色)、叶黄素(黄色)和胡萝卜素(橙色)等多种天然色素。

叶绿素以两种相似的异构体形式存在：叶绿素 a($C_{55}H_{72}O_5N_4Mg$)和叶绿素 b($C_{55}H_{70}O_6N_4Mg$)，它们都是吡咯衍生物与金属镁的配合物，是植物进行光合作用所必需的催化剂。

胡萝卜素($C_{40}H_{56}$)是具有长链结构的共轭多烯，属萜类化合物。有三种异构体：α-、β-和 γ-胡萝卜素。其中 β-异构体具有维生素 A 的生理活性，在人和动物的肝脏内受酶的催化可分解成维生素 A，所以 β-胡萝卜素又称做维生素 A 元，用于治疗夜盲症，也常用作食品色素。目前已可进行大规模的工业生产。

叶黄素($C_{40}H_{56}O_2$)是胡萝卜素的羟基衍生物，在绿叶中的含量较高。因为分子中含有羟基，较易溶于醇，而在石油醚中溶解度较小。叶绿素和胡萝卜素则由于分子中含有较大的烃基而易溶于醚和石油醚等非极性溶剂。

本实验以蔬菜叶为原料，用石油醚-乙醇混合溶剂萃取出色素，再用柱色谱法进行分离。

胡萝卜素极性最小，当用石油醚-丙酮洗脱时，随溶剂流动较快，第一个被分离出；叶黄素分子中含有两个极性的羟基，增加洗脱剂中丙酮的比例，便随溶剂流出；叶绿素分子中极性基团较多，可用正丁醇-乙醇-水混合溶剂将其洗脱。

【实验仪器和试剂】

仪器：研钵、分液漏斗(125 mL)、滴液漏斗(125 mL)、玻璃漏斗、酸式滴定管(25 mL)、锥形瓶(100 mL)、烧杯(200 mL)、低沸易燃物蒸馏装置、减压过滤装置、水浴锅、电炉与调压器、剪刀等。

试剂：绿色蔬菜、石油醚、无水硫酸钠等。

【实验内容】

1. 萃取、分离

将新鲜蔬菜叶洗净晾干，称取 20 g，剪切成碎块放入研钵中。初步捣烂后，加入 20 mL 体积比为 2∶1的石油醚-乙醇溶液，研磨约 5 min[1]。减压过滤。滤渣放回研钵中，重新加入 10 mL 2∶1 石油醚-乙醇溶液，研磨后抽滤。再用 10 mL[1]混合溶剂重复上述操作一次。

2. 洗涤、干燥

合并三次抽滤的萃取液，转入分液漏斗中，用 20 mL 蒸馏水分两次洗涤[2]，以除去水溶性杂质及乙醇。分去水层后，将醚层（在哪一层？）倒入干燥的 100 mL 锥形瓶中，加入适量无水硫酸钠干燥。

3. 回收溶剂

将干燥好的萃取液滤入 100 mL 圆底烧瓶中，安装低沸易燃物蒸馏装置。用水浴加热蒸馏，回收石油醚。当烧瓶内液体剩下约 5 mL 左右时[3]，停止蒸馏。

4. 色谱分离

4.1 填装分离柱

用25 mL 酸式滴定管代替层析柱。取少许脱脂棉，用石油醚浸润后，挤压以驱除气泡，然后借助长玻璃棒将其放入色谱柱底部，上面再覆盖一片直径略小于柱径的圆形滤纸。关好旋塞后，加入约 20 mL 石油醚，将层析柱固定在铁架台上。从色谱柱上口通过玻璃漏斗缓缓加入 20 g 中性氧化铝，同时小心打开旋塞，使柱内石油醚高度保持不变，并最终高出氧化铝表面约 2 mm[4]。装柱完毕，关好旋塞。

4.2 加入色素提取液

将上述蔬菜色素的浓缩液，用滴管小心加入到色谱柱内，滴管及盛放浓缩液的容器用 2 mL 石油醚冲洗，洗涤液也加入柱中。加完后，打开下端旋塞，让液面下降到柱面以下约 1 mm 左右，关闭旋塞，在柱顶滴加石油醚至超过柱面 1 mm 左右，再打开旋塞，使液面下降。如此反复操作几次，使色素全部进入柱体。最后再滴加石油醚至超过柱面 2 mm 处。

4.3 洗脱

在柱顶安装滴液漏斗，内盛约 50 mL 体积比为 9∶1 的石油醚－丙酮溶液。同时打开滴液漏斗及柱下端的旋塞，让洗脱剂逐滴放出，柱色谱即开始进行。先用烧杯在柱底接收流出液体。当第一个色带即将滴出时，换一个洁净干燥的小锥形瓶接收，得橙黄色溶液，即胡萝卜素。

在滴液漏斗中加入体积比为 7∶3 的石油醚－丙酮溶剂，当第二个黄色带即将滴出时，换一个锥形瓶，接收叶黄素[5]。

最后用体积比为 3∶1∶1 的正丁醇－乙醇－水为洗脱剂（约需 30 mL 左右），分离出叶绿素。将收集的三种色素提交给实验教师。

【注释】

[1]应尽量研细。通过研磨，是溶剂与色素充分接触，并将其浸取出来。

[2]洗涤时，要轻轻振摇，以防产生乳化现象。

[3]不可蒸得太干，以避免色素溶液浓度较高，由烧瓶倒出时，沾到内壁上，造成损失。

[4]应注意使氧化铝在整个实验过程中始终保持在溶剂液面下。

[5]叶黄素易溶于醇，而在石油醚中溶解度较小，所以在此提取液中含量较低，以至有时不易从柱中分出。

【实验注意事项】

1. 也可选择韭菜、油菜等其他绿叶蔬菜作为实验原料。

2. 石油醚易挥发，易燃，使用时应注意防火。

【思考题】

1. 绿色植物中主要含有哪些天然色素？

2. 叶绿素在植物生长过程中起什么作用？

3. 本实验是如何从蔬菜叶中提取色素的？

4. 分离色素时，为什么胡萝卜素最先被洗脱？三种色素的极性大小顺序如何？

5. 蔬菜胡萝卜中的胡萝卜素含量较高，试设计一合适的实验方案进行提取。

实验 109 光度法测定有色混合物

【实验目的】

1. 学习光度法同时测定有色混合物组成的实验方法。

2. 学会使用可见分光光度计。

【实验原理】

在很多情况下，溶液中含有两个(或两个以上)不同的有色组分(M 和 N 组分)。若 M、N 两组分的吸收光谱相互不重叠，如图 3－70(a)，则只要在波长 λ_1 和 λ_2 处分别测量试样溶液的吸光度，便可以求出 M 及 N 组分的含量。若两组分的吸光光谱部分重叠，如图 3－70 (b)，则根据吸光度的加和性原则，在 M 和 N 的最大吸收波长 λ_1 和 λ_2 处，测量总吸光度 $A_{\lambda_1}^{M+N}$ 及 $A_{\lambda_2}^{M+N}$。

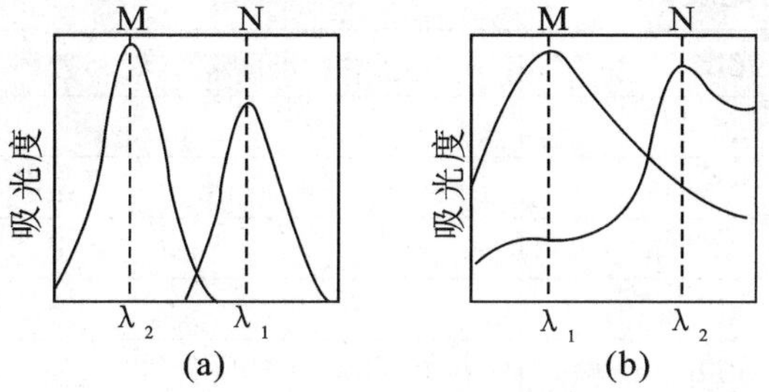

图 3－70 混合离子溶液的吸收光谱

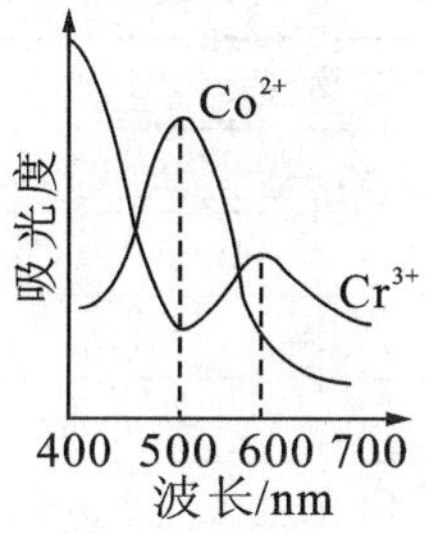

图 3－71 Co^{2+} 和 Cr^{3+} 的吸收光谱

若测定时用 1 cm 厚的比色皿，从下列关系式可求得 M 组分浓度 c^M 和 N 组分浓度 c^N

$$A_{\lambda_1}^{M+N} = A_{\lambda_1}^{M} + A_{\lambda_1}^{N} = \varepsilon_{\lambda_1}^{M} c^{M} + \varepsilon_{\lambda_1}^{N} c^{N} \qquad (1)$$

$$A_{\lambda_2}^{M+N} = A_{\lambda_2}^{M} + A_{\lambda_2}^{N} = \varepsilon_{\lambda_2}^{M} c^{M} + \varepsilon_{\lambda_2}^{N} c^{N} \qquad (2)$$

解式(1)与(2)的联立方程，得式

$$C_M = \frac{A_{\lambda_1}^{M+N}\varepsilon_{\lambda_2}^{N} - A_{\lambda_2}^{M+N}\varepsilon_{\lambda_1}^{N}}{\varepsilon_{\lambda_1}^{M}\varepsilon_{\lambda_2}^{N} - \varepsilon_{\lambda_2}^{M}\varepsilon_{\lambda_1}^{N}} \qquad (3)$$

$$C_N = \frac{A_{\lambda_1}^{M+N} - \varepsilon_{\lambda_1}^{M} C_M}{\varepsilon_{\lambda_1}^{M}} \qquad (4)$$

式(3)、(4)中、$\varepsilon_{\lambda_1}^{M}$、$\varepsilon_{\lambda_2}^{M}$、$\varepsilon_{\lambda_1}^{N}$、$\varepsilon_{\lambda_2}^{N}$ 依次代表组分 M 及 N 在 λ_1 和 λ_2 处的摩尔吸收系数。

本实验测定 Co^{2+} 及 Cr^{3+} 的有色混合物的组成。Co^{2+} 和 Cr^{3+} 的吸收光谱见图 3－71，它们的吸收光谱相互重叠，故可用上述方法测定其混合物的组成。

【实验仪器和试剂】

仪器：分光光度计，吸量管，容量瓶。

试剂：$Co(NO_3)_2$，$Cr(NO_3)_3$ 测试液。

【实验内容】

1. 溶液的配制

取 4 个 25 mL 容量瓶，分别加入 2.50，5.00，7.50，10.00 mL 0.350 mol · L^{-1} 的 $Co(NO_3)_2$ 溶液。另取 4 个 25 mL 容量瓶，分别加入 2.50，5.00，7.50，10.00 mL，0.100 mol · L^{-1} 的 $Cr(NO_3)_3$ 溶液，均用水稀释至刻度，摇匀。

另取一个 25 mL 容量瓶，加入未知试样溶液 10.00 mL，用水稀释至刻度，摇匀。

2. 测绘 $Co(NO_3)_2$，$Cr(NO_3)_3$ 两溶液的吸收光谱，并决定 λ_1 和 λ_2。

分别用以上含 $Co(NO_3)_2$，$Cr(NO_3)_3$（都为 5.00 mL）的两个容量瓶中的溶液测绘吸收光谱。用 1 cm比色皿，以蒸馏水为参比溶液，从 420 nm 到 700 nm 每隔 10 nm 测一吸光度，吸收峰附近应多测几点。根据吸收曲线决定最大吸收峰的波长 λ_1 和 λ_2。

3. 吸光度的测量

以蒸馏水作参比溶液，用 1 cm 比色皿，在波长 λ_1 及 λ_2 处，分别测量上述九个溶液的吸光度。

【实验数据与处理】

1. 记录从 420 ~ 700 nm 每隔 10 nm 测定 A_{Co}、A_{Cr} 数据。

λ/nm	A_{Co}	A_{Cr}

2. 据上表数据绘制 Co^{2+} 及 Cr^{3+} 的吸收光谱，决定最大吸收波长 λ_1 和 λ_2。

3. 在 λ_1 和 λ_2 处测定 Co^{2+} 和 Cr^{3+} 标准溶液的吸光度

Co 浓度	λ_1 下的吸光度	λ_2 下的吸光度
c_1 =		
c_2 =		
c_3 =		
c_4 =		
Cr 浓度	λ_1 下的吸光度	λ_2 下的吸光度
c_1 =		
c_2 =		
c_3 =		
c_4 =		
未知液		

4. 在 λ_1 和 λ_2 处，分别绘制 $Co(NO_3)_2$ 溶液及 $Cr(NO_3)_3$ 溶液的四条标准曲线，求得四条直线的斜率 $\varepsilon_{\lambda_1}^{Co}$，$\varepsilon_{\lambda_1}^{Cr}$，$\varepsilon_{\lambda_2}^{Co}$，$\varepsilon_{\lambda_2}^{Cr}$，并与测量得到未知试样溶液的 $A_{\lambda_1}^{Co+Cr}$ 及 $A_{\lambda_2}^{Co+Cr}$，通过式(3)、(4)计算未知试样溶液中 $Co(NO_3)_2$ 及 $Cr(NO_3)_3$ 的含量。

【思考题】

1. 分光光度法定量分析的依据是什么？
2. 吸光度的加和性原则是什么？
3. 同时测定两组分混合溶液时如何选择波长？
4. 摩尔吸收系数与那些因素有关？
5. 改变一次波长，为什么用参比溶液调 T 为 100%？
6. 若是同时测定三组分混合溶液的组成，则应如何设计实验？

实验 110　药物有效期的测定

【实验目的】

1. 了解药物水解反应的特征。
2. 掌握硫酸链霉素水解反应速度常数测定方法，并求出硫酸链霉素水溶液的有效期。

【实验原理】

链霉素是由放线菌属的灰色链丝菌产生的抗菌素，硫酸链霉素分子中的三个碱性中心与硫酸成的盐,分子式为:$(C_{21}H_{39}N_7O_{12})_2 \cdot 3H_2SO_4$,它在临床上用于治疗各种结核病,本实验是通过比色分析方法测定硫酸链霉素水溶液的有效期。

硫酸链霉素水溶液在 pH4.0 ~4.5 时最为稳定,在过碱性条件下易水解失效,在碱性条件下水解生成麦芽酚(α - 甲基 - β - 羟基 - γ - 吡喃酮),反应如下:

$(C_{21}H_{39}N_7O_{12})_2 \cdot 3H_2SO_4 + H_2O \rightarrow$ 麦芽酚 + 硫酸链霉素其他降解物

该反应为假一级反应,其反应速度服从一级反应的动力学方程

$$\lg(c^0 - x) = (-k/2.303)t + \lg c^0$$

式中 c^0—硫酸链霉素水溶液的初浓度;x—t 时刻链霉素水解掉的浓度;t—时间,以分为单位; k—水解反应速度常数。

若以 $\lg(c^0 - x)$ 对 t 作图应为直线,由直线的斜率可求出反应速度常数 k。硫酸链霉素在碱性条件下水解得麦芽酚,而麦芽酚在酸性条件下与三价铁离子作用生成稳定的紫红色螯合物,故可用比色分析的方法进行测定。

由于硫酸链霉素水溶液的初始 c^0 正比于全部水解后产生的麦芽酚的浓度,也正比于全部水解测得的消光值 A_∞,即 $c^0 \propto A_\infty$;在任意时刻 t,硫酸链霉菌素水解掉的浓度 x 应于该时刻测得的消光值 A_t 成正比,即 $x \propto A_t$,将上述关系代入速度方程中得:

$$\lg(A_\infty — A_t) = (-k/2.303)t + \lg A_\infty$$

可见通过测定不同时刻 t 的消光值 A_t,可以研究硫酸链霉素水溶液的水解反应规律,以 $\lg(A_\infty — A_t)$ 对 t 作图得一直线,由直线斜率求出反应的速度常数 k。

药物的有效期一般是指当药物分解掉原含量的 10% 时所需要的时间 $t_{0.9}$。

$$t_{0.9} = \ln(100—90)/k = 0.105/k$$

【实验仪器与试剂】

可见分光光度计 1 台	超级恒温槽 1 台
磨口锥形瓶 100 mL 2 个	移液管 20 mL 1 支
磨口锥形瓶 50 mL 11 个	吸量管 5 mL 3 支
量筒 50 mL 1 个	吸量管 1 mL 1 支
水浴锅 1 个	秒表 1 只
0.4 %硫酸链霉素溶液	1.12 ~1.18 mol · L^{-1}硫酸溶液
2.0 mol · L^{-1}氢氧化钠溶液	0.5 % 铁试剂

【实验步骤】

1. 调整超级恒温槽的温度为 40 ±0.2 ℃。

2. 用量筒取 50 mL 约 0.4% 的硫酸链霉素溶液置于 100 mL 的磨口瓶中,并将锥形瓶放于 40 ℃的恒温槽中,用刻度吸量管吸取 2.0 mol · L^{-1}的氢氧化钠溶液 0.5 mL,迅速加入硫酸链霉素溶液中,当碱一开始加入时,打开秒表,开始记录时间。

3. 取 5 个干燥的 50 mL 磨口锥形瓶并编号,分别用移液管准确加入 20 mL 0.5 % 铁试剂,再加入 5 滴 1.12 ~1.18 mol · L^{-1}硫酸溶液,每隔 10 min,准确取反应液 5 mL 于上述锥形瓶中,摇匀呈紫红色,放置 5 min,而后在波长为 520 nm 下用可见分光光度计测定消光值 At,记录实验数据。

4. 最后将剩余反应液放入沸水浴中 10 min,然后放至室温再吸收 2.5 mL 反应液于干燥的 50 mL 磨口锥形瓶中,另外加入 2.5 mL 蒸馏水,再加入 20 mL 0.5 % 铁试剂和 5 滴硫酸溶液,摇匀至紫红色,测其消光值乘 2 后即为全部水解时的消光值 A_∞。

5. 调节恒温槽,升温至 50 ℃,按上述操作每隔 5 min 取样分析一次,测 5 次为止,记录实验数据。

6. 实验记录。

【实验数据及处理】

以 $\lg(A_\infty—A_t)$ 对 t 作图，求出不同温度时反应的速度及活化能。

温度 40 ℃　　　A_∞ =

t(min)	10	20	30	40	50
A_t					
$A_\infty—A_t$					
$\lg(A_\infty—A_t)$					

由右图中得到线性回归方程 Y = ________ - ________X

则该直线的斜率为 - ________，根据

$\lg(A_\infty—A_t) = (-k/2.303)t + \lg A_\infty$，可得

$-k/2.303 = -$ ________，所以 k_{40} = ________。

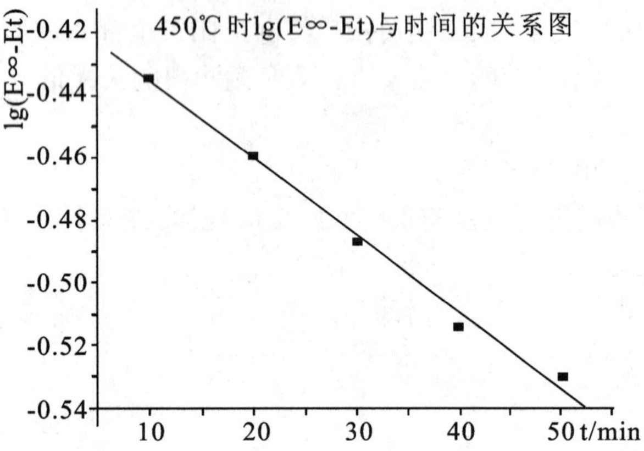

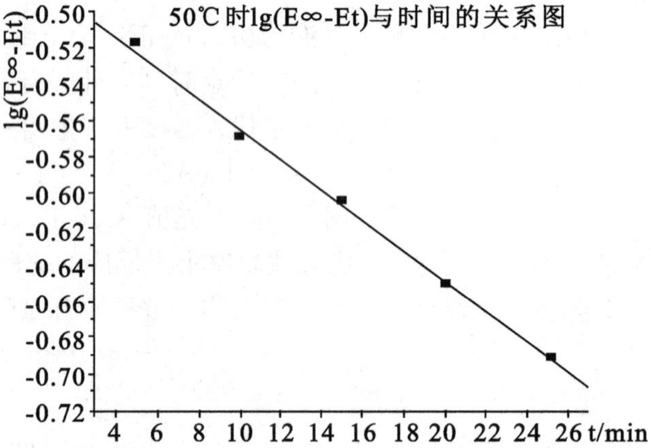

温度 50 ℃

t(min)	5	10	15	20	25
A_t					
$A_\infty—A_t$					
$\lg(A_\infty—A_t)$					

由上图中得到线性回归方程：

则该直线的斜率为________，根据 $\lg(A_\infty—A_t) = (-k/2.303)t + \lg A_\infty$，可得：

$-k/2.303$ = ________，所以 k_{50} = ________。

根据阿仑尼乌斯(Arrhenius)公式计算反应的活化能：$\ln\frac{k_2}{k_1} = \frac{Ea}{R} \times \frac{T_2 - T_1}{T_2T_1}$

即：$Ea = \frac{T_2T_1}{T_2 - T_1}R \times \ln\frac{k_2}{k_1}$ = ________kJ/mol

求出 25 ℃时的反应速度常数和该温度下药物有效期。

根据 $\ln\frac{k_2}{k_1} = \frac{Ea}{R} \times \frac{T_2 - T_1}{T_2T_1}$，已知 k_2(50 ℃) = ________，Ea = ________kJ/mol，$R = 8.314J \cdot mol^{-1} \cdot K^{-1}$，$T_2 = 323.15K$，$T_1 = 298.15K$，可求 25 ℃时的反应速度常数 k_1。

将各个数据代入，求得 k_1 = ________。

该温度下药物有效期：

$t_{0.9} = \ln(100/90)/k_1 = 0.1055/k_1$ = ________min。

【思考题】

1. 使用的 50 mL 的磨口瓶为什么要事先干燥？

2. 取样分析时，为什么要先加入铁试剂和硫酸溶液，然后对反应液进行比色分析？

五、研究性 探索性试验

实验 111　中药蒽醌类成分的提取分离和鉴定

【实验目的】

1. 学习缓冲纸色谱的基本操作技术，并能根据色谱结果，设计液－液萃取法分离混合物的实验方案。

2. 掌握 pH 梯度法的原理及操作技术。

3. 通过磷酸氢钙柱色谱分离大黄酚及大黄素甲醚的试验，熟悉柱色谱操作技术。

4. 学习蒽醌类化合物鉴定方法。

【实验原理】

大黄记载于《神农本草经》等许多文献中，用于泄下、健胃、清热、解毒等。

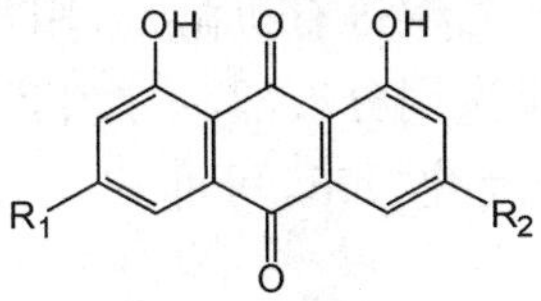

自古以来，大黄在植物性泻下药中占有重要位置，是一位很早就被各国药典所收载的世界性生药。大黄的种类繁多，优质大黄是蓼科植物掌叶大黄（Rheum palmatclm L），大黄（R. officinale Baill）及唐古特大黄（R. tan gutium Maxim. et Re gll）的根茎及根，大黄中含有多种游离的羟基蒽醌类化合物以及它们与糖所形成的苷。已经知道的羟基蒽醌主要有下列五种：

R_1	R_2	名称	晶形	熔点（℃）
－H	－COOH	大黄酸（Rhein）	黄色针状	318～320
$-CH_3$	－OH	大黄素（Emodin）	橙色针状	256～257
－H	$-CH_2OH$	芦荟大黄素（Aloe－emodin）	橙色细针状	206～208
$-CH_3$	－	大黄素甲醚（Physcion）	砖红色针状	207
－H	$-CH_3$	大黄酚（Chyrsophanol）	金色片状	196

大黄中蒽醌苷元，其结构不同，因而酸性强弱也不同。大黄酸连有－COOH，酸性最强；大黄素连有 β－OH，酸性第二；芦荟大黄素连有苄醇－OH，酸性第三；大黄素甲醚和大黄酚均具有 1,8－二酚羟基，前者连有 $-OCH_3$ 和 $-CH_3$，后者只连有 $-CH_3$，因而后者酸性排在第四位。

【实验内容】

1. 大黄总蒽醌苷元的提取

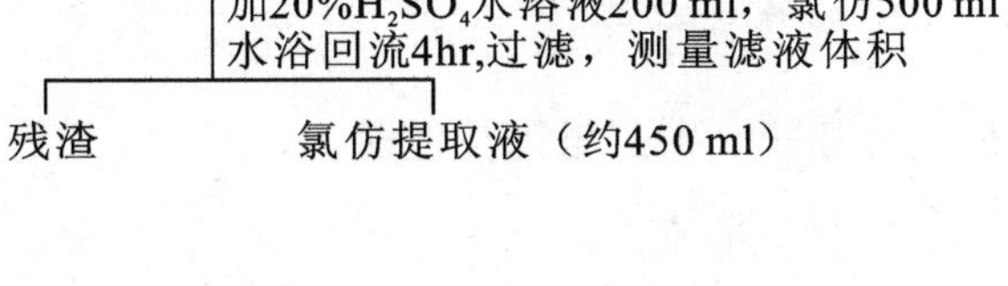

【实验指导】

1. 本实验讲解要点及注意事项。

(1)pH 梯度萃取的原理及注意事项。

(2)如何设计萃取分离方案的程序与方法。

(3)蒽醌化合物红外光谱的特点。

(4)分离萃取时一定注意乳化层的分出,不要混入,并且每步最好用新鲜 $CHCl_3$,回洗碱水液。

(5)缓冲液的配制和碱液的配制要准确,严格注意检查。每步萃取时,利用纸色谱检查跟踪萃取效果,如未达到预想效果应及时纠正。

2. 实验报告要求

(1)记录大黄总蒽醌的提取方法。

(2)总蒽醌的纸色谱检查结果(附色谱图)。

(3)总蒽醌的缓冲纸色谱结果,并说明它对总蒽醌分离方案设计有何启示。

(4)记录总蒽醌的分离程序(包括溶剂用量),及各分离物粗品的纸色谱检查结果,与原设计有何出入,原因何在?

(5)记录大黄素、大黄酸、芦荟大黄素的精制方法及纸色谱、红外光谱的鉴定结果。

【实验注意事项】

1. 大黄中的蒽醌类成分大部分与糖结合,以蒽醌的形式存在于植物组织中。所以要用酸水解使其生成苷元。蒽醌苷元可溶于氯仿、苯及乙醚等有机溶剂,用苯时应注意苯蒸气的挥发,严防中毒。

2. 所得的氯仿液中如带有酸水液,应该用分液漏斗分出弃去,并用蒸馏水回洗一次除去酸性以免影响梯度萃取。氯仿提取液放置中如有沉淀析出,可滤取之,该沉淀多为大黄素,余液进行下一步分离试验用。

2. 总蒽醌苷元分离方案的设计

(1)大黄总蒽醌苷元的纸色谱。

(2)蒽醌类成分的缓冲纸色谱试验。

(3)最佳萃取剂及其用量的确定。

各种萃取剂用量的确定:

2.1 大黄酸的分离与精制

将含有总游离蒽醌的氯仿液 450 mL 移至 1000 mL 的大分液漏斗中,加 pH8 缓冲液 275 mL 振摇萃取,静置至彻底分层,放出氯仿液后,到出碱水液至 250 mL 烧杯中,加 HCl 酸化至 pH = 3,待黄色沉淀析出完全后,过滤、干燥,干燥后的样品加冰醋酸 10 mL 加热使溶,趁热过滤,滤液静置,析出黄色针晶为大黄酸,过滤即得纯品。

2.2 大黄素的分离与精制

将提过大黄酸的氯仿液继续移至分液漏斗中,用 pH9.9 缓冲液 275 mL 振摇萃取,彻底分层后,分出碱水层,并用 HCl 酸化至 pH = 3,析出棕黄色沉淀,过滤,沉淀经干燥后,用 10 mL 冰醋酸加热使溶,趁热过滤,析出橙色大针晶,过滤后,即得大黄素纯品。

2.3 芦荟大黄素的分离和精制

余下氯仿液移至分液漏斗后,加 5% Na_2CO_3:5% NaOH (9:1) 碱水液 540 mL 或用 0.5% KOH 540 mL 振摇萃取,碱水液加 HCl 酸化,析出的沉淀过滤干燥,用 10 mL 乙酸乙酯重结晶,得黄色针晶的芦荟大黄素纯品。

2.4 大黄酚和大黄素甲醚的分离——磷酸氢钙柱色谱

2.5 蒽醌类成分的鉴定

(1)纸色谱鉴定。

(2)IR 光谱解析。

实验 112　新鲜果蔬中维生素 B_2 的含量测定

【实验目的】

1. 了解植物中维生素的主要种类及其功能。

2. 学习荧光光度法测定果蔬和食品中维生素 B_2 含量的实验技术。

3. 进一步掌握有机物提取分离的实验基本原理及操作。

【参考资料或参考书】

《中华人民共和国药典》,《中华人民共和国兽药典》,《饲料添加剂分析(手册)》,《现代仪器分析》以及其他相关的教材、参考书等。

实验 113　食醋理化指标检测

【实验目的】

1. 了解食醋的生产、产品质量指标和检测方法等。

2. 学习食醋的部分理化指标(如总酸、游离矿酸、铅、砷、黄曲霉毒素 B_1)检测。

3. 学习和巩固酸碱滴定、薄层色谱实验技术和原子吸收分光光度计的使用。

【参考资料或参考书】

《食品卫生检验方法(中华人民共和国国家标准)》,《食品化学》,《分析化学》,《仪器分析》以及其他相关的教材、参考书等。

实验 114　中药黄芩苷及黄芩素的提取、鉴别及含量测定

【实验目的】

1. 学习药用植物中有效成分的提取、鉴别及含量测定方法。

2. 进一步掌握蒸馏、萃取、薄层层析、紫外—可见分光光度法等实验基本原理及操作。

【参考资料或参考书】

《中华人民共和国药典》,《中药大辞典》,《中药活性成分分析》,《中药学》,《现代实用中药质量控制技术》以及其他相关的教材、参考书等。

实验 115　从肉桂皮中提取肉桂油及主要成分分析

【实验目的】

1. 了解从天然产物中提取、分离和测定有效成分的一般方法。

2. 学习从肉桂皮中提取肉桂油并鉴定其主要成分的方法。

3. 学习和巩固水蒸气蒸馏、薄层色谱和红外光谱的基本原理及实验操作。

【参考资料或参考书】

《天然产物化学》,《植物化学》,《分析化学》,《仪器分析》以及其他相关的教材、参考书等。

实验 116 壳聚糖的结构修饰及在药剂中的应用

【实验目的】

1. 了解从虾、蟹壳中提取甲壳素和壳聚糖的一般方法。

2. 学习酸碱法从虾、蟹壳中制备甲壳素和壳聚糖并进行初步测定。

3. 学习和巩固物质制备、分析技术和红外光谱的基本原理及实验操作。

【参考资料或参考书】

《甲壳素》,《壳聚糖》,《天然产物化学》,《植物化学》,《分析化学》,《仪器分析》以及其他相关的教材、参考书等。

实验 117 化妆品、药品、食品中 As、Pb、Hg 含量测定

【实验目的】

1. 了解化妆品安全、卫生的有关法律法规。

2. 了解化妆中各种有害有毒物质残留限量。

3. 学习化妆中各种有害有毒物质检测方法。

【参考资料或参考书】

《化妆品标准——中华人民共和国轻工行业标准》,《药物化学与分析》,《药品检验学》以及其他相关的教材、参考书等。

实验 118 植物药化学组成分析

【实验目的】

1. 了解植物样品取样、预处理和化学分析的一般过程。

2. 掌握脂肪、淀粉、半纤维素、纤维素、蛋白质和木质素等的分离、测定的基本原理和方法。

3. 掌握脂肪抽出器、减压过滤、高温电炉等的使用方法。

4. 通过对实验结果进行分析,对植物物质的化学组成进行初步评价。

【参考资料或参考书】

《中华人民共和国标准》,《中华人民共和国药典》,《中药化学成分的常规分析方法》,《中药有效成分研究法》等书籍,相关的教材、参考书,相关科研研究成果等。

实验 119 矿物药化学组成分析实验

【实验目的】

1. 了解矿物样品取样、预处理和化学分析的一般过程。

2. 掌握无机元素阴阳离子的分离与检出、含量测定的基本原理和方法。

3. 掌握原子分光光度计、离子色谱等的使用方法。

4. 通过对实验结果进行分析,对矿物药的化学组成进行初步评价。

【参考资料或参考书】

《中华人民共和国药典》,《中国矿物药》,《矿物药分析》,《仪器分析》等相关的教材、参考书,相关

科研研究成果等。

实验 120　药物有效组分结构与疗效分析

【实验目的】

1. 学会对药物结构进行分析，理解药物的过效关系。

2. 药物分子结构的分析原理及实验方法，了解有关仪器的使用操作规程。

3. 通过量子计算，从理论上分析、预测某些成分的药理作用。

4. 学习红外、质谱、核磁技术在药物结构分析中的应用。

【参考资料或参考书】

《中华人民共和国标准》，《中华人民共和国药典》，《中药化学成分的结构分析方法》，《中药有效成分研究法》等书籍，相关的教材、参考书，相关科研研究成果等。

第四编 附 录

附录 1 国际原子量表

原子序数	名称	符号	原子量	原子序数	名称	符号	原子量	原子序数	名称	符号	原子量
1	氢	H	1.0079	37	铷	Rb	85.4678	73	钽	Ta	180.9479
2	氦	He	4.00260	38	锶	Sr	87.62	74	钨	W	183.85
3	锂	Li	6.941	39	钇	Y	88.9059	75	铼	Re	186.207
4	铍	Be	9.01218	40	锆	Zr	91.22	76	锇	Os	190.2
5	硼	B	10.81	41	铌	Nb	92.9064	77	铱	Ir	192.22
6	碳	C	12.011	42	钼	Mo	95.94	78	铂	Pt	195.09
7	氮	N	14.0067	43	锝	Tc	[97][99]	79	金	Au	196.9665
8	氧	O	15.9994	44	钌	Ru	101.07	80	汞	Hg	200.59
9	氟	F	18.9984	45	铑	Rh	102.9055	81	铊	Tl	204.37
10	氖	Ne	20.179	46	钯	Pd	106.4	82	铅	Pb	207.2
11	钠	Na	22.98977	47	银	Ag	107.868	83	铋	Bi	208.9804
12	镁	Mg	24.305	48	镉	Cd	112.41	84	钋	Po	[210][209]
13	铝	Al	26.98154	49	铟	In	114.82	85	砹	At	[210]
14	硅	Si	28.0855	50	锡	Sn	118.69	86	氡	Rn	[222]
15	磷	P	30.97376	51	锑	Sb	121.75	87	钫	Fr	[223]
16	硫	S	32.06	52	碲	Te	127.60	88	镭	Ra	226.0254
17	氯	Cl	35.453	53	碘	I	126.9045	89	锕	Ac	227.0278
18	氩	Ar	39.948	54	氙	Xe	131.30	90	钍	Th	232.0381
19	钾	K	39.098	55	铯	Cs	132.9054	91	镤	Pa	231.0359
20	钙	Ca	40.08	56	钡	Ba	137.33	92	铀	U	238.029
21	钪	Sc	44.9559	57	镧	La	138.9055	93	镎	Np	237.0482
22	钛	Ti	47.90	58	铈	Ce	140.12	94	钚	Pu	[239][244]
23	钒	V	50.9415	59	镨	Pr	140.9077	95	镅	Am	[243]
24	铬	Cr	51.996	60	钕	Nd	144.24	96	锔	Cm	[247]
25	锰	Mn	54.9380	61	钷	Pm	[145]	97	锫	Bk	[247]
26	铁	Fe	55.847	62	钐	Sm	150.4	98	锎	Cf	[251]
27	钴	Co	58.9332	63	铕	Eu	151.96	99	锿	Es	[254]

原子序数	名称	符号	原子量	原子序数	名称	符号	原子量	原子序数	名称	符号	原子量
28	镍	Ni	58.70	64	钆	Gd	157.25	100	镄	Fm	[257]
29	铜	Cu	63.546	65	铽	Tb	158.9254	101	钔	Md	[258]
30	锌	Zn	65.38	66	镝	Dy	162.50	102	锘	No	[259]
31	镓	Ga	69.72	67	钬	Ho	164.9304	103	铹	Lr	[260]
32	锗	Ge	72.59	68	铒	Er	167.26	104	𬬻	Rf	[261]
33	砷	As	74.9216	69	铥	Tm	168.9342	105	𬭊	Db	[262]
34	硒	Se	78.96	70	镱	Yb	173.04	106	𬭳	Sg	[263]
35	溴	Br	79.904	71	镥	Lu	174.967	107	𬭛	Bh	[261]
36	氪	Kr	83.80	72	铪	Hf	178.49	108	𬭶	Hs	[265]

附录 2　常用化合物的式量表

化合物	分子量	化合物	分子量	化合物	分子量	化合物	分子量
AgBr	187.78	$C_6H_4 \cdot COOH \cdot COOK$	204.23	HNO_3	63.01	$Mg_2P_2O_7$	222.60
AgCl	143.32	$CH_3 \cdot COONa$	82.03	H_2O	18.02	MnO	70.94
AgCN	133.84	C_6H_5OH	94.11	H_2O_2	34.02	MnO_2	86.94
Ag_2CrO_4	331.73	$(C_9H_7N)_3H_3(PO_4 \cdot 12MoO_3)$磷钼酸喹啉)	2212.74	H_3PO_4	98.00	$Na_2H_2Y \cdot 2H_2O$ (EDTA 二钠盐)	372.26
AgI	234.77	CCl_4	153.81	H_2S	34.08	$Na_2B_4O_7 \cdot 10H_2O$	381.37
$AgNO_3$	169.87	CO_2	44.01	H_2SO_3	82.08	$NaBiO_3$	279.97
AgSCN	169.95	Cr_2O_3	151.99	H_2SO_4	98.08	NaBr	102.90
Al_2O_3	101.96	$Cu(C_2H3_{02})_2 \cdot 3Cu(AsO_2)_2$	1013.80	$HgCl_2$	271.50	NaCN	49.01
$Al_2(SO_4)_3$	342.15	CuO	79.54	Hg_2Cl_2	472.09	Na_2CO_3	105.99
As_2O_3	197.84	Cu_2O	143.09	$KAl(SO_4)_2 \cdot 12H_2O$	474.38		134.00
As_2O_5	229.84	CuSCN	121.62	$KB(C_6H_5)_4$	358.38	NaCl	58.44
$BaCO_3$	197.35	$CuSO_4$	159.60	KBr	119.01	$NaHCO_3$	84.01
BaC_2O_4	225.36	$CuSO_4 \cdot 5H_2O$	249.68	$KBrO_3$	167.01	NaH_2PO_4	119.98
$BaCl_2$	208.25	$FeCl_3$	162.21	KCN	65.12	Na_2HPO_4	141.96
$BaCl_2 \cdot 2H_2O$	244.28	$FeCl_3 \cdot 6H_2O$	270.30	K_2CO_3	138.21	$Na_2B_4O_7$	201.22
$BaCrO_4$	253.33	FeO	71.85	KCl	74.56	Na_2O	61.98
BaO	153.34	Fe_2O_3	159.69	$KClO_3$	122.55	$NaNO_2$	69.00
$Ba(OH)_2$	171.36	Fe_3O_4	231.54	$KClO_4$	138.55	NaI	149.89
$BaSO_4$	233.40	$FeSO_4 \cdot H_2O$	169.96	K_2CrO_4	194.20	NaOH	40.01

化合物	分子量	化合物	分子量	化合物	分子量	化合物	分子量
$CaCO_3$	100.09	$FeSO_4 \cdot 7H_2O$	278.01	$K_2Cr_2O_7$	294.19	Na_3PO_4	163.94
$Ce(SO_4)_2 \cdot 2(NH_4)_2SO_4 \cdot 2H_2O$	632.54	$FeSO_4 \cdot (NH_4)_2SO_4 \cdot 6H_2O$	392.13	$KHC_2O_4 \cdot H_2C_2O_4 \cdot 2H_2O$	254.19	Na_2S	78.04
$CaCl_2$	110.99	$Fe_2(SO_4)_3$	399.87	$KHC_2O_4 \cdot H_2O$	146.14	$Na_2S \cdot 9H_2O$	240.18
$CaCl_2 \cdot H_2O$	129.00	H_3BO_3	61.83	KI	166.01	Na_2SO_3	126.04
CaF_2	78.08	HBr	80.91	KIO_3	214.00	Na_2SO_4	142.04
$Ca(NO_3)_2$	164.09	$H_2C_4H_4O_6$(酒石酸)	150.09	$KIO_3 \cdot HIO_3$	389.92	$Na_2SO_4 \cdot 10H_2O$	322.20
CaO	56.08	HCN	27.03	$KMnO_4$	158.04	$Na_2S_2O_3$	158.10
$Ca(OH)_2$	74.09	H_2CO_3	62.03	KNO_2	85.10	$Na_2S_2O_3 \cdot 5H_2O$	248.18
$CaSO_4$	136.14	$H_2C_2O_4$	90.04	K_2O	92.20	Na_2SiF_6	188.06
$Ca_3(PO_4)_2$	310.18	$H_2C_2O_4 \cdot 2H_2O$	126.07	KOH	56.11	NH_3	17.03
$Ce(SO_4)_2$	332.24	HCOOH	46.03	KSCN	97.18	NH_4Cl	53.49
CH_3OH	32.04	HCl	36.46	K_2SO_4	174.26	$(NH_4)_2C_2O_4 \cdot H_2O$	142.11
CH_3COOH	60.05	$HClO_4$	100.46	$MgCO_3$	84.32	$NH_3 \cdot H_2O$	35.05
CaC_2O_4	128.10	HF	20.01	$MgCl_2$	95.21	$NH_4Fe(SO_4)_2 \cdot 12H_2O$	482.19
$CH_3 \cdot CO \cdot CH_3$	58.08	HI	127.91	$MgNH_4PO_4$	137.33	$(NH_4)_2HPO_4$	132.05
$C_6H_5 \cdot COOH$	122.12	HNO_2	47.01	MgO	40.31	$(NH_4)_2SO_4$	132.14
$(NH_4)_3PO_4 \cdot 12MoO_3$	1876.53	SO_3	80.06	$SnCl_2$	189.60	ZnO	81.37
$NiC_8H_{14}O_4N_4$(丁二酮肟镍)	288.93	Sb_2O_3	291.50	SnO_2	150.69	$Zn_2P_2O_7$	304.70
Pb_3O_4	685.57	SiF_4	104.08	TiO_2	79.90	$ZnSO_4$	161.43
$PbSO_4$	303.25	SiO_2	60.08	WO_3	231.85		
SO_2	64.06	$SnCO_3$	147.63	$ZnCl_2$	136.29		

附录 3 常用酸碱的密度、质量分数与物质的量浓度对照表

溶液的名称	密度 $(g \cdot cm^{-3})$	质量分数(%)	物质的量浓度 $(mol \cdot L^{-1})$	溶液的名称	密度 $(g \cdot cm^{-3})$	质量分数(%)	物质的量浓度 $(mol \cdot L^{-1})$
浓 H_2SO_4	1.84	98	18	HBr	1.38	40	7
稀 H_2SO_4	1.06	9	1	HI	1.70	57	7.5
浓 HCl	1.18	38	12	冰 HAc	1.05	99	17.5
稀 HCl	1.03	7	2	稀 HAc	1.04	30	5
浓 HNO_3	1.42	69	16	稀 HAc	1.02	12	2
稀 HNO_3	1.20	33	6	浓 NaOH	1.43	40	14

溶液的名称	密度 ($g \cdot cm^{-3}$)	质量分数 (%)	物质的量浓度 ($mol \cdot L^{-1}$)	溶液的名称	密度 ($g \cdot cm^{-3}$)	质量分数(%)	物质的量浓度 ($mol \cdot L^{-1}$)
稀 HNO_3	1.07	12	2	浓 NaOH	1.33	30	13
浓 H_3PO_4	1.7	85	14.7	稀 NaOH	1.09	8	2
稀 H_3PO_4	1.05	9	1	浓 $NH_3 \cdot H_2O$	0.91	28	14.8
浓 $HClO_4$	1.67	70	11.6	稀 $NH_3 \cdot H_2O$	0.98	4	2
稀 $HClO_4$	1.12	19	2	$Ca(OH)_{2(饱和)}$		0.15	
浓 HF	1.13	40	23	$Ba(OH)_{2(饱和)}$		2	0.1

附录4 弱酸及其共轭碱在水中的解离常数

(298.15K,离子强度 I = 0)

附录 4.1 无机酸、碱在水溶液中的解离常数(25℃)

名称	化学式	K_a/K_b	pK	名称	化学式	K_a/K_b	pK
无机酸			次氯酸	HClO	3.2×10^{-8}	7.50	
亚砷酸	H_3AsO_3	6.0×10^{-10}	9.22	氢氟酸	HF	6.61×10^{-4}	3.18
砷酸	H_3AsO_4	$6.3 \times 10^{-3}(K_1)$	2.20	硼酸	H_3BO_3	$5.8 \times 10^{-10}(K_1)$	9.24
		$1.05 \times 10^{-7}(K_2)$	6.98			$1.8 \times 10^{-13}(K_2)$	12.74
		$3.2 \times 10^{-12}(K_3)$	11.50			$1.6 \times 10^{-14}(K_3)$	13.80
次溴酸	HBrO	2.4×10^{-9}	8.62	氢氰酸	HCN	6.2×10^{-10}	9.21
高碘酸	HIO_4	2.8×10^{-2}	1.56	亚硝酸	HNO_2	5.1×10^{-4}	3.29
次磷酸	H_3PO_2	5.9×10^{-2}	1.23	偏铝酸	$HAlO_2$	6.3×10^{-13}	12.20
碳酸	H_2CO_3	$4.2 \times 10^{-7}(K_1)$	6.38	锗酸	H_2GeO_3	$1.7 \times 10^{-9}(K_1)$	8.78
		$5.6 \times 10^{-11}(K_2)$	10.25			$1.9 \times 10^{-13}(K_2)$	12.72
亚磷酸	H_3PO_3	$5.0 \times 10^{-2}(K_1)$	1.30	氢硫酸	H_2S	$1.3 \times 10^{-7}(K_1)$	6.88
		$2.5 \times 10^{-7}(K_2)$	6.60			$7.1 \times 10^{-15}(K_2)$	14.15
亚硫酸	H_2SO_3	$1.23 \times 10^{-2}(K_1)$	1.91	硫酸	H_2SO_4	$1.0 \times 10^{3}(K_1)$	-3.0
		$6.6 \times 10^{-8}(K_2)$	7.18			$1.02 \times 10^{-2}(K_2)$	1.99
硫代硫酸	$H_2S_2O_3$	$2.52 \times 10^{-1}(K_1)$	0.60	氢硒酸	H_2Se	$1.3 \times 10^{-4}(K_1)$	3.89
		$1.9 \times 10^{-2}(K_2)$	1.72			$1.0 \times 10^{-11}(K_2)$	11.0

名称	化学式	K_a/K_b	pK	名称	化学式	K_a/K_b	pK
磷　酸	H_3PO_4	$7.52\times10^{-3}(K_1)$	2.12	亚硒酸	H_2SeO_3	$2.7\times10^{-3}(K_1)$	2.57
		$6.31\times10^{-8}(K_2)$	7.20			$2.5\times10^{-7}(K_2)$	6.60
		$4.4\times10^{-13}(K_3)$	12.36	硒　酸	H_2SeO_4	$1\times10^{3}(K_1)$	-3.0
焦磷酸	$H_4P_2O_7$	$3.0\times10^{-2}(K_1)$	1.52			$1.2\times10^{-2}(K_2)$	1.92
		$4.4\times10^{-3}(K_2)$	2.36	亚碲酸	H_2TeO_3	$2.7\times10^{-3}(K_1)$	2.57
		$2.5\times10^{-7}(K_3)$	6.60			$1.8\times10^{-8}(K_2)$	7.74
		$5.6\times10^{-10}(K_4)$	9.25	硅　酸	H_2SiO_3	$1.7\times10^{-10}(K_1)$	9.77
无机碱							
氢氧化铝	$Al(OH)_3$	$1.38\times10^{-9}(K_3)$	8.86	氢氧化银	$AgOH$	1.10×10^{-4}	3.96
氨　水	$NH_3\cdot H_2O$	1.78×10^{-5}	4.75	羟　氨	$NH_2OH\cdot H_2O$	9.12×10^{-9}	8.04
氢氧化钙	$Ca(OH)_2$	3.72×10^{-3}	2.43	肼(联氨)	$N_2H_4\cdot H_2O$	$9.55\times10^{-7}(K_1)$	6.02
		3.98×10^{-2}	1.40			$1.26\times10^{-15}(K_2)$	14.9
氢氧化铅	$Pb(OH)_2$	$9.55\times10^{-4}(K_1)$	3.02	氢氧化锌	$Zn(OH)_2$	9.55×10^{-4}	3.02
		$3.0\times10^{-8}(K_2)$	7.52				

附录4.2　有机酸、碱在水溶液中的解离常数(25℃)

名称	化学式	K_a/K_b	pK	名称	化学式	K_a/K_b	pK
甲　酸	$HCOOH$	1.8×10^{-4}	3.75	乙　酸	CH_3COOH	1.74×10^{-5}	4.76
乙醇酸	$CH_2(OH)COOH$	1.48×10^{-4}	3.83	2-丙炔酸	$HC\equiv CCOOH$	1.29×10^{-2}	1.89
甘氨酸	$CH_2(NH_2)COOH$	1.7×10^{-10}	9.78	甘油酸	$HOCH_2CHOHCOOH$	2.29×10^{-4}	3.64
一氯乙酸	$CH_2ClCOOH$	1.4×10^{-3}	2.86	丙酮酸	$CH_3COCOOH$	3.2×10^{-3}	2.49
二氯乙酸	$CHCl_2COOH$	5.0×10^{-2}	1.30	a-丙胺酸	CH_3CHNH_2COOH	1.35×10^{-10}	9.87
三氯乙酸	CCl_3COOH	2.0×10^{-1}	0.70	b-丙胺酸	$CH_2NH_2CH_2COOH$	4.4×10^{-11}	10.36
丙　酸	CH_3CH_2COOH	1.35×10^{-5}	4.87	正丁酸	$CH_3(CH_2)_2COOH$	1.52×10^{-5}	4.82
丙烯酸	$CH_2=CHCOOH$	5.5×10^{-5}	4.26	异丁酸	$(CH_3)_2CHCOOH$	1.41×10^{-5}	4.85
乳酸(丙醇酸)	$CH_3CHOHCOOH$	1.4×10^{-4}	3.86	3-丁烯酸	$CH_2=CHCH_2COOH$	2.1×10^{-5}	4.68
异丁烯酸	$CH_2=C(CH_2)COOH$	2.2×10^{-5}	4.66	正戊酸	$CH_3(CH_2)_3COOH$	1.4×10^{-5}	4.86
2-戊烯酸	$CH_3CH_2CH=CHCOOH$	2.0×10^{-5}	4.70	异戊酸	$(CH_3)_2CHCH_2COOH$	1.67×10^{-5}	4.78
3-戊烯酸	$CH_3CH=CHCH_2COOH$	3.0×10^{-5}	4.52	正己酸	$CH_3(CH_2)_4COOH$	1.39×10^{-5}	4.86
4-戊烯酸	$CH_2=CHCH_2CH_2COOH$	2.10×10^{-5}	4.677	异己酸	$(CH_3)_2CH(CH_2)_3{-}COOH$	1.43×10^{-5}	4.85
(E)-2-己烯酸	$H(CH_2)_3CH=CHCOOH$	1.8×10^{-5}	4.74	葡萄糖酸	$CH_2OH(CHOH)_4COOH$	1.4×10^{-4}	3.86
(E)-3-己烯酸	$CH_3CH_2CH=CHCH_2COOH$	1.9×10^{-5}	4.72	苯甲酸	C_6H_5COOH	6.3×10^{-5}	4.20
苯　酚	C_6H_5OH	1.1×10^{-10}	9.96	对苯二酚	$(p)C_6H_4(OH)_2$	1.1×10^{-10}	9.96

名称	化学式	K_a/K_b	pK	名称	化学式	K_a/K_b	pK
2,4,6-三硝基苯酚	2,4,6-$(NO_2)_3C_6H_2OH$	5.1×10^{-1}	0.29	间硝基苯甲酸	(m)$NO_2C_6H_4COOH$	3.5×10^{-4}	3.46
邻硝基苯甲酸	(o)$NO_2C_6H_4COOH$	6.6×10^{-3}	2.18	对硝基苯甲酸	(p)$NO_2C_6H_4COOH$	3.6×10^{-4}	3.44
草　酸	$(COOH)_2$	5.4×10^{-2} (K_1)	1.27	丙二酸	$HOCOCH_2COOH$	1.4×10^{-3} (K_1)	2.85
		5.4×10^{-5} (K_2)	4.27			2.2×10^{-6} (K_2)	5.66
反丁烯二酸	HOCOCH═CHCOOH	9.3×10^{-4} (K_1)	3.03	反丁烯二酸（富马酸）	HOCOCH═CHCOOH	9.3×10^{-4} (K_1)	3.03
		3.6×10^{-5} (K_2)	4.44			3.6×10^{-5} (K_2)	4.44
顺丁烯二酸	HOCOCH═CHCOOH	1.2×10^{-2} (K_1)	1.92	酒石酸	HOCOCH(OH)CH(OH)COOH	1.04×10^{-3} (K_1)	2.98
		5.9×10^{-7} (K_2)	6.23			4.55×10^{-5} (K_2)	4.34
戊二酸	$HOCO(CH_2)_3COOH$	1.7×10^{-4} (K_1)	3.77	己二酸	$HOCOCH_2CH_2CH_2CH_2COOH$	3.8×10^{-5} (K_1)	4.42
		8.3×10^{-7} (K_2)	6.08			3.9×10^{-6} (K_2)	5.41
邻苯二酚	(o)$C_6H_4(OH)_2$	3.6×10^{-10}	9.45	间苯二酚	(m)$C_6H_4(OH)_2$	3.6×10^{-10} (K_1)	9.30
		1.6×10^{-13}	12.8			8.71×10^{-12} (K_2)	11.06
水杨酸	$C_6H_4(OH)COOH$	1.05×10^{-3} (K_1)	2.98	邻苯二甲酸	(o)$C_6H_4(COOH)_2$	1.1×10^{-3} (K_1)	2.96
		4.17×10^{-13} (K_2)	12.38			4.0×10^{-6} (K_2)	5.40
间苯二甲酸	(m)$C_6H_4(COOH)_2$	2.4×10^{-4} (K_1)	3.62	对苯二甲酸	(p)$C_6H_4(COOH)_2$	2.9×10^{-4} (K_1)	3.54
		2.5×10^{-5} (K_2)	4.60			3.5×10^{-5} (K_2)	4.46
柠檬酸	$HOCOCH_2C(OH)(COOH)CH_2COOH$	7.4×10^{-4} (K_1)	3.13	1,3,5-苯三甲酸	$C_6H_3(COOH)_3$	7.6×10^{-3} (K_1)	2.12
		1.7×10^{-5} (K_2)	4.76			7.9×10^{-5} (K_2)	4.10
		4.0×10^{-7} (K_3)	6.40			6.6×10^{-6} (K_3)	5.18

名称	化学式	K_a/K_b	pK	名称	化学式	K_a/K_b	pK
乙二胺四乙酸（EDTA）	$CH_2N(CH_2COOH)_2$ $CH_2N(CH_2-COOH)_2$	1.0×10^{-2} (K_1)	2.0	苯基六羧酸	$C_6(COOH)_6$	2.1×10^{-1} (K_1)	0.68
		2.14×10^{-3} (K_2)	2.67			6.2×10^{-3} (K_2)	2.21
		6.92×10^{-7} (K_3)	6.16			3.0×10^{-4} (K_3)	3.52
		5.5×10^{-11} (K_4)	10.26			8.1×10^{-6} (K_4)	5.09
癸二酸	$HOOC(CH_2)_8COOH$	2.6×10^{-5} (K_1)	4.59			4.8×10^{-7} (K_5)	6.32
		2.6×10^{-6} (K_2)	5.59			3.2×10^{-8} (K_6)	7.49
甲胺	CH_3NH_2	4.17×10^{-4}	3.38	尿素	$CO(NH_2)_2$	1.5×10^{-14}	13.82
乙胺	$CH_3CH_2NH_2$	4.27×10^{-4}	3.37	乙醇胺	$H_2N(CH_2)_2OH$	3.16×10^{-5}	4.50
乙二胺	$H_2N(CH_2)_2NH_2$	8.51×10^{-5} (K_1)	4.07	8-羟喹啉（20℃）	$8-HO-C_9H_6N$	6.5×10^{-5}	4.19
		7.08×10^{-8} (K_2)	7.15				
二甲胺	$(CH_3)_2NH$	5.89×10^{-4}	3.23	三甲胺	$(CH_3)_3N$	6.31×10^{-5}	4.20
三乙胺	$(C_2H_5)_3N$	5.25×10^{-4}	3.28	丙胺	$C_3H_7NH_2$	3.70×10^{-4}	3.432
三丙胺	$(CH_3CH_2CH_2)_3N$	4.57×10^{-4}	3.34	异丙胺	$i-C_3H_7NH_2$	4.37×10^{-4}	3.36
三乙醇胺	$(HOCH_2CH_2)_3N$	5.75×10^{-7}	6.24	丁胺	$C_4H_9NH_2$	4.37×10^{-4}	3.36
异丁胺	$C_4H_9NH_2$	2.57×10^{-4}	3.59	叔丁胺	$C_4H_9NH_2$	4.84×10^{-4}	3.315
1,3-丙二胺	$NH_2(CH_2)_3NH_2$	2.95×10^{-4} (K_1)	3.53	己胺	$H(CH_2)_6NH_2$	4.37×10^{-4}	3.36
		3.09×10^{-6} (K_2)	5.51	辛胺	$H(CH_2)_8NH_2$	4.47×10^{-4}	3.35
1,2-丙二胺	$CH_3CH(NH_2)CH_2NH_2$	5.25×10^{-5} (K_1)	4.28	苯胺	$C_6H_5NH_2$	3.98×10^{-10}	9.40
		4.05×10^{-8} (K_2)	7.393	苄胺	C_7H_9N	2.24×10^{-5}	4.65
环己胺	$C_6H_{11}NH_2$	4.37×10^{-4}	3.36	六亚甲基四胺	$(CH_2)_6N_4$	1.35×10^{-9}	8.87
吡啶	C_5H_5N	1.48×10^{-9}	8.83	2-氯酚	C_6H_5ClO	3.55×10^{-6}	5.45
3-氯酚	C_6H_5ClO	1.26×10^{-5}	4.90	4-氯酚	C_6H_5ClO	2.69×10^{-5}	4.57
邻氨基苯酚	$(o)H_2NC_6H_4OH$	5.2×10^{-5}	4.28	邻甲苯胺	$(o)CH_3C_6H_4NH_2$	2.82×10^{-10}	9.55
		1.9×10^{-5}	4.72	间甲苯胺	$(m)CH_3C_6H_4NH_2$	5.13×10^{-10}	9.29
间氨基苯酚	$(m)H_2NC_6H_4OH$	7.4×10^{-5}	4.13	对甲苯胺	$(p)CH_3C_6H_4NH_2$	1.20×10^{-9}	8.92
		6.8×10^{-5}	4.17	二苯胺	$(C_6H_5)_2NH$	7.94×10^{-14}	13.1

名称	化学式	K_a/K_b	pK	名称	化学式	K_a/K_b	pK
对氨基苯酚	$(p)H_2NC_6H_4OH$	2.0×10^{-4}	3.70	联苯胺	$H_2NC_6H_4^-C_6H_4NH_2$	5.01×10^{-10} (K_1)	9.30
		3.2×10^{-6}	5.50			4.27×10^{-11} (K_2)	10.37

附录5 常用指示剂及其配制

附录5.1 酸碱指示剂

序号	名 称	pH变色范围	酸色	碱色	pK_a	浓度
1	甲基紫(第一次变色)	0.13~0.5	黄	绿	0.8	0.1%或0.05%水溶液
2	甲基紫(第二次变色)	1.0~1.5	绿	蓝	–	0.1%或0.05%水溶液
3	甲基紫(第三次变色)	2.0~3.0	蓝	紫	–	0.1%或0.05%水溶液
4	甲酚红(第一次变色)	0.2~1.8	红	黄	–	0.04%乙醇(50%)溶液
5	甲酚红(第二次变色)	7.2~8.8	黄	红	8.2	0.04%乙醇(50%)溶液
6	百里酚蓝(麝香草酚蓝)(第一次变色)	1.2~2.8	红	黄	1.65	0.1%乙醇(20%)溶液
7	百里酚蓝(麝香草酚蓝)(第二次变色)	8.0~9.6	黄	蓝	8.9	0.1%乙醇(20%)溶液
8	茜素黄R(第一次变色)	1.9~3.3	红	黄	–	0.1%水溶液
9	茜素黄R(第二次变色)	10.1~12.1	黄	紫	11.16	0.1%水溶液
10	苦味酸	0.0~1.3	无色	黄	0.8	0.1%的水溶液
11	甲基黄	2.9~4.0	红	黄	3.3	0.1%乙醇(90%)溶液
12	溴酚蓝	3.0~4.6	黄	蓝	3.85	0.1%乙醇(20%)溶液
13	甲基橙	3.1~4.4	红	黄	3.40	0.1%水溶液
14	刚果红	3.0~5.2	蓝紫	红		0.1%的水溶液
15	溴甲酚绿	3.8~5.4	黄	蓝	4.68	0.1%乙醇(20%)溶液
16	甲基红	4.4~6.2	红	黄	4.95	0.1%乙醇(60%)溶液
17	溴百里酚蓝	6.0~7.6	黄	蓝	7.1	0.1%乙醇(20%)
18	中性红	6.8~8.0	红	黄	7.4	0.1%乙醇(60%)溶液
19	酚 红	6.8~8.0	黄	红	7.9	0.1%乙醇(20%)溶液
20	酚 酞	8.2~10.0	无色	紫红	9.4	0.1%乙醇(60%)溶液
21	百里酚酞	9.4~10.6	无色	蓝	10.0	0.1%乙醇(90%)溶液
22	溴酚红	5.0~6.8	黄	红		0.1g或0.04g指示剂溶于100mL 20%乙醇中
23	靛胭脂红	11.6~14.0	蓝	黄	12.2	25%乙醇(50%)溶液
24	孔雀绿(第一变色范围)	0.13~2.0	黄	绿		0.1%的水溶液
25	孔雀绿(第二变色范围)	11.5~13.2	蓝绿	无色		0.1%的水溶液

附录 5.2 混合酸碱指示剂

序号	指示剂名称	浓度	组成	变色点 pH	酸色	碱色
1	甲基黄	0.1% 乙醇溶液	1:1	3.28	蓝紫	绿
	亚甲基蓝	0.1% 乙醇溶液				
2	甲基橙	0.1% 水溶液	1:1	4.3	紫	绿
	苯胺蓝	0.1% 水溶液				
3	溴甲酚绿	0.1% 乙醇溶液	3:1	5.1	酒红	绿
	甲基红	0.2% 乙醇溶液				
4	溴甲酚绿钠盐	0.1% 水溶液	1:1	6.1	黄绿	蓝紫
	氯酚红钠盐	0.1% 水溶液				
5	中性红	0.1% 乙醇溶液	1:1	7.0	蓝紫	绿
	亚甲基蓝	0.1% 乙醇溶液				
6	中性红	0.1% 乙醇溶液	1:1	7.2	玫瑰	绿
	溴百里酚蓝	0.1% 乙醇溶液				
7	甲酚红钠盐	0.1% 水溶液	1:3	8.3	黄	紫
	百里酚蓝钠盐	0.1% 水溶液				
8	酚酞	0.1% 乙醇溶液	1:2	8.9	绿	紫
	甲基绿	0.1% 乙醇溶液				
9	酚酞	0.1% 乙醇溶液	1:1	9.9	无色	紫
	百里酚酞	0.1% 乙醇溶液				
10	百里酚酞	0.1% 乙醇溶液	2:1	10.2	黄	绿
	茜素黄	0.1% 乙醇溶液				

注:混合酸碱指示剂要保存在深色瓶中。

附录 5.3 吸附指示剂

吸附指示剂是一类有机染料,用于沉淀法滴定。当它被吸附在胶粒表面后,可能是由于形成了某种化合物而导致指示剂分子结构的变化,从而引起颜色的变化。在沉淀滴定中,可以利用它的此种性质来指示滴定的终点。吸附指示剂可分为两大类:一类是酸性染料,如荧光黄及其衍生物,它们是有机弱酸,能解离出指示剂阴离子;另一类是碱性染料,如甲基紫等,它们是有机弱碱,能解离出指示剂阳离子。

序号	名称	被滴定离子	滴定剂	起点颜色	终点颜色	浓度
1	荧光黄	Cl^-,Br^-, SCN^-	Ag^+	黄绿	玫瑰	0.1% 乙醇溶液
		I^-			橙	
2	二氯(p)荧光黄	Cl^-,Br^-	Ag^+	红紫	蓝紫	0.1% 乙醇(60% ~70%)溶液
		SCN^-		玫瑰	红紫	
		I^-		黄绿	橙	
3	曙红	Br^-,I^-,SCN^-	Ag^+	橙	深红	0.5% 水溶液
		Pb^{2+}	MoO_4^{2-}	红紫	橙	

序号	名 称	被滴定离子	滴定剂	起点颜色	终点颜色	浓 度
4	溴酚蓝	Cl^-,Br^-,SCN^-	Ag^+	黄	蓝	0.1%钠盐水溶液
		I^-		黄绿	蓝绿	
		TeO_3^{2-}		紫红	蓝	
5	溴甲酚绿	Cl^-	Ag^+	紫	浅蓝绿	0.1% 乙醇溶液(酸性)
6	二甲酚橙	Cl^-	Ag^+	玫瑰	灰蓝	0.2%水溶液
		Br^-,I^-			灰绿	
7	罗丹明6G	Cl^-,Br^-	Ag +	红紫	橙	0.1%水溶液
		Ag^+	Br^-	橙	红紫	
8	品红	Cl^-	Ag^+	红紫	瑰	0.1% 乙醇溶液
		Br^-,I^-		橙		
		SCN^-		浅蓝		
9	刚果红	Cl^-,Br^-,I^-	Ag^+	红	蓝	0.1%水溶液
10	茜素红S	SO_4^{2-}	Ba^{2+}	黄	玫瑰红	0.4%水溶液
		$[Fe(CN)_6]^{4-}$	Pb^{2+}			
11	偶氮氯膦Ⅲ	SO_4^{2-}	Ba^{2+}	红	蓝绿	-
12	甲基红	F^-	Ce^{3+}		黄	玫瑰红
			$Y(NO_3)_3$			
13	二苯胺	Zn^{2+}	$[Fe(CN)_6]^{4-}$	蓝	黄绿	1%的硫酸(96%)溶液
14	邻二甲氧基联苯胺	Zn^{2+},Pb^{2+}	$[Fe(CN)_6]^{4-}$	紫	无色	1%的硫酸溶液
15	酸性玫瑰红	Ag^+	MoO_4^{2-}	无色	紫红	0.1%水溶液

附录5.4 荧光指示剂

滴定和确定浑浊液体和有色液体的pH可以使用荧光指示剂。在滴定过程中荧光色变不受液体颜色和其透明度的影响,因此常被选用。

序号	名称	pH变色范围	酸 色	碱 色	浓 度
1	曙 红	0~3.0	无荧光	绿	1%水溶液
2	水杨酸	2.5~4.0	无荧光	暗蓝	0.5%水杨酸钠水溶液
3	2-萘胺	2.8~4.4	无荧光	紫	1%乙醇溶液
4	1-萘胺	3.4~4.8	无荧光	蓝	1%乙醇溶液
5	奎 宁	3.0~5.0	蓝	浅紫	0.1%乙醇溶液
		9.5~10.0	浅紫	无荧光	
6	2-羟基-3-萘甲酸	3.0~6.8	蓝	绿	0.1%其钠盐水溶液
7	喹 啉	6.2~7.2	蓝	无荧光	饱和水溶液
8	2-萘酚	8.5~9.5	无荧光	蓝	0.1%乙醇溶液
9	香豆素	9.5~10.5	无荧光	浅绿	-

附录 5.5 氧化还原指示剂

序号	名　称	氧化型颜色	还原型颜色	E_{ind}/V	浓　度
1	二苯胺	紫	无色	+0.76	1%浓硫酸溶液
2	二苯胺磺酸钠	紫红	无色	+0.84	0.2%水溶液
3	亚甲基蓝	蓝	无色	+0.532	0.1%水溶液
4	中性红	红	无色	+0.24	0.1%乙醇溶液
5	喹啉黄	无色	黄	–	0.1%水溶液
6	淀　粉	蓝	无色	+0.53	0.1%水溶液
7	孔雀绿	棕	蓝	–	0.05%水溶液
8	劳氏紫	紫	无色	+0.06	0.1%水溶液
9	邻二氮菲－亚铁	浅蓝	红	+1.06	(1.485g 邻二氮菲 +0.695g 硫酸亚铁)溶于 100ml 水
10	酸性绿	橘红	黄绿	+0.96	0.1%水溶液
11	专利蓝Ⅴ	红	黄	+0.95	0.1%水溶液

附录 5.6 金属离子指示剂

在络合滴定中，通常都是利用一种能与金属离子生成有色配合物的显色剂来指示滴定过程中金属离子浓度的变化，此种显色剂称为金属离子指示剂，简称金属指示剂，即络合指示剂。

名称	In 本色	MIn 颜色	适用 pH 范围	被滴定离子	干扰离子	浓　度
铬黑 T	蓝	葡萄红	6.0～11.0	Ca^{2+}，Cd^{2+}，Hg^{2+}，Mg^{2+}，Mn^{2+}，Pb^{2+}，Zn^{2+}	Al^{3+}，Co^{2+}，Cu^{2+}，Fe^{3+}，Ga^{3+}，In^{3+}，Ni^{2+}，Ti(Ⅳ)	与固体 NaCl 混合物(1:100)
二甲酚橙	柠檬黄	红	5.0～6.0	Cd^{2+}，Hg^{2+}，La^{3+}，Pb^{2+}，Zn^{2+}	–	0.5%乙醇溶液
			2.5	Bi^{3+}，Th^{4+}		
茜素	红	黄	2.8	Th^{4+}	–	–
钙试剂	亮蓝	深红	>12.0	Ca^{2+}	–	与固体 NaCl 混合物(1:100)
酸性铬紫 B	橙	红	4.0	Fe^{3+}	–	–
甲基百里酚蓝	灰	蓝	10.5	Ba^{2+}，Ca^{2+}，Mg^{2+}，Mn^{2+}，Sr^{2+}	Bi^{3+}，Cd^{2+}，Co^{2+}，Hg^{2+}，Pb^{2+}，Sc^{3+}，Th^{4+}，Zn^{2+}	1%与固体 KNO_3 混合物
溴酚红	红	橙黄	2.0～3.0	Bi^{3+}	–	–
	蓝紫	红	7.0～8.0	Cd^{2+}，Co^{2+}，Mg^{2+}，Mn^{2+}，Ni^{3+}	–	
	蓝	红	4.0	Pb^{2+}	–	
	浅蓝	红	4.0～6.0	Re^{3+}	–	

名称	In 本色	MIn 颜色	适用 pH 范围	被滴定离子	干扰离子	浓 度
铝试剂	酒红	黄	8.5~10.0	Ca^{2+},Mg^{2+}	-	-
	红	蓝紫	4.4	Al^{3+}	-	
	紫	淡黄	1.0~2.0	Fe^{3+}	-	
偶氮胂Ⅲ	蓝	红	10.0	Ca^{2+},Mg^{2+}	-	-

附录 6 缓冲溶液的配制及 pH-T 关系表

附录 6.1 标准缓冲溶液的配制方法

序号	标准缓冲溶液的名称	浓度 c (mol·kg-1)	配制方法
1	四草酸氢钾 [$KH_3(C_2O_4)_2 \cdot 2H_2O$]	0.05	称取 12.71g 四草酸钾[$KH_3(C_2O_4)_2 \cdot 2H_2O$]溶于无二氧化碳的水中,稀释至 1000mL
2	饱和酒石酸氢钾 ($KHC_4H_4O_6$)	饱和(25℃)	在 25℃时,用无二氧化碳的水溶解外消旋的酒石酸氢钾,并剧烈振摇至成饱和溶液
3	邻苯二甲酸氢钾 ($C_6H_4CO_2HCO_2K$)	0.05	称取于(115.0±5.0)℃干燥 2~3h 的邻苯二甲酸氢钾($KHC_8H_4O_4$)0.21g,溶于无 CO_2 的蒸馏水,并稀释至 1000mL (注:可用于酸度计校准)
4	混合磷酸盐 ($KH_2PO_4-Na_2HPO_4$)	0.025	分别称取在(115.0±5.0)℃干燥 2~3h 的磷酸氢二钠(Na_2HPO_4)(3.53±0.01)g 和磷酸二氢钾(KH_2PO_4)(3.39±0.01)g,溶于预先煮沸过 15~30min 并迅速冷却的蒸馏水中,并稀释至 1000mL(注:可用于酸度计校准)
5	硼砂 ($Na_2B_4O_7 \cdot 10H_2O$)	0.01	称取硼砂($Na_2B_4O_7 \cdot 10H_2O$)(3.80±0.01)g(注意:不能烘!),溶于预先煮沸过 15~30min 并迅速冷却的蒸馏水中,并稀释至 1000mL。置聚乙烯塑料瓶中密闭保存。存放时要防止空气中的 CO_2 的进入(注:可用于酸度计校准)
6	氢氧化钙 [$Ca(OH)_2$]	饱和(25℃)	在 25℃,用无二氧化碳的蒸馏水制备氢氧化钙的饱和溶液。氢氧化钙溶液的浓度 c[$1/2Ca(OH)_2$]应在(0.0400~0.0412)$mol \cdot kg^{-1}$。氢氧化钙溶液的浓度可以酚红为指示剂,用盐酸标准溶液[c(HCl)=0.1 $mol \cdot kg^{-1}$]滴定测出。存放时要防止空气中的二氧化碳的进入。出现混浊应弃去重新配制

附录 6.2 标准缓冲溶液的的 pH-T 关系表

温度(℃)	0.05 $mol \cdot kg^{-1}$ 四草酸氢钾	25℃饱和酒石酸氢钾	0.05$mol \cdot kg^{-1}$ 邻苯二甲酸氢钾	0.025$mol \cdot kg^{-1}$ 混合磷酸盐	0.01 $mol \cdot kg^{-1}$ 硼砂	25℃饱和氢氧化钙	0.008695 $mol \cdot kg^{-1}$ KH_2PO_4 +0.03043 $mol \cdot kg^{-1}$ K_2HPO_4
0	1.668		4.006	6.981	9.458	13.416	7.515

温度（℃）	0.05 $mol \cdot kg^{-1}$ 四草酸氢钾	25℃饱和酒石酸氢钾	0.05$mol \cdot kg^{-1}$ 邻苯二甲酸氢钾	0.025$mol \cdot kg^{-1}$ 混合磷酸盐	0.01 $mol \cdot kg^{-1}$ 硼砂	25℃饱和氢氧化钙	0.008695 $mol \cdot kg^{-1}$ KH_2PO_4 + 0.03043 $mol \cdot kg^{-1}$ K_2HPO_4
5	1.669		3.999	6.949	9.391	13.210	7.490
10	1.671		3.996	6.921	9.330	13.011	7.467
15	1.673		3.996	6.898	9.276	12.820	7.445
20	1.676		3.998	6.879	9.226	12.637	7.426
25	1.680	3.559	4.003	6.864	9.182	12.460	7.409
30	1.684	3.551	4.010	6.852	9.142	12.292	7.395
35	1.688	3.547	4.019	6.844	9.105	12.130	7.386
37				6.839			7.383
40	1.394	3.547	4.029	6.838	9.072	11.975	7.380
45	1.700	3.550	4.042	6.834	9.042	11.828	7.381
50	1.706	3.555	4.055	6.833	9.015	11.697	7.379
55	1.713	3.563	4.070	6.834	8.990	11.553	7.383
60	1.721	3.573	4.087	6.837	8.969	11.426	
70	1.739	3.596	4.122	6.847	8.926		
80	1.759	3.622	4.161	6.862	8.890		
90	1.782	3.648	4.203	6.881	8.856		
95	1.795	3.660	4.224	6.891	8.839		

附表 6.3 常用缓冲溶液的配制方法

缓冲溶液组成	pK_a	pH	缓冲溶液配制的方法
氨基乙酸 - HCl	2.35（pK_{a_1}）	2.3	取氨基乙酸 150g 溶于 500mL 水中后，加浓 HCl 180mL 水稀释至 1L。
H_3PO_4 - 枸橼酸盐		2.5	取 $Na_2HPO_4 \cdot 12H_2O$ 13g 溶于 200mL 水后，加枸橼酸 387g，溶解，过滤后，稀释至 1L。
一氯乙酸 - NaOH	2.86	2.8	取 200g 一氯乙酸溶于 200mL 水中，加 NaOH40g 溶解后，稀释至 1L。
邻苯二甲酸氢钾 - HCl	2.95（pK_{a_1}）	2.9	取邻苯二甲酸氢钾 500g 溶于 500mL 水中，加浓 HCl 180mL，稀释至 1L。
甲酸 - NaOH	3.76	3.7	取 95g 甲酸和 NaOH40g 于 500mL 水中，溶解，稀释至 1L。
NaAc - HAc	4.74	4.0	$NaAc \cdot 3H_2O$ 20g，溶于适量水中，加 6 $mol \cdot L^{-1}$ HAc 134mL，稀释至 500mL.
NH_4Ac - HAc	4.74	4.5	取 NH_4Ac 77g 溶于 200mL 水中，加冰醋酸 59mL，稀释至 1L。
NaAc - HAc	4.74	4.7	取无水 NaAc83g 溶于水中，加冰醋酸 60mL，稀释至 1L。
NaAc - HAc	4.74	5.0	取无水 NaAc160g 溶于水中，加冰醋酸 60mL，稀释至 1L。

缓冲溶液组成	pK_a	pH	缓冲溶液配制的方法
NH4Ac – HAc	4.74	5.0	取 NH4Ac 250g 溶于水中，加冰醋酸 25mL，稀释至 1L。
六次甲基四胺 – HCl	5.15	5.4	取六次甲基四胺 40g 溶于 200mL 水中，加浓 HCl 10mL，稀释至 1L。
NH_4Ac – HAc	4.74	6.0	取 NH_4Ac 600g 溶于水中，加冰醋酸 20mL，稀释至 1L。或 NaAc · $3H_2O$ 50g，溶于适量水中，加 6 mol · L^{-1} HAc 34mL，稀释至 500mL。
NaAc – 磷酸盐		8.0	取无水 NaAc50g 和 Na_2HPO_4 · $12H_2O$ 50g 溶于水中，稀释至 1L。
Tris – HCl[三羟甲基氨甲烷 $NH_2C-(CH_3OH)_3$]	8.21	8.2	取 25g Tris 试剂溶于水中，加浓 HCl 8mL，稀释至 1L。
NH_3 – NH_4Cl	9.26	9.2	取 NH_4Cl 54g 溶于水中，加浓氨水 63mL，稀释至 1L。
NH_3 – NH_4Cl	9.26	9.5	取 NH_4Cl 54g 溶于水中，加浓氨水 26mL，稀释至 1L。
NH_3 – NH_4Cl	9.26	10.0	取 NH_4Cl 54g 溶于水中，加浓氨水 50mL，稀释至 1L。
氨基乙酸 – 氯化钠 – 氢氧化钠		11.6	取 49.0 mL 0.1 mol · L^{-1} 氨基乙酸 – 氯化钠与 51.0 mL 0.1 mol · L^{-1} NaOH 混合均匀。
磷酸氢二钠 – 氢氧化钠		12.0	把 50.0 mL0.05 mol · L^{-1} Na_2HPO_4 与 26.9 mL0.1 mol · L^{-1} NaOH 混合均匀，加水稀释至 100 mL。

注：(1)缓冲液配制后可用 pH 试纸检查。如 pH 不符，可用共轭酸或碱调节。pH 值欲调节精确时可用 pH 计调节。

(2)若需增加或减少缓冲容量时，可相应增加或减少共轭酸碱对物质的量，再调节之。

附录 7　常见难溶电解质的溶度积 K_{sp}^{-} (298.15K)

序号	分子式	$K_{sp}^{\ominus}$	$pK_{sp}^{\ominus}$ ($-\lg K_{sp}^{\ominus}$)	序号	分子式	$K_{sp}^{\ominus}$	$pK_{sp}^{\ominus}$ ($-\lg K_{sp}^{-}$)
1	Ag_3AsO_4	1.0×10^{-22}	22.0	95	Hg_2Cl_2	1.3×10^{-18}	17.88
2	AgBr	5.0×10^{-13}	12.3	96	HgC_2O_4	1.0×10^{-7}	7.0
3	$AgBrO_3$	5.50×10^{-5}	4.26	97	Hg_2CO_3	8.9×10^{-17}	16.05
4	AgCl	1.8×10^{-10}	9.75	98	$Hg_2(CN)_2$	5.0×10^{-40}	39.3
5	AgCN	1.2×10^{-16}	15.92	99	Hg_2CrO_4	2.0×10^{-9}	8.70
6	Ag_2CO_3	8.1×10^{-12}	11.09	100	Hg_2I_2	4.5×10^{-29}	28.35
7	$Ag_2C_2O_4$	3.5×10^{-11}	10.46	101	HgI_2	2.82×10^{-29}	28.55
8	$Ag_2Cr_2O_4$	1.2×10^{-12}	11.92	102	$Hg_2(IO_3)_2$	2.0×10^{-14}	13.71
9	$Ag_2Cr_2O_7$	2.0×10^{-7}	6.70	103	$Hg_2(OH)_2$	2.0×10^{-24}	23.7
10	AgI	8.3×10^{-17}	16.08	104	HgSe	1.0×10^{-59}	59.0
11	$AgIO_3$	3.1×10^{-8}	7.51	105	HgS(红)	4.0×10^{-53}	52.4
12	AgOH	2.0×10^{-8}	7.71	106	HgS(黑)	1.6×10^{-52}	51.8
13	Ag_2MoO_4	2.8×10^{-12}	11.55	107	Hg_2WO_4	1.1×10^{-17}	16.96

序号	分子式	$K_{sp}^{\ominus}$	$pK_{sp}^{\ominus}$ ($-\lg K_{sp}^{\ominus}$)	序号	分子式	$K_{sp}^{\ominus}$	$pK_{sp}^{\ominus}$ ($-\lg K_{sp}^{-}$)
14	Ag_3PO_4	1.4×10^{-16}	15.84	108	$Ho(OH)_3$	5.0×10^{-23}	22.30
15	Ag_2S	6.3×10^{-50}	49.2	109	$In(OH)_3$	1.3×10^{-37}	36.9
16	AgSCN	1.0×10^{-12}	12.00	110	$InPO_4$	2.3×10^{-22}	21.63
17	Ag_2SO_3	1.5×10^{-14}	13.82	111	In_2S_3	5.7×10^{-74}	73.24
18	Ag_2SO_4	1.4×10^{-5}	4.84	112	$La_2(CO_3)_3$	3.98×10^{-34}	33.4
19	Ag_2Se	2.0×10^{-64}	63.7	113	$LaPO_4$	3.98×10^{-23}	22.43
20	Ag_2SeO_3	1.0×10^{-15}	15.00	114	$Lu(OH)_3$	1.9×10^{-24}	23.72
21	Ag_2SeO_4	5.7×10^{-8}	7.25	115	$Mg_3(AsO_4)_2$	2.1×10^{-20}	19.68
22	$AgVO_3$	5.0×10^{-7}	6.3	116	$MgCO_3$	3.5×10^{-8}	7.46
23	Ag_2WO_4	5.5×10^{-12}	11.26	117	$MgCO_3\cdot3H_2O$	2.14×10^{-5}	4.67
24	$Al(OH)_3$ ①	4.57×10^{-33}	32.34	118	$Mg(OH)_2$	1.8×10^{-11}	10.74
25	$AlPO_4$	6.3×10^{-19}	18.24	119	$Mg_3(PO_4)_2\cdot8H_2O$	6.31×10^{-26}	25.2
26	Al_2S_3	2.0×10^{-7}	6.7	120	$Mn_3(AsO_4)_2$	1.9×10^{-29}	28.72
27	$Au(OH)_3$	5.5×10^{-46}	45.26	121	$MnCO_3$	1.8×10^{-11}	10.74
28	$AuCl_3$	3.2×10^{-25}	24.5	122	$Mn(IO_3)_2$	4.37×10^{-7}	6.36
29	AuI_3	1.0×10^{-46}	46.0	123	$Mn(OH)_4$	1.9×10^{-13}	12.72
30	$Ba_3(AsO_4)_2$	8.0×10^{-51}	50.1	124	MnS(粉红)	2.5×10^{-10}	9.6
31	$BaCO_3$	5.1×10^{-9}	8.29	125	MnS(绿)	2.5×10^{-13}	12.6
32	BaC_2O_4	1.6×10^{-7}	6.79	126	$Ni_3(AsO_4)_2$	3.1×10^{-26}	25.51
33	$BaCrO_4$	1.2×10^{-10}	9.93	127	$NiCO_3$	6.6×10^{-9}	8.18
34	$Ba_3(PO_4)_2$	3.4×10^{-23}	22.44	128	NiC_2O_4	4.0×10^{-10}	9.4
35	$BaSO_4$	1.1×10^{-10}	9.96	129	$Ni(OH)_2$(新)	2.0×10^{-15}	14.7
36	BaS_2O_3	1.6×10^{-5}	4.79	130	$Ni_3(PO_4)_2$	5.0×10^{-31}	30.3
37	$BaSeO_3$	2.7×10^{-7}	6.57	131	α-NiS	3.2×10^{-19}	18.5
38	$BaSeO_4$	3.5×10^{-8}	7.46	132	β-NiS	1.0×10^{-24}	24.0
39	$Be(OH)_2$ ②	1.6×10^{-22}	21.8	133	γ-NiS	2.0×10^{-26}	25.7
40	$BiAsO_4$	4.4×10^{-10}	9.36	134	$Pb_3(AsO_4)_2$	4.0×10^{-36}	35.39
41	$Bi_2(C_2O_4)_3$	3.98×10^{-36}	35.4	135	$PbBr_2$	4.0×10^{-5}	4.41
42	$Bi(OH)_3$	4.0×10^{-31}	30.4	136	$PbCl_2$	1.6×10^{-5}	4.79
43	$BiPO_4$	1.26×10^{-23}	22.9	137	$PbCO_3$	7.4×10^{-14}	13.13
44	$CaCO_3$	2.8×10^{-9}	8.54	138	$PbCrO_4$	2.8×10^{-13}	12.55
45	$CaC_2O_4\cdot H_2O$	4.0×10^{-9}	8.4	139	PbF_2	2.7×10^{-8}	7.57
46	CaF_2	2.7×10^{-11}	10.57	140	$PbMoO_4$	1.0×10^{-13}	13.0
47	$CaMoO_4$	4.17×10^{-8}	7.38	141	$Pb(OH)_2$	1.2×10^{-15}	14.93
48	$Ca(OH)_2$	5.5×10^{-6}	5.26	142	$Pb(OH)_4$	3.2×10^{-66}	65.49
49	$Ca_3(PO_4)_2$	2.0×10^{-29}	28.70	143	$Pb_3(PO_4)_3$	8.0×10^{-43}	42.10

序号	分子式	$K_{sp}^{\ominus}$	$pK_{sp}^{\ominus}$ $(-\lg K_{sp}^{\ominus})$	序号	分子式	$K_{sp}^{\ominus}$	$pK_{sp}^{\ominus}$ $(-\lg K_{sp}^{-})$
50	$CaSO_4$	3.16×10^{-7}	5.04	144	PbS	$1.0\times10^{-2}8$	28.00
51	$CaSiO_3$	2.5×10^{-8}	7.60	145	$PbSO_4$	1.6×10^{-8}	7.79
52	$CaWO_4$	8.7×10^{-9}	8.06	146	PbSe	7.94×10^{-43}	42.1
53	$CdCO_3$	5.2×10^{-12}	11.28	147	$PbSeO_4$	1.4×10^{-7}	6.84
54	$CdC_2O_4\cdot3H_2O$	9.1×10^{-8}	7.04	148	$Pd(OH)_2$	1.0×10^{-31}	31.0
55	$Cd_3(PO_4)_2$	2.5×10^{-33}	32.6	149	$Pd(OH)_4$	6.3×10^{-71}	70.2
56	CdS	8.0×10^{-27}	26.1	150	PdS	2.03×10^{-58}	57.69
57	CdSe	6.31×10^{-36}	35.2	151	$Pm(OH)_3$	1.0×10^{-21}	21.0
58	$CdSeO_3$	1.3×10^{-9}	8.89	152	$Pr(OH)_3$	6.8×10^{-22}	21.17
59	CeF_3	8.0×10^{-16}	15.1	153	$Pt(OH)_2$	1.0×10^{-35}	35.0
60	$CePO_4$	1.0×10^{-23}	23.0	154	$Pu(OH)_3$	2.0×10^{-20}	19.7
61	$Co_3(AsO_4)_2$	7.6×10^{-29}	28.12	155	$Pu(OH)_4$	1.0×10^{-55}	55.0
62	$CoCO_3$	1.4×10^{-13}	12.84	156	$RaSO_4$	4.2×10^{-11}	10.37
63	CoC_2O_4	6.3×10^{-8}	7.2	157	$Rh(OH)_3$	1.0×10^{-23}	23.0
64	$Co(OH)_2$(蓝)	6.31×10^{-15}	14.2	158	$Ru(OH)_3$	1.0×10^{-36}	36.0
				159	Sb_2S_3	1.5×10^{-93}	92.8
	$Co(OH)_2$(粉红,新沉淀)	1.58×10^{-15}	14.8	160	ScF_3	4.2×10^{-18}	17.37
				161	$Sc(OH)_3$	8.0×10^{-31}	30.1
				162	$Sm(OH)_3$	8.2×10^{-23}	22.08
				163	$Sn(OH)_2$	1.4×10^{-28}	27.85
				164	$Sn(OH)_4$	1.0×10^{-56}	56.0
	$Co(OH)_2$(粉红,陈化)	2.00×10^{-16}	15.7	165	SnO_2	3.98×10^{-65}	64.4
				166	SnS	1.0×10^{-25}	25.0
				167	SnSe	3.98×10^{-39}	38.4
65	$CoHPO_4$	2.0×10^{-7}	6.7	168	$Sr_3(AsO_4)_2$	8.1×10^{-19}	18.09
66	$Co_3(PO_4)_3$	2.0×10^{-35}	34.7	169	$SrCO_3$	1.1×10^{-10}	9.96
67	$CrAsO_4$	7.7×10^{-21}	20.11	170	$SrC_2O_4\cdot H_2O$	1.6×10^{-7}	6.80
68	$Cr(OH)_3$	6.3×10^{-31}	30.2	171	SrF_2	2.5×10^{-9}	8.61
69	$CrPO_4\cdot4H_2O$(绿)	2.4×10^{-23}	22.62	172	$Sr_3(PO_4)_2$	4.0×10^{-28}	27.39
	$CrPO_4\cdot4H_2O$(紫)	1.0×10^{-17}	17.0	173	$SrSO_4$	3.2×10^{-7}	6.49
70	CuBr	5.3×10^{-9}	8.28	174	$SrWO_4$	1.7×10^{-10}	9.77
71	CuCl	1.2×10^{-6}	5.92	175	$Tb(OH)_3$	2.0×10^{-22}	21.7
72	CuCN	3.2×10^{-20}	19.49	176	$Te(OH)_4$	3.0×10^{-54}	53.52
73	$CuCO_3$	2.34×10^{-10}	9.63	177	$Th(C_2O_4)_2$	1.0×10^{-22}	22.0
74	CuI	1.1×10^{-12}	11.96	178	$Th(IO_3)_4$	2.5×10^{-15}	14.6
75	$Cu(OH)_2$	4.8×10^{-20}	19.32	179	$Th(OH)_4$	4.0×10^{-45}	44.4

序号	分子式	$K_{sp}^{\ominus}$	$pK_{sp}^{\ominus}$ ($-\lg K_{sp}^{\ominus}$)	序号	分子式	$K_{sp}^{\ominus}$	$pK_{sp}^{\ominus}$ ($-\lg K_{sp}^{-}$)
76	$Cu_3(PO_4)_2$	1.3×10^{-37}	36.9	180	$Ti(OH)_3$	1.0×10^{-40}	40.0
77	Cu_2S	2.5×10^{-48}	47.6	181	TlBr	3.4×10^{-6}	5.47
78	Cu_2Se	1.58×10^{-61}	60.8	182	TlCl	1.7×10^{-4}	3.76
79	CuS	6.3×10^{-36}	35.2	183	Tl_2CrO_4	9.77×10^{-13}	12.01
80	CuSe	7.94×10^{-49}	48.1	184	TlI	6.5×10^{-8}	7.19
81	$Dy(OH)_3$	1.4×10^{-22}	21.85	185	TlN3	2.2×10^{-4}	3.66
82	$Er(OH)_3$	4.1×10^{-24}	23.39	186	Tl_2S	5.0×10^{-21}	20.3
83	$Eu(OH)_3$	8.9×10^{-24}	23.05	187	$TlSeO_3$	2.0×10^{-39}	38.7
84	$FeAsO_4$	5.7×10^{-21}	20.24	188	$UO_2(OH)_2$	1.1×10^{-22}	21.95
85	$FeCO_3$	3.2×10^{-11}	10.50	189	$VO(OH)_2$	5.9×10^{-23}	22.13
86	$Fe(OH)_2$	8.0×10^{-16}	15.1	190	$Y(OH)_3$	8.0×10^{-23}	22.1
87	$Fe(OH)_3$	4.0×10^{-38}	37.4	191	$Yb(OH)_3$	3.0×10^{-24}	23.52
88	$FePO_4$	1.3×10^{-22}	21.89	192	$Zn_3(AsO_4)_2$	1.3×10^{-28}	27.89
89	FeS	6.3×10^{-18}	17.2	193	$ZnCO_3$	1.4×10^{-11}	10.84
90	$Ga(OH)_3$	7.0×10^{-36}	35.15	194	$Zn(OH)_2$③	2.09×10^{-16}	15.68
91	$GaPO_4$	1.0×10^{-21}	21.0	195	$Zn_3(PO_4)_2$	9.0×10^{-33}	32.04
92	$Gd(OH)_3$	1.8×10^{-23}	22.74	196	$\alpha-ZnS$	1.6×10^{-24}	23.8
93	$Hf(OH)_4$	4.0×10^{-26}	25.4	197	$\beta-ZnS$	2.5×10^{-22}	21.6
94	Hg_2Br_2	5.6×10^{-23}	22.24	198	$ZrO(OH)_2$	6.3×10^{-49}	48.2

①~③:形态均为无定形沉淀

附录 8　常用基准物质干燥条件与应用

名称	化学式	式量	使用前的干燥条件	标定对象
无水碳酸钠	Na_2CO_3	105.99	270~300℃干燥 2~2.5h	酸
邻苯二甲酸氢钾	$KHC_8H_4O_4$	204.22	110~120℃干燥 1~2h	碱或 $HClO_4$
重铬酸钾	$K_2Cr_2O_7$	294.1809	研细,100~110℃干燥 3~4h	还原剂
三氧化二砷	As_2O_3	197.84	105℃干燥 3~4h	氧化剂
草酸钠	$Na_2C_2O_4$	134.00	130~140℃干燥 1~1.5h	$KMnO_4$
碘酸钾	KIO_3	214.00	120~140℃干燥 1.5~2h	还原剂
溴酸钾	$KBrO_3$	167.00	120~140℃干燥 1.5~2h	还原剂
铜	Cu	63.546	用2%乙酸,水,乙醇依次洗涤后放干燥器中保存24h以上。	EDTA
锌	Zn	65.38	用1:3HCl,水,乙醇依次洗涤后放干燥器中保存24h以上。	EDTA
氧化锌	ZnO	81.39	800~900℃干燥 2~3h	EDTA
碳酸钙	$CaCO_3$	100.09	105~110℃干燥 2~3h	EDTA

名称	化学式	式量	使用前的干燥条件	标定对象
氯化钠	NaCl	58.44	500 ~ 650℃ 干燥 40 ~ 45min，在浓 H_2SO_4 干燥器中干燥至恒重置于装有 NaCl 蔗糖饱和溶液的干燥器中。	$AgNO_3$
硝酸银	$AgNO_3$	169.87	381.22	氯化物
硼砂	$Na_2B_4O_7 \cdot 10H_2O$	381.22		酸

附录 9　标准电极电势表

附表 9.1　酸性溶液中的部分标准电极电势 E_A°(298K)

电极反应	$E_A{}^\circ$/V	电极反应	$E_A{}^\circ$/V
$AgBr + e = Ag + Br^-$	+0.07133	$HIO + H^+ + e = I_2 + H_2O$	+ 1.439
$AgCl + e = Ag + Cl^-$	+ 0.2223	$K^+ + e = K$	+ 2.931
$Ag_2CrO_4 + 2e = 2Ag + CrO_4{}^{2-}$	+ 0.4470	$Mg^{2+} + 2e = Mg$	- 2.372
$Ag^+ + e = Ag$	+ 0.7996	$Mn^{2+} + 2e = Mn$	- 1.185
$Al_3 + \ + 3e = Al$	- 1.662	$MnO_4{}^- + e = MnO_4{}^{2-}$	+ 0.558
$HAsO_2 + 3H^+ + 3e = As + 2H_2O$	+ 0.248	$MnO_2 + 4H^+ + 2e = Mn^{2+} + 2H_2O$	+ 1.224
$H_3AsO_4 + 2H^+ + 2e = HAsO_2 + 2H_2O$	+ 0.560	$MnO_4{}^- + 8H^+ + 5e = Mn^{2+} + 4H_2O$	+ 1.507
$BiOCl + 2H+ \ + 3e = Bi + 2H_2O + Cl^-$	+ 0.1583	$MnO_4{}^- + 4H^+ + 3e = MnO_2 + 2H_2O$	+ 1.679
$BiO+ \ + 2H+ \ + 3e = Bi + H_2O$	+ 0.320	$Na^+ + e = Na$	- 2.71
$Br_2 + 2e = 2Br^-$	+ 1.066	$NO_3{}^- + 4H^+ + 3e = NO + 2H_2O$	+ 0.957
$BrO_3{}^- + 6H^+ + 5e = \frac{1}{2}Br_2 + 3H_2O$	+ 1.482	$2NO_3{}^- + 4H^+ + 2e = N_2O_4 + 2H_2O$	+ 0.803
$Ca^{2+} + 2e = Ca$	- 2.868	$HNO_2 + H^+ + e = NO + H_2O$	+ 0.983
$ClO_4{}^- + 2H^+ + 2e = ClO_4{}^- + H_2O$	+ 1.189	$N_2O_4 + 4H^+ + 4e = 2NO + 2H_2O$	+1.035
$Cl_2 + 2e = 2Cl^-$	+ 1.358	$NO_3{}^- + 3H^+ + 2e = HNO_2 + H_2O$	+ 0.934
$ClO_3{}^- + 6H^+ + 6e = Cl^- + 3H^2O$	+ 1.451	$N_2O_4 + 2H^+ + 2e = 2HNO_2$	+ 1.065
$ClO_3{}^- + 6H^+ + 5e = \frac{1}{2}Cl_2 + 3H_2O$	+ 1.47	$O_2 + 2H^+ + 2e = H_2O_2$	+ 0.695
$HClO + H^+ + e = \frac{1}{2}Cl_2 + H_2O$	+ 1.611	$H_2O_2 + 2H^+ + 2e = 2H_2O$	+ 1.776
$ClO_3{}^- + 3H^+ + 2e = HClO_2 + H_2O$	+ 1.214	$O_2 + 4H^+ + 4e = 2H_2O$	+ 1.229
$ClO_2 + H^+ + e = HClO_2$	+ 1.277	$H_3PO_4 + 2H^+ + 2e = H_3PO_3 + H_2O$	- 0.276
$HClO_2 + 2H^+ + 2e = HClO + H_2O$	+ 1.645	$PbI_2 + 2e = Pb + 2I^-$	- 0.365
$Co^{3+} + e = Co^{2+}$	+ 1.83	$PbSO_4 + 2e = Pb + SO_4{}^{2-}$	- 0.3588
$Cr_2O_7{}^{2-} + 14H^+ + 6e = 2Cr^{3+} + 7H_2O$	+ 1.232	$PbCl_2 + 2e = Pb + 2Cl^-$	- 0.2675
$Cu^{2+} + e = Cu^+$	+ 0.153	$Pb_2 + \ + 2e = Pb$	- 0.1262
$Cu^{2+} + 2e = Cu$	+ 0.3419	$PbO_2 + 4H+ \ + 2e = Pb_2 + \ + 2H_2O$	+ 1.455
$Fe^{2+} + 2e = Fe$	+ 0.522	$PbO_2 + SO_4{}^{2-} + 4H^+ + 2e = PbSO_4 + 2H_2O$	+1.6913
$Fe(CN)_6{}^{3-} + e = Fe(CN)_6{}^{4-}$	- 0.447	$H_2SO_3 + 4H^+ + 4e = S + 3H_2O$	+ 0.449
$Fe^{3+} + e = Fe^{2+}$	+ 0.358	$S + 2H^+ + 2e = H_2S$	+ 0.142

电极反应	E_A°/V	电极反应	E_A°/V
$2H^+ + e = H_2$	+ 0.771	$SO_4^{2-} + 4H^+ + 2e = H_2SO_3 + 2H_2O$	+ 0.172
$Hg_2Cl_2 + 2e = 2Hg + 2Cl^-$	0.0000	$S4O_6^{2-} + 2e = 2S_2O_3^{2-}$	+ 0.08
$Hg_2^{2+} + 2e = 2Hg$	+ 0.281	$S_2O_8^{2-} + 2e = 2SO_4^{2-}$	+ 2.010
$Hg^{2+} + 2e = 2Hg$	+0.7973	$Sb_2O_3 + 6H^+ + 6e = 2Sb + 3H_2O$	+ 0.152
$2Hg^{2+} + 2e = Hg_2^{2+}$	+ 0.851	$Sb_2O_5 + 6H^+ + 4e = 2SbO^+ + 3H_2O$	+ 0.581
$I_2 + 2e = 2I^-$	+ 0.920	$Sn^{4+} + 2e = Sn^{2+}$	+ 0.151
$I_3^- + 2e = 3I^-$	+0.5355	$V(OH)_4^+ + 4H^+ + 5e = V + 4H_2O$	- 0.254
		$V(OH)_4^+ + 2H^+ + e = VO^{2+} + 3H_2O$	+ 0.337
$IO_3^- + 6H^+ + 5e = \frac{1}{2}I_2 + 3H_2O$	+ 0.536	$VO^{2+} + 2H^+ + e = V^{3+} + H_2O$	+ 1.00
	+ 1.195	$Zn^{2+} + 2e = Zn$	- 0.7618

附表 9.2　碱性溶液中的部分标准电极电势 E_B°(298K)

电极反应	E_B°/V	电极反应	E_B^{θ}/V
$Ag_2S + 2e = 2Ag + S^{2-}$	- 0.691	$Fe(OH)_3 + e = Fe(OH)_2 + OH^-$	- 0.56
$Ag_2O + H_2O + 2e = 2Ag + 2OH^-$	+ 0.342	$2H_2O + 2e = H_2 + 2OH^-$	- 0.8277
$H_2AlO_3^- + H_2O + 3e = Al + 4OH^-$	- 2.33	$HgO + H_2O + 2e = Hg + 2OH^-$	+0.0977
$AsO_2^- + 2H_2O + 3e = As + 4OH^-$	- 0.68	$IO_3 - + 3H_2O + 6e = I - + 6OH^-$	+ 0.26
$AsO_4^{3-} + 2H_2O + 2e = AsO_2^- + 4OH^-$	- 0.71	$IO^- + H_2O + 2e = I^- + 2OH^-$	+ 0.485
$BrO_3^- + 3H_2O + 6e = Br^- + 6OH^-$	+ 0.61	$Mg(OH)_2 + 2e = Mg + 2OH^-$	- 2.690
$BrO^- + H_2O + 2e = Br^- + 2OH^-$	+ 0.761	$Mn(OH)_2 + 2e = Mn + 2OH^-$	- 1.56
$ClO_3^- + H_2O + 2e = ClO_2^- + 2OH^-$	+ 0.33	$MnO_4^- + 2H_2O + 3e = MnO_2 + 4OH^-$	+ 0.595
$ClO_4^- + H_2O + 2e = ClO_3^- + 2OH^-$	+ 0.36	$MnO_4^- + 2H_2O + 2e = MnO_2 + 4OH^-$	+ 0.60
$ClO_2^- + H_2O + 2e = ClO^- + 2OH^-$	+ 0.66	$NO_3^- + H_2O + 2e = NO_2^- + 2OH^-$	+ 0.01
$ClO_- + H_2O + 2e = Cl^- + 2OH^-$	+ 0.81	$O_2 + 2H_2O + 4e = 4OH^-$	+ 0.401
$Co(OH)_2 + 2e = Co + 2OH^-$	- 0.73	$S + 2e = S^{2-}$	- 0.47627
$Co(NH_3)_6^{3+} + e = Co(NH_3)_6^{2+}$	+ 0.108	$SO_4^{2-} + H_2O + 2e = SO_3^{2-} + 2OH^-$	- 0.93
$Co(OH)_3 + e = Co(OH)_2 + OH^-$	+ 0.17	$2SO_3^{2-} + 3H_2O + 4e = S_2O_3^{2-} + 6OH^-$	- 0.571
$Cr(OH)_3 + 3e = Cr + 3OH^-$	- 1.48	$S_4O_6^{2-} + 2e = 2S_2O_3^{2-}$	+ 0.08
$CrO_2^- + 2H_2O + 3e = Cr + 4OH^-$	- 1.2	$SbO_2^- + 2H_2O + 3e = Sb + 4OH^-$	- 0.66
$CrO_4^{2-} + 4H_2O + 3e = Cr(OH)_3 + 5OH^-$	- 0.13	$Sn(OH)_6^{2-} + 2e = HSnO_2^- + H_2O + 3OH^-$	- 0.93
$Cu_2O + H_2O + 2e = 2Cu + 2OH^-$	- 0.360	$HSnO_2^- + H_2O + 2e = Sn + 3OH^-$	- 0.909

附录 10　配合物稳定常数表

配位反应的平衡常数用配合物稳定常数表示，又称配合物形成常数。此常数值越大，说明形成的配合物越稳定。其倒数用来表示配合物的解离程度，称为配合物的不稳定常数。以下表格中，(1)除特别说明外是在25℃下，离子强度 I ＝0；(2)对有机配体离子强度都是在有限的范围内，I≈0。表中 βn 表示累积稳定常数。

金属－无机配体、金属－有机配体配合物的稳定常数

配体	金属离子	配位数 n	$\lg\beta_n$	配体	金属离子	配位数 n	$\lg\beta_n$
NH_3	Ag^+	1,2	3.24,7.05		Y^{3+}	1	1.32
	Au^{3+}	4	10.3	Cl^-	Ag^+	1,2,4	3.04,5.04,5.30
	Cd^{2+}	1,2,3,4,5,6	2.65,4.75,6.19,7.12,6.80,5.14		Bi^{3+}	1,2,3,4	2.44,4.7,5.0,5.6
	Co^{2+}	1,2,3,4,5,6	2.11,3.74,4.79,5.55,5.73,5.11		Cd^{2+}	1,2,3,4	1.95, 2.50, 2.60, 2.80
	Co^{3+}	1,2,3,4,5,6	6.7,14.0,20.1,25.7,30.8,35.2		Co^{3+}	1	1.42
	Cu^+	1,2	5.93,10.86		Cu^+	2,3	5.5,5.7
	Cu^{2+}	1,2,3,4,5	4.31,7.98,11.02,13.32,12.86		Cu^{2+}	1,2	0.1, −0.6
	Fe^{2+}	1,2	1.4,2.2		Fe^{2+}	1	1.17
	Hg^{2+}	1,2,3,4	8.8, 17.5, 18.5, 19.28		Fe^{3+}	2	9.8
	Mn^{2+}	1,2	0.8,1.3		Hg^{2+}	1,2,3,4	6.74, 13.22, 14.07, 15.07
	Ni^{2+}	1,2,3,4,5,6	2.80,5.04,6.77,7.96,8.71,8.74		In^{3+}	1,2,3,4	1.62, 2.44, 1.70, 1.60
	Pd^{2+}	1,2,3,4	9.6, 18.5, 26.0, 32.8		Pb^{2+}	1,2,3	1.42,2.23,3.23
	Pt^{2+}	6	35.3		Pd^{2+}	1,2,3,4	6.1, 10.7, 13.1, 15.7
	Zn^{2+}	1,2,3,4	2.37, 4.81, 7.31, 9.46		Pt^{2+}	2,3,4	11.5,14.5,16.0
Br^-	Ag^+	1,2,3,4	4.38,7.33,8.00,8.73		Sb^{3+}	1,2,3,4	2.26,3.49,4.18,4.72
	Bi^{3+}	1,2,3,4,5,6	2.37,4.20,5.90,7.30,8.20,8.30		Sn^{2+}	1,2,3,4	1.51, 2.24, 2.03, 1.48
	Cd^{2+}	1,2,3,4	1.75, 2.34, 3.32, 3.70,		Tl^{3+}	1,2,3,4	8.14,13.60,15.78, 18.00
	Ce^{3+}	1	0.42		Th^{4+}	1,2	1.38,0.38
	Cu^+	2	5.89		Zn^{2+}	1,2,3,4	0.43,0.61,0.53,0.20
	Cu^{2+}	1	0.30		Zr^{4+}	1,2,3,4	0.9,1.3,1.5,1.2

Br^-	Hg^{2+}	1,2,3,4	9.05,17.32,19.74,21.00
	In^{3+}	1,2	1.30,1.88
	Pb^{2+}	1,2,3,4	1.77,2.60,3.00,2.30
	Pd^{2+}	1,2,3,4	5.17,9.42,12.70,14.90
	Rh^{3+}	2,3,4,5,6	14.3,16.3,17.6,18.4,17.2
	Sc^{3+}	1,2	2.08,3.08
	Sn^{2+}	1,2,3	1.11,1.81,1.46
	Tl^{3+}	1,2,3,4,5,6	9.7,16.6,21.2,23.9,29.2,31.6
	U^{4+}	1	0.18
F^-	Al^{3+}	1,2,3,4,5,6	6.11,11.12,15.00,18.00,19.40,19.8
	Be^{2+}	1,2,3,4	4.99,8.80,11.60,13.10
	Bi^{3+}	1	1.42
	Co^{2+}	1	0.4
	Cr^{3+}	1,2,3	4.36,8.70,11.20
	Cu^{2+}	1	0.9
	Fe^{2+}	1	0.8
	Fe^{3+}	1,2,3,5	5.28,9.30,12.06,15.77
	Ga^{3+}	1,2,3	4.49,8.00,10.50
	Hf^{4+}	1,2,3,4,5,6	9.0,16.5,23.1,28.8,34.0,38.0
	Hg^{2+}	1	1.03
	In^{3+}	1,2,3,4	3.70,6.40,8.60,9.80
	Mg^{2+}	1	1.30
	Mn^{2+}	1	5.48
	Ni^{2+}	1	0.50
	Pb^{2+}	1,2	1.44,2.54
	Sb^{3+}	1,2,3,4	3.0,5.7,8.3,10.9
	Sn^{2+}	1,2,3	4.08,6.68,9.50
	Th^{4+}	1,2,3,4	8.44,15.08,19.80,23.20
CN^-	Ag^+	2,3,4	21.1,21.7,20.6
	Au^+	2	38.3
	Cd^{2+}	1,2,3,4	5.48,10.60,15.23,18.78
	Cu^+	2,3,4	24.0,28.59,30.30
	Fe^{2+}	6	35.0
	Fe^{3+}	6	42.0
	Hg^{2+}	4	41.4
	Ni^{2+}	4	31.3
	Zn^{2+}	1,2,3,4	5.3,11.70,16.70,21.60
OH^-	Ag^+	1,2	2.0,3.99
	Al^{3+}	1,4	9.27,33.03
	As^{3+}	1,2,3,4	14.33,18.73,20.60,21.20
	Be^{2+}	1,2,3	9.7,14.0,15.2
	Bi^{3+}	1,2,4	12.7,15.8,35.2
	Ca^{2+}	1	1.3
	Cd^{2+}	1,2,3,4	4.17,8.33,9.02,8.62
	Ce^{3+}	1	4.6
	Ce^{4+}	1,2	13.28,26.46
	Co^{2+}	1,2,3,4	4.3,8.4,9.7,10.2
	Cr^{3+}	1,2,4	10.1,17.8,29.9
	Cu^{2+}	1,2,3,4	7.0,13.68,17.00,18.5
	Fe^{2+}	1,2,3,4	5.56,9.77,9.67,8.58
	Fe^{3+}	1,2,3	11.87,21.17,29.67
	Hg^{2+}	1,2,3	10.6,21.8,20.9
	In^{3+}	1,2,3,4	10.0,20.2,29.6,38.9
	Mg^{2+}	1	2.58
	Mn^{2+}	1,3	3.9,8.3
	Ni^{2+}	1,2,3	4.97,8.55,11.33

F^-	TiO^{2+}	1,2,3,4	5.4,9.8,13.7,18.0	OH^-	Pa^{4+}	1,2,3,4	14.04,27.84,40.7,51.4
	Zn^{2+}	1	0.78		Pb^{2+}	1,2,3	7.82,10.85,14.58
	Zr^{4+}	1,2,3,4,5,6	9.4,17.2,23.7,29.5,33.5,38.3		Pd^{2+}	1,2	13.0,25.8
I^-	Ag^+	1,2,3	6.58,11.74,13.68		Sb^{3+}	2,3,4	24.3,36.7,38.3
	Bi^{3+}	1,4,5,6	3.63,14.95,16.80,18.80		Sc^{3+}	1	8.9
	Cd^{2+}	1,2,3,4	2.10,3.43,4.49,5.41		Sn^{2+}	1	10.4
	Cu^+	2	8.85		Th^{3+}	1,2	12.86,25.37
	Fe^{3+}	1	1.88		Ti^{3+}	1	12.71
	Hg^{2+}	1,2,3,4	12.87,23.82,27.60,29.83		Zn^{2+}	1,2,3,4	4.40,11.30,14.14,17.66
	Pb^{2+}	1,2,3,4	2.00,3.15,3.92,4.47		Zr^{4+}	1,2,3,4	14.3,28.3,41.9,55.3
	Pd^{2+}	4	24.5	$P_2O_7^{4-}$	Ba^{2+}	1	4.6
	Tl^+	1,2,3	0.72,0.90,1.08		Ca^{2+}	1	4.6
	Tl^{3+}	1,2,3,4	11.41,20.88,27.60,31.82		Cd^{3+}	1	5.6
NO_3^-	Ba^{2+}	1	0.92		Co^{2+}	1	6.1
	Bi^{3+}	1	1.26		Cu^{2+}	1,2	6.7,9.0
	Ca^{2+}	1	0.28		Hg^{2+}	2	12.38
	Cd^{2+}	1	0.40		Mg^{2+}	1	5.7
	Fe^{3+}	1	1.0		Ni^{2+}	1,2	5.8,7.4
	Hg^{2+}	1	0.35		Pb^{2+}	1,2	7.3,10.15
	Pb^{2+}	1	1.18		Zn^{2+}	1,2	8.7,11.0
	Tl^+	1	0.33	$S_2O_3^{2-}$	Ag^+	1,2	8.82,13.46
	Tl^{3+}	1	0.92		Cd^{2+}	1,2	3.92,6.44
SCN^-	Ag^+	1,2,3,4	4.6,7.57,9.08,10.08		Cu^+	1,2,3	10.27,12.22,13.84
	Bi^{3+}	1,2,3,4,5,6	1.67,3.00,4.00,4.80,5.50,6.10		Fe^{3+}	1	2.10
	Cd^{2+}	1,2,3,4	1.39,1.98,2.58,3.6		Hg^{2+}	2,3,4	29.44,31.90,33.24
	Cr^{3+}	1,2	1.87,2.98		Pb^{2+}	2,3	5.13,6.35
	Cu^+	1,2	12.11,5.18	SO_4^{2-}	Ag^+	1	1.3
	Cu^{2+}	1,2	1.90,3.00		Ba^{2+}	1	2.7
	Fe^{3+}	1,2,3,4,5,6	2.21,3.64,5.00,6.30,6.20,6.10		Bi^{3+}	1,2,3,4,5	1.98,3.41,4.08,4.34,4.60
	Hg^{2+}	1,2,3,4	9.08,16.86,19.70,21.70		Fe^{3+}	1,2	4.04,5.38

SCN^-	Ni^{2+}	1,2,3	1.18,1.64,1.81	SO_4^{2-}	Hg^{2+}	1,2	1.34,2.40
	Pb^{2+}	1,2,3	0.78,0.99,1.00		In^{3+}	1,2,3	1.78,1.88,2.36
	Sn^{2+}	1,2,3	1.17,1.77,1.74		Ni^{2+}	1	2.4
	Th^{4+}	1,2	1.08,1.78		Pb^{2+}	1	2.75
	Zn^{2+}	1,2,3,4	1.33,1.91,2.00,1.6		Pr^{3+}	1,2	3.62,4.92
					Th^{4+}	1,2	3.32,5.50
					Zr^{4+}	1,2,3	3.79,6.64,7.77
乙二胺乙酸（EDTA）	Ag^+	1	7.32	乙酸（Acetic acid）	Ag^+	1,2	0.73,0.64
	Al^{3+}	1	16.11		Ba^{2+}	1	0.41
	Ba^{2+}	1	7.78		Ca^{2+}	1	0.6
	Be^{2+}	1	9.3		Cd^{2+}	1,2,3	1.5,2.3,2.4
	Bi^{3+}	1	22.8		Ce^{3+}	1,2,3,4	1.68,2.69,3.13,3.18
	Ca^{2+}	1	11.0		Co^{2+}	1,2	1.5,1.9
	Cd^{2+}	1	16.4		Cr^{3+}	1,2,3	4.63,7.08,9.60
	Co^{2+}	1	16.31		$Cu^{2+}_{(20℃)}$	1,2	2.16,3.20
	Co^{3+}	1	36.0		In^{3+}	1,2,3,4	3.50,5.95,7.90,9.08
	Cr^{3+}	1	23.0		Mn^{2+}	1,2	9.84,2.06
	Cu^{2+}	1	18.7		Ni^{2+}	1,2	1.12,1.81
	Fe^{2+}	1	14.83		Pb^{2+}	1,2,3,4	2.52,4.0,6.4,8.5
	Fe^{3+}	1	24.23		Sn^{2+}	1,2,3	3.3,6.0,7.3
	Ga^{3+}	1	20.25		Tl^{3+}	1,2,3,4	6.17,11.28,15.10,18.3
	Hg^{2+}	1	21.80		Zn^{2+}	1	1.5
	In^{3+}	1	24.95	乙酰丙酮（Acetylacetone）	$Al^{3+}_{(30℃)}$	1,2	8.6,15.5
	Li^+	1	2.79		Cd^{2+}	1,2	3.84,6.66
	Mg^{2+}	1	8.64		Co^{2+}	1,2	5.40,9.54
	Mn^{2+}	1	13.8		Cr^{2+}	1,2	5.96,11.7
	Mo(V)	1	6.36		Cu^{2+}	1,2	8.27,16.34
	Na^+	1	1.66		Fe^{2+}	1,2	5.07,8.67
	Ni^{2+}	1	18.56		Fe^{3+}	1,2,3	11.4,22.1,26.7
	Pb^{2+}	1	18.3		Hg^{2+}	2	21.5
	Pd^{2+}	1	18.5		Mg^{2+}	1,2	3.65,6.27
	Sc^{2+}	1	23.1		Mn^{2+}	1,2	4.24,7.35
	Sn^{2+}	1	22.1		Mn^{3+}	3	3.86
	Sr^{2+}	1	8.80		$Ni^{2+}_{(20℃)}$	1,2,3	6.06,10.77,13.09
	Th^{4+}	1	23.2		Pb^{2+}	2	6.32
	TiO^{2+}	1	17.3		$Pd^{2+}_{(30℃)}$	1,2	16.2,27.1
	Tl^{3+}	1	22.5		Th^{4+}	1,2,3,4	8.8,16.2,22.5,26.7
	U^{4+}	1	17.50		Ti^{3+}	1,2,3	10.43,18.82,24.90

	VO^{2+}	1	18.0
	Y^{3+}	1	18.32
	Zn^{2+}	1	16.4
	Zr^{4+}	1	19.4
乳酸（Lactic acid）	Ba^{2+}	1	0.64
	Ca^{2+}	1	1.42
	Cd^{2+}	1	1.70
	Co^{2+}	1	1.90
	Cu^{2+}	1,2	3.02,4.85
	Fe^{3+}	1	7.1
	Mg^{2+}	1	1.37
	Mn^{2+}	1	1.43
	Ni^{2+}	1	2.22
	Pb^{2+}	1,2	2.40,3.80
	Sc^{2+}	1	5.2
	Th^{4+}	1	5.5
	Zn^{2+}	1,2	2.20,3.75
水杨酸（Salicylic acid）	Al^{3+}	1	14.11
	Cd^{2+}	1	5.55
	Co^{2+}	1,2	6.72,11.42
	Cr^{2+}	1,2	8.4,15.3
	Cu^{2+}	1,2	10.60,18.45
	Fe^{2+}	1,2	6.55,11.25
	Mn^{2+}	1,2	5.90,9.80
	Ni^{2+}	1,2	6.95,11.75
	Th^{4+}	1,2,3,4	4.25,7.60,10.05,11.60
	TiO^{2+}	1	6.09
	V^{2+}	1	6.3
	Zn^{2+}	1	6.85
磺基水杨酸（5－sulfosalicylic acid）	$Al^{3+}_{(0.1)}$	1,2,3	13.20,22.83,28.89
	$Be^{2+}_{(0.1)}$	1,2	11.71,20.81
	$Cd^{2+}_{(0.1)}$	1,2	16.68,29.08
	$Co^{2+}_{(0.1)}$	1,2	6.13,9.82
	$Cr^{3+}_{(0.1)}$	1	9.56
	$Cu^{2+}_{(0.1)}$	1,2	9.52,16.45
	V^{2+}	1,2,3	5.4,10.2,14.7
	$Zn^{2+}_{(30℃)}$	1,2	4.98,8.81
	Zr^{4+}	1,2,3,4	8.4,16.0,23.2,30.1
草酸（Oxalic acid）	Ag^{+}	1	2.41
	Al^{3+}	1,2,3	7.26,13.0,16.3
	Ba^{2+}	1	2.31
	Ca^{2+}	1	3.0
	Cd^{2+}	1,2	3.52,5.77
	Co^{2+}	1,2,3	4.79,6.7,9.7
	Cu^{2+}	1,2	6.23,10.27
	Fe^{2+}	1,2,3	2.9,4.52,5.22
	Fe^{3+}	1,2,3	9.4,16.2,20.2
	Hg^{2+}	1	9.66
	Hg_2^{2+}	2	6.98
	Mg^{2+}	1,2	3.43,4.38
	Mn^{2+}	1,2	3.97,5.80
	Mn^{3+}	1,2,3	9.98,16.57,19.42
	Ni^{2+}	1,2,3	5.3,7.64,～8.5
	Pb^{2+}	1,2	4.91,6.76
	Sc^{3+}	1,2,3,4	6.86,11.31,14.32,16.70
	Th^{4+}	4	24.48
	Zn^{2+}	1,2,3	4.89,7.60,8.15
	Zr^{4+}	1,2,3,4	9.80,17.14,20.86,21.15
酒石酸（Tartaric acid）	Ba^{2+}	2	1.62
	Bi^{3+}	3	8.30
	Ca^{2+}	1,2	2.98,9.01
	Cd^{2+}	1	2.8
	Co^{2+}	1	2.1
	Cu^{2+}	1,2,3,4	3.2,5.11,4.78,6.51
	Fe^{3+}	1	7.49
	Hg^{2+}	1	7.0
	Mg^{2+}	2	1.36
	Mn^{2+}	1	2.49
	Ni^{2+}	1	2.06
	Pb^{2+}	1,3	3.78,4.7

	$Fe^{2+}_{(0.1)}$	1,2	5.9,9.9
	$Fe^{3+}_{(0.1)}$	1,2,3	14.64,25.18,32.12
	$Mn^{2+}_{(0.1)}$	1,2	5.24,8.24
	$Ni^{2+}_{(0.1)}$	1,2	6.42,10.24
	$Zn^{2+}_{(0.1)}$	1,2	6.05,10.65
硫脲(Thiourea)	Ag^{+}	1,2	7.4,13.1
	Bi^{3+}	6	11.9
	Cd^{2+}	1,2,3,4	0.6,1.6,2.6,4.6
	Cu^{+}	3,4	13.0,15.4
	Hg^{2+}	2,3,4	22.1,24.7,26.8
	Pb^{2+}	1,2,3,4	1.4,3.1,4.7,8.3
乙二胺(Ethyoene diamine)	Ag^{+}	1,2	4.70,7.70
	$Cd^{2+}_{(20℃)}$	1,2,3	5.47,10.09,12.09
	Co^{2+}	1,2,3	5.91,10.64,13.94
	Co^{3+}	1,2,3	18.7,34.9,48.69
	Cr^{2+}	1,2	5.15,9.19
	Cu^{+}	2	10.8
	Cu^{2+}	1,2,3	10.67,20.0,21.0
	Fe^{2+}	1,2,3	4.34,7.65,9.70
	Hg^{2+}	1,2	14.3,23.3
	Mg^{2+}	1	0.37
	Mn^{2+}	1,2,3	2.73,4.79,5.67
	Ni^{2+}	1,2,3	7.52,13.84,18.33
	Pd^{2+}	2	26.90
	V^{2+}	1,2	4.6,7.5
	Zn^{2+}	1,2,3	5.77,10.83,14.11
2-甲基8-羟基喹啉(50%二噁烷)(8-Hydroxy-2-methyl Quino-line)	Cd^{2+}	1,2,3	9.00,9.00,16.60
	Ce^{3+}	1	7.71
	Co^{2+}	1,2	9.63,18.50
	Cu^{2+}	1,2	12.48,24.00
	Fe^{2+}	1,2	8.75,17.10
	Mg^{2+}	1,2	5.24,9.64
	Mn^{2+}	1,2	7.44,13.99
	Ni^{2+}	1,2	9.41,17.76
	Pb^{2+}	1,2	10.30,18.50
	UO_2^{2+}	1,2	9.4,17.0
	Zn^{2+}	1,2	9.82,18.72
	Sn^{2+}	1	5.2
	Zn^{2+}	1,2	2.68,8.32
丁二酸(Butane-Dioic acid)	Ba^{2+}	1	2.08
	Be^{2+}	1	3.08
	Ca^{2+}	1	2.0
	Cd^{2+}	1	2.2
	Co^{2+}	1	2.22
	Cu^{2+}	1	3.33
	Fe^{3+}	1	7.49
	Hg^{2+}	2	7.28
	Mg^{2+}	1	1.20
	Mn^{2+}	1	2.26
	Ni^{2+}	1	2.36
	Pb^{2+}	1	2.8
	Zn^{2+}	1	1.6
吡啶(Pyridine) C_5H_5N	Ag^{+}	1,2	1.97,4.35
	Cd^{2+}	1,2,3,4	1.40,1.95,2.27,2.50
	Co^{2+}	1,2	1.14,1.54
	Cu^{2+}	1,2,3,4	2.59,4.33,5.93,6.54
	Fe^{2+}	1	0.71
	Hg^{2+}	1,2,3	5.1,10.0,10.4
	Mn^{2+}	1,2,3,4	1.92,2.77,3.37,3.50
	Zn^{2+}	1,2,3,4	1.41,1.11,1.61,1.93
甘氨酸(Glycin)	Ag^{+}	1,2	3.41,6.89
	Ba^{2+}	1	0.77
	Ca^{2+}	1	1.38
	Cd^{2+}	1,2	4.74,8.60
	Co^{2+}	1,2,3	5.23,9.25,10.76
	Cu^{2+}	1,2,3	8.60,15.54,16.27
	$Fe^{2+}_{(20℃)}$	1,2	4.3,7.8
	Hg^{2+}	1,2	10.3,19.2
	Mg^{2+}	1,2	3.44,6.46
	Mn^{2+}	1,2	3.6,6.6
	Ni^{2+}	1,2,3	6.18,11.14,15.0
	Pb^{2+}	1,2	5.47,8.92
	Pd^{2+}	1,2	9.12,17.55
	Zn^{2+}	1,2	5.52,9.96

附录 11　常用的掩蔽剂与解蔽剂

附录 11.1　常用的掩蔽剂

掩蔽剂	被掩蔽元素	应用	条件
KOH 或 NaOH	Mg	滴定 Ca	pH12～13
	Al	Ca(矿物原料和硅酸盐中)	pH12～14
NH_4F (或 NaF、KF)	Al^{3+}、Ti^{4+}、Sn^{4+}、Zr^{4+}、Nb^{5+}、Ta^{5+}、W^{6+}、Be^{2+}	滴定 Cu、Zn、Mn^{2+}、Cd、Pb	pH4～6
	Al^{3+}、Be^{2+}、Sr^{2+}、Ca^{2+}、Mg^{2+}、RE	滴定 Zn、Cd、Mn^{2+}、Cu、Co、Ni	pH10
	Mn^{2+}	测定 Cu	45℃
	Fe^{3+}、Al^{3+}、Ti^{5+}、RE	测定合金中的 Cu、Zn、Cd、Pb、Co、Ni	pH～5
	Sn^{4+}	测定合金中的 Pb	pH5
	Ti、Zr、Th、Sb	加 H_3BO_3 加热解蔽，测 Fe^{3+}、Sn^{4+}	pH5
KSCN	Hg^{2+}	连续滴定 Bi、Pb	pH0.7～1.2 和 5～6
$Na_2S_2O_3$	Cu	滴定 Zn、Cd、Ni(铜合金中)	pH4.5～9.5
	Cu、Bi	滴定 Zn^{2+}、Ni^{2+}(PAN)	pH6
KCN	Ag、Cu、Zn、Cd、Hg、Fe^{2+}、Tl^{3+}、Co、Ni、Pt 族	滴定 Mg、Ca、Sr、Ba、RE、Pb、In、Mn^{2+}	碱性介质
PO_4^{3-}	Mg	滴定电镀液中的 Ni	pH9～10
	W^{6+}	滴定 Cd、Fe^{3+}、V^{5+}、Zn(PAN)	pH3～6 热溶液
	W^{6+}	滴定 Cu、Ni(PAN)	pH3～4
	W^{6+}	反滴定 Co^{2+}、Mo^{6+}、(Cu－PAN)	pH4～5
草酸	Sn^{4+}	滴定 Cu、Zn、Pb(合金中)	pH5
	Al	滴定 Cr^{3+}	pH7
	Sn^{2+}、RE	滴定 Bi(邻苯二酚紫)	pH2
乳酸	Ti^{4+}、Sn^{4+}、Sb	分别滴定 Cu、Zn、Cd、Al、Pb、Zr、Bi、Fe、Co、Ni	
	Sn^{4+}	滴定 Cu	pH5.5
酒石酸	Sn^{4+}、Sb^{3+}、Ti、Zr、Cr^{3+}、Nb^{5+}、W^{6+}	滴定 Cu、Cd、In、Ga、Pb、Bi、Mn^{2+}、Fe^{3+}、Ni	酸性介质
	Al、Ti、Zr、Sn^{4+}、Sb、Bi、Fe^{3+}、Mo^{6+}、U^{6+}	滴定 Mg、Ca、Ba、Zn、Cd、In、Ga、Pb、Mn^{2+}、Ni	碱性介质
	Ti	滴定磷石灰中 Fe、Al	pH5.4～5.7
	Nb^{5+}、Ta^{5+}、W^{6+}、Ti^{4+}	肼还原、Cu 盐返滴定 Mo	pH4～5

掩蔽剂	被掩蔽元素	应用	条件
柠檬酸	Tu、Zr、Sn^{4+}、U^{6+}	滴定 Cu、Zn、Cd、Co、Ni	pH5~6
	Al、Zr、Mo^{6+}、Fe^{3+}	滴定 Cu、Zn、Cd、Pb	碱性介质
	Fe^{3+}	滴定合金中 Zn	pH8
	W^{6+}	滴定 Ti、Zr、Hf(合金中)	酸性介质
抗坏血酸	Fe	滴定 Zr、Hf、Ti、Al(合金中)	酸性介质
		滴定 Bi、Al、Ga(合金中)	酸性介质
		滴定合金中 Sn	酸性介质
		滴定 Bi(二甲酚橙)	pH1~2
	Cu、Hg^{2+}、Fe^{3+}	滴定 Bi、Th(邻苯二酚紫)	pH2.5
	Hg^{2+}	滴定 Bi	pH1~2
	Cr^{3+}	滴定 Mg、Ca、Mn、Ni	
硫脲	Cu^{2+}	返滴定 Ni^{2+}、Sn^{4+}	pH4~5
		返滴定 Pb、Sn^{4+}	pH6
	Cu、Hg^{2+}	滴定 Zn(二甲酚橙)	pH5~6
	分解 Cu—EDTA	滴定合金及矿物中 Cu	
乙二胺	Cu、Co、Ni	滴定 Zn、Cd、Pb、Mn^{2+}	碱性介质
三乙四胺	Cu^{2+}、Hg^{2+}	滴定 Zn、Pb(二甲酚橙)	pH5
淀粉	PO_4^{3-}	滴定 Ca、Mg	pH10.5 测 Ca+Mg pH13.5 测 Ca
酒石酸+KCN	Fe^{3+}、Fe^{2+}	滴定 Mg、Ca、Zn	pH10
酒石酸+抗坏血酸	Sb^{3+}、Sn^{4+}、Fe^{3+}、Cu^{2+}	滴定 Bi^{3+}	pH1.2

附录 11.2 常用的解蔽剂

掩蔽剂	被掩蔽离子	解蔽剂
CN^-	Ag^+	H^+
	Cd^{2+}	H^+、HCHO(OH^-)
	Cu^{2+}	H^+、HgO
	Fe^{3+}	HgO、Hg^{2+}
	Hg^{2+}	Pd^{2+}
	Ni^{2+}	HCHO、HgO、H+、Ag+、Hg^{2+}、Pb^{2+}、卤化银
	Pd^{2+}	HgO、H^+
	Zn^{2+}	$CCl_3CHO \cdot H_2O$、H^+、HCHO
$C_2O_4^{2-}$	Al^{3+}	OH^-

掩蔽剂	被掩蔽离子	解蔽剂
$EDTA^-$	Al^{3+}	F^-
	Ba^{2+}	H^+
	Co^{2+}	Ca^{2+}
	Mg^{2+}	F^-
	Th^{4+}	$SO_4{}^{2-}$
	Ti^{4+}	Mg^{2+}
	Zn^{2+}	CN^-
	各种离子	$MnO_4{}^- + H^+$
乙二胺	Ag^+	SiO_2(非晶态)
F^-	Al^{3+}	OH^-、Be^{2+}
	Fe^{3+}	OH^-
	$MoO_4{}^{2-}$	H_3BO_3
	$VO_3{}^-$、$WO_4{}^{2-}$	H_3BO_3
	Sn^{4+}	H_3BO_3
	U^{6+}	Ca^{2+}、OH^-、Be^{2+}、Al^{3+}
	Zr^{4+}、(Hf^{4+})	Ca^{2+}、OH^-、Be^{2+}、Al^{3+}
H_2O_2	Ti^{4+}、Zr^{4+}、Hf^{4+}	Fe^{3+}
NH_3	Ag^+	Br^-、I^-、H^+
$NO_2{}^-$	Co^{2+}	H^+
OH^-	Mg^{2+}	H^+
$PO_4{}^{3-}$	Fe^{3+}	OH^-
	U^{6+}	Al^{3+}
酒石酸	Al^{3+}	$H_2O_2 + Cu^{2+}$
SCN^-	Fe^{3+}	OH^-
	Hg^{2+}	Ag^+
$S_2O_3{}^{2-}$	Cu^{2+}	OH^-
	Ag^+	H^+
硫脲	Cu^{2+}	H_2O_2

附录 12　标准状况下一些有机物的燃烧热

化合物	ΔH^θ_{298}(kJ · mol^{-1})	化合物	ΔH^θ_{298}(kJ · mol^{-1})
CH_4(g)	-886.95	HCHO(g)	-563.05
C_2H_2(g)	-1298.39	CH_3COOH(l)	-870.69
C_2H_4(g)	-1409.62	$(COOH)_2$(s)	-245.78
C_2H_6(g)	-1558.39	C_6H_5COOH(s)	-3224.45
C_3H_6(g)	-2056.56	$C_{17}H_{35}COOH$(晶体)硬脂酸	-11263.85

化合物	ΔH^0_{298}(kJ·mol^{-1})	化合物	ΔH^0_{298}(kJ·mol^{-1})
C_3H_8(g)	-2217.91	CCl_4(l)	-155.91
n-C_4H_{10}(g)	-2875.76	$CHCl_3$(l)	-372.86
i-C_4H_{10}(g)	-2868.90	CH_3Cl(g)	-688.47
C_4H_8(l) 丁烯	-2715.98	C_6H_5Cl(l)	-3137.93
C_5H_{12}(l) 戊烷	-3532.77	COS(g) 硫化羰	-552.60
C_6H_6(l)	-3264.58	CS_2(l)	-1074.26
C_6H_{12}(l) 环已烷	-3916.16	C_2N_2	-1086.8
C_7H_8(l) 甲苯	-3906.21	$CO(NH_2)_2$	-631.39
C_8H_{10}(l) 对二甲苯	-4548.51	$C_6H_5NO_2$(l)	-3094.87
$C_{10}H_8$(s) 萘	-5148.92	$C_6H_5NH_2$(l)	-3393.74
CH_3OH(l)	-725.94	$C_6H_{12}O_6$(晶体)葡萄糖	-2813.14
C_2H_5OH(l)	-1365.44	$C_{12}H_{22}O_{11}$(晶体)蔗糖	-564.3
CH_3CHO(g)	-1191.3	$C_{10}H_{16}O$(晶体)樟脑	-5897.98
CH_3COCH_3(l)	-1801.16	$(CH_2OH)_2$(l)	-1191.72
$CH_3COOC_2H_5$(l)		$C_3H_8O_3$(l) 甘油	-1662.80
$(C_2H_5O)_2$(l)	-2728.29	C_6H_5OH(s)	-3059.76
HCOOH(l)	-269.61		

摘自:CRC Handbook of Chemistry and, physics. 1985~1986,66th ed:D~272~278.

附录13 二元恒沸混合物的组成和沸腾温度(101.325 kPa)

组分名称		沸点/℃			质量百分比/%	
Ⅰ	Ⅱ	Ⅰ	Ⅱ	混合物	Ⅰ	Ⅱ
水	乙醇	100.0	78.4	78.1	4.5	95.5
水	正丙醇	100.0	97.2	87.7	28.3	71.7
水	异丙醇	100.0	82.5	8.04	12.1	87.9
水	正丁醇	100.0	117.8	92.4	38.0	62.0
水	异丁醇	100.0	108.0	90.0	33.2	66.8
水	仲丁醇	100.0	99.5	88.5	32.1	67.9
水	叔丁醇	100.0	82.8	79.9	11.7	88.3
水	正戊醇	100.0	137.8	96.0	54.0	46.0
水	2-戊醇	100.0	119.3	92.5	38.5	61.5
水	3-戊醇	100.0	115.4	91.7	36.0	64.0
水	烯丙醇	100.0	97.0	88.2	27.1	72.9
水	苯甲醇	100.0	205.2	99.9	91.0	9.0
水	糠醇	100.0	169.4	98.5	80.0	20.0
水	苯	100.0	80.2	69.3	8.9	91.1

组分名称		沸点/℃			质量百分比 /%	
水	甲苯	100.0	110.8	84.1	19.6	80.4
水	二氯乙烷	100.0	83.7	72.0	8.3	91.7
水	二氯丙烷	100.0	96.8	78.0	12.0	88.0
水	乙醚	100.0	34.5	34.2	1.3	98.7
水	二苯醚	100.0	259.3	99.3	96.8	3.2
水	苯乙醚	100.0	170.4	97.3	59.0	41.0
水	苯甲醚	100.0	153.9	95.5	40.5	59.5
水	甲酸正丙酯	100.0	80.9	71.9	3.6	96.4
水	甲酸正丁酯	100.0	106.8	83.8	15.0	85.0
水	甲酸异丁酯	100.0	98.4	80.4	7.8	92.2
水	甲酸正戊酯	100.0	132.0	91.6	28.4	71.6
水	甲酸异戊酯	100.0	123.9	89.7	23.5	76.5
水	甲酸苄酯	100.0	202.3	99.2	80.0	20.0
水	乙酸乙酯	100.0	77.1	70.4	6.1	93.9
水	乙酸正丙酯	100.0	101.6	82.4	14.0	86.0
水	乙酸异丙酯	100.0	91.0	77.4	6.2	93.8
水	乙酸正丁酯	100.0	126.2	90.2	28.7	71.3
水	乙酸异丁酯	100.0	117.2	87.5	19.5	80.5
水	乙酸正戊酯	100.0	148.8	95.2	41.0	59.0
水	乙酸异戊酯	100.0	142.1	93.8	36.2	63.8
水	乙酸苄甲酯	100.0	214.9	99.6	87.5	12.5
水	乙酸苯酯	100.0	195.7	98.9	75.1	24.9
水	丙酸甲酯	100.0	79.9	71.4	3.9	96.1
水	丙酸乙酯	100.0	99.2	81.2	10.0	90.0
水	丙酸正丙酯	100.0	122.1	88.9	23.0	77.0
水	丙酸异丁酯	100.0	136.9	92.8	32.2	67.8
水	丙酸异戊酯	100.0	160.3	96.6	48.5	51.5
水	丁酸甲酯	100.0	102.7	82.7	11.5	88.5
水	丁酸乙酯	100.0	120.1	87.9	21.5	78.5
水	丁酸异丁酯	100.0	156.8	96.3	46.0	54.0
水	丁酸异戊酯	100.0	178.5	98.1	63.5	36.5
水	异丁酸甲酯	100.0	92.3	77.7	6.8	93.2
水	异丁酸乙酯	100.0	110.1	85.2	15.2	84.8
水	异丁酸异丁酯	100.0	147.3	95.5	39.4	60.6
水	异丁酸异戊酯	100.0	168.9	97.4	56.0	44.0
水	异戊酸甲酯	100.0	116.3	87.2	19.2	80.8
水	异戊酸乙酯	100.0	134.7	92.2	30.2	69.8

组分名称		沸点/℃			质量百分比 /%	
水	肉桂酸甲酯	100.0	261.9	99.9	95.5	4.5
水	苯甲酸甲酯	100.0	199.5	99.1	79.2	20.8
水	苯甲酸乙酯	100.0	212.4	99.4	84.0	16.0
水	苯甲酸异戊酯	100.0	262.2	99.9	95.6	4.4
水	苯乙酸乙酯	100.0	228.8	99.7	91.3	8.7
水	硝酸乙酯	100.0	87.7	74.4	22.0	78.0
水	甲酸(最大值)	100.0	100.8	107.3	22.5	77.5
水	乙酸	100.0	118.1	无(no)	无(no)	无(no)
水	丙酸	100.0	141.1	99.98	82.3	17.7
水	丁酸	100.0	163.5	99.4	81.6	18.4
水	异丁酸	100.0	154.5	99.3	79.0	21.0
水	甲基乙基酮	100.0	79.6	73.5	11.0	89.0
水	甲基正丙基酮	100.0	102.0	83.3	19.5	80.5
水	甲基异丁基酮	100.0	115.9	87.9	24.3	75.7
水	丁醛	100.0	75.7	68.0	6.0	94.0
水	糠醛	100.0	161.5	97.5	65.0	35.0
水	吡啶	100.0	115.5	92.6	43.0	57.0
甲醇	乙酸甲酯	64.7	57.0	53.8	18.7	81.3
甲醇	乙酸乙酯	64.7	77.1	62.3	44.0	56.0
甲醇	乙酸异丙酯	64.7	91.0	64.5	80.0	20.0
甲醇	二氯乙烷	64.7	83.7	61.0	32.0	68.0
甲醇	氯仿	64.7	61.1	53.5	12.6	87.4
甲醇	正已烷	64.7	68.9	50.6	28	72
甲醇	四氯化碳	64.7	76.8	55.7	20.6	79.4
甲醇	甲苯	64.7	110.0	63.8	69.0	31.0
甲醇	甲酸乙酯	64.7	54.1	51.0	16.0	84.0
甲醇	丙酮	64.7	56.3	55.7	12.1	87.9
甲醇	正戊烷	64.7	36.2	32.8	9.0	91.0
甲醇	苯	64.7	80.2	58.3	39.6	60.4
甲醇	环已烷	64.7	80.8	54.2	37.2	62.8
甲醇	硝基甲烷	64.7	101.2	64.6	91.0	9.0
甲醇	硼酸甲酯	64.7	68.7	54.6	32.0	68.0
甲醇	碳酸二甲酯	64.7	90.4	62.7	70.0	30.0
乙醇	乙酸甲酯	78.3	57.0	56.9	3.0	97.0
乙醇	乙酸乙酯	78.3	77.1	71.8	30.8	69.2
乙醇	乙酸正丙酯	78.3	101.6	78.2	85.0	15.0
乙醇	乙酸异丙酯	78.3	91.0	76.8	57.0	43.0

组分名称		沸点/℃			质量百分比 /%	
乙醇	氯仿	78.3	61.1	59.4	7.0	93.0
乙醇	正己烷	78.3	68.9	58.7	21.0	79.0
乙醇	四氯化碳	78.3	76.8	65.1	15.8	84.2
乙醇	甲苯	78.3	110.8	76.7	68.0	32.0
乙醇	苯	78.3	80.2	68.2	32.4	67.6
异丙醇	乙酸乙酯	82.5	77.1	75.3	25.0	75.0
异丙醇	乙酸异丙酯	82.5	91.0	81.3	60.0	40.0
异丙醇	二氯乙烷	82.5	83.7	74.7	43.5	56.5
异丙醇	氯仿	82.5	61.1	60.8	4.2	95.8
异丙醇	正己烷	82.5	68.9	62.7	23.0	77.0
异丙醇	四氯化碳	82.5	76.8	69.0	18.0	82.0
异丙醇	甲苯	82.5	110.8	81.3	79.0	21.0
异丙醇	苯	82.5	80.2	71.9	33.3	66.7
正丙醇	正己烷	97.2	68.9	65.7	4.0	96.0
正丙醇	四氯化碳	97.2	76.8	73.1	11.5	88.5
正丙醇	甲苯	97.2	110.8	92.4	52.5	47.5
正丙醇	甲酸正丙酯	97.2	80.8	80.65	3.0	97.0
正丙醇	苯	97.2	80.2	77.1	16.9	83.1
正丙醇	氯苯	97.2	132.0	96.9	83.0	17.0
异丁醇	乙酸异丁酯	107.9	117.5	107.6	92.0	8.0
异丁醇	甲苯	107.9	110.8	100.9	44.5	55.5
异丁醇	环己烷	107.9	80.8	78.1	14.0	86.0
正丁醇	四氯化碳	117.8	76.8	76.6	2.5	97.5
正丁醇	甲苯	117.8	110.8	105.7	27.0	73.0
正丁醇	环己烷	117.8	80.8	79.8	4.0	96.0
异戊醇	甲苯	131.4	110.8	110.0	14.0	86.0
异戊醇	甲酸异戊酯	131.4	123.8	123.7	10.0	90.0
异戊醇	氯苯	131.4	132.0	124.3	85.0	15.0
环己醇	糠醛	160.7	161.4	155.6	45.0	55.0
烯丙醇	苯	97.0	80.2	76.8	17.4	82.6
烯丙醇	环己烷	97.0	80.8	74.0	20.0	80.0
苯甲醇	萘	205.2	218.1	204.1	60.0	40.0
乙二醇	甲苯	197.4	110.8	110.2	6.5	93.5
乙二醇	苯乙酮	197.4	202.1	185.7	52.0	48.0
乙二醇	苯甲醇	197.4	205.1	193.1	56.0	44.0
甲酸	氯仿	100.8	61.2	59.2	15.0	85.0
甲酸	四氯化碳	100.8	76.8	66.7	18.5	81.5

组分名称		沸点/℃			质量百分比 /%	
甲酸	甲苯	100.8	110.8	85.8	50.0	50.0
甲酸	苯	100.8	80.2	71.7	31.0	69.0
乙酸	四氯化碳	118.5	76.8	76.6	3.0	97.0
乙酸	甲苯	118.5	110.8	105.0	34.0	66.0
乙酸	苯	118.5	80.2	80.05	2.0	98.0
丁酸	氯苯	162.5	132.0	131.8	2.8	97.2
丁酸	糠醛	162.5	161.5	159.4	42.5	57.5
异戊酸	丁酸异戊酯	176.5	178.5	176.1	70.0	30.0
苯甲酸	二苯醚	250.5	259.3	247.0	59.0	41.0
苯甲酸	对二溴苯	250.5	220.3	219.5	3.8	96.2
苯甲酸	水杨酸乙酯	250.5	234.0	233.85	6.0	94.0
苯甲酸	苯甲酸异丁酯	250.5	241.9	241.2	12.0	88.0
苯甲酸	萘	250.5	218.1	217.7	5.0	95.0

附录 14 常用试剂的配制

附录 14.1 无机分析试剂

试剂名称	浓度 $(mol \cdot L^{-1})$	配制方法
硫化钠 Na_2S	$1\ mol \cdot L^{-1}$	称取 240 g $Na_2S \cdot 9H_2O$、40 g NaOH 溶于适量水中，稀释至 1 L，混匀
硫化铵 $(NH_4)_2S$	$3\ mol \cdot L^{-1}$	通 H_2S 于 200 mL 浓 $NH_3 \cdot H_2O$ 中直至饱和，然后再加 200 mL 浓 $NH_3 \cdot H_2O$，最后加水稀释至 1 L，混匀
三氯化锑 $SbCl_3$	$0.1\ mol \cdot L^{-1}$	称取 22.8 g $SbCl_3$ 溶于 100 mL 6 $mol \cdot L^{-1}$ HCl 中，加水稀释至 1 L
氯化亚锡 $SnCl_2$	$0.25 mol \cdot L^{-1}$	称取 56.4 g $SnCl_2 \cdot 2H_2O$ 溶于 100 m L 浓 HCl 中，加水稀释至 1 L，在溶液中放入几颗纯锡粒
氯化铁 $FeCl_3$	$0.5\ mol \cdot L^{-1}$	称取 135.2 g $FeCl_3 \cdot 6H_2O$，溶于 100 mL 6 $mol \cdot L^{-1}$ HCl 中，加水稀释至 1 L
三氯化铬 $CrCl_3$	$0.1\ mol \cdot L^{-1}$	称取 26.7 g $CrCl_3 \cdot 6H_2O$ 溶于 30 mL 6 $mol \cdot L^{-1}$ HCl 中，加水稀释至 1 L
硝酸亚汞 $Hg_2(NO_3)_2$	$0.1\ mol \cdot L^{-1}$	称取 56g $Hg_2(NO_3)_2 \cdot 2H_2O$ 溶于 250 mL 6 $mol \cdot L^{-1}$ HNO_3 中，加水稀释至 1 L，并加入少许金属汞
硝酸铅 $Pb(NO_3)_2$	$0.25\ mol \cdot L^{-1}$	称取 83g $Pb(NO_3)_2 \cdot 2H_2O$ 溶于少量水中，加入 15mL 6$mol \cdot L^{-1}$ HNO_3 中，再加水稀释至 1 L
硝酸铋 $Bi(NO_3)_3$	$0.1\ mol \cdot L^{-1}$	称取 48.5g $Bi(NO_3)_3 \cdot 5H_2O$ 溶于 250mL 1$mol \cdot L^{-1}$ HNO_3 中，加水稀释至 1 L

试剂名称	浓度（$mol \cdot L^{-1}$）	配制方法
硫酸亚铁 $FeSO_4$	0.25 $mol \cdot L^{-1}$	称取 69.5 g $FeSO_4 \cdot 7H_2O$ 溶于适量水中，加入 5mL 18mol · L^{-1} H_2SO_4，再加水稀释至 1 L，并置入小铁钉数枚
钼酸铵 $(NH_4)_6Mo_7O_{24}$	0.1 $mol \cdot L^{-1}$	称取 124 g $(NH_4)_6Mo_7O_{24} \cdot 4H_2O$ 溶于 1 L 水中，将所得溶液倒入 6 $mol \cdot L^{-1}$ HNO_3 中，放置 24 h，取其澄清液
Cl_2 水	Cl_2 的饱和水溶液	将 Cl_2 通入水中至饱和为止（用时临时配制）
Br_2 水	Br_2 的饱和水溶液	在带有良好磨口塞的玻璃瓶内，将市售的 Br_2 约 50 g（16 mL）注入 1 L 水中，在 2 h 内经常剧烈振荡，每次振荡之后微开塞子，使积聚的 Br_2 蒸气放出，在储存瓶底总有过量的溴。将 Br_2 水倒入试剂瓶时，剩余的 Br_2 应留于储存瓶中，而不倒入试剂瓶（倾倒 Br_2 或 Br_2 水时，应在通风橱中进行，将凡士林涂在手上或戴橡皮手套操作，以防 Br_2 蒸气灼伤）
I_2 水	~0.005 $mol \cdot L^{-1}$	将 1.3 g I_2 和 5 g KI 溶解在尽可能少量的水中，待 I_2 完全溶解后（充分搅拌），再加水稀释至 1 L
镁试剂	0.007%	将 0.01 g 对硝基偶氮间苯二酚溶于 100 mL　2 $mol \cdot L^{-1}$ NaOH 溶液中
淀粉溶液	0.5%	称取易溶淀粉 1 g 和 $HgCl_2$ 5 mg（作防腐剂）置于烧杯中，加冷水少许调成糊状，然后倾入 200 mL 沸水中，煮沸后冷却即可
奈斯勒试剂		称取 115 g HgI_2 和 80 gKI 溶于足量的水中，稀释至 500 mL，然后加入 500 mL 6mol · L^{-1} NaOH 溶液，静置后取其清液保存于棕色瓶中
亚硝酰铁氰化钠	3%	称取 3 g $Na_2[Fe(CN)_5NO] \cdot 2H_2O$ 溶于 100 mL 水中，如溶液变成蓝色，即需重新配制（只能保存数天）
钙指示剂	0.2%	将 0.2 g 钙指示剂溶于 100 mL 水中
α－萘胺	0.12%	称取 0.3 g　α－萘胺溶于 20 mL 水中，加热煮沸，静置后取其清液，加入 150 mL　2 $mol \cdot L^{-1}$ HAc（此试剂应为无色，如变色，宜重新配制）
对氨基苯磺酸	0.34%	称取 3.4 g 氨基苯磺酸溶于 1L 2mol · L^{-1} HAc 中
铝试剂	1%	1 g 铝试剂溶于 1 L 水中
丁二酮肟	1%	1 g 丁二酮肟溶于 100 mL 95% 乙醇中
二苯硫腙	0.01%	10 mg 二苯硫腙溶于 100 mL CCl_4 中
醋酸铀酰锌		（1）10 g $UO_2(Ac)_2 \cdot 2H_2O$ 和 6 mL 6mol · L^{-1} HAc 溶于 50 mL 水中 （2）30 g $Zn(Ac)_2 \cdot 2H_2O$ 和 3 mL 6mol · L^{-1} HCl 溶于 50 mL 水中 （1）、（2）两种溶液混合，24 h 后取清液使用
六亚硝酸合钴（III）钠盐		$Na_3[Co(NO_2)_6]$ 和醋酸钠各 20 g，溶于 20 mL 冰醋酸和 80 mL 水的混合溶液中，贮存于棕色瓶中备用（久置溶液，颜色由棕变红即失效）

14.2 有机化学常用试剂

试剂名称	配制方法
2,4－二硝基苯肼溶液	I. 在 15 mL 浓硫酸中,溶解 3 克 2,4－二硝基苯肼。另在 70 mL95% 乙醇里加 20 mL 水,然后把硫酸苯肼倒入稀乙醇溶液中,搅动混合均匀即成橙红色溶液(若有沉淀应过滤)。 Ⅱ. 将 1.2 克 2,4 一二硝基苯肼溶于 50 mL30% 高氯酸中,配好后储于棕色瓶中,不易变质。 I 法配制的试剂,2,4－二硝基苯肼浓度较大,反应时沉淀多便于观察。Ⅱ法配制的试剂由于高氯酸盐在水中溶解度很大,因此便于检验水中醛且较稳定,长期贮存不易变质。
卢卡斯(Lucas)试剂	将 34 克无水氯化锌在蒸发皿中强热熔融,稍冷后放在干燥器中冷至室温。取出捣碎,溶于 23 mL 浓盐酸中(比重 1.187)。配制时须加以搅拌,并把容器放在冰水浴中冷却,以防氯化氢逸出。此试剂一般是临时配制,现配现用。
托伦(Tollens)试剂	I. 取 0.5 mL10% 硝酸银溶液于试管里,滴加氨水,开始出现黑色沉淀时,再继续滴加氨水,边滴边摇动试管,滴到沉淀刚好溶解为止,得澄清的硝酸银氨水溶液,即托伦试剂。 Ⅱ. 取一支干净试管. 加入 1 mL5% 硝酸银,滴加 5% 氢氧化钠 2 滴,产生沉淀,然后滴加 5% 氨水,边摇边滴加,直到沉淀消失为止,此为托伦试剂。无论 I 法或Ⅱ法,氨的量不宜多,否则会影响试剂的灵敏度。I 法配制的 Tollens 试剂较Ⅱ法的碱性弱,在进行糖类实验时,用 I 法配制的试剂较好。
希夫(Schiff)试剂	在 100 mL 热水中溶解 0.2 g 品红盐酸盐,放置冷却后,加入 2 g 亚硫酸氢钠和 2 mL 浓盐酸,再用蒸馏水稀释至 200 mL。或先配制 10 mL 二氧化硫的饱和水溶液,冷却后加入 0.2 g 品红盐酸盐,溶解后放置数小时使溶液变成无色或淡黄色,用蒸馏水稀释至 200 mL。 此外,也可将 0.5 g 品红盐酸盐溶于 100 mL 热水中,冷却后用二氧化硫气体饱和至粉红色消失,加入 0.5 g 活性炭,振荡过滤,再用蒸馏水稀释至 500 mL。 本试剂所用的品红是假洋红(Para－rosaniline 或 Para－Fuchsin),此物与洋红(Rosaniline 或 Fuchsin)不同。希夫试剂应密封贮存在暗冷处,倘若受热或见光,或露置空气中过久,试剂中的二氧化硫易失,结果又显桃红包。遇此情况,应再通入二氧化硫,使颜色消失后使用。但应指出,试剂中过量的二氧化硫愈少,反应就愈灵敏。
0.1% 茚三酮溶液	将 0.1 g 茚三酮溶于 124.9 mL　95% 乙醇中,临时新配。
饱和亚硫酸氢钠	先配制 40% 亚硫酸氢钠水溶液,然后在每 100 mL 的 40% 亚硫酸氢钠水溶液中,加不含醛的无水乙醇 25 mL,溶液呈透明清亮状。 由于亚硫酸氢钠久置后易失去二氧化硫而变质,所以上述溶液也可按下法配制:将研细的碳酸钠晶体($Na_2CO_3 \cdot 10H_2O$)与水混合,水的用量使粉末上只覆盖一薄层水为宜,然后在混合物中通入二氧化硫气体,至碳酸钠近乎完全溶解,或将二氧化硫通入 1 份碳酸钠与 3 份水的混合物中,至碳酸钠全部溶解力止,配制好后密封放置,但不可放置太久,最好是用时新配。
饱和溴水	溶解 15 克溴化钾于 100 mL 水中,加入 10 g 溴,振荡即成。
碘溶液	I. 将 20 g 碘化钾溶于 100 mL 蒸馏水中,然后加入 10 g 研细的碘粉,搅动使其全溶呈深红色溶液。 Ⅱ. 将 1 g 碘化钾溶于 100 mL 蒸馏水中,然后加入 0.5 g 碘,加热溶解即得红包清亮溶液。
莫利许(Molish)试剂	将 α－萘酚 2 g 溶于 20 mL　95% 乙醇中,用 95% 乙醇稀释至 100 mL,贮于棕色瓶中,一般用前配制。

试剂名称	配制方法
谢里瓦诺夫(Se liwanoff)试剂	将0.05 g间苯二酚溶于50 mL浓盐酸中,再用蒸馏水稀释至100 mL。
盐酸苯肼-醋酸钠溶液	将5 g盐酸苯肼溶于100 mL水中,必要时可加微热助溶,如果溶液呈深色,加活性炭共热,过滤后加9 g醋酸钠晶体或用相同量的无水醋酸钠,搅拌使之溶解,贮于棕色瓶中。
班氏(Bene-dict)试剂	把4.3 g研细的硫酸铜溶于25 mL热水中,待冷却后用水稀释至40 mL。另把43 g柠檬酸钠及25 g无水碳酸钠(若用有结晶水的碳酸钠,则取量应按比例计算)溶于150 mL水中,加热溶解,待溶液冷却后,再加入上面所配的硫酸铜溶液,加水稀释至250 mL,将试剂贮于试剂瓶中,瓶口用橡皮塞塞紧。
淀粉碘化钾试纸	取3 g可溶性淀粉,加入25 mL蒸馏水,搅匀,倾入225 mL沸水中,再加入1 g碘化钾及1 g结晶硫酸钠,用水稀释至500 mL,将滤纸片(条)浸渍,取出晾干,密封备用。
蛋白质溶液	取新鲜鸡蛋清50 mL,加蒸馏水至100 mL,搅拌溶解。如浑浊,加入5%氢氧化钠至刚清亮为止。
10%淀粉溶液	将1 g可溶性淀粉溶于5 mL冷蒸馏水中,用力搅成稀浆状,然后倒入94 mL沸水中,即得近于透明的胶体溶液,放冷使用。
β-萘酚碱溶液	取4克β-萘酚,溶于40 mL 5%氢氧化钠溶液中。
斐林(Fehling)试剂	斐林试剂由斐林试剂A和斐林试剂B组成,使用时将两者等体积混合,其配法分别是: 斐林A:将3.5 g含有五个结晶水的硫酸铜溶于100 mL的水中即得淡蓝色的斐林A试剂。 斐林B:将17克五结晶水的酒石酸钾钠溶于20 mL热水中,然后加入含有5 g氢氧化钠的水溶液20 mL,稀释至100 mL即得无色清亮的斐林B试剂。

附录15 有关水的一些物理性质

附表15.1 水在不同温度下的折射率、黏度和介电常数

温度℃	折射率 n_D	黏度 η $\times 10^3 kg \cdot m^{-1} \cdot s^{-1}$	介电常数 ε
0	1.33395	1.7702	87.74
5	1.33388	1.5108	85.76
10	1.33369	1.3039	83.83
15	1.33339	1.3174	81.95
20	1.33300	1.0019	80.10
21	1.33290	0.9764	79.73
22	1.33280	0.9532	79.38
23	1.33271	0.9310	79.02
24	1.33261	0.9100	78.65
25	1.33250	0.8903	78.30
26	1.33240	0.8703	77.94
27	1.33229	0.8512	77.60

温度℃	折射率 n_D	黏度 η $\times 10^3 kg \cdot m^{-1} \cdot s^{-1}$	介电常数 ε
28	1.33217	0.8328	77.24
29	1.33206	0.8145	76.90
30	1.33194	0.7973	76.55
35	1.33131	0.7190	74.83
40	1.33061	0.6526	73.15
45	1.32985	0.5972	71.51
50	1.32904	0.5468	69.91
55	1.32817	0.5042	68.35
60	1.32725	0.4669	66.82

附录 15.2　水的表面张力表(0～100℃)($N \cdot m^{-1} \times 10^{-3}$)

温度/℃	表面张力 $\sigma_{\circ}$	温度/℃	表面张力 $\sigma_{\circ}$	温度/℃	表面张力 $\sigma_{\circ}$
0	75.64	19	72.90	30	71.18
5	74.92	20	72.75	35	70.38
10	74.22	21	72.59	40	69.56
11	74.07	22	72.44	45	68.74
12	72.93	23	72.28	50	67.91
13	73.78	24	72.13	55	67.05
14	73.64	25	71.97	60	66.18
15	73.49	26	71.82	70	64.42
16	73.34	27	71.66	80	62.91
17	73.19	28	71.50	90	60.75
18	73.05	29	71.35	100	58.85

附表 15.3　不同摄氏温度 t 下水的饱和蒸气压 p

t / ℃	p / Pa	t / ℃	p / Pa	t / ℃	p / Pa
-14.0	208.0	36.0	5941.2	86.0	6.011×10^4
-12.0	244.4	38.0	6625.0	88.0	6.494×10^4
-10.0	286.5	40.0	7375.9	90.0	7.010×10^4
-8.0	335.2	42.0	8199	92.0	7.559×10^4
-6.0	390.8	44.0	9103	94.0	8.145×10^4
-4.0	454.6	46.0	1.0086×10^4	96.0	8.767×10^4
-2.0	527.4	48.0	1.1168×10^4	98.0	9.430×10^4
0.0	610.5	50.0	1.2334×10^4	100.0	1.0132×10^5
2.0	705.8	52.0	1.3611×10^4	102	1.0878×10^5
4.0	813.4	54.0	1.5000×10^4	104	1.1667×10^5

t / ℃	p / Pa	t / ℃	p / Pa	t / ℃	p / Pa
6.0	935.0	56.0	1.6505×10^4	106	1.2504×10^5
8.0	1072.6	58.0	1.8142×10^4	108	1.3391×10^5
10.0	1227.8	60.0	1.9916×10^4	110	1.4327×10^5
12.0	1402.3	62.0	2.1834×10^4	112	1.5315×10^5
14.0	1598.1	64.0	2.3906×10^4	114	1.6363×10^5
16.0	1817.7	66.0	2.6143×10^4	116	1.7464×10^5
18.0	2063.4	68.0	2.8554×10^4	120	1.9853×10^5
20.0	2337.8	70.0	3.116×10^4	150	4.7602×10^5
22.0	2643.4	72.0	3.394×10^4	200	15.544×10^5
24.0	2983.3	74.0	3.696×10^4	250	39.754×10^5
26.0	3360.9	76.0	4.018×10^4	300	85.903×10^5
28.0	3779.5	78.0	4.364×10^4	350	165.321×10^5
30.0	4242.8	80.0	4.734×10^4	370	210.238×10^5
32.0	4754.7	82.0	5.132×10^4	374	220.604×10^5
34.0	5319.3	84.0	5.557×10^4		

摘自 Robert C. West，CRC Handbook of Chemistry and Physics，69 ed.，1988—1989，D 189—191. 已换算成 SI 单位。

附录 15.4 293.15K 时乙醇水溶液的折射率(n_D^{20})

乙醇%(v/v)	c/mol · L^{-1}	折射率	乙醇%(v/v)	c/mol · L^{-1}	折射率
1.00	0.216	1.3336	46.00	9.213	1.3604
2.00	0.432	1.3342	48.00	9.568	1.3610
4.00	0.860	1.3354	50.00	9.919	1.3616
5.00	1.074	1.3360	52.00	10.265	1.3621
6.00	1.286	1.3367	54.00	10.607	1.3626
8.00	1.710	1.3381	56.00	10.944	1.3630
10.00	2.131	1.3395	58.00	11.277	1.3634
12.00	2.550	1.3410	60.00	11.606	1.3638
14.00	2.967	1.3425	62.00	11.930	1.3641
15.00	3.175	1.3432	64.00	12.250	1.3644
16.00	3.382	1.3440	66.00	12.565	1.3647
18.00	3.795	1.3455	68.00	12.876	1.3650
20.00	4.205	1.3469	70.00	13.183	1.3652
22.00	4.613	1.3484	72.00	13.486	1.3654
24.00	5.018	1.3498	74.00	13.748	1.3655
26.00	5.419	1.3511	76.00	14.077	1.3657
28.00	5.817	1.3524	78.00	14.366	1.3657

乙醇%(v/v)	c/mol·L^{-1}	折射率	乙醇%(v/v)	c/mol·L^{-1}	折射率
30.00	6.221	1.3535	80.00	14.650	1.3658
32.00	6.601	1.3546	84.00	15.198	1.3656
34.00	6.988	1.3557	88.00	15.725	1.3653
36.00	7.369	1.3566	90.00	15.979	1.3650
38.00	7.747	1.3575	94.00	16.466	1.3642
40.00	8.120	1.3583	96.00	16.697	1.3636
42.00	8.488	1.3590	98.00	16.920	1.3630
44.00	8.853	1.3598	100.00	17.133	1.3614

附录 16 常见沉淀物的 pH 值

附录 16.1 金属氧化物沉淀物的 pH(包括形成氢氧配离子的大约值)

氢氧化物	开始沉淀时的 pH		沉淀完全时 pH(残留离子浓度 <10^{-5}mol·L^{-1})	沉淀开始溶解的 pH	沉淀完全溶解时的 pH
	M^{n+} 初浓度 c^0				
	0.01mol·L^{-1}	1mol·L^{-1}			
$Sn(OH)_4$	0.5	1	13	15	
$TiO(OH)_2$	0	0.5	2.0	–	–
$Sn(OH)_2$	0.9	2.1	4.7	10	13.5
$ZrO(OH)_2$	1.3	2.3	3.8	–	–
HgO	1.3	2.4	5.0	11.5	–
$Fe(OH)_3$	1.5	2.3	4.1	14	
$Al(OH)_3$	3.3	4.0	5.2	7.8	10.8
$Cr(OH)_3$	4.0	4.9	6.8	12	15
$Be(OH)_2$	5.2	6.2	8.8	–	–
$Zn(OH)_2$	5.4	6.4	8.0	10.5	12 ~ 13
Ag_2O	6.2	8.2	11.2	12.7	–
$Fe(OH)_2$	6.5	7.5	9.7	13.5	–
$Co(OH)_2$	6.6	7.6	9.2	14.1	–
$Ni(OH)_2$	6.7	7.7	9.5	–	–
$Cd(OH)_2$	7.2	8.2	9.7	–	–
$Mn(OH)_2$	7.8	8.8	10.4	–	–
$Mg(OH)_2$	9.4	10.4	12.4	14	–
$Pb(OH)_2$		7.2	8.7	–	13
$Ce(OH)_4$		0.8	1.2	10	–
$Th(OH)_4$		0.5	–		
$Tl(OH)_3$		~0.6	~1.6	–	–
H_2WO_4		~0	~0	–	–

氢氧化物	开始沉淀时的 pH		沉淀完全时 pH（残留离子浓度 $<10^{-5}mol \cdot L^{-1}$）	沉淀开始溶解的 pH	沉淀完全溶解时的 pH
	M^{n+} 初浓度 c^0				
	$0.01mol \cdot L^{-1}$	$1mol \cdot L^{-1}$			
H_2MoO_4			~8	~9	
稀土		6.8~8.5	~9.5	–	–
H_2UO_4		3.6	5.1	–	–

附表 16.2　沉淀金属硫化物的 pH 值

pH	被硫化氢所沉淀的金属
1	Cu,Ag,Hg,Pb,Bi,Cd,Rh,Pd,Os,As,Au,Pt,Sb,Ir,Ge,Se,Te,Mo
2~3	Zn,Ti,In,Ga
5~6	Co,Ni
>7	Mn,Fe

附录 17　常用干燥剂

附录 17.1　常用干燥剂的性能与应用范围

干燥剂	吸水作用	吸水容量	干燥效能	干燥速度	应用范围
$CaCl_2$	形成 $CaCl_2 \cdot nH_2O$ n=1,2,4,6	0.97 按 $CaCl_2 \cdot 6H_2O$ 计	中等	较快，但吸水后表面为薄层液体所盖，故放置时间长些为宜	能与醇、酚、胺、酰胺及某些醛、酮形成配合物，因而不能用于干燥这些化合物。工业品中可能含碱或 CaO，故不能用来干燥酸类
$MgSO_4$	形成 $MgSO_4 \cdot nH_2O$ n=1,2,4,5,6,7	1.05 按 $MgSO_4 \cdot 7H_2O$ 计	较弱	较快	中性，可代替 $CaCl_2$，并可用以干燥酯、醛、酮、腈、酰胺等不能用 $CaCl_2$ 干燥的化合物
Na_2SO_4	$Na_2SO_4 \cdot 10H_2O$	1.25	弱	缓慢	中性，可用于有机液体初步干燥
$CaSO_4$	$2CaSO_4 \cdot H_2O$	0.06	强	快	中性，常与 MgSO4 或 Na_2SO_4 配合，作最后干燥之用
K_2CO_3	$K_2CO_3 \cdot \frac{1}{2}H_2O$	0.2	较弱	慢	弱碱性，用于干燥醇、酮、酯、胺及杂环等碱性化合物，不适于酸、酚及其他酸性化合物

干燥剂	吸水作用	吸水容量	干燥效能	干燥速度	应用范围
KOH (NaOH)	溶于水	—	中等	快	强碱性，用于干燥胺、杂环等碱性化合物，不能用于干燥醇、酯、醛、酮、酸、酚等
金属 Na	$2Na + 2H_2O = 2NaOH + H_2$	—	强	快	限于干燥醚、烃类中痕量水分。用时切成小块或压成钠丝
CaO	$CaO + H_2O = Ca(OH)_2$	—	强	较快	适用于干燥低级醇类
P_2O_5	$P_2O_5 + 3H_2O = 2H_3PO_4$	—	强	快，但吸水后表面为粘浆液覆盖，操作不便	适用于干燥醚、烃、卤代烃、腈等中的痕量水分。不适用于醇、酰胺、酮等
分子筛	物理吸附	约 0.25	强	快	适用于各类有机化合物的干燥

附录 17.2 干燥器内常用的干燥剂

干燥剂	吸去的溶剂或其他杂质
CaO	H_2O、酸、HCl
$CaCl_2$	H_2O、醇
NaOH	H_2O、酸、HCl、酚、醇
H_2SO_4	H_2O、酸、醇
P_2O_5	H_2O、醇
石蜡片	醇、醚、石油醚、C_6H_6、$C_6H_5CH_3$、C_6H_5Cl、CCl_4
硅胶	H_2O

附录 18 常见物质的 $\Delta_f H_m^\theta$、$\Delta_f G_m^\theta$ 和 S_m^θ

（298.15K，101.3kPa；水溶液中溶质的标准态为 $1mol \cdot kg^{-1}$）

物质	$\frac{\Delta_f H_m^\theta}{kJ \cdot mol^{-1}}$	$\frac{\Delta_f G_m^\theta}{kJ \cdot mol^{-1}}$	$\frac{S_m^\theta}{J \cdot K^{-1} \cdot mol^{-1}}$
Ag(s)	0.0	0.0	42.55
Ag^+(aq)	105.58	77.21	72.68
$Ag(NH_3)_2^+$(aq)	-111.3	-17.2	245
AgCl(s)	-127.07	-109.80	96.2
AgBr(s)	-100.4	-96.9	107.1
Ag_2CrO_4(s)	-731.74	-641.83	218
AgI(s)	-61.84	-66.19	115
Ag_2O(s)	-31.1	-11.2	121

物质	$\Delta_f H_m^\theta$ / $kJ \cdot mol^{-1}$	$\Delta_f G_m^\theta$ / $kJ \cdot mol^{-1}$	S_m^θ / $J \cdot K^{-1} \cdot mol^{-1}$
Ag_2S(s, α)	-32.59	-40.67	144.0
$AgNO_3$(s)	-124.4	-33.47	140.9
Al(s)	0.0	0.0	28.33
Al^{3+}(aq)	-531	-485	-322
$AlCl_3$(s)	-704.2	-628.9	110.7
α - Al_2O_3(s)	-1676	-1582	50.92
B(s, β)	0.0	0.0	5.86
B_2O_3(s)	-1272.8	-1193.7	53.97
BCl_3(g)	-404	-388.7	290.0
BCl_3(l)	-427.2	-387.4	206
B_2H_6(g)	35.6	86.6	232.0
Ba(s)	0.0	0.0	62.8
Ba^{2+}(aq)	-537.64	-560.4	9.6
$BaCl_2$(s)	-858.6	-810.4	123.7
BaO(s)	-548.10	-520.41	72.09
Ba(OH)$_{(}$s)	-944.7	—	—
$BaCO_3$(s)	-1216	-1138	112
$BaSO_4$(s)	-1473	-1362	132
Br_2(l)	0.0	0.0	152.23
Br^-(aq)	-121.5	-104.0	82.4
Br_2(g)	30.91	3.14	245.35
HB_r(g)	-36.40	-53.43	198.59
HB_r(aq)	-121.5	-104.0	82.4
Ca(s)	0.0	0.0	41.2
Ca^{2+}(aq)	-542.83	-553.54	-53.1
CaF_2(s)	-1220	-1167	68.87
$CaCl_2$(s)	-795.8	-748.1	105
CaO(s)	-635.09	-604.04	39.75
$Ca(OH)_2$(s)	-986.09	-898.56	83.39
$CaCO_3$(s,方解石)	-1206.9	-1128.8	92.9
$CaSO_4$(s,无水石膏)	-1434.1	-1321.9	107
C(石墨)	0.0	0.0	5.74
C(金刚石)	1.0987	2.900	2.38
C(g)	716.68	671.21	157.99
CO(g)	-110.52	-137.15	197.56
CO_2(g)	-393.51	-394.36	213.6

物质	$\frac{\Delta_f H_m^\theta}{kJ \cdot mol^{-1}}$	$\frac{\Delta_f G_m^\theta}{kJ \cdot mol^{-1}}$	$\frac{S_m^\theta}{J \cdot K^{-1} \cdot mol^{-1}}$
CO_3^{2-}(aq)	-667.14	-527.90	-56.9
HCO_3^-(aq)	-691.99	-586.85	91.2
CO_2(aq)	-413.8	-386.0	118
H_2CO_3(aq,非电离)	-699.65	-623.16	187
CCl_4(l)	-135.4	-65.2	216.4
CH_3OH(l)	-238.7	-166.4	127
C_2H_5OH(l)	-277.7	-174.9	161
HCOOH(l)	-424.7	-361.4	129.0
CH_3COOH(l)	-484.5	-390	160
CH_3COOH(aq,非电离)	-485.76	-396.6	179
CH_3COO^-(aq)	-486.01	-369.4	86.6
CH_3CHO(l)	-192.3	-128.2	160
CH_4(g)	-74.81	-50.75	186.15
C_2H_2(g)	226.75	209.20	200.82
C_2H_4(g)	52.26	68.12	219.5
C_2H_6(g)	-84.68	-32.89	229.5
C_3H_8(g)	-103.85	-23.49	269.9
C_4H_6(g,丁二烯-1,2)	165.5	201.7	293.0
C_4H_8(g,丁烯-1,)	1.17	72.04	307.4
$n-C_4H_{10}$(g)	-124.73	-15.71	310.0
C_6H_6(g)	82.93	129.66	269.2
C_6H_6(l)	49.03	-124.50	172.8
Cl_2(g)	0.0	0.0	222.96
Cl^-(aq)	-167.16	-131.26	56.5
HCl(g)	-92.31	-95.30	186.80
ClO_3^-(aq)	-99.2	-3.3	162
Co(s)(α,六方)	0.0	0.0	30.4
$Co(OH)_2$(s,桃红)	-539.7	-454.4	79
Cr(s)	0.0	0.0	23.8
Cr_2O_3(s)	-1140	-1058	81.2
$Cr_2O_7^{2-}$(aq)	-1490	-1301	262
CrO_4^{2-}(aq)	-881.2	-727.9	50.2
Cu(s)	0.0	0.0	33.15
Cu^+(aq)	71.67	50.00	41
Cu^{2+}(aq)	64.77	65.52	-99.6
$Cu(NH_3)_4^{2+}$(aq)	-348.5	-111.3	274

物质	$\Delta_f H_m^\theta$ / $kJ \cdot mol^{-1}$	$\Delta_f G_m^\theta$ / $kJ \cdot mol^{-1}$	S_m^θ / $J \cdot K^{-1} \cdot mol^{-1}$
Cu_2O(s)	-169	-146	93.14
CuO(s)	-157	-130	42.63
Cu_2S(s，α)	-79.5	-86.2	121
CuS(s)	-53.1	-53.6	66.5
$CuSO_4$(s)	-771.36	-661.9	109
$CuSO_4 \cdot 5H_2O$(s)	-2279.7	-1880.06	300
F_2(g)	0.0	0.0	202.7
F^-(aq)	-332.6	-278.8	-14
F(g)	78.99	61.92	158.64
Fe(s)	0.0	0.0	27.3
Fe^{2+}(aq)	-89.1	-78.87	-138
Fe^{3+}(aq)	-48.5	-4.6	-316
Fe_2O_3(s，赤铁矿)	-824.2	-742.2	87.40
Fe_3O_4(s，磁铁矿)	-1120.9	-1015.46	146.44
H_2(g)	0.0	0.0	130.57
H^+(aq)	0.0	0.0	0.0
H_3O^+(aq)	-285.85	-237.19	69.96
HgO(s，红)	61.32	31.85	174.8
HgS(s，红)	-90.83	-58.66	70.29
$HgCl_2$(s)	-58.2	-50.6	82.4
$HgCl_2$(s)	-224	-179	146
Hg_2Cl_2(s)	-265.2	-210.78	192
I_2(s)	0.0	0.0	116.14
I_2(g)	62.438	19.36	260.6
I^-(aq)	-55.19	-51.59	111
HI(g)	25.9	1.30	206.48
K(s)	0.0	0.0	64.18
K^+(aq)	-252.4	-283.3	103
KCl(s)	-436.75	-409.2	82.59
KI(s)	-327.90	-324.89	106.32
KOH(s)	-424.76	-379.1	78.87
$KClO_3$(s)	-397.7	-296.3	143
$KMnO_4$(s)	-837.2	-737.6	171.7
Mg(s)	0.0	0.0	32.68
Mg^{2+}(aq)	-466.85	-454.8	-138
$MgCl_2$(s)	-641.32	-591.83	89.62
$MgCl_2 \cdot 6H_2O$(s)	-2499.0	-2215.0	366
MgO(s，方镁石)	601.70	-569.44	26.9

物质	$\frac{\Delta_f H_m^\theta}{kJ \cdot mol^{-1}}$	$\frac{\Delta_f G_m^\theta}{kJ \cdot mol^{-1}}$	$\frac{S_m^\theta}{J \cdot K^{-1} \cdot mol^{-1}}$
$Mg(OH)_2(s)$	-924.54	-833.58	63.18
$MgCO_3$(s，菱镁石)	-1096	-1012	65.7
$MgSO_3(s)$	-1285	-1171	91.6
Mn(s，α)	0.0	0.0	32.0
$Mn^{2+}(aq)$	-220.7	-228.0	-73.6
$MnO_2(s)$	-520.03	-465.18	53.05
$MnO_4^-(aq)$	-518.4	-425.1	189.9
$MnCl_2(s)$	-481.29	-440.53	118.2
Na(s)	0.0	0.0	51.21
$Na^+(aq)$	-240.2	-261.89	59.0
NaCl(s)	-411.15	-384.15	72.13
$Na_2O(s)$	-414.2	-375.5	75.06
NaOH(s)	-425.61	-379.53	64.45
$Na_2CO_3(s)$	-1130.7	-1044.5	135.0
NaI(s)	-287.8	-286.1	98.53
$Na_2O_2(s)$	-510.87	-447.69	94.98
$HNO_3(l)$	-174.1	-80.79	155.6
$NO_3^-(aq)$	-207.4	-111.3	146
$NH_3(g)$	-46.11	-16.5	192.3
$NH_3 \cdot H_2O$(aq，非电离)	-366.12	-263.8	181
$NH_4^+(aq)$	-132.5	-79.37	113
$NH_4Cl(s)$	-314.4	-203.0	94.56
$NH_4NO_3(s)$	-365.6	-184.0	151.1
$(NH_4)_2SO_4(s)$	-901.90	—	187.5
$N_2(g)$	0.0	0.0	191.5
NO(g)	90.25	86.57	210.65
NOBr(g)	82.17	82.42	273.5
$NO_2(g)$	33.2	51.30	240.0
$N_2O(g)$	82.05	104.2	219.7
$N_2O_4(g)$	9.16	97.85	304.2
$N_2H_4(g)$	95.40	159.3	238.4
$N_2H_4(l)$	50.63	149.2	121.2
NiO(s)	-240	-212	38.0
$O_3(g)$	143	163	238.8
$O_2(g)$	0	0	205.03
$OH^-(aq)$	-229.99	-157.29	-10.8
$H_2O(l)$	-285.84	-237.19	69.94
$H_2O(g)$	-241.82	-228.59	188.72

物质	$\frac{\Delta_f H_m^\theta}{kJ \cdot mol^{-1}}$	$\frac{\Delta_f G_m^\theta}{kJ \cdot mol^{-1}}$	$\frac{S_m^\theta}{J \cdot K^{-1} \cdot mol^{-1}}$
H_2O_2(l)	-187.8	-120.4	—
H_2O_2(aq)	-191.2	-134.1	144
P(s,白)	0.0	0.0	41.09
P(红)(s, 三斜)	-17.6	-12.1	22.8
PCl_3(g)	-287	-268.0	311.7
PCl_5(s)	-443.5	—	—
Pb(s)	0.0	0.0	64.81
Pb^{2+}(aq)	-1.7	-24.4	10
PbO(s, 黄)	-215.33	-187.90	68.70
PbO_2(s)	-277.40	-217.36	68.62
Pb_3O_4(s)	-718.39	-601.24	211.29
H_2S(g)	-20.6	-33.6	205.7
H_2S(aq)	-40	-27.9	121
HS^-(aq)	-17.7	12.0	63
S^{2-}(aq)	33.2	85.9	-14.6
H_2SO_4(l)	-813.99	-690.10	156.90
HSO_4^-(aq)	-887.34	-756.00	132
SO_4^{2-}(aq)	-909.27	-744.63	20
SO_2(g)	-296.83	-300.19	248.1
SO_3(g)	-395.7	-371.1	256.6
Si(s)	0.0	0.0	18.8
SiO_2(s, 石英)	-910.94	-856.67	41.84
SiF_4(g)	-1614.9	-1572.7	282.4
$SiCl_4$(l)	-687.0	-619.90	240
$SiCl_4$(g)	-657.01	-617.01	330.6
Sn(s, 白)	0.0	0.0	51.55
Sn(s, 灰)	-2.1	0.13	44.14
SnO(s)	-286	-257	56.5
SnO_2(s)	-580.7	-519.7	52.3
$SnCl_2$(s)	-325	—	—
$SnCl_4$(s)	-511.3	-440.2	259
Zn(s)	0.0	0.0	41.6
Zn^{2+}(aq)	-153.9	-147.0	-112
ZnO(s)	-348.3	-318.3	43.64
$ZnCl_2$(aq)	-488.19	-409.5	0.8
ZnS(S, 闪锌矿)	-206.0	-201.3	57.7

摘自 Robert C. West，CRC Handbook of Chemistry and Physics，69 ed.，1988－1989，D 50－93，D 96－97.

附录 19 常见危险化学品的使用知识

在进行化学实验时，经常使用到各种各样的化学药品。化学品中具有易燃、易爆、毒害、腐蚀、放射性等危险特性，在生产、储存、运输、使用和废弃物处置等过程中受光、热、空气、水或撞击等外界因素的影响，容易造成人身伤亡、财产毁损、污染环境的均属危险化学品。根据其危险性将危险货物分为爆炸品、压缩气体和液化气体、易燃液体、易燃固体、自燃物品和遇湿易燃物品、氧化剂和有机过氧化物、毒害品和感染性物品、放射性物品、腐蚀品、杂类 9 类，并规定了常用危险化学品的包装标志 27 种（主标志 16 种如图附 19.1，副标志 11 种）。实验室常见的危险品有易燃、易爆、氧化剂、有毒、有腐蚀性 5 大类，见附表 19.1、19.2、19.3，常见危险化学品的火灾危险与处置方法见附表19.4。

附图 19－1

附录 19.1 实验室常见的危险品分类

类别		举例	性质	注意事项
1. 爆炸品		硝酸铵、苦味酸、高氯酸铵、硝酸铵、浓高氯酸、雷酸汞、三硝基甲苯等	遇高热摩擦、撞击等，引起剧烈反应，放出大量气体和热量，产生猛烈爆炸。	存放于阴凉、低下处，轻拿轻放。
2. 易燃品	易燃液体	丙酮、乙醚、甲醇、乙醇、苯、汽油、乙醛、二硫化碳、石油醚、甲苯、二甲苯、丙酮、乙酸乙酯等	沸点低，易挥发，遇火则燃烧，甚至引起爆炸。	存放阴凉处，远离热源，使用时注意通风，不得有明火。
	易燃固体	赤磷，三氧化二磷，硫，萘，硝化纤维、镁、铝粉等	燃点低、受热、摩擦 撞击或遇氧化剂，可引起剧烈连续燃烧爆炸	存放阴凉处，远离热源，使用时注意通风，不得有明火。
	易燃气体	氢气、乙炔、甲烷乙胺、氯乙烷、乙烯、煤气、氧气	因撞击、受热引起燃烧，与空气按一定比例混合会爆炸	使用时注意通风，如为钢瓶气，不得在实验室存放
	遇水易燃品	钠、钾	遇水剧烈反应，产生可燃气体并放出热量此反应热会引起燃烧	保存于煤油中，切勿与水接触
	自燃物品	黄磷	在适当温度下被空气氧化放热，达到沸点而引起自燃	保存于水中
3. 氧化剂		硝酸钾、氯酸钾、过氧化氢、过氧化钠、高锰酸钾	具有强氧化性，遇酸、受热、与有机物、易燃品、还原剂等混合时，因反应致燃烧或爆炸	不得与易燃品，爆炸品、还原剂等一起存放
4. 剧毒素		氰化物、三氧化二砷、升汞、氰化钡	剧毒，少量侵入人体(误食或接触伤口)引使中毒，甚至死亡	专人、专柜保管，现用现领，用后的剩余物，不论是固体或液体都应交回保管人，并有使用登记制度
5. 腐蚀性药品		强酸、强碱、氟化氢、溴、酚	具有强腐蚀性，触及物品造成腐蚀、破坏触及人体皮肤，引起化学烧伤	不要与氧化剂，易燃品，爆炸品放在一起

附表 19.2 部分可燃气体、蒸气的爆炸极限(LEL/UEL)及毒性

物质名称	分子式	爆炸浓度（V%）		毒性
		下限 LEL	上限 UEL	
氢气	H_2	4	75	
一氧化碳	CO	12.5	74.2	剧毒
氯气	Cl_2			刺激
氨气	NH_3	16	25	低毒
硫化氢	H_2S	4.3	45.5	神经
二氧化硫	SO_2			中等

物质名称	分子式	爆炸浓度（V%）		毒性
		下限 LEL	上限 UEL	
二硫化碳	CS_2	1.3	50	
臭氧	O_3			刺激
氰化氢(氢氰酸)	HCN	5.6	40	剧毒
丙烯氰	C_3H_3N	2.8	28	高毒
甲烷	CH_4	5	15	——
乙烷	C_2H_6	3	15.5	
丙烷	C_3H_8	2.1	9.5	
丁烷	C_4H_{10}	1.9	8.5	
戊烷(液体)	C_5H_{12}	1.4	7.8	
己烷(液体)	C_6H_{14}	1.1	7.5	
庚烷(液体)	$CH_3(CH_2)_5CH_3$	1.1	6.7	
辛烷(液体)	C_8H_{18}	1	6.5	
乙烯	C_2H_4	2.7	36	
丙烯	C_3H_6	2	11.1	
丁烯	C_4H_8	1.6	10	
丁二烯	C_4H_6	2	12	低毒
乙炔	C_3H_4	2.5	100	
环丙烷	C_3H_6	2.4	10.4	
煤油(液体)	$C_{10}-C_{16}$	0.6	5	
城市煤气		4		
液化石油气		1	12	
汽油(液体)	C_4-C_{12}	1.1	5.9	
松节油(液体)	$C_{10}H_{16}$	0.8		
苯(液体)	C_6H_6	1.3	7.1	中等
甲苯	$C_6H_5CH_3$	1.2	7.1	低毒
氯乙烷	C_2H_5Cl	3.8	15.4	中等
氯乙烯	C_2H_3Cl	3.6	33	
氯丙烯	C_3H_5Cl	2.9	11.2	中等
二氯乙烷	$ClCH_2CH_2Cl$	6.2	16	高毒
三氯甲烷	$CHCl_3$			中等
环氧乙烷	C_2H_4O	3	100	中等
甲胺	CH_3NH_2	4.9	20.1	中等
乙胺	$CH_3CH_2NH_2$	3.5	14	中等
苯胺	$C_6H_5NH_2$	1.3	11	高毒
二甲胺	$(CH_3)_2NH$	2.8	14.4	中等
乙二胺	$H_2NCH_2CH_2NH_2$			低毒

物质名称	分子式	爆炸浓度（V%）		毒性
		下限 LEL	上限 UEL	
甲醇(液体)	CH_3OH	6.7	36	
乙醇(液体)	C_2H_5OH	3.3	19	
正丁醇(液体)	C_4H_9OH	1.4	11.2	
甲醛	HCHO	7	73	
乙醛	C_2H_4O	4	60	
丙醛(液体)	C_2H_5CHO	2.9	17	
乙酸甲酯	CH_3COOCH_3	3.1	16	
乙酸	CH_3COOH	5.4	16	低毒
乙酸乙酯	$CH_3COOC_2H_5$	2.2	11	
丙酮	C_3H_6O	2.6	12.8	
丁酮	C_4H_8O	1.8	10	

附录 19.3 常见易燃、可燃液体的闪点

液体名称	闪点(℃)	液体名称	闪点(℃)
汽油	-58~10	甲苯	4
石油醚	-50	甲醇	9
二硫化碳	-45	乙醇	13
乙醚	-45	醋酸丁酯	13
乙醛	-38	石脑油	25
原油	-35	丁醇	29
丙酮	-17	氯苯	29
辛烷	-16	煤油	30~70
苯	-11	重油	80~130
醋酸乙酯	1	乙二醇	100

附录 19.4 常见危险化学品的火灾危险与处置方法

分子式	名称	火灾危险	处置方法
-	压缩空气	与易燃气体、油脂接触有引起燃烧爆炸危险，受热时瓶内压增大，有爆炸危险有助燃性	切断气流，根据情况采取相应措施
AgCN	氰化银	本品不会燃烧，但遇酸会产生极毒、易燃的氰化氢气体。剧毒，吸入粉尘易中毒。与氟剧烈反应生成氟化银	禁用酸碱灭火剂。可用砂土、石粉压盖
$AgClO_3$	氯酸银	有爆炸性，与有机物、还原剂及易燃物硫、磷等混合后，摩擦、撞击，有引起燃烧爆炸危险	雾状水、砂土、泡沫

分子式	名称	火灾危险	处置方法
$AgClO_4$	高氯酸银	与易燃物硫、磷、有机物、还原剂混合后，摩擦、撞击，有引起燃烧爆炸的危险	雾状水、砂土、泡沫灭火剂
$AgMnO_4$	高锰酸银	与有机物、还原剂、易燃物如硫、磷等混合，有成为爆炸性混合物的危险	水、砂土、泡沫
As_2O_3	三氧化二砷	剧毒，不会燃烧，但一旦发生火灾时，由于本品于 193℃ 开始升华，会产生剧毒气体	水、砂土
$Ba(CN)_2$	氰化钡	本身不会燃烧，但遇酸产生极毒、易燃的气体。剧毒，吸入蒸气和粉尘易中毒	禁用酸碱灭火剂。可用干砂、石粉覆盖
$BaCl_2 \cdot 2H_2O$	氯化钡	有毒，不会燃烧	水、砂土、泡沫
$Ba(ClO_3)_2 \cdot H_2O$	氯酸钡	与还原剂、有机物、铵的化合物，易燃物如硫、磷或金属粉末等混合，有成为爆炸性混合物的危险。与硫酸接触易发生爆炸。燃烧时发出绿色火焰	雾状水、砂土
$Ba(ClO_4)_2 \cdot 3H_2O$	高氯酸钡	与有机物、还原剂、易燃物如硫、磷、金属粉末等接触有引起燃烧爆炸的危险	雾状水、砂土
$Ba(NO_3)_2$	硝酸钡	与有机物、还原剂、易燃物如硫、磷等混合后，摩擦、碰撞、遇火星，有引起燃烧爆炸的危险。燃烧时发出绿色火焰	雾状水、砂土、CO_2
BaO_2;$BaO_2 \cdot 8H_2O$	过氧化钡	遇有机物、还原剂、易燃物如硫、磷等有引起燃烧爆炸的危险	干砂、干石粉、干粉；禁止用水
Be	铍	极细粉尘接触明火有发生燃烧或爆炸危险。有毒，长期接触易发皮炎，人在含铍 0.1mg/m3 的环境中会引起急性中毒	砂土、CO_2
$Be(C_2H_3O_2)_2$	乙酸铍	剧毒，可燃	水、砂土、泡沫
CO	一氧化碳	与空气混合能成为爆炸性混合物，遇高温瓶内压力增大，K 可爆炸。漏气遇火种有燃烧爆炸危险	雾状水、泡沫、CO_2
$Ca(CN)_2$	氰化钙	剧毒，本身不会燃烧，但遇酸会产生极毒、易燃的气体，吸入粉尘易中毒。本品水溶液能通过皮肤吸收而引起中毒	可用干砂、石粉压盖；禁用水及酸碱式灭火器
$Ca(ClO_3)_2 \cdot 2H_2O$	氯酸钙	与易燃物硫、磷、有机物、还原剂等混合后，经摩擦、撞击、受热有引起燃烧爆炸的危险	雾状水、砂土、泡沫
$Ca(ClO_4)_2$	高氯酸钙	与易燃物、有机物、还原剂混合，能成为有燃烧爆炸危险的混合物	砂土、水、泡沫
CaH_2	氢化钙	遇潮气、水、酸、低级醇分解，放出易燃的氢气。与氧化剂反应剧烈。在空气中燃烧极其剧烈	干砂、干粉；禁止用水和泡沫

分子式	名称	火灾危险	处置方法
$Ca(MnO_4)_2 \cdot 5H_2O$	高锰酸钙	与易燃物硫、磷，或有机物，还原剂混合后，摩擦、撞击，有引起燃烧爆炸的危险	雾状水、砂土、泡沫、CO_2
$Ca(NO_3)_2 \cdot 4H_2O$	硝酸钙	与有机物、还原剂、易燃物如硫、磷等混合，有成为爆炸性混合物的危险	雾状水
CaO_2	过氧化钙	与有机物、还原剂、易燃物如硫、磷等相混合有引起燃烧爆炸的危险。遇潮气也能逐渐分解	干砂、干土、干石粉；禁止用水
Cl_2	液氯	本身虽不燃，但有助燃性，气体外逸时会使人畜中毒，甚至死亡，受热时瓶内压力增大，危险性增加	雾状水
CuCN	氰化亚铜	本身不会燃烧，但遇酸产生极毒的易燃气体。剧毒，吸入蒸气或粉尘易中毒	禁用酸碱灭火剂。可用砂土压盖，可用水
F_2	氟气	与多数可氧化物质发生强烈反应，常引起燃烧。与水反应放热，产生有毒及腐蚀性的烟雾。受热后瓶内压力增大，有爆炸危险。漏气可致附近人畜生命危险	CO_2、干粉、砂土
$Fe(CO)_5$	五羰基化铁	暴露在空气中，遇热或明火均能引起燃烧，并释放出有毒的 CO 气体	水、泡沫、CO_2、干粉
H_2	氢气	氢气与空气混合能形成爆炸性混合物，遇火星、高温能引起燃烧爆炸，在室内使用或储存氢气时，氢气上升，不易自然排出，遇到火星时会引起爆炸	雾状水、CO_2
HCN	氰化氢（无水）	剧毒。漏气可致附近人畜生命危险，遇火种有燃烧爆炸危险。受热后瓶内压力增大，有爆炸危险	雾状水
$HClO_4$	高氯酸（72%以上）	性质不稳定，在强烈震动、撞击下会引起燃烧爆炸	雾状水、泡沫、CO_2
H_2S	硫化氢	剧毒的液化气体，受热后瓶内压力增大，有爆炸危险，漏气可致附近人畜生命危险	雾状水、泡沫、砂土
H_2O_2	过氧化氢溶液（40%以下）	受热或遇有机物易分解放出氧气。加热到 100℃ 则剧烈分解。遇铬酸、高锰酸钾、金属粉末会起剧烈作用，甚至爆炸	雾状水、黄沙，CO_2
$HgCl_2$	氯化汞	不会燃烧。剧毒，吸入粉尘和蒸气会中毒。与钾、钠能猛烈反应	水、砂土
HgI_2	碘化汞	有毒，不会燃烧	雾状水、砂土

分子式	名称	火灾危险	处置方法
$Hg(NO_3)_2$	硝酸汞	受热分解放出有毒的汞蒸气。与有机物,还原剂,易燃物硫、磷等混合,易着火燃烧,摩擦、撞击,有引起燃烧爆炸的危险。有毒	雾状水、砂土
KCN	氰化钾	剧毒,不会燃烧。但遇酸会产生剧毒、易燃的 HCN 气体,与硝酸盐或亚硝酸盐反应强烈,有爆炸的危险。接触皮肤极易侵入人体,引起中毒	禁用酸碱灭火剂和 CO_2。如用水扑救,应防止接触含有氰化钾的水
$KClO_3$	氯酸钾	遇有机物、磷、硫、碳及铵的化合物,氰化物,金属粉末,稍经摩擦、撞击,即会引起燃烧爆炸。与硫酸接触易引起燃烧或爆炸	先用砂土,后用水
$KClO_4$	高氯酸钾	与有机物、还原剂,易燃物如硫、磷等相混合有引起爆炸的危险	雾状水、砂土
$KMnO_4$	高锰酸钾	与乙醚、乙醇、硫酸、硫黄、磷、双氧水等接触会发生爆炸;与甘油混合能发生燃烧;与铵的化合物混合有引起爆炸的危险	水、砂土
KNO_2	亚硝酸钾	与硫、磷、有机物、还原混合后,摩擦、撞击,有引起燃烧爆炸的危险	雾状水、砂土
KNO_3	硝酸钾	与有机物及硫、磷等混合,有成为爆炸性混合物的危险。浸过硝酸钾的麻袋易自燃	雾状水
K_2O_2	过氧化钾	遇水及水蒸气产生热,量大时可能引起爆炸。与还原剂能产生剧烈反应。接触易燃物如硫、磷等也能引起燃烧爆炸	干砂、干土、干石粉;严禁用水及泡沫
K_2O_4	超氧化钾	本品为强氧化剂。遇易燃物、有机物、还原剂等能引起燃烧爆炸。遇水或水蒸气产生大量热量,可能发生爆炸	干砂、干土、干粉;禁止用水、泡沫
K_2S	硫化钾	其粉尘在空气中可能自燃而发生爆炸。燃烧后产生有毒和刺激性的二氧化硫气体。遇酸类产生易燃的硫化氢气体	水、砂土
$LiAlH_4$	氢化铝锂	易燃。当碾磨、摩擦或有静电火花时能自燃。遇水或潮湿空气、酸类、高温及明火有引起燃烧危险。与多数氧化剂混合能形成比较敏感的混合物,容易爆炸	干砂、干粉、石粉;禁止用水和泡沫
$Mg(ClO_3)_2 \cdot 6H_2O$	氯酸镁	与易燃物硫、磷,有机物,还原剂等混合后,摩擦、撞击,有引起燃烧爆炸的危险	雾状水、砂土、泡沫
$Mg(ClO_4)_2$	高氯酸镁	与有机物、还原剂、易燃物如硫、磷及金属粉末等接触,有引起燃烧爆炸的危险	雾状水、砂土

分子式	名称	火灾危险	处置方法
NH_3	液氨	猛烈撞击钢瓶受到震动,气体外逸会危及人畜健康与生命,遇水则变为有腐蚀性的氨水,受热后瓶内压力增大,有爆炸危险,空气中氨蒸气浓度达15.7%~27.4%,有引起燃烧危险,有油类存在时,更增加燃烧危险	雾状水、泡沫
NH_4ClO_3	氯酸铵	与有机物,易燃物如硫、磷,还原剂以及硫酸相接触,有燃烧爆炸的危险。遇高温(100℃ 以上)或猛烈撞击也会引起爆炸	雾状水
NH_4ClO_4	高氯酸铵	与有机物、还原剂、易燃物如硫、磷以及金属粉末等混合及与强酸接触有引起燃烧爆炸的危险	雾状水、砂土
NH_4MnO_4	高锰酸铵	属强氧化剂。遇有机物、易燃物、还原性物质能引起燃烧或爆炸。受热、震动撞击均能引起爆炸,分解出有毒气体	水、砂土
NH_4NO_2	亚硝酸铵	遇高温(60℃ 以上)、猛撞,以及与易燃物、有机物接触,有发生爆炸的危险	雾状水、砂土
NH_4NO_3	硝酸铵	混入有机杂质时,能明显增加本品的爆炸危险性。与硫、磷、还原剂相混合,有引起燃烧爆炸的危险	雾状水
NO_2	二氧化氮	不会燃烧,但有助燃性,具强氧化性,如接触碳、磷和硫有助燃作用	干砂、CO_2、不可用水
N_2O	一氧化二氮	受高温有爆炸危险,有助燃性	雾状水
N_2O_3	三氧化二氮	遇可燃物、有机物、还原剂易燃烧,受热分解放出 NO_2 有毒烟雾。漏气可致附近人畜生命危险	雾状水、CO_2
$NaBH_4$	硼氢化钠	与氧化剂反应剧烈,有燃烧危险,与水或水蒸气反应能产生氢气。接触酸或酸性气体反应剧烈,放出氢气和热量,有燃烧危险	干砂、干粉;禁止用水和泡沫
$NaClO_2$	亚氯酸钠	与易燃物如硫、磷、有机物、还原剂、氰化物、金属粉末混合以及与硫酸接触,有引起着火燃烧或爆炸的危险	雾状水、砂土
$NaClO_3$	氯酸钠	与有机物、还原剂及硫、磷等混合,有成为爆炸性混合物的危险。与硫酸接触会引起爆炸	雾状水
$NaClO_4$	高氯酸钠	与有机物、还原剂、易燃物如硫、磷等混合或与硫酸接触有引起燃烧爆炸的危险	水、砂土

分子式	名称	火灾危险	处置方法
$NaMnO_4 \cdot 3H_2O$	高锰酸钠	与有机物、还原剂、易燃物如硫、磷等接触有引起燃烧爆炸的危险。遇甘油立即分解而强烈燃烧	雾状水、砂土
NaN_3	叠氮化钠	遇明火、高温、震动、撞击、摩擦,有引起燃烧爆炸危险	雾状水、泡沫；禁止用砂土压盖
$NaNO_3$	硝酸钠	其危险程度略低于硝酸钾。与硫、磷、木炭等易燃物混合,有成为爆炸性混合物的危险	雾状水
Na_2O_2	过氧化钠	与有机物、易燃物如硫、磷等接解能引起燃烧,甚至爆炸;与水分起剧烈反应产生高温,量大时能发生爆炸	干砂、干土、干石粉;禁止用水,泡沫
Na_2O_4	超氧化钠	本品为强氧化剂。接触易燃物、有机物、还原剂能引起燃烧爆炸。遇水或水蒸气产生热,量大时能以生爆炸	干砂、干土、干粉；禁止用水、泡沫
$Na_2S_2O_4 \cdot 2H_2O$	连二亚硫酸钠	有极强的还原性,遇氧化剂、少量水或吸收潮湿空气能发热,引起冒黄烟燃烧,甚至爆炸	干砂、干粉、CO_2;禁止用水
$Ni(CO)_4$	羰基镍	剧毒,遇明火、高温、氧化剂能燃烧。受热、遇酸或酸雾会产生极毒气体,能与空气、氧、溴强烈反应引起爆炸	水雾、CO_2、砂土、泡沫。消防员戴防毒面具
O_2	氧气	与乙炔、氢、甲烷等按一定比例混合,能使油脂剧烈氧化引起燃烧爆炸,有助燃性	切断气流,根据情况采取相应措施
OsO_4	四氧化锇	本身不会燃烧,但受热能分解放出剧毒的烟雾。剧毒,触及皮肤能引起皮炎甚至坏死。能刺激眼睛结膜,甚至失明。吸入蒸气可使人死亡	水、砂土
P_4	红磷	遇热、火种、摩擦、撞击或溴、氯气等氧化剂都有引起燃烧的危险	烟及初起火苗时用黄沙、干粉、石粉;大火时用水,但注意流向及赤磷散失后的场地处理,防复燃
P_4	黄磷	在空气中会冒白烟燃烧。受撞击、摩擦或与氯酸钾等氧化剂接触能立即燃烧甚至爆炸	雾状水、砂土(火熄灭后应仔细检查,将剩下的黄磷移入水中,防止复燃)
PF_5	五氟化磷	受热后瓶内压力增大,有爆炸危险,漏气可致附近人畜生命危险	CO_2、干砂、干粉
PH_3	磷化氢	能自燃。受热分解放出有毒的 POx 气体。遇氧化剂发生强烈反应。遇火种立即燃烧爆炸	雾状水、泡沫、二氧化碳

分子式	名称	火灾危险	处置方法
$Pb(C_2H_5)_4$	四乙基铅	剧毒，可燃，遇明火、高温有燃烧危险，受热分解放出有毒气体。遇氧化剂反应剧烈	雾状水、泡沫、CO_2、砂土
$Pb(ClO_4)_2\cdot 3H_2O$	高氯酸铅	与有机物、还原剂及硫、磷等混合后，撞击、摩擦引起燃烧爆炸的危险。与硫酸接触易着火燃烧	水、砂土
$Pb(NO_3)_2$	硝酸铅	与有机物、还原剂及易燃物硫、磷等混合后，稍经摩擦，即有引起燃烧爆炸的危险。有毒	雾状水、砂土
SF_4	四氟化硫	剧毒，受热，遇水、水蒸气，酸或酸雾生成有毒及腐蚀性烟雾，漏气可致附近人畜生命危险，受热后瓶内压力增大，有爆炸危险	CO_2、干粉、干砂；禁止用水
SO_2	二氧化硫	剧毒，受热后瓶内压力增大，有爆炸危险，漏气可致附近人畜生命危险	雾状水、泡沫、砂土
SeO_2	二氧化硒	剧毒，不会燃烧。遇明火、高温时放出的蒸气极毒。按国家规定，车间空气中最高容许浓度为0.1mg/m^3	水、砂土
SiF_4	四氟化硅	剧毒，漏气可致附近人畜生命危险，受热后瓶内压力增大，有爆炸危险	雾状水
Th	金属钍	大块的钍不燃，粉末有燃烧爆炸危险。粉尘遇火星易爆炸。在室温时，遇明火即可着火燃烧。能与卤素、硫、磷作用，引起燃烧。燃烧爆炸时能形成放射性灰尘，污染环境，危害健康	干砂、干粉
$Th(NO_3)_4\cdot 4H_2O$	硝酸钍	遇高温分解，遇有机物、易燃物能引起燃烧，燃烧后有放射性灰尘，污染环境，危害健康	雾状水、泡沫、砂土、CO_2（火灾后现场要进行射线测定及消毒处理）
Tl	铊	不会燃烧。但剧毒，易经皮肤吸收，吸入后使肾脏受到刺激，毛发脱落，或有精神症状	干砂、CO_2
$TlC_2H_3O_2$	乙酸亚铊	剧毒，可燃	水、泡沫、砂土
$UO_2(NO_3)_2\cdot 6H_2O$	硝酸铀酰	硝酸铀酰的醚溶液在阳光照射下能引起爆炸。高温分解。遇有机物、易燃物能引起燃烧。燃烧时产生大量放射性灰尘，污染环境，危害健康	泡沫、砂土、CO_2。不宜用水（灾后现场要进行射线测定及消毒处理）

分子式	名称	火灾危险	处置方法
$Zn(CN)_2$	氰化锌	本身不会燃烧,但遇酸会产生极毒、易燃的氰化氢气体。剧毒,吸入蒸气和粉尘易中毒	禁用酸碱灭火剂。可用砂土、石粉压盖。如用水要防止流入河道污染环境
$Zn(ClO_3)_2 \cdot 4H_2O$	氯酸锌	与易燃物、有机物、还原剂等混合后,经摩擦、撞击、受热能引起燃烧爆炸。接触硫酸易着火或爆炸	雾状水、泡沫、砂土
$Zn(MnO_4)_2 \cdot 6H_2O$	高锰酸锌	与有机物、还原剂、易燃物如硫、磷等混合后,经摩擦、撞击,有引起燃烧爆炸的危险	雾状水、砂土、泡沫、CO_2
$Zn(NO_3)_2 \cdot 3H_2O$	硝酸锌	与易燃物硫、磷、有机物、还原剂等混合后,易着火,稍经摩擦,有引起燃烧爆炸的危险	水、砂土
$ZrSiO_4$	锆英石	有放射性	水、砂土、CO_2
B_2H_6	乙硼烷	毒性相当于光气。受热,遇热水迅速分解放出氢气。遇卤素反应剧烈	干砂、石粉、CO_2,切忌用水
B_5H_9	戊硼烷	毒性高于氢氰酸,遇热、明火易燃	干砂、石粉、CO_2;禁用水和泡沫
CH_4	甲烷	与空气混合能形成爆炸性混合物,遇火星,高温有燃烧爆炸危险	雾状水、泡沫、CO_2
CH_3Cl	氯甲烷	空气中遇火星或高温(白热)能引起爆炸生成光气,接触铝及其合金能生成有自燃性的铝化合物	雾状水、泡沫
CH_3NH_2	一甲胺(无水)	遇明火、高温有引起燃烧爆炸危险。钢瓶和附件损坏会引起爆炸	雾状水、泡沫、二氧化碳、干粉
CH_2N_2	重氮甲烷	化学反应时,能发生强烈爆炸。未经稀释的液体或气体,在接触碱金属、粗糙的物品表面,或加热到100℃,能发生爆炸	干粉、石粉、二氧化碳、雾状水
CH_3NO_3	硝酸甲酯	遇明火、高温、受撞击,有引起燃烧爆炸危险	雾状水;禁止用砂土压盖
CH_3SH	甲硫醇	遇明火易燃烧,遇酸放出有毒气体,遇水放出有毒易燃气体,遇氧化剂反应强烈,其蒸气能与空气形成爆炸性混合物	CO_2、化学干粉、1211 灭火剂、砂土,忌用酸碱灭火剂、水和泡沫
CCl_3NO_2	三氯硝基甲烷	剧毒,不易燃烧。受热分解放出有毒气体,遇发烟硫酸分解生成光气和亚硝 基硫酸,在碱和乙醇中分解加快	水、泡沫、砂土
$C(NO_2)_4$	四硝基甲烷	遇明火、高温、震动、撞击,引起燃烧爆炸危险	雾状水、CO_2

分子式	名称	火灾危险	处置方法
$COCl_2$	碳酰氯	剧毒，漏气可致附近人畜生命危险。受热后瓶内压力增大，有爆炸危险	雾状水、CO_2。万一有光气泄漏，微量时可用水蒸气冲散，可用液氨喷雾解毒
CS_2	二硫化碳	遇火星、明火极易燃烧爆炸，遇高温、氧化剂有燃烧危险	水、CO_2、黄沙；禁止使用四氯化碳
CCl_3CHO	三氯乙醛（无水）	不燃烧，但受热分解放出有催泪性及腐蚀性气体	雾状水、泡沫、砂土、CO_2
$CH_2=CH_2$ C_2H_4 C_2H_4	乙烯	易燃，遇火星、高温、助燃气有燃烧爆炸危险	水、CO_2
$CH_2=CHCl$ C_2H_3Cl C_2H_3Cl	氯乙烯	能与空气形成爆炸性混合物，遇火星、高温有燃烧爆炸危险	雾状水、泡沫、CO_2
C_2H_5Cl	氯乙烷	与空气混合能形成爆炸性混合物，遇火星、高温有燃烧爆炸危险	雾状水、泡沫、二氧化碳
CH_3CHO	乙醛	遇火星、高温、强氧化剂、湿性易燃物品、氨、硫化氢、卤素、磷、强碱等，有燃烧爆炸危险。其蒸气与空气混合成为爆炸性混合物	干砂、干粉、CO_2、雾状水、泡沫
CH_2ClCHO	氯乙醛	可燃，并有腐蚀性及刺激性臭味	雾状水、CO_2、干粉
CH_2FCOOH	氟乙酸	可燃，受热分解放出有毒氟化物气体。有腐蚀性	泡沫、雾状水、砂土、二氧化碳
$C_2H_5NH_2$	乙胺	易燃，有毒，遇高温、明火、强氧化剂有引起燃烧爆炸危险	泡沫、CO_2、雾状水、干粉、砂土
$(CH_2)_2O$	环氧乙烷	与空气混合能形成爆炸性混合物，遇火星有燃烧爆炸危险	水、泡沫、CO_2
CH_3OCH_3	甲醚	与空气混合能形成爆炸混合物，遇火星、高温有燃烧爆炸危险	雾状水、泡沫、CO_2
$(CH_3O)_2SO_2$	硫酸二甲酯	剧毒，可燃。蒸气无严重气味，不易被察觉，往往在不知不觉中中毒。遇明火、高温能燃烧，与氢氧化铵反应强烈	雾状水、泡沫、CO_2、砂土
$(CH_3)_2S$	甲硫醚	易燃，遇热分解。分解剧烈时有爆炸危险。与氧化剂反应剧烈。遇高温、明火极易燃烧	CO_2、干粉、泡沫、砂土
CH_3SCN	硫氰酸甲酯	有毒，遇明火能燃烧，受热放出有毒气体	雾状水、泡沫、干粉、砂土；忌用酸碱灭火剂
$CH_3CH_2CH_3$	丙烷	与空气混合能形成爆炸性混合物，遇火星、高温有燃烧爆炸危险	雾状水、CO_2
C_3H_6	环丙烷	与空气混合形成爆炸性混合物，遇火星、高温有燃烧爆炸危险	CO_2、泡沫 C_3H6

分子式	名称	火灾危险	处置方法
$CH_3CH=CH_2$	丙烯	与空气混合能形成爆炸性混合物，遇火星、高温有燃烧爆炸危险	雾状水、泡沫、CO_2
$CH_3C\equiv CH$ C_3H_4	丙炔	遇明火易燃易爆，受高温引起爆炸，遇氧化剂反应剧烈	水、CO_2
$ClCH_2CH_2CN$	3－氯丙腈	有毒，遇明火燃烧，受热放出有毒物质，易经皮肤吸收中毒，其毒性介于丙烯腈和氢氰酸之间	泡沫、CO_2、干粉、砂土
CH_3COCH_3	丙酮	蒸气与空气混合能为爆炸性混合物，遇明火、高温易引起燃烧	抗溶性泡沫、泡沫、CO_2、化学干粉、黄砂
$CH_2=CHCHO$ C_3H_5O	丙烯醛	易燃，能与空气形成爆炸性混合物。遇火星易燃。遇光和热有促进作用，能引起爆炸的危险	泡沫、干粉、CO_2、砂土
$C_2H_5OCH_3$	甲乙醚	遇高温、明火、强氧化剂有引起燃烧爆炸的危险，其蒸气能与空气形成爆炸性混合物	泡沫、抗溶性泡沫、CO_2、干粉
$HCOOC_2H_5$	甲酸乙酯	遇热、明火、氧化剂有引起燃烧危险	泡沫、CO_2、干粉、砂土、雾状水
$C_3H_5(ONO_2)_3$	硝化甘油	遇暴冷暴热、明火、撞击，有引起爆炸的危险。	雾状水
$CH_3(CH_2)_2CH_3$	正丁烷	与空气混合能形成爆炸性混合物，遇火星、高温有燃烧爆炸危险	水、雾状水、CO_2
C_4H_8 $C_2H_5CH=CH_2$	1－丁烯	与空气混合能形成爆炸性混合物。遇火星、高温有燃烧爆炸危险	雾状水、泡沫、CO_2
$CH_2=CHCH=CH_2$	丁二烯	与空气混合能形成爆炸性混合物。遇火星、高温有燃烧爆炸危险	雾状水、CO_2
$CH_2=CHCH_2CN$	3－丁烯腈	剧毒，在空气中能燃烧．受热分解或接触酸能生成有毒的烟雾	雾状水、泡沫、砂土、CO_2；禁用酸碱灭火器
$(C_2H_5)_2NH$	二乙胺	易燃、遇高温、明火、强氧化剂有引起燃烧危险	雾状水、泡沫、干粉、CO_2
$CH_3OC_3H_7$	甲基丙基醚	遇热、明火、强氧化剂有引起燃烧爆炸危险。其蒸气极易燃烧	泡沫、CO_2、干粉、抗溶性泡沫
$(C_2H_5)_2O$	乙醚	极易燃烧，遇火星、高温、氧化剂、过氯酸、氯气、氧气、臭氧等有发生燃烧爆炸危险，有麻醉性，对人的麻醉浓度为109.8－196.95g/m^3。浓度超过303g/m^{3}时有生命危险	干粉、CO_2、砂土、泡沫

分子式	名称	火灾危险	处置方法
$O(CH_2)_3CH_2$	四氢呋喃	蒸气能与空气形成爆炸物。与酸接触能发生反应。遇明火、强氧化剂有引起燃烧危险。与氢氧化钾、氢氧化钠有反应。未加过稳定剂的四氢呋喃暴露在空气中能形成有爆炸性的过氧化物	泡沫、干粉、砂土
$HN(CH_2)_3CO$	2－吡咯烷酮	有毒，遇明火能燃烧，受热时能分解出有毒的氧化氮气体。能与氧化剂发生反应	雾状水、泡沫、CO_2、砂土
$ClCH_2COOC_2H_5$	氯乙酸乙酯	有毒，受热分解，产生有毒的氯化物气体。与水或水蒸气起化学反应产生有毒及腐蚀性气体。能与氧化剂发生反应。遇明火、高温能燃烧	泡沫、CO_2、砂土
$(CH_3)_4Si$	四甲基硅烷	遇热、明火、强氧化剂有引起燃烧的危险	砂土、CO_2、泡沫
$CH_3(CH_2)_3CH_3$	正戊烷	易燃，其蒸气与空气混合能形成爆炸性混合物。遇明火、高温、强氧化剂有引起燃烧危险	泡沫、干粉、CO_2、砂土
$(CH_2)_5$	环戊烷	遇热、明火、氧化剂能引起燃烧。其蒸气如与空气混合形成有爆炸性危险的混合物	泡沫、CO_2、干粉、1211 灭火剂、砂土
$O(CH_2)_4CH_2$	四氢吡喃	存放过程中遇空气能产生有爆炸性的物质。遇热、明火、强氧化剂有引起燃烧的危险	泡沫、CO_2、砂石
$CH_3(CH_2)_4CH_3$	正己烷	遇热或明火能发生燃烧爆炸。蒸气与空气形成爆炸或混合物	泡沫、CO_2、干粉
$(CH_2)_6$	环己烷	易燃，遇明火、氧化剂能引起燃烧、爆炸	泡沫、CO_2、干粉、砂土
$CH_2=CH(CH_2)_3CH_3$	1－己烯	遇热、明火、强氧化剂有燃烧爆炸危险。其蒸气能与空气形成爆炸性混合物	泡沫、CO_2、干粉、1211 灭火剂、砂土
$(C_2H_5)_3B$	三乙基硼	遇空气、氧气、氧化剂、高温或遇水分解（放出有毒易燃气体），均有引起燃烧危险（比三丁基硼活泼）	CO_2、干砂、干粉；禁止用 1211 等含卤化合物的灭火剂
$(C_3H_7)_2O$	正丙醚	遇热、明火、强氧化剂有引起燃烧的危险	泡沫、CO_2、干粉、黄砂
$C_6H_5NO_2$	硝基苯	有毒，遇火种、高温能引起燃烧爆炸，与硝酸反应强烈	雾状水、泡沫、CO_2、砂土
$C_6H_3(NO_2)_3$	1,3,5－三硝基苯	遇明火、高温或经震动、撞击、摩擦，有引起燃烧爆炸危险	雾状水；禁止用砂土盖
$(NO_2)_2C_6H_3NHNH_2$	2,4－二硝基苯肼	干品受震动、撞击会引起爆炸，与氧化剂混合，能成为有爆炸性的混合物	水、泡沫、CO_2
C_6H_5OH	苯酚	遇明火、高温、强氧化剂有燃烧危险。有毒和腐蚀性	水、砂土、泡沫

分子式	名称	火灾危险	处置方法
NOC_6H_4OH	4－亚硝基(苯)酚	遇明火,受热或接触浓酸、浓碱,有引起燃烧爆炸的危险	水、干粉、泡沫、CO_2
2,4－$(NO_2)_2C_6H_3OH$	2,4－二硝基苯酚	遇火种、高温易引起燃烧,与氧化剂混合同能成为爆炸性混合物。遇重金属粉末能起化学作用而生成盐,增加危险性。有毒	雾状水、黄砂、泡沫、CO_2
2,4,6－$(NO_2)_3C_6H_2OH$	2,4,6－三硝基苯酚	与重金属(除锡外)或重金氧化物作用生成盐类,这类苦味酸盐极不稳定,受摩擦、震动,易发生剧烈爆炸。遇明火、高温也有引起爆炸的危险	水
C_6H_5SH	苯硫酚	可燃。受热分解或接触酸类放出有毒的硫化物气体,并有腐蚀性	雾状水、泡沫、CO_2、砂土
$C_6H_5SO_2NHNH_2$	苯磺酰肼	遇火、高温或与氧化剂接触,有引起燃烧的危险	雾状水、CO_2、泡沫、砂土
$C_6H_5CH_2Cl$	苄基氯	有毒,遇明火能燃烧,当有金属(如铁)存在时分解,并可能引起爆炸。与水或水蒸气发生作用,能产生有毒和腐蚀性的气体,与氧化剂能发生强烈反应	泡沫、砂土、CO_2、干粉
$C_6H_5CHCl_2$	二氯甲基苯	可燃,有毒和腐蚀性	干砂、CO_2
$C_6H_5CH(OH)CN$	苯乙醇腈	剧毒,可燃。遇热、酸分解放出有毒气体	水、CO_2、砂土;禁用酸碱灭火剂
$C_6H_5N(CH_3)_2$	N,N－二甲(基)苯胺	有毒,遇明火能燃烧,受热能分解放出有毒的苯胺气味。能与氧化剂发生反应	泡沫、CO_2、干粉、砂土
$C_6H_5N{=\!=}NNHC_6H_5$	重氮氨基苯	受强烈震动或高温有爆炸危险	砂土、泡沫、CO_2、雾状水
$C_{12}H_{16}O_6(NO_3)_4$	硝化纤维素(含氮≤12.6%,含硝化纤维≤55%)	遇火星、高温、氧化剂、大多数有机胺(如间苯二甲胺等)会发生燃烧和爆炸。干燥品久储变质后,易引起自燃,通常加乙醇、丙醇或水作湿润剂。湿润剂干燥后,容易发生火灾	水、泡沫、二氧化碳
$C_{10}H_4(NO_2)_4$	四硝基萘	受撞击或高温会发生爆炸。摩擦敏感度较 TNT 稍低。遇还原剂反应剧烈,分解后放出有毒的氧化氮气体	雾状水、泡沫;禁止用砂土压盖

附录 20　常用有机溶剂的性质和纯化

有机化学实验常根据实验内容的不同,对试剂有不同的要求。化学试剂是根据所含杂质的多少进行分级的。例如,有机试剂有分析纯(A.R)、化学纯(C.P)、工业级(T.P),其中分析纯的纯度较高,工业级则含有较多的杂质。在某些有机反应中,对试剂或溶剂的要求较高,即使微量的杂质或水分的存在,也会对反应的速率、产率和纯度带来一定的影响。因此掌握有机试剂的纯化方法是十分重要的。

1. 无水乙醇 CH_3CH_2OH

沸点78.5℃，折光率为1.3616，相对密度 d_4^{20} 为0.7893。

含水乙醇经过精馏得到乙醇和水的共沸混合物，含有96.5%的乙醇和4.4%的水（体积比为95%），通常称为95%乙醇，此时很难用一般分馏法除去水分。进一步除去水分需要特殊方法。常以生石灰为脱水剂，这是因为：第一，生石灰来源方便；第二，生石灰或由它生成的氢氧化钙皆不溶于乙醇。

操作方法：将加热600 mL　95%乙醇置于1000 mL圆底烧瓶内，加入100 g左右新煅烧的生石灰，放置过夜，然后在水浴中回流5～6 h，再将乙醇蒸出。如此所得乙醇相当于市售无水乙醇，质量分数约为99.5%。若需要绝对无水乙醇还必须选择下述方法进行处理。

（1）取1000 mL圆底烧瓶安装回流冷凝器，在冷凝管上端附加一只氯化钙干燥管，瓶内放置2～3 g干燥洁净的镁条与0.3 g碘，加入99.5%的乙醇30 mL，在水浴内加热至碘粒完全消失（如果不起反应，可再加入几小粒碘），然后继续加热，待镁完全溶解后，将500 mL　99.5%的乙醇加入，继续加热回流1 h，蒸出乙醇，弃去先蒸出的10 mL，其后蒸出并收集在一干燥洁净的瓶内储存。如此所得乙醇纯度可超过99.95%。

由于无水乙醇具有非常强的吸湿性，故在操作过程中必须防止吸入水气，所用仪器需事先置于烘箱内干燥。

此方法脱水是按下列反应进行的：$Mg + 2C_2H_5OH \xlongequal{\quad} Mg(OC_2H_5)_2 + H_2$

$$Mg(OC_2H_5)_2 + 2H_2O \longrightarrow Mg(OH)_2 + 2C_2H_5OH$$

（2）可采用金属钠除去乙醇中含有的微量水分。金属钠与金属镁的作用是相似的。而单用金属钠并不能达到完全除去乙醇中含有的水分的目的。因为这一反应有如下的平衡：

$$C_2H_5ONa + H_2O \rightleftharpoons C_2H_5OH + NaOH$$

若要使平衡向右移动，可以加过量的金属钠，增加乙醇钠的生成量。但这样做，造成了乙醇的浪费。因此，通常的办法是加入高沸点的酯，如邻苯二甲酸乙酯或琥珀酸乙酯，以消除反应中生成的氢氧化钠。这样制得的乙醇，严格防潮，含水量可以低于0.01%。

操作方法：取500 mL　99.5%的乙醇盛入1000 mL圆底烧瓶内，安装回流冷凝器和干燥管，加入3.5 g金属钠，待其完全作用后，再加入12.5 g琥珀酸乙酯或14 g邻苯二甲酸乙酯，回流2 h，然后蒸出乙醇，先蒸出的10 mL。弃去，其后的收集于干燥洁净的瓶内储存。测定乙醇中含有的微量水分，可加入乙醇铝的苯溶液，若有大量的白色沉淀生成，证明乙醇中含有的水的质量分数超过0.05%。此法还可测定甲醇中含0.1%、乙醚中含0.005%及醋酸乙酯中含0.1%的水分。

2. 无水乙醚 $C_2H_5OC_2H_5$

沸点34.6℃，折射率 n_D^{20} 为1.3527，相对密度 d_4^{15} 为0.7193。

工业乙醚中，常含有水和乙醇。若储存不当，还可能产生过氧化物。这些杂质的存在，对于一些要求用无水乙醚作溶剂的实验是不适合的，特别是有过氧化物存在时，还有发生爆炸的危险。纯化乙醚的方法是：

（1）500 mL的普通乙醚，置于1000 mL的分液漏斗内，加入50 mL 10%的刚刚配制的亚硫酸氢钠溶液，或加入10 mL硫酸亚铁溶液和100 mL水充分振摇（若乙醚中不含过氧化物，则可省去这步操作）。然后分出醚层，用饱和食盐水洗涤两次，再用无水氯化钙干燥数天，过滤，蒸馏。将蒸出的乙醚放在干燥的磨口试剂瓶中，压入金属钠丝干燥。如果乙醚干燥不够，当压人钠丝时，即会产生大量气泡。遇到这种情况，暂时先用装有氯化钙干燥管软木塞塞住，放置24 h后，过滤到另一干燥试剂瓶中，再压入钠丝，至不再产生气泡，钠丝表面保持光泽，即可盖上磨口玻璃塞备用。

硫酸亚铁溶液的制备：取 100 mL 水，慢慢加人 6 mL 浓硫酸，再加入 60 g 硫酸亚铁溶液。

(2)经无水氯化钙干燥后的乙醚，也可用 4A 型分子筛干燥，所得绝对无水乙醚能直接用于格氏反应。为了防止乙醚在储存过程中生成过氧化物，除尽量避免与光和空气接触外，可在乙醚内加入少许铁屑，或铜丝、铜屑，或干燥的固体氢氧化钾，盛于棕色瓶内，储存于阴凉处。为了防止发生事故，对在一般条件下保存的或存储过久的乙醚，除已鉴定不含过氧化物的以外，蒸馏时，都不要全部蒸干。

3. 甲醇 CH_3OH

沸点 64.6℃，折射率 n_D^{20} 为 1.3288，相对密度 d_4^{20} 为 0.7914。

通常所用的甲醇均由合成而来，含水质量分数不超过 0.5% ~1%。由于甲醇和水不能形成共沸混合物，因此可通过高效的精馏柱将少量水除去。精制甲醇含有 0.02% 的丙酮和 0.1% 的水，一般已可应用。如要制无水甲醇，可用金属镁(方法见“无水乙醇”)。甲醇有毒，处理时应避免吸入其蒸气。

4. 无噻吩无水的苯 C_6H_6

沸点 80.1℃，折射率 n_D^{20} 为 1.5011，相对密度 d_4^{20} 为 0.87865。

普通苯含有少量水(可达 0.02%)，由煤焦油加工得来的苯还含有少量噻吩(沸点 84℃)，不能用分馏或分步结晶等方法分离除去。为制得无水无噻吩的苯可采用下列方法：在分液漏斗内将普通苯及相当于苯体积 15% 的浓硫酸一起振荡，振荡后，将混合物静置，弃去底层的酸液，再加入新的浓硫酸，这样重复操作直至酸层呈现无色或淡黄色，且检验无噻吩为止。分去酸层，苯层依次用水、10% 碳酸钠溶液和水洗涤，用氯化钙干燥，蒸馏收集 80℃ 的馏分。若要高度干燥可加入钠丝(方法见“无水乙醚”)进一步去水。

噻吩的检验：取 5 滴苯于小试管中，加入 5 滴浓硫酸及 1 ~2 滴 1% 的 α，β—吲哚醌—浓硫酸溶液，震荡片刻，如呈墨绿色或蓝色，表示有噻吩存在。

5. 丙酮 CH_3COCH_3

沸点 56.2℃，折射率 n_D^{20} 为 1.3588，相对密度 d_4^{20} 为 0.7899。

普通丙酮中往往含有少量水及甲醇、乙醛等还原性杂质，可用下列方法精制：

(1)于 1000 mL 丙酮中加入 5 g 高锰酸钾回流，以除去还原性杂质。若高锰酸钾紫色很快消失，需要加入少量高锰酸钾继续回流，直至紫色不再消失为止。蒸出丙酮，用无水碳酸钾或无水硫酸钙干燥后，过滤，蒸馏收集 55 ~56.5℃的馏分。

(2)于 1000 mL 丙酮中加入 40 mL 10% 硝酸银溶液及 35 mL 0.1mol · L^{-1} 氢氧化钠溶液，振荡 10 分钟，除去还原性杂质。过滤，滤液用无水硫酸钙干燥后，蒸馏收集 55 ~56.5℃的馏分。

6. 乙酸乙酯 $CH_3COOC_2H_5$

沸点 77.06℃，折射率 n_D^{20} 为 1.3723，相对密度 d_4^{20} 为 0.9003。

普通乙酸乙酯含量为 95% ~98%，含有少量水、乙醇及醋酸，可用下列方法精制：

于 1000 mL 乙酸乙酯中加入 100 mL 醋酸酐、10 滴浓硫酸，加热回流 4 h，除去乙醇及水等杂质，然后进行分馏。馏液用 20 ~30 g 无水碳酸钾振荡，再蒸馏。最后产物的沸点为 77℃，纯度达 99.7%。

7. 二硫化碳 CS_2

沸点 46.25℃，折射率 n_D^{20} 为 1.6319，相对密度 d_4^{20} 为 1.2632。

二硫化碳是有毒的化合物(有使血液和神经组织中毒的作用)，又具有高度挥发性和易燃性，所以在使用时必须注意，避免接触其蒸气。一般有机合成实验中对二硫化碳要求不高，在普通二硫化碳中加入少量磨碎的无水氯化钙，干燥数小时，然后在水浴上(温度 55 ~56℃)蒸馏。

如需要制备较纯的二硫化碳，则需将试剂级的二硫化碳用质量分数为0.5%高锰酸钾水溶液洗涤3次，除去硫化氢，再用汞不断振荡除硫。最后用2.5%硫酸汞溶液洗涤，除去所有恶臭（剩余H_2S），再经氯化钙干燥，蒸馏收集。其纯化过程的反应式如下：

$$2KMnO_4 + 3H_2S \longrightarrow 2MnO_2 + 3S + 2H_2O + 2KOH$$

$$Hg + S \longrightarrow HgS$$

$$HgSO_4 + H_2SO_4 \longrightarrow H_2S + HgS$$

8. 氯仿 $CHCl_3$

沸点61.7℃，折射率 n_D^{20} 为1.4459，相对密度 d_4^{20} 为1.4832。

普通用的氯仿含有质量分数为1%的乙醇，这是为了防止氯仿分解为有毒的光气，作为稳定剂加进去。为了除去乙醇，可以将氯仿用其体积一半的水振荡数次，然后分出下层氯仿，用无水氯化钙干燥数小时后蒸馏。

另一种精制方法是将氯仿与少量浓硫酸一起振荡两三次。每1000 mL氯仿，用浓硫酸50 mL。分去酸层以后的氯仿用水洗涤，干燥，然后蒸馏。除去乙醇的无水氯仿应保存于棕色瓶子里，并且不要见光，以免分解。

9. 石油醚

石油醚为轻质石油产品，是低分子质量的烃类（主要是戊烷和已烷）的混合物。其沸程为30～150℃，收集的温度区间一般为30℃左右，如有30～60℃、60～90℃、90～120℃等沸程规格的石油醚。石油醚中含有少量不饱和烃，沸点与烷烃相近，用蒸馏法无法分离，必要时可用浓硫酸和高锰酸钾把它除去。通常将石油醚用其体积1/10的浓硫酸洗涤两三次，再用10%的浓硫酸加入高锰酸钾配成的饱和溶液洗涤，直至水层中的紫色不再消失为止。然后再用水洗，经无水氯化钙干燥后蒸馏。如要绝对干燥的石油醚则压入钠丝（方法见"无水乙醚"）除水。

10. 吡啶 C_5H_5N

沸点115.5℃，折射率 d_D^{20} 为1.5095，相对密度 d_4^{20} 为0.9819。

分析纯的吡啶含有少量水分，但已可供一般应用。如要制得无水吡啶，可与粒状氢氧化钾或氢氧化钠一同回流，然后隔绝潮气蒸出备用。干燥的吡啶吸水性很强，保存时应将容器口用石蜡封好。

11. N，N－二甲基甲酰胺 $HCON(CH_3)_2$

沸点149～156℃，折射率 d_4^{20} 为1.4305，相对密度 n_D^{20} 为0.9487。

N，N－二甲基甲酰胺含有少量水分。在常压分馏时有些分解，产生二甲胺与一氧化碳。若有酸或碱存在，分解加快，所以在加入固体氢氧化钾或氢氧化钠在室温放置数小时后，即有部分分解。因此，最好用硫酸钙、硫酸镁、氧化钡、硅胶或分子筛干燥，然后减压蒸馏，收集76℃/48kPa的馏分。当其中含水较多时，可加入1/10的苯，在常压及80℃以下蒸去水和苯，然后用硫酸镁或氢氧化钡干燥，再进行减压蒸馏。

N，N－二甲基甲酰胺中如有游离胺存在，可用2，4－二硝基氟苯产生颜色来检查。

12. 四氢呋喃 C_4H_8O

沸点67℃（64.5℃），折射率 n_D^{20} 为1.4050，相对密度 d_4^{20} 为0.8892。

四氢呋喃是具有乙醚气味的无色透明液体，市售的四氢呋喃常含有少量水分及过氧化物。如要制得无水四氢呋喃可与氢化锂铝在隔绝潮气下回流（通常1000 mL约需2～4g氢化锂铝）除去其中的水和过氧化物，然后在常压下蒸馏，收集66℃馏分。精制后的液体应在氮气氛中保存，如需较久放置，应加质量分数为0.025%的2，6－二叔丁基－4－甲基苯酚作为抗氧化剂。处理四氢呋喃时，应先用少量进行试验,以确定只有少量水和过氧化物,作用不过于猛烈时,方可进行。四氢呋喃中的过氧化物可用酸化的碘化钾溶液来检验,如过氧化物很多,应另行处理。

13. 苯 C_6H_6

沸点 80.1℃,折射率 d_4^{20} 为 1.5012,相对密度 d_4^{20} 为 0.8791,不溶于水,能与乙醇以任何比例混合。在 5.2℃时成为晶体。工业苯中常含有噻吩,而噻吩的沸点 84℃与苯接近,因此不能用蒸馏方法分离。

检查苯中有无噻吩的方法:取 5 mL 苯加入 10 mL 靛红和 10 mL 浓硫酸组成的溶液,振摇片刻,当有噻吩存在时,酸层呈现浅蓝色。

要制取干燥、无噻吩的苯一般可采用在室温下用浓硫酸洗涤的方法。取体积相当于苯体积的 15% 的浓硫酸洗涤,可重复操作直至酸层呈现无色或淡黄色为止。然后用水洗至中性,用无水 $CaCl_2$ 干燥后,进行蒸馏,收集 79 ~ 81℃馏分,最后以金属钠脱水成无水苯。

14. 四氯化碳 CCl_4

沸点 76.8℃,折光率 n_D^{20} 为 1.4603,相对密度 d_4^{20} 为 1.595。四氯化碳中含 CS_2 达 4%,不溶于水,溶于其他有机溶剂。不燃,能溶解油脂类物质,有毒,吸入或皮肤接触都导致中毒。

纯化时,可将 1000 mL 四氯化碳与 60 g 氢氧化钾溶于 60 mL 水和 100 mL 乙醇中,在 50 ~ 60℃时振摇 30 min,然后水洗,再将此四氯化碳按上述方法重复操作一次(氢氧化钾的量减半)。四氯化碳中残余的乙醇可以用氯化钙除掉。最后将四氯化碳用氯化钙干燥,过滤,蒸馏收集 76.7℃馏分。四氯化碳不能用金属钠干燥,因有爆炸危险。

15. 二氧六环 $C_4H_8O_2$

沸点 101.5℃,相对密度 d_4^{20} 为 1.0336。与水互溶,无色,易燃,能与水形成共沸物(含量为 81.6%,沸点 87.8℃),普通品中含有少量二乙醇缩醛与水。

纯化方法:可加入 10% 的浓盐酸回流 3 h,同时慢慢通入氮气,以除去生成的乙醛。冷却后,加入粒状氢氧化钾直至其不再溶解;分去水层,再用粒状氢氧化钾干燥一天;过滤,在其中加入金属钠回流数小时,蒸馏。久藏的二氧六环中可能含有过氧化物,要注意除去,然后再处理。

16. 苯胺 $C_6H_5NH_2$

沸点 184.4℃,折光率 n_D^{20} 为 1.5850。在空气中或光照下苯胺颜色变深,应密封存于避光处。苯胺稍溶于水,能与乙醇、氯仿和大多数有机溶剂相溶,可与酸成盐。市售苯胺经氢氧化钾干燥,为除去含硫杂质可在少量氯化锌存在下,在氮气保护下减压蒸馏。吸入苯胺蒸气或经皮肤吸收会引起中毒症状。

17. 苯甲醛 C_6H_5CHO

沸点 179℃,折光率 n_D^{20} 为 1.5448。带有苦杏仁味的无色液体,能与乙醇、乙醚、氯仿相混溶,微溶于水,由于在空气中易氧化成苯甲酸,使用前需经蒸馏。

低毒,对皮肤有刺激,触及皮肤可用水洗。

18. 冰醋酸 CH_3COOH

沸点 117℃,将市售乙酸在 4℃下慢慢结晶,并在冷却下迅速过滤,压干。少量的水可用五氧化二磷回流干燥几小时除去。

冰醋酸对皮肤有腐蚀作用,触及皮肤或溅到眼睛时,要用大量水冲洗。

19. 醋酸酐 $(CH_3CO)_2O$

沸点 139 ~ 140℃,折光率 n_D^{20} 为 1.3904。

纯化方法是加入无水醋酸钠回流并蒸馏。

对皮肤有严重的腐蚀作用,使用时需要使用防护眼镜及手套。

20. 二甲亚砜$(CH_3)SO$

沸点 189℃,熔点 18.5℃,相对密度 d_4^{20} 为 1.100,折光率 n_D^{20} 为 1.4783。

二甲亚砜能与水混合,可用分子筛长期放置加以干燥。然后减压蒸馏,收集 76℃/12mmHg 馏分。蒸馏时温度不可超过 90℃,否则会发生歧化反应生成二甲砜和二甲硫醚。也可用氧化钙、氧化钡或无水硫酸钡等来干燥,然后减压蒸馏。

二甲亚砜与某些物质混合时可能发生爆炸,例如,氢化钠、高碘酸或高氯酸镁等,应用时应予以注意。

参考文献

[1]华东理工大学无机化学教研组. 无机化学实验[M]. 北京:高等教育出版社,2007.
[2]郎建平,卞国庆,孙尔康,张剑荣. 无机化学实验[M]. 南京:南京大学出版社,2009.
[3]武汉大学化学与分子科学实验中心. 无机化学实验[M]. 武汉:武汉大学出版社,2002. 09.
[4]北京师范大学无机化学教研室. 无机化学实验(第 3 版)[M]. 北京:高等教育出版社 2001.
[5]刘幸平,张拴. 无机化学(第 2 版)[M]. 北京:科学出版社,2011.
[6]铁步荣,贾桂芝. 无机化学实验[M]. 北京:中国中医药出版社,2005.
[7]高明慧. 无机化学实验[M]. 北京:中国科学技术大学出版社,2011.
[8]大连理工大学无机教研室. 无机化学实验[M]. 北京:高等教育出版社,2004.
[9]彭松,林辉. 有机化学实验[M]. 北京:中国中医药出版社,2010.
[10]兰州大学,复旦大学编. 有机化学实验[M]. 北京:高等教育出版社,1994.
[11]陆阳. 有机化学实验[M]. 北京:人民卫生出版社,2008.
[12]有机化学实验技术编写组. 有机化学实验技术[M]. 北京;科学出版社,1978.
[13]曾昭琼. 有机化学实验[M]. 北京:高等教育出版社,2000.
[14]北京大学化学系有机化学教研室. 有机化学实验[M]. 北京:北京大学出版社,1990.
[15]唐玉海. 有机化学实验[M]. 北京:高等教育出版社,2010.
[16]吉卯祉,梁久来,黄家卫. 有机化学实验[M]. 北京: 科学出版社,2011.
[17]北京大学化学与分子工程学院分析化学教学组. 基础分析化学实验[M]. 北京:北京大学出版社,2010.
[18]武汉大学化学与分子科学学院实验中心编. 分析化学实验[M]. 北京:中国中医药出版社,2003.
[19]华南师范大学化学实验教学中心组. 仪器分析实验[M]. 北京:化学工业出版社,2008.
[20]黄世德,梁生旺. 分析化学实验[M]. 北京:中国中医药出版社,2005.
[21]邱金恒,孙尔康,吴强. 物理化学实验[M]. 北京:高等教育出版社,2010.
[22]陈振江,刘幸平. 物理化学实验[M]. 北京:中国中医药出版社,2009.
[23]武汉大学化学与分子科学学院实验中心. 物理化学实验[M]. 武汉:武汉大学出版社,2004.
[24]复旦大学等. 物理化学实验[M]. 北京:高等教育出版社,2004.
[25]北京大学化学学院物理化学实验教学组. 物理化学实验[M]. 北京:北京大学出版社,2002.
[26]孙毓庆. 分析化学实验[M]. 北京:科学出版社,2008.
[27]杭州大学化学系分析化学教研室编. 分析化学手册,第一分册 基础知识与安全知识;第二分册 化学分析[M]. 北京:化学工业出版社,1997.
[28]陈三平,谢钢,高胜利. 元素周期表[M]. 北京:科学出版社,2009.